Ecological Restoration Engineering & Technology

녹색복원 전문가를 위한

생태복원공학

구본학 저

문운당

들어가는 말

15년 넘게 끌어오면서 미적거리던 [생태복원공학]을 이제야 마무리하였습니다.
생태복원의 정의부터, 기초 이론과 실무 응용, 사례와 그동안의 연구 성과 등을 담으려 했던 무모한 욕심에 시간만 한없이 흘렀습니다.
그동안 생태복원을 바라보는 시각도, 식물을 중심으로 한 녹화 수준에서 물리적 구조와 토양기반, 식생군락, 서식처 등 시스템적인 접근으로 정립되었고, 기술적으로도 생태복원을 목표로 하는 기술과 공법들이 개발되는 등 빠른 속도로 변화하고 있습니다.
저의 연구 방향도, 특정한 세부 주제에 대한 실천적인 현장 조사·분석, 실험 등의 데이터 기반 연구와 더불어 생태복원이라는 커다란 영역이 나아가야 할 방향과 범위, 제도 등 정책적인 이슈까지도 아우르게 되어 생태복원을 독립적인 학문영역으로 정립할 수 있게 되었습니다.

생태복원을 연구하시는 선후배 동료 연구자와 이제 연구자로서 발걸음을 시작한 학생들에 이르기까지 모두가 각자의 자리에 맞는 위치를 찾아갈 때 생태복원은 완성될 수 있을 것입니다. 이 책은 그러한 거대한 생태복원 흐름 속에서 작지만 소중한 의미를 지닌 위치에 있다고 감히 생각해봅니다.
졸저 [생태복원공학]을 세상에 내놓기에는 여전히 미흡하고 부끄럽지만 그래도 작은 시작이 큰 완성을 위한 출발이라는 생각에 용기를 내었습니다. 더 많은 연구자들이 생태복원에 관심을 갖고 각자의 영역에서 연구 성과를 내어 생태복원 분야가 완성되기를 기대합니다.

이 책에 수록된 내용들은 그동안 제가 발표했던 학술논문과 구두발표, 전문학술지 기고, 학부와 대학원 강의, 답사자료 등을 종합하고 미처 발표하지 못하고 구석에 깊이 간직하고 있던 소중한 데이터와 연구 성과들도 찾아내어, 완전히 새로 작성하는 수준으로 체계적으로 정리하였습니다.
나아가, 제가 근무하는 대학이 글로벌 트렌드인 녹색융합기술 인재양성 특성화대학원(녹색복원 분야)으로 선정되면서 [생태복원공학]은 녹색복원과 녹색융합기술과 같은 시대적 흐름도 반영할 수 있었습니다.
그런 의미에서 책 이름도 [녹색복원 전문가를 위한 생태복원공학]으로 재 정의하였습니다.

[녹색복원 전문가를 위한 생태복원공학]은 7개의 장으로 나누어 구성되었습니다.
각 장별로 학술적 이론과 연구방법론, 제가 직접 참여하여 수행한 소중한 연구 성과와 동료 연구자들의 연구 성과도 함께 담았고, 이를 바탕으로 한 정책적 제언도 포함하였습니다.

제1장 생태복원의 개념 및 특성은 생태복원이라는 분야의 흐름과 속성, 관련된 기초 이론 등을 담았습니다.
1절 생태복원 개념에서는 개요 및 흐름, 유형 및 속성, 목표와 고려사항 등 개념적 부분을 정리하였고, 2절 생태복원 기초 이론에서는 생태복원을 위해서는 필수적으로 알아야 할 생태계 기능과 생태계서비스, 복원생태학과 보전생태학, 천이, 생물다양성, 수용능력과 회복탄력성, 그린인프라스트럭처 등의 이론적 내용을 상세하게 서술하였습니다.

제2장 생태복원 재료 및 공법에서는 복원기반재와 생물재료, 그리고 친환경재료 등 생태복원을 위해 가장 중요한 재료와 공법을 다루었고, 그동안 제가 직접 조사하고 분석하고 실험했던 소중한 데이터들을 담았습니다.
1절 복원기반재에서는 재료와 생태복원 재료의 개념적 정리와 더불어 수생태계와 비탈면에 특화된 생육기반재의 학술적 이론에 바탕을 둔 생육기반재 개발과 실제 연구성과 등을 소개하였습니다.

2절 생물재료에서는 생물의 분류체계 흐름과 유형을 고찰하였고, 식물재료 유형과 생태적 특성, 법적 보호생물 제도와 유형, 생태적 특성 등을 서술하였습니다.
3절 친환경재료에서는 생태복원을 목표로 연구 개발된 인공재료 중에서 생태복원 목표에 가장 유용하다고 판단되는 식생콘크리트와 식생섬의 연구사례와 제가 연구한 실험데이터 등을 구체적으로 소개하였습니다.

제3장 생태복원을 위한 기초환경 분석에서는 생태복원 대상지 및 생태적 영향권에 대한 생태적 조사분석 기법과 저자가 실제 필드에서 직접 조사한 데이터, 그리고 문헌연구 결과도 정리하였습니다.
1절 생태환경은 자연환경, 식물상 및 식생, 동물상 및 서식처, 외래종과 교란, 생태성과 훼손 등 작게는 분류군별 종 단위에서 군집, 생태계 단위에 이르기까지 조사방법과 사례, 데이터 분석, 보전가치와 훼손 등 이론과 실제를 설명하고 소개하였습니다.
2절 인문환경은 대상지 및 그 영향권에 대한 광역적, 지역적 맥락, 역사성, 경관, 장소성 등 생태복원지 문화적 요인을 어떻게 접근할 것인가에 대한 인문학적 방법론을 다루었습니다.
3절 표준생태계와 원형경관은 생태복원 조성 및 평가 등의 기준이 될 수 있는 가장 표준적인 생태계와 훼손되지 않은 본래의 경관에 대한 이론과 실제 사례를 소개하였습니다.

제4장 생태복원 과정에서는 생태복원 실행과정을 복원 목표 설정에서 모니터링 적응관리까지 6단계로 구분하여 각 단계별 이론적 근거와 기법, 제가 직접 연구에 참여했던 실제 연구사례와 데이터를 구체적으로 설명하였습니다.
1절 복원 목표 설정에서는 복원 목표 설정을 위한 고려사항과 사례, 생태복원 전과정을 기술적 단계로 나누어 제시하였습니다.
2절 구조적 기능적 안정성에서는 생태복원에서 가장 중요한 생태복원 대상지의 물리적 구조와 생태적 기능의 안정성을 다루었습니다. 육상생태계와 수생태계로 구분하여 기초적인 구조역학 이론과 더불어 생태복원지에 적용 빈도가 높은 구조에 대한 구조해석과 안정성 계산을 설명하였고, 생태탐방로나 관리동선 등 노선설계를 위한 이론과 원리도 소개하였습니다.

3절 복원기반 조성에서는 생태복원의 성공을 좌우하는 토양기반을 다루었습니다. 복원대상지 성격에 따른 토양 및 기반재, 복원 환경 조성, 그리고 대상지의 생태적 정보를 담고 있는 매토종자 활용에 대하여 설명하였습니다.

4절 식생 및 서식처 복원에서는 복원 목표에 따른 식생 군락 복원과 목표종에 특화된 서식처 또는 일반종을 위한 다양한 서식환경을 조성하기 위한 이론과 사례를 소개하였습니다.

5절 생태계평가는 복원 목표를 달성했는지에 대한 검증 절차로서 생태계 기능평가와 현명한 이용, 복원 후 성능평가, 복원된 생태계가 사람들에게 제공하는 생태계서비스 평가 등의 학술적 이론과 방법론, 사례 등을 설명하였습니다.

6절 모니터링 및 적응관리에서는 복원된 생태계가 생태적인 구조와 기능과 변화를 조사·분석하기 위한 이론적 틀과 과정, 방법론 등을 설명하고, 복원된 생태계가 건강하고 건전한 생태계를 유지하거나 달성할 수 있도록 생태적인 수법에 의한 유지관리 이론과 사례를 기술하였습니다.

제5장 유형별 생태복원 기술에서는 생태계 유형을 육상, 수생, 연안 등으로 구분하여 각 생태계 유형별 복원 기술 및 사례를 설명하고, 개별 기술로서의 단위생태계 복원 기술과 사례, 대체생태계, 자연기반 녹색복원 등을 서술하였습니다.

1절에서는 대표적인 생태복원 대상지인 육상생태계 중에서 산림과 도시림, 비탈면 등을 복원하기 위한 기술과 공법 설명과 실제 복원 사례를 설명하였습니다.

2절에서는 자연하천과 습지 등 수생태계의 특징과 자연에서 배우는 생태하천, 습지, 저수지 및 호수생태계 복원 기술 및 사례를 설명하였습니다.

3절에서는 연안생태계로서의 사구와 갯벌의 생태적 특성과 생태복원 기술 및 사례를 소개하였습니다. 연안생태계는 염수와 기수환경 및 공기와 토양 중 염분농도가 내륙에 비해 어느 정도 높게 나타나므로 생태복원 기술과 도입식생 등이 차별화될 것입니다.
4절에서는 비오톱, LID 기법과 우수침투저류시설 등 단위생태계 복원 기술을 소개하였고, 5절에서는 대체생태계 계획모델과 입지선정 및 계획, 6절에서는 자원기반 녹색복원의 다양한 접근 방법으로서 소규모 습지 등 생활권 생태자원의 보전 복원, 국토생태계 통합관리, 녹색정화와 브라운필드를 그린필드로 전환 복원하기 위한 기술과 사례를 설명하였습니다.

제6장 생태복원 설계 시공 기준 및 사업관리에서는, 원가산출을 위한 품셈 및 적산 기준, 원가산출, 공정관리, 품질관리, 원가관리 등 공사관리와 최적화 및 선형계획을 설명하였습니다.

제7장 생태복원의 미래에서는 4차 산업혁명과 기후위기 대응을 위한 스마트그린과 탄소중립 적용을 설명하였습니다. 기후변화와 탄소중립, 그린뉴딜과 녹색전환, 통합관리 및 성과평가, 표준화 및 실용화 등의 국내외 사례와 기법 등을 소개하였습니다.

[녹색복원 전문가를 위한 생태복원공학]은 이론에서 실무까지, 그리고 정책까지 모든 영역에 대한 의문과 해법을 담아내었기에, 대학 학부 상급생과 대학원생을 위한 교과서는 물론, 녹색복원 실무자를 위한 지침서, 녹색복원 정책 의사결정자를 위한 기준서로도 활용도가 높을 것입니다.

생태복원공학이라는 정제된 한 권의 책이 나오기까지 몇 번을 다시 쓰고 정리하고 또다시 쓰기를 반복하면서 소중한 분들의 격려와 도움으로 완성되었습니다. 함께 밤을 밝혀가며 고민하고 토론하면서 연구와 집필에 함께 하시고, 소중한 자료를 기꺼이 제공해주시고 또 정리해주신 많은 분들의 도움이 없었다면 결코 이 작업을 끝낼 수 없었을 것입니다.

상명대학교 대학원 스마트환경생태계획연구실, 국제생태문화포럼, 한국환경복원기술학회, 생태복원협회, 그리고 학문적으로 제도와 정책으로, 실무적으로 함께 하셨던 모든 분들께 감사드리며, 특별히 녹색복원 분야 그린뉴딜 특성화 대학원 지원 프로그램을 통해 연구와 집필을 마무리할 힘을 주신 환경부와 환경산업기술원에 감사드립니다.

2021.11

하늘아래 살기좋은 도솔의 땅 천안의 진산
태조산 안서골 상록관 연구실에서

구본학

HUMAN, NATURE & CULTURE

자연은 놀랍고 경외롭다.

자연은 스스로의 힘, 자연형성과정에 의해 유지될 때 그 기능을 가장 효과적으로 나타낼 수 있다. 이러한 자연형성과정은 경관과 생태계를 형성하는데 가장 핵심적인 역할을 한다.

생태복원Ecological Restoration은 인위적이거나 자연적인 원인에 의해 구조와 기능이 저하되거나 훼손된 생태계의 회복을 도와 훼손 이전의 본래의 모습으로 회복시키는 과정으로서, 인위적 노력을 담은 의도된 행위이며, 훼손 이전의 역사적 원생태계 또는 표준생태계 상태로 되돌리는 시도이다. 생태복원은 훼손된 생태계를 되돌리는 노력 외에도 생태적 질의 향상을 위해 새롭게 조성되는 생태계 또한 같은 개념으로 포함하고 있다.

생태복원은 훼손되었거나 조성된 생태계가 생태적 목표를 향해 스스로 진행할 수 있도록 도와주며 시작하는 과정으로서, 단기간에 달성되는 행위가 아닌 중장기적 전략이며, 복원 목표를 달성하기 위해서는 생태계가 스스로의 자연형성과정에 의해 회복될 수 있도록 지속적인 모니터링과 생태적 관리(적응관리, 순응관리)가 필요하다. 즉, 생태적 관리를 통해 복원된 생태계가 장래까지 지속적으로 건전하고 건강한 상태를 유지할 수 있고, 복원 목표에 도달할 수 있게 된다.

이러한 생태복원에는 건설 사업에 수반되는 생태계의 훼손을 최소화하고 생태자원을 현명하게 이용하기 위해 우수한 생태자원을 보전하고 훼손된 생태계를 복원하거나 대체생태계와 새로운 생태계를 조성하는 등의 전략을 포함한다.

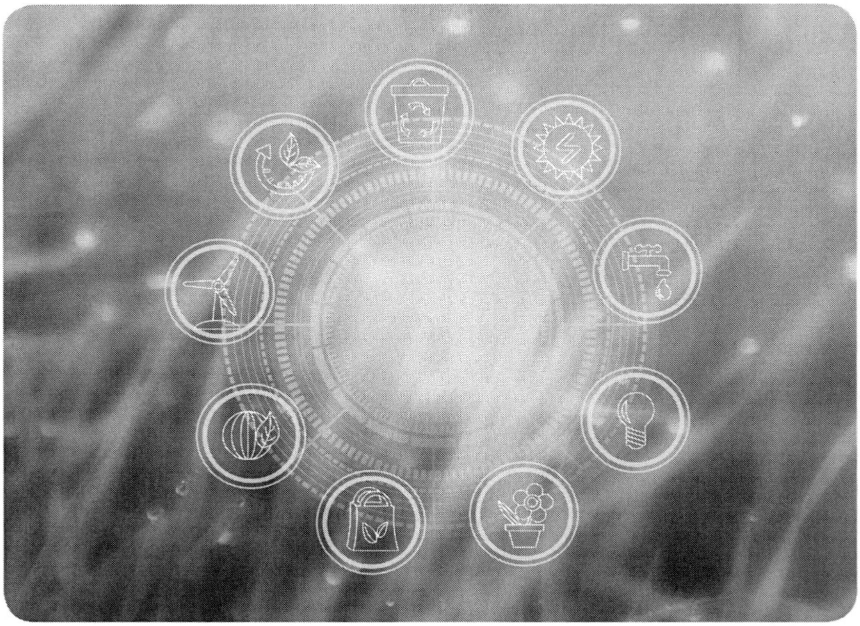

인위적인 훼손이나 자연 재해 등에 의해 훼손된 생태계는 서식 동식물이 제거되거나 이동하여 사라짐은 물론 생육기반이 소멸되고 나아가 구조적 안정성도 보장되지 못하게 된다. 또한 자연의 힘에 의한, 자연형성 과정에 의한 식생 재생 나아가 생태복원은 쉽지 않기 때문에 일정한 범위에서 인위적인 도움이 필요하고, 자연의 회복력만으로 식생의 재생이 어려운 장소에는 적극적인 생육환경의 정비나 식물의 도입을 통해 자연생태계 재생하고 창출하여야 한다.

그러므로 생태복원은 단순한 녹화 또는 식생을 도입하는 것이 아닌 구조적 기능적 안전성 확보, 복원을 위한 기반 조성, 복원 대상지의 환경조건에 부합되는 식생 도입, 야생동물 서식처 조성, 생물다양성 확보 등을 고려한 복합적 지식과 경험을 필요로 하는 융복합적 접근방법을 취하게 되는 것이다.

CONTENTS

Chapter 03 생태복원을 위한 조사·분석·평가

Chapter 04 생태복원 과정

CHAPTER 01

생태복원 개념 및 특성

1절 생태복원 개념

1 생태복원 개요

1.1 생태복원이란?

생태복원(Ecological restoration)은 자연적, 인위적인 원인으로 구조와 기능이 저하되거나 훼손된 생태계의 회복을 도와, 훼손 이전 상태 또는 유사한 상태의 서식처와 생물종 등의 구조와 기능으로 되돌리는 의도된 행위이며, 훼손 이전의 생태적 흔적 또는 표준생태계 상태로 되돌리는 시도이다. 여기에는 자연적 훼손은 물론 인위적인 생태계의 훼손을 최소화하고 생태자원을 현명하게 이용하기 위해 우수한 생태자원을 보전하고 훼손된 생태계를 복원하거나 대체생태계를 조성하는 등의 전략을 포함한다.

즉, 생태복원이란 생태계의 기능이 저하되었거나 손상을 입었거나 변형되었거나 상당부분 파괴된 상태의 생태계를 훼손 이전의 상태로 회복시키기 위한 노력과 과정을 말하며(SER 2004), 자연생태로 회복되는 출발점이며 구동력(driving force)으로서 일정한 노력이 투입되는 의도적 행위라고 할 수 있다. UNEP(2019)에서는 경관, 호수 및 바다와 같은 생태계의 악화를 되돌려 생태 기능을 회복하는 과정으로서 사회의 요구를 충족시키기 위해 생태계의 생산성과 역량을 향상시키며, 남획된 생태계의 자연 재생을 허용하거나 나무와 기타 식물을 심어서 수행할 수 있다고 하였다.

생태계의 훼손은 인위적인 직간접적 원인에 의해 기능이 저하되거나 훼손, 변형 또는 심각한 파괴 등을 의미하며, 때로는 산불, 홍수, 폭우, 심지어 화산폭발 등 자연적 원인에 의해 발생되기도 한다. 자연생태계 훼손은 인간에 의해 변형되거나 생태계서비스와 생물다양성 사이에서 선택적(trade-off)으로 발생된다. 즉, 토지이용강도가 높아질수록 훼손이 심해지고, 다양한 생태계서비스와 생물다양성들이 인간 활동과 선택에 의해 훼손되고 감소되게 된다.

UNEP(2021)에서는 생태계 복원은 훼손되거나 파괴된 생태계의 복구를 지원하고 아직 온전한 생태계를 보전하는 것이라고 정의하였으며, 더 풍부한 생물다양성을 가진 더 건강한 생태계는 더 많은 비옥한 토양, 더 많은 목재와 물고기의 수확량, 더 많은 온실가스 저장과 같은 더 큰 이점을 제공한다고 강조하였다. 아울러 지금부터 2030년 사이에 3억5천

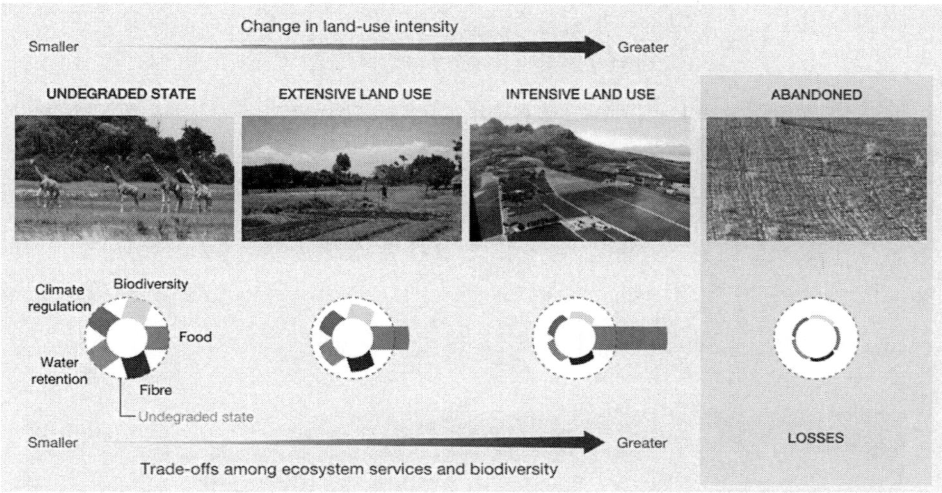

그림 1-1 인간에 의한 토지이용변화와 생태계서비스 변화와 훼손 (자료 : IPBES)

만ha의 훼손된 육상 및 수생 생태계를 복원하면 생태계서비스에서 9조US$를 창출할 수 있으며, 복원은 또한 대기에서 13~26Gt의 온실가스를 제거할 수 있다. 즉, 생태복원의 경제적 이점은 투자 비용의 9배를 초과하는 반면, 조치를 취하지 않는 경우 생태계 복원보다 비용이 최소 3배 더 많이 든다고 하였다.

생태복원은 단순한 녹화 또는 식생을 도입하는 것이 아닌 지반 안전성 확보, 기반 조성, 식생 도입, 서식처 조성, 생물다양성 확보 등을 고려한 복합적 지식과 경험을 필요로 하는 융복합 기술이라고 할 수 있다. 현실적으로 생태복원은 생태계를 역사적 궤적에 따라 되돌리는 노력을 의미하며, 역사적 흔적은 복원을 위한 매우 중요한 단서를 제공해주게 된다.

이때 복원된 생태계는 훼손 이전으로 그대로 돌아갈 필요는 없는데 그 이유는 자연형성 과정에 의해 환경적 제한 요인들에 의해 생태계의 발전 방향이 수정되는 경우가 많기 때문이다. 그런데 정교한 복원 기술 적용에도 온전한 복원은 매우 어렵거나 심지어 불가능할 수 있으며, 그 결과 대체생태계라는 개념이 성립될 수 있다.

일반적인 복원의 방향과 범위는 생태계의 기초정보와 훼손된 생태계의 훼손 이전의 물리적 구조, 구성 및 기능을 종합하여 융복합적으로 진행된다. 그 외에도 건전한 생태계에 대한 연구와 지역 환경 조건에 대한 정보, 그리고 생태적, 문화적, 역사적 생태자원에 대한 표준적인 분석 연구들이 중요하며, 이러한 자료들은 서로 복합적으로 영향을 끼쳐 생태계의 역사적 흔적이나 표준화된 생태적 전형으로서 생태복원의 근간이 되어 생태계의 건강성과 완전성을 보장할 수 있는 단서가 될 수 있다.

생태복원은 토지나 자원이 장기간의 형성과정을 통해 이루어질 수 있는 일종의 약속과도 같은 것으로서, 진행 과정에서 개별적인 의사결정보다는 다수의 이해관계자가 함께 참여하여 논의하고 결론을 이끌어내는 공동의 의사결정이 존중되고 이에 따라 시행하는 것이 바람직하다.

성공적인 생태복원을 유도하고 생태계의 건강성을 회복하기 위해서는 과학적이고 체계적인 복원계획이 수립되어야 하며, 생태적 형성과정(ecological process)에 입각한 적응관리(또는 순응관리)와 모니터링이 수반되어야 한다. 특히 서로 인접한 생태계가 복합된 경관일수록 체계적인 복원계획이 더 중요한 전제조건이 될 수 있다.

그림 1-2 생태복원은 토지나 자원이 장기간의 형성과정을 통해 이루어질 수 있는 일종의 약속
(대청댐 수위변동구간 복원 사례)

한편, 생태계 훼손은 대부분 복합적이고 다양하며 장기적 원인에 의해 발생되며, 생태계 구성 요소들이 상당부분 사라진다. 경우에 따라서는 불명확한 원인에 의해 생태계의 천이가 멈추고 나아가 생태적 형성과정을 통한 회복도 기약없이 제한되는 경향을 보이기도 한다. 생태계 건강성을 위협하는 요인으로는 서식처 분절화, 화재, 홍수, 포식자/피식자 변동 등 자연형성과정을 방해하는 요소, 지구온난화, 생태계 교란 동식물 등을 들 수 있으며, 이와 관련하여 보호구역 관리의 핵심은 보호구역 내 생태계 건전성과 건강성을 유지하기 위해 이용자 관리, 자연적 교란, 수문환경, 토양, 외래종 침입과 자생종 피압 등을 관리하는데 있다.

아울러 과거의 교란 흔적, 경관의 문화적 형성과정, 동시대의 제약과 기회성 등이 복원 프로젝트의 다양성에 영향을 주는 요인이 된다. 단순한 조건에서는 복원은 특정의 교란 요인을 제거하거나 조정함으로써 가능하게 되는데 이런 경우 단순한 생태적 형성과정에 의해 독립적인 복원이 가능할 수 있다.

예를 들면 하천에 축조된 보를 제거함으로써 과거의 홍수 범람 상태로 되돌릴 수 있게 된다. 반면에 복잡한 환경에서는 좀 더 신중한 접근이 요구되는데, 실현 가능성을 극대화하기 위해서는 물순환시스템의 변화, 사라진 토착종의 재이입이라든가 위해종 및 외래종의 제거 등 훼손요인을 제거하고 조절하는 과정 및 모니터링, 평가 등이 필요하게 된다.

생태복원의 목표는 생태계가 일정한 과정을 거쳐 원래의 생태계로 되돌아가는 과정을 시작하고 용이하게 하도록 목표를 설정하는 것이 바람직하다. 이렇게 일정한 회복과정이 시작되면 생태계는 외부의 도움이나 영향 없이도 스스로 생태적 건강성과 건전성을 회복할 수 있는 역동성을 갖게 되며, 이런 경우 생태복원의 목표를 성공적으로 달성한 것으로 간주할 수 있다.

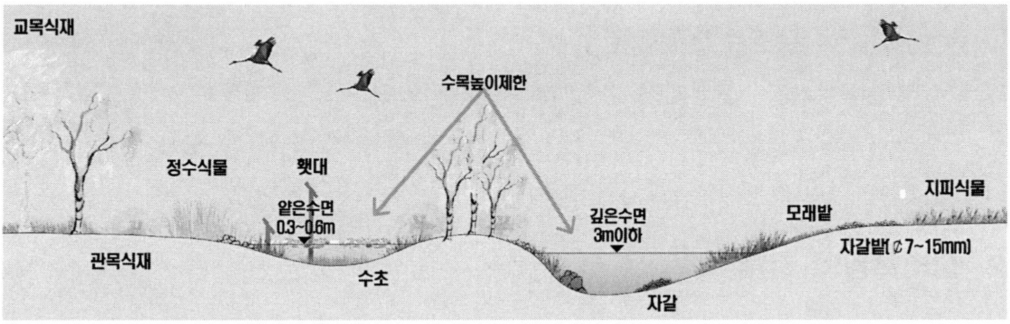

그림 1-3 조류의 생활사를 반영한 서식처 조성 모델 (구본학, 2007)

이렇게 인위적으로 복원된 생태계는 지속적인 유지관리를 통해 종의 우연적 이입을 억제하고 인위적 영향과 기후변화 및 예측하지 않았던 영향 등을 억제할 필요가 있다. 복원된 생태계는 같은 유형의 온전한 생태계와 다를 바 없으며, 이들은 같은 수준의 생태계 관리를 필요로 하게 된다.

생태계 복원과 생태계 관리는 일종의 연속체와 같아서 유사한 유형의 환경압을 받게 되지만 이들은 미묘한 차이를 갖는다. 생태복원은 회복을 도와주거나 시작하는데 목표를 두게 되며 반면에 생태계 관리는 복원된 생태계가 이후로 지속적으로 건강 상태를 유지할 수 있도록 보장하는 수단이 된다. 어떤 유형의 생태계는, 특히 개발도상국에서, 여전히 전통적이고 지속가능한 문화적 기법에 의해 관리되고 있다. 이러한 전통적 생태계에는 문화적 기법과 생태적 형성과정 사이에 서로 상호관련성이 있고, 인위적 노력에 의해 생태계 건강성과 지속성을 더욱 강화할 수 있다.

결국, 생태복원이라 함은 "기능이 저하되고 훼손되었거나 파괴된 생태계가 회복될 수 있도록 도와주는 과정"이라고 정의할 수 있으며, "생태계의 건강성, 건전성, 지속성 등을 회복하기 위한 과정을 시작하고 정상적인 과정으로 진행되도록 가속하거나 도와주는 의도적인 행위"이며 "복원 행위를 통해 훼손 이전의 원 상태의 생태계"로 돌아가는 것이 목표라고 할 수 있다(SER 2004 : Clewell and Arson (2007).

또한 The National Research Council (NRC)에 의하면 생태복원은

- 교란되기 이전의 상태와 유사한 생태계로 되돌아가는 행위
- 교란이전의 생태적 기능, 물리적, 화학적, 생물학적 특성을 회복하는 행위
- 개별적인 행위나 요소만으로는 달성할 수 없는 총체적 형성과정

등의 특성을 지니고 있다.

이러한 생태복원의 정의는 초기에는 복원 과정 및 목표 달성에 중점을 두었다면 후기에는 자연 스스로 회복될 수 있도록 도와주는 과정에 초점이 있다. 즉, 생태복원 과정은 궁극적으로 자연형성과정 및 생태적 형성과정에 의해 자연 스스로 진행하는 것으로서, 인위적인 생태복원은 자연이 훼손 이전의 원 생태계라는 정상적인 목표를 향해 회복을 진행할 수 있도록 시작하고 도와주고 관리하는 행위라고 할 수 있다.

1.2 생태복원의 전제

생태복원은 훼손된 생태계가 생태적 형성과정에 의해 스스로 생태계 기능을 유지할 수 있도록 복원하는 과정으로서 생태학적 지식과 경험을 다루는 생태학, 조경학, 식물학, 수

문학, 토양학 등 다학제적이고 융복합적 학문적 배경을 필요로 한다. 이러한 학문분야의 통합적 접근을 통해 생태학적 이론에 근거를 둔 복원이론, 가설설정, 복원 기술 개발 및 시공, 순응적 관리 및 모니터링 등 생태계를 건강하고 건전하게 복원하기 위한 목표를 달성할 수 있게 된다. 결국 생태복원은 생태학적 지식과 이론을 실험하고 검증하는 실증적 절차이기도 한 것이다.

이러한 복원이 필요한 생태계는 생태기능 저하가 진행되고 있는 모든 유형의 생태계에게 복원이 필요하며, 이러한 복원은 생태계의 기능과 가치를 증진시키는 목적을 포함하고 있다.

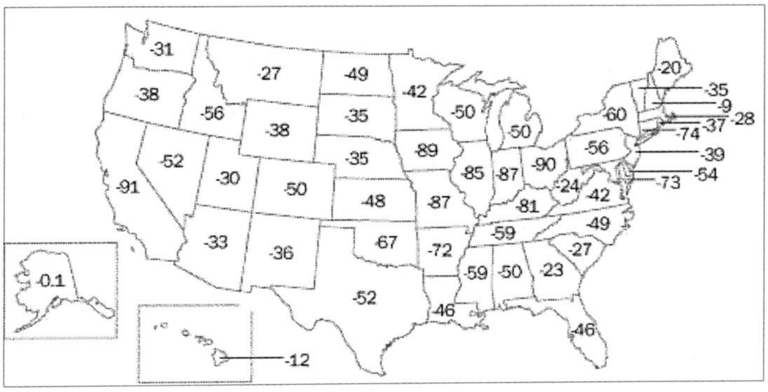

그림 1-4 1780-1980 미국의 습지 손실(단위 %)
(자료 : http : //water.epa.gov/type/wetlands/vital_status.cfm)

예를 들면, 습지, 하천 등의 수생태계와 관련하여, 미국의 50% 습지가 손실되었고, 캘리포니아주의 경우 90%의 습지가 사라졌다(그림 1-4).

IPBES(2018)에 의하면 전 세계 생물다양성은 2010년까지는 이미 34%가 소멸되었다고 평가되며, 2050년까지는 38~46%에 이를 것으로 예상된다고 보고하였다.

플로리다의 에버글레이즈 습지로 유입되는 키시미강의 경우 주운이 가능한 운하를 설치하고 홍수범람을 저감시키기 위해 수로를 통해 대서양과 카리브해로 배수시켰으며 아울러 하도를 직강화함으로써 하류의 에버글레이즈 습지에 유입되는 물의 양이 급격히 줄었고 그 결과 생물종의 90%가 사라지는 생태계 교란의 원인이 되었다. 지금 에버글레이즈 습지는 하도 복원 등 생태계 복원을 위해 수십억 달러의 비용을 지불하고 있다.

이러한 복원이 성공하기 위해서는 과학적 지식과 기술, 법적 토대, 사회적 합의 등이 요구된다.

앞에서 설명한 바와 같이 생태복원은 생태계 스스로 생태적 건정성을 회복하고 관리할 수 있도록 인위적인 노력을 통해 도와주는 과정이다. 이러한 생태적 건전성에는 생물다양성, 생태학적 형성과정, 생태계의 구조와 기능의 회복, 지역적 맥락과 역사적 흔적, 지속성과 문화적 실천과제를 포함한다. 단순히 인위적인 수단을 통해 자연생태계와 유사한 형태를 만드는 것을 넘어, 인위적 에너지를 투입함으로써 생태계가 갖는 고유의 구조와 기능을 회복하거나 새롭게 만드는 과정을 포함한다.

그러므로 생태복원의 목적을 달성하여 건전한 생태계를 구축하기 위해서는 몇 가지 기본 방향 및 원칙이 설정되어야 한다. 예를들어 미국 환경부에서 정한 수자원분야 생태복원 가이드라인(USEPA, 2000)에 근거하여 생태복원으로 일반화하여 기본 원칙을 설정하면 다음을 포함한다.

- *생태자원의 보존과 보호 Preserve and protect ecosystem resources*
- *본래의 생태계로의 생태적 건전성 복원 Restore ecological integrity*
- *자연생태계 구조 복원 Restore natural structure*
- *자연생태계 기능 복원 Restore natural function*
- *유역 및 광역 경관단위 차원의 접근 Work within the watershed and broader landscape context*
- *유역 및 생태권역의 생태적 잠재력에 대한 이해 Understand the natural potential of the watershed and ecological districts*
- *진행 중인 훼손의 원인에 대한 진단 Address ongoing causes of degradation*
- *명확하고 달성 가능하며 측정 가능한 목표 설정 Develop clear, achievable, and measurable goals*
- *실천가능성 강조 Focus on feasibility*
- *표준생태계의 설정 활용 Use a reference site*
- *장래 변화의 예측 Anticipate future changes*
- *다학제 융복합적 기술과 다양한 시각의 통합 적용 Involve the skills and insights of a multi-disciplinary team*
- *자기지속성을 위한 설계 Design for self-sustainability*
- *자연형성과정에 의한 복원(수동적 복원) Use passive restoration, when appropriate : "Time heals all wounds"*
- *외래종 회피 및 자생종 복원 Restore native species and avoid non-native species*
- *자연 치유 및 생명공학 기술의 이용 Use natural fixes and bioengineering techniques, where possible*
- *변화에 대한 모니터링 및 적응 Monitor and adapt where changes are necessary*

생태복원은 자연자원을 오용하거나 잘못 관리한데서 초래되는 환경적 훼손으로부터 회복될 수 있다는 기대를 목표로 하고 있다. 이러한 생태복원의 결과 생태적 가치를 증진시키는 효과를 거둘 수 있다(SER 2004).

- *서식처의 다양화 및 증진*
- *생물다양성의 유지 및 향상*
- *지역에 기반을 둔 지역주민을 위한 문화적 전통의 보존*
- *탄소 저장 및 대기 중 이산화탄소의 저감*
- *물순환의 건전성을 지속적으로 유지하기 위한 강수량의 유지*
- *표토의 형성 및 침식방지를 위한 기반 안정*

2 생태복원 흐름

2.1 국제적 흐름

2.1.1 다보스포럼과 생태복원

다보스포럼(Davos Forum)에서는 "빠른 시일 내에 급격한 기후변화, 환경악화, 광범위한 생물다양성 손실이라는 현재 궤적을 중지하고 되돌리지 않는다면, 세계 경제는 그 자체로 부정적인 결과를 겪게 될 것이다. 지구를 구하기 위해서 성장을 멈추는 것이 아니며, 가속화된 자연의 파괴는 세계 경제를 해칠 뿐만 아니라 결국 인류를 포함한 지구상의 많은 생명체를 위협할 수 있다."라고 말하고 있다.

글로벌 리스크

다보스포럼에서는 세계적 위협이 되는 글로벌 리스크를 향후 10년 내 발생 가능성 측면과 파급영향력 측면으로 구분하여 각각 선정 발표하고 있다. 글로벌 리스크는 전 세계 지도자, 의사결정자들의 설문을 통해 최근 나타나는 글로벌 리스크 요인들을 제시한다. 해마다 부분적인 차이는 있지만 전체적으로 생태환경문제가 60~70%에 이르며 더구나 대부분 장기간에 걸쳐 지속적으로 상위권에 자리하고 있어, 전 지구적으로 생태환경문제가 인류의 생존과 경제발전에 가장 위협적인 문제로 인식되고 있음을 알 수 있다.

2011 글로벌 리스크에서는 경제, 지정학, 환경, 사회, 기술의 5개 분야 37개 글로벌 리스크를 제시하고 있다.

- 향후 10년 내 발생 가능성 : 폭풍/태풍/홍수 등 자연재해, 생물다양성 손실, 기후변화, 부패, 경제 불균형, 인구분포 위험, 불법무역, 수자원 안보, 에너지 변동성, 인구이주, 대기오염 등

- 파급영향력 : 재정위기, 기후변화, 지정학적 갈등, 에너지변동성, 경제불균형, 자산가치/유동성, 대량 살상무기, 글로벌 거버넌스, 수자원안보, 자연재해, 생물다양성 손실, 대기오염 등

그림 1-5 글로벌 위기 변화. 경제위기에서 환경위기로 (자료 : 다보스포럼)

2019년의 경우 전 세계를 위협할 가능성이 가장 높은 세 가지 요인으로 기상이변, 기후변화 대응 실패, 자연재해 등을 지목하였고, 그 외에도 데이터 사기, 사이버 공격 등이 거론되었다. 파급력이 높은 5가지 요인에서도 대량 살상무기, 기후변화 대응 실패, 자연재해, 수자원 위기 등을 들었다.

2020년의 경우 '화합하고 지속가능한 세계를 위한 이해당사자'라는 주제로 생태계, 경제, 기술, 사회, 지정학, 산업 등 6개 분야로 진행되었으며, 기후변화가 가장 큰 이슈로 대두되면서 생태계 분야에 관심이 집중된 바 있다. 특히 전 세계에서 창출되는 경제 가치의 절반 이상이 생태계 파괴 위험에 노출되고 있으며 이는 곧 경제 손실로 직결될 수 있다는 위기의식에서 다보스 포럼의 최우선 아젠다로서 지구온난화와 기후변화, 종다양성 감소 등을 예상하였다.

2021년의 경우는 생태환경 이슈가 가장 위협적인 요인이었으며, 일시적인 현상으로 코로나19와 관련된 이슈가 새롭게 대두되었다. 특히, 기후변화 대응 실패, 전염병 확산, 생태 다양성 소실, 인간에 의한 환경 파괴, 극심한 기상이변, 생계 위기 등은 향후 10년 이내 가능성 측면과 파급 영향력 측면에서 모두 심각한 위기로 거론되었다.

2022년의 경우 기후 대응 실패, 극한 날씨, 생물다양성 손실, 천연자원 위기, 인간의 환경 파괴 등이 글로벌 위협요인으로 제시되었다. 지난 15년간 글로벌 리스크 5대 이슈로 경제 이슈는 사라지고 기후환경 이슈가 가장 위협적인 리스크로 자리 잡아 점차 기후환경 위기가 심각한 위협 요인으로 강조되고 있다.

환경성과지수(EPI)

2018년의 경우 62.80점으로서 60위를 기록했으나 생태계 활력도 78위, 생물다양성 및 서식처 144위, 종보전지수 121위, 기후변화와 에너지 110위 등 평균에 비해 생태계 분야 환경성과지수가 매우 낮게 나타났다.

기존에 비해 세부항목이 일부 변동된 2020년에는 66.5점으로서 전 세계에서는 28위로 나타났다. 세부적으로는 환경보건 27위, 생태계 활력도 39위, 생물다양성 및 서식처 84위, 생태계서비스 100위 등 전반적으로 생태계 분야의 환경성과지수가 낮게 나타나고 있다.

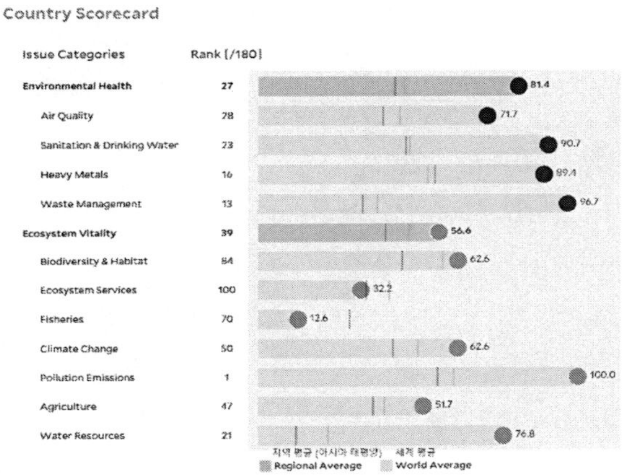

그림 1-6 환경성과지수 국가별 점수와 순위

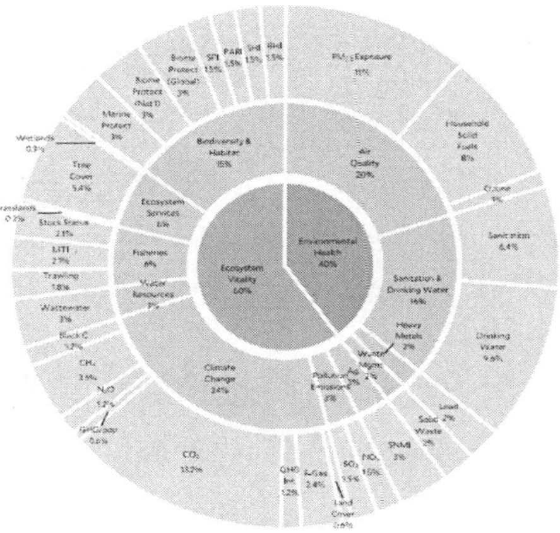

그림 1-7 환경성과지수 항목별 가중치
(자료 : 다보스포럼)

COUNTRY	EPI RANKING	ENVIRONMENTAL PERFORMANCE INDEX	ENVIRONMENTAL HEALTH	ECOSYSTEM VITALITY
South Korea	60	62.30	73.30	54.96

Air Quality	119	61.19
PM2.5 Exposure	174	30.21
Water and Sanitation	20	96.52
Sanitation	1	100.00
Ecosystem Vitality	78	54.96
Biodiversity and Habitat	144	46.66
Species Protection Index	121	54.37
Climate and Energy	110	46.75
CO2 Emissions Intensity - Total	138	32.40
N2O Emissions Intensity	108	49.57

그림 1-8 환경성과지수 2018 (자료 : Davos Forum)

2.1.2 UN SDGs와 생태복원

UN은 2016년~2030년에 전 세계가 공동으로 추진해나갈 지속가능개발목표(SDGs)를 승인하고 17개 목표를 제시하였다. 17개 목표 중 Goal 3(건강과 웰빙), 10(불평등 완화), 11(지속가능한 도시와 커뮤니티), 13(기후변화 대응), 14(해양 생태계), 15(육상 생태계) 등이 생태복원 개념과 직간접적 연계를 이루고 있다.

1) UN SDGs 3 건강과 웰빙

유해화학물질, 대기나 물, 토양오염으로 인한 사망과 질병 감소

2) UN SDGs 10 불평등 완화

사회적 포용 증진 등 불평등 감소

3) UN SDGs 11 지속가능한 도시와 커뮤니티

도시의 회복력 회보 및 접근가능한 녹지환경 조성

4) UN SDGs 13 기후변화(기후행동)

온실가스 감축 및 적응

그림 1-9 UN SDGs 17개 목표 (자료 : 환경부)

5) UN SDGs 14 해양생태계 보전

대양, 바다, 해양자원의 보전과 지속가능한 이용

6) UN SDGs 15 육상생태계 보호

지속가능한 육상생태계 이용을 보호·복원·증진, 삼림을 지속가능하게 관리, 사막화 방지, 토지 황폐화 중지 및 복구, 생물다양성 손실 중단

2.1.3 생물다양성협약(CBD)과 아이치목표 Aichi Target

생물다양성협약(Convention on Biological Diversity, CBD)은 1992년 브라질 리우데자네이루에서 열린 유엔환경개발 회의에서 기후변화협약, 사막화방지협약과 함께 채택된 3대 국제협약이다.

생물다양성의 보전, 생물자원의 지속가능한 이용, 생물자원의 이용에서 얻는 이익의 공정하고 공평한 분배를 목적으로 하고 있다. 1992년 6월 5일 리우 정상회의에서 채택, 1993년 12월 29일에 발효되었으며, 협약에 가입한 당사국은 2015년 10월 기준 196개국

(EU 포함)이다. 우리나라는 1994년 가입, 1995년 발효되었다.

2010년 일본 나고야에서 개최된 제10차 당사국 총회에서 '2011-2020년 생물다양성 전략계획'이 채택되어 10년간의 생물다양성협약의 이행을 위한 국가 및 국제적 지침이 제시되었다. 이는 생태계의 회복력을 높이고 생물다양성 손실을 줄이기 위한 5개의 전략목표와 20개의 세부목표(아이치 타겟)로 구성되어 있다.

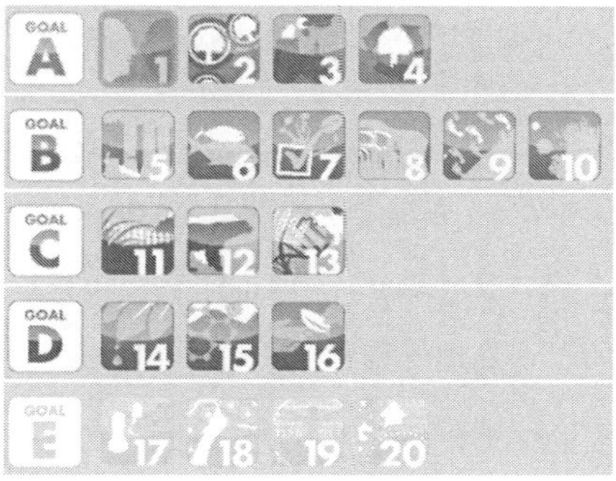

그림 1-10 아이치타겟 앱

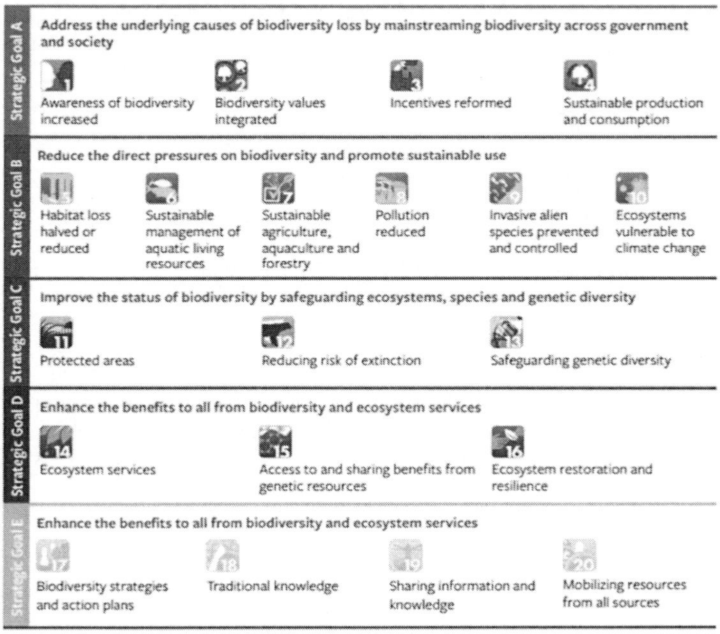

그림 1-11 아이치목표 5개 전략목표 및 20개 세부과제 (자료 : CBD)

- 비전
  - 자연과 조화로운 삶을 영위하며, 2050년까지 생물다양성은 가치가 증진되고 보전되고 현명하게 이용되어야 하며 생태계서비스 관리, 지속가능한 건강한 지구와 인류에게 필수적인 편익을 제공한다.

- 전략목표(Strategic Goal) A : 생물다양성 논의를 정부 및 사회 전반에 주류화해서 생물다양성 손실의 근본 원인들에 대처한다(Address the underlying causes of biodiversity loss by mainstreaming biodiversity across government and society).

- 세부목표(target) 1 : 사람들이 생물다양성의 가치와 그것의 보존 및 지속가능한 이용을 위하여 취할 수 있는 조치를 인식한다.
- 세부목표(target) 2 : 생물다양성의 가치들이 국가 및 지역 발전, 빈곤 감소 전략 및 계획수립 과정에 통합되고, 적절하게 국가 회계 및 보고 시스템에 편입된다.
- 세부목표(target) 3 : 부정적인 영향을 최소화하거나 없애기 위하여 생물다양성에 해로운 보조금 등과 같은 인센티브를 없애거나 줄이거나 또는 개혁하고, 생물다양성의 보존과 지속가능한 이용을 위한 긍정적인 인센티브를 국가의 사회경제적 조건을 고려하여, 협약 및 다른 관련 국제 규범에 맞게, 개발하고 적용한다.
- 세부목표(target) 4 : 정부, 기업 및 모든 차원의 이해당사자는 지속가능한 생산과 소비를 위한 계획의 달성 또는 이행을 위한 조치를 취하고, 천연자원의 이용의 영향을 안전한 생태적 한계 내로 잘 제한한다.

• 전략목표 B : 생물다양성에 대한 직접적 손실 압력을 줄이고, 지속가능한 이용을 촉진한다. (Reduce the direct pressures on biodiversity and promote sustainable use)

- 세부목표(target) 5 : 숲을 포함한 모든 자연서식지의 손실 비율을 최소한 반감하고, 실현가능한 곳에서는 0에 가깝게 하며, 황폐화와 파편화를 뚜렷하게 줄인다.
- 세부목표(target) 6 : 모든 어류와 무척추동물 및 수생식물을 지속가능하고 합법적으로 관리 및 수확하며 생태계에 기반한 접근법을 적용하여 남획을 피하고, 고갈된 모든 종에 대한 회복 계획과 조처가 적절하게 취해져서 어업이 멸종위기종과 취약한 생태계에 심각한 부정적인 영향을 미치지 않으며, 군집, 종 및 생태계에 대한 어업의 영향이 안전한 생태적 한계 내에 있도록 한다.
- 세부목표(target) 7 : 농업, 양식 및 임업 지역이 지속가능하도록 관리되어 생물다양성 보존을 확보한다.
- 세부목표(target) 8 : 과도한 영양을 포함한 오염이 생태계의 기능과 생물다양성에 해롭지 않는 수준으로 가져간다.
- 세부목표(target) 9 : 침입외래종과 경로를 확인하고 우선순위에 놓으며, 우선순위 종을 관리 또는 박멸하고, 침입외래종의 유입과 정착을 방지하는 방안을 시행한다.
- 세부목표(target) 10 : 기후변화 또는 해양 산성화에 의해 영향을 받는 산호초 및 기타 취약한 생태계에 대한 다양한 인위적 압력을 최소화하여 본래의 모습과 기능을

유지하도록 한다.

- 전략목표 C : 생태계, 생물종, 유전자원 다양성을 지킴으로써 생물다양성 상태를 개선한다. (To improve the status of biodiversity by safeguarding ecosystems, species and genetic diversity)
  - 세부목표(target) 11 : 최소한 17%의 육상 및 내수면, 10%의 해안 및 해양 지역 특히 생물다양성과 생태계서비스를 위해 특별히 중요한 지역이 효과적이고 공정하게 관리되고, 생태적으로 대변되며 보호구역 시스템 및 다른 효과적인 지역 기반 보존 조치와 잘 연결되며 더 광범위한 육상 및 해상 경관에 통합된다.
  - 세부목표(target) 12 : 알려진 멸종위기종의 멸종을 막고, 특히 가장 감소하는 종의 보존 상태를 개선시키고 유지한다.
  - 세부목표(target) 13 : 문화적으로 가치있는 종뿐만 아니라 사회경제적으로 가치있는 다른 종을 포함한 경작식물, 사육 및 가축화된 동물, 그리고 야생의 유사종의 유전적 다양성이 유지되고, 유전적 침식을 최소화하고 유전적 다양성을 지키기 위한 전략을 개발하고 이행한다.

- 전략목표 D : 생물다양성 및 생태계서비스로부터 받는 혜택을 증진한다. (Enhance the benefits to all from biodiversity and ecosystem services)
  - 세부목표(target) 14 : 여성, 토착 및 지역 공동체, 가난한 사람들, 취약계층의 필요를 고려하여, 물과 관련된 서비스를 포함하여 필수적 서비스를 제공하며, 건강, 생계 및 참살이에 기여하는 생태계를 복원하고 보호한다.
  - 세부목표(target) 15 : 황폐화된 생태계의 최소 15% 회복을 포함한, 보존과 복원을 통하여 생태계의 회복력과 탄소 저장에 대한 생물다양성의 기여를 향상시켜서, 기후변화 완화와 적응 및 사막화 방지에 기여한다.
  - 세부목표(target) 16 : 유전자원으로의 접근과 활용으로부터 발생하는 이익의 정당하고 공정한 공유에 관한 나고야 의정서가 유효하며 국가 법률과 일치하여 작용한다.

- 전략목표 E : 참여형 계획, 지식 관리, 역량 강화를 통해 실행력을 강화한다. (Enhance implementation through participatory planning, knowledge management and capacity building)
  - 세부목표(target) 17 : 각 당사국은 효과적이고 참여적이며 업데이트된 국가생물다양성전략 및 행동계획을 개발하고, 정책 도구로서 채택하며, 이행하기 시작한다.
  - 세부목표(target) 18 : 생물다양성의 보존과 지속가능한 이용과 관련된 전통지식, 혁

신, 토착 및 지역 공동체의 관행, 그리고 생물학적 자원의 관습적인 이용 국가 법률과 관련 국제 규범에 따라 존중받으며, 협약의 이행에 있어, 관련된 모든 차원에서, 토착 및 지역 공동체가 완전하고 효과적으로 참여하는 가운데, 협약의 이행에 있어 완전히 통합되고 반영된다.

- 세부목표(target) 19 : 생물다양성과 생물다양성의 가치, 기능, 상태 및 경향, 그리고 생물다양성 상실의 결과와 관한 지식, 과학 기반 및 기술이 개선되어 널리 공유되고, 이전되며, 적용된다.
- 세부목표(target) 20 : 2011-2020 생물다양성 전략계획의 효과적인 이행을 위한 모든 재원으로부터의 재정 동원이 자원 동원 전략에서 통합 및 합의된 과정에 따라 현재의 차원으로부터 충분히 증가해야 한다. 이 목표는 당사국이 만들어 보고하는 자원 필요 평가에 따라 변경될 수 있다.

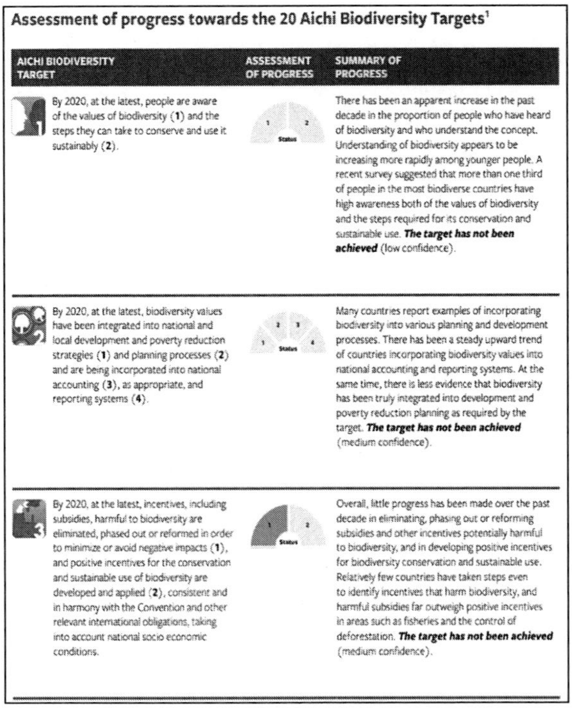

Assessment of progress towards the 20 Aichi Biodiversity Targets[1]

AICHI BIODIVERSITY TARGET	ASSESSMENT OF PROGRESS	SUMMARY OF PROGRESS
1 By 2020, at the latest, people are aware of the values of biodiversity (**1**) and the steps they can take to conserve and use it sustainably (**2**).	1 2 Status	There has been an apparent increase in the past decade in the proportion of people who have heard of biodiversity and who understand the concept. Understanding of biodiversity appears to be increasing more rapidly among younger people. A recent survey suggested that more than one third of people in the most biodiverse countries have high awareness both of the values of biodiversity and the steps required for its conservation and sustainable use. ***The target has not been achieved*** (low confidence).
2 By 2020, at the latest, biodiversity values have been integrated into national and local development and poverty reduction strategies (**1**) and planning processes (**2**) and are being incorporated into national accounting (**3**), as appropriate, and reporting systems (**4**).	1 2 3 4 Status	Many countries report examples of incorporating biodiversity into various planning and development processes. There has been a steady upward trend of countries incorporating biodiversity values into national accounting and reporting systems. At the same time, there is less evidence that biodiversity has been truly integrated into development and poverty reduction planning as required by the target. ***The target has not been achieved*** (medium confidence).
3 By 2020, at the latest, incentives, including subsidies, harmful to biodiversity are eliminated, phased out or reformed in order to minimize or avoid negative impacts (**1**), and positive incentives for the conservation and sustainable use of biodiversity are developed and applied (**2**), consistent and in harmony with the Convention and other relevant international obligations, taking into account national socio economic conditions.	1 2 Status	Overall, little progress has been made over the past decade in eliminating, phasing out or reforming subsidies and other incentives potentially harmful to biodiversity, and in developing positive incentives for biodiversity conservation and sustainable use. Relatively few countries have taken steps even to identify incentives that harm biodiversity, and harmful subsidies far outweigh positive incentives in areas such as fisheries and the control of deforestation. ***The target has not been achieved*** (medium confidence).

그림 1-12 아이치목표 평가 (부분 발췌)

그림 1-13 아이치목표와 SDGs (자료 : CBD)

아이치목표 평가

제5차 지구생물다양성전망(The 5th Global Biodiversity Outlook)에서는 2010년 제10차 당사국총회에서 채택된 20개 아이치목표의 달성을 위한 노력과 그 결과를 최종 평가하였다.

- 각국의 생물다양성 관련 국가보고서 및 전략·실천계획을 분석해 아이치목표 달성 평가, 향후 방향 제시
- 아이치목표 중 완전히 달성된 것은 없으며, 침입 외래종 관리, 육상 해양 보호지역 확대, 유전자원 접근 및 이익공유(ABS) 이행 등 6개 목표에서 부분적 달성
- 1970년에 비해 현재 야생생물의 개체수는 1/3만 남았으며, 지속적으로 유전자 다양성도 감소하고 있을 뿐 아니라 생태계의 서비스 능력도 감소해 취약계층에게 영향
- 현재와 같은 토지·해상이용, 과잉개발, 기후변화, 침입 외래종 영향이 지속된다면 생물다양성은 계속 손실되어 지속가능발전목표(SDGs) 달성이 어려울 것임

WWF Global Statement

전 세계는 생물다양성 보호를 위해 10년 전 채택된 아이치목표(AiChi Targets)를 달성하는데 실패했다. 이로 인해 인간에 의한 자연 파괴를 막고 회복시키며 기후변화를 완화시키기 위한 노력에 악영향을 미칠 것이다. 결국 지속가능개발목표(SDGs) 달성도 어려워질 수밖에 없다.

그림 1-14 Global Biodiversity Outlook 5 보고서

인류는 전 세계를 덮친 전례 없는 팬데믹을 비롯해 점점 더 극심해지는 이상 기후, 그리고 최악의 산불을 겪고 있으며, 여전히 수많은 생물종이 감소하고 있다. 각국 정부는 지구 생태계의 다양성을 복원하기 위해 기업, 지역사회와 함께 자연과의 균형을 위한 재정비에 나서야 한다. 모든 구성원들의 권리와 가치를 존중하며 함께 나설 때, 지구와 인류의 지속 가능한 미래를 확보할 수 있다.

표 1-1 생물다양성 2050비전 목표 달성을 위한 실천 행동

실천행동	내 용
생태계 보전 강화	• 보호지역 연결, 효과적인 지역기반 보전, 훼손된 서식지의 대규모 복원 등 자연상태 개선
기후변화 완화	• 기후변화 적응의 중요한 요소인 '자연기반 해결책'을 활용해 기후변화로 인한 지구 온도 증가를 2℃ 이하로 유지
생물다양성	• 침입외래종, 오염 등 생물다양성 손실을 유발하는 압력을 해결하는 조치
지속가능한 생산	• 환경에 대한 부정적인 영향을 최소화할 수 있는 농업 방법 채택, 더 많은 토지를 경작지로 전환하는 압력 저감
지속가능한 소비	• 건강한 식단과 음식물 쓰레기 저감으로 식량 생산 수요 증가 및 생물다양성에 영향을 미치는 소비(임업, 에너지, 담수 공급 등)제한 등

WWF는 2030년까지 ▲서식지 파괴와 ▲생물다양성 손실을 막고 ▲생산 및 소비 방식의 생태발자국을 감축을 통해 자연을 회복시키는 긴급 조치를 요구한다. 미래의 또 다른 위기에 대처할 회복 능력을 강화하는 일이 어느 때보다 중요하며, 지금이 바로 '자연과 인류를 위한 뉴딜(New Deal for Nature)'이 필요한 시기이다.

생물다양성의 손실을 회복하고 SDGs를 달성하기 위해 전환을 위한 8가지 요소

- 도시·인프라 : 도시·인프라의 환경 영향을 저감하기 위한 '녹색 인프라' 배치 및 생태계 연결성, 도시의 생태계 의존성 등을 위한 공간 계획의 중요성 인식
- 토지·산림 : 온전한 생태계 보존, 생태계 복원, 황폐화 방지 및 역전, 토지 이용 변화 방지·감소·완화하기 위한 경관 수준의 공간 계획 채택
- 담수 : 자연·사람이 요구하는 물의 흐름 보장, 수질 개선, 산에서 바다까지 담수 시스템의 연결성 보호
- 어업·해양 : 지속가능성과 식량안보 등을 위해 해양·해안 생태계 보호·복원, 어업 재건, 양식 등 해양 사용 관리
- 농업 : 농업 생태학 등을 통해 농업 시스템을 재설계해 생산성을 높이고 생물다양성에 대한 부정적인 영향을 최소화
- 식량 : 음식 공급 및 소비와 관련된

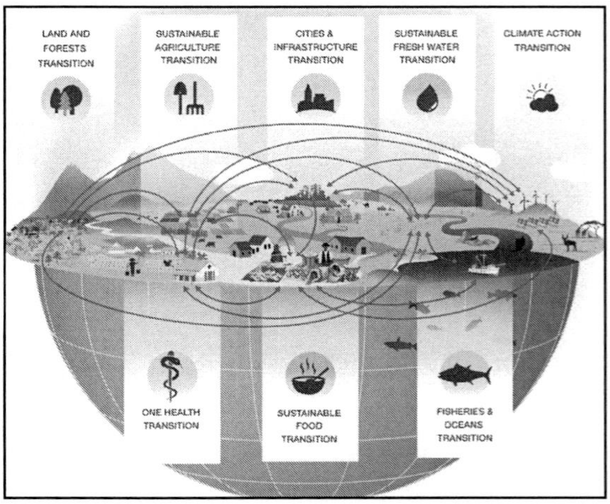

그림 1-15 생물다양성의 손실을 회복하고 SDGs를 달성하기 위해 전환을 위한 8가지 요소
(자료 : CBD)

쓰레기를 줄여 전 세계적 식량 수요 중심의 압력 저감 필요성 인식

- 기후행동 : 화석연료의 단계적 폐지, 회복력 있는 생태계를 통한 기후변화 적응력을 제고해 생물다양성의 부정적 영향 회피
- 원헬스(통합건강관리) : 농업·도시 생태계, 야생동물을 포함해 생태계 관리

2.1.4 UN Decade on Ecosystem Restoration(UNEP, 2021)

UNEP, FAO에서는 2021년 세계환경의 날에 앞으로 10년간을 목표로 생태복원 10년 계획을 수립하였다. 2021년을 기준으로 2030까지를 기후변화를 예방할 수 있는 마지막 기회로 판단하여 UN Decade를 수립하고 생태계 복원 유형을 구분하고 핵심 전략을 제시하였다.

생태계 보존으로 보완된 효율적이고 지속 가능한 생태계 복원은 전 세계 농업 지역과 산, 숲, 습지, 해안선 및 바다에 걸쳐 17가지 지속 가능한 개발 목표(SDGs) 모두에 크게 기여할 수 있다.

생태계 복원은 특히 야생동물 서식지의 품질과 면적을 향상시켜 수중/해양 생물(SDG 14)과 육지 생물(SDG 15)을 지원할 것이다. 이러한 서식지 개선은 사회가 기후변화를 완화 및 적응(SDG 13)하고, 농촌 및 도시 환경에서 사회의 건강을 개선하고(SDG 3, 11), 깨끗한 물(SDG 6) 및 지속 가능한 식품의 공급을 늘리는 데 도움이 된다(SDG 2, 12).

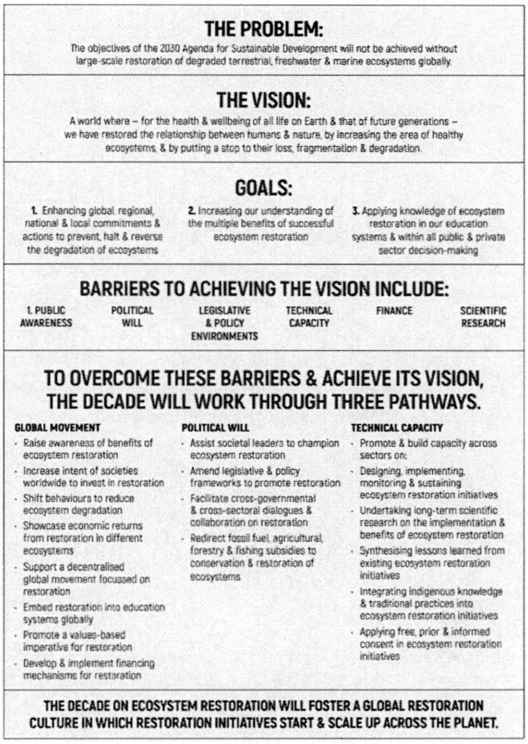

그림 1-16 생태복원 10년 비전 목표
(UN Decade on Ecosystem Restoration : 2021–2030)

2.1.5 생태복원 실행을 위한 국제표준

국제생태복원학회(SER)의 "INTERNATIONAL STANDARDS FOR THE PRACTICE OF ECOLOGICAL RESTORATION – INCLUDING PRINCIPLES AND KEY CONCEPTS–"에 의하면 다음과 같이 설명할 수 있다.

생태복원에 대한 노력은 전 세계적으로 증가

- 본 챌린지(Bonn Challenge) : 2020년까지 1억5천만 헥타르의 황폐화된 토지 복원, 2030년까지 3억 5천만 헥타르 복원

  ※ 본 챌린지(Bonn Challenge) 2.0 장관회의 : 산림생태계복원 이니셔티브의 성공적인 이행을 위해 20여 개국 산림 장관 참석

생물다양성협약(The Convention on Biological Diversity)

- 기후변화의 영향을 완화시키고 사막화 방지를 위해 2020년까지 황폐화된 생태계의 15% 까지 복원 목표 설정(Aichi Biodiversity Target 15).
- 생태복원을 필수 생태계서비스 제공의 핵심으로 간주(Aichi Biodiversity Target 14).

그림 1-17 환경과 지속가능발전목표와의 관계 (UNEP, 2021)

복원은 생태계의 파괴를 정당화하지 않는다.

- 생태복원은 기존 자생 생태계의 지속적인 보호 및 관리를 대신하는 것으로 간주되어서는 안 된다.
- 대부분의 자연적 및 반자연적 생태계는 쉽게 옮겨갈 수 없으며, 손상된 후에 쉽게 재구성되지 않는다.

- 또한 생태계를 위한 복원 과학 및 기술은 생물 다양성, 생태계 기능 또는 생태계 서비스 전달을 10% 달성하지는 못한다.
- 이것은 복원의 약속이 결코 기존 생태계를 파괴하거나 손상시키는 것이 대한 정당화로 여겨져서는 안 된다는 것을 의미한다.
- 마찬가지로 희귀종을 복원하거나 창조된 서식지로 옮길 수 있는 가능성이 그 목적을 위한 기존의 온전한 서식지의 파괴를 정당화할 수는 없으며 그렇게 해서는 안 된다.

생태복원은 악화되고, 손상되고, 파괴된 생태계의 회복을 돕는 과정이다(SER 2004)

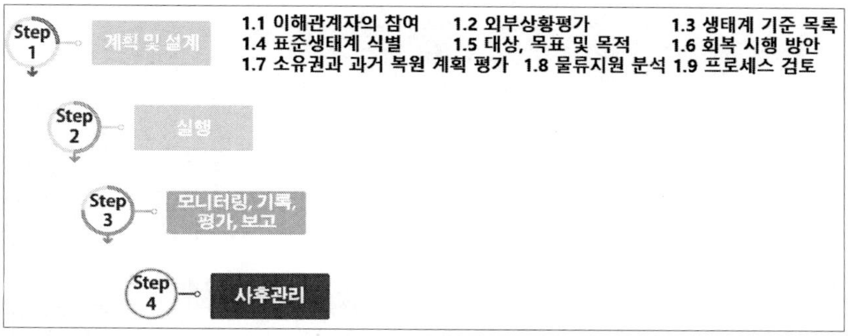

그림 1-18 생태복원 프로젝트 시행을 위한 표준 이행 프로세스

주요 개념 1 생태복원 활동은 환경 변화를 고려하여 적절한 현지 표준생태계를 기반으로 함

표준생태계는 복원 프로젝트의 목표를 알려주는 특정 생태계 모델이다. 이것은 완전한 복원을 달성하기 위해 자기 조직화 상태에서 복구를 요구하는 특정한 구성적, 구조적, 기능적 생태계 속성을 기술하는 것을 포함한다. 이 모델은 이해관계자와 협의하여 해당 지역과 다른 유사 지역의 과거, 현재 및 예상되는 미래 조건에 대한 정보로부터 종합된다.

주요 개념 2 대상 생태계의 주요 속성의 인식은 장기 및 단기 목표를 개발하기 위해 필수적

6단계 핵심 생태계 속성은 다음과 같다.

- 교란종 등 위해종 부재 (교란종 제거 및 조절, 오염 등의 위협 회피)
- 물리적 조건 (수문 및 기반 조건 등)
- 종 구성 (유용한 동식물 종의 존재 및 부적합 종의 부재)
- 구조적 다양성 (먹이연쇄, 다층구조, 서식처 다양성 등)
- 생태적 기능 (적정 성장 및 생산성, 영양물질 순환, 서식처, 동식물 상호작용, 생태계

및 종의 재생산 진행)

- 외부적 교환 (이주 및 유전정보 교류, 수문, 물, 기타 경관 수준의 형성과정을 위한 연결성)

주요 개념 3 **복원을 달성하기 위한 가장 믿을만한 방법은 자연적인 회복 과정을 도와주는 것**

주요 개념 4 **복원은 완전한 회복을 위한 최고와 최선의 노력을 필요로 함**

※ 5등급 복구시스템 – 복구 수준에 대한 초점

표 1–2 5점 별점 등급으로 나타낸 복원 수준 (자료 : McDonald et al., 2016)

별점 등급	복원 결과 (지역의 고유한 표준생태계를 모델로 함)
★	훼손 진행 억제. 물리적, 화학적 기반처리. 자생식물 존재 : 생물적 또는 무생물적 속성에 의해 저해되지 않는 미래의 복원 목표 지점(niche). 계획된 모든 속성들과 미래의 적정한 관리를 위한 개선 사항
★★	인접지역으로부터의 위협이 관리되거나 완화되기 시작. 복원지는 지역 고유종의 속성을 지니며 대상지에 부적합한 종으로부터의 위협 저감. 인근에 분포하는 토지와의 연결성 증가.
★★★	인접한 위협이 관리되거나 저감되며 대상지내 부적합한 종으로부터의 위협이 매우 적음. 지역의 고유종의 속성이 정착되며 생태계가 기능을 나타내기 시작한 증거 나타남. 연결성이 매우 향상.
★★★★	모든 생물군을 대표하는 생물종의 속성이 나타남. 군집 구조의 발달 및 생태적 형성과정이 시작되는 증거가 나타남. 연결성이 향상되고 주변지역의 위협이 관리되고 완화됨
★★★★★	생물상의 특징적 집단이 형성되어 더 이상 개입이 없이도 구조적 영양적 복잡성이 스스로 발달함. 교란에 대한 회복력이 높음. 장기적인 관리 방식 작동됨

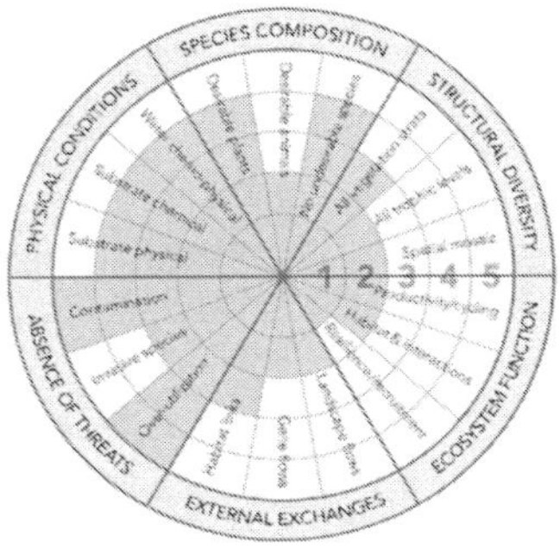

그림 1–19 복원과정 평가를 위한 '복원의 수레바퀴'
(자료 : McDonald et al., 2016)

속성	★	★★	★★★	★★★★	★★★★★
위험의 부재	추가적인 악화는 중단되고 부지는 소유권과 관리권을 확보	인접한 지역으로부터의 위험은 관리 및 완화	모든 인접한 위험은 낮은 범위로 관리 및 완화	모든 인접한 위험은 중간 범위로 관리 및 완화	모든 인접한 위험은 높은 범위로 관리 및 완화
물리적 조건	총 물리적, 화학적 문제 해결(예. 오염, 침식, 답압)	기질의 화학적, 물리적 특성(pH, 염도)이 자연적 범위 내로 안정화 되어가고 있음	기질이 자연적 범위 내로 안정되고 특징적인 생물군의 증가	지속적인 성장과 특징적 생물군의 보충에 적합한 조건을 적절하게 유지	참조 생태계와 유사한 물리적 및 화학적 특성을 보이며 무기한적으로 종과 과정을 유지할 수 있는 증거가 확인됨
종 구성	자생종의 이식(예, 참조 생태계의 2%) 재생 공간 또는 향후 천이에 대한 위험 없음	유전적 다양성이 정립되고 특징적인 자생종의 작은 부분집합 형성(예. 참조 생태계의 10%). 외래 침입종 또는 악성 종의 현지 위협이 적음	부지의 상당부분을 차지하고 있는 주요 자생종의 집합(예. 참조 생태계의 25%). 악성 종으로 부터의 매우 낮은 위험도	부지에 존재하는 특징적 생물군의 다양성과 종군의 다양성을 대표(예. 참조 생태계의 60%). 악성 종으로부터 위험이 없음	참조 생태계와 매우 높은 유사성을 가지는 특징적 종(참조 생태계의 80% 이상)의 높은 다양성은 시간이 지남에 따라 더 많은 종의 이식 가능성이 개선됨
구조적 다양성	하나 또는 소수의 지층이 존재하며 참조 생태계와 관련된 공간적인 패턴 및 영양적 복잡성이 없음	보다 많은 지층이 존재하지만 참조 생태계와 관련된 낮은 공간적인 패턴 및 영양적 복잡성	대부분의 지층이 존재하며 참조 생태계와 관련된 공간적 패턴 및 영양적 복잡성	모든 지층이 존재함. 참조 생태계와 관련된 명백한 공간적 패턴과 발달된 상당한 영양적 복잡성	모든 지층이 존재하며 공간적 패턴과 영양적 복잡성이 높음. 참조 생태계와 매우 높은 유사성의 자체 구성할 수 있는 복잡성과 공간적 조직성
생태계 기능성	기질과 수문은 기초적인 단계에 있으며 참조 생태계와 비슷한 기능의 미래 발전을 할 수 있음	기질과 수문은 영양물질 순환을 포함하는 넓은 범위의 기능에 대한 잠재력이 증가함을 보이며 다른 종에 대한 서식지/자원의 공급	기능시작 증거(예, 영양물질 순환, 물 여과, 여러 종에 대한 서식지, 자원의 공급)	주요 기능의 상당한 증거와 종의 번식, 확산 및 모집을 포함하는 과정 시작	적절한 교란 체제를 복원한 후의 생태계 복원력 증거와 참조 생태계에 대한 안전한 궤도에 대한 기능 및 과정에 대한 상당한 증거
외부 교류	주변 경관이나 확인된 수서환경(예, 종, 유전자, 물, 불)과의 교환 잠재성	이해관계자와 부지 구성의 협력을 통해 처리된 증가된 긍정적(최소화된 부정적) 교환에 대한 연결	현장과 외부 환경간의 연결성 증가와 교류를 통해 명확해짐(예. 더 많은 종, 흐름)	다른 자연지역과의 높은 수준의 연결성, 악성 교란 또는 유해 종의 제어 관찰	외부 교류에 대한 잠재성의 증거는 보다 넓은 경관을 갖춘 참조 생태계 및 장기 통합 관리 약정과 매우 유사

그림1-20 복원요소별 5등급 평가기준(자료 : McDonald et al., 2016)

주요 개념 5 성공적인 복원은 모든 관련 지식을 필요로 함

주요 개념 6 장기간 생태복원의 성공을 보장하는 모든 이해관계자들과의 빠르고 진실성 있는 적극적인 활동

2.2 복원 정책 및 사례

1980년대에 이르러 생태복원에 대한 관심이 높아지게 되었고, 선진국에서는 하천이나 홍수터 등을 복원하기 위한 다양한 방법론을 연구 및 적용하기 시작하였다.

일본

일본을 대표하는 습지인 쿠시로 습지의 복원과 시베츠강의 사행하천 및 홍수터 복원이 대표적인 사례이다(Nakamura, 2008). 선진국에서 경제개발 및 성장에 따른 토지이용과 수자원의 적극적 이용은 1960년대에 이르러 매우 활성화되었으며, 그 결과 1970년대 무렵부터 여러 가지 수질오염 및 대기오염이 심각한 사회문제로 대두되었다. 이에 따라 하천 생태계의 훼손과 천변 서식처가 소멸되었고 이에 대한 적극적인 대책마련을 촉구하는 목소리가 점차 확대되었다. 그러한 과정의 하나로서 습지는 농지로 전용되거나 택지로 바뀌었다.

일본 하천관리법의 법정신에 따라 하천의 생태적 속성의 보전과 향상이 국가하천관리 정책의 중요한 핵심이 되었다. 또한 환경영향평가법이 발효되어 대규모 토지이용 개발 사업을 수행할 때는 개발 사업에 의해 영향 받는 종이나 서식처 등에 대한 생태적 평가가 선행되어야 한다. 이때 하천과 습지생태계 훼손 평가결과에 대하여 정부차원에서 다양한 복원방법이 적용된다. 2002년 일본 환경부에서는 "신 일본국가 생물다양성 전략"을 수립 발표하였는데, 여기에서는 "생태계 복원 사업의 증진"을 천명하였다. 쿠시로 습지와 시베츠강 복원사업도 이 전략에 국가 시범사업의 하나로 포함되었다(Nakamura, 2008).

성공적인 복원 사업을 위한 핵심적인 요소로는 과학적 근거의 확보, 복원 과정과 결과의 전파 및 공유, 비정부기구(NGO)의 참여 등이 있다. 일본에서는 이와같이 데이터베이스의 구축, 웹기반 공유 및 비정부기구의 참여가 이제 시작단계라고 할 수 있다. 하천 및 홍수범람원 복원은 일반적으로 대면적에서 이루어지며 경우에 따라서는 사유지를 매입할 필요가 있다. 이러한 경우 토지 소유주 및 이해당사자들의 동의를 얻어야 하는데 이러기 위해서는 복원 필요성에 대한 공감이 있어야 한다. 그러므로, 복원 사업에 대한 모든 정보들이 이해당사자 및 일반 대중에게 공개되어야 하고, 다만 멸종위기종 등 희귀종의 서식지나 개인적인 정보 등 특별한 경우는 예외적으로 공개하지 않는 것이 바람직하다.

복원 목표와 목적, 실행과 모니터링 프로그램은 복원과정에서 매우 중요한 요소로서 이러한 요소와 의사결정과정은 복원의 이해당사자들에게 명백히 설명되어야 한다. 생태복원 사업의 기본적인 목표는 사람에 의해 교란되기 이전의 원 생태계의 구조와 기능으로 되돌리는 것이다. 그러나, 일본의 경우 이미 고밀도로 개발되고 도시화되어 온전한 복원은 사회적으로 현실성이 없게 된다. 그러므로 일본에서 진행된 대부분의 복원사업은 '복구'의 방법으로 이루어졌다. 이 경우 복원 목표는 생태계 기능을 훼손시키는 요인을 제거하고 인간에 의한 교란을 억제함으로써 자연형성과정에 의한 회복을 도와주는 것이다.

유럽

유럽의 지표수 현황을 평가한 결과 2007년 기준으로 70%에 이르는 지표수가 위험에 노출되어 복원 전략 없이는 "양호한 생태적 상태"에 이르지 못하고 있다(그림 1-21).

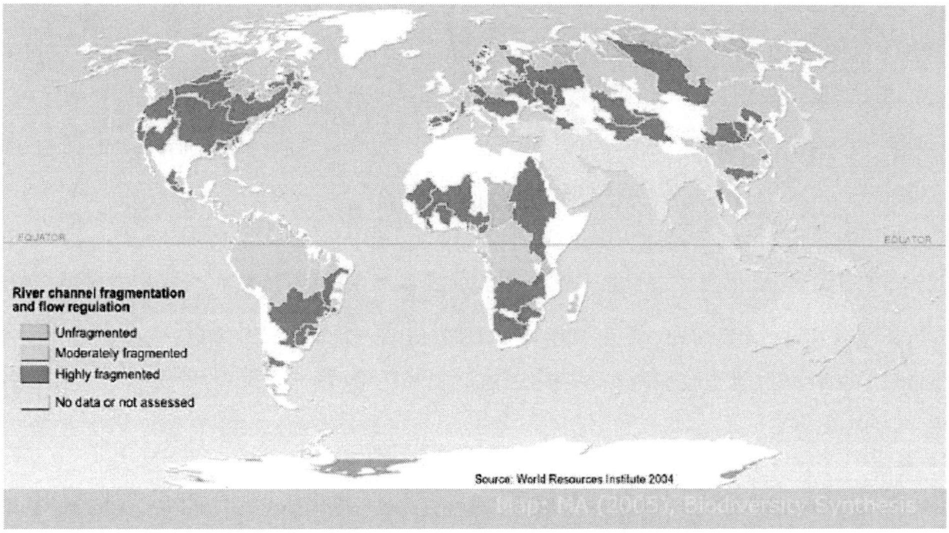

그림 1-21 Global Stocktaking of water bodies (자료 : MA, 2005)

3 생태복원 유형 및 속성

3.1 생태복원 유형

생태계 복원의 유형은 접근 방법에 따라 몇 가지로 구분할 수 있다.

자연경관(natural landscape)이나 생태계는 **자연형성과정(natural process)**에 의해 발달되며, **자기조직적(self-organizing)**이며 자기유지형(self-maintaining) 속성을 지니고 있다.

문화경관(cultural landscape)이나 생태계는 자연형성과정과 인류에 의한 문화적 형성과정(human-imposed organization)의 상호 영향에 의해 발달하게 된다. 많은 (온대)초원과 사바나(savanna 열대초원)는 사냥이나 채집을 위한 인위적 방화 및 축산 등과 같은 광범위한 인류의 영향에 의해 유지되어 왔다.

유럽의 문화경관 생태계 특징으로는 청동기 시대에는 산림을 벌채하여 초원을 만들고 활발한 방목활동을 하였으며 목초를 일정하게 깎아주거나 계절적으로 가축을 방목하여 유지관리 되고 있다. 표준생태계로서의 경관요소로 선정된 초원생태계가 비록 인류의 활동에 의해 생성된 생태계일지라도 손상된 초원을 보수하는 행위도 생태복원의 하나로 간주되어야 할 것이다.

또 다른 사례로서, 현재 북미 대륙의 상당부분을 밀도 높은 침엽수림이 점유하고 있다. 19세기에 많은 숲이 제거되어 광범위한 초본으로 피복되어 공원처럼 되었는데 이는 지역의 토착 원주민들에 의해 빈번하게 화재가 발생하고 식물종들이 이용되었기 때문에 발생한 것이다. 이 숲은 원래는 자연적이었으나 숲의 유지관리 현황은 토착민들의 토지 이용에 의해 지속적으로 유지되어 온 것이다.

이와같이 지역 주민의 전통적 방식에 의해 숲이 제거되고 초본류가 우점하는 공원처럼 이용되는 생태계로 되돌리는 것도 생태복원의 한 유형으로 간주되어야 할 것이다. 이런 의미에서 지속가능한 영농법은 생물다양성과 생산성을 유지해 온 인류의 토지이용 전통이며, 생물상은 생태계 안정성 유지에 대한 중요성과 더불어 재화로서의 단기적 가치에 의해 평가될 수 있다.

기능저하(degradation), 훼손(damage), 구조적 파괴(destruction), 변형(transfor mation) 등의 개념은 모두 건강한 생태계가 정상적인 상태나 이상적인 상태로부터 벗어난 상태를 의미한다. 이러한 의미들이 결합되기 때문에 많은 경우에 어떤 상태인지에 대한 규명이 불명확해진다. 기능이 저하되는 것은 생태계의 건전성과 건강성이 감소하여 미묘하고 점진적으로 변화하는 것을 의미한다. 훼손은 생태계가 명확하게 빠른 속도로 변화하는 것을 의미한다. 생태계 기능저하나 훼손에 의해 대형(거시적) 생명체가 제거되고 아울러 물리적 환경이 무너질 때 그 생태계는 파괴된다. 또한 어떤 생태계가 다른 유형의 생태계나 토지이용 형태로 바뀔 때 이를 변형이라고 한다.

표준생태계(reference ecosystem)는 생태계 변화의 역사와 교란, 생물적 비생물적 환경조건 등을 반영한 생태계의 구조와 형성과정에서 나타나는 역사적 자연적 변이를 포함하는 대표적인 생태계이다. 표준생태계는 생태복원계획을 위한 모델로 작용하며, 한편으로 복원의 성공여부를 평가하기 위한 기준이 된다. 예를 들어 생태복원의 목표가 둘이상의 복합적 목표로 설정되었을 때 표준생태계는 **표준경관(reference landscape)**이 될 수 있으며,

지역 경관의 일부분만 복원될 때는 **표준 단위경관(reference landscape unit)**이라고 할 수 있다. 이와같은 생태계, 경관, 단위경관 등을 한마디로 표준생태계라고 한다. 복원된 생태계는 궁극적으로는 표준생태계의 속성에 근거하여 그 기능과 구조로 유사하게 복원될 것으로 기대되며, 사업의 목적과 전략이 그 기대에 따라 설정되게 된다. 표준생태계는 하나일수도 있고 여러 개일 수도 있으며, 모델이 될 수 있는 생태계 및 그 속성에 대한 기술적 표현들을 포함한다. 또한 표준생태계 내 생물적 비생물적 요소들에 대한 정보들을 모두 포함하게 된다.

이러한 표준적 조건은 조사 기록이나 과거의 사진, 화재 등 교란의 흔적, 방목, 벌채, 산불방재 등의 문화적 교란, 종구성 및 군락 구조, 매토종자, 생물적 비생물적 특성, 고사목이나 쓰러진 나무들, 기타 생태적 지식들을 근거로 한다. 예를 들면 화재의 경우 숲의 순림을 유지하기 위해서는 일정한 규모의 화재가 도움이 될 수 있다.

생태적 경로(trajectory)는 시간의 흐름에 따라 생태계가 발전해가는 통로를 의미한다. 복원에서는 경로는 복원되기 전의 생태계로부터 출발하여 표준생태계에서 규정되어 복원 목표로 설정한 바에 따라 최종적으로 기대되는 상태에 이르기까지 진행되는 과정이다. 경로는 생태계내의 생물상, 비생물상 등 모든 요소를 포함하며, 생태학적 요소로 구성된 논리적 틀을 바탕으로 연속적으로 모니터링할 수 있다. 이러한 경로는 좁고 특별한 제한이 있는 것이 아니며, 시간의 흐름에 따라 카오스이론에 의해 수학적으로 표현되거나 다양한 생태학적 모델에 의해 예측될 수 있는 등의 잠재적인 생태학적 표현에 대한 광범위하면서도 제한된 범위를 포함한다.

생태적 경로의 경험적 설명은 두가지로 설정될 수 있다. 첫째, 측정될 수 있는 생태계 특성의 수는 합리적으로 모니터링될 수 있는 수를 훨씬 초과하며 시간의 흐름에 따른 경로의 서술은 필연적으로 미완성이다. 둘째, 모니터링 데이터는 개별적 패러미터의 궤적을 나타내는데 도움이 되며, 전체 생태계를 대표하는 단일 경로들의 조합을 통해 복잡성이 매우 높은 다변량 분석이 가능하다.

생물다양성(Biodiversity)은 지구상에 존재하는 모든 종의 생물로서 분류학적 다양성과 유전적 다양성 개념에 의한 생물상을 나타내며, 생활형의 **변이(variety)**가 나타나고 **군집구조(community structure)**를 형성하며 생태적 역할이 수행된다. **생물상(biota)**은 개체, 종, 개체군, 군집 등의 유전적 수준에 따라 위계적으로 형성된다.

복원에서 온전한 종 구성의 회복은 매우 중요하다. 복원된 생태계가 자기 스스로 유지되기 위해서는 모든 기능별 종들이 나타나야 한다. **종의 중복(Species redundancy)** 즉, 생태계 내에서 유사한 기능을 수행하는 다양한 종들이 나타남에 따라 환경압이나 교란 및 다른 환경적 변화에 대응하여 생태계 건강성이 유지될 수 있다.

생태계가 지역 환경조건에 적합하게 적응되고 환경변화 및 환경압에 대한 회복력을 갖기 위해서는 개체 및 개체군이 유전적 적합성을 가져야 한다. 유전적으로 적합한 개체군으로 구성된 생태계는 현재의 환경조건에 적응됨은 물론 **'유전적 중복(genetic redundancy)'**을 포함하고 있다. 유전적으로 적합한 개체군을 포함하고 있는 생태계는 환경적 조건에 적응됨은 물론 유전적 중복을 포함함을 의미하며, 따라서 유전자풀은 환경변화에 대응하여 선택된 대립형질들을 포함하게 된다.

군집 구조(community structure)는 밀도, 수평적 층위, 개체군의 분포, 군집을 구성하는 개체의 규모나 생활형 등 군집의 성상이나 구조 등을 의미한다.

생태적 형성과정 또는 생태계 구조는 생태계의 동적 특성으로서 종내, 종간 상호작용 및 생물과 주변 무생물 환경과의 상호작용을 포함한다. 생태적 형성과정은 생태계가 스스로 유지하는 자기유지력의 근거가 된다.

생태계 기능은 이러한 속성들에게 직접적 영향을 끼치는 물질대사, 즉 주로 에너지, 물질, 수분 등과 관련된 물질대사를 주로 일컫는데, 예를 들면 광합성에 의한 탄소동화, 영양물질의 순환, 분해, 영양단계 등을 의미한다.

생태계 기능과는 달리 기반 안정, 미기후 조절, 특정 종 서식처의 변이, 수분 및 종자 산포 등 다른 속성들은 **생태적 형성과정**으로 정의된다. 대규모 공간 스케일에서 기능은 장기적인 영양물질 및 수분의 유지, 총체적인 생태계 지속성 등과 같은 좀 더 일반적 수준으로 정의된다. 생태계 기능과 형성과정은 생명체의 재생산과 성장 등과 밀접하게 관련되며 생태계가 자기재생산 또는 자연발생적 특성을 갖게 한다.

일반적인 자연생태계에서 복원의 공통적 목표는 더 이상 복원전문가의 도움이 필요 없게 될 때까지 생태계의 자연발생적 형성과정을 회복하는 것이다. 이런 관점에서 복원 전문가들의 주요한 역할은 자연발생적 형성과정을 시작하는 것이다. 복원 전문가들은 자연발생적 형성과정에 의해 최적의 종 구성이 시작되고 생태계 구조가 다시 형성되게 된다고 믿고 있다. 이러한 판단은 항상 옳은 것은 아니지만 대체로 생태복원에 대한 합리적 출발점으로 간주되고 있다.

산불, 홍수, 풍해, 조수에 의한 염해, 폭풍, 동해, 가뭄 등과 같은 **외적 형성과정**은 생물체에 환경압으로 작용한다. 대체로 생물체들은 해당 생태계 내에서 주기적으로 발생되는 환경압에 저항력과 탄력성이 있어 환경압에 적응력이 없는 다른 종들이 침입하지 못하도록 함으로써 생태계의 건전성을 유지하는 원동력이 되고 있다. 예를 들면 바닷가 조수의 변동은 해안의 염습지 생태계가 담수습지로 변화되지 않고 염습지로 유지되는데 중요한 기능을 한다. 문화경관에서는 인위적 방화나 방목과 같은 인위적 행위들이 환경압으로 작용하게 된다.

교란(disturbance)이나 작은 **변동(perturbation)**은 때로 '환경압'이나 '환경압 원인'을 대체하는 용어로 사용된다. 그러나 교란은 일반적인 환경압의 원인에 비해 생태계에 훨씬 더 심하고 강력한 영향을 끼친다.

내성 또는 저항성(resistance)은 생태계가 환경압과 교란에 직면해서 그 구조와 기능을 유지할 수 있는 능력을 의미한다. **탄력성(resilience)**은 생태계에 미치는 환경압과 교란으로부터 견디고 원래의 기능과 구조를 회복할 수 있는 능력을 의미한다. 수용능력(Carrying Capacity)과 관련 있으며 구조적 기능적 생태적 탄력성 등을 고려한다. 생태계 **안정성(stability)**은 생태계가 환경압에도 불구하고 천이의 발전 단계를 유지하는 능력으로서 정체라기보다는 동적 평형을 유지하는 상태를 의미한다. 안정성은 생태계의 내성과 탄력성과 관련이 있다.

생태계 건전성 및 건강성은 복원된 생태계에 대한 복원 의도를 표현하는 용어로 종종 사용된다. 생태계 건전성은 종의 구성이나 군집 구조와 같은 표준생태계의 생물다양성 특성이나 보편적인 생태계 기능을 유지할 수 있는 능력과 같은 생태계의 상태나 조건을 나타낸다. 생태계 건강성은 생태계의 역동적 속성이 생태계의 발달 단계와 관련된 '보편적' 행동 범위 내에 있는 생태계의 상태나 조건을 나타낸다.

복원된 생태계가 표준생태계와 유사한 기능을 하거나 앞에서 제시된 복원된 생태계 속성에 적합할 때 건강하다고 할 수 있다. 생태계 건전성은 생태계 건강성과 비생물적 환경에 대한 적합성이 모두 만족되는 상태를 의미한다.

생태계 복원 기술 적용 범위 및 공간적 대상

생태계 복원 기술 적용 범위 및 대상에 따라 도시차원의 생태도시, 생태주거단지, 생태마을 및 퍼머컬쳐(permaculture), 생태산업단지, 생태공원, 생태주택, 하천 및 호소, 인공습지 및 서식처 등으로 구분 가능하다.

UNEP(2021)에서는 생태복원 대상지 유형을 다음과 같이 농경지, 숲, 산지, 해양과 연안, 담수, 초지와 관목림, 이탄지, 도시 등 8개 핵심 유형으로 구분하고 각 생태계 유형별로 광합성, 탄소 격리, 영양 순환 및 물 여과와 같은 핵심 과정을 보호하는 동시에 생물다양성을 보호하고 회복하는 복원 전략을 제안하였다.

그림 1-22 생태복원 대상지 8개 핵심유형 (UNEP, 2021)

1) 농경지

- 경운 저감 및 cover crop 사용
- 천연비료 및 해충 방제 적용
- 나무를 포함하여 더 많은 다양한 작물 재배

2) 숲

- 훼손된 숲이나 이전에 숲이었던 곳에 자생 수목을 식재
- 자연 재생을 도와줌
- 사람에 의해 형성된 경관 내에 나무와 숲 가꾸기

3) 산지

- 눈사태, 산사태 및 홍수로부터 산림 보호
- 산지훼손 및 굴착 제한
- 기후적응성 높은 농업 시스템 구축

4) 해양과 연안

- 지속불가능한 어로행위 중지
- 산호, 해양식물, 맹그로브, 기타 서식처 복원
- 플라스틱 폐기물 및 오염원 제거

5) 담수

- 수질정화 및 오염방지

- 댐 제거 또는 개선
- 어로행위, 광산 및 물 추출 등 지속가능한 관리

6) 초지와 관목림

- 지속가능한 방식으로 방목하고 서식지 연결
- 침입 식물종 제거
- 자생군락에 가까운 식물 도입

7) 이탄지

- 이탄지 배수 및 용도변경 억제
- 훼손된 이탄지 습지복원
- 경작 및 연료채취 조절

8) 도시

- 도시계획 중심에 녹지공간 등 도입
- 도시 내 청정물길 조성
- 사유공간과 공공공간 복원을 위한 시민인식 증진

생태계 복원 기술

생태계 복원 기술에 따라 자연형하천(생태하천) 호안 및 각 구성요소, 인공지반, 비탈면, 생태통로, 야생동물 서식처, 생태연못(우수침투저류연못 포함) 및 서식처, 폐광지 및 훼손지 등으로 구분할 수 있다. 이 분류방법은 앞의 기술적용 범위 및 공간적 대상과 통합하여 구분하는 것이 일반적이다.

3.2 속성

생태계는 생물권이나 비생물권 및 문화적 교류를 통해 인근 생태계와 지속적인 상호관계를 유지한다. 생태복원은 훼손되었거나 교란된 생태계를 되돌리는 행위를 포함하며, 일종의 연속성을 지닌다. 그러므로 완전히 폐허화된 지역의 재건에서부터 상대적으로 덜 교란된 지역의 최소한의 관리에 이르기까지 관심을 갖게 되며 보전생물학적 지식이 접목될 수 있다.

생태복원은 대체로 다음과 같은 이유로 수행된다.

1) 광산지역과 같이 국지적이지만 심하게 교란된 생태계의 복원

2) 생산력이 저하된 토지의 생산력 증진
3) 보호지역에서 자연보전 가치 증진
4) 경관 규모 및 지역적 규모에서 생태적 형성과정의 복원

복원, 대체 및 새로 조성된 생태계는 다음과 같은 특성을 지닌다.

- *표준생태계의 동식물 및 생태적 구조와 기능과 유사하며 자생종 이입가능성 극대화*
- *생태계의 천이와 안정성을 유지하기에 충분한 기능이 나타나며 서식처 또는 새로운 종의 이입 기회 제공*
- *개체군의 지속적 성장, 재생산 가능*
- *각 생태적 천이 단계에 적합한 기능 유지*
- *큰 규모의 매트릭스 또는 경관의 요소로 융합*
- *생태계를 훼손할 가능성이 있는 잠재적 위협이 제거되거나 소멸됨*
- *일상적인 주기적 환경압에 대한 저항력과 탄력성*
- *표준생태계와 유사한 수준의 자기영속성을 지니며 생태계 천이 계열에 최적화*

생태계는 생물 및 비생물 자원의 지속적 공급이 이루어지고 더 이상의 외적 도움이나 외부 에너지 투입이 없이 스스로 발전하게 될 때 복원 목표를 달성했다고 할 수 있다. 이때 생태계는 구조적으로나 기능적으로 스스로 유지할 수 있게 되어, 환경압이나 외부 교란으로부터 스스로 회복할 수 있는 능력을 지니게 된다.

이와같이 복원 목표가 달성 되었는지를 판단하기 위해서는 다음과 같은 9개의 속성들을 근거로 판단할 수 있다.

1) 복원된 생태계는 표준생태계의 속성과 유사한 기능과 구조를 나타내게 되며, 자생종을 가능한 많이 포함하게 된다. 또한 복원된 문화생태계는 토착화된 외래종, 교란지 및 농업용지 등에 자라는 종 등의 유입을 가능하게 되며 이들은 서로 공진화관계에 있는 것으로 판단된다.
2) 복원된 생태계의 지속적인 천이나 안정성을 위해 모든 기능 요소들이 필요하며, 그렇지 못한 경우 누락된 요소들은 자연적 수단에 의해 회복될 수 있는 잠재력을 갖는다.
3) 복원된 생태계의 물리적 환경은 복원 목표를 달성하고 지속적인 안정성을 유지하기 위해 필요한 개체군을 지속적으로 재생산할 수 있는 환경을 제공해준다.
4) 복원된 생태계는 정상적인 생태적 천이과정을 형성하며 역기능의 가능성이 없게 된다.
5) 복원된 생태계는 적합한 대규모 생태계나 경관에 통합되어 상호간 물질 순환이나 교환 등의 상호작용을 하게 된다.

6) 주변 환경으로부터 복원된 생태계의 건강성이나 건전성에 미치는 잠재적 위협요인은 최대한 제거되거나 저감된다.
7) 복원된 생태계는 지역 환경에서 작용하는 주기적인 환경압에 적응하고 충분히 회복됨으로써 생태계의 건전성을 유지할 수 있다.
8) 복원된 생태계는 표준생태계와 유사한 수준으로 자기영속성을 지니며 환경에 대한 무한한 잠재력을 갖는다. 그럼에도 불구하고 생물다양성, 구조, 기능 등은 정상적 천이 과정의 한 부분으로서 변화하게 되며, 규칙적인 환경압이나 불규칙한 교란 등에 대응하여 변동하기도 한다. 한편으로 모든 건전한 생태계 내에서는 복원된 생태계의 종 구성과 다른 속성들은 환경변화에 따라 진화하게 된다.
9) 다른 속성들은 복원 목표로 설정될 때 타당성을 갖게 되며 목표 달성의 성공 여부를 판단하는 기준으로 추가될 수 있다. 예를 들면, 복원 목표 중에는 사회적 이익을 위해 지속가능한 방법으로 특화된 자연 재화와 서비스를 제공할 수 있으며, 이런 경우 복원된 생태계는 이러한 재화와 서비스를 발생시키는 자연 자본으로 작용할 수 있다. 다른 목표는 복원된 생태계에 희귀종의 서식처를 제공해주거나 특정 종을 위한 다양한 유전자 풀의 근거가 될 수 있다. 또 다른 복원 목표로는 심미적 어메니티의 제공, 복원사업에 참여를 통한 커뮤니티 강화와 같은 사회적 효과 등도 가능할 것이다.

다만, 이들 속성들을 모두 달성해야 하는 것은 아니며, 복원 목표나 표준적 상태로 발전하기 위한 최적의 형성과정을 나타내는 속성만을 필요로 한다. 어떤 속성들은 비교적 쉽게 측정될 수 있으나 대부분의 생태복원 프로젝트에서는 생태계 기능과 같은 다른 속성들은 과학적 연구를 통해 간접적으로 평가되어야 한다.

4 생태복원 목표와 고려사항

4.1 목표

생태복원은 인위적이거나 자연적인 원인에 의해 그 구조와 기능이 저하된 생태계를 원래의 생태계와 같거나 비슷한 모습으로 돌이키는 과정 및 행위를 의미하며, 나아가 원생태계와 구조는 달라도 기능이 유사하거나 더 양호한 대체생태계 개념을 포함하여 폭넓게 사용할 수 있다. 생태복원은 단기간에 달성되는 행위가 아닌 중장기적 전략이며 목표 달성을 위해서는 지속적인 노력이 필요하다. 기본적으로는 외부의 영향에 의한 변화 이전의 단계로 돌아가는 것을 의미하나 변화의 정도와 현재의 조건 등에 따라 복원 목표와 유형, 단계를 각각 다르게 적용할 수 있다.

생태복원의 목표는 1) 환경오염이나 토지이용 방해 등과 같이 방해를 받아 물리적으로 생태적으로 훼손된 생태계의 복원, 2) 문화적으로 생태적으로 가치가 있는 새로운 지속가능한 생태계의 발전 등으로 설정 가능하다(그림 1-23).

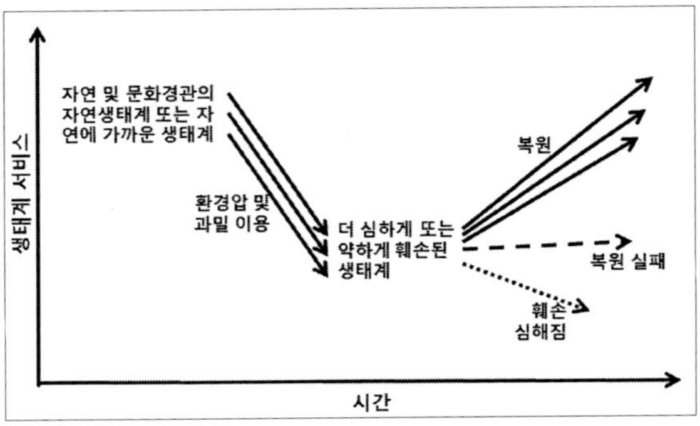

그림 1-23 생태복원의 목표
(자료 : Zerbe et al., 2009 저자 수정)

Bradshaw(1984)는 생태복원의 유형 또는 목표를 요약하여 생태복원 개념도를 제시한 바 있다. 그림 1-24에서 원 생태계는 일정한 수준의 생태적 구조와 기능을 유지하고 있으나, 자연적 또는 인위적 원인에 의해 구조적으로 훼손되거나 파괴되고 기능적으로도 저하되어 원점에 가까운 상태인 훼손된 생태계로 남게 된다.

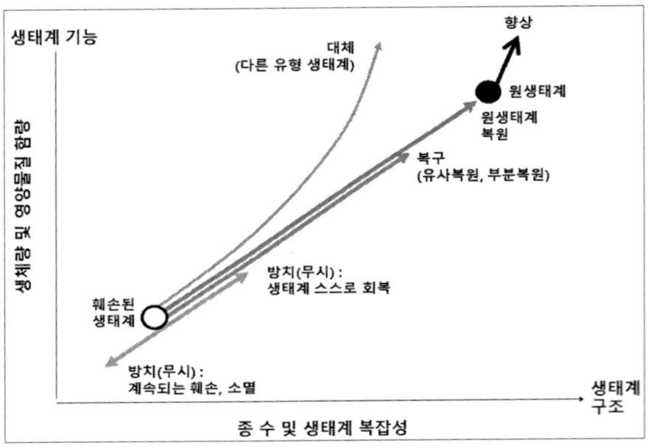

그림 1-24 생태복원 개념도
(자료 : Bradshaw(1984)를 저자 수정)

이 경우 어떠한 노력도 없이 방치하게 되면 훼손된 생태계는 자연형성과정에 의해 서서히 회복되거나 아니면 소멸되게 된다. 그러나 대부분의 경우 생태계 훼손되었다는 것은 상당한 수준의 외부 환경압이 작용한 것이므로 회복에 이르기보다는 소멸되게 된다.

생태복원은 기본적으로는 외부의 영향에 의한 변화 이전의 단계로 돌아가는 것을 의미하나 변화의 정도와 현재의 조건 등에 따라 복원 목표와 유형, 단계를 각각 다르게 적용할 수 있다.

이를 구체적으로 설명하면, 앞에서 논의한 바와 같이 생태복원은 훼손된 생태계를 원 생태계의 물리적 생태적 조건에 근거하여 생태계 구조와 기능과 동적 변화를 모방함으로써 훼손 이전의 모습으로 되돌리는 과정을 의미한다. 여기에는 인간에 의해 변형되기 이전에 존재했던 원래의 물리적, 생물학적, 화학적 특성을 회복하는 것을 포함한다.

그러므로 원생태계로 회복하기 위한 복원 전략이 필요하게 되며, 복원 전략은 복원의 목표와 수준에 따라 몇가지 유형으로 구분된다. 넓은 의미의 생태복원은 대상지의 생물상과 물리적 환경을 수정하기 위한 치열한 노력들을 모두 아우르는 복합적 의미이며, 좁은 의미의 복원(restoration), 매립(reclamation), 대체(replacement), 복구(rehabilitation), 완화(mitigation), 재건(reconstruction), 재할당(reallocation), 생태공학(ecological engineering) 등의 유형과 아울러 야생동물, 어업 및 양어장 관리, 산림농업, 임업 등의 다양한 자원관리를 포함한다.

이러한 다양한 유형 가운데 일반적으로 좁은 의미의 **복원(restoration)**은 원생태계의 구조와 기능을 동일하게 회복하는 전략으로서 교란 이전의 원생태계의 구조와 기능을 회복하는 목표를 갖는다. 즉 훼손 이전의 상태로 온전히 돌아가는 것을 목표로 하며, 대부분 물리적으로 완전히 파괴된 경우가 많기 때문에 실현가능성은 매우 낮다.

복구 또는 **유사복원(rehabilitation)**은 완벽한 복원이 아니라 원래의 자연생태계와 유사한 수준으로 회복하는 것을 목표로 한다. 즉 원생태계에 비해 구조적으로나 기능적으로 조금 부족하기는 하지만 현실적인 실천가능성을 고려하여 비슷한 상태로 되돌아가는 것을 목표로 한다. 좁은 의미의 복원에 비해 실현 가능성은 높지만 여전히 많은 한계가 있다. 복구 전략은 복원과 마찬가지로 표준생태계에 근거하여 복원 대상 생태계의 역사적 전형과 훼손 이전의 건전한 상태를 목표로 하고 있으나, 이 두 행위는 그 목적과 전략이 다르게 설정된다. 복구는 생태적 형성과정, 재화와 서비스 등에 대한 보상 전략을 강조하지만, 복원의 목표는 종 구성이나 군집 구조의 개념에서 과거에 나타났던 생물학적 건전성 등도 적용하게 된다. 그러나 광의의 복원은 복구의 개념을 포함한 다양한 전략을 모두 일컫는다. 대부분의 복원사업은 복구의 의미에 해당된다고 할 수 있다.

대체(replacement)는 원생태계와 구조적으로는 다르나 기능적으로 동등 이상의 기능을 하는 새로운 생태계를 조성하거나 복원 목표를 기능 중심으로 설정하는 것이다. 대부분의 생태복원이 상당한 수준으로 훼손된 생태계를 대상으로 수립된다는 점에서 매우 실천 가능성이 높은 현실적 전략으로 간주되고 있다. 다만, 대체를 전제로 한 의도적인 훼손은 분명히 없어야 할 것이며 생태계 훼손 이전에 충분한 조사 분석을 통해 생태계 **보전(conservation)** 전략이 우선되어야 할 것이다.

그 외에도 현존 생태계의 구조 변경은 최소화하되 기능을 더 좋게 하는 것을 **향상(enhancement)** 전략이라고 한다. 즉 원래의 생태계 또는 유사한 상태로 다시 되돌리는 것이 곤란한 경우, 복원 방법은 훼손된 생태계의 '향상'에 초점을 맞춘다. 이를 통해 생태계는 자기조절이 가능한 군집 구조와 기능을 수행할 수 있게 된다.

반면에 아무런 조치도 취하지 않는 **방치**(neglect) 전략도 가능한데 이런 경우에는 장기적으로 자연형성과정에 의해 회복되는 것도 가능하지만 대부분 생태계 구조와 기능이 심각하게 훼손되었기 때문에 소멸되는 경우가 많다.

매립(reclamation)은 폐광산 등과 같은 훼손지의 복원 전략으로서 복구보다 더 폭넓은 개념으로 사용된다. 주된 목표는 지반 안정, 인체에 무해, 시각적 경관 개선 등을 포함하며, 훼손된 토지를 원래의 유용한 토지로 환원시키는 과정을 의미한다.

녹화(revegetation)는 다양한 복원 전략의 한 요소로서 복원지의 환경조건에 부합되는 토착종 등 최적의 몇 종을 인위적으로 도입하게 된다.

완화(mitigation)는 환경적 영향을 받아 훼손된 생태계에 대한 보상 전략으로서, 미국 등에서는 주로 습지 등의 생태계에 악영향을 끼치는 개발사업에 대한 허가의 전제조건으로 완화전략을 수립하도록 하고 있다.

좀 더 근본적인 노력으로서 **조성** 또는 **창출**(creation)은 새롭게 조성하는 개념으로서 주로 식생이 없는 지형에 완화전략으로 새로 서식처 등을 도입하는 경우에 적용된다.

그 외에도 재할당은 현재의 토지이용에서 더 생산성이 높거나 효율적인 다른 토지이용으로 전환하는 것을 의미하며, 때로 **가공**(fabrication) 개념을 적용하기도 한다.

한편, 龜山章 等(2003)은 소실되거나 왜곡된 생태계를 복원 복구하는 작업으로 산업화로 인해 발생한 자연파괴를 되돌리려는 노력을 **자연재생**(restoration & rehabilitation)이라고 정의하였다.

이 책에서는 생태계를 새롭게 조성하거나 대체, 복원, 향상 등을 포함하는 개념으로 정의하고자 한다.

4.2 고려사항

생태복원은 크게 문화적, 경제적, 사회적 및 생태적 등 4가지 관점에서 고려되어야 한다.

문화적 고려사항

생태복원은 지역 주민의 장기적 참여를 필요로 하며 지역 주민의 전통지식 및 문화적 형성과정에 의해 형성된 문화경관은 매우 중요한 고려사항이다. 지역주민은 장기적인 주거 및 사회 활동을 통해 자연계와 끊임없이 상호작용을 통해 적응해왔고 또 문화경관을 형성해왔다. 그러므로 이들은 생태계의 역사적 궤적과 문화적 형성과정을 통해 매우 중요한 역할을 하고 있다. 인류문화적 요소는 전 세계적으로 복원의 실현가능성에 예민하고 중요한 역할을 끼치고 있다. 많은 경우 순수한 자연 그대로의 복원은 실현불가능하며, 그 결과 생태복원은 지역주민의 장기적 참여를 필요로 하며 상당 부분 의존하게 된다.

전통 문화에서 문화적 조건은 현재 전례를 찾아보기 힘들 정도의 미증유적 변화에 직면해 있다. 이러한 변화를 수용하기 위해서 생태복원은 동시대적 상황과 제약 조건을 고려한 새로운 문화적으로 적합하고 지속가능한 실천 수단을 받아들이거나 더욱 활성화할 필요가 있다.

문화생태계는 인구 성장과 많은 다양한 유형의 외부 환경압으로 인해 심각한 영향을 받고 있고 이에 맞는 복원전략이 요구된다. 그러한 생태계의 복원은 해당 생태계의 전통적인 생태적 관리 수법에 대한 동반 회복을 수반하며, 이에는 지역주민의 고유한 전통과 그들이 전통적으로 유지해 온 생태학적 고유성을 포함하고 있다. 예를 들면 전통적인 생태지식의 살아있는 도서관이라고 할 수 있는 지역 토착민과 그들의 언어 문화를 유지할 수 있도록 한다.

경제적 고려사항

생태복원 계획, 시공, 모니터링 등에 소요되는 복원 비용을 산출하는 것이 중요하다. 이를 통해 단기적 또는 중장기적 경제적 이익과 효과를 예측할 수 있다.

사회적 고려사항

생태복원은 사회적 합의 또는 동시대적 판단에 따라 영향을 받을 수 있다. 즉, 생태복원은 자연적 현상과 사회적 현상 사이의 복잡한 상호작용의 산물이며, 사회적 현상과 구조 안에서 사회적 정치적 시각과 고려사항이 반영될 수 있는 것이다. 그런 의미에서 복원을 위한 문제인식 및 복원계획 수립 과정에서 다양한 이해당사자들이 모여 파트너쉽을 구성하고 논의할 수 있는 장을 마련해야 할 필요성이 있다.

생태적 고려사항

생태복원 목표, 대상지의 복원 잠재력 등을 설정할 필요가 있으며, 복원 수행 및 목표달성 평가 등에 대한 방법론을 정립하는 것이 필요하다. 이를 위해서 표준생태계를 설정하여 생태적 특성을 분석하고 기초적 생태 정보를 도출하는 것이 중요하다.

영국에서의 광산 훼손지 복구사례에서 독성물질 제거, 생물학적 생산성 복원, 경관적 매력 회복 등의 목표를 설정하였다. 농업적 접근은 실패하였는데, 초본류가 금방 죽고 다시 토양이 황폐해지는 결과를 초래하였다. 반면에 생태적 접근은 성공적이어서 천이의 초기 단계 선구종을 도입하여 천이를 유도하였다.

2절 생태복원 기초 이론

1 생태계 기능과 생태계서비스

1.1 생태학과 생태계

생태학이란 생태계의 구조와 기능과 시간에 따른 변화를 연구하는 학문이라고 할 수 있으며, 구체적으로는 생태계 구성 요소 사이의 상호관계, 에너지 흐름, 물질순환 등을 규명하게 된다(구본학, 2016).

생태학은 유기체의 분포와 수량, 종내 또는 종간 상호작용, 주변 환경과의 상호관계 등을 연구한다. 개체 및 개체군 등 수준에서는 주로 분포와 수량 등에 관심이 많고, 군집 및 생태계 수준에서는 상호작용이나 에너지 흐름, 물질순환 등에 관심이 많다.

생태복원에서 목표로 하는 원생태계 또는 표준생태계는 이렇게 생태계 구조와 기능이 건전하고 건강한 생태계라고 할 수 있다.

생태계의 위계

생태계는 작게는 소수의 개체들만 살아가는 미소생태계로부터 일정 규모의 구조와 분류학적 동질성을 갖는 소생태계 또는 군집규모의 생태계(예 : 습지생태계), 중대생태계 또는 **식생형(biome)** 수준의 생태계 등과 같은 다양한 공간 단위로 구분될 수 있다. 식생형 즉 biome은 툰드라, 타이가, 사막, 온대낙엽수림대, 열대우림 등으로 구분된다. 생태계의 기능과 구조는 기후, 지형, 시간, 식생 등의 영향을 받으며, **생태적 형성과정(ecosystem process)**은 생물군락, 자원공급, 교란, 인간의 영향 등에 의해 상호작용에 의해 영향을 받는다.

생태복원은 다양한 규모로 이루어질 수 있으나 실제 실행단계에서는 인근 생태계와의 사이에 에너지 흐름, 물질 순환, 상호작용 및 교환 등의 적합성을 유지하기 위해 모든 생태복원이 **경관(landscape)** 단위 규모에서 접근한다. 경관은 둘 이상의 생태계의 모자이크(mosaic)로 구성되며, 패치(patch), 코리도(corridor), 연결성(connectivity), 경계(boundary), 상호작용(interaction), 배열(configuration) 등으로 구성된다. 이들 요소마다 개체, 에너지, 물, 영양물질 등의 교환이 이루어진다. 대부분의 생태복원에서는 목적 설정에서 단일 생태계보다는 분절된 생태계와 경관의 연속성 확보 및 통합 등에 초점을 맞추는 것이 더 적합하고 중요하다.

1.2 생태계 기능과 생태계서비스

이러한 건강한 생태계는 산소공급 및 탄소저감, 야생동물 서식처, 홍수조절, 오염물질 정화, 꽃가루 수분, 침식조절, 병충해관리 생태계의 기본 기능과 효과와 더불어 교육적, 미적 영감, 윤리적, 레크레이션, 삶의 질, 의학적, 경제적 효과도 수행하고 있다.

생태계는 복합적이고 동적인 생태계를 보여주는 살아있는 실험실, 움직이는 도서관으로서 과학적 탐구의 기회를 제공한다. 아울러 생물다양성은 심미적, 창조적 영감과 더불어 기술적으로 고취시키는 기능을 하게 된다.

건강한 생태계는 하이킹, 낚시, 조류탐사 등과 같은 레크레이션 행위의 기회를 제공하기도 한다. 생태계에 살아가는 다양한 동식물들이 사라진다면 우리 인류의 삶도 풍요하지 못한 것이다.

또한 생태계 내에서 살고 있는 동식물들은 인류에게 음식물, 약제, 기타 우리의 생존과 풍요한 삶을 위한 다양한 산물을 제공해준다.

표 1-3 생태계서비스 유형별 속성

	산림	해양	농경지
환경 재화(공급서비스)	식량 맑은 물 연료 섬유	식량	식량 연료 섬유
조절서비스	기후조절 홍수조절 질병조절 수질정화	기후조절 질병조절	기후조절 수질정화
부양(지원)서비스	영양물질 순환 토양형성	영양물질 순환 일차생산량	영양물질 순환 토양 형성
문화서비스	심미적 영적 교육적 레크레이션적	심미적 영적 교육적 레크레이션적	심미적 교육적

이렇게 중요한 생태계의 건강성을 위협하는 요인은 자연적, 인위적으로 다양하다. 대표적인 요인으로는 서식처 분절화, 자연형성과정의 방해 및 억제(산불, 산사태, 피식-포식, 지구온난화) 외래종 침입 등이 있다.

2 복원생태학과 보전생태학

2.1 복원생태학과 생태복원

복원생태학(Restoration Ecology)은 생태학적 이론과 지식을 복원 행위에 적용하여 복원의 방향을 제시하는 과학적 이론을 의미하며, 훼손된 생태계를 회복하여 자기영속적으로 생태계 기능을 유지하는 과정인 생태복원에 대한 이론적 근거를 제공한다. 복원생태학은 생태복원의 근거가 되는 학문으로서, 과학적 근거를 지니며 새로운 지식을 창출하고 확산하면서 일반생태학에 이론적 배경을 두고 있다. 복원을 위한 실천적 이론과 명백한 개념, 모델, 방법론, 이론적 도구 등을 제공하게 된다.

결국 생태복원은 복원생태학 이론을 근거로 가설을 설정하며 조사 분석 계획 조성 유지 관리 등 전 과정에 적용되는 기술과 공법 등을 제공하며, 생태학적 지식과 이론을 활용한 일종의 실행과정이라고 할 수 있다.

그런 의미에서 복원은 생태적 이론을 실제 적용하여 검증하는 일종의 시금석이라고 할 수 있다. 다시 말하면 복원은 생태적 이론을 검증하고 이론의 발전에 영향을 끼치며 다른 한편으로는 생태적 이론을 통해 복원의 방향과 목표를 정하는데 근거를 제공한다. 복원생태학자는 조경학, 식물학, 수문학 등의 융복합적 학술적 근거를 바탕으로 하며 생태계의 구조와 기능에 대한 생태학적 이해와 지식을 바탕으로 한다.

생태복원은 특정 대상지에서 실천적으로 수행되는 생태계 복원의 실질적 행위라고 한다면 복원생태학은 이러한 생태복원 실무에 대한 이론적 근거가 되고 있다. 복원생태학은 실무자들에게 복원의 개념, 모델, 방법론, 툴 등을 제공하며, 경우에 따라서 현장 실무자가 곧 복원생태학자로서 이론과 실무가 연결된 접점이 된다. 복원생태학자는 이론을 검증하기 위해 실제 복원대상지에 적용하게 되며, 이렇게 실제 적용된 사례를 통해 도출된 연구성과들로부터 복원분야에서의 의문에 대한 해답을 찾을 수 있다.

나아가 복원된 생태계는 추후 복원 사업을 위한 표준생태계로 설정될 수 있으며 복원을 위한 유용한 단서를 제공해준다.

예를 들면, 수문(hydrology) 조건은 수변 식물군락 형성 등 식생구조를 형성하는 동적 요인으로서 지표수 및 지하수의 형성이나 공간적 패턴 등을 주 요소로 한다. 구체적으로는 수질, 수량, 침수기간 및 빈도, 첨두홍수량 및 첨두시간, 빈도 등 지표수의 흐름과 지하수의 깊이, 증감 등의 요인을 포함한다. 이러한 수문학적 요소는 강우량 등의 기후요인에 의해 결정되며 지형 요소(암반깊이, 배수유역의 크기 등), 물의 사행흐름, 선상지, 수문토양 등의 요소들이 고려되어야 한다.

수변식생(riparian vegetation)은 주기적인 홍수범람에 적응된다. 즉 홍수범람 빈도, 침수량, 기간, 기타 침수조건에 적응되어야 하며, 이는 생활형, 일년생 혹은 다년생, 종자의 산포(풍산포, 동물산포, 기계산포 등), 종자수명 등에 의해 식물 군락이 결정된다.

이러한 생태학과 복원생태학, 생태복원의 관계는 다음 그림 1-5와 같다.

그림에서 생태학은 흰색 바탕으로 나타나며, 그 중 일부가 옅은 회색으로 나타난 복원생태학으로 적용될 수 있다. 짙은 회색으로 표현된 생태복원은 복원생태학에 근거하고 있으나 일부 복원생태학으로는 설명되지 못하는 부분이 있다. 사람들의 이용 목적으로 자연자원을 활용하거나 생태계를 조작하여 변경시키는 등의 사회적 목적 등에 의해 복원 목적을 설정하고 방법론을 설정하기도 한다.

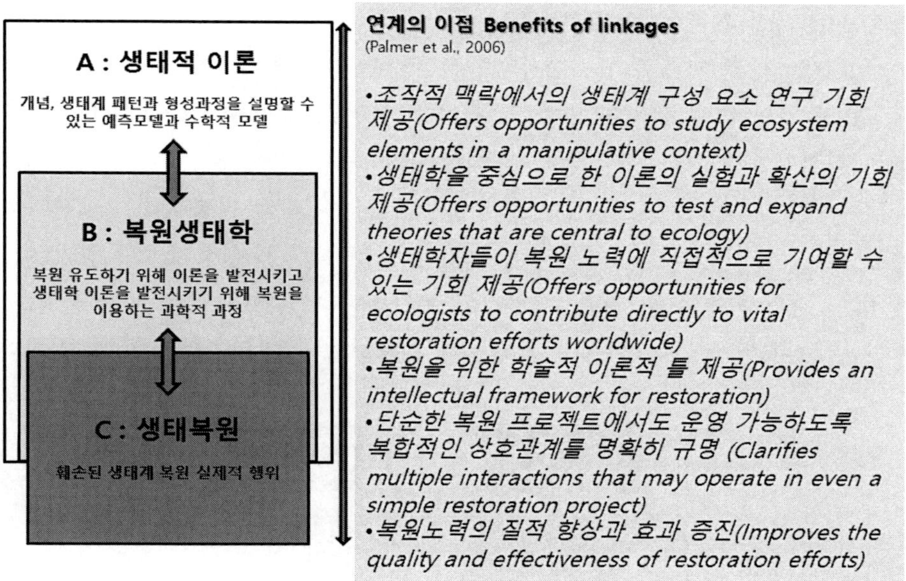

그림 1-25 생태학, 복원생태학, 생태복원의 관계 (출처 : Palmer et al. (2006)을 저자 수정)

그림 1-25에 나타난 바와 같이, 생태학 이론은 생태계 내 패턴과 형성과정을 설명하기 위한 개념, 예측모델, 수학적 모델 등을 연구한다. 복원생태학은 복원을 위한 복원이론을 발전시키기 위한 과학적 과정이며 한편으로 생태학 이론을 발전시키기 위해 복원을 실행하는 과정이다. 생태복원은 훼손된 생태계를 회복하는 실천적 행위이다.

이들은 개별적이라기보다는 서로 연결성을 지닌다. 이러한 연결성을 통해 조작적 맥락에서 생태계 요소를 연구할 기회와 생태학 이론을 검증하고 확대하는 기회를 제공하게 되며, 생태학자들이 복원노력에 직접적으로 공헌할 수 있는 기회를 제공하게 된다. 나아가 복원을 위한 이론적 틀을 제공하고 복원노력의 질과 효과를 증진시킬 수 있게 된다.

2.2 보전생태학과 생태복원

보전생물학은 현존 생물종다양도를 분석하고 보전하는 과학으로서 복원생태학과는 접근 방법에서 차이가 있다. 먼저 보전생물학은 보전가치가 높은 생태자원을 현재 남아있는 상태로 보전하는 것에 관심이 있고, 복원생태학은 과거의 생태적 기능과 구조로 되돌리는 것에 관심이 있다. 즉, 보전생물학은 생태계가 훼손되거나 파괴되기 전에 생물종다양도를 증진시키거나 보전할 수 있는 전략을 수립하게 된다. 그렇지만 복원생태학과 마찬가지로 생태학 이론에 학문적 근거를 두고 있다. 즉, 복원생태학과 생태복원의 관계는 보전생물학과 생물학적 보전과의 관계와도 같다.

또한 보전생물학은 목표종이나 멸종위기종 등 종 수준에 관심이 많고 복원생태학은 서식처 구조 및 기능 등에 관심이 많다. 나아가 보전생물학은 동물상에 초점을 맞추며 복원생태학은 서식처를 구성하는 식물상 및 식생 구조 등에 더 많은 노력을 하게 된다. 목표 달성 기간 측면에서 보전생물학은 비교적 단기간인데 비해 복원생태학은 중장기적 목표를 설정하게 된다. 보전생물학은 이론이나 학문적 접근에 더 충실하며 복원생태학은 실무적 접근에 많은 관심을 갖는다. 한편, 다양하고 복합적인 서식처 훼손은 보전 전략을 매우 어렵게 하거나 심지어 불가능하게 하는 경우가 많으므로 복원의 필요성이 제기된다.

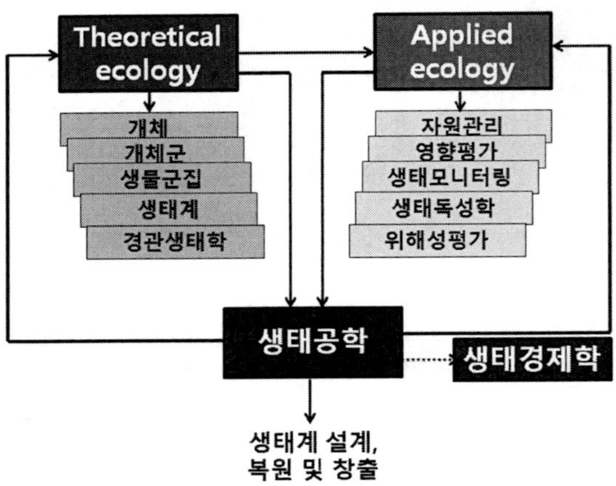

그림 1-26 생태공학과 생태학의 개념적 비교
{Mitsch (1993)을 수정}

3 천이와 생태복원

3.1 생태적 천이

천이(succession)는 생태계가 기후, 토양 등 물리적 환경과 생태계 내 생물적 환경사이의 상호작용을 통해 일정한 목적지를 향해 발전해나가는 과정이다. 일반적으로 육상생태계의 천이는 빙하나 용암지대와 같이 생물의 흔적이 없는 상태에서 출발하여 초본류를 거쳐 다년생 초본 및 관목, 아교목, 양수 교목, 음수 교목 등 최종적으로는 그 지역의 기후 풍토에 가장 적합한 극상으로 발전하게 된다. 이를 1차천이라 하며, 반면에 천이의 중간단계에서 인위적 또는 자연적 교란에 의해 훼손되었으나 생물의 흔적이 남아있는 상태에서 출발하는 천이를 2차천이라 한다(그림 1-27).

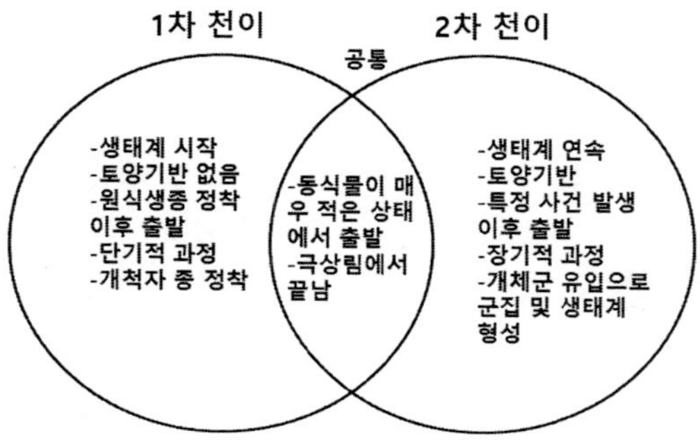

그림 1-27 1차 천이와 2차 천이

훼손된 생태계는 천이 과정을 통해 자연적으로 복원이 가능하다. 1차천이는 그 이전에는 생태계가 존재하지 않았던 나지에서 시작되며, 2차천이는 교란에 의해 훼손된 생태계가 일정 단계에서 다시 시작하게 된다.

일반적 천이과정의 특성을 구체적으로 살펴보면 다음과 같다(그림 1-28).

1) 초기단계에서 선구종은 불안정한 환경에 특별히 적응된다. 대체로 크기가 작고, 토양 등 물리적 환경을 안정화시키는데 도움이 된다. 뿌리혹박테리아의 작용에 의하여 질소고정 작용을 통해 토양 비옥도를 증가시키는 비료목과 같은 식물이 있다. 이 단계에서는 생체량과 종다양도가 점차 증가한다.

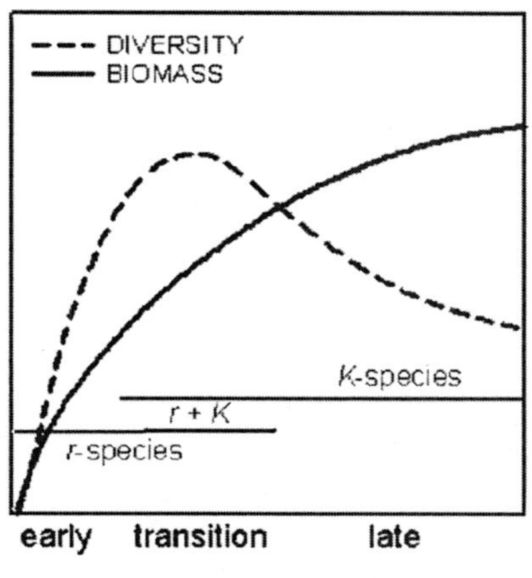

그림 1-28 천이과정에 따른 생태계 구성요소들의 변화
(자료 : Guo, 2003)

2) 천이의 둘째 단계에서 식물은 여전히 초본류나 관목류 정도의 작고 성장이 빠르며 종자가 빠른 속도로 퍼져나간다. 이 단계에서는 광합성이 활발하여 총생산량은 증가하나 상대적으로 호흡이 더욱 활발하여 순생산량은 오히려 감소한다. 또한 유기물이 증가하고 물질이 축적된다.
3) 셋째단계에서는 좀 더 크고 오래 사는 교목류들이 침입하여 점차 우점종으로 된다.
4) 마지막 단계에서는 극상림이라 불리는 성숙림이 발달된다.

이러한 천이는 생태계 유형에 따라 서로 다른 패턴을 나타내게 된다.

우선 사구생태계에서 발생되는 천이의 과정을 보면, 사구는 사빈해안을 따라 형성되는데 일단 사구가 형성되면 먼저 1년생 초본류가 침입하고 초본의 뿌리가 사구를 안정시키게 된다. 그리고 다른 종들이 침입하여 점차 천이가 진행된다. 천이의 초기 과정에서의 식물은 대체로 작고 양지에서 잘 자라며 초기단계의 열악한 환경조건에 대한 내성이 있다. 시간이 지날수록 점차 관목이나 교목이 침입하게 된다(그림 1-29).

그림 1-29 사구생태계의 식생 침입 (하시동-안인사구)

산성이탄습지(Bog)는 입수부는 있으나 출수부가 없는 수체로 이루어지는데, 대표적 습지식생인 사초과 식물의 뿌리가 번성하면서 매트처럼 엉키고 미세한 모래와 토양입자들이 그 뿌리 사이로 바람에 의해 날려 오게 된다. 그 위로 떨어진 종자가 물속에 가라앉지 않고 발아되면서 매트가 점점 두꺼워지고 관목과 교목들이 침입하여 성장할 수 있는 기반이 형성된다. 점차 바닥으로부터 퇴적되게 되며, 물가 쪽을 향해 점차 발달되면서 단단한 표면을 형성하게 되고 물 쪽으로는 여전히 식생이 물위에 떠있게 된다(그림 1-30).

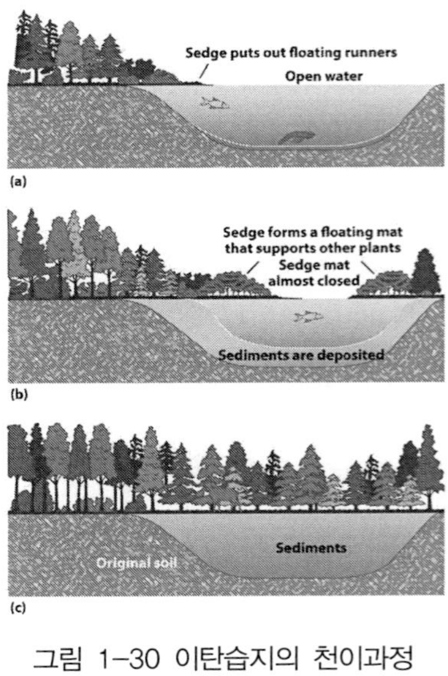

그림 1-30 이탄습지의 천이과정
(자료 : Adams, 2013)

한편, 천이의 초기에서 중기단계에서는 다음과 같은 이유로 영양물질이 축적된다.

첫째, 유기물이 영양물질을 저장하여 하나가 증가하면 다른 요소들도 증가하게 되며, 질소고정 작용이 발생한다.

둘째, 생명체나 죽은 물체들이 침식을 억제하는 작용을 한다.

3.2 천이단계에 따른 종의 변화

천이과정에서 어느 한 단계와 후속 단계 사이에는 다음과 같은 관계가 나타난다(표 1-4).

- 촉진작용 facilitation
- 방해 interference
- 생애 주기에 따른 차이 life history differences
- 영속적인 집단화 chronic patchiness

표 1-4 천이단계에 따른 종의 변화(Connell and Slatyer, 1977)

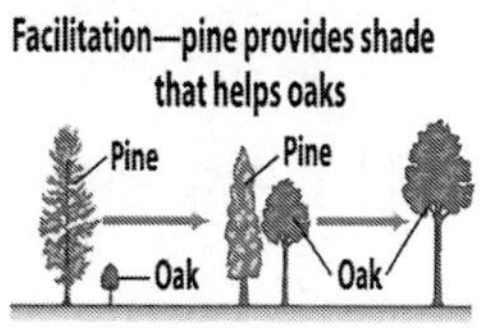	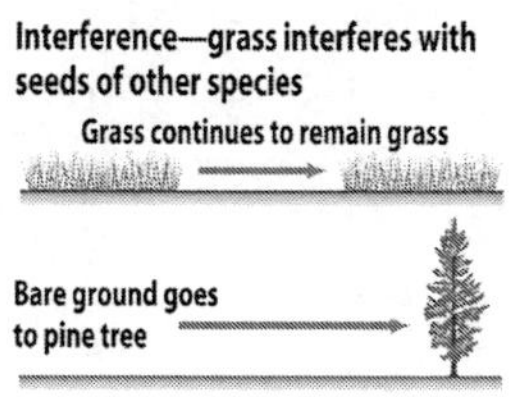	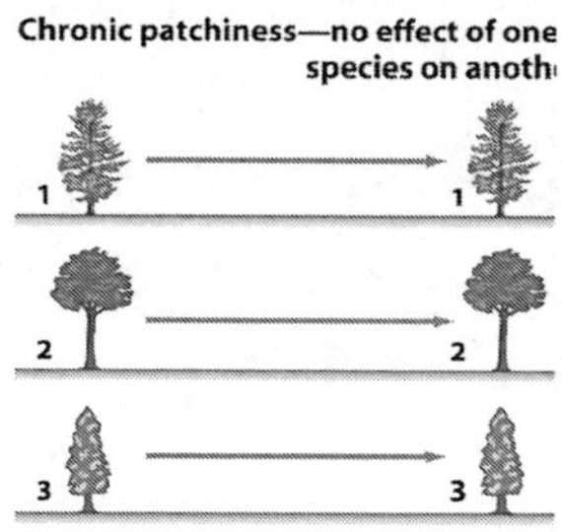
촉진작용 : 소나무가 그늘을 만들어 음수인 참나무류가 이입될 수 있는 환경을 조성	방해작용 : 초본류가 다른 종의 종자를 방해하여 발아가 되지 않고 초본군락 유지. 반면에 방해받지 않는 나지는 소나무 군락으로 바뀜	영속적 집단화 : 어떤 종이 다른 종에게 아무런 영향을 끼치지 않음

촉진작용

전 단계의 종은 다음 단계 종의 이입을 촉진하는 기회가 되거나, 경우에 따라서는 다음 단계 종의 출현을 위해 반드시 필요한 경우도 있다. 사구나 산성이탄습지에서는 사구식생과 부엽식물이 각각 촉진제로 기능을 하며, 다른 종들이 이입될 수 있는 통로가 된다. 이러한 촉진작용이 복원과정을 도와주는 기능을 이해하는 것이 중요하며 촉진제로서의 식물들이 우선 식재될 수 있다.

방해

어떤 종들은 오히려 다음 단계 종이 이입되는 것을 방해하기도 한다. 경우에 따라서 전 단계의 종은 다음 단계 종의 이입을 억제하기도 한다. 일부 초본류들은 매우 치밀하게 매트 형태로 뭉쳐 다른 종의 종자가 발아되는 것을 억제한다. 이런 경우 매트에 다른 종이 이입될 수 있는 공간을 만드는 것도 필요하다.

생애 주기에 따른 차이

어느 한 종은 다음 단계 종의 출현에 아무런 영향을 끼치지 못한다. 두 종은 서로 다른 시기에 출현하는데, 그 이유는 이동 또는 운반 시기의 차이, 발아, 성장, 종자 수명 등의 차이에 의한다. 종자 산포에 대한 사례를 들어보면, 천이 초기단계의 종은 바람이나 동물 등의 작용에 의해 산포되나 후가단계의 종은 이동하는데 오랜시간이 걸리고 유묘는 그늘에 견디는 속성이 있다.

영속적인 집단화

천이가 이루어지지 않고 초기에 이입된 종이 다음 교란이 발생할 때까지 유지된다.

사막과 같이 환경조건이 생육에 불리한 경우 주요 관목군락이 집단으로 자라며, 이러한 집단들은 다음 교란 때까지 오랜 기간 견딜 수 있다.

비생물학적 형성과정에 의해 침식되거나 훼손되는 경향이 있으며, 척박한 환경에서는 훼손이 가속화되며 천이는 발생하지 않는다.

4 생물다양성과 생태복원

4.1 생물다양성(biodiversity)

생물다양성은 미생물에서부터 대형 동물과 대형 식물에 이르기까지 모든 생명체의 고유한 유전정보를 포함하고 있으며, 종 수준에서 생태계에 이르기까지 모든 구성 요소를 아우르고 있다. 즉, 생물다양성은 지구상에 존재하는 동식물 등 생물 그 자체를 의미한다고 할 수 있다(Wilson & Peter, 1988).

생물다양성은 종 다양성(species diversity)과 유전적 다양성(genetic diversity), 생태계 및 경관다양성(ecosystem & landscape diversity) 등을 종합한 개념으로 모든 생명과 생태계의 유지를 위해 필수적 자원이다. 생물다양성은 지구생태계를 구성하는 유전자, 종

(생물종), 생태계와 경관으로 이루어진다. 생물자원은 사람을 위하여 가치가 있거나 실제적 또는 잠재적 용도가 있는 유전자원, 생물체, 생물체의 부분, 개체군 또는 생물의 구성요소를 말한다. 유전자원은 유전의 기능적 단위를 포함하는 식물·동물·미생물 또는 그 밖에 유전적 기원이 되는 유전물질 중 실질적 또는 잠재적 가치를 지닌 물질을 말한다.

유전적 다양성(genetic diversity, morphological diversity)

각 분류군별 모든 생명체에 고유한 속성을 부여하며, 같은 종 안의 개체를 구별할 수 있는 유전적 변이를 포함한다. 개체의 유전자 구성은 변이가 있고 개체군 간에도 변이가 있다. 생명체는 유전적 변이로 인해 복원력이 높아지며, 기후 및 토양환경의 변화에 적응하고 버틸 수 있게 된다.

종다양성(species diversity, taxonomic diversity)

각 분류군별 개별 생명체를 말하며, 소나무나 국화와 같은 식물, 호랑이나 고라니와 같은 동물, 해양의 플랑크톤과 같은 미생물 등 지구생태계에 사는 모든 생물종을 포함한다. 생물종의 형태나 생활방식이 각각 다르게 된다. 종 간 상호관계를 이루며 생물공동체를 형성하고 주위의 환경과도 상호작용을 한다.

생태계와 경관 다양성(ecosystem and landscape diversity)

생태계는 다양한 개체군들의 집합체인 군집과 그 주변 환경을 포함한 개념으로서, 모든 구성원인 각 생물이 서로 작용–반작용을 통해 상호관련성을 지니며 물질순환과 에너지흐름을 통해 역동적으로 살아 숨쉬고 있는 시스템이다. 여러 생태계가 모여 복합생태계를 이루게 된다.

나아가 국토차원에서 도시나 농경지, 숲, 호수와 같이 상호작용하는 개별 생태계가 패치, 코리도, 매트릭스 등으로 형성되어 모자이크를 구성하는 경관을 포함한다.

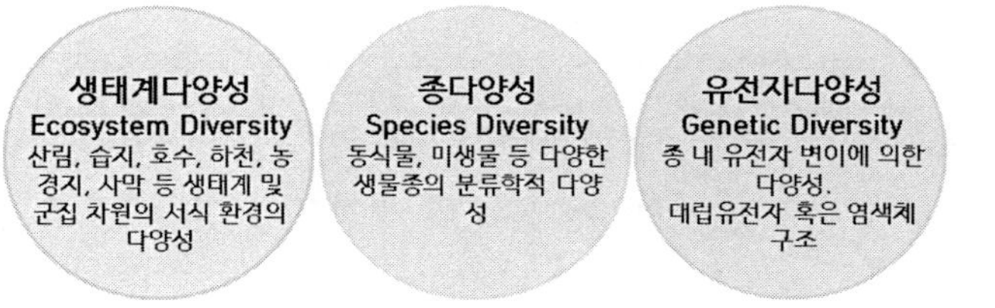

그림 1–31 생물다양성 종류 및 특징

그런데, 도시화로 인한 녹지의 파편화와 단절로 생물서식공간이 파괴되고 개체군의 고립 등으로 생물종 다양성이 점차 감소하고 있는 추세이다. 이는 인구 증가, 경제 발전 등에 의한 서식지 파괴, 토지이용변화, 기후변화, 외래종 침입, 생물종 남획과 환경오염 같은 직간접적인 원인에 의해 발생한다.

우리나라의 [생물다양성 보전 및 이용에 관한 법률(생물다양성법)]에서는 '육상생태계 및 수생생태계와 이들의 복합생태계를 포함하는 모든 원천에서 발생한 생물체의 다양성'이라고 정의하고 있으며, 종내·종간 및 생태계의 다양성을 포함한다. 또한 국가생물다양성 전략을 수립하여 법적 토대를 이루고 있고, 세부 전략으로 생태계 보전, 훼손된 생태계의 복원, 생태계서비스의 회복, 생물다양성관리계약 등의 제도를 도입하고 있다.

생물다양성관리 계약은 토지의 소유자·점유자 또는 관리인과 경작방식의 변경, 화학물질의 사용 감소, 습지의 조성, 그 밖에 토지의 관리방법 등을 내용으로 체결하는 계약으로서 주요 대상지는 다음과 같다.

- 멸종위기 야생생물의 보호를 위하여 필요한 지역
- 생물다양성의 증진이 필요한 지역
- 생물다양성이 독특하거나 우수한 지역

4.2 생물다양성 증진을 위한 복원

생태계 안에서 생명체는 먹이그물을 통해 연결되어 상호작용하고 서식환경을 다른 생물체와 공유하면서 경쟁, 포식-피식, 공생, 기생 등에 의해 조절되고 있다.

이러한 생물다양성의 중요한 구성 요소인 생물종들이 인위적이거나 자연적인 원인에 의해 급격하게 줄어들고 있다. 세계자연보전연맹(IUCN)의 보고에 따르면 이미 전세계 조류의 1/8, 포유류의 1/4, 침엽수의 1/3, 양서류의 1/3에 달하는 종들이 멸종되었거나 멸종위기에 처해 있다고 밝히고 있다.

결국 생물종의 급속한 감소는 인류에 의해서도 직접적인 영향을 받게 되는데, 기하급수적인 인구 증가와 경제발전에 의한 서식지 파괴, 토지이용 변화, 기후변화, 외래종 침입, 생물종 남획과 환경오염 같은 직간접적 원인에 의해 생물다양성이 감소되고 있다.

생물다양성을 보전하기 위한 국제적인 노력으로서 지구환경기금(GEF)에서는 전세계 육지의 10%를 보호지역으로 만들겠다는 목표를 설정하고 있다. 보호지역은 '현지 보전(in situ)' 전략의 하나로서 생물다양성의 피난처이며 효과적인 생물다양성 보호 전략이다.

국내에서도 생물다양성법에 의해 생태계 보전, 훼손된 생태계의 복원, 생태계서비스의 회복, 생물다양성관리계약 등의 제도를 도입하고 있다.

특히 도시와 같은 인공생태계는 복원의 초기 발달 단계에 국한되어 많은 경우 공원 녹지, 가로녹지 등의 생태적 기회성이 있는 공간의 경우에도 시각적 경관 위주의 조성 방식으로 인해 다양한 생물종의 서식처 기반으로 이용되기 어려운 실정이다. 자연재생이나 유전자 다양성 등 고차원적 서식처 기반 복원을 위해서는 법률정비, 생태휴식공간 증진 등 녹지 조성과 관련된 제도적 개선이 필요하다.

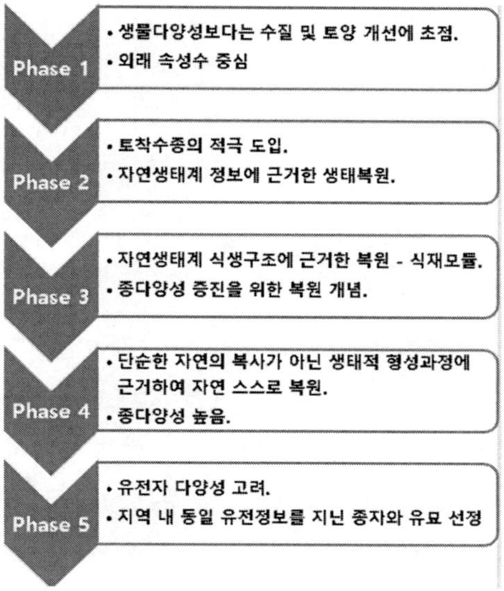

그림 1-32 생물다양성 증진 위한 복원 단계
(자료 : Rodrigues et al. 2009)

4.3 복원의 연속성

생태복원 및 복원 관리는 광범위한 환경에 대한 피해를 복구하고 생태복원을 보완하며 광범위한 복구를 위한 개선된 조건을 제공하기 위하여 사회가 수행하는 광범위한 활동이 있는 '복원의 연속성'을 따라 정렬된다.

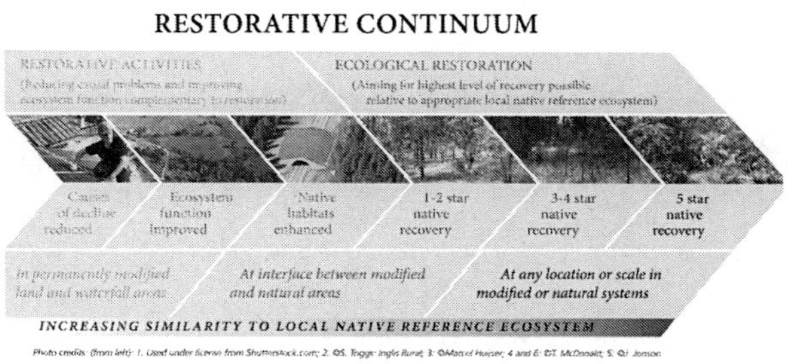

그림 1-33 복원의 연속성 (자료 : SER)

5 수용능력과 회복탄력성

5.1 수용능력(carrying capacity)

수용능력(또는 수용력)은 자정능력을 포함한 모든 자원의 이용능력으로서 환경문제를 해결할 수 있는 능력을 의미하며(UNDP, 1995), 인간환경시스템이 안정적이고 지속가능한 발전을 이룩하는데 필요한 환경조건이라고 할 수 있다(末石富太郎, 1993).

수용능력은 생태계의 생산성과 탄력성(resilience) 유지의 의미가 있으며 자연자원의 지속적인 공급과 생태계의 탄력성을 기반으로 한다(Kessler, 1994).

생태계에서의 수용력 개념은 어떤 동식물이 그것이 속한 생태계 또는 서식처가 회복 불가능한 상태로 훼손되지 않고 그 동식물이 생존할 수 있는 최대 개체군 밀도를 의미하며, 생태공간의 현명한 이용을 위한 전제로서 수용능력의 범위에서 지속가능한 계획이 이루어져야 한다.

수용능력과 생태발자국

생태발자국(ecological footprint)은 캐나다 경제학자 마티스 웨커네이걸(Mathis Wackernagel)과 윌리엄 리스(William Rees)가 제안한 개념으로서 인간이 지구에서 삶을 영위하는데 필요한 의식주 등을 제공하기 위한 자원의 생산과 폐기에 드는 비용을 토지로 환산한 지수를 말한다(구본학, 2016).

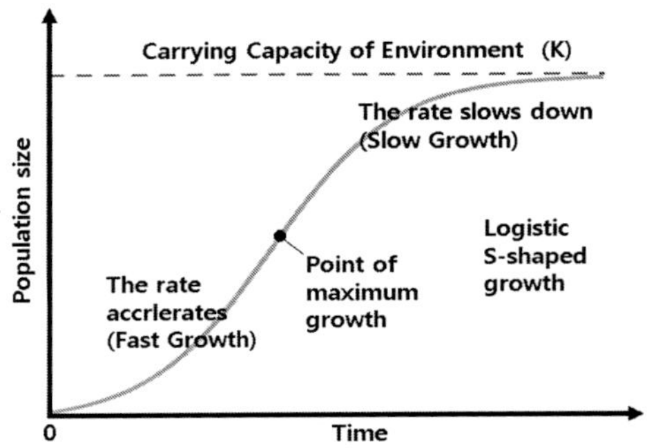

그림 1-34 수용능력 개념
(자료 : http://www.slideshare.net/)

발자국 면적이 넓을수록 환경문제가 심각한 것으로 해석할 수 있는데, 선진국으로 갈수록 면적이 넓어 환경문제가 심각하여 선진국에서 살고 있는 20%가 세계 자원의 86%를 소비하고 있다. 2007년 기준으로 1인당 2.7 gha에 이르며 이는 지구가 기본적으로 제공하는 생태발자국인 1.8 gha을 이미 넘어 선 수치이다. 우리나라는 1995년에 기준점을 넘었고 현재 3.7 gha에 이른 것으로 추산된다.

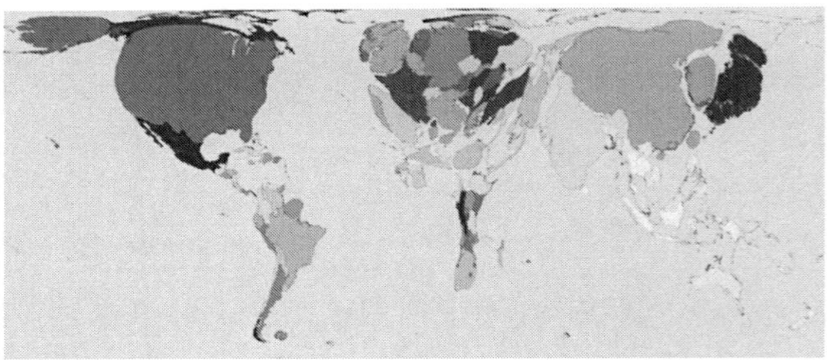

그림 1-35 생태발자국으로 본 세계지도 (자료 : The Living Planet Report, 2006)

참고 지구용량 초과의 날(earth overshoot day)

자연에 대한 인류의 연간 수요가 그 해에 지구가 재생산할 수 있는 것을 초과하는 날짜를 의미하며, 인간에 의한 생태발자국과 지구의 생태용량을 비교하여 산정한다. 2021년의 경우 7월29일에 이미 지구의 생태용량을 초과하였다. 이는 현 상태로 살아갈 경우 인류의 삶을 위해서는 1.7개의 지구가 필요하다는 의미로서, 지구의 생태적 위기가 매우 심각함을 경고하고 있다.

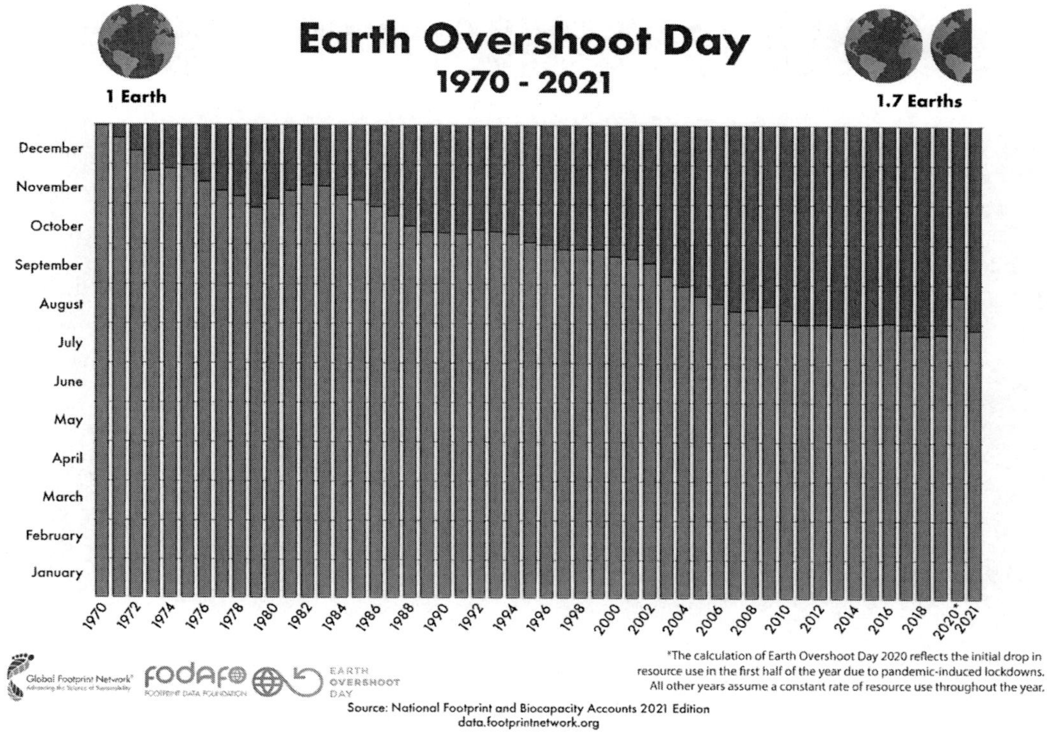

그림 1-36 지구용량 초과의 날 변화(1970–현재)(자료 : National Footprint and Biocapacity Accounts, 2021)

지구생태용량은 1970년 12월 31일, 1980년 11월 4일, 1990년 10월 10일, 2010년 8월 21일 등으로 해마다 급속히 앞당겨지고 있으며 다만 2020년의 경우 Covid-19의 영향을 받아 8월 22일로 약 10년 전으로 회복되었다가 2021년부터 다시 악화되고 있다.

2021년 지구용량 초과의 날인 7월 29일은 인류가 1년 365일 동안 사용할 자원을 7월 29일 즉 209일 만에 모두 소모했음을 의미하며, 이는 나머지 156일만큼의 자원을 미래세대로부터 빌어왔다는 의미로 해석한다.

지구용량 초과의 날과 관련하여, 각 나라별 국가용량 초과의 날은 해당 국가의 생태용량과 생태적 발자국을 비교하여 산정한다. 우리나라는 2021년 4월5일로서 94일만에 1년간 소모할 자원을 모두 소모하였다. 이는 세계에서 8번째에 해당할 정도로 심각한 상황이며, 전 세계인이 우리나라 사람들처럼 생활한다면 지구 3.8개가 필요하다는 의미이다.

그림 1-37 2021년 국가용량 초과의 날 (자료 : National Footprint and Biocapacity Accounts, 2021)

특히 국가 면적을 기준으로 다시 산정하면 우리나라는 세계에서 가장 심각한 나라에 속한다. 우리나라의 생태용량은 1인당 0.7 GHa인데 실제 소비량은 1인당 5.7 GHa에 이르며 이는 현재의 생활패턴을 감당하려면 8.4배나 큰 땅이 필요하다는 의미로서 세계에서 가장 심각하다.

수용능력과 원단위계획

대상지역의 생태계가 어느 정도의 훼손까지를 흡수하여 스스로 회복할 능력이 있는가에 따라 정해지는 수용능력으로 토지용도별 가용지를 찾아내어 이 면적에 비례하여 수용능력을 산정한다.

5.2 상호작용

생물군집 안에서의 이종 및 동종을 포함한 생물 사이의 상호관계를 말한다. 상호작용은 종내 개체 사이의 상호작용과 종 사이의 상호작용 두 가지로 나뉘고 각각을 길항적 관계와 협동적 관계로 구별한다.

표 3-5 상호관계 유형 (구본학, 2016)

상호관계 유형	내 용
중립관계(neutralism)	상호관계의 영향을 받지 않는다
분서	경쟁을 피함
경쟁(competition)	생태적 지위가 같은 생물 사이에 먹이, 공간을 놓고 다투는 것
상호억제 경쟁형 (mutual inhibition competition)	• 일반적 생장자원을 공통적으로 요구 • 서로 활발히 억제
자원이용 경쟁형 (competition resource type)	• 적은 자원을 두고 적대적으로 영향 • 높은 생장률 및 환경적응력 높은 종이 유리
편해공생(amensalism)	• 한편의 개체군만이 다른 것을 억제하고 다른 한쪽은 영향 받지 않음. ex) 타감작용 allelopathy
기생(parasitism)	• 숙주(host) ↔ 기생자(parasite) • 한 생물이 다른 생물(숙주)의 몸에 붙어서 영양분을 빨아먹고 숙주(host)에게 손해를 끼치는 것 • 기생체가 숙주의 세포물질을 이용해 생장. • 숙주의 밀도와 생장은 기생체에 의해 결정.
초식, 포식 및 피식 (predation)	포식자(predator) ↔ 피식자(prey) ※ 위장, 방위, 의태, 집단행동, 회피 • 포식자는 피식자를 직접 공격하여 섭취 • 피식자의 밀도는 포식자에 의해 조절. 주기적 변화.
편리공생 (commensalism)	• 하나의 생물이 다른 생물의 관심 없는 먹이를 먹는 공생관계 • 한쪽은 이익을 받으나 다른 한쪽은 영향받지 않음.
원시협동 (protocooperation) 상조공생(synergism)	• 쌍방의 개체군 성장이나 생존에 이익은 있으나 그 관계는 구속성이 없음
상리공생(mutualism)	• 서로 다른 생물들끼리 서로 이익을 주고 받는 공생관계 • 개체군 간에 서로 이익을 주고 받음. 쌍방의 개체군 생장이나 생존에 이익이 있으며 상대방이 없으면 자연 상태에서 생존 못함

종간 상호작용 유형을 분석하기 위해서는 먼저 종간 상호작용이 긍정적 관계인지 부정적 관계인지 가설화하기 위해서는 두 종간 분포의 무작위성을 관찰해야 한다. 적당한 크기의 무작위적인 방형구 내에서 식생을 조사하는 방법으로는, 무작위적으로 선택된 식물과

그 식물 주변에 있는 다른 식물과의 거리를 재는 방법이 있다.

		Lotus scoparius		
		있다	없다	총계
Rhus integrifolia	있다	관찰값 :15 예상값: 33*63/90=23.1	관찰값 :18 예상값 : 33*27/90=9.9	33
	없다	관찰값 :48 예상값 : 57*63/90=39.9	관찰값 :9 예상값: 57*27/90=17.1	57
	총계	63	27	90
x^2=∑(관찰값-예상값)^2/예상값=2.84+8.18+1.64+3.84=16.5				

그림 1-38 두 종간 상호작용을 하기 위한 분할표

경쟁배타(competitive exclusion principle)

생태적 지위가 동일한 개체군은 같은 장소에서 공존을 계속할 수 없다는 법칙으로서 경쟁배타에서는 생태적 지위의 개념이 중요하게 사용된다.

1960년 생태학자 하딘(Garret Hardin)은 GAUSS의 실험에 기초하여 'complete competitors cannot coexist(완전한 경쟁자들은 공존할 수 없다)'는 경쟁배타의 원리를 발표하였다.

참고 가우스 실험(A.F. Gause, 1934)

짚신벌레속(Paramecium)의 두 종(P. aurelia& P. caudatum)을 대상으로 실험하여 경쟁배타의 원리 검증.

각자 다른 실험구에서는 두 종 모두 잘 자라지만 같은 실험구에서 함께 배양하면 P. aurelia가 P. caudatum을 억제 독점.

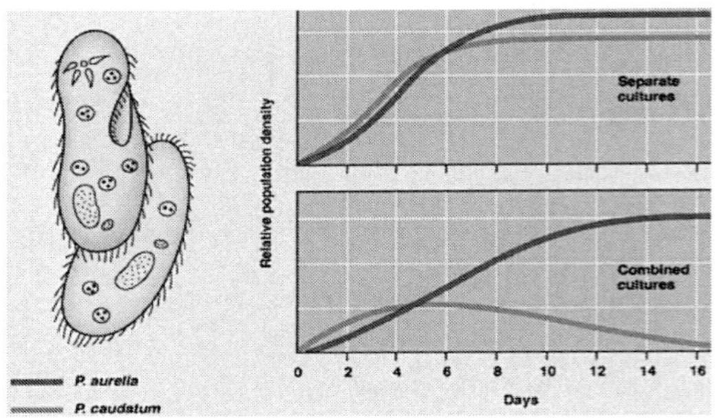

그림 1-39 경쟁배타의 원리 가우스의 실험
(자료 : Gause, 1934)

경쟁배타는 상리공생적으로 연결될 필요가 없는 생물집단 사이에서 일어나는 자연선택(natural selection)으로서, 같은 자원을 필요로 하는 두 종은 자원이 제한된 조건에서 공존할 수 없고, 같은 방식으로 환경과 상호작용할 수 없다. 즉 경쟁을 통해 적응성 높은 종이 다른 종을 몰아내고 장소를 독점하게 된다.

그 결과 전체 개체군과 군집에게는 유리한 방향으로 작용하나 개체군 내의 개체에게는 선택적으로 불리하게 작용하게 되며, 궁극적으로 생물 공동체에 긍정적인 영향을 가지는 유기체들만이 살아남으며 소수의 부적합한 개체들은 배제 또는 위축된다.

경쟁종의 공존

공존은 평형상태에서 자원을 공유함으로써 감소된 밀도로 함께 살아가는 것을 의미한다. 두 종이 자원을 나누어 가지며 공존하게 된다. 즉, 두 종의 먹이와 서식지가 완전히 동일한 경우는 거의 없기 때문에 두 종의 공존이 가능하며, 종간보다 종 내에서 밀집효과가 더 크다면, 종간경쟁보다 종내경쟁이 더 치열한 곳에서는 두 종이 공존하게 된다. 또한 두 종 사이에 이용자원의 차이가 있다면 공존한다.

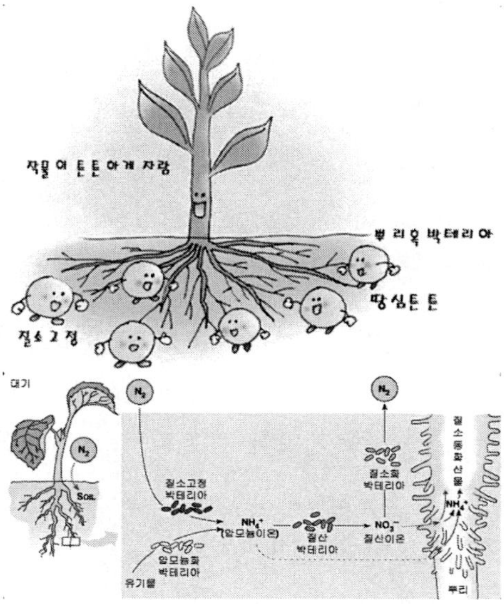

그림 1-40 뿌리혹박테리아와 질소고정
(출처 : https://m.blog.daum.net/timeneverstops/7450402)

타감작용(상극작용, allelopathy)

주변에 화학물질을 방출하여 다른 식물의 생장과 생식을 방해하는 작용으로서, 식물이 어떤 환경으로부터 어떤 물질을 빼앗기보다는 물질을 첨가함으로써 다른 종에게 영향을 끼치게 된다.

식물이 자기보호 본능에 의해 다른 식물이 잘 자라지 못하게 하는 화학물질을 주변 환경에 방출하여 자신은 아무런 영향을 받지 않으면서도 다른 식물에 해를 끼치게 되는데 일종의 편해공생이라고 할 수 있다.

- 푸른곰팡이, 검은 호두나무 : 푸른곰팡이는 페니실린(penicillin)을 분비하는 데 이 물질은 세균을 죽이며, 검은 호두나무는 주글론(juglone)이라는 화학물질을 뿌리에서 분비하여 근처의 다른 식물을 죽이지만 자신에게는 아무 영향이 없다.

상리공생

다른 종류의 생물이 상호작용의 결과 서로 이익을 주고 받으며 살아가는 관계를 말한다. 자연계에서 매우 다양하게 나타나며 일반적으로 공생은 대부분 상리공생을 의미한다.

상리공생은 절대적이며 상호의존적 관계로서 서로 독립적으로는 살 수 없으며, 이때 서로 독립적으로 살 수 있으면 원시협동(상조공생)이라고 한다.

- 지의류(Lichen) : 조류(algae)와 균류(Fungi) 가 마치 하나의 종으로 볼 수 있을 정도로 결합되어, 조류는 생산자로서 광합성 산물을 제공하고 균류는 수분 및 영양분을 제공

- 콩과식물과 뿌리혹박테리아 : 콩과식물과 뿌리혹박테리아는 상리공생한다. 콩과식물은 광합성을 통해 포도당(에너지원)을 생산하며, 뿌리혹박테리아는 포도당 사용하고 공기의 질소를 식물이 이용할 수 있는 질소화합물로 만들어줌으로써 식물이 질소를 얻을 수 있다.

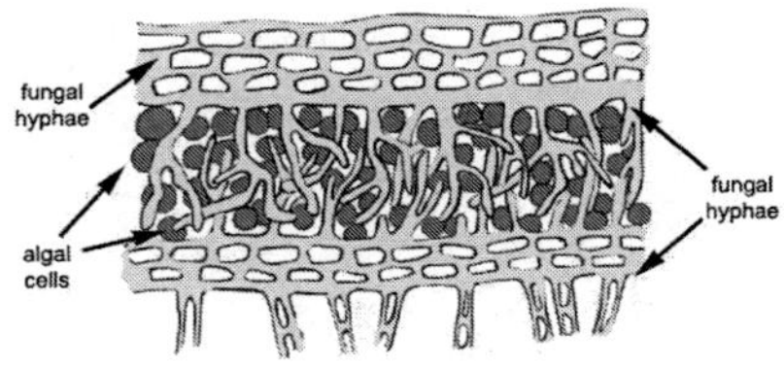

그림 1-41 지의류
(자료 : https://suboptimist.wordpress.com/tag/lichen-2/)

질소고정(symbiotic nitrogen fixation)

공기 중에 존재하는 유리질소를 고정시켜 암모니아 또는 아미노산을 합성하는 세균으로서 단독으로 생활하며 유리질소를 고정시키는 세균과 공생생활을 하는 세균이 있다.

균근

고등식물의 뿌리와 균류의 상호작용이다. 19세기 Allen에 의해 처음으로 관찰되었다. 내생균근(endomycorrhizae)은 균류의 균사가 뿌리의 세포벽을 뚫고 들어가며, 외생균근(ectomycorrhizae)은 균류의 균사가 피층세포 사이에 분포한다. 소나무, 버드나무, 호두나무, 단풍나무, 자작나무 등에서 많이 발견된다.

포식과 기생

포식자는 환경에 잘 적응하지 못하는 개체를 제거하여 개체군의 크기를 조절하는 방식으로 피식자 개체군에게 이익을 주기도 한다. 포식자는 피식자 개체군의 삶의 질을 향상시키는데 기여하게 된다. 포식자와 피식자에 의한 개체군의 변동은 포식자가 피식자를 잡는데 얼마나 많은 에너지를 투자해야 하는가에 달려있다. 즉, 피식자가 포식자를 얼마나 잘 피하고 새끼를 보호할 수 있는가에 따라 결정된다. 때로는 포식자에 의해 우점종이 제거됨에 따라 다른 종들을 위한 서식지가 열려 군집의 종 다양성이 증가하기도 한다.

기생은 작은 유기체가 숙주의 안 또는 숙주 위에서 에너지와 서식처를 얻어 살아가고 있는 경우를 말한다.

6 그린인프라스트럭처

6.1 녹색복원과 그린인프라

국토 공간 사용자에게 생태환경 서비스를 통한 삶의 질 개선은 물론 폭염, 홍수, 미세먼지 등의 기후변화 재해 취약성을 근원적으로 제고할 수 있는 그린인프라의 국토, 도시 내 역할 재정립이 필요하다.

그린인프라스트럭처(Green Infrastructure : 약자로 그린인프라)는 일정한 지역에 분포하는 녹지와 물, 그리고 자연생태계를 연결하는 네트워크로서 지역사회가 건강한 물을 유지하고 복합적인 환경 수혜를 제공하며 지속가능한 사회를 구축하는 접근방법을 말하며(USEPA), 물을 강조하는 경우 블루그린인프라(blue-green infrastructure)로 표현하기도 한다.

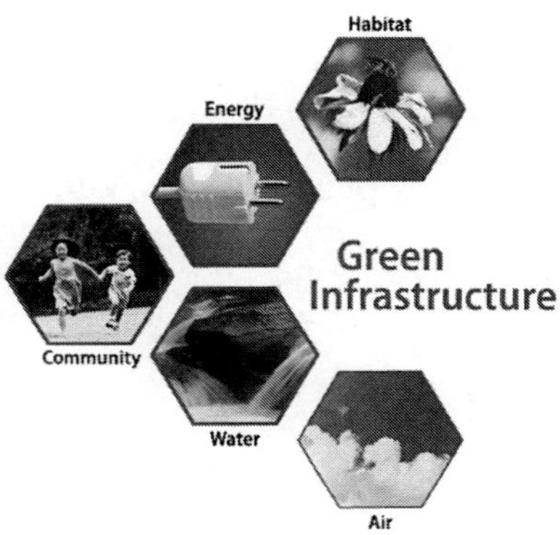

그림 1-42 Green Infrastructure 개념
(source : water.epa.gov)

그린인프라스트럭처는 특히 도시와 같은 인공생태계에서 매우 유용한 전략인데, 생태계 건전성을 증진하고 기후변화 대응 등을 해결하기 위한 기반을 제공하는 네트워크라고 할 수 있다. 즉, 생태적 건전성을 향상시키고 지속가능한 지역사회 구축을 위해 서식처, 에너지, 물, 공기 등의 요소를 복합적으로 고려하게 된다.

구체적 전략으로는 수질정화, 기후변화대응, 열오염저감, 생물다양성 증진, 식품공급, 대기질개선, 지속가능한 대체에너지, 맑은물 및 토양 등의 생태환경의 질적 개선을 비롯하여 도시민의 삶의 질 향상을 포함하며, 공간적 대상이 되는 생태공간으로서는 오픈스페이스, 하천, 정원, 숲, 녹지대, 야생동물 서식처, 가로수, 자연유산, 전원지역 등 다양한 생태유형을 포함한다.

자연생태계는 다기능적이며 동시에 광범위한 서비스를 제공할 수 있기 때문에 이러한 혜택의 범위와 흐름은 생물다양성과 생태계 상태에 따라 다양하게 정의될 수 있다.

성공적인 녹색복원을 위해서는 일상생활을 통해 국민들이 생태계서비스 혜택을 누릴 수 있도록 녹색산업을 발굴 지원함으로써 생활밀착형 녹색복지를 구축하는 것이 중요하다.

- 녹색산업은 포괄적으로 생태자원의 양적 증진과 연결성 및 순환성 등 질적 향상을 도모
- 자연총량제, 미세먼지 경감 및 도시열섬완화 등 생애주기별 녹색복지 서비스,
- 자연재생(생태축 회복, 도시하천 재자연화, 마을습지 발굴),
- 생태문화적 도시재생 및 도시생태계 복원,
- 공적 정원(public garden) 및 마을 만들기,
- 서민생활 밀착형 주제정원, 일몰제 대상 공원의 생태공간 조성 등의 생활밀착형 그린인프라 및 그린어메니티를 구현하는 사업들을 포함
- 녹색산업을 활성화할 수 있도록 제도적으로 재정적으로 지원함으로써 궁극적으로 녹색복지 달성
- 환경생태적 순환경제에 바탕을 둔 녹색일자리를 통해 환경자치와 녹색복지 달성
- 탄소재정 산업화 → 미세먼지 대책 산업화, 일자리창출
- 화력발전소, 산업단지, 공사현장, 간선도로 등 배출원 영향권 생태적 토지이용(생태복원, 습지, 녹지 등 조성)을 통한 녹색완충지대(그린버퍼) 구축

6.2 그린인프라 사례

1) 미국의 Green Infrastructure 프로그램

물순환, 수질개선, 환경생태성 증진, 도시 내 녹색거점을 연결하는 공원연결로 조성 등의 전략들이 수행되고 있다.

필라델피아의 경우 투수성 포장(공원, 농구코트, 주차장 등), 레인가든 및 생태공학적 저류시스템(학교, 공공기관 등), 홍수조절을 위한 인공습지 등 물순환체계 중심으로 구축되고 있으며, 미국 환경청은 빗물관리의 개념을 확장하여 녹색인프라의 개념을 빗물 및 수질관리에 도입하여 기존 설비 및 관리 비용

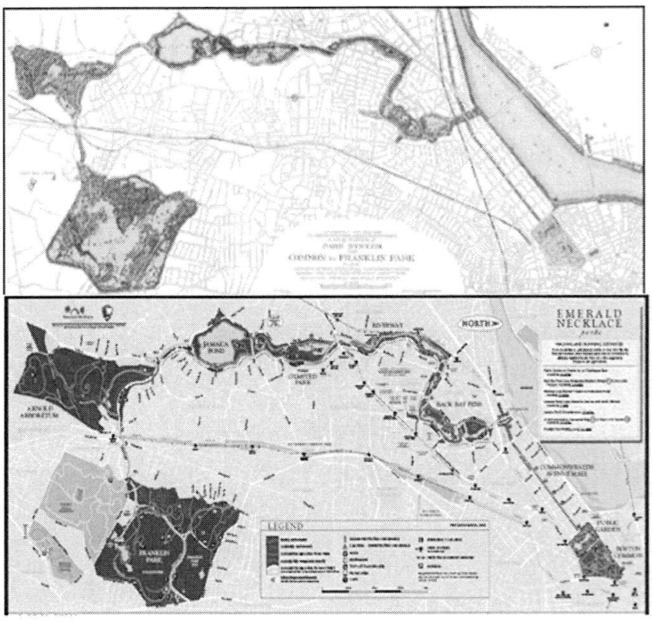

그림 1-43 보스턴 Emerald Necklace (위 : 1894 : 아래 : 2010)
(자료 : https://arboretum.harvard.edu/about/the-emerald-necklace/)

절감을 도모하고 있다.

보스턴 Emerald Necklace

보스턴의 경우 공원, 녹지, 식물원, 하천 등을 녹색길로 연결하여 길이 12km 면적 500ha에 이르는 공원녹지와 공원녹지를 서로 연결하는 네트워크 시스템을 구축하였다. 보스톤 중심에서 브루클린지역까지 연결되어 시민들이 일상생활을 통해 접근할 수 있도록 조성하였으며, 그 결과 연간 1백만 명 이상이 방문하고 있다.

미국의 조경가 Frederick Law Olmsted에 의해 제안되어, Back Bay에서 Corchester를 연결하는 녹지체계를 통해 사람과 자연을 연결하는 네트워크로서, 지금은 쾌적한 도시경관 창출과 테마관광자원으로도 기능하고 있다. 특히, 도시팽창 억제 위한 스마트 성장(smart growth) 시대에 대형 녹지축을 조성하는 스마트 보전(smart conservation) 개념이 등장하면서 그 기능과 가치에 대해 재평가되고 있다.

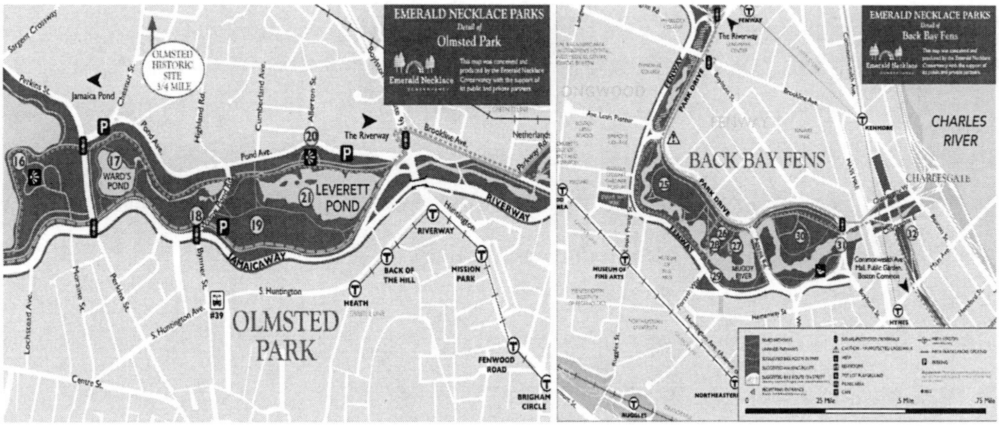

그림 1-44 보스턴 Emerald Necklace 상세도
(자료 : https://arboretum.harvard.edu/about/the-emerald-necklace/)

2) 유럽연합 Natura 2000

공원, 녹지 등 녹색공간을 활용하여 네트워크를 조성하는 녹색인프라를 구축하는 등 공원시설을 그린인프라스트럭처(green infrastructure) 개념으로 확장하고 있다. 도시가 지속가능한 도시로 발전해 나가기 위해서는 공원과 오픈스페이스의 네트워크 구축과 더불어 네트워킹이 도시의 또 다른 인프라스트럭처라는 인식이 강조되고 있으며, 자연친화적인 녹색인프라에 중점을 두고 있어, 녹색도시(green urbanism, 2000) 개념과 더불어 녹색

인프라 구축을 강조하는 경향이 있다. 건강한 생태계 네트워크는 종종 전통적인 '회색' 인프라에 대한 비용 효율적인 대안을 제공하여 EU 국가의 시민과 생물다양성에 혜택을 제공할 수 있고, 이러한 배경에서 EU는 자연기반 green & blue infrastructure를 중요한 전략으로 제시하고 있다.

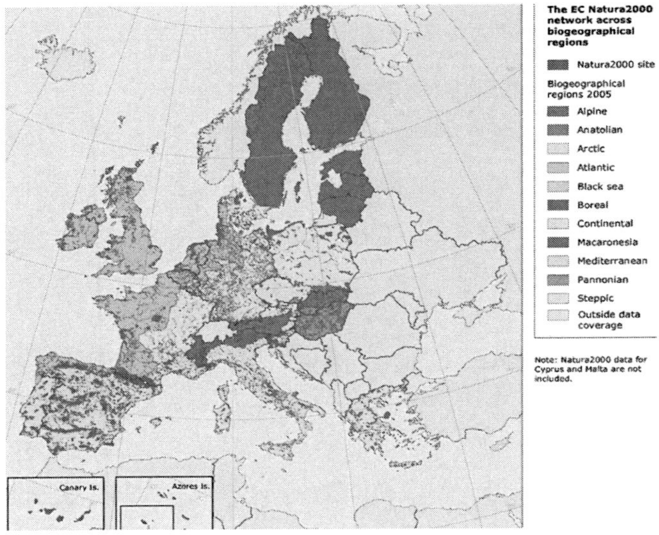

그림 1-45 Natura 2000 사이트와 유럽의 생물지리권역
(자료 : https://www.eea.europa.eu/data-and-maps/figures/the-natura-2000-network-across-biogeographical-regions-status-july-2008)

green & blue infrastructure는 수질 정화, 대기 질, 레크리에이션 공간, 기후 완화 및 적응과 같은 광범위한 생태계서비스를 제공하도록 설계되고 관리되는 기타 환경적 특징과 함께 자연 및 반자연 지역을 연결하는 전략적으로 의도된 네트워크이다. 녹색(육지) 공간과 파란색(물) 공간의 네트워크는 환경 조건을 개선하여 시민의 건강과 삶의 질을 향상시킬 수 있으며, 녹색 경제를 지원하고 일자리를 창출하며 생물 다양성을 향상시킨다.

유럽연합 내 보호지역 생태네트워크인 Natura 2000은 EU국가들의 그린인프라스트럭처의 핵심 전략으로서, "Europe's nature for you"라는 슬로건으로 유럽 내 심각한 위협을 받는 서식처와 종을 보호하기 위해 법적 보호장치로서 희귀종 및 멸종위기종, 기타 보호종들의 중요한 서식지를 포함하는 핵심 생태계 네트워크이다. 그린인프라스트럭처 계획은 자연기반 솔루션을 통해 환경, 경제 및 사회적 혜택을 제공하기 위한 가장 유용한 도구이며, 환경과 생물 다양성에 피해를 줄 수 있는 '회색' 기반 시설에 대한 의존도를 낮출 수 있다. 한편으로는 건

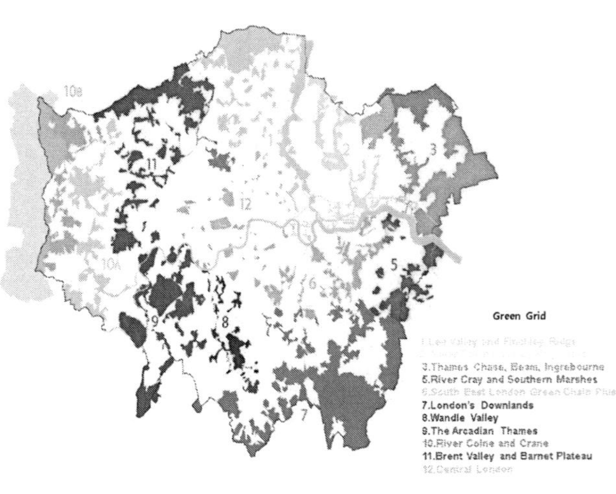

그림 1-46 Greater London의 All London Green Grid Area Framework (자료 : http : //www.london.gov.uk/)

설 및 유지 관리 비용이 더 많이 드는 경우도 많다.

Habitat Directive와 Birds Directive 등 두 기관의 보호 목록을 기반으로 Emerald network 등을 포함하여 EU의 육지면적 18%, 해양 8% 이상에 이르는 지역을 보호함으로써 상당한 면적의 사유지를 포함하여 생태학적으로나 경제학적으로 지속가능한 방식으로 관리되고 있어 세계적으로 최상의 환경프로그램으로 정착되고 있다.

Bird Directive는 조류의 주요 서식처를 특별보호지역(Special Protection Areas : SPAs)로 지정하고, Habitat Directive에서는 조류 외 동물의 주요 서식처를 특별보전지역(Special Areas of Conservation : SACs)으로 지정하고 있는 바, SPAs 및 SACs를 연결한 Natura2000 Network를 구축함으로써 위협받고 있는 종과 그 서식처를 장기적으로 보호할 수 있게 되었다.

3) Green Grid

그린인프라를 확대하고 강화하여 도시생태계 건전성을 증진하기 위한 노력으로서 강과 하천의 네트워크인 Blue Ribbon Network와 푸르름의 네트워크인 공원 및 오픈스페이스 네트워크를 통합적으로 연계한 광역 생태네트워크 체계이다.

영국 런던 동부지역을 대상으로 한 East London Green Grid에서 출발한 그린오픈스페이스 네트워크 체계를 All London Green Grid 전략으로 확대 적용하였다.

Great London을 11개의 그리드로 구분하여 생태적 삶의 질을 극대화하고, 고품질의 다기능 오픈스페이스 네트워크를 생성하여 환경교육, 물순환 개선, 기후변화 완화 및 적응, 소음대기 오염완화, 도시자연경관 개선 등을 추구한다.

6.3 Park Connector Network & City in a Garden

싱가폴의 그린인프라스트럭처는 Garden City 전략에서 City in a Garden 정책으로 패러다임의 전환을 보여주고 있다.

싱가폴 전역에 Park Connector Network를 구축하여 200km에 이르는 푸르름의 네트워크를 형성하고 있는데, 이러한 전략은 공간이 제한된

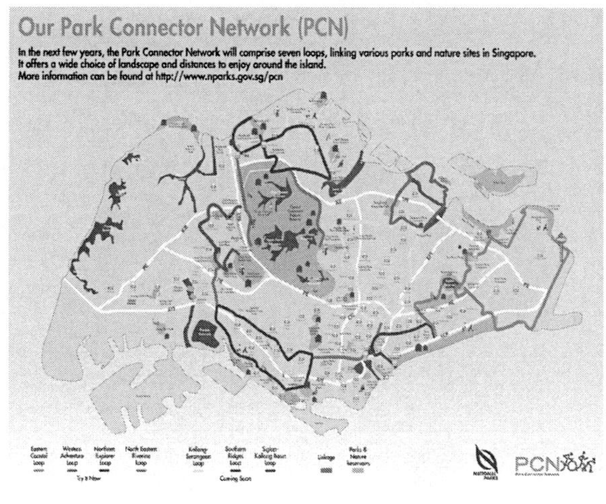

그림 1-47 싱가폴 Park Connector Network
(출처 : Singapore National Park Board)

도시에서 푸르름의 네트워크를 확보하여 도시생태계 건전성을 증진시키기 위한 효과적인 전략으로 평가되고 있다.

그림 1-48 싱가폴 skyrise greenery
(출처 : Singapore National Park Board)

Skyrise Greenery

입체적 생태공간 도입 방안의 하나로서, 옥상, 벽면, 하늘다리, 발코니녹화 등 3차원적 정원을 적극적으로 도입하고 있다. 공공부문과 민간부문 모두 이러한 흐름을 반영하고 있으며 녹화비용을 보조하는 인센티브 제도를 운영하여 도시 전체의 생태적 양적 질적 향상을 도모하고 있다.

6.4 디지털 기반 스마트 그린 인프라

디지털 기반의 탄소중립도시의 다양한 가치와 기능(기후대응, 물순환, 열섬완화, 온실가스 및 미세먼지 저감 등)을 극대화하기 위해서는 '스마트 그린 인프라(SGI : Smart Green Infrastructure)' 체계로 발전하는 것이 중요하다.

물, 폐기물 및 자재에 대한 순환경제 접근과 함께 깨끗한 전기화, 스마트 디지털 기술, 효율적인 건물 및 인프라 등을 포함하는 통합적 접근을 통해 도시는 잠재적인 미래 기후위기를 견딜 수 있는 탄력성을 높일 수 있게 된다.

그림 1-49 상명대 SGI. 탄소중립 그린인프라 통합운영 모델 (자료 : 상명대, 2020)

CHAPTER 02

생태복원 재료 및 공법

1절 복원 기반재

1 재료와 생태복원재료

1.1 재료

재료(materials)란 물건을 만드는데 필요한 원료로서, 생태복원용 재료란 생태복원 목적을 달성하는데 필요한 재료의 총칭이다. 품질관리에 대한 관심이 높아지면서 가장 근본이 되는 재료에 대한 중요성이 부각되고 있으며, 각종 품질관리 제도에 의해 재료의 질을 높이려는 노력들이 시도되고 있다. 생태복원은 계절적 기상작용과 주변 환경에 의한 영향을 많이 받으므로 제대로 된 생태복원을 위해서는 재료에 대한 폭넓은 지식이 매우 중요하다. 각 재료의 종류와 특성을 이해하여 사용목적에 따라 적절하게 이용해야 효과적으로 완성할 수 있게 되며, 재료의 사용이 적절한가 또는 재료의 품질이 우수한가에 따라 공사의 질이 결정된다. 재료의 특성을 이해하지 못하면 적재적소에 사용할 수 없으며 이는 목적물의 성능을 저하시키는 원인이 된다. 그러므로 생태복원 전문가는 식물재료의 경우 생태적 특성과 환경조건을 파악하여 하자를 줄이고 생육을 양호하게 유지할 수 있는 이론적 지식을 갖추어야 하며, 시설물 재료에 대한 이해와 적용 기술이 요구된다.

역사적으로 재료는 인류의 생활과 항상 함께 하였다고 볼 수 있으며, 초기의 재료는 주위에서 쉽게 구할 수 있는 자연재료인 흙이나 돌, 나무와 같은 물질이라고 생각할 수 있는데, 하나님이 흙으로 사람을 만들었다는 성경의 기록이나, 물질은 흙과 돌, 물 등으로 구성되었다는 그리스 철학자들의 이론 등에서 근거를 찾을 수 있다. 초기의 자연재료는 있는 그대로의 재료로 사용되었으나 사회의 발달에 따라 점차 재료에 대한 개발과 가공이 요구되었으며, 성경에 기록된 바벨탑 사건(구약성경 창세기 11장 1절-9절)에서 재료 사용에 대한 중요한 시사점을 찾을 수 있다.

구약성경 창세기 기록에 의하면, "사람은 진흙으로 빚어졌고...", "... 벽돌로 돌을 대신하며, 역청으로 진흙을 대신하고 ..." 등의 기록이 나오는데, 이를 토대로 이 시기에 인류가 어떤 재료를 사용하고 있었는지에 대한 판단이 가능하다.

하나님이 진흙으로 사람을 빚었다는 창세기 기록은 고대 수메르문명이나 이집트, 그리스로마신화 프로메테우스 이야기, 그리고 전 세계 종교와 신화에도 유사한 기록들이 전해지며 이는 인류 초기의 공통적인 상상력의 산물로 보인다.

역청으로 진흙을 대신했다는 기록은 BC 2000년경에 활동했던 아브라함의 이전에 나타난 사건으로서 대략 이집트의 중왕조 시대에 해당된다. 이 시기는 성경에 기록된 노아의 방주사건 이후 그 후손들에 의해 인류 문명이 급속히 확산되는 과정의 하나로서, 노아의 아들의 하나인 함의 후손들이 동방(메소포타미아 지방을 의미)에 진출하여 초기 문명을 제패하던 시대이며, 이후 이 지역을 지배했던 바빌론 왕조(BC 1894 ~ 1595) 이전에 해당된다.

여기서 역청은 고대 메소포타미아 지역에서 생산된 일종의 아스팔트와 유사한 성분의 물질로서 노아의 방주에 방수재로 사용되었고 바벨탑의 접착제 즉 천연 시멘트라고 할 수 있다.

중국에서는 「서경書經」의 『우공禹貢』편에 약 7천년전 요령성 심양지방에서 색채가 화려한 돌을 장신구로 사용하였으며, 4천년전 괴석을 공물로 바친다는 기록이 있다.

다시 말하면, 인류는 선사시대부터 특이한 돌과 같은 자연재료를 이용해왔으며, 문명이 급속히 전파되던 기원전 약 2000년경을 전후해서 당시까지 주로 사용되던 재료인 석재와 진흙에서 벽돌과 역청이라는 새로운 가공 기술을 발전시켰고, 원하는 재료를 가공·개발하여 사용하기 시작했다고 생각할 수 있다.

동양에서는 오행사상에 입각하여 만물이 '수화목금토'의 5가지 요소로 이루어졌다고 믿고 있으며, 우리나라에서도 「삼국사기」 『옥사(屋舍)』조에 '진골의 담장은 석회를 발라 꾸미지 못한다'는 기록이 있는데 이는 당시 신라의 성골 계층을 중심으로 석회가 널리 이용되었음을 의미한다. 그 외에도 왕궁이나 사원을 중심으로 여러 형태의 석조형물이 도입·이용되어 왔다. 특히 독특한 형태를 지닌 괴석의 이용이 두드러지며, 석재를 이용한 화계가 발달되었다.

1.2 생태복원재료

생태계 복원을 위한 재료선정에서 중요한 것은 자생수목이나 자생초화류 및 향토적 특성을 나타내는 자연재료를 사용해야 한다는 점이다. 그러나 생태계 복원공사 대상지가 대부분 구조적으로나 생태적으로 안정화되지 않은 경우가 많으므로 이러한 자연재료는 구조적으로 영구적이지 못하기 때문에 열악한 환경조건에 적응하며 생태복원효과를 달성할 수 있는 재료 및 공법의 도입이 필수적이다.

생태계 복원공사에 도입되는 재료는 원칙적으로 자연재료이어야 하며, 특별히 인공재료를 사용해야 할 필요가 있는 경우 생태복원을 전제로 개발된 재료를 사용하여 복원대상지와 생태적으로나 경관적으로 조화되어야 한다.

생태연못 및 습지 등과 관련된 재료의 경우 재료는 물과 관련된 수리수문적 특성을 충분히 반영하고 홍수에도 견딜 수 있으며, 생태계, 경관, 친수성 등 여러 물환경 요소들의 보전 및 향상에 적합한 재료를 선택하여 적용한다.

이와 같은 생태복원용 재료로는 자연재료 및 생태복원을 전제로 개발된 인공 재료, 공법 등을 들 수 있다(표 2-1). 예를 들면 다양하게 개발된 비탈면녹화공법, 호안용 친환경 블록, 내침식성 기반재 등이 그것이다.

표 2-1 식생 도입을 통한 생태복원 사례 (한국수자원공사, 2003)

자연토양을 이용한 수림화(일본)	인공토양을 이용한 수림화(일본)

녹화콘크리트(일본)	호안콘크리트 생태복원

2 수생태계 생육기반재

2.1 수생태계 생육기반재 흐름

하천이나 저수지 등 수공간 제방은 치수안전성, 경제성, 재료 확보의 용이성 등의 이유로 돌붙임, 타원형 돌망태와 콘크리트, 블록 등이 주로 이용되었으나, 2000년대에 들어서 친환경성의 중요도를 강조함에 따라 환경적이며 경제적이고 동시에 수리적 안정성의 확보가 가능한 다기능적인 친환경 호안의 필요성이 대두되었다. 특히 호안녹화기반재의 수리적 안정성과 식생 활착으로 토양 유실을 최소화하는 기반재들이 연구 개발되고 있다.

국내에서 수행된 호안과 관련된 연구는 크게 소류력을 산정하거나 개수로 바닥에 설치된 호안모형을 통하여 호안의 파괴에 미치는 물리적 인자 및 수리학적 안정성을 평가하기 위한 연구가 진행되었으며, 식생호안과 관련해서는 식생에 의한 흐름 특성과 하도와 식생과의 상관관계 등에 대한 연구가 이루어졌다.

하천호안에 작용하는 외력들은 하천의 수리적 안정성을 결정하는데 가장 중요한 요소로서, 외력들 중에서 유수에 의한 소류력과 항행하는 선박에 의한 항주파는 호안의 안정성에 가장 큰 영향을 미칠 수 있는 항목들이다(Kim et al., 2008).

수리모형실험을 통한 수리적 안정성과 관련된 연구로 Rhee et al.(2007)은 국부 유속과 국부 전단 응력에 대하여 현장실험과 수로실험을 수행하여 치수안정성과 환경성의 검토 및 적용범위를 제시하였으며, Kim et al.(2008)은 저수호안에 작용하는 외력들에 대해 호안의 안정성을 분석하였고, Lee et al.(2008)은 개수로 수리모형실험을 통하여 콘크리트 식생블록의 수리적 안정성을 분석하였다.

Han과 Choi(2012)는 경사를 갖는 점착성 제방 단면의 구간별 소류력 공식을 제안하여 호안의 식생밀도와 공법 재료변화에 따른 허용소류력을 산정하였으며, Chae et al.(2010)은 친환경적인 식생복토공법의 유실률 평가에 관해 수리모형 실험을 통해 수리적 안정성을 연구하였고, Han et al.(2010)은 식생매트 설치 여부에 따른 토양유실률의 비교를 통해 수리학적 조건에 따른 토양의 유실률 및 수리적 안정성을 평가하였다.

식생호안과 관련된 연구로 Woo et al.(1999)은 국내 하천 환경에 적합한 생물 재료를 활용한 저수호안 공법의 개발을 연구하였으며, Chung과 Kim(1999)은 하천의 미세지형을 구분하고 각 미세지형별 식물의 분포를 파악함으로써 홍수로 인한 교란발생 후 식생 회복에 대하여 연구하였다. Cho와 Lee(1997)는 수리특성변화 해석기법을 이용하여 도시하천의 고수부지에 식생에 따른 홍수위 상승효과를 검토하였으며, Rhee et al.(2004)은 수로에 자연식생을 식재한 수리실험을 통하여 자연 식생의 영향을 받는 흐름에서의 유속 분포의 특성을 분석하였다.

국외의 경우 하천 내 흐름 저항과 관련하여 식생이나 수직 유속 분포 등을 산정하는 연구가 주로 이루어지고 있다. Darby(1999)는 수위-유량 관계를 모의할 수 있는 1차원 수리모형을 통해 식생 피복 면적과 현장에서 직접 관측한 주요 식생 줄기의 특성을 이용하여 홍수위를 예상하도록 하였으며, Fiuzat와 Skogerboe(1983)는 홍수조절 수로에 안정성 실험을 통해 수리학적 흐름 조건에 따른 유속, 소류력, 변형 등에 대한 안정성을 검토하였고, Jeffries et al.(2003)은 홍수 범람원에 분포하는 Large woody debris(LWD)의 실내 모형실험을 통해 범람원의 지형, 식생, 유속 등과의 상호작용을 검토한 결과 범람원 표면에 지형 및 유기물질의 결합 효과에 의해 설명된다고 하였다.

2.2 생육기반재 수리안정성

권효진 등(2013)의 연구에서는 비탈면 및 하천 호안 생태복원용 생육기반재의 수리적 안정성을 측정하였다. 실내 실험실에서 원형 수조를 설치하고 유속을 발생시켜 기반재가 유지되고 있는지를 측정하였으며, 측정오차를 줄이기 위하여 회전자 작동 후 약 10분이 경과된 후 등류수심을 확보한 상태에서 기반재의 각 지점별 3회를 측정하여 각각에 대하여 평균값을 구하였다. 측정된 평균값을 바탕으로 유속 및 수압변화를 분석하였으며, 이와 같은 평균 유속이 특정 지점을 대표할 수 있는 유속으로 간주하여 특정 지점에서의 유속으로 발생하는 유실률(호안녹화기반재의 이탈 면적)을 계산하였다.

황토, 토탄, 우드칩 등의 자연재료에 균열저감, 내알칼리성을 향상시키는 네트화이버(PVA섬유)를 첨가한 호안녹화기반재에 대한 수리적 안정성을 분석하기 위해 수리모형실험을 통해 공법의 취부 여부 및 식생의 유무에 따른 토양의 상대적 유실률의 차이를 확인할 수 있었으며, 소류력에 대해서는 비교적 안정, 유속 및 동수압에 저항성 등을 확인하여 저수 호안에 유용한 재료임을 알 수 있었다.

파랑 및 유속에 대한 안정성 검증실험을 위해 페레니얼 라이그래스(Perennial Rygrass)를 파종한 후 3개월 동안 재배하였다. 국토해양부(2009)의 '도로 비탈면 녹화공 설계 및 시공지침'에 의하여 실험구와 대조구를 설치하였다. 토양은 식물의 근계생장에 적당한 18~23 mm의 동일한 경도를 나타내고, 평균적으로 피복률이 80% 이상이 될 때까지 평균기온 18~21℃를 유지하여 자연 상태로 그늘에서 24시간 건조하였다. 약 0.05 m 높이의 인공잔디를 0.3 m×0.3 m×0.12 m 크기의 스텐레인스 단위셀에 3반복으로 취부하여 실험구를 제작하였다.

하천 및 호수 등의 침수조건 및 강우 조건에서도 양호한 식생기반재 기능을 가짐을 증명하고자 하였다. 원형수조에 잔디로 피복된 실험구와 대조구를 설치하여 기반재가 유실될 때까지 유속을 점점 높여가며 파랑을 발생하였으며, 식생상태의 실험구는 홍수 시 완전 침수된 상태를 가정하여 진행하였다. 실험결과, 설치 후 7일이 경과할 때까지 토양의 유실이 전혀 일어나지 않았다. 이는 김남원 등(2010)이 실제 하천에서 저수호안의 연평균 침수기간이 1년 중 약 6일로 분석한 결과와 신범균 등(2012)의 연구에서 하안 전체가 침수된 일수가 7~9일이었으며 이때의 식물의 출현종수와 피복도가 낮게 도출된 결과와 비교해보았을 때, 7일간 침식이 발생하지 않았다는 실험 결과는 장기간 침수 및 강우조건에 내침식성을 지니고 있다고 판단되었다.

기반재만을 취부 한 비식생상태의 실험구와 대조구로 실험한 결과, 실험구에서는 실험 설치 이후 2일째까지 유실되지 않았고, 3일째에는 30.2%, 4일째에는 37.3% 정도 표면이 유실되었다. 반면에 대조구는 실험설치 이후 1일째에는 표면이 26.5%, 2일째에는 37.5%, 3일째에는 49.5%, 설치 후 4일째 오전에는 80.5% 정도로 대부분이 유실되었으며, 오후에는 완전 유실되었다. 이와 같은 실험결과는 일반 토양인 대조구와 비교하여 호안녹화기반재 내의 주재료에 의한 결합력이 높아졌음을 보여준다고 해석될 수 있다(표 2-2).

표 2-2 호안녹화기반재 토양의 유실률 (권효진 등, 2013)

실험구의 유실 과정	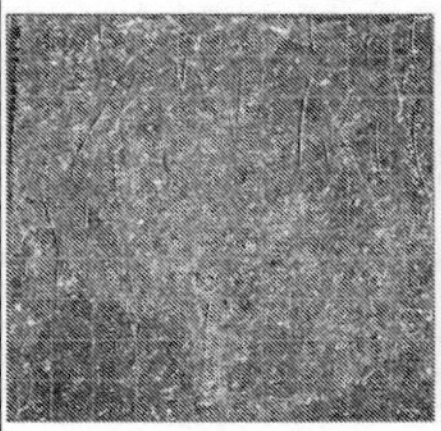	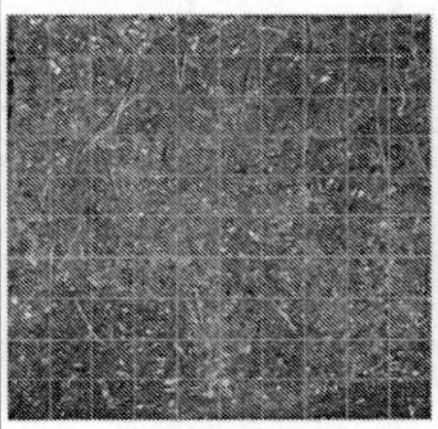	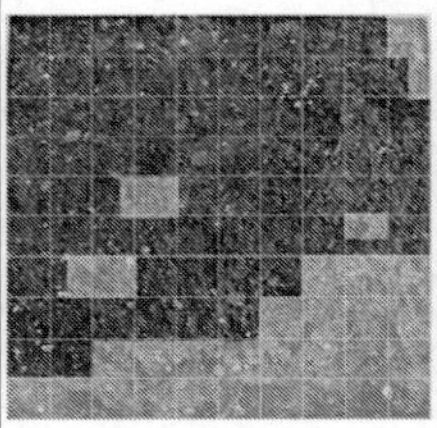	
실험구	1일째	2일째	3일째	4일째
유실률	유실없음	유실없음	30.2%	37.3%
대조구의 유실 과정	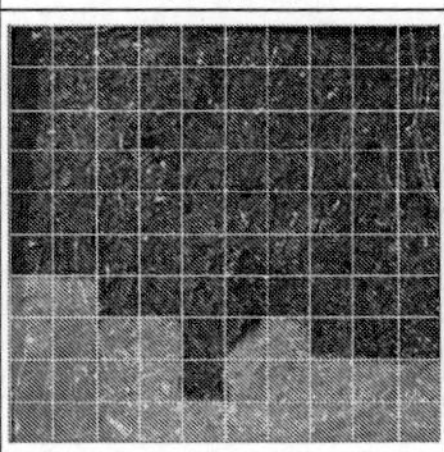	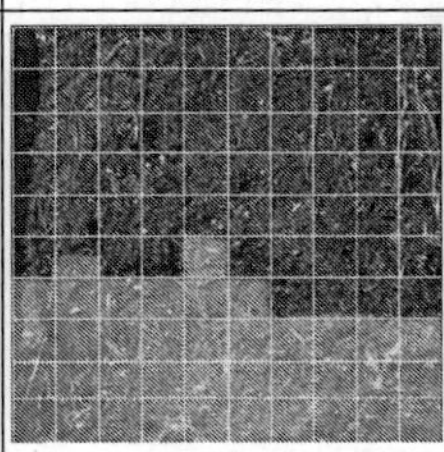	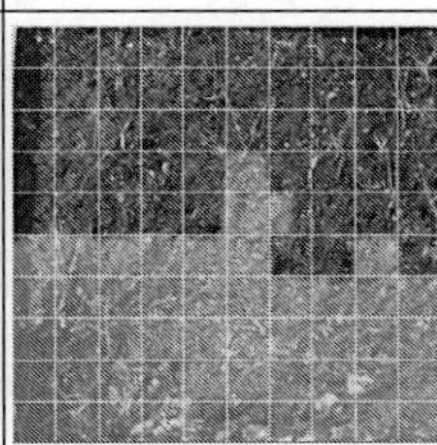	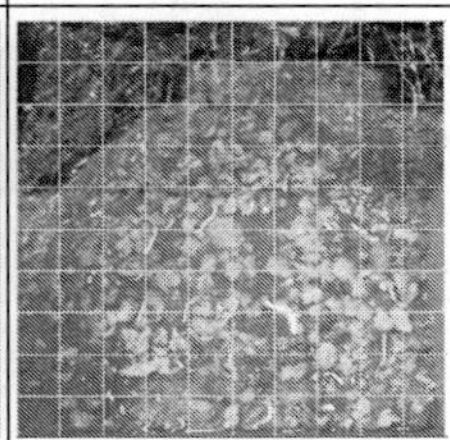
실험구	1일째	2일째	3일째	4일째
유실률	26.5%	37.5%	49.5%	80.5%

식생상태와 비교하여 비식생상태의 실험구는 짧은 기간에 높은 토양 유실률을 나타냈다. 그러므로 이를 방지하기 위해서는 시공 초기 식생이 발달하기 전에 복토된 토양의 유실 우려가 있을 경우 내침식성이 있는 기반재를 적용한 공법의 사용으로 유수에 의한 세굴현상을 방지할 수 있을 것이다. 식생상태에서는 토양의 유실이 일어나지 않았으므로 유속 및 동수압과의 연관성만을 고려하였으며, 분석결과 실험구 및 대조구의 유속과 동수압의 관계는 5일째 다소 감소하였으나 전반적으로 유속이 증가할수록 동수압이 증가하는 경향을 보였다(표 2-3). 반면 비식생상태에서 실험구와 대조구의 동수압은 두 기반재 모두 거의 일정하게 유지되어 유속과 동수압의 관련성은 나타나지 않았다(표 2-4).

표 2-3 식생상태의 실험구 및 대조구에서의 유속 및 동수압변화

구분		1일	2일	3일	4일	5일	6일	7일
유속 (m/sec)	실험구	0.70	0.75	0.80	0.85	0.74	0.88	0.80
	대조구	0.74	0.80	0.88	0.89	0.76	0.80	0.88
동수압 (kg/cm^2)	실험구	0.40	0.47	0.53	0.58	0.64	0.67	0.70
	대조구	0.44	0.40	0.52	0.52	0.64	0.64	0.67

표 2-4 비식생상태의 실험구 및 대조구에서의 유속 및 동수압변화

구분		1일	2일	3일	4일
유속 (m/sec)	실험구	0.64	0.68	0.71	0.69
	대조구	1.08	1.38	1.01	0.99
동수압 (kg/cm^2)	실험구	0.10	0.10	0.10	0.10
	대조구	0.13	0.13	0.14	0.14

모형실험에서 침수 조건에서 유속을 발생하였을 때 일정 유속까지는 기반재의 안정성을 확인할 수 있었다. 이는 네트형 네트화이버가 토양입자와 결합하여 기반재가 유속에 의해 발생된 소류력에 저항하는 힘이 높아진 것으로 해석할 수 있다. 또한 본 실험결과에 의하면 식생이 발달한 경우 유속에 대한 저항력이 높아지므로 하천호안 조성시 식생이 활착된 상태를 유지하여 홍수 시 침수에 대비하여야 할 것이다.

동수압은 기반재에 순간적으로 압력을 주는 수충력으로서 본 실험의 식생상태에서 시간 경과에 따라 동수압은 일정하게 증가하였지만 토양 세굴현상은 나타나지 않아 물의 흐름에 의한 소류력과 수충력에 대하여 수리적 안정성을 지니고 있음을 확인할 수 있었다.

2.3 생육기반재별 식생 내침수성

Koo와 Kwon(2013)은 식생 정착 유무 및 기반재 종류에 따른 내침수성을 평가하기 위해 각각 60˚, 30˚ 경사로 이루어진 비탈면 실험구를 설치하고 0.5 m의 거리에서 4분 동안 수압을 0.1, 0.3, 0.5 kg/m^{2}으로 상승시키며 작용하였다. 식생이 있는 기반재는 전혀 침식되지 않았으나 식생이 없는 경우 습식기반재는 거의 탈락이 되지 않았고 건식기반재는 10−20% 수준에서 탈락률을 나타내어 기반재 종류 및 식생 여부가 내침식성에 영향을 끼치고 있음을 나타내고 있다(표 2−5).

표 2−5 비탈면 경사도별 식생유무와 기반재 종류 및 수심에 따른 내침식성(Koo & Kwon, 2013)

Slope	Distance [m]	Time [min]	Pressure [kg/m^2]	Erosion rate [%]		
				Green revetment media	Wet revetment media	Dry revetment media
60˚	0.5	4	0.1	0	0	22
			0.3	0	4	8
			0.5	0	0	12
30˚			0.1	0	0	14
			0.3	0	2	14
			0.5	0	0	10

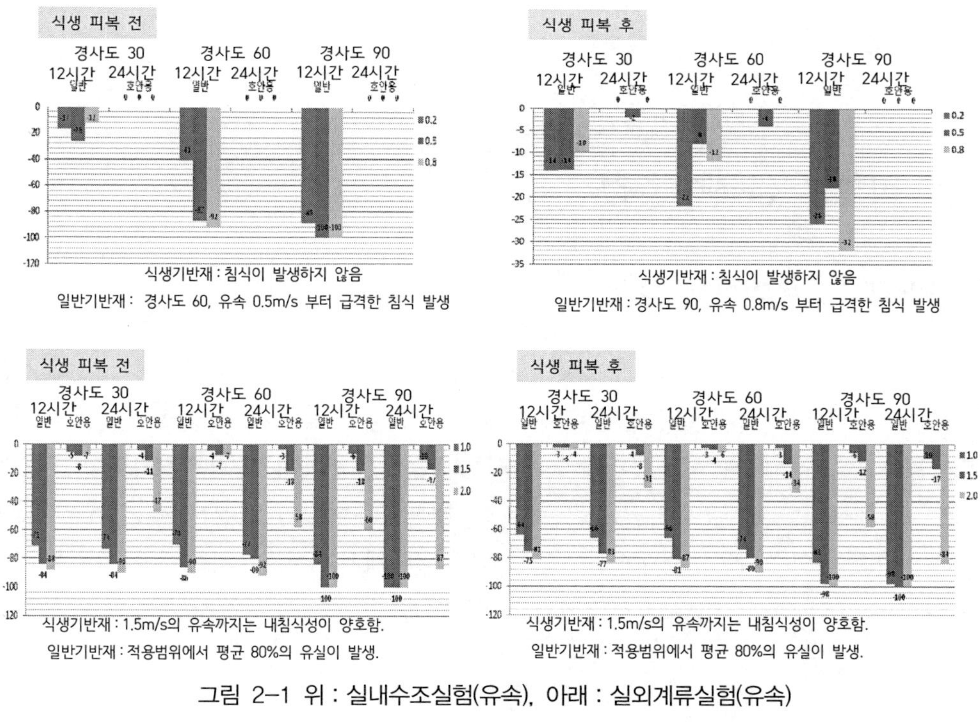

그림 2−1 위 : 실내수조실험(유속), 아래 : 실외계류실험(유속)

식생피복 유무 및 경사도(30°, 60°, 90°)에 따른 기반재 침식여부를 검증하기 위한 실내 수조실험과 실외계류실험 결과 식생기반재는 경사도 무관하게 시간이 흘러도 침식이 발생하지 않았으나 일반토양은 시간이 흐를수록 급격하게 침식이 발생했음을 알 수 있었다(그림 2-1).

유사한 실험으로서 하천 내 흐름저항과 관련하여 식생이나 수직 유속 분포 등을 산정한 Darby(1999)의 연구는 통해 식생 피복 면적과 현장에서 직접 관측한 주요 식생 줄기의 특성을 이용하여 홍수위를 예측하였으며, Fiuzat와 Skogerboe(1983)는 수리학적 흐름조건에 따른 유속, 소류력, 변형 등에 대한 안정성을 검토하였고, Yoshiharu와 Toyokazu(2003)는 유효 소류력에 대한 적정 식생밀도의 영향을 규명하기 위해 수리모형 실험을 실시한 바 있다.

2.4 호안녹화용 매트

구조적으로 안정된 호안의 식생기반재로서 야자섬유 등 천연재료를 이용한 식생매트가 적용될 수 있다. 식생매트는 식물생육, 곤충 등의 서식처, 경관개선, 침식억제 등의 효과가 있다. 이수동 등(2010)은 호안식생매트 설치 후 식물생육을 측정한 바, 식재된 물억새, 수크령 등의 생육이 양호하고 그 외에도 다양한 수생식물이 침입 정착하고 있음을 밝혔다.

3 비탈면 생육기반재

3.1 비탈면 생육기반재 흐름

우보명(2003)은 각종 유형의 토목공사에 의한 개발 행위와 자연현상 등으로 훼손된 자연을 인간 노력으로 재생·복원하여야 하고, 식물 성장이 불가능할 정도의 열악한 입지환경조건을 적극 개선하여 녹색공간을 창출하는 일을 총칭하여 환경복원이라고 하였는데, 비탈면 생태 복원 기술은 초기의 조기녹화 개념에서 벗어나 지금은 단순한 복원행위에서 발전하여 비탈면의 경관과 생태성을 고려한 원 생태계의 구조와 기능에 가깝도록 복원하는 단계에 이르고 있다. 이렇게 비탈면을 생태적으로 복원하기 위해서는 비탈면 특성에 따른 녹화기반재 선정이 중요하다.

성공적인 비탈면 생태 복원이 되기 위해서는 다음과 같은 조건이 요구된다(조경공사 표준시방서, 2008).

첫째, 비탈면의 침식과 유수로 인한 유실을 방지하여 안정과 보호를 도모

둘째, 야생동물의 먹이 제공과 은신처 제공 및 경관의 향상

셋째, 기존 녹지와의 연계성 확보 및 종 다양성에 필요한 식물군 조성

넷째, 주변 토지이용과 산림구조, 토질, 기울기, 방위 등을 고려한 목표 선정

비탈면 복원은 현장 조건에 가장 적합한 생태복원 방법 모색과 기능 및 경관적 측면에서는 토사유출의 방지와 경관미를 복원하는 등의 노력을 기울이는 것이 중요하다. 그런데 초기에는 조기복원에 목표를 두고 외래초종으로 시공한 결과 복원된 비탈면이 주변 환경과 부조화한 경관을 연출하고 자연식생의 천이를 방해하여 생물다양성을 충족시키지 못하는 등의 문제점이 나타나고 있다. 이러한 비탈면 생태복원의 문제점을 개선하기 위해 비탈면 기후대, 토질, 비탈면의 규모 등의 환경요인별로 다양한 복원목표를 선정하고, 사용종자, 복원공법의 토질별 적용이 적합한가 등이 중요하다. 그런데 아직까지 비탈면 복원에 있어 조기복원과 외래종의 의존도가 높은 곳이 많고, 성토토사와 절토 토사의 경우 토질의 특성을 무시한 공법이 적용되는 경향이 있다. 또한 특정 식물은 발아가 거의 이루어지지 못하고, 발아하여도 다른 종에 피압되는 경우가 많다. 이는 비탈면 복원공사에 대한 정확한 정보 수립을 못하고 이로 인한 불량시공이 그 원인이 되고 있다. 외래 초종 조기 파종으로

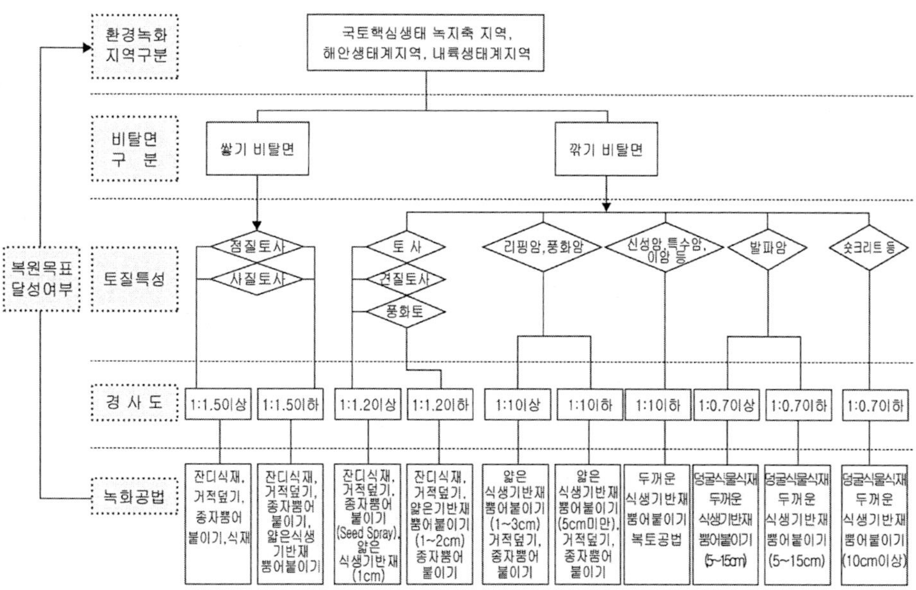

그림 2-6 비탈면 복원공법 선정절차(국토교통부, 2009)

인한 생태계의 교란여부와 목본류의 사용이 비탈면의 안정에 효과적인가에 대한 논란이 있기도 하다.

도로 비탈면 복원은 생태계 복원, 비탈면의 안정성, 경관보존, 생물 서식공간제공, 종 다양성 등에 기여해야 하며(김남춘, 1998), 비탈면 안정, 도입식물 선정, 식물의 생육환경(서식지, 생육장소, 입지조건)의 유기적 연동이 필요하다(일본녹화공학회, 2002).

비탈면 복원공법은 그림 2-5와 같은 비탈면 복원공법선정 절차에 따라 환경녹화지역구분 중 어느 지역에 해당하는지를 먼저 확인하고 흙깎기 비탈면과 흙쌓기 비탈면, 토질(암질) 특성, 비탈면의 경사도, 주변 환경, 지역여건 등을 고려하여 복원공법을 선정한다.

2절 생물재료

1 생물분류

1.1 분류체계

아리스토텔레스는 기원전에 540종의 동물을 특징에 따라 분류하여 12개 종으로 분류하였는데 이는 기록상 남아 있는 최초의 생물 분류체계라고 할 수 있다.

표 2-6 아리스토텔레스의 《동물의 발생》 동물 분류

대분류	소분류	내 용
유혈 동물	태생	인류, 태생 사족류, 고래류
	난태생	연체어류
	난생	조류, 난생사족류, 무족류
	불완전 난생	어류
무혈 동물	불완전 난생	연체류, 연각류
	저생혹은 자연발생	유절류
	무성 생식 또는 자연발생	갑각류, 기타

린네(Linné, Carl von)

18세기에 이르러 최초로 근대적 분류방법에 의해 모든 생물(일부 균류와 식물, 동물군)을 분류하였다. 모든 생물을 '식물계'과 '동물계'로 분류한 2계 분류체계이며, 각 생물마다 라틴어로 된 고유의 학명을 부여하였다.

- '속+종(+명명자)'로 구성되는 이명법
- '속+종+아종(+명명자)'로 구성된 삼명법
- 일반적으로 사용할 때는 명명자 생략
- 3계 분류 체계제안 : 기존의 2계 분류 체계의 일부와 함께 새로운 생물을 포괄하는 '원생생물계' 포함.
- 현 분류법에서 '원생생물계'에 속하는 조류와 '균계'에 속하는 균류가 '식물계'에 포함

헤켈

19세기 말 현미경의 발달로 인해 린네의 분류체계에 있던 일부 식물과 동물을 비롯해 핵이 분화되지 않은 세균 등을 발견하게 되어 2계 체계 분류법에 대한 수정 필요성을 제기하였다.

코플란드

4계 분류체계를 제안하였다. '원생생물계' 중에서 핵이 분화되지 않고 세포질 내에 유전체를 가지는 세균을 '원핵생물계'로 따로 분류하였다. 조류와 균류를 '원생생물계'에 포함하였으며, 해면동물, 강장동물 등으로 분류 체계를 설정하였다.

휘태커(Whittaker, Robert)

1969년, 생물을 5영역으로 구분하는 5-kingdom system을 제안하였다. 곰팡이와 버섯 무리를 '균계'라는 별도의 생물계로 분리하였다. 현대 생물학자의 생물분류체계의 근간이 된다.

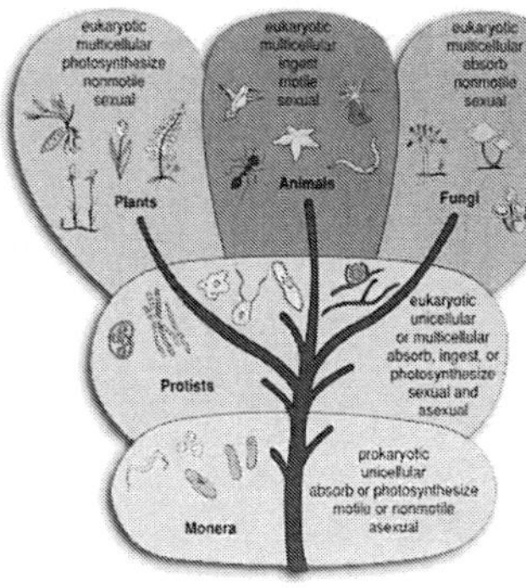

그림 2-7 휘태커의 5-kingdom 분류체계
(자료 : https://classification-of-organisms.fandom.com/wiki/Kingdom)

표 2-7 휘태커의 5-kingdom 분류체계

5-kingdom	분 류 특 징
1) 원핵생물계(monera)	• 세균 • 핵을갖지 않고 세포질에 유전체가 위치하는 생물
2) 원생생물계(protista)	• 비광합성원생생물(원생동물류)과 광합성 원생생물(원생생물류 : 조류) • 대부분단세포 진핵생물 • 다세포진핵생물이나단세포군 진핵생물
3) 균계(mycota; fungi)	• 대부분다세포성 • 엽록체가없어 광합성을 하지 않는 종속영양체 • 운동성없거나 매우 떨어짐 • 생태계분해자 역할(곰팡이나 버섯)
4) 식물계(metaphyta; plants)	• 육지에사는 다세포성 광합성 생물 • 선태식물에서부터속씨식물까지 포함
5) 동물계(metazoa; animals)	• 비광합성다세포 생물로 종속영양 섭취 • 해면동물에서부터척추동물까지 포함

우즈(Carl Woese, 1928~) 등

1977년, 6-kingdom system을 제안하였다. 우즈의 6-kingdom 체계에 의하면 '원핵생물계'를 세균과 고세균으로 세분하고 있다.

1990년에는 생물 분류계급의 최상위 계급인 '역(域, Domain)'의 개념을 제안하였다.

- 3역 분류체계 : '세균역(세균계 포함)', '고세균역(고세균계 포함)', 그리고 '진핵생물역(원생생물계, 동물계, 균계, 식물계 포함)'
- '원핵생물'이 서로 매우 다른 두 무리인 '세균역'과 '고세균역'으로 분류
- '고세균역'은 같은 원핵생물인 '세균역'보다 '진핵생물역'과 더 가까운 관계

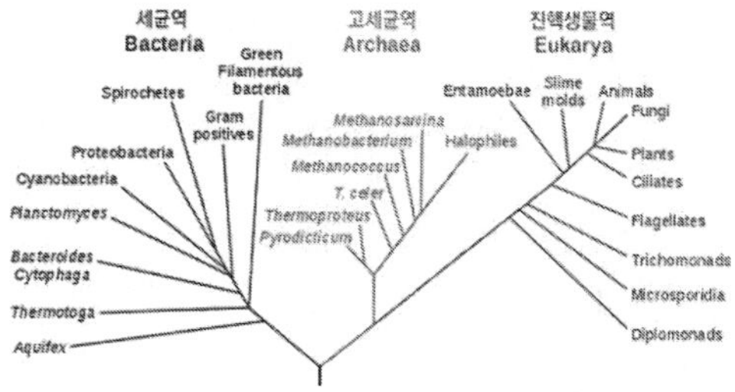

그림 2-8 3역 분류체계
(자료 : https://en.wikipedia.org/wiki/Three-domain_system)

현대는 지구상의 생물 약 170만 종을 3역 6계로 분류하는 것이 일반적이며 최근에는 유전자분석 결과를 근거로 한 분류 방법 등 다양한 연구들이 지속적으로 이루어지고 있다.

이들 발전과정을 요약하면 다음 표와 같이 나타낼 수 있다.

표 2-8 생물 분류 체계의 발전과정

<table>
<tr><th>Linnaeus 1735</th><th>Haeckel 1866</th><th>Chatton 1925</th><th>Copeland 1938</th><th>Whittaker 1969</th><th>Woese et al. 1977</th><th>Woese et al. 1990</th><th>Cavalier-Smith 1993</th><th>Cavalier-Smith 1998</th></tr>
<tr><td>2 kingdoms</td><td>3 kingdoms</td><td>2 empires</td><td>4 kingdoms</td><td>5 kingdoms</td><td>6 kingdoms</td><td>3 domains</td><td>8 kingdoms</td><td>6 kingdoms</td></tr>
<tr><td rowspan="5">(not treated)</td><td rowspan="5">Protista (원생생물계)</td><td rowspan="2">Prokaryota (원핵생물계)</td><td rowspan="2">Monera (원핵생물계)</td><td rowspan="2">Monera</td><td>Eubacteria (세균계)</td><td>Bacteria (세균역)</td><td>Eubacteria</td><td rowspan="2">Bacteria</td></tr>
<tr><td>Archaebacteria (고세균계)</td><td>Archaea (고세균역)</td><td>Archaebacteria</td></tr>
<tr><td rowspan="6">Eukaryota (진핵생물계)</td><td rowspan="3">Protista (원생생물계)</td><td rowspan="3">Protista</td><td rowspan="3">Protista</td><td rowspan="6">Eucarya (진핵생물역)</td><td>Archezoa</td><td rowspan="2">Protozoa</td></tr>
<tr><td>Protozoa (원생동물계)</td></tr>
<tr><td>Chromista</td><td>Chromista</td></tr>
<tr><td>Vegetabilia</td><td>Plantae</td><td rowspan="2">Plantae</td><td>Plantae</td><td>Plantae</td><td>Plantae</td><td>Plantae</td></tr>
<tr><td></td><td></td><td>Fungi (균계)</td><td>Fungi</td><td></td><td></td></tr>
<tr><td rowspan="2">Animalia</td><td rowspan="2">Animalia</td><td>Fungi</td><td>Fungi</td><td></td><td></td><td></td></tr>
<tr><td>Animalia</td><td>Animalia</td><td>Animalia</td><td>Animalia</td><td>Animalia</td><td></td><td></td></tr>
</table>

표 2-9 생물 분류 체계(3역 6계)

<table>
<tr><th>2계</th><th>3계</th><th>5계</th><th colspan="2">3역 6계</th></tr>
<tr><td rowspan="3"></td><td rowspan="3">원생생물계
Protista</td><td rowspan="2">원핵생물계 Monera</td><td>세균계 Eubacteria</td><td>세균역 Bacteria</td></tr>
<tr><td>고세균계 Archaeabacteria</td><td>고세균역 Archaea</td></tr>
<tr><td>원생생물계 Protista</td><td>원생생물계 Protista</td><td rowspan="4">진핵생물역 Eukarya</td></tr>
<tr><td rowspan="2">식물계
Vegetabilia</td><td rowspan="2">식물계
Plantae</td><td>균계 Fungi</td><td>균계 Fungi</td></tr>
<tr><td>식물계 Plantae</td><td>식물계 Plantae</td></tr>
<tr><td>동물계
Animalia</td><td>동물계
Animalia</td><td>동물계 Animalia</td><td>동물계 Animalia</td></tr>
</table>

1.2 계통분류

생물의 계통은 도메인(domain) 〉 계(kingdom) 〉 문(phylum 또는 division) 〉 강(class) 〉 목(order) 〉 과(family) 〉 속(Genus) 〉 종(species) 〉 아종(subspecies) 등으로 구분하며, 각 분류 단계 사이에 아계, 상문, 아문, 아강, 상목, 아목, 하목, 소목, 상과 등으로 세분한다. 또한 과와 속 사이에 족(tribus)을 포함하기도 한다.

표 2-10 계통분류

계통분류	라틴어	영어
도메인	Dominium	Domain
계(界)	Regnum	Kingdom
문(門)	Phylum (동물) Divisio (식물)	Phylum Division
강(綱)	Classis	Class
목(目)	Ordo	Order
과(科)	Familia	Family
속(屬)	Genus	Genus
종(種)	Species	Species

2 식물재료

2.1 식물의 특징

식물은 광합성으로 영양물질(포도당)하는 생산기능에 있으며, 생산기능을 하는 생물이라는 뜻에서 생산자(producer) 또는 독립영양생물(autotrophs)라고 부른다.

식물은 광합성으로 유기물을 생산하는 다세포성 진핵생물이며, 이와 같이 광합성으로 유기물을 생산하는 다세포성 진핵생물에는 조류도 포함된다. 일반적으로 조류는 물속에서 살고 식물은 육상에 적합하도록 적응되었다. 식물은 수중환경보다 건조한 육상 환경에 적응하기 위해 몸 표면에 큐티클층이 발달되었고 몸을 지탱하고 토양으로부터 물과 양분을 흡수하기 위해서 뿌리가 발달되었다. 또한 뿌리에서 흡수한 물과 양분을 온몸으로 운반하기 위해 관다발이 발달되었다.

즉, 식물은 육상생활에 적응할 수 있도록 뿌리, 줄기, 잎, 큐티클층, 관다발이 발달한 광합성을 하는 다세포성 진핵생물로서, 식물은 대부분 엽록소 a, b를 가지며 광합성 산물로 녹말(포도당)을 생산한다.

식물분류

식물은 관다발의 유무, 기관의 분화, 꽃의 유무, 씨방의 유무 등 여러 가지 기준에 의해 다음과 같이 분류할 수 있다.

표 2-11 분류기준에 따른 식물 분류

분류 기준	분 류	특 징
잎, 줄기, 뿌리	경엽식물	잎, 줄기, 뿌리가 분화된 식물
	엽상식물	잎, 줄기, 뿌리가 분명하게 발달하지 않은 식물
꽃 유무	종자식물(꽃식물)	꽃이 있는 식물
	민꽃식물	꽃이 없는 식물
관다발 유무	관속식물(관다발식물)	
	비관속식물(비관다발식물)	

표 2-12 분류 key에 따른 식물 분류

식물							
관속식물(관다발식물)					비관속식물		
			관속포자식물(비종자관속식물)				
꽃식물(종자식물)			민꽃식물(은화식물, 포자식물)				
종자로 번식			포자로 번식				
속씨식물(피자식물)		겉씨식물(나자식물)	양치식물	선태식물	세균류	균류	조류
씨방 있음		씨방 없음	관다발 있음	관다발 없음			
외떡잎식물	쌍떡잎식물						
떡잎 1장	떡잎 2장						

2.2 식물재료 종류

조성되었거나 복원된 생태계는 일정 시간이 경과되면 대상지의 기후와 토양 등 환경조건에 가장 적합한 식물이 정착하게 되며, 천이 과정을 통해 안정된 극상을 이루게 된다. 그러므로 식물재료는 대상지 주변 고유 식생과 생태적, 경관적으로 조화될 수 있는 식물로서, 생장에 따라 식생의 천이가 빠르게 이루어지며 궁극적으로는 식생천이단계의 극상을 감안한 잠재식생을 선정하여야 한다. 특히 복원 또는 조성될 대상지와 같은 생태권역(eco region) 내에서 자생하는 메타개체군(meta population)을 고려하여 동일한 유전형(genotype)을 지닌 자생식물을 도입하는 것이 중요하다.

1) Raunkiaer 생활형

생활형은 1806년 훔볼트가 식물을 분류한 뒤 여러 연구자들에 의해 수정되어 왔고, 라운키에르(Raunkiær)가 세운 체계가 오늘날까지 대표적 생활형으로 받아들여지고 있다.

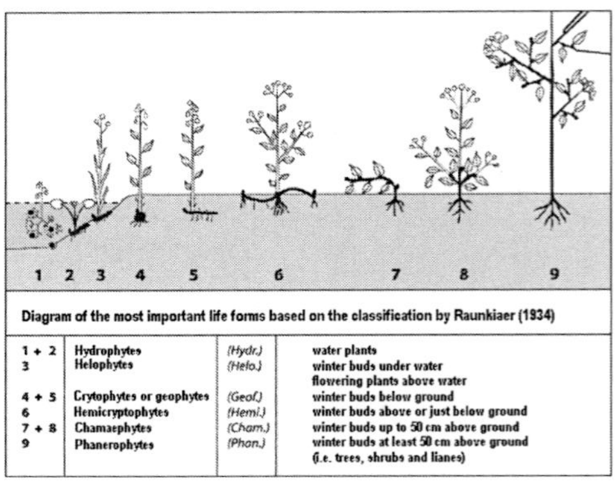

그림 2-9 라운키에르 생활형
(자료 : Raunkiaer, 1934)

Raunkiær는 식물이 겨울철이나 여름철 고온건조기와 같이 생육 부적합한 시기를 생존하는 전략인 생장점 위치에 따른 식물 분류 방식을 제안하였다. 기후에 대한 식물의 반응에 기초를 두어 생육불량기의 겨울눈의 높고 낮은 위치에 따라 크게 지상식물, 지표식물, 반지중식물, 지중식물, 수생식물, 1년생식물로 구분하였다.

기후대별로 분포가 다르게 나타나는데, 온대기후대인 우리나라의 경우 Cryptophytes (지중식물)이나 Hemicryptophytes (반지중식물)에 해당되는 로제트형 식물 (rosette plants)이나 헛뿌리(rhizoids), 구근(bulbs) 등을 갖는 식물 등이 많이 분포하고 있다.

표 2-13 라운키에르 생활형(자료 : Raunkiaer, 1934)

Classification	Life Form	Remarks
착생식물 Epiphytes	다른 식물에 부착하여 자라는 식물	epi = above : phyton = plant
대형지상식물 Phanerophytes	겨울눈 등 생장점이 지상에서 50cm이상 높은 위치에 분포 교목류, 관목류, 덩굴식물(trees, bushes, lianes)	phanero = visible
지표식물 Chamaephytes	겨울눈 등 생장점이 지상에서 50cm이내 범위에 분포 다년생 초본류 등(perennial herbaceous plants)	chamai = close to the ground
반지중식물 Hemicryptophytes	겨울눈 등 생장점이 지면 바로 위나 지면 바로 아래에 분포 로제트형 식물. 민들레, 질경이 등	hemi = half : crypto = hidden
일년생식물 Therophytes	생육 부적기에 종자로 지내는 식물	
지중식물 Cryptophytes or Geophytes	겨울눈 등 생장점이 땅 속에 분포 크로커스, 산나리, 튤립 등	geo = earth
습생식물 Helophytes	뿌리 및 생장점은 물 속에 분포하며 꽃 눈은 물 위로 분포(정수식물)	helos = marsh
수생식물 Hydrophytes	침수식물, 부유식물, 부엽식물	hydros = water

2.3 수환경과 식물

도시하천의 생태적 복원에 관한 관심이 높아지면서 인공하천, 인공습지, 인공섬 등을 조성하고, 하천 및 저수지 호안 등의 수환경에 적응한 호안 생태복원 기술에 대한 사회적인 요구가 많아지고 있다. 수생태계는 물환경 특유의 고유한 생태계이면서 전이지대(ecotone)로서 도시 공간의 생태계에서 생물서식지 및 물질 순환 등 생태학적 구조와 기능이 살아 있을 가능성이 가장 높은 공간이다. 특히, 기반이 되는 생물군 중 하나인 식생은 홍수조절, 수질 정화, 토양침식 방지, 부영양화의 방지, 식물플랑크톤 성분의 제거 효과를 갖고 있다.

수생태계의 경우 수환경에 적응된 식물로서 수위변동에 잘 견딜 수 있는 식물, 노출과 침수에 동시에 견딜 수 있으며 영구적으로 고착되는 초본류, 만수위에도 물속에 뿌리를 박고 생육할 수 있는 교목류 및 관목류, 수위변동에 따라 상승과 하강을 반복할 수 있는 수생식물 등이 특별히 고려될 수 있다.

미국야생동물관리청(U.S. Fish and Wildlife Service, 1988) 및 구본학(2002)은 수환경 적응도에 따른 식물 생육분포특성을 5개 범주로 구분하였다(표 2-14).

절대습지식생(OBL)으로 분류된 식생은 수생식물로서 99% 물이 있는 곳에서 생육하고 상대적 습지식생(FACW)은 습생식물로서 대부분 물이 있는 곳에서 생육한다. 중성식생(FAC)은 수역과 육지에서 모두 생육가능하며 습성내륙식생(FACU)은 대부분 육지에서 생육한다. 내륙식생(UPL)은 육상식물로서 육지 생육 가능성 99%이다.

표 2-14 수환경적응도에 따른 식물 분류
[USFWS(1988), 구본학(2002), 구본학(2009), 이란 등(2013)을 수정]

Category		Criteria	Remarks
OBL	Obligate wetland plants	• 특정 습지환경에서만 생존하는 식생 • 자연상태의 습지조건에서 항상(99% 이상) 발생	절대습지식생 수생식물
FACW	Facultative wetland plants	• 습지환경과 내륙환경 모두에서 생장이 가능한 식생 • 주로 습지환경에서 발생하며(67~99%), 습지가 아닌 지역에서도 때때로 발견	상대습지식생 습생식물
FAC	Facultative plants	• 습지조건이나 건조상태에서도 비슷하게 발견됨 (34~66%)	중성습지식생
FACU	Facultative upland plants	• 주로 습지가 아닌 지역에서 발생하며, 때로(1~33%) 습지에서도 발견	습생내륙식생 육상식물
UPL	Obligate upland plants	• 침수조건에내성이 거의 없으므로 내륙환경에서만 발생하는 식생(99% 이상)	내륙식생 육상식물

이란 등(2013)에 의하면 국내 도시 습지 및 하천 식생은 OBL 45분류군, FACW 96분류군, FAC 66분류군, FACU 94분류군, UPL 349분류군으로 총 650분류군으로 나타났다.

식물의 수환경적응도 지표는 습지를 판별하는 지표로도 유용한데(구본학, 2002 : 2009), 우점종의 ≥ 50%이 FAC(facultative)이거나 그보다 습윤토양을 좋아하는 식물이 생육하는 지역을 습지로 판별한다. 또한 FAC Neutral Test를 실시하여 OBL+FACW 종이 FACU(facultative upland)+UPL(upland) 종보다 많은 경우 습지로 판정한다.

2.4 수생식물의 서식환경

수생식물은 일부 또는 전체가 수중이나 수변에 서식하는 식물로서(Muenscher, 1944), 물과의 적응능력에 따라 수생식물을 정수식물(추수식물 : emergent hydrophytes), 부엽식물(floating-leaved hydrophytes), 부유식물(부수식물 : floating hydrophytes), 침수식물(submerged hydrophytes)로 구분할 수 있다(Muenscher, 1944) : Sculthorpe, 1967). 한편 이들 외에도 조류(algae)를 별도로 부유식물로 구분하기도 한다(표 2-15).

표 2-15 수생식물의 종류 및 주요 식물

구 분		특 징	주요식물
고착성 수생식물	정수식물	• 뿌리는 수중에 내리고 줄기는 수면 위에 생육하는 식물로서 수면보다 높게 잎을 신장시키며, 수질정화 능력이 탁월하며 각종 조류의 은신처와 산란처를 제공	갈대, 부들, 줄, 꽃창포 등
	부엽식물	• 수면 아래 토양에 뿌리를 내리고 잎과 줄기를 수면 위까지 신장시켜 물 위에 잎을 뜨게 하는 식물. 일광 투과를 막아 식물성 플랑크톤 증식을 억제시키며, 호수의 부영양화의 예방과 어류 등 치어의 산란처 역할을 함	자라풀, 마름, 가래, 수련, 노랑어리연꽃 등
	침수식물	• 수중의 토양에 뿌리를 내리고 잎, 줄기가 수중에서 생장하는 식물로서 식물체 전체가 대부분 물속에 잠겨 고착생활을 하며, 개화기만 수면에 돌출하여 개화. 물새의 먹이원이 되며, 부영양화가 심하면 적응하지 못하며 어류 먹이의 역할을 함	나사말, 검정말, 말즘, 물질경이 등
부유성 수생식물		• 뿌리가 토양에 내리지 못하고 모두 수면 위에 떠있는 식물로써 수질정화 능력과, 부영양화 방지에 이용	개구리밥, 생이가래, 물옥잠, 가래 등
		• 뿌리가 토양에 내리지 못하고 모두 수면 위에 떠있는 식물	조류

정수식물(추수식물)은 물속의 토양에 뿌리를 뻗고 수면 위까지 성장하는 식물로서 갈대, 부들, 애기부들, 달뿌리풀, 물억새, 창포, 줄, 택사, 미나리, 연 등이 이에 속한다. 침수식물은 물속의 토양에 뿌리를 뻗으나 수면 아래 물속에서 성장하는 식물로서 물수세미, 말즘, 물질경이, 검정말 등이 있다. 부엽식물은 물속의 토양에 뿌리를 뻗으며 부유기구로 인해 수면 중에 잎이 떠 있는 식물로 수련, 마름, 어리연꽃, 자라풀 등이 있다. 부유식물(부수식물)은 물속에 뿌리가 떠 있고 물속이나 수면 중에 식물체 전체가 떠다니는 식물로서 개구리밥, 생이가래 등이 있다.

수생식물은 지형, 수심, 토양, 유속 등의 서식 환경을 고려할 수 있으나 그 중에서 특히 수환경 요인과 토양환경 요인을 중요한 인자로 설정할 수 있다. 대부분의 수생식물의 근계는 토심 20 cm 내외에 대부분의 수생식물의 뿌리가 분포하고 있으나, 갈대와 물억새 등 대형 추수식물은 100 cm 깊이까지 발달하고 있으며 200 cm 깊이까지 분포하는 것도 있다(유병렬, 2008).

France(2003)는 습지, 수생태계의 가장자리에 수생식물을 식재할 경우 수심은 대부분 5~8 cm로 하는 것이 이상적이라고 하였으며, Campbell 등(1999)은 인공습지에 적합한 식재종의 요건으로 15−60 cm 수심에서 견딜 수 있어야 한다고 제시하고 있다. 홍문기 등(2014)의 연구에 의하면 갈대, 줄, 애기부들 등은 모두 얕은 수심 보다는 20 cm 정도의 상대적으로 깊은 수심에서 전반적으로 좋은 생육을 보였다. 즉, 다양한 정수식물이 수심의 변화에 따라서 단일종으로 이루어지는 모양의 군락을 만들고 있는 경우가 많다(奥田重俊, 1996).

2.5 식물의 내침수성

생물다양성 증진을 목적으로 수생태계 복원과 창출을 위해서는 목표로 하는 식물종의 생육에 적합한 지형, 토양, 수문환경 등의 서식기반 환경을 제공해주어야 한다. 식물의 내침수성은 산소결핍 조건에서 생존력을 의미하게 되며(Hook, 1984), 산소결핍은 식물의 생리반응과 물질대사에 큰 영향을 미치게 되므로 강이나 유역저지대에서 교목과 관목이 성공적으로 생육하기 위해서는 내침수성이 중요하다(Glenz et al, 2006). 따라서 수위변동 폭이 크고 건조와 침수를 반복하게 되는 LID 시설에는 내침수성을 기준으로 이용가능한 식물을 선택하는 것이 중요하다.

수변 녹화용으로 적합한 식물을 선정하기 위한 내침수성에 관한 연구는 피나무, 단풍나무, 자작나무 등의 교목과 습지식물을 대상으로 한 연구가 있다(Frye and Grosse, 1992 : Ewing, 1996 : Hidding et al, 2014 : Park et al., 2014). 또한, 몇 가지 목본식물을 대상으로 한 연구들도 있다(Park and Choi, 2001 : Park, 2002). 식물들의 침수에 대한 적응력의 차이는 침수시간, 침수깊이, 침수 지속기간 등 비생물적 요인은 물론이고 식물고유의 유전적 조건에 의해서도 영향을 받을 수 있다(Glenz et al, 2014).

육상에 생육하는 목본류의 내침수성

박미옥 등(2011)은 수생태계 복원을 위해 하천 및 비탈면 호안용으로 개발된 황토기반재를 활용하여 완전침수 및 부분침수 등 침수조건에 따라 일반적으로 육상식물로 알려진 목본류 중 장미과(Rosaceae)인 찔레나무(Rosa multiflora)와 조팝나무(Spiraea prunifolia for. Simpliciflora) 등 2종의 내침수성을 밝히고 수생태복원을 위한 식물재료로 활용 가능성을 확인하기 위한 목적으로 실험 연구하였다. 찔레나무는 침수에 대한 적응력이 있으며,

내침수성이 강하여 하천호안의 녹화용 식물재료로서 도입가능성이 있다고 판단된다. 조팝나무는 침수조건에서 생육이 가능하며 비침수조건보다 침수조건에서 생장이 더 활발한 것으로 확인되었다(표 2-16).

표 2-16 침수 후 성장률(박미옥 등, 2011)

침수조건	침수 기간	찔레나무 Rosa multiflora			조팝나무 Spiraea prunifolia for. Simpliciflora		
		침수 전 수고 (cm)	침수 후 수고 (cm)	성장률 (%)	침수 전 수고 (cm)	침수 후 수고 (cm)	성장률 (%)
대조구	1	41.93	43.80	4.22	53.73	55.87	4.01
	3	40.23	41.03	1.99	40.33	40.40	0.16
	5	41.30	44.27	7.40	45.00	45.77	1.70
부분침수	1	47.73	53.40	11.57	48.20	53.77	11.98
	3	39.23	43.23	10.10	40.33	42.93	6.44
	5	37.30	37.33	0.09	45.00	45.27	0.59
완전침수	1	54.07	58.03	7.66	54.23	58.90	8.94
	3	40.07	43.37	8.29	41.07	40.90	0.40
	5	34.27	36.13	5.49	45.00	45.27	0.59

식생기반형 LID 시설 도입식물 내침수성 실험

오염배출량의 50%를 차지하는 비점오염원 관리 필요성이 높아지면서 LID 기법은 강우관리 및 비점오염원 저감 뿐만 아니라 사회적, 경제적, 심미적으로 다양한 가치를 지니는 지속가능한 성장을 유도하는 통합적 전략으로 대두되고 있다(Ewing, 2007). LID 기법은 크게 1)지역의 물순환 기능에 초점을 둔 접근, 2)비점오염 저감과 도시홍수 저감에 초점을 둔 접근, 3) 지속가능한 친환경적 개발방식에 초점을 둔 접근 등의 세가지 관점에서 접근할 수 있다.

1) 지역의 물순환 기능에 초점을 둔 접근

빗물의 저류, 침투 및 이용에 관련되는 구조적 시설물(Kim et al, 2006 : Kim et al 2007 : Kim, 2007 : Lim, 2011)과 빗물 저류 및 침투를 위한 계획요소의 배치 및 연계(Choi, 2006 : Lee, 2008, Suh and Lee, 2013) 등의 연구가 있다.

2) 비점오염 저감과 도시홍수 저감에 초점을 둔 접근

보전지역과 자연지역을 최대한 보전하고 공간적 배치의 효율성 도모(Ministry of Envrinment of Korea, 2009 : Bedanand Clausen, 2009) 관련 연구가 있다.

3) 지속가능한 친환경적 개발방식에 초점을 둔 접근

자연지역에 대한 보전, 식생지대의 활용 등을 포함한 Kim and Choi(2013) 등의 연구가 있다.

LID 기법의 자연적 기능으로는 흡수, 침투, 증발산, 식물 및 토양을 통한 여과, 선택식물에 의한 오염물질 흡수 및 오염물질 생분해 등(Lee, 2013)을 들 수 있으며, LID 시설 내 토양 기능으로는 빗물 유출수 내 중금속 축적 및 유출저감, 수질 보호 등(Hyun and Lee, 2013)의 기능이 제공되고 있다.

이러한 기능을 바탕으로 LID 시설이 경관 향상과 침식에 대한 적응, 여과 기능 등을 수행하기 위해서는 적합한 식물 선정이 요구된다. 이와 관련하여, 이은엽 등(2014)은 식생기반형 LID 시설에 적합한 식물선정을 위해 수환경 적응도가 높은 10종의 식물을 반침수와 완전침수 조건에서 침수기간별 생육상태를 조사하여 내침수성을 비교하였다.

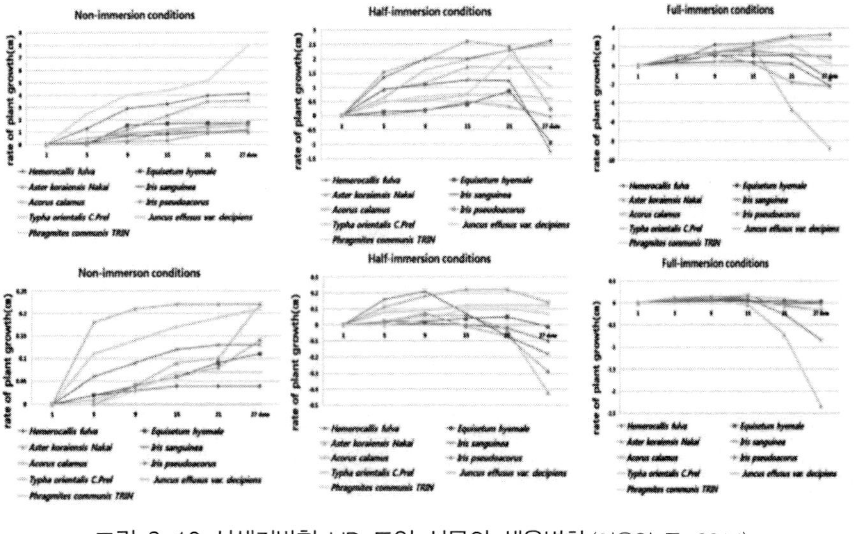

그림 2-10 식생기반형 LID 도입 식물의 생육변화(이은엽 등, 2014)

1) 반침수조건 침수기간별 생육

21일 까지는 실험구 내 모든 식물이 지속적으로 성장하였다. 생육 상태는 노랑꽃창포〉원추리〉골풀〉갈대〉벌개미취 등의 순으로 나타났다. 21일 이후에는 원추리, 골풀 외 대부분 생장량이 감소하였으며, 창포, 붓꽃, 속새 등의 생육이 상대적으로 더 불량하였다. 27일 이후에는 원추리, 벌개미취, 골풀 등이 생존하여 반침수 조건에서 이들의 내침수성이 매우 높은 것으로 나타났다.

2) 완전침수조건 침수기간별 생육

15일까지는 모든 식물이 지속적으로 성장하였으나 21일 이후에는 원추리, 골풀, 갈대 등이 정상 생육하였고 기타 식물은 생육이 저하되기 시작하였다. 27일 이후에는 원추리, 노란꽃창포, 부들, 골풀 등이 생존하였다.

3) 대조구(건조)에서는 갈대, 원추리, 창포, 골풀, 속새 등의 생육이 양호

이를 바탕으로 3주(21일) 정도의 침수조건에서 LID 시설에 도입 가능한 식물 목록은 다음과 같이 제안할 수 있다.

표 2-17 몇 식물의 침수조건별 LID 시설 도입 가능성(이은엽 등, 2014)

종명	학명	대조구(건조)	반침수	완전침수
원추리	Hemerocallis fulva	○	○	○
골풀	Juncus effusus var. decipiens	○	○	○
노란꽃창포	Iris pseudoacorus		○	○
붓꽃	Iris sanguinea		○	
갈대	Phragmites communis	○	○	○
부들	Typha orientalis		○	○
벌개미취	Aster koraiensis	○	○	
속새	Equisetum hyemale	○		
창포	Acorus calamus	○		

최병순(2011)은 담수, 기수, 염수 등 수문조건과 토양조건에 따른 갈대의 성장 및 분포특성을 연구하였다. 기반환경에 따른 생육특성을 비교한 결과 갈대군락의 밀도와 직경, 건중량은 기수역에서 가장 높았으며, 염습지와 담수역에서는 차이가 없는 것으로 나타났다. 반면에 갈대 개체의 직경과 체장은 염분농도가 높은 지역에서 작게 나타났다. 기반환경인자와 생육특성의 상관성은 갈대 체장은 독립변수토양, 수문의 pH와, 종속변수직경은 수문의 DO와 유의하였으며, 건중량은 수환경의 기반 환경 중 pH와 유의수준 1% 이내($p = 0.002$) 에서 양의 상관관계를 보였다.

2.6 기후변화를 고려한 식물

지속가능한 사회를 이루기 위해서는 생물자원의 보호와 보전 뿐 아니라 서식처 보존을 위한 다양한 유형의 생태계를 조성하여 생물종다양성 증진 노력이 필요하다.

국내의 경우 기후변화 식생모델을 활용하여 우리나라 산림의 분포변화를 예측하거나 제한적인 탄소거동을 예측한 연구가 일부 수행되고 있다(장지현 등, 2010 : 이동근 등, 2010 : 최성호 등 2011). IPCC를 토대로 국립산림과학원에서 산림과 녹지의 탄소 흡수량 연구가 이루어지고 있으며 우리나라 산림 전체 축적(2005년 말 기준)을 바이오매스로 전환한 결과는 표 2-18과 같다(손영모 등, 2007).

표 2-18 산림 바이오매스 총량 및 탄소저장량 (2005년 말 기준)

구분	총축적 (천 m^3)	침엽수축적 (천 m^3)	활엽수축적 (천 m^3)	총 바이오매스 (천 t)	침엽수 바이오매스 (천 t)	활엽수 바이오매스 (천 t)	총 탄소 저장량 (천 t)
계	506,377	293,293	213,084	520,852	227,614	293,238	260,426
서울시	1,111	281	830	1,360	218	1,142	680
부산시	3,040	1,888	1,152	3,050	1,466	1,585	1,525
대구시	3,680	2,325	1,355	3,669	1,804	1,864	1,834.5
인천시	2,570	1,117	1,453	2,967	867	2,000	1,483.5
광주시	2,023	1,573	450	1,840	1,221	619	920
대전시	1,974	1,282	692	1,947	995	952	973.5
울산지	4,643	2,408	2,235	4,944	1,869	3,076	2,472
경기도	41,751	20,888	20,863	44,921	16,210	28,711	22,460.58
강원도	132,698	66,963	65,734	142,429	51,968	90,461	71,214.5
충청북도	36,573	22,340	14,233	36,924	17,337	19,587	18,462
충청남도	29,860	18,608	11,251	29,925	14,441	15,484	14,962.5
전라북도	37,235	21,503	15,732	38,337	16,687	21,650	19,168.5
전라남도	45,733	32,506	13,227	43,429	25,226	18,203	21,714.5
경상북도	104,057	64,873	39,183	104,268	50,346	53,923	52,134
경상남도	50,919	31,424	19,496	51,216	24,387	26,829	25,608
제주도	8,512	3,314	5,198	9,725	2,572	7,153	4,862.5

CO_2의 농도를 저감하기 위한 연구로 수목의 탄소 흡수량에 근거하여 탄소 감소 효과를 검증한 연구들이 있다. 김정권 등(2016)은 벽면녹화용 초본류의 실내환경 이산환탄소 저감 효과를 검증하기 위한 실험에서 조도가 1천lx로 매우 밝고 밀폐된 실내환경에서 초본류의 밀도가 높은 경우 초기에는 낮 동안의 이산화탄소가 오히려 증가하나 시간의 경과에 따라 점차 낮의 CO_2 농도가 밤에 비해 저하되는 것을 확인할 수 있었다.

그 외에도 도시공원 조성을 위한 수림대의 식생구조 파악(김창현, 2015)을 위한 연구 또는 수목림의 탄소 저장량을 파악하여 탄소 저감 수종을 선발하는 연구들이 진행되고 있으며(서연옥, 2013), 최근에는 실내 탄소저감을 위하여 관엽식물의 광합성 연구를 통해 이산화탄소 제거능을 비교하는 연구들도 진행되고 있다(박신애 외, 2010).

3 법적보호생물

각 나라마다 생물다양성 증진을 위하여 법률이나 이와 유사한 수준의 제도에 의해 보호가 필요한 생물을 정하여 적절한 보호조치를 하고 있다. 국내의 경우 야생생물법(야생생물 보호 및 관리에 관한 법률)에서 정하는 멸종위기종 및 국제적 멸종위기종, 문화재보호법에서 정하는 천연기념물, 산림청에서 정하는 희귀식물 등이 있으며, 국제적으로도 IUCN에서 정한 Red List, 국제간 멸종위기종 등이 있다.

3.1 멸종위기 야생생물

3.1.1 야생생물과 멸종위기 야생생물

야생생물

야생생물이란 산·들 또는 강 등 자연 상태에서 서식하거나 자생하는 동물, 식물, 균류·지의류, 원생생물 및 원핵생물의 종을 말한다.

멸종위기 야생생물

멸종위기 야생생물은 1989년 환경보전법에 의해 특정야생동식물이 지정된 이래 멸종위기 야생동식물 및 보호야생동식물, 야생동식물 등의 이름으로 관리되어 왔다. 멸종위기 야생생물 관련 제도 변화는 다음 표 2-19와 같다.

표 2-19 멸종위기 야생생물 관련 제도 변화

구분	법적근거	지 정 내 용
특정야생동식물 (1989년)	환경보전법	• 학술적 보호가치가 있거나 멸종위기에 처할 우려가 있는 야생동식물. 멸종위기 개념이 도입된 최초의 법적 보호 • 다른 법률에 의해 보호받지 못하는 파충류, 양서류, 곤충류와 식물류 92종을 대상으로 지정 • 1993년도에 지정 대상이 확대되어 179종, 1996년도에는 어류 추가
멸종위기야생동식물 및 보호 야생동식물	자연환경보전법	• 자연적 또는 인위적 위협요인으로 인한 주된 서식지, 도래지의 감소 및 서식환경의 악화 등에 따라 개체 수가 현저하게 감소되고 있어 멸종위기에 처할 우려가 있는 종 • 포유류, 조류, 무척추동물 추가 – 194종으로 증가
야생동·식물 (2002)	야생동·식물보호법.	• 조수보호 및 수렵에 관한 법률과 자연환경보전법 일원화 • 멸종위기 야생동식물 I급, 야생동식물 II급으로 나누어 지정
야생생물	야생생물 보호 및 관리에 관한 법률	• 법적 체계 재정비 • 면밀한 판단 기준을 적용하여 현재 246종 지정·관리

현행 '야생생물 보호 및 관리에 관한 법률'에 의해 야생생물 중에서 자연적 또는 인위적 위협요인으로 개체수가 크게 줄어들어 멸종위기에 처해 있거나 위기에 가까운 야생생물을 멸종위기 야생생물로 정하고 있으며, 위급한 정도에 따라 1,2급으로 구분하고 있다.

- 멸종위기 야생생물 Ⅰ급 : 자연적 또는 인위적 위협요인으로 개체수가 크게 줄어들어 멸종위기에 처한 야생생물
- 멸종위기 야생생물 Ⅱ급 : 자연적 또는 인위적 위협요인으로 개체수가 크게 줄어들고 있어 현재의 위협요인이 제거되거나 완화되지 아니할 경우 가까운 장래에 멸종위기에 처할 우려가 있는 야생생물

야생생물 보호 및 관리에 관한 법률 시행규칙에 의하면 멸종위기 야생생물은 공통적으로 다음과 같은 기준을 설정하고 있다.

1) 멸종위기 야생생물을 가공 유통 보관 수출 수입 반출 및 반입하는 경우에는 죽은 것을 포함한다.
2) 포유류, 조류, 양서파충류, 어류, 곤충류, 무척추동물 : 살아있는 생물체와 그 알 및 표본을 포함한다
3) 육상식물 : 살아있는 생물체와 그 부속체(종자, 구근, 인경, 주아, 덩이줄기, 뿌리) 및 표본을 포함한다
4) 해조류, 고등균류, 지의류 : 살아있는 생물체와 그 포자 및 표본을 포함한다.

2021년 6월 기준으로 멸종위기야생생물 현황은 표 2-20과 같다.

표 2-20 멸종위기 야생생물 지정현황 (2021년 6월 현재)

계	구분	포유류	조류	양서파충류	어류	곤충류	무척추 동물	육상식물	해조류	고등균류
267종	전체	20종	63종	8종	27종	26종	32종	88종	2종	1종
60종	I급	12종	14종	2종	11종	6종	4종	11종	–종	–
207종	II급	8종	49종	6종	16종	20종	28종	77종	2종	1종

3.2.1 멸종위기 야생생물 1급

자연적 또는 인위적 위협요인으로 개체수가 크게 줄어들어 멸종위기에 처한 야생생물을 의미한다.

그림 2-11 멸종위기 야생생물 1급으로 지정된 백두산 호랑이(중국 훈춘에서 필자 촬영)

포유류로는 늑대 Canis lupus coreanus, 반달가슴곰 Ursus thibetanus ussuricus, 사향노루 Moschus moschiferus parvipes, 수달 Lutra lutra, 여우 Vulpes vulpus peculiosa, 표범 Panthera pardus orientalis, 대륙사슴 Cervus nippon hortulorum, 붉은박쥐 Myotis formosus chofukusei, 산양 Naemorhedus caudatus, 시라소니 Lynx lynx, 호랑이 Panthera tigris altaica 등 11종이 있다.

조류로는 검독수리 Aquila chrysaetos, 노랑부리백로 Egretta europhotes, 매 Falco peregrinus, 참수리 Haliaeetus pelagicus, 크낙새 Dryocopus javensis, 황새 Ciconia boyciana, 넓적부리도요 Eurynorhynchus pygmeus, 두루미 Grus japonensis, 저어새 Platalea minor, 청다리도요사촌 Tringa guttifer, 혹고니 Cygnus olor, 흰꼬리수리 Haliaeetus albicilla 등 12종이 있다.

양서파충류로는 비바리뱀 Sibynophis collaris, 수원청개구리 Hyla suweonensis 등 2종이 있다.

어류로는 감돌고기 Pseudopungtungia nigra, 꼬치동자개 Pseudobagrus brevicorpus, 미호종개 Iksookimia choii, 퉁사리 Liobagrus obesus, 흰수마자 Gobiobotia naktongensis, 임실납자루 Acheilognathus somjinensis 등 9종이 있다.

곤충류로는 산굴뚝나비 Eumenis autonoe, 상제나비 Aporia crataegi, 수염풍뎅이 Polyphylla laticollis manchurica, 장수하늘소 Callipogon relictus 등 4종이 있다.

육상식물로는 광릉요강꽃 Cypripedium japonicum, 나도풍란 Aerides japonicum, 만년콩 Euchresta japonica, 섬개야광나무 Cotoneaster wilsonii, 죽백란 Cymbidium lancifolium, 암매 Diapensia lapponica var. obovata, 풍란 Neofinetia falcata, 한란 Cymbidium kanran, 털복주머니란 Cypripedium guttatum 등 9종이 있다.

3.2.2 멸종위기 야생생물 2급

자연적 또는 인위적 위협요인으로 개체수가 크게 줄어들고 있어 현재의 위협 요인이 제거되거나 완화되지 아니할 경우 가까운 장래에 멸종위기에 처할 우려가 있는 야생생물을 말한다.

포유류로는 담비(Martes flavigula), 물개(Callorhinus ursinus), 물범(Phoca largha), 삵(Prionailurus bengalensis), 작은관코박쥐(Murina ussuriensis), 큰바다사자(Eumetopias jubatus), 토끼박쥐(Plecotus auritus), 하늘다람쥐(Pteromys volans aluco), 무산쇠족제비(Mustela nivalis) 등 9종이 있다.

조류로는 개리 Anser cygnoides, 검은머리갈매기 Larus saundersi, 검은머리물떼새 Haematopus ostralegus, 검은머리촉새 Emberiza aureola, 검은목두루미 Grus grus, 고니 Cygnus columbianus, 노랑부리저어새 Platalea leucorodia, 느시 Otis tarda, 독수리 Aegypius monachus, 따오기 Nipponia nippon, 뜸부기 Gallicrex cinerea 등 49종이 있다.

양서파충류로는 구렁이 Elaphe schrenckii, 금개구리 Rana plancyi, 맹꽁이Kaloula borealis, 표범장지뱀 Eremias argus, 남생이 Chinemys reevesii 등 5종이 있다.

어류로는 가는돌고기 Pseudopungtungia tenuicorpa, 가시고기 Pungitius sinensis, 꾸구리 Gobiobotia macrocephala, 다묵장어 Lampetra reissneri, 돌상어 Gobiobotia brevibarba, 모래주사 Microphysogobio koreensis, 묵납자루 Acheilognathus signifer, 칠성장어 Lampetra japonica, 부안종개 Iksookimia pumila, 열목어 Brachymystax lenok tsinlingensis, 한강납줄개 Rhodeus pseudosericeus 등 16종이 있다.

곤충류로는 두점박이사슴벌레 Metopodontus blanchardi, 깊은산부전나비 Protantigius superans, 물장군 Lethocerus deyrollei, 붉은점모시나비 Parnassius bremeri, 비단벌레 Chrysochroa fulgidissima, 소똥구리 Gymnopleurus mopsus, 왕은점표범나비 Fabriciana nerippe, 주홍길앞잡이 Cicindela hybrida nitida, 대모잠자리

Libellula angelina 등 18종이 있다.

식물로는 가시연꽃 Euryale ferox, 가시오갈피나무 Eleutherococcus senticosus, 개가시나무 Quercus gilva, 개병풍 Astilboides tabularis, 기생꽃 Trientalis europaea var. arctica, 끈끈이귀개 Drosera peltata var. nipponica, 노랑만병초 Rhododendron aureum, 노랑붓꽃 Iris koreana, 단양쑥부쟁이Aster altaicus var. uchiyamae, 독미나리 Cicuta virosa, 매화마름 Ranunculus kazusensis, 미선나무 Abeliophyllum distichum, 산작약 Paeonia obovata, 섬시호 Bupleurum latissimum, 순채 Brasenia schreberi, 제비붓꽃 Iris laevigata, 조름나물 Menyanthes trifoliata, 층층둥글레 Polygonatum stenophyllum, 칠보치마 Metanarthecium luteoviride, 한라솜다리 Leontopodium hallaisanense, 히어리Corylopsis gotoana var. coreana 등 68종이 있다.

3.2 국제적 멸종위기종

멸종위기에 처한 야생동식물 종의 국제 거래에 관한 협약(CITES : the Convention on International Trade in Endangered Species of Wild Fauna and Flora)에 의해 국제적인 거래가 규제되는 동식물을 말한다(표 2-13).

불법거래나 과도한 국제거래에 의해 멸종위기에 처한 야생 동식물 보호를 위해 CITES 종 수출입국이 상호협력 및 국제거래를 규제하며, 우리나라는 1993년 7월 가입하였고 183개국이 가입되어 있다.

구체적으로는 다음 조건에 의한다.

- 멸종위기에 처한 종 중 국제거래로 그 영향을 받거나 받을 수 있는 종으로써 멸종위기종 국제거래협약의 부속서 Ⅰ(Appendix I)에서 정한 것
- 현재 멸종위기에 처하여 있지는 아니하나 국제거래를 엄격하게 규제하지 아니할 경우 멸종위기에 처할 수 있는 종과 그 멸종위기에 처한 종의 거래를 효과적으로 통제하기 위하여 규제를 하여야 하는 그 밖의 종으로서 멸종위기종국제거래협약의 부속서 Ⅱ(Appendix II)에서 정한 것
- 멸종위기종국제거래협약의 당사국이 이용을 제한할 목적으로 자기 나라의 관할권 안에서 규제를 받아야 하는 것으로 확인하고 국제거래규제를 위하여 다른 당사국의 협력이 필요하다고 판단한 종으로서 멸종위기종 국제거래 협약의 부속서 Ⅲ(Appendix III)에서 정한 것

3.3 희귀식물/특산식물

수목원 정원의 조성 및 진흥에 관한 법률에서는 자생식물중 특별한 보호관리가 필요하거나 우리나라에만 분포하고 있는 식물들을 희귀식물 및 특산식물로 지정 관리하고 있다.

1) 희귀식물

수목원 정원의 조성 및 진흥에 관한 법률에 의해 자생식물 중 개체수와 자생지가 감소되고 있어 특별한 보호 관리가 필요한 식물을 말한다. 2018년 기준으로 총 571종이 지정되어 있다.

2) 특산식물

수목원 정원의 조성 및 진흥에 관한 법률에 의해 자생식물 중 우리나라에만 분포하고 있는 식물을 말한다. 2018년 기준으로 총 360종이 지정되어 있다.

3.4 천연기념물

자연물 중에서 학술적 또는 관상적 가치가 높은 생물, 지질 등을 법률로 지정하여 보호보존 및 관리를 하며, 문화재보호법에 의해 한국 특유의 이름있는 서식지 및 생장지, 석회암지대·사구·동굴·건조지·습지·하천·온천·호수·도서, 학술적인 가치가 큰 나무, 원시림, 고산식물지대, 중요한 화석 표본 등을 지정한다.

문화재보호법에 의한 천연기념물 지정 기준은 표 2-21과 같다.

표 2-21 천연기념물 지정 기준

구분	식 물	동 물
주요 내용	한국 특유의 식물로서 저명한 것 및 그 서식지·생장지	한국 특유의 동물로서 저명한 것 및 그 서 식지, 생장지
	진귀한 식물로서 그 보전이 필요한 것 및 그 생육지	석회암 지대, 사구, 동굴, 건조지, 습지, 하 천 온천, 도서 등 특수 지역이나 특수 환경 에서 자라는 특유한 동물 또는 동물군 및 그 서식지, 번식지, 도래지
	학술상 가치가 큰 사총, 명목, 거수, 기형목	진귀한 동물로서 그 보존이 필요한 것 및 그 서식지
	대표적 원시림, 고산 식물 지대 또는 진귀한 숲	한국 특유의 축양 동물
	저명한 식물 분포의 경계가 되는 곳	저명한 동물 분포의 경계가 되는 곳
	유용 식물의 원산지	유용 동물의 원산지
	귀중한 식물의 유물 발견지 또는 학 술상 특히 중요한 표본과 화석	귀중한 동물의 유물 발견지 또는 학술상 특히 중요한 표본과 화석

또한 남북한의 천연기념물 제도는 표 2-22와 같이 비교할 수 있다.

표 2-22 남북한 천연기념물 제도

구 분	남 한	구 분	북 한
식물	노거수	식물	나무
	희귀식물		
	자생지		꽃, 풀
	수림지		
동물	포유류	동물	새
	조류		짐승
	어류		곤충
	곤충류		물고기, 갑각류, 곤충
지질 광물	천연동굴	지리	호수, 늪, 담
	암석/광물		폭포
	지질		지형
	화석		
천연보호구역		지질	화석
			온천, 약수
명승		–	

3.5 IUCN Red List

3.5.1 적색목록

세계자연보전연맹(IUCN : International Union for Conservation of Nature)에서는 야생생물 멸종 방지 및 생물다양성 보전을 위해 멸종 위험이 높은 생물을 선정하고 이들 종의 분포 및 서식 현황을 수록한 자료집을 발간하고 있다. 1996년 처음 발간된 자료집 표지가 위기상태를 나타내는 붉은색이어서 적색목록집(Red Data Book)이라 부르며, 적색목록집을 발간하기 위해서는 IUCN이 규정하는 범주와 기준 즉 '세계적색목록(global red list) 범주(categories)와 기준(criteria)'에 따라 적색목록(Red Data)를 제작한다. IUCN 범주와 기준은 6년간에 걸친 연구와 다양한 의견 수렴 과정을 거쳐 1994년에 처음 발행하였다 1994년도 판 IUCN 범주와 기준은 종의 보전 상태를 평가할 때 객관

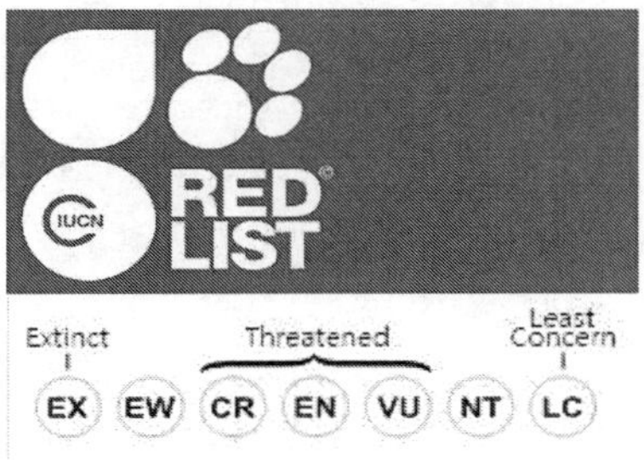

그림 2-12 IUCN Red List 로고 및 등급 (자료 : IUCN)

성과 투명성을 개선하여 사용자의 이해를 돕고 일관성을 유지하도록 하였다. 1996년도 판 적색목록은 많은 종을 대상으로 평가해 문제점을 검토하였으며, 1998년부터 1999년에 걸쳐 문제점을 보완하여 2010년 IUCN 적색목록 범주와 기준(ver. 8.1) (Guidelines for Using the IUCN Red List Categories and Criteria ver.8.1(Aug. 2010))을 발표하여 현재에 이르고 있다.

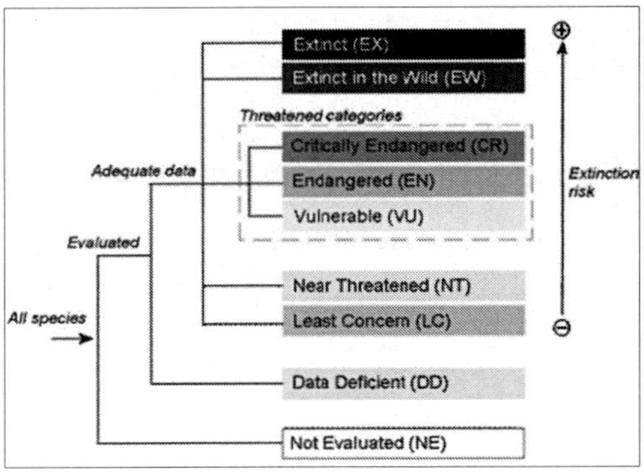

그림 2-13 IUCN Red List 등급 (자료 : IUCN)

IUCN 범주와 기준에 따르면 야생생물의 멸종위기 정도는 위기의 속도, 개체 크기, 지질학적 분포 지역, 개체와 분포의 정도 등에 따라 분류하며, 멸종 정도에 따라 절멸(EX : extinct), 야생절멸(EW : extinct in the wild), 위급(CR : critically endangered), 위기(EN : endangered), 취약(VU : vulnerable), 준위협(NT : near threatened), 걱정없음(관심대상 : LC least concern), 자료부족(DD : data deficient), 미평가(NE : not evaluated) 등으로 구분하고 있다(표 2-23 : 그림 2-13).

표 2-23 IUCN Red List 등급 (자료 : IUCN)

등급		내 용
절멸(EX, Extinct)		개체가 하나도 남아 있지 않음. 1500년을 기준으로 근대 멸종과 그 이전의 멸종을 구분
야생 절멸 (EW, Extinct in the Wild)		보호시설에서만 생존하고 있거나 원래의 서식지역이 아닌 곳에서만 인위적으로 유입되어 생존하고 있음
멸종우려 (threatened)	위급(CR, Critically Endangered)	야생에서 절멸할 가능성이 대단히 높음 야생에서 빠른 시간 내에 극심한 멸종 위기에 처하게 됨
	위기(EN, Endangered)	야생에서 절멸할 가능성이 높음 야생에서 가까운 미래에 매우 높은 멸종 위기에 처하게 됨
	취약(VU, Vulnerable)	야생에서 절멸 위기에 처할 가능성이 높음 야생에서 몇 달이나 몇 년 안에 높은 멸종 위기에 처하게 됨
준위협 (NT, Near Threatened)		가까운 장래에 야생에서 멸종 우려 위기에 처할 가능성이 높음 취약 등급으로 분류될 수 있으나 그 조건에 충분히 맞지 않음
관심 대상 (LC, Least Concern)		위험이 낮고 위험 범주에 도달하지 않음 별다른 멸종 위험에 처해 있지 않음, 또는 안전함
걱정 없음 (자료 부족 : DD, Data Deficient)		멸종 위험에 관한 평가 자료 부족
미평가 (NE, Not Evaluated)		아직 평가 작업을 거치지 않음

이 중에서 위급, 위기, 취약 등을 별도로 멸종우려(Threatened)로 구분하고 있다. 멸종우려 종은 단기간의 감소, 역사적 감소, 제한된 분포 및 감소 진행, 매우 제한된 분포 등의 요인에 따라 구분하며 구체적으로는 개체군 감소(지난 10년 또는 3세대), 지리적 범위 제한(출현범위 및 점유면적), 작은 개체군 크기 및 감소(최대 100년간 지속적 감소), 매우 작거나 제한된 개체군(개체수 및 면적), 정량적 분석(야생에서의 절멸 확률) 등을 기준으로 각각 위급, 위기, 취약 등으로 구분한다(그림 2-14).

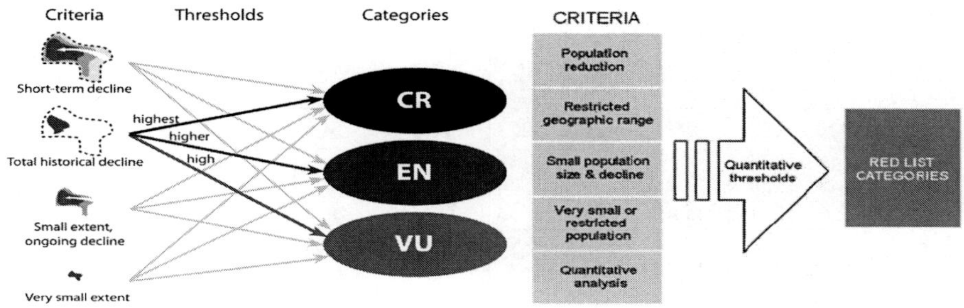

그림 2-14 멸종우려 등급 및 세부기준 (자료 : IUCN)

한편, IUCN에서는 적색목록 선정과 관련된 지침서와 분류군별 적색자료집을 제작 배포하고 있다. 주요 지역별 멸종 또는 위급 종 분포 현황은 그림 2-15 및 표 2-24와 같다.

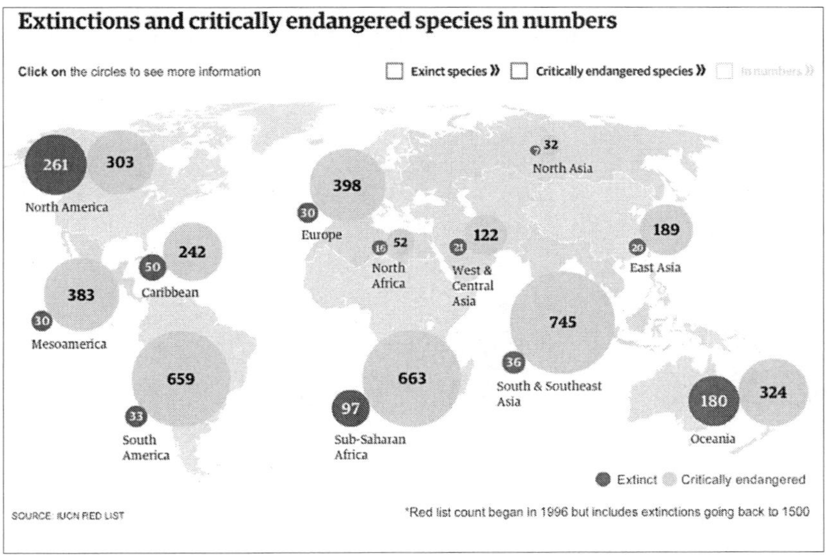

그림 2-15 멸종(EX) 및 위급(CR) 종 분포 (자료 : IUCN Red List)

표 2-24 세계적색목록 (자료 : IUCN을 저자 편집)

<table>
<tr><th colspan="2" rowspan="2">구분</th><th colspan="5">척추동물</th><th rowspan="2">무척추동물(곤충제외)</th><th rowspan="2">곤충류</th><th rowspan="2">균류·지의류</th><th rowspan="2">식물</th><th rowspan="2">유색조식물</th><th colspan="2" rowspan="2">합계</th></tr>
<tr><th>포유류</th><th>조류</th><th>파충류</th><th>양서류</th><th>어류</th></tr>
<tr><td colspan="2">절멸(EX)</td><td>77</td><td>140</td><td>21</td><td>34</td><td>66</td><td>337</td><td>58</td><td>0</td><td>0</td><td>99</td><td colspan="2">832</td></tr>
<tr><td colspan="2">야생절멸(EW)</td><td>2</td><td>5</td><td>1</td><td>2</td><td>6</td><td>15</td><td>1</td><td>0</td><td>0</td><td>37</td><td colspan="2">69</td></tr>
<tr><td rowspan="3">멸종우려종(Threatened)</td><td>위급(CR)</td><td>213</td><td>213</td><td>174</td><td>518</td><td>443</td><td>781</td><td>168</td><td>4</td><td>2</td><td>2,119</td><td>4,635</td><td rowspan="3">22,413</td></tr>
<tr><td>위기(EN)</td><td>477</td><td>419</td><td>356</td><td>789</td><td>587</td><td>808</td><td>270</td><td>1</td><td>2</td><td>3,231</td><td>6,940</td></tr>
<tr><td>취약(VU)</td><td>509</td><td>741</td><td>397</td><td>650</td><td>1,192</td><td>1,558</td><td>555</td><td>1</td><td>1</td><td>5,234</td><td>10,838</td></tr>
<tr><td colspan="2">준위협(NT)</td><td>319</td><td>959</td><td>309</td><td>398</td><td>506</td><td>785</td><td>259</td><td>0</td><td>0</td><td>1,568</td><td colspan="2">5103</td></tr>
<tr><td colspan="2">LR/cd*</td><td>0</td><td>0</td><td>2</td><td>0</td><td>9</td><td>15</td><td>3</td><td>0</td><td>0</td><td>210</td><td colspan="2">239</td></tr>
<tr><td colspan="2">걱정없음(LC)</td><td>3,117</td><td>7,886</td><td>2,343</td><td>2,409</td><td>6,928</td><td>4,063</td><td>2,540</td><td>0</td><td>0</td><td>5,648</td><td colspan="2">34,934</td></tr>
<tr><td colspan="2">정보부족(DD)</td><td>799</td><td>62</td><td>811</td><td>1,614</td><td>2,720</td><td>3,552</td><td>1,450</td><td>9</td><td>0</td><td>1,592</td><td colspan="2">12,609</td></tr>
<tr><td colspan="2">합계</td><td>5,513</td><td>10,425</td><td>4,414</td><td>6,414</td><td>12,457</td><td>11,914</td><td>5,304</td><td>15</td><td>5</td><td>19,738</td><td colspan="2">76,199</td></tr>
</table>

* Lower Risk / conservation dependent로 과거에 평가 받은 종에 대해서만 통계를 제공하고 있음. 현재는 사용하지 않는 범주임

3.5.2 지역적색목록

지역 적색목록은 세계적색목록 9단계에 지역절멸과 미적용 등 2개 분야를 추가한다(그림 2-16). 우리나라 적색목록은 표 2-25와 같다.

그림 2-16 지역적색목록 (자료 : IUCN 한국위원회)

표 2-25 우리나라 적색목록

구분	포유류	조류	양서·파충류	어류	곤충류	연체동물	육상식물	거미류	합계
절멸(EX)	1	0	0	0	0	0	0	0	1
야생절멸(EW)	0	0	0	0	0	0	0	0	0
지역절멸(RE)	5	3	0	1	1	0	0	2	12
위급(CR)	1	1	0	4	12	4	28	8	58
위기(EN)	4	18	5	13	22	19	86	2	169
취약(VU)	9	36	5	9	74	57	110	6	306
준위협(NT)	1	8	2	14	34	82	56	71	268
문제 없음 (관심대상 : LC)	11	28	23	20	511	583	97	487	1,760
정보부족(DD)	4	0	4	5	380	923	40	128	1,484
미평가(NE)	4	0	3	10	3,491	264	126	0	3,898
미적용(NA)	1	1	1	0	28	31	0	11	73
합계	41	95	43	76	4,553	1,963	543	715	8,029

지역절멸(regionally extinct, RE)은 지역 내에서 잠재적인 번식 능력을 가진 마지막 개체가 죽거나 지역 내 야생 상태에서 사라져 버렸다는 점에 대해 의심할 이유가 없을 경우, 또는 만일 이전에는 방문자 분류군이었으나 지역 내 야생 상태에서 마지막 개체가 죽거나 사라진 분류군을 대상으로 지정한다.

지역절멸로 등재하기 위해 필요한 시간 한계는 일반적으로 서기 1500년 이후로서, 지역 적색목록 범주는 반드시 지역을 포함해 자연 영역 전체에 걸쳐 야생에서 절멸된 분류군에만 적용되어야 하나 과거 영역 이외의 곳에서 재배, 사육 또는 귀화 개체군(또는 개체군들)은 생존한 것으로 간주한다.

미적용(not applicable, NA)은 지역 수준에서 평가하기가 부적절한 것으로 간주되는 분류군에 해당하는 범주이다. 분류군이 야생 개체군이 아니거나 또는 지역 내 자연 영역에 속하지 않을 때 또는 지역의 방랑자일 때 미적용으로 평가한다. 이밖에 지역 내에 극도로 적은 개체가 존재하거나 분류군의 분류학적 수준이 종 또는 아종보다 낮은 분류군일 경우에도 미적용으로 평가하게 된다.

3절 친환경 재료

생태계 복원공사에 도입되는 재료는 원칙적으로 자연재료이어야 하며, 특별히 인공재료를 사용해야 할 필요가 있는 경우 생태복원을 전제로 개발된 재료를 사용하여 복원대상지와 생태적으로나 경관적으로 조화되어야 한다.

또한 생태계 유형에 따른 구조적 안정과 기능 등을 고려해야 한다. 예를 들면, 생태연못 및 습지 등과 관련된 재료의 경우 물과 관련된 수리수문적 특성을 충분히 반영하고 홍수에도 견딜 수 있으며, 생태계, 경관, 친수성 등 여러 물환경 요소들의 보전 및 향상에 적합한 재료를 선택하여 적용한다.

1 식생콘크리트

생태복원 재료는 식물재료, 목재 등 자연재료를 기본 원칙으로 하나, 석재, 콘크리트 등 물리적 재료가 불가피하게 사용됨에 따라 재료 및 공정에 대한 환경 영향을 강조하면서 친환경적인 재료에 대한 관심이 높아지면서 재료를 포함한 전과정에서 친환경적인 사고가 중요한 과제로 인식되고 있다. 친환경 재료는 기능 또는 성능 면에서 우수한 강도 및 내구성을 지니며, 환경조화성 및 쾌적성 등을 특징으로 한다. 환경조화성은 지구환경과 생태계의 부하 감소·비재생 자원의 순환이용 등의 특성을 의미하며, 쾌적성은 사람에게 친숙하고 풍요로움을 제공하는 특성을 의미한다.

생태공간에서 구조적으로 필요한 경우 시멘트 블록이나 콘크리트도 도입을 검토할 필요가 있다. 대표적인 비환경 재료인 콘크리트는 두 가지 관점에서 비환경적인 재료로 간주되고 있다.

첫째, 콘크리트라는 재료자체가 지닌 비환경성이다. 콘크리트를 구성하는 시멘트 제조과정 중 석회석(CaO)의 분해과정에서 지구온난화의 원인물질로 알려진 이산화탄소와 산성비의 원인이 되는 황화합물(SOx)이 생성된다. 콘크리트의 재료인 골재는 채취과정에서 채취장의 지형 및 하상 변화, 경관변화, 침식 등의 현상이 불가피하게 초래되며, 콘크리트의 형상을 유지하는 거푸집은 생산과정에서 수림을 파괴하는 등 지구환경에 미치는 부하를 증가시키게 된다.

둘째, 콘크리트 제품이 자연 환경에 설치될 때 나타나는 비환경성이다. 콘크리트가 타설되면 공기, 물, 에너지 등의 순환과 생물의 이동도 불가능하게 되고 이는 곧 생물 서식처로서의 기능이 상실되는 것을 의미하기에 비환경적이고 비생태적이라 할 수 있다.

이와같이 콘크리트의 비환경적, 비생태적 속성을 뛰어넘어 식물재료 등을 도입함으로써 구조적 안정성과 더불어 생태적 안정성을 도모하고자 하는 다양한 연구들이 진행되고 있다. 그 중 대표적인 사례로서, 투수성이 있고 식생 도입이 가능한 다공성(porous)으로서 지구 환경부하의 저감에 기여할 수 있도록 생태적으로 배려한 식생콘크리트가 바람직하다(구본학 등, 1999).

식생콘크리트는 자연환경에 설치되는 콘크리트 제품에 친환경성을 부여하여 에너지, 공기, 물, 생물 등의 순환과 이동이 가능함은 물론 식물이 직접 생육 가능하도록 고안된 콘크리트를 말하며 일반적으로 다공질 콘크리트(porous concrete)를 기반으로 하게 된다(구본학과 김용규, 1999). 친환경재료로서의 식생콘크리트는 강도와 내구성은 기존의 콘크리트와 비슷한 성능을 지니면서 공기, 물 등의 물질이 소통함은 물론 식물의 뿌리가 이를 관통하여 원 지반에 식생 기반을 둘 수 있도록 하는 다공질(porous, no-fines)의 공극을 지닌 콘크리트와 생육기반재 등으로 구성된다. 식생콘크리트는 다공질콘크리트를 기반으로 하기 때문에 강도 및 내구성 측면에서 안정적이며, 환경 영향은 기존의 콘크리트에 비해 환경에 대한 부하를 저감시키고 생태계에 부합된다. 水口裕之(1998)는 지구 환경부하의 저감에 기여함과 동시에 생물과의 접촉에 생태학적 배려를 한 콘크리트를 에코콘크리트라 규정하고 이를 다시 환경부하저감형과 생물대응형으로 유형화하였다.

식생콘크리트는 기본적으로 다공질콘크리트와 보수성 재료, 비료, 표층의 객토층 등이 필수조건이라 할 수 있다. 다공질콘크리트는 가는골재(모래)를 넣지 않은 상태로서 식물 뿌리가 성장할 수 있는 연속공극을 확보하는 것이 중요하다. 즉, 굵은골재(자갈) 주위를 결합재인 시멘트풀(cement paste)로 감싸고 서로 붙인 상태로서 연속적인 구멍 즉 연속공극이 뚫린 콘크리트이며, 여기에 식생이 정착할 수 있는 기반을 조성한 것이 식생콘크리트이다. 그런데 식물 뿌리 성장과 물질 소통을 위해 공극을 크게 하거나 공극율을 증가시키면 구조체로서의 강도를 잃게 되므로 적정한 공극율과 강도를 유지하는 것이 중요하다. 다공질콘크리트의 공극은 연속성과 불규칙성, 그리고 개방형을 확보하고 있어야 식생콘크리트로서의 기능을 수행할 수 있다(그림 2-17).

공극의 연속성은 식물뿌리가 관통할 수 있도록 연속적이 되어야 하지만 연속성만을 위해 공극이 일직선으로 조성되는 경우는 식생콘크리트의 밑면에 물이 닿았다가 빠지면서 기반재 및 영양물질이 함께 따라 나올 우려가 있고 이에 따른 지반 붕괴도 가능하므로 공극은 반드시 연속적이면서 동시에 불규칙적으로 연결이 되어야 배면의 물질이 유동매체와 더불어 이동하다가 중간에 차단되는 효과를 기대할 수 있다.

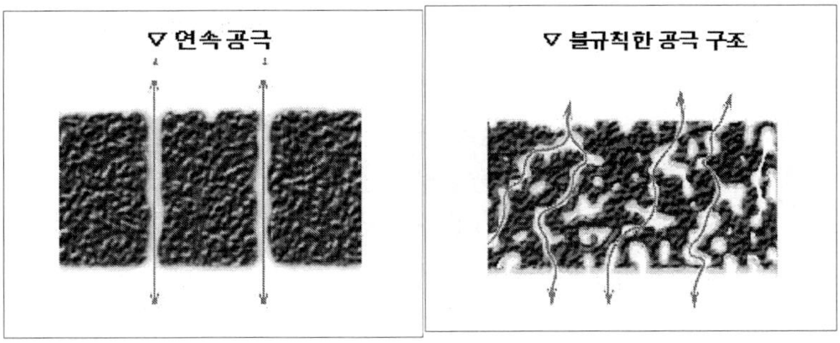

그림 2-17 연속공극 및 불규칙한 공극 개념도 (구본학과 김용규, 1999)

공극율과 강도의 관계는 서로 음의 상관관계를 지니고 있으므로, 공극율이 높으면 강도는 떨어지고 공극율을 낮추면 강도는 증가하나 식물이 생장하기에 필요한 공극 확보가 어렵게 되어 식생콘크리트로서의 기능을 상실하게 된다.

연속공극을 갖는 다공질콘크리트에 직접 또는 표면에 얇은 객토층을 확보하여 잔디 및 초화류 종자를 파종하며, 식생이 정착될 수 있도록 공극에는 비료성분을 충전한다 (그림 2-18).

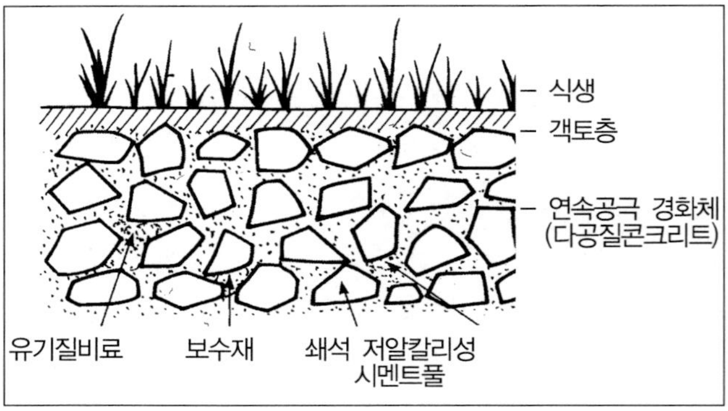

그림 2-18 식생(그린)콘크리트의 구조 (구와 김, 1999)

즉, 다공질의 식생콘크리트는 굵은 골재 주위를 잔골재 없이 결합재인 시멘트풀(cement paste)만으로 결합시켜 공극률을 높인, 특히 연속공극을 형성한, 콘크리트 구조체에 식생이 정착할 수 있도록 유기질 비료 등 토양환경을 조성함으로써 생육 기반을 조성한 것으로 다공질의 콘크리트와 식물 생육에 필요한 영양물질, 뿌리 지지를 위한 객토층 등으로 구성된다고 할 수 있다.

식물이 생육하기 위해서는 외부적인 조건으로 빛, 수분, 온도 등이 필요하고 내부적으로는 생육에 적합한 영양물질이 요구된다. 식생콘크리트는 다공질콘크리트의 연속공극에 유기질비료를 채우고 표면에 식생기반재를 붙여 식생이 정착할 수 있는 환경을 조성하고, 미생물 서식공간을 제공하며 식물의 뿌리가 성장할 수 있는 공간 제공, 투수성 확보, 보수성 증대 및 영양염류를 공급할 수 있도록 하는 것이다. 다공질 식생콘크리트는 기존의 콘크리트에 비해 공극을 확보하고 식물 생육에 기반이 되는 재료로 충전되었다는 점에서 식물 생육에 양호한 조건을 지닌다고 할 수 있다. 반면에 시멘트에서 나타나는 알칼리성분과 뿌리가 성장할 수 있는 공간의 부족, 함수량 부족, 투수성, 보수성 부족, 영양물질의 부족 등이 문제점으로 제시될 수 있고, 구조체의 안정성을 확보할 수 있도록 역학적 조건 만족해야 한다. 식생콘크리트의 성능을 판단하기 위한 시험에 필요한 항목으로는 구조체로서의 압축강도와 뿌리가 성장하기 위한 공극률(특히 연속공극률)이 필요하다(표 2-26).

표 2-26 다공질 콘크리트 시험항목(岡本享久 等, 1998)

목 적	용 도	항 목
물제어	빗물지하침투, 저류 재료	압축강도, 투수계수, 연속공극률
수질정화	폐쇄성 수역 등의 수질정화 재료	압축강도, 투수계수, 연속공극률
흡수,방수	도로 등의 흡수재	압축강도, 연속공극률
식 생	녹화공법에 적용하기, 직접식재가능재	압축강도, 연속 공극

식생콘크리트는 구조체라는 점에서 압축강도 80-145 kg/cm^{2}의 범위에 드는 것이 바람직하며, 뿌리의 성장을 위해서는 많은 공극률이 요구되나 강도를 감안할 때 통상 30%내외가 요구된다. 또한 수소이온농도(pH)는 식물 생육을 위해 중성에 가까운 pH 5~8이 바람직하다고 알려져 있다. 시멘트 성분에 의해 나타나는 알칼리 용출현상은 표면약품처리나 새로운 재료개발로 해결 가능하며, 柳橋邦生(1998)의 연구에 의하면 일반적인 포틀랜드시멘트보다 고로시멘트를 결합재로 이용한 경우 생육이 양호하다. 한편 식생콘크리트의 기반이 되는 다공질콘크리트는 수질정화 기능도 있다. 다공질콘크리트를 호수 등 수역에 설치하면 내·외부 표면에 미생물이 부착되어 수질을 정화하기도 한다(金子文夫 등, 1998).

구본학과 김용규(1999)의 실험에 의하면, 시험을 위한 공시체는 직경 10 cm, 높이 20 cm의 원기둥으로 각 배합별로 3개체씩 총 12개체를 제작하였다. 파종을 위한 슬래브는 가로, 세로 각 30 cm × 30 m, 두께 15 cm로 제작하였다. 배합비는 4종류로서 고로시멘트를 이용한 A배합은 시멘트 110 kg/m^3, 굵은 골재 1504 kg/m^3, B배합은 시멘트 160 kg/m^3, 굵은 골재 1440 kg/m^{3}으로 각각 배합하였고, 포틀랜드시멘트를 이용한 C배합은 시멘트 221 kg/m^3, 굵은 골재 1560 kg/m^3, D배합은 시멘트 225 kg/m^3, 굵은 골재 1540 kg/m^{3}으로 각각 배합하였다. 물시멘트비는 25%로 하였다(표 2-27, 그림 2-19).

표 2-27 식생콘크리트 제작(구본학과 김용규, 1999)

구분	재료 및 규격	고로시멘트		보통시멘트	
		배합 A	배합 B	배합 C	배합 D
다공질 콘크리트 (kg/m^3)	결합재(시멘트)	110	160	221	225
	굵은 골재	1,504 (25 mm 쇄석)	1,440 (25 mm 쇄석)	1,560 (19 mm 쇄석)	1,540 (13 mm 쇄석)
	물	27.5	40	54.1	55
	물시멘트 비	25%	25%	25%	25%
충전재		피트모스 / 피트모스 + 복합비료			
복토재		유기질토양 1 cm		유기질 토양 1~5 cm	
식물종자	10 g/m^2	켄터키 블루 그라스		혼합종자 4종	
수분공급	1회/일	매일 1회 충분히 공급			

그림 2-19 식생콘크리트 시멘트 계량 및 슬래브 제작(구본학과 김용규, 1999)

결합재는 일반적으로 많이 사용되는 포틀랜드시멘트와 약알칼리성으로 알려진 고로시멘트를 사용하였고, 굵은 골재는 뿌리의 성장을 위한 공극을 확보하기 위해 ø 25 mm, ø 18 mm, ø 13 mm인 쇄석(비중 2.60)을 사용하였다.

슬래브 표면의 유기질 토양(상토)은 1~5 cm 두께로 복토하였으며, 그 위에 켄터키블루그래스 종자를 배합A, B는 각 10 g 씩, 배합 C와 D는 양잔디 혼합종자(퍼레니얼라이그라스, 크리핑레드페스큐, 벤트그라스, 터프타입 톨훼스큐)를 10 g씩 파종하였다. 표면 유기질토양은 발아를 위한 기반이 되며 이후 성장 과정에서 비료공급원이 된다. 슬래브 공극 사이에 실내에서 24시간 이상 음건시킨 충전재를 물에 용해시킨 후 슬래브에 부어 흘러들어가게 하였다. 충전재로는 약산성 유기질 보수재인 피트모스 단일, 피트모스+복합비료(1 : 1)를 각각 채웠다.

녹화용 콘크리트에 파종한 종자의 발아율을 비교하기 위하여 토양 및 토양 + 피트모스(3 : 1)로 각각 묘상을 제작하여 켄터키블루그래스 및 혼합종자를 파종하고, 발아를 촉진하기 위해 비닐로 덮어 주고 매일 물을 공급하였다. 토양특성을 파악하기 위해 입도 및 화학성을 분석하였다. 풍건 토양과 증류수를 1 : 5로 섞어 1시간 동안 진탕한 다음 여과하여 측정하였고, 분석 성분은 pH, EC, 유효인산, 염농도 등이었다.

대조구 시료 1은 전기전도도(E.C.)는 36 mS/cm, pH 7이었다.

시료 2는 전기전도도 774 mS/cm, pH 5.8, 염분농도 0.03%이었다.

압축강도

제작된 공시체의 압축강도(28일 강도)를 측정한 결과 A배합은 각각 104 kg/cm^2, 116 kg/cm^2, 148 kg/cm^{2}로 나타났고, B배합은 각각 229 kg/cm^2, 267 kg/cm^2, 209 kg/cm^2, C배합은 85 kg/cm^2, 75 kg/cm^2, 102 kg/cm^2, D배합은 87 kg/cm^2, 59 kg/cm^2, 115 kg/cm^{2}으로 나타났다(그림 2-20, 표 2-28).

일반적인 구조체로서는 적절한 강도는 아니지만 구조체에 대한 보조재료나 특별히 하중 등이 문제되지 않는 구조물에는 도입이 가능한 것으로 판단된다.

표 2-28 각 배합별 특성 (구본학과 김용규, 1999)

구분	A 배합			B 배합			C 배합			D 배합		
	A1	A2	A3	B1	B2	B3	C1	C2	C3	D1	D2	D3
압축강도(kg/cm^2)	104	116	148	229	267	209	85	75	102	87	59	115
공극율(%)	33			35			40			38		
pH	8.9 (28일)			9.5 (28일)			10.1 (7일)			10.5 (7일)		
생장량(줄기부cm)	4.2			3.5			8.4			7.9		

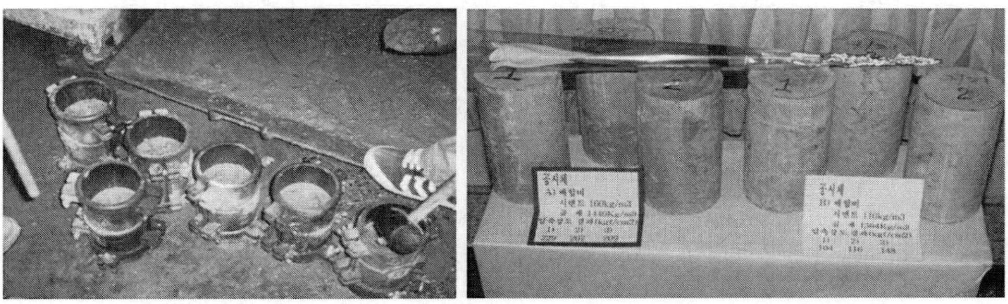

그림 2-20 공시체 제작 및 공시체(A,B배합) (구본학과 김용규, 1999)

산도

추출용액의 산도는 약한 알칼리성인 pH 8.9~10.5의 범위를 나타내었다. 산도의 경우 시간의 경과에 따라 점차 감소할 것으로 판단되며, 본 연구에서도 표 2-28에 나타난 바와 같이 7일 측정치인 C, D의 pH값보다 28일 측정치인 A, B의 측정값이 낮았고, 이러한 차이는 결합재의 차이일 가능성과 함께 시간의 흐름에 따른 차이라고 판단된다. 따라서 산도는 점차 낮아질 것으로 예상되며 식생의 생장에 결정적인 영향을 끼치지는 못할 것으로 판단된다.

공극률

성형된 블록 및 공극의 상태는 그림 2-21과 같으며, 공극률은 35%~40%의 범위로 나타났다. 구조용 콘크리트의 압축강도가 일반적으로 240 kg/cm^{2}이고 하천에 사용되는 호안 블록의 압축강도가 80 kg/cm^{2}인 것을 감안하면 본 다공질 콘크리트는 심한 하중을 받는 구조적으로 중요한 구조물이 아닌 경우 도입 가능성이 있는 것으로 판단되며, 자연형 하천의 호안, 토압을 적게 받는 옹벽이나 담장, 기타 하중을 직접 받지 않는 구조물 등에 유용하게 도입될 수 있을 것으로 판단된다.

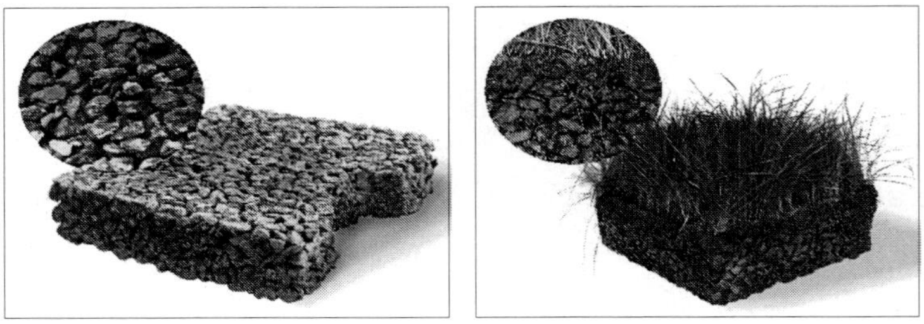

그림 2-21 제작된 블록 및 식생 현황(구본학과 김용규, 1999)

식물 생육

구조체로서 가장 중요한 요소인 압축강도는 콘크리트 배합비에 따라 59~267 kg/cm^{2}으로 나타나 특별한 하중을 받는 중요한 구조체 외에 하천, 비내력벽, 담장·벽체 등의 보조재, 옥상, 방음울타리 등에 도입 가능한 것으로 나타났다.

식생의 생육에 영향을 주는 공극률과 산도(pH)는 각각 33~40% 및 pH 8~10.5로 나타났다. 산도가 약간 높았으나 이는 시간의 경과에 따라 적정한 산도로 저하될 것으로 판단되며 식생에 결정적인 영향을 끼치지는 않을 것으로 판단된다.

공극률의 경우 연속공극률의 측정 방법이 현재로서는 곤란하며, 다만 블록의 상단부에서 물을 부었을 때 물이 투과하는 것을 보면, 그리고 투과하는 양상이 블록의 중간에 물을 부어도 블록의 옆면으로 물이 흘러나오지 않고 곧바로 투과되는 것을 보면서 연속공극이 형성되었다는 것을 유추할 수 있었다. 표면에 살포된 종자의 발아 및 생육상태는 대조구인 묘상보다는 좋지 않았지만, 전면에 고루 발아되어 식생의 정착 가능성도 확인되었다(그림 2-22).

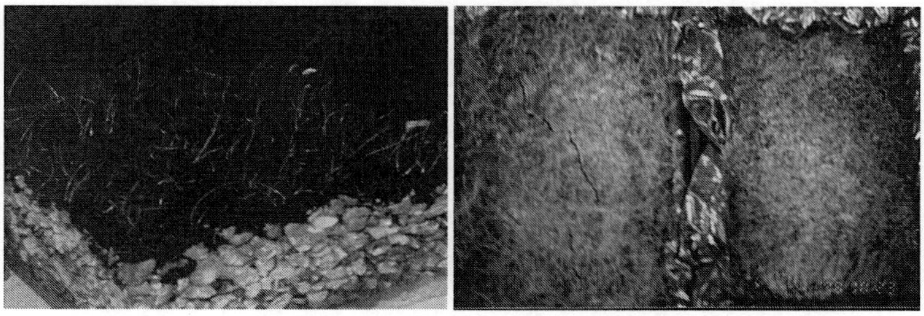

그림 2-22 식생콘크리트 현황 및 대조구 발아 현황(구본학과 김용규, 1999)

2 식생섬

식생섬은 원래 자연에 존재하는 것으로 이탄층이 가스에 의해 떠오르거나 또는 호안의 일부가 잘려 호수나 늪 위를 떠다니는 형태로 나타난 것을 일컫는 말로 1979년 독일에서 schwimm kampen(floating campus)라는 이름으로 Hoeger에 의해 소개된 것이 최초의 사례로 알려져 있다.

수변공간의 수리수문적 환경조건을 고려하고 식생을 도입하여 수생태 복원을 위한 재료로서 식생섬 또는 인공식물섬(floating islands)이 있다.

식생섬은 물새와 어류의 서식환경 창출, 경관 향상, 수질정화, 호안 침식방지 등의 기능을 가지며, 개방수면에 식생을 도입하기 위한 유용한 공법으로서 섬을 물에 띄우기 위한 부체와 식물지지체(생육기반재), 식생을 식재하기 위한 포트 등으로 구성된다(그림 2-23, 2-24).

그림 2-23 식생섬(김용규 등, 2001)

식생섬 수생식물 생육 특성 연구

김용규 등(2001)의 연구에서는, 구조체는 부력이 큰 발포스티로폼을 이용하였고 발포스

그림 2-24 식생섬 조합(식재 직후). 왼쪽 : 1m x 1m, 오른쪽 2m×2m 식생섬 (김용규 등, 20001)

티로폼의 외피는 스테인레스판으로 감싸도록 제작하였다. 식생섬 구조체는 1 m × 1 m 모듈 4개와 2 m × 2 m 모듈 1개의 식생섬 구조체를 이용하였고, 식물 지지체는 1 m × 1 m, 2 m × 2 m 크기의 코이어매트와 하중이 가볍고 가격이 저렴한 천연솜으로 제작된 매트를 사용하였다.

실험에 사용한 수생 식물종은 우리나라의 대표적인 수생식물인 부들(Typha latifolia), 줄풀(Zizania latifolia), 흑삼릉(Sparganium stoloniferum), 갈대(Phragmies communis), 물억새(Miscanthus sacchariflorus)이다.

실험 1)

식물 지지체별 수생식물의 생육 특성을 보기 위해 지지체를 코이어매트와 천연솜으로 구분하여 각각의 식물을 9본씩 식재하고 이 중 5본은 줄기부를 존치시키고 나머지 4본은 줄기부를 제거하였다(그림 2-25). 이 실험을 통해 식생섬 내에서 수생식물의 생존율과 줄기부의 생장량을 측정하였다.

식생섬에 식재된 수생식물은 바람, 파랑 등의 영향으로 식물을 식생기반재에 직접 고정시키는 것이 불가능하므로 각 식물은 식물성 쥬트로 제작된 쥬트포트(Jute port)에 배양토를 넣어 식재하고 이를 식물 지지체에 끼우는 방식으로 고정하였다. 배양토는 식물을 대량 생산하기 위해 일반적으로 사용하는 버뮤클라이트와 밭흙, 피트모스 등을 주성분으로 이용하였다. 수생식물별로 줄기부를 제거한 것과 존치시킨 것을 구분하여 줄기 제거 여부에 따른 수생 식물별 생장량의 차이를 관찰하였다.

실험 2)

식생섬 내에 식재한 식물에서는 뿌리부의 생장량을 직접 측정하기 곤란하기에 뿌리부 생장량을 측정하고 식생섬 식재 시 쥬트포트에 담긴 상토가 수생식물의 생장에 영향을 미쳤는지를 검증하기 위해 별도의 장치를 마련하여 수행되었다.

식생섬에서의 수생식물 생장에 배양토가 영향을 주는지 여부를 검증하기 위해 투명한 플라스크에 배양토 없이 수생 식물별로 각각 줄기부 제거한 것 2본, 줄기부를 존치시킨 것 2본씩 틀에 고정시켜 검측을 하여 식생섬에서의 식물 생장량과 비교하였다.

실험 3)

대조구로서 수변에 수생식물 각 10본씩 식재하고 식물 종별로 뿌리부와 줄기부를 각각 채취하여 생체량을 비교하였다.

연구결과, 인공섬은 경제적 효과와 식물 생육이 우수함을 나타냈으며, 식생섬에서 생육된 수생식물 줄기부 생장량이 수변에서 생육된 수생식물의 줄기부 생장량보다 우수한 것으로 나타났다(그림 2-26).

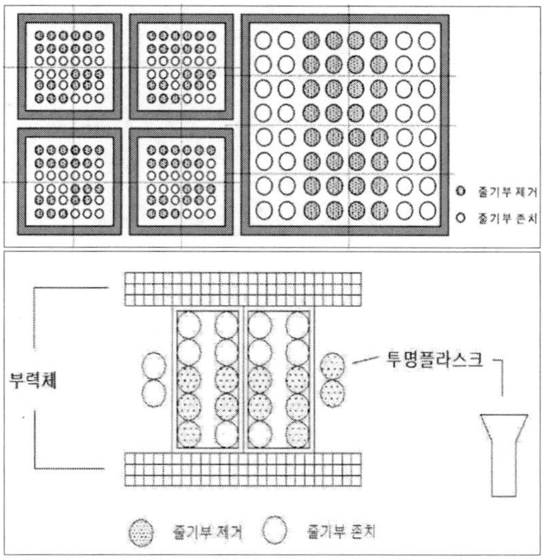

그림 2-25 식생섬내 수생 식물의 식재 평면도 및 관찰장치 (김용규 등, 2001)

		생체중량(Fresh Weight)					
		줄기부 (Top)	뿌리부 (Root)	합계 (Sum)	T/R	T/S	R/S
부들	식생섬 ○	222.49	149.48	371.97	1.49	0.60	0.40
	식생섬 ×	239.45	188.71	428.16	1.27	0.56	0.44
	수변	140.42	149.23	289.65	0.94	0.48	0.52
줄풀	식생섬 ○	285.42	555.23	840.65	0.51	0.34	0.66
	식생섬 ×	211.85	404.05	615.90	0.52	0.34	0.66
	수변	48.85	96.86	145.71	0.50	0.34	0.66
흑삼릉	식생섬 ○	170.92	96.01	266.93	1.78	0.64	0.36
	식생섬 ×	158.15	103.07	261.22	1.53	0.61	0.39
	수변	140.65	111.61	252.26	1.26	0.56	0.44
물억새	식생섬 ○	26.80	58.30	85.10	0.46	0.31	0.69
	식생섬 ×	17.74	39.87	57.61	0.44	0.31	0.69
	수변	44.66	22.14	66.80	2.02	0.67	0.33
갈대	식생섬 ○	52.21	38.57	90.78	1.35	0.58	0.42
	식생섬 ×	20.78	25.18	45.96	0.83	0.45	0.55
	수변	-	-	-	-	-	-

		생체중량과 건조중량차		
		생체중량	건조중량	차
부들	식생섬 ○	371.97	91.24	280.73
	식생섬 ×	428.16	101.08	327.08
	수변	289.65	52.01	237.64
줄풀	식생섬 ○	840.65	194.66	646.00
	식생섬 ×	615.90	160.77	455.13
	수변	145.71	40.43	15.28
흑삼릉	식생섬 ○	266.93	71.09	195.84
	식생섬 ×	261.22	59.23	201.99
	수변	252.26	54.69	197.57
물억새	식생섬 ○	85.10	34.18	50.92
	식생섬 ×	57.61	20.92	36.69
	수변	66.80	26.73	40.07
갈대	식생섬 ○	90.78	35.03	55.75
	식생섬 ×	45.96	18.32	27.64
	수변	-	-	-

		건조중량(Dried Weight)					
		Top	Root	Sum	T/R	T/S	R/S
부들	식생섬 ○	53.12	38.12	91.24	1.39	0.58	0.42
	식생섬 ×	58.22	42.86	101.08	1.36	0.58	0.42
	수변	26.22	25.79	52.01	1.02	0.50	0.50
줄풀	식생섬 ○	72.61	122.04	194.66	0.59	0.37	0.63
	식생섬 ×	66.34	94.43	160.77	0.70	0.41	0.59
	수변	20.05	20.38	40.43	0.98	0.50	0.50
흑삼릉	식생섬 ○	45.07	26.02	71.09	1.73	0.63	0.37
	식생섬 ×	36.15	23.08	59.23	1.57	0.61	0.39
	수변	26.26	28.43	54.69	0.92	0.48	0.52
물억새	식생섬 ○	14.76	19.42	34.18	0.76	0.43	0.57
	식생섬 ×	8.09	12.83	20.92	0.63	0.39	0.61
	수변	19.72	7.01	26.73	2.81	0.74	0.26
갈대	식생섬 ○	21.75	13.28	35.03	1.64	0.62	0.38
	식생섬 ×	9.03	9.29	18.32	0.97	0.49	0.51
	수변	-	-	-	-	-	-

그림 2-26 식생섬 내 수생식물 생체중량과 건조중량(단위 : g). 왼쪽 : 생체중량, 가운데 : 생체중량과 건조중량 차, 오른쪽 : 건조중량. (O : 줄기부 존치, X : 줄기부 제거) (김용규 등, 2001)

식물지지체 차이에 따른 수생식물의 생육 특성을 보면 천연솜과 코이어매트에서 모두 생존율 100%로 수생식물의 생육에 적합한 것으로 나타났다. 따라서, 상대적으로 저렴한 천연솜의 사용도 무난할 것으로 판단되었다. 천연솜과 코이어매트 식물지지체에서 수생식물별 줄기부의 생장량을 비교하면 전반적으로 천연솜에서의 생장이 왕성한 것으로 나타났으며(6케이스), 이중 부들은 코이어매트에서, 흑삼릉과 물억새는 천연솜 매트에서 생장이 왕성하게 나타났다. 따라서, 흑삼릉과 물억새를 사용할 경우 천연솜을 사용함으로써 경제적 효과와 더불어 생장량에서도 효과를 거둘 수 있을 것으로 판단된다.

줄기부를 제거한 식물과 줄기부를 존치시킨 식물 간의 줄기부와 뿌리부 생장량은 줄기부를 제거한 쪽이 왕성한 생육을 나타냈다. 식생섬에서 생육된 수생식물과 수변에서 생육된 수생식물의 줄기부 생장량은 식생섬에서 생육된 식물의 줄기부가 생장량이 큰 것으로 나타나 수생식물 식재를 위해 사용된 배양토가 식물 생장에 영향을 준 것으로 파악되었다. 식생섬과 수변에서의 수생식물 생체량은 식생섬에서의 생체량이 큰 것으로 나타났다. 따라서, 식생섬의 경관 향상 효과가 상대적으로 더 좋다고 할 수 있다.

식물섬 수질정화 효과

권오병(2007)은 저수지의 수질 개선을 위하여 식생섬을 사용하여 수질 등 수생태계 개선을 위한 연구를 수행하였다(그림 2-27).

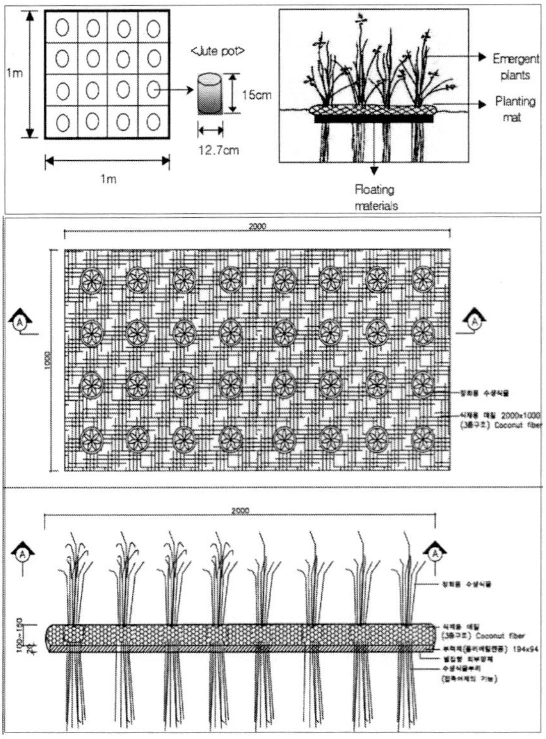

그림 2-27 식생섬 구조 (권오병, 2007)

식생섬 설치 결과, 평균 DO 농도는 1~2 mg/L 이상 증가하였으며, pH는 7~8로 유지되었다. BOD는 평균 28.52%가 저감되었으며 TN은 최대 58.5% 제거효율을 보였다. TP는 평균적으로 약 27%의 제거효율을 보였으며, 수생식물의 성장 초기에는 약 59%로 가장 높은 수질의 차이를 보였다. Chl.a와 SS는 각각 37%, 33% 감소하였다.

총세균수 및 활성세균수의 조사에서는 총세균수가 3.9 × 105 cells/mL로 높게 나타났으며, 활성세균수 또한 높게 나타나 활성세균수의 증가를 확인할 수 있었다.

체외활성도는 β-glucosidase의 최대분해속도(V_{max})는 10월에 18.1 nM/L/hr이며, 동절기인 1월에는 697.0 nM/L/hr로 높은 수치를 보였다. 즉, 겨울철에 식물의 뿌리에 붙어 있는 세균들이 주위의 유기물을 활발하게 분해하고 있는 것으로 파악되었다.

중수 전처리에 따른 식물섬 수질정화 효과

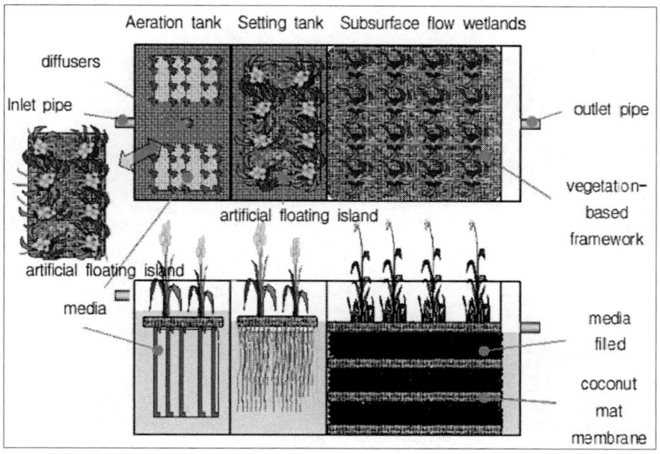

그림 2-28 중수처리를 위한 식생섬 구조 (권동민 등, 2012)

권동민 등(2012)의 연구에서는 유입 원수 전처리에 따른 농도에 따라 중수에 대한 수질정화 효과가 높게 나타났다(그림 2-28). 유기물질에 대한 실험 결과, 초기 반응조 이전 전·후와 녹조대량발생 시기 이후에 각 반응조의 유기물 농도가 높아짐에 따라 실험 중반부터 전체적인 반응이 안정화되었고 후반부로 갈수록 최종 처리수가 점차 안정적인 수치를 나타냈다. 최종 2달간 처리수의 평균 수치는 BOD 4.7 mg/L, COD 7.2 mg/L로 측정되었으며, 물 재이용에 관한 처리수 농도 규제의 모델인 물 재이용 수질기준 BOD 10 mg/L이하, COD 20 mg/L 이하의 양호한 수준을 나타냈다. SS의 경우, MBR 공정단계에서 99% 이상 제거되었다. T-N, T-P의 경우, 체류시간의 한계에 의해 제거효율은 미미했지만 물의 재이용에는 문제되지 않았다. 색도는 89.2%로의 제거효율을 보였으나 최종 처리수는 물 재이용 수질기준인 20도 이상인 58도로 측정되었다. 전체적으로 환경부에서 정한 물 재이용 수질기준에 의거 살수용수와 조경용수로서 사용이 가능한 수준으로 나타났다.

CHAPTER 03

생태복원을 위한 조사·분석·평가

1절 생태환경 조사·분석

1. 자연환경
2. 식물상 및 식생
3. 동물상 및 서식처
4. 외래종과 교란
5. 생태성과 훼손

2절 인문환경

1. 지역적 맥락
2. 역사적 흔적
3. 경관분석과 장소성

3절 표준생태계와 원형경관

1. 표준생태계
2. 생태복원을 위한 원형경관

1절 생태환경 조사·분석

1 자연환경

1.1 수환경

물은 별도의 급배수시스템을 조성하여 도입할 수도 있으며, 수생태계의 특성상 우수나 중수를 활용할 수 있다. 물순환시스템이 지속적으로 유지될 수 있도록 유입구와 유출구를 주기적으로 청소한다. 수중 생물종을 위하여 항상 적절한 수질과 수온을 유지한다.

수생태계 내의 수질을 주기적으로 점검하여 수질이 나빠지고 있을 경우에는 물순환의 양과 횟수를 늘여준다. 부영양화를 제어하기 위해서는 부영양화의 원인 물질인 영양염류의 유입원을 차단한다.

1.1.1 물리적 특징

수심

수면에서 하천(호수) 바닥까지의 깊이를 의미하며 일반적으로 수면에서 바닥까지의 연직수심과 바닥에서 수면까지의 수직수심이 있다.

유속

하천의 유속은 횡단방향과 수직방향 위치에 따라 다르므로, 수평(횡단), 수직의 양방향에서 한 점 또는 두 점을 측정한 값으로 평균 유속을 대신한다. 수심 40 cm 이하의 얕은 수심에서는 6할의 위치에서 1점법으로 측정하며 그 이상의 수심에서는 수심의 20%와 80% 지점의 평균유속을 측정하는 2점법을 사용한다.

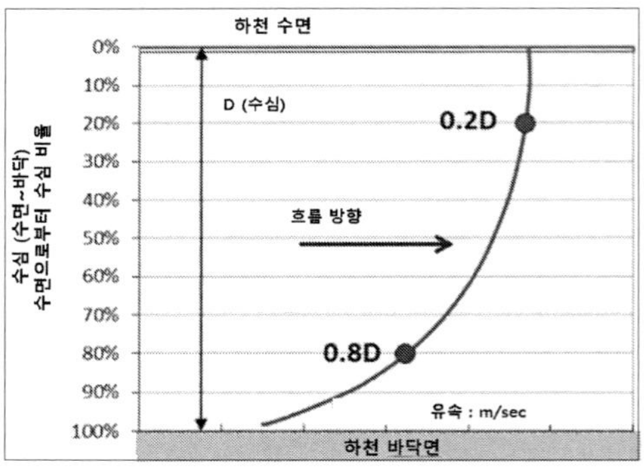

그림 3-1 2점법 유속측정 및 흐름

정체율

한 지점에 단위 시간동안 정체하는 정도를 말하며, 단위시간 동안 유입된 물의 양(Q_i)과 유출된 물의 양 (Q_o)의 차이를 그 지점의 물의 총량(Q_{tot})으로 나눈 값이다.

체류시간

호수는 지표수 중에서 물이 정체하는 수역으로 체류기간 동안 유입수에 운반된 물질도 그 곳에 정체된다. 호수의 체류 특성은 물질생산, 수질상태, 부영양화 등에 중요하다. 자연호수 체류시간은 2개월을 넘지만 인공호는 2개월 이하가 많다.

이때 1년간에 교체되는 물의 횟수를 회전율이라고 한다.

$$\text{체류시간}(t) = \frac{V}{Q} = \frac{\text{물의 총량}(Q_{tot})(\text{m}^3)}{\text{유출량}(\text{m}^3/\text{day})}$$

수온

수온이 높아지면 용존 산소 농도가 감소하고 물고기들이 다른 곳으로 이동하거나 수서생물이 과다 번식하게 되고, 수온이 낮아지면 용존 산소의 농도는 증가한다.

투명도

육수나 해수의 투명한 정도를 나타내는 수 값이다. 물 속의 투명도는 클레이, 실트, 미세한 유기 및 무기물질과 다른 미생물들 같은 부유물질에 따라 결정된다. 날씨가 맑고 수면이 온화할 때 직사광을 피하여 투명판을 조용히 수중에 보이지 않는 깊이로 넣은 다음 천천히 끌어 올리면서 보이기 시작한 깊이를 투명도로 한다.

탁도

물의 탁한 정도를 의미하며 투명도와 같은 목적으로 사용한다. 물에 포함된 부유물질이 빛의 통과를 방해하거나 가시심도를 제한하는 경우로서 탁도의 측정방법은 기기분석법과 육안법이 있다.

기타 수문조건

하상계수(유량변동계수 : coefficient of river regime)는 하천의 어느 지점에서 수년간의 최대 유량과 최소 유량과의 비율을 의미한다. 하상계수가 클수록 유량의 변동이 크고, 작을수록 유량의 변동이 작아서 안정적이며 수자원 관리에서 효율적인 하천이라고 할 수 있다. 우리나라의 하천은 화강암계의 지질 사이를 흐르고, 여름 장마철의 집중 강수와 봄가을 건기로 인하여 하상계수가 커서 물관리가 매우 어려운 조건이며, 때로는 큰 홍수나 심한 갈수 상태에 이르러 큰 해를 입는 경우가 많다. 국내 하천에서도 특히 섬진강의 하상계수가 커서 715에 이르고, 외국의 경우 콩고강은 겨우 4에 불과하다.

그 외에도 수문은 수변 식생의 동적 변화에 대한 구동력지표로 작용한다. 구체적으로, 수량, 지표수 및 지하수의 변동(침수기간, 빈도, 시기 등), 지하수 분포 등이 중요한 지표가 된다. 수문은 강우량, 강우패턴, 기반암까지의 깊이, 배수구역의 규모, 하천 흐름의 제한, 유로의 기반 형태(충적토, 암반 등), 유로의 패턴(곡류, 직강화 등), 기반(사질, 실트질, 호박돌 등) 등의 영향을 받는다.

1.1.2 화학적 특성/수질

채수통으로 각각 500 mL씩 채수하고 실험실에서 TOC, BOD_5 및 COD를 측정하며, 현장에서는 다항목 수질측정기를 이용하여 용존산소량(DO), 수소이온농도(pH), 전기전도도(EC), 탁도, 부유물질(SS) 및 수온 등을 측정한다.

그림 3-2 수질측정기

용존산소(DO : dissolved oxygen)

물 속에 녹아있는 분자상의 산소로서 포화산소라고도 한다. 대기 중에 산소는 물에 녹아 들어가 수중의 생물들이 살아가는데 적절한 환경을 제공하기 때문에 물속에 녹아 있는 용존산소는 수질의 좋고 나쁨을 판단하는 지표가 되며 물의 자정작용이나 수중생물의 생육에 필수적이다. 물에 녹아있는 분자상의 산소를 의미하며 용존산소량이 적으면 수중 생물체(호기성미생물, 어패류 등)가 살기 어려워지고 물이 탁해진다. 순수한 물에서는 20℃ 1기압에서 용존산소량 약 9 ppm 내외이다. 정상적인 생육한계는 5 ppm 정도로서 어류군집의 행동장애 현상이 나타나게 된다. 3 ppm 이하로 내려가면 생리적 기능에 장애가 발생하며, 2 ppm 아래로 내려가면 내성이 약한 생물들은 대부분 죽게 된다.

용존산소는 온도가 오르면 감소하고 기압이 오르면 증가하며 다른 용해물질이나 환경조건에 의해 영향을 받는다.

BOD(생화학적 산소요구량, biochemical oxygen demand)

호기성 미생물에 의하여 유기물을 호기성 상태에서 분해하여 안정화시키는데 요구되는 용존산소량으로서 물 속에 유기물이 얼마나 있는지 나타내는 지표이다. 물 속의 산소를 소모하는 속도가 물에 산소가 녹는 속도보다 빠르면 산소가 부족한 혐기성 환경이 된다. 호기성 미생물이 충분히 생육 가능한 상태에서 시료를 20℃에서 5일 동안 배양하였을 때 소비되는 산소량(5일 BOD 또는 BOD_5)을 일반적인 BOD로 간주하며, 특별히 20일 배양했을 때 소비되는 산소량은 BODu로 표기한다.

COD(화학적 산소요구량, chemical oxygen demand)

유기물 등의 오염물질을 산화제로 산화할 때 필요한 산소량을 의미하며, 산화제인 중크

롬산칼륨($K2Cr2O_7$), 또는 과망간산칼륨($KMnO_4$)을 이용하여 화학적으로 산화시킬 때 소비되는 산소량이다. 우리나라는 과망간산칼륨을 활용한 CODMn을 적용한다.

단위는 ppm으로 표기하며 수치가 높을수록 오염된 물을 의미한다. 공장폐수나 해수 등의 오염 지표로 COD를 많이 사용하며, BOD와 다른 점은 미생물에 의해 분해되기 어려운 유기물까지 측정할 수 있으며 2시간 내외의 단시간 내에 측정 가능하다.

참고 **BOD와 COD**

COD는 화학적으로 산화 가능한 유기물을 산화시키기 위한 산소요구량이며, BOD는 미생물에 의해서 산화되는 산소요구량을 말한다. BOD 측정이 최소 5일이 소요되는데 비해 COD는 2시간으로 측정 가능하여 BOD를 모르는 폐수를 위하여 COD 지표를 활용한다.

폐수의 COD가 BOD보다 클 경우에는 폐수 내에 생화학적으로 분해가 안되는 물질을 함유하고 있거나 미생물에 독성을 끼치는 물질을 함유하고 있기 때문이다.

BOD가 COD보다 클 경우에는 BOD측정 중에 질산화가 발생하였거나 또는 COD 측정에 방해되는 물질이 폐수 내에 함유되어 있기 때문이다.

일반적으로 하천이나 도시하천은 BOD 값이 사용되며, 공장폐수나 해수 등의 오염지표로는 COD 값이 많이 사용된다.

호소, 해양의 오염도 COD 주로 사용하는데, 그 이유는 조류가 많이 발생하고 있을 때에는 탄소동화작용의 결과로 산소가 생성되므로 BOD가 의미 없으며, 해수의 경우에는 이상적인 BOD 측정법이 없기 때문이다.

TOC(total organic carbon)

TOC(총유기탄소량)은 유기물질 측정지표 중 하나로서, 시료를 고온으로 태우는 등의 방법으로 발생하는 이산화탄소를 측정하여 탄소량으로 표현한다.

총탄소(TC)는 총유기탄소(TOC)와 총무기탄소(TIC)로 구성되며, 반응성이 없는 TIC와는 달리 TOC는 반응성이 있어 수질오염의 척도로 유용한 지표이다.

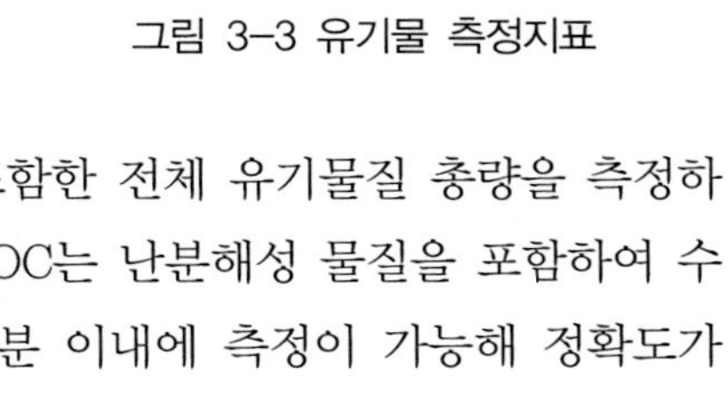

그림 3-3 유기물 측정지표

CODMn은 산화율이 낮아 난분해성 유기물질까지 포함한 전체 유기물질 총량을 측정하지 못하고 시간이 다소 오래 걸린다는 한계가 있다. TOC는 난분해성 물질을 포함하여 수중에 존재하는 유기물의 90% 이상을 실시간 또는 30분 이내에 측정이 가능해 정확도가 증가하고 분석시간이 단축된다.

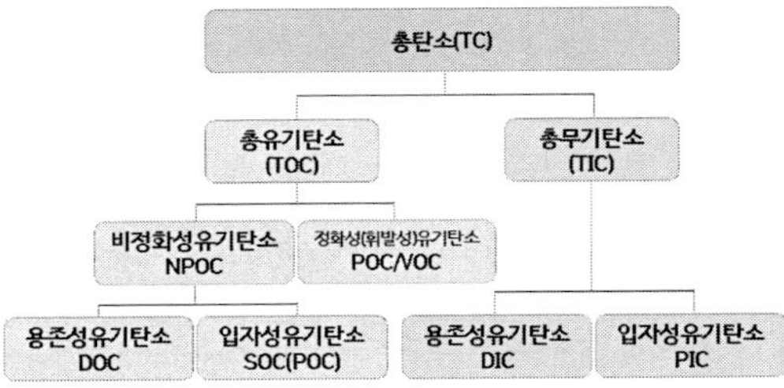

그림 3-4 총탄소 분류

◆ 유기물질 측정 지표

구분		BOD	COD_{Mn}	TOC
측정원리		미생물이 유기물질을 분해 시 소비되는 산소량 측정	유기물질 산화 시 소비된 산화제량 (산소량) 측정	유기물질 내 탄소량 직접 측정 ※ C를 CO_2로 전환하여 측정
분석	산화제	호기성 미생물 (20℃, 5일 배양)	과망간산칼륨 (끓는 물 중탕)	고온연소산화 (550℃), 습식산화방식 등
	결과값	산소량(mg/L)		탄소량(mg/L)
측정	대상	저분자* 유기물질 * 포도당, 지방 등	저분자 및 고분자* 유기물질 * 합성수지, 섬유소 등 분자량이 1만 이상 등으로 분해가 잘 안되고 결합이 강한 물질	
	범위 (경험적)	20-40%	30-60%	90% 이상
		예) 전분($C_6H_{12}O_6$) 분석 결과(일본 논문) BOD : 460mg/L, COD_{Mn} : 653mg/L 이론적 산소요구량 : 1,070mg/L		
	방해물질	고분자 유기물질 등	염소(Cl^-) 등	무기물질 등
특징		생분해성 유기물질 측정	우리나라·일본 통용	신속·다량·자동화

그림 3-5 유기물질 측정지표 (자료 : 환경부)

pH

주어진 온도에서 용액의 산과 염기의 정도를 나타낸 것으로서 물속 수소이온은 화학반응이나 미생물의 활동에 큰 영향을 준다. 일반적으로 오염되지 않은 물의 pH는 6.8~7.2 정도 내외이다. 상수원수로 사용할 수 있는 1~3급 하천수의 pH는 6.5~8.5 내외이다.

pH 측정기구로는 pH 지시종이, 비색기, PH 미터가 있으나 주로 정확성이 뛰어난 PH 미터를 사용한다. 보통 유리전극과 비교전극으로 된 pH 미터를 사용하여 측정하는데, 양 전극간에 생성되는 기전력의 차를 이용하여 값을 결정한다.

pH미터는 예상되는 시료의 pH 범위 값에 따라 pH 완충액 7.00, 4.00, 또는 10.00을 사용하여 보정해야 한다. 현장 측정 시 전극을 흐르는 하천의 적당한 깊이에 담그고 전극 감응부 주변에서 시료 흐름이 충분하도록 젓는다. pH 변화가 0.1 이내가 될 때의 pH 값을 읽는다.

전기전도도(EC)

전기전도도(EC : electronic conductivity)는 물질이나 용액이 전류를 운반할 수 있는 정도를 말하며, 용액 중의 이온세기를 신속하게 평가할 수 있는 지표이다. 단위는 S(Siemens)/m, mS/m, μS/cm 또는 1/Ωm를 사용한다.

부유물질(SS : suspended solid)

수중의 무기물과 유기물을 함유하는 고형물을 말하며, 주로 0.1 μs이상의 입자상 물질이다. 유입하수, 처리수 등을 여과지로 여과하면 여과지에 부유물질이 잔류한다. 이러한 부유물질은 슬러지의 발생량 산정이나 부하량 산정 등에 사용된다.

인

인은 생물증식기능에 중요한 요소이며, 질소와 더불어 부영양화의 원인이 된다. 총인(T-P, total phosphorus)은 하천, 호소 등의 부영양화를 나타내는 지표의 하나로서 물속에 포함된 인의 총량이다.

질소

대기 중의 78%가 가스 상태의 질소(N_2)이며 해수나 암석 등에도 광범위하게 존재하며 질산이나 암모니아와 같은 단순한 화합물에서부터 단백질, 핵산과 같이 복잡한 화합물에까지 다수 존재한다. 여러 형태의 질소는 대기에서 토양, 식물, 동물로 순화하고 이어서 다시 토양으로 그리고 대기로 끝없이 순환을 한다.

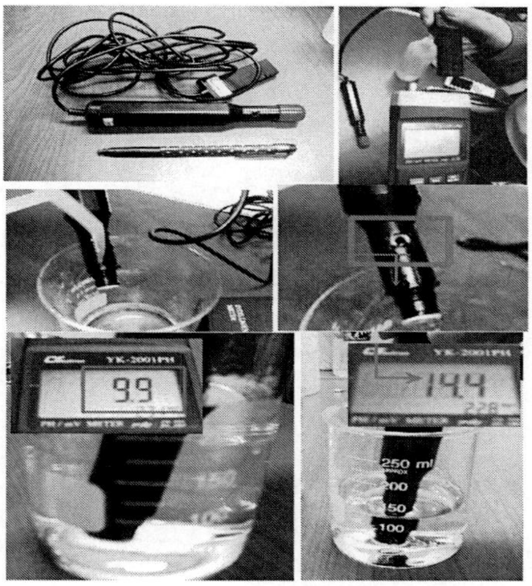

그림 3-6 EC값 측정. 위 : 측정기, 가운데 : 증류수로 센서를 닦아냄, 아래왼쪽 : 증류수의 EC값 측정, 아래오른쪽 : 측정

참고 부영양화(eutrophication)

부영양화란 질소나 인과 같은 무기물이 물속으로 다량 유입되어 물 속 영양물질이 과다하게 비옥한 상태를 의미하며, 호수나 저수지와 같은 정체된 수역에서 주로 발생한다.

하천이나 호소에 유기물이나 질소, 인 등 영양염류가 적당히 존재하면 자연 정화되지만 과잉 공급되면 식물성 플랑크톤이나 조류의 이상 번식을 촉진하여 수질이 악화된다. 이러한 부영양화는 각종 생활하수, 축산폐수, 산업폐수에 포함된 질소 및 인의 유입이 주 원인이며, 특히 비료와 농약은 수질오염에 심각한 영향을 끼친다. 부영양화가 발생하면 생활용수는 물론 공업용수로도 이용하기 어렵고 경제적으로도 처리비용이 많이 들어 손실이 매우 크다.

부영양화가 발생하면, 수중 산소가 고갈되고 메탄가스 등이 발생하며 조류 대번성으로 인해 물 색 변화, 악취, 투명도 감소 등의 현상이 나타난다. 그 외에도 수생식물이 번성하여 육지화가 가속되고, 상수원으로 이용하는 경우 모래여과상이 막혀 수돗물 생산량이 감소된다.

부영영화 초기에는 생산량(productivity)을 증가시키지만 나중에는 생물의 순환체계를 악화시킨다. 즉, 생물량과 분해를 증가시키고 산소 고갈과 대량 폐사를 초래한다.

조류가 번성하면 물 속의 산소를 소모하게 되어 DO가 저하되고, 물고기가 죽고, 조류의 부패과정에서 불쾌한 냄새가 나며, 독성 조류에서 독소가 발생한다. 또한 물의 색깔이 청색에서 녹갈색 물꽃(water bloom)이 대량 발생하며 이들은 정수작업에 의해서도 완전히 처리되기 어렵기 때문에 수돗물에 플랑크톤이 일부 섞여 불쾌한 색을 띠기도 한다. 어떤 경우에는 호수 바닥의 호기성세균이 용존산소를 소모하여 수질이 크게 악화된다.

물꽃현상은 조류가 대규모로 번성할 때 발생되는데, 영양이 충분히 공급되는 호수에서 수온이 상승되는 봄과 가을에 발생한다. 유기물이 충분히 축적된 상태에서 수온이 상승되면 물 속 조류가 급격히 번성하여 물꽃 현상이 나타난다.

점오염원(point source)

점오염원은 오염물질의 배출원이 뚜렷하여 제어가 용이하다. 가정하수, 산업폐수, 하수처리장, 공장폐수, 광산, 유조선 등에서 발생된다. 고농도이고 배출량이 작으며, 배출량이 강우와 무관하다. 주로 질소가 점오염원의 대표적 요소이며, 강우강도가 적어도 쉽게 유출되고 강우가 지속되면 오히려 빗물에 희석되어 농도가 감소한다.

비점오염원(nonpoint source)

배출원이 광범위하게 흩어져 있어 오염원 확인이 불분명하고 처리시설에 의해 처리가 곤란하여 오염원 관리에 매우 어렵다. 농경지, 축산농가, 잔디밭, 주차장, 산림지역의 유출수, 공사현장, 도시지표면 등 토지이용에 의한 광범위한 오염원이며 유역의 토지 관리와 유출수 처리에 의해 저감이 가능하다. 도시지역에서 유출되는 빗물에는 SS 및 유해중금속의 함유량이 많은 반면, 농경지나 목초지 등에서는 질소, 인과 같은 영양염류가 많이 배출된다. 또한 건설현장이나 광산, 벌채지 등에서는 토양침식에 따른 토사유출이 많다.

저농도이나 다량 유출하는 경우가 많고 특히 강우 시 광범위하고 대량으로 유출된다.

주로 인 성분이 주된 비점오염원이며, 강우강도가 낮으면 유출이 적고 유량 증가 시 배출 농도가 증가한다. 습지조성이 유용한 대책이다.

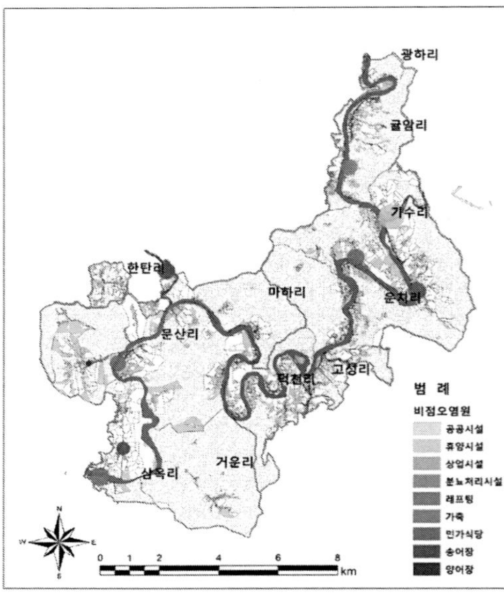

그림 3-7 비점오염원 분포도
(자료 : 구본학 등, 2020)

1.1.3 하천수/호소수의 수질 기준

환경정책기본법 상 우리나라 하천 수질환경기준은 총 26항목이다.

생활환경기준

- 7등급(Ia–VI)으로 분류한다.
- 매우 좋음 : 용존산소가 풍부하고 오염물질이 없는 청정상태의 생태계로 여과·살균 등 간단한 정수처리 후 생활용수로 사용할 수 있음
- 좋음 : 용존산소가 많은 편이고 오염물질이 거의 없는 청정상태에 근접 한 생태계로 여과·침전·살균 등 일반적인 정수처리 후 생활용수로 사용할 수 있음
- 약간 좋음 : 약간의 오염물질은 있으나 용존산소가 많은 상태의 다소 좋은 생태계로 여과·침전·살균 등 일반적인 정수처리 후 생활용수 또는 수영용수로 사용할 수 있음
- 보통 : 보통의 오염물질로 용존산소가 소모되어 여과, 침전, 활성탄 투입, 살균 등 고도처리 후 생활용수로 이용하거나 일반 정수처리 후 공업용수로 사용
- 약간 나쁨 : 상당량의 오염물질로 용존산소가 소모되어 농업용수로 사용하거나, 여과, 침전, 활성탄 투입, 살균 등 고도의 정수처리 후 공업용수로 사용
- 나쁨 : 다량의 오염물질로 인하여 용존산소가 소모되는 생태계로 산책 등 국민의 일상생활에 불쾌감을 유발하지 아니하며, 활성탄 투입, 역삼투압 공법 등 특수한 정수처리 후 공업용수로 사용할 수 있음
- 매우 나쁨 : 용존산소가 거의 없는 오염된 물로 물고기가 살기 어려움
- 용수는 당해 등급보다 낮은 등급의 용도로 사용할 수 있음
- 수소이온농도(pH) 등 각 기준항목에 대한 오염도 현황, 용수처리방법 등을 종합적으로 검토하여 그에 맞는 처리방법에 따라 용수를 처리하는 경우에는 당해 등급보다 높은 등급의 용도로도 사용할 수 있음

1) 하천수 생활환경기준

표 3-1 하천 수질 기준 (생활환경 기준)

등급		상태 (캐릭터)	기준								
			수소이온 농도 (pH)	생물화학적 산소요구량 (BOD) (mg/L)	화학적산소 요구량 (BOD) (mg/L)	총유기탄소량 (TOC) (mg/L)	부 유 물질량 (mg/L)	용 존 산소량 (mg/L)	총인 (T-P) (mg/L)	대장균군 (군수/100mL) 총 대장균군	대장균군 (군수/100mL) 분원성 대장균군
매우 좋음	Ia		6.5~8.5	1 이하	2 이하	2 이하	25 이하	7.5 이상	0.02 이하	50 이하	10 이하
좋음	Ib		6.5~8.5	2 이하	4 이하	3 이하	25 이하	5.0 이상	0.04 이하	500 이하	100 이하
약간 좋음	II		6.5~8.5	3 이하	5 이하	4 이하	25 이하	5.0 이상	0.1 이하	1,000 이하	200 이하
보통	III		6.5~8.5	5 이하	7 이하	5 이하	25 이하	5.0 이상	0.2 이하	5,000 이하	1,000 이하
약간 나쁨	IV		6.0~8.5	8 이하	9 이하	6 이하	100 이하	2.0 이상	0.3 이하	–	–
나쁨	V		6.0~8.5	10 이하	11 이하	8 이하	쓰레기 등이 떠 있지 아니할 것	2.0 이상	0.5 이하	–	–
매우 나쁨	VI		–	10 초과	11 초과	8 초과	–	2.0 미만	0.5 초과	–	–

2) 호소수 생활환경 기준

총인, 총질소의 경우 총인에 대한 총질소의 농도비율이 7 미만일 경우에는 총인의 기준을 적용하지 않으며, 그 비율이 16 이상일 경우에는 총질소의 기준을 적용하지 않는다.

표 3-2 호소 수질 기준

등급		상태 (캐릭터)	기준									
			수소이온 농도 (pH)	화학적 산소요구량 COD (mg/L)	총유기탄소량 (TOC) (mg/L)	부유물질량 SS (mg/L)	용존 산소량 DO (mg/L)	총인 (T-P) (mg/L)	총질소 (T-N) (mg/L)	클로로필-a (Chl-a) (mg/m^3)	대장균군 (군수/100mL) 총 대장균군	대장균군 (군수/100mL) 분원성 대장균군
매우 좋음	Ia		6.5~8.5	2 이하	2 이하	1 이하	7.5 이상	0.01 이하	0.2 이하	5 이하	50 이하	10 이하
좋음	Ib		6.5~8.5	3 이하	3 이하	5 이하	5.0 이상	0.02 이하	0.3 이하	9 이하	500 이하	100 이하
약간 좋음	II		6.5~8.5	4 이하	4 이하	5 이하	5.0 이상	0.03 이하	0.4 이하	14 이하	1,000 이하	200 이하
보통	III		6.5~8.5	5 이하	5 이하	15 이하	5.0 이상	0.05 이하	0.6 이하	20 이하	5,000 이하	1,000 이하
약간 나쁨	IV		6.0~8.5	8 이하	6 이하	15 이하	2.0 이상	0.10 이하	1.0 이하	35 이하	–	–
나쁨	V		6.0~8.5	10 이하	8 이하	쓰레기등이 떠있지 아니할 것	2.0 이상	0.15 이하	1.5 이하	70 이하	–	–
매우 나쁨	VI		–	10 초과	8 초과	–	2.0 미만	0.15 초과	1.5 초과	70 초과		

1.2 기후/미기상

1.2.1 기후와 기후대

기후(climate)는 지구상의 특정한 장소에서 매년 순서에 따라 반복되는 대기의 종합 상태 또는 대기 현상의 결과를 말한다. 기상(meteorological phenomena)은 바람, 비, 눈, 무지개 등 대기 중에서 일어나는 여러 가지 대기 현상을 말하며, 때로는 대기의 상태도 포함시킨 일기 또는 날씨의 뜻으로 쓰이기도 한다. 이와같이 기후와 기상은 미묘한 차이가 있으나 이 책에서는 특별히 구별하지 않고 '기후'로 통일하여 사용한다.

한편, 어느 지역의 기후 특성이 유사한 패턴을 나타내는 광역권을 **기후대** climate zone 라고 하며, 기후대 및 기후 특성을 지도에 표현한 것을 **기후도**라고 한다. 국제적으로 통용되는 기후도와 각 나라별 기후 특성을 반영한 기후도가 각각 사용되고 있다.

쾨펜-가이거(K ppen-Geiger 기후분류체계)

국제적으로 가장 널리 쓰이는 기후분류체계로서 1884년 독일 기후학자 Wladimir Köppen에 의해 6개 기후대와 24개 기후구로 구분하여 제안되었다가, 이후 1918, 1936년에 쾨펜 본인에 의해 수정되었다. 현재는 쾨펜의 동료 연구원인 독일의 Rudolf Geiger에 의해 수정되어 Köppen-Geiger 기후분류체계로 불린다.

이 기후 분류체계는 지역의 기후특성을 가장 잘 설명해주는 요인은 자생 식생이라는 데서 출발하며, 실제로 기후대의 경계는 식생분포에 근거하여 구분되었고, 연평균 및 월평균 기온과 강수량, 그리고 계절적 강수량 등 기온과 강수량이라는 두가지 기후 요인을 조합하여 구분하였다.

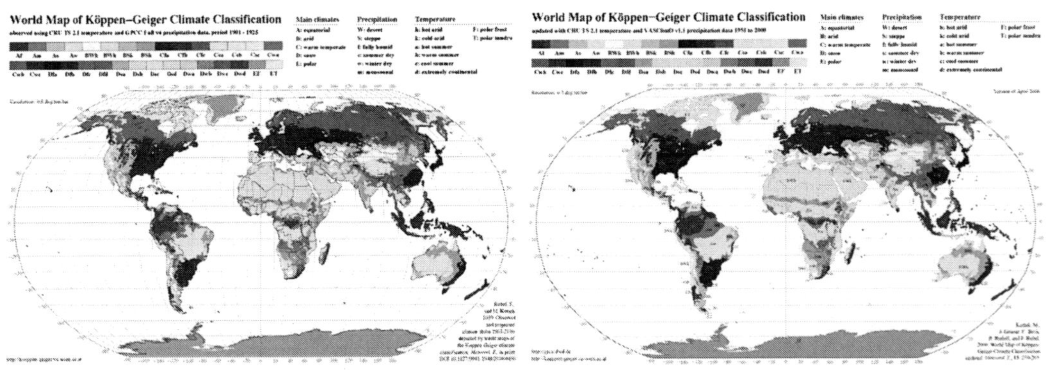

그림 3-8 쾨펜-가이거 기후분류시스템. (왼쪽) 초기의 기후도, (오른쪽) 현재의 기후도.
(자료 : http://koeppen-geiger.vu-wien.ac.at/)

쾨펜의 기후 분류체계는 다음 표 3-3과 같이 구분하며, 기후대에 따라 식생분포가 결정된다(그림 3-8). 기후에 바탕을 둔 식생대는 열대우림대(Tropical Rain Forests), 온대낙엽수림대(Temperate Deciduous Forests), 북방침엽수림대(Boreal Coniferous Forests : 타이가, Taiga), 지중해성기후대(차파렐, Chaparral), 온대초원(grass land), 열대초원(사바나, Savanna), 툰드라(tundra), 사막(Deserts), 극지 등으로 구분한다.

표 3-3 쾨펜-가이거 기후분류체계

대분류		기호	소분류	특 징
A	Tropical humid 열대습윤	Af	Tropical wet 열대우림	No dry season
		Am	Tropical monsoonal 열대 몬순	Short dry season : heavy monsoonal rains in other months
		Aw	Tropical savanna 열대 사바나	Winter dry season
B	Dry (건조)	BWh	Subtropical desert 아열대 사막	Low-latitude desert
		BSh	Subtropical steppe 아열대 스텝	Low-latitude dry
		BWk	Mid-latitude desert 중위도 사막	Mid-latitude desert
		BSk	Mid-latitude steppe 중위도 스텝	Mid-latitude dry
C	Mild Mid-Latitude (온대)	Csa	Mediterranean 지중해성	Mild with dry, hot summer
		Csb	Mediterranean 지중해성	Mild with dry, warm summer
		Cfa	Humid subtropical 온난(아열대) 습윤	Mild with no dry season, hot summer
		Cwa	Humid subtropical 온난(아열대) 습윤	Mild with dry winter, hot summer
		Cfb	Marine west coast 서안해양성	Mild with no dry season, warm summer
		Cfc	Marine west coast 서안해양성	Mild with no dry season, cool summer
D	Severe Mid-Latitude (냉대, 대륙성)	Dfa	Humid continental 대륙성 냉대 습윤	Humid with severe winter, no dry season, hot summer
		Dfb	Humid continental 대륙성 냉대 습윤	Humid with severe winter, no dry season, warm summer
		Dwa	Humid continental 대륙성 냉대 습윤	Humid with severe, dry winter, hot summer
		Dwb	Humid continental 대륙성 냉대 습윤	Humid with severe, dry winter, warm summer
		Dfc	Subarctic 아북극	Severe winter, no dry season, cool summer
		Dfd	Subarctic 아북극	Severe, very cold winter, no dry season, cool summer
		Dwc	Subarctic 아북극	Severe, dry winter, cool summer

대분류		기호	소분류	특 징
		Dwd	Subarctic 아북극	Severe, very cold and dry winter, cool summer
E	Polar (한대)	ET	Tundra 툰드라(영구동토)	Polar tundra, no true summer
		EF	Ice Cap 영구빙설	Perennial ice
H	Highland(고산)			

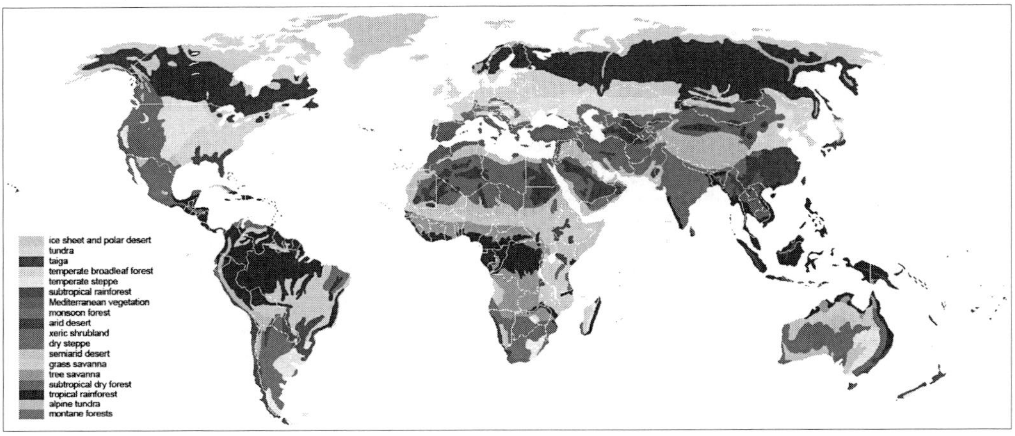

그림 3-9 세계의 기후대 (http://en.wikipedia.org)

1.2.2 기후분석

1) 기후요소

기후요소는 측정요소(measures elements), 유도요소(derived element), 대리요소(proxy element) 등으로 구분할 수 있다. 유도요소는 측정요소로부터 파생되는 요소로서 임계온도나 누적값, 강설이 도시를 마비시킬 수 있는 확률, 추위를 느끼는 풍한지수 등을 들 수 있다.

대리요소는 기후의 변화를 검증하거나 유추할 수 있는 간접적 요인으로서 나이테, 꽃가루, 농작물 수확 날짜 등이 이에 해당된다. 측정요소는 계측장비를 이용하여 직접 측정하는 요소로서 일반적으로 강수, 온도, 바람 등을 기후의 3요소라고 하며, 그외에도 습도, 구름, 일사량, 일조시간, 증발량 등이 포함된다.

2) 미기상

또한 미기후 또는 미기상(micro climate)는 국지적 기후 특성을 나타내는 것을 의미하며, 예를들어 어느 도시 전체의 기후 특성이 도시 내 특정 대상지의 기후 특성과 특별히 다른 경우 그 대상지의 미기후를 따로 분석하는 것이 바람직한데 이렇게 국지적 특성을 나타낼 때는 미기상이라는 용어가 더 보편적이다.

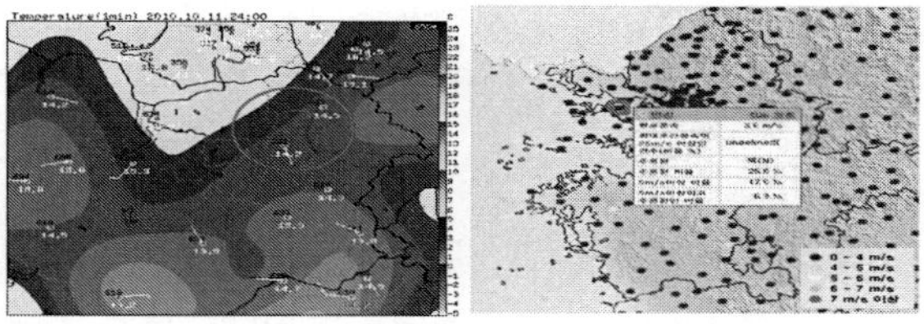

그림 3-10 지역별 상세관측자료(AWS)를 통해 미기상 파악(왼쪽) 및 풍력자원도(오른쪽) (자료 : 기상청)

1.2.3 기온 강수량

1) 기온과 습도

기온(air temperature)은 지표면으로부터 1.5 m 높이에서 측정된 대기의 온도를 말한다. 일반적으로 높이가 높아질수록 기온이 떨어지게 되는데 대류권 안쪽에서는 높이가 100 m 씩 높아질 때 마다 0.5~0.6℃ 정도씩 기온이 감소한다.

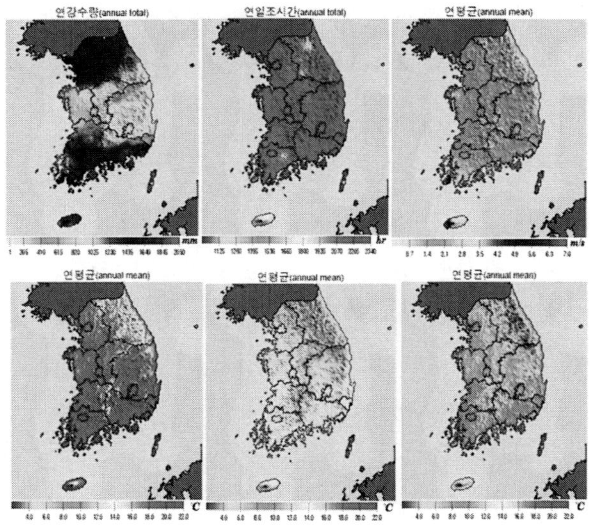

그림 3-11 2009년 기상요소 분석. 위 왼쪽부터 강수량, 일조시간, 평균풍속, 아래 왼쪽부터 최고, 평균, 최저 기온 (자료 : 기상청)

강수량(amount of precipitation)

강수량은 단위 시간당 비, 눈 등에 내린 양으로서, 강수가 일정 시간 내에 수평한 지표면 또는 지표의 수평 투영면에 낙하하여 증발되거나 유출되지 않고 그 자리에 모인 물의 깊이를 측정하여 나타낸다. 눈, 싸락눈, 우박 등 강수가 얼음인 경우에는 이것을 녹인 물의 깊이를 말하며, 이슬, 서리, 안개를 포함한다.

습도

대기 중 수증기의 총량을 나타낸다.

절대습도(absolute humidity)

대기 중 실제 물의 양을 말하며, 단위 공기량에 대한 물의 무게로 나타낸다. 공기 1 kg 또는 1 m^3에 포함된 물의 절대량을 무게(g)로 나타낸다. 물의 양이 일정하면 기온변화에 관계없이 절대습도는 일정하다.

용적절대습도는 대기의 단위용적(m^3)에 포함되는 수분의 양을 중량으로 나타내며, 중량절대습도란, 공기 1 kg에 포함된 수분의 양을 중량으로 나타낸다.

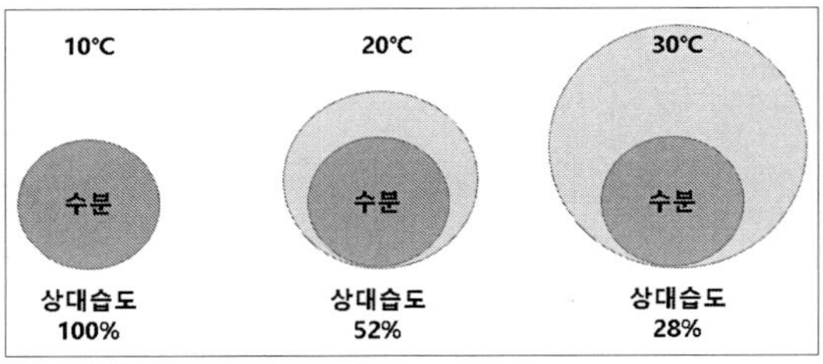

그림 3-12 절대습도 및 상대습도 개념. 수분 주위의 옅은 원은 기온에 따른 포화량. 기온의 변화에 따라 상대습도는 변하나 절대습도는 일정

상대습도(relative humidity)

특정 장소의 온도-기압 조건에서 포화상태의 수증기와 비교하여 실제로 존재하는 물의 비율을 %로 표현한다. 이때 포화상태의 수증기는 온도와 기압에 따라 변하게 되므로 같은 양의 수분을 포함하고 있더라도 기온이나 기압에 따라 상대습도가 달라진다.

2) 기후도(climatic diagram)

기후도는 어떤 지역의 기후를 한눈에 볼 수 있도록 그림이나 표로 나타낸 것으로서, 기온과 강수량의 계절적 변화, 건기와 우기, 연간 기온 및 강수량의 분포 특성 등 다양한 기후정보를 요약해서 나타낸다. 대상지의 일정 기간 동안 기온 및 강수량의 변화를 그래프로 나타내면 중장기적 기후변화를 파악할 수 있다(그림 3-13).

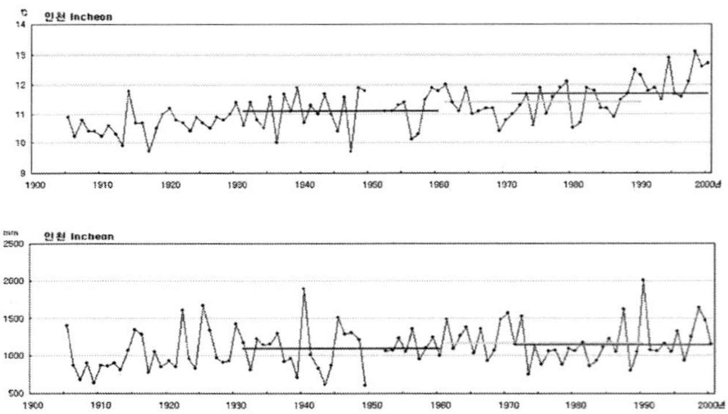

그림 3-13 인천의 기온 및 강수량 변화(1900-2000년)
(자료 : 기상청)

가로축에 월평균 강수량, 세로축에는 월평균 기온을 기입하여 각 지역의 월별 체감기후를 도표화한 것으로서 매달의 월별 체감기후를 쉽게 파악할 수 있다. 그림 3-14는 인천시의 100년간의 기온 및 강수량의 변화를 나타낸 것이다.

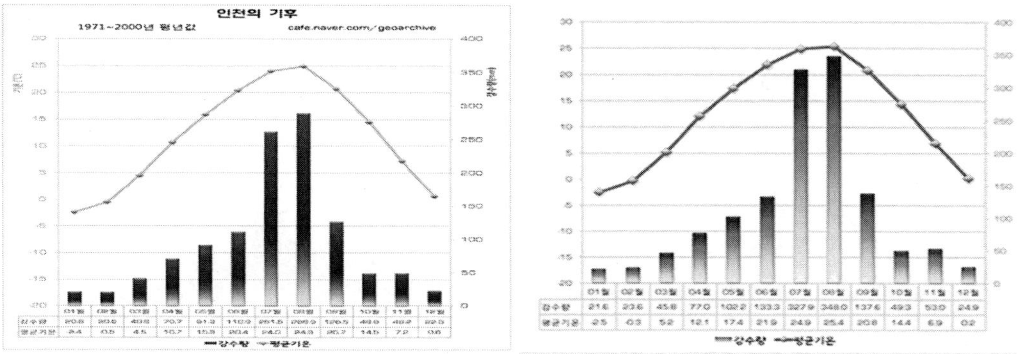

그림 3-14 인천의 30년간 평균 기후(왼쪽) 및 서울의 2009년 1년의 기후(오른쪽) (자료 : 기상청)

클라이오그래프(Climograph)와 하이더 그래프(Hyther graph)

클라이오그래프는 기후도표의 하나로서 1916년 호주의 테일러(Taylor, G)가 고안하였으며 온습도라고도 한다(그림 3-15). 세로축에는 습구온도, 가로축에는 상대습도를 나타내는 그래프로서 지역의 월별 체감기후를 도표로 나타낸다. 기후특성을 쉽게 파악할 수 있으나 습구온도를 구하기 어렵다는 한계가 있다. 가로축에 월평균 습도, 세로축에 월평균 기온을 나타내기도 한다. 원래 테일러가 오스트레일리아 각지의 거주 가능한 적정지를 찾아내기 위해 창안하였으며, 인간 생활환경으로 적합한지 아닌지를 판단할 수 있다. 고온다습, 고온건조, 저온다습, 저온건조 등으로 분석하기 쉽게 나타내고 있다.

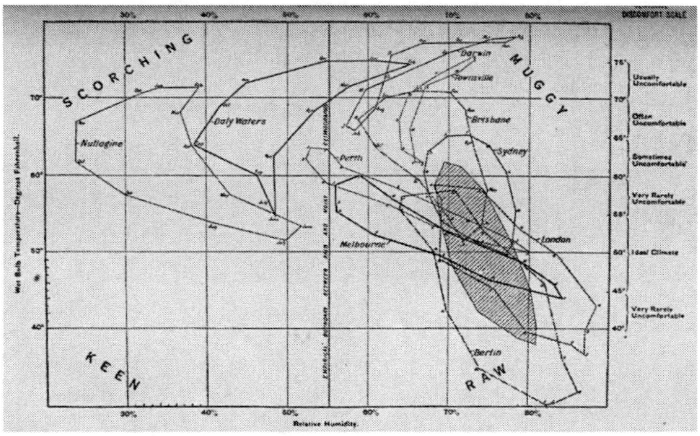

그림 3-15 Taylor의 Climograph
(http : //www.qhatlas.com.au/map/griffith-taylors-climograph-1918)

하이더 그래프는 가로축은 강수량, 세로축엔 기온을 나타낸 그래프로서 클라이오그래프에 비해 체감기후 표현은 부족하지만 강수량과 기온 자료를 쉽게 구할 수 있으므로 편리하다.

클라이오그래프와 하이더 그래프를 사용하면 그 기역의 기후와 특성을 간단히 알 수 있다. 나아가 운량, 최다풍향 등을 기입한 총관클라이오 그래프도 이용되고 있다.

1.2.4 바람

바람(wind)은 지구상에서 기압의 변화로 일어나는 공기의 움직임으로서 풍향, 풍속의 벡터량으로 나타낸다. 지형의 영향을 크게 받기 때문에 현장에서 직접 측정하는 것이 바람직하다.

식물을 이용한 바람 조절

방풍림과 같이 식생대를 통해 바람의 방향과 크기를 조절할 수 있다(그림 3-16). 이때 바람 조절 효과는 식생 밀도, 지엽 치밀도, 수직 층위, 성상 등에 의해 영향을 받는다.

바람이 식생에 미치는 영향의 예를 들면, 해안가 나무는 대개 북쪽을 향해서 휘어져 있으며, 이것은 봄부터 여름에 걸쳐 잘 부는 해풍 방향을 나타내고 있다. 또한 나뭇가지가 휘어진 모양을 하고 있을 때 바람지표가 될 수 있다. 고산지역에서는 침엽수림을 통해 적설의 깊이와 겨울의 계절풍을 추정할 수 있다. 나뭇가지가 어떤 고도에서는 밑부분에서 사방으로 나와 있으나 그 고도 이상이 되면 한 방향으로 뻗어 있는 경우, 가지가 사방에 나와 있는 곳까지가 겨울에 눈에 덮이기 때문에 그 고도까지를 눈의 깊이라 할 수 있고, 그 이상은 겨울에도 대기 중에 나와 있으면서 북서 계절풍 영향을 받고 있다. (출처 : 기상청 홈페이지 – 필자 수정 요약).

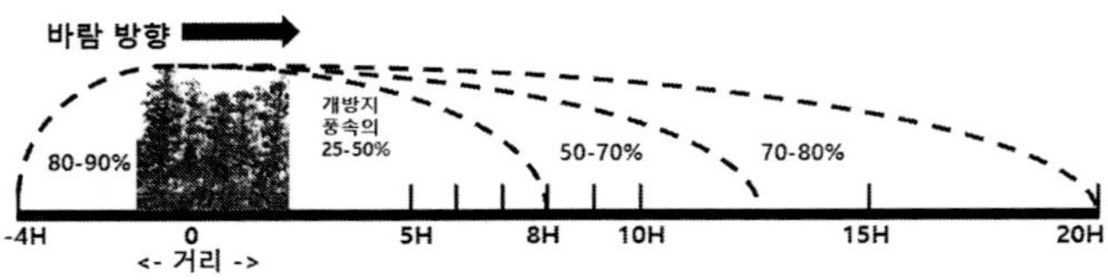

그림 3-16 방풍림에서의 풍속 저감 효과

1) 풍향 및 풍속

바람은 방향과 크기를 가지는 백터량이므로 일반적으로 풍향, 풍속 두 가지를 나타내며, 풍향과 풍속은 풍향풍속계로 동시에 측정한다. 풍향풍속계는 건물이나 나무를 피하고 600 m^2 이상 넓은 평탄한 곳에 지상 10 m 높이에 설치한다.

풍향(wind direction)

바람은 풍향과 풍속을 함께 기호로 나타낸다.

풍향은 바람이 불어오는 방향을 나타내며 보통 16방위를 사용한다(그림 3-17). 16방위는 360°의 원판은 22.5° 간격으로 16등분한 것으로서 동풍(E), 서풍(W), 남풍(S), 북풍(N)과 같이 알파벳 기호로 나타낸다.

또한 중간 단계에서는 남북을 기준으로 각각 동서방향을 표기한다. 즉 남동풍(SE), 남서풍(SW), 북동풍(NE), 북서풍(NW)으로 각각 부른다.

마지막 단계에서는 동,서,남,북을 앞에 표기하여, 남남동풍(SSE), 동남동풍(ESE), 남남서풍(SSW), 서남서풍(WSW), 북북동풍(NNE), 동북동풍(ENE), 북북서풍(NNW), 서북서풍(WNW) 등으로 각각 부른다.

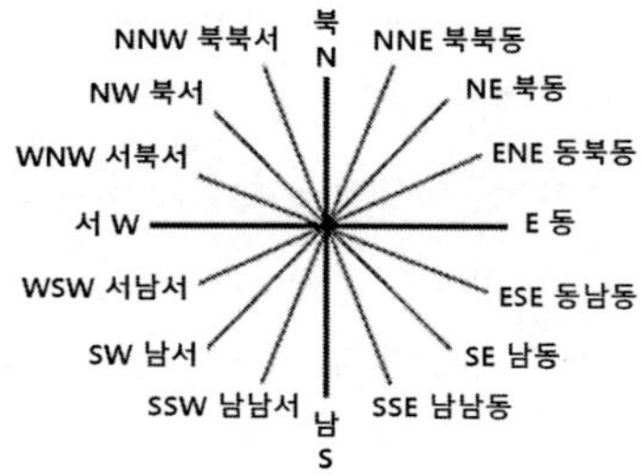

그림 3-17 풍향 16방위

풍속(wind speed)

단위 시간당 이동하는 공기의 속도를 말하며 높이에 따라 달라질 수 있으므로 일반적으로 지상 10 m 높이의 풍속을 표준으로 하며 주위에 장애물이 있는 경우 10배 이상의 거리를 확보하는 것이 바람직하다. 지상풍과 상층풍의 측정 조건이 다른데, 지상풍은 건물이나 수목에 영향을 받지 않도록 적당한 높이에 설치된 풍향 풍속계로 측정하며 상층풍은 수소나 헬륨을 넣은 기구 추적해서 측정한다.

풍속이 0.2 m/s(1 knot) 이하일 때를 정온(calm) 상태로 간주하여 풍속은 없는 것으로 하여 기록할 때 '00'로 표기한다.

2) 풍력 계급(wind scale)

풍속에 의해 발생되는 바람의 세기, 즉 풍력을 일정한 계급단위로 나타낸 것을 풍력계급이라 하며, 일반적으로 풍속계로 측정하나 눈에 보이는 현상을 토대로 등급을 구분한 보퍼트(Beaufort)의 풍력계급이 유용하게 이용되고 있다.

보퍼트(Beaufort)의 풍력계급

1805년 보퍼트가 만든 풍력계급으로서 계급번호가 클수록 풍속이 세다. 공식적인 기상청 자료는 풍속계로 측정하므로 공식 자료로는 사용되지 않으나 보편적인 풍속을 나타내는 수단으로 널리 쓰인다. 거의 바람이 없는 상태가 풍력계급 0이며, 태풍은 풍력계급 12로 가장 높은 계급이다.

- 0 고요(calm) – 속도 0.0~0.5 m/s(1 kn)로 부는 바람. 해상에서는 해면이 잔잔하여 마치 기름을 흘린 듯하고, 육상에서는 연기가 수직으로 올라감.
- 1 실바람(light air) – 풍속은 지상 10 m에서.3–1.5 m/sec 정도가 됨. 해면에 작은 물결이 있는 상태이며, 육상에서는 연기가 날리는 것으로 풍향을 알 수 있으나 바람개비에는 감지되지 않음.

- 2 남실바람(slight breeze) – 1.6∼3.3 m/s(4∼6 kn). 바람이 얼굴에 느껴지고, 나뭇잎이 살랑거림
- 3 산들바람(gentle breeze) – 나뭇잎과 잔가지가 일정한 운동을 하고 깃발이 가볍게 흔들리는 정도.
- 4 건들바람(moderate breeze) – 초속 5.5∼7.9 m로 부는 바람으로, 흰 파도를 일으키고 작은 나뭇가지를 흔들릴 정도.
- 5 흔들바람(fresh breeze) – 풍속 8.0∼10.7 m/sec에 해당됨. 해면의 거의 전부가 흰 파도로 되고, 육상에서는 잎이 무성한 작은 나무 전체가 흔들리고 강물에 잔물결이 일어남.
- 6 된바람(strong breeze) – 풍속 10.8 m/sec 이상, 13.8 m/sec 이하. 바람 또는 북풍을 가리키는 말로 예로부터 뱃사람들이 많이 사용해 왔음.
- 7 센바람(moderate gale) – 풍속은 13.9∼17.1 m/sec임. 나무 전체가 흔들리고 걷기가 곤란해짐.
- 8 큰 바람(fresh gale) – 초속 17.2∼20.7미터로 부는 바람. 나무의 잔가지가 부러지고, 걷기가 힘들 정도의 세기.
- 9 큰 센바람(strong gale) – 초속 20.8∼24.4미터로 부는 바람. 굴뚝 뚜껑과 슬레이트가 날아갈 정도의 세기. 대 강풍.
- 10 노대바람(whole gale) – 24.5∼28.4 m/s(48∼55 kn)의 속력으로 분다. 내륙에서 아주 드물게 나타나는 강한 바람으로, 나무가 뽑히고, 상당한 건물의 피해가 발생.
- 11 왕바람(storm) – 28.5∼32.6 m/s의 속력으로 몹시 세게 부는 바람. 부풍(扶風)·퇴풍(頹風)·왕바람이라고 함. 흔히 바람에 비가 섞여 세차게 쏟아짐.
- 12 싹쓸바람(hurricane) – 34 m/s 이상의 속력을 가진 바람. 태풍. 열대성저기압

3) 바람장미(wind rose)

어떤 관측지점의 어느 기간에 대하여 각 방위별 풍향 출현 빈도를 방사 모양의 그래프에 나타낸 것을 말하며, 모양이 마치 장미꽃 모양으로 생겼다고 해서 장미바람으로 부른다. 일반적으로 출현 빈도의 백분율(%)을 각각의 풍향에 대응하는 방위판 위에 방위선의 길이로 나타내거나 그 바깥 끝을 연결한 선으로 나타낸다. 그러나 고요(calm)의 출현 빈도는 별도의 그래프의 중심이나 옆 자리에 표시한

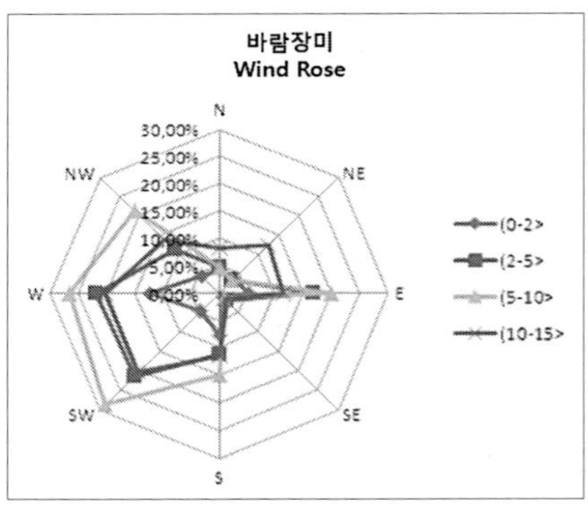

그림 3–18 바람장미 표현법

다. 바람장미에는 각 풍향의 풍속 계급별 빈도도 함께 나타낸다(그림 3-18, 3-19).

막대는 바람이 불어오는 방향을 나타내며, 길이는 해당등급의 바람이 불어온 빈도를 백분율로 나타낸다. 이때 중앙 원 속의 값은 무풍(0.5 m/s 미만)일 경우를 백분율로 나타낸다(그림 3-20).

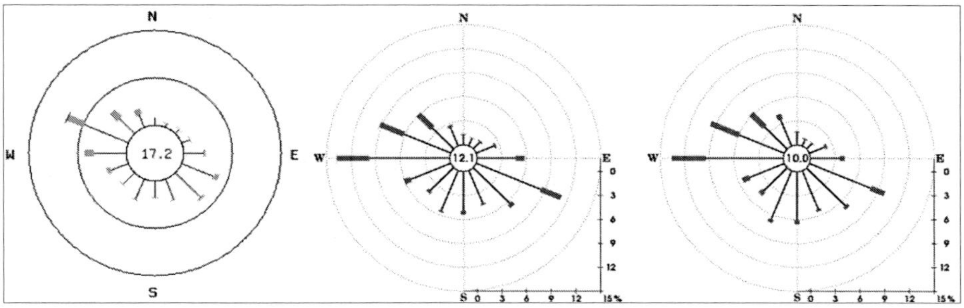

그림 3-19 천안지역의 바람장미. 왼쪽부터 2007년, 2008년, 2009년 (자료 : 기상청)

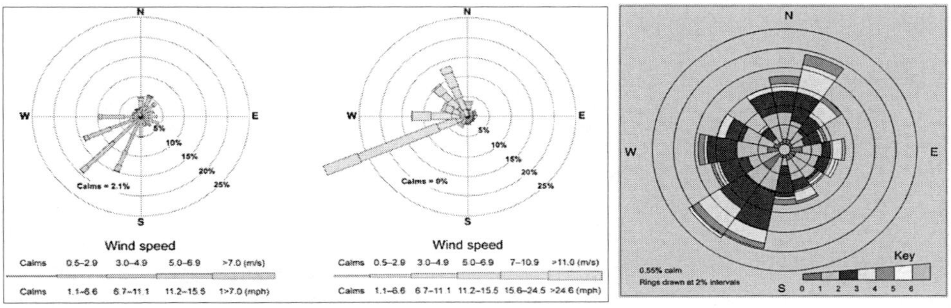

그림 3-20 바람장미 사례

(왼쪽 : http://www-metdat.llnl.gov, 오른쪽 : http://www.rothamsted.bbsrc.ac.uk)

1.3 지형

지형이란 지구 표면의 특징적인 형태를 말하며 지표의 고저기복, 즉 산·골짜기·평야·하천·해안·해저 등의 각종 지표형태를 말한다. 지형을 도면으로 작성한 것을 지형도라고 한다. 지형은 기후, 토양에 영향을 끼치며, 향, 방위, 경사의 차이에 따라 수광량과 바람 등에 차이가 있다. 이는 지온, 증산량, 지하수위, 척박도 등에 영향을 끼치게 된다. 지형적 특성인 고도, 경사, 산줄기의 방향 및 노출 등의 요인은 일광량, 강수량, 기온 등에 영향을 끼치고, 식생 분포를 결정하는 요인이 되며, 지역 미기후를 결정한다.

지형분석은 표고, 경사도, 수문 등을 분석하며 수치지형도를 기반으로 GIS툴을 이용하여 DEM을 구축하여 분석한다(그림 3-21).

지형요소 중 산줄기의 방향은 바람막이 역할을 하고 기후에도 영향을 끼치게 되어 동해안 백두대간에서 볼 수 있는 높새바람과 같은 푄현상의 원인이 된다.

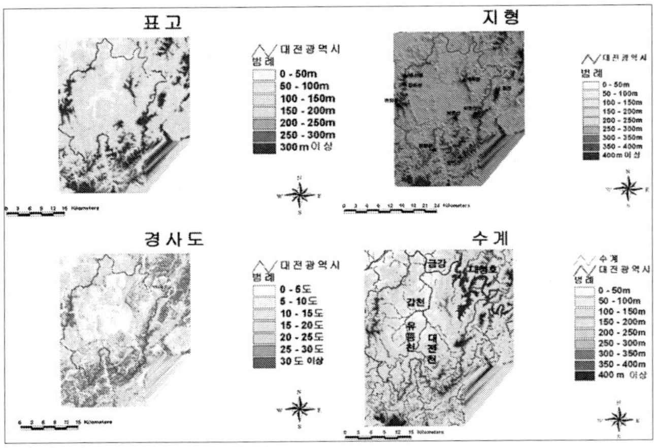

그림 3-21 GIS로 분석한 대전광역시 지형분석 사례

산경표와 산줄기

산경표는 산과 산의 분포, 위치를 줄기 또는 맥으로 파악하여 끊어짐이 없이 이어지는 것으로 이해하여 산줄기의 맥락과 명칭을 체계화한 것으로서 조선 영조 때 신경준의 「여지고(輿地考)」를 바탕으로 신경준 본인 또는 후대 사람이 도표와 함께 쓴 것으로 추정된다.

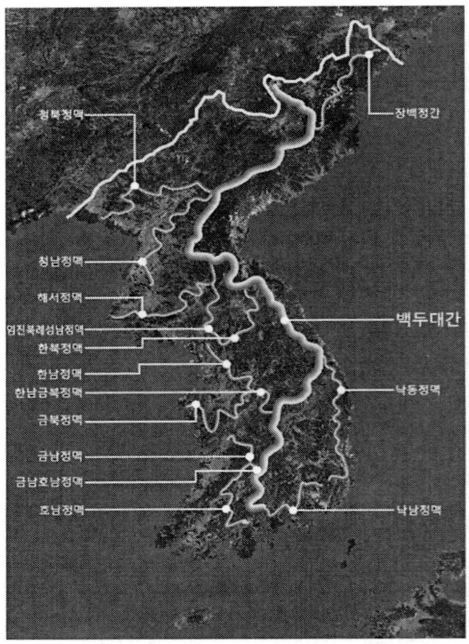

그림 3-22 산경표에 의한 산줄기(구본학, 2016)

산줄기를 가장 중심이 되는 산줄기인 대간을 비롯하여 1개의 정간, 13개의 정맥으로 각각 구분하고 있다(그림 3-22). 대간으로는 우리나라의 대표적인 산줄기인 백두대간으로서 백두산으로부터 지리산까지 하나의 산줄기로 이어지는 핵심 생태축을 말하며, 백두산을 국토의 중심 또는 출발점으로 인식하고 있다.

백두대간으로부터 정간과 정맥이 각각 갈라져 전 국토로 산줄기가 이어지게 되는데, 1개의 정간은 장백정간을 말한다. 13개 정맥의 이름은 기본적으로 강을 중심으로 강의 남쪽, 북쪽, 또는 동쪽 산줄기라는 의미로서 한남정맥, 한북정맥 등으로 이름을 붙이게 되며, 예외적으로 지역이름을 바탕으로 한 해서정맥과 호남정맥 등이 있다.

이와 같이 산경표는 우리나라 고유의 지형관을 반영한 산줄기 체계로서 실제 지형 상태를 반영한다. 이는 지질구조에 근거하여 실제 지형과는 차이가 있는 산맥과는 달리 물줄기와 산줄기가 교차하지 않는 '산자분수령(山自分水嶺)' 개념을 담고 있다. 즉, 우리 고유의 전통적 지형학을 반영한 산경표에 근거한 산줄기는 지표의 지형과 분수계를 중심으로 산의 흐름을 파악하고 생활권 형성에 미친 영향을 고려한 문화적 요인이 개입된 체계로서, 인간과 자연이 조화를 이루는 우리 고유의 산지 인식 체계라고 할 수 있다.

1.4 토양

1.4.1 토양 조사 분석

토양조사는 토양자원을 과학적으로 조사·평가하여 토양을 합리적으로 이용하고, 토지생산성을 향상시키기 위하여 지역 내에 분포하는 토양의 종류를 체계적으로 분류하며, 분포토양의 성질 등을 조사하는 과정을 말한다. 토양도를 통해 토양 유형, 분포, 특성 등의 정보를 얻는 방법과 직접 토양 시료를 채취하여 실험실에서 필요항목을 분석기구를 통해 시험 분석하는 방법이 있다(그림 3-23).

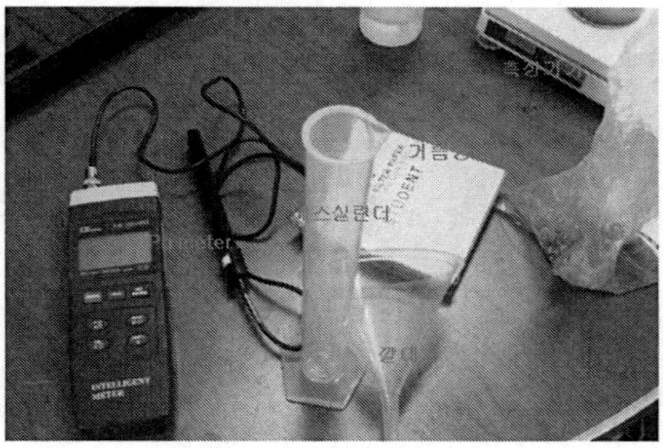

그림 3-23 토양분석 기구

흙(土)은 암석이나 동식물의 유해가 오랜 기간 침식과 풍화를 거쳐 생성된, 땅을 구성하는 물질을 의미하며, 토양(土壤)은 토양형성작용을 거친 흙으로서 영양물질을 포함한다. 식물생육이 중요한 경우 토양에 대한 이해가 중요하다.

토양이란 암석이 풍화작용 등 토양형성작용을 받아 이루어진 풍화산물을 말하며, 토양 분포를 나타낸 도면을 토양도라고 한다. 지구의 표면에서 풍화된 무기물과 그 속에 포함된 부식 중인 유기물이 섞여 기후나 지형 등의 환경요인과 생명체의 영향을 받아 생성되며 포함된 무기물과 유기물의 종류, 함량 등에 따라 독특한 특성을 지니게 된다.

토양은 식물체를 고정하고 지지하는 한편, 식물체에 양분을 공급하는 기능을 한다. 토양은 공기, 물, 온도, 광선, 양분 등의 생장요인을 포함하여 직접 또는 간접으로 식물에게 제공하며, 식물 뿌리가 뻗어 지상부를 지지할 수 있는 기반이 된다. 토양의 성질과 상태에 의해 식물의 생장이 조절된다.

USDA에 의하면 토양은 3요소 즉 모래, 미사, 점토 등으로 구성되어 있고 각 요소의 구성 비율에 의해 토양의 특성이 결정된다. 토양구조를 파악함으로써 영양물질, 물, 유기질 등을 공급하기 위한 결정에 도움이 되며, 어떤 식물을 식재할 것인지를 결정할 수 있다.

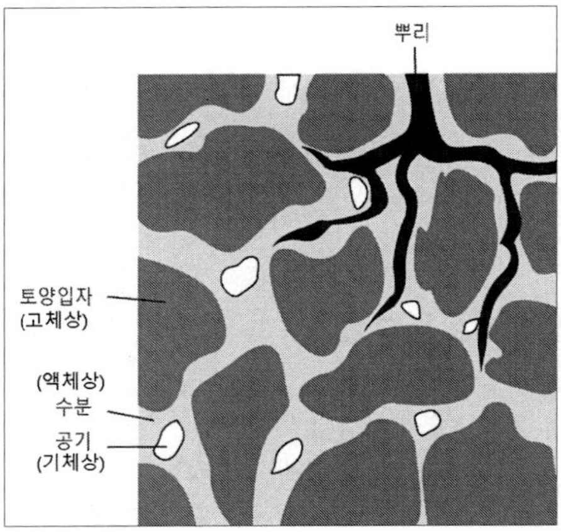

그림 3-24 토양의 구조 (구본학, 2016)

토양은 고체부분인 토양입자, 액체부분인 토양수분, 기체부분인 토양공기 등 3가지 형태로 구성되어 있으며 이를 토양의 3요소 또는 3상(three phase)이라고 부른다(그림 3-24). 이러한 구조를 통해 식물에게 양분과 수분을 저장하였다가 뿌리를 통해 식물에게 공급하게 되는데, 환경요인의 변화에 따라 그 성질과 상태가 변할 수 있다.

고체부의 비율은 거의 일정하고 습한 토양일수록 액체부의 조성비가 높아지고 건조한 토양일수록 기체부의 조성비가 높아진다. 토양 내에 입자가 차지하는 고체부를 제외한 나머지 공간을 토양공극(pore)이라 하며 액체부와 기체부에 해당한다.

액체부에 해당되는 토양수분은 토양의 미세한 공극에 채워지며 토양입자(고체부)와 결합하여 얇은 피막을 형성한다. 토양수분은 토양입자와의 결합력에 의해 더 상세하게 구분할 수 있으며 이에 대해서는 아래에서 상세히 설명한다.

토양의 나머지 큰 공극은 공기(기체부)로 채워져서 토양 미생물이나 수목 등의 호흡을 도우며, 이 공극을 물로 채우는 경우 과습하여 뿌리의 호흡이 곤란해지고 고사하게 된다. 지표면의 식물체나 부산물은 토양유기질 생성에 도움이 되며, 유기질은 토양생물에 영양물질을 제공한다.

토양의 공극은 공기 통로인 큰 공극과 물의 저장고인 작은 공극으로 구분되며 큰 공극과 작은 공극이 적절히 분포되어야 토양 기능을 개선하는데 도움이 된다.

토양은 토양유기물 등 화학적 성질과 물리적 성질을 만족시켜야 하며, 토양층은 통기성과 투수성이 양호하고 유기물 형성을 촉진할 수 있어야 하며, 양분과 수분이 도입식생의 생육에 적합한 토양이어야 한다.

1.4.2 토양분류와 단면

1) 표토와 토양단면

토양은 토양생성작용에 의해 수직적으로 층화되며, 위로부터 유기물층(O), 용탈층(A), 집적층(B), 모재층(C), 모암 등으로 구분한다.

유기물층(O층)은 낙엽, 나뭇가지, 동식물잔해 등이 쌓여 있으며 실제 토양은 아니지만 식물생육에 필수적인 영양물질 공급원이라는 점에서 토양학에서 매우 중요하게 여기며, 용탈층(A층)은 식물생육에 필수적인 유기물을 함유하고 있다.

표토층은 토양단면의 O층과 A1층에 해당하는 30 cm 이상과 뿌리의 충분한 신장을 위한 50 cm 깊이 내외의 유효토층이다.

2) 토양분류

신분류법(Soil Taxonomy)(Soil Survey Staff, 1975)에 의하면 토양단면에 나타나는 층위 즉 감식층위(diagnostic horizon)의 수, 배열, 두께, 물리적 조성, 구조, 색, 유기물함량, 반응으로 토양 종류를 결정하게 된다.

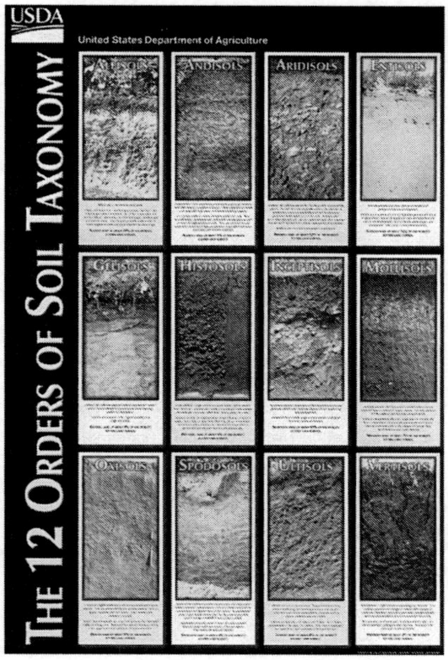

그림 3-25 12개 목의 기본 형태
(자료 : USDA)

즉, 토양생성 발달의 결과인 주요한 감식층위의 종류에 의하여 12개 목(目 : order)으로 구분되며, 이를 더 세분하여 아목(亞目 : suborder), 대군(大群 : great group), 아군(亞群 : subgroup), 속(屬 : family), 통(統 : series) 등으로 세분한다.

목은 토양형성과정에 따른 토양특성에 근거한 최고차 분류단위로서 전세계 토양을 12개 목으로 분류한다. 이름에 '-sol'이라는 접미어가 붙는다. 국내에는 엔티졸·인셉티졸·알피졸·몰리졸·울티졸·안디졸·히스토졸 등 7종의 목이 분포한다.

통은 같은 모재가 동일한 토양형성과정을 거쳐 유사한 페돈(pedon)으로 구성된 가장 기본이 되는 분류단위라고 할 수 있으며 우리나라에 약 400여개의 통이 분류되어 있다.

여기서 페돈이란 서로 성질이 유사하여 동일한 토양으로 분류할 수 있는 최소 단위의 토양표본을 말하며, 페돈이 모여 폴리페돈을 형성한다.

1.4.3 토양화학성

토양 속에 포함된 유기질함량, 인산, 전질소, 양이온(Ca, Mg, K, Na, 등), 양이온치환용량(CEC), pH, 염분 등을 토양의 화학성이라고 한다.

필수원소

생물의 생장에 필요한 필수 원소에는 탄소, 수소, 산소, 질소, 황, 인, 칼륨, 칼슘, 마그네슘, 철 등 총 16(17)가지 종류가 있다. 절성토 지역 등과 같은 척박지에는 토양양분이 부족하므로 밭 흙과 같은 비옥토나 유기질비료를 공급하여 생육 적합한 조건으로 개량하게 된다. 다량원소(Macro elements)는 일반적으로 토양 건조중량의 0.1% 이상 함유되어 있는 원소로서 C. H. O. N. S. P. K. Ca. Mg 등이 있고, 미량원소(Micro elements)는 건조중량 0.1% 이하 함유된 Fe. Cl. B. Mn. Zn. Cu. Mo. Ni. 등이 있다.

1) 토양유기물(OM, organic matter)

토양 생물들이 살아 움직이게 하는 요인 중 가장 중요한 것이 유기물인데, 이들은 주로 C(탄소), H(수소), N(질소), S(황), P(인) 등으로 구성되며, 이들 중 유기탄소 함량이 매우 중요하다. 양분공급원으로서 토양의 물리적 성질을 개선하여 비료성분 흡수 유지, 토양완충작용(완충능증대), 지온상승 등의 효과가 있다.

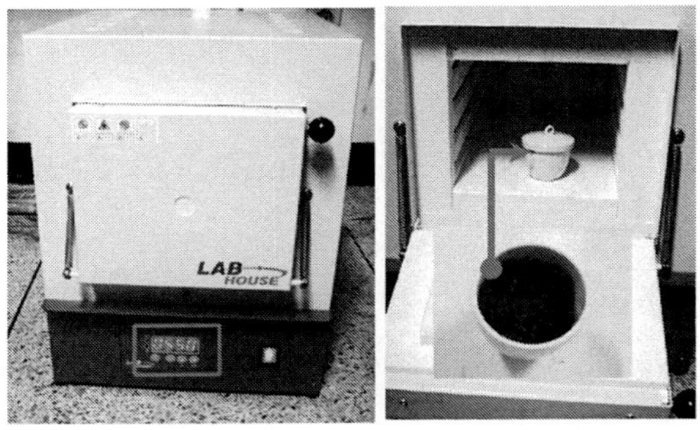

그림 3-26 유기물 함량을 측정. 작열감량법

중금속이온에 의한 유해작용 억제, 인산 흡수력 감소, 미생물 활동 촉진 등 역할을 하며, 토양을 단립구조로 형성시키며 보수력과 공기유통을 개선한다.

유기물 함량을 정확하게 측정하기 위해서는 토양 중의 탄소, 수소, 질소의 양을 측정하는 장비를 이용하여 정량적으로 측정하지만, 대부분 작열감량법을 이용하여 간접 측정한다. 일반적인 유기물함량 기준은 2-3% 이다.

2) 질소(N : nitrogen)

질소는 식물이 살아가기 위한 필수 원소로서 대기 중 78%를 차지하는 질소는 고등식물에 직접 이용되지 못하고 미생물의 질소고정과 방전으로 NO_3^-와 NH_4^+ 이온형태로 이용된다.

토양 내의 질소는 낙엽의 분해와 축적이 계속되면서 평행상태에 이르며, 기후환경의 영향을 받는다. 토양 내 질소는 거의 부식층과 A1층에 존재한다.

대부분의 수목은 성장을 위해 NH_4-N을 이용한다. 질소의 순환작용에 의하면 대기 중 질소는 단백질 등의 유기성 토양 속에 암모니아성 질소로 분해되고 그 후 암모니아성 아질산성 질소를 경유하여 질산성 질소로 산화되며 이것은 식물에 다시 흡수되어 유기성 질소로 환원된다.

총질소(TN : total nitrogen)

총질소는 무기성질소와 유기성질소의 합계로서 부영양화를 나타내는 지표이다.

Kjeldahl(켈달)분해법과 CHNS(원소분석기) 분석법이 있으며, 일반적으로 켈달분해법이 사용된다.

수질오염과 질소

수질오염의 지표로 사용하고 있는 질소를 암모니아성 질소, 아질산성질소로, 질산성질소로 구분해서 생각할 수 있다.

질소성분은 단백질로부터 유래하고 미생물의 분해작용에 따라 암모니아(NH_3), 아질산(NO_2), 질산(NO_3) 등의 형태로 점차 산화되면서 안정된다. 그러므로 암모니아성 질소가 많이 검출된다는 것은 오염물질이 배출된지 얼마 되지 않았다는 것을 의미하며, 아질산, 질산으로 갈수록 오염물지 유입된지 오랜 시간이 경과되었음을 나타낸다. 질소성분의 원인이 동물의 배설물이 많다는 점에서 질산성질소보다 암모니아성질소의 오염이 심한 경우가 더 좋지 않다고 볼 수 있다.

암모니아성 질소(NH_3-N, ammonia nitrogen)

유기성 질소 등이 분해되어 암모니아성을 나타낸다. 암모니아성 질소는 분뇨오염의 척도로 사용되며, 암모니아성 질소 함량이 많다는 것은 오염된지 얼마 안되었다는 증거가 될 수 있다.

암모니아성 질산성 되기 위해 산소를 사용하여 물에 산소가 부족해 결국 썩게 된다.

질산성 질소(NO_3-N)

질산성질소란 유기물질의 최종 분해산물이므로, 유기물질에 의한 과거의 오염을 나타낸다. 질산성 질소가 10 mg/L이상이 나오면 오염되었음을 말한다.

3) 인(phsophorus : P)

인산(P_2O_5)은 식물의 생명을 유지하는데 필요한 에너지 전이의 필수요소로서 토양에는 인산칼슘, 철, 인산알루미늄의 형태로 존재한다. 해안지방의 산성 사토와 유기물토양의 표토에는 특히 인산함량이 낮은데 이것은 인산흡착능력이 낮기 때문이다.

수목의 뿌리에 균근이 형성되어 있으면 인산은 더 이용될 수 있다. 일반적으로 침엽수 임지에는 인산농도가 낮아 식물 내에 인산이 부족하면 구조직에서 신조직으로 전이한다. 인산질비료의 시비는 묘목의 뿌리를 발달시키고, 시비 후 수 년 동안 토양에 잔류되어 이용된다.

유효인산

유효인산은 식물체가 사용할 수 있는 인산화합물을 말한다.

4) 치환성양이온과 양이온 양이온치환용량

치환성양이온(exchangeable cation)

토양 알갱이에 협착하여 있는 양이온인 K^+, Ca^{++}, Mg^{++}, Na^+ 등을 말하며, 이 중 나트륨이온을 뺀 3가지는 토양 생물에게 필수 영양소이다. 이들은 토양용액 중에 콜로이드 상태로 분포하는 음이온(NO_3^-, SO_4^{--}, Cl^-)과 치환이 가능하여 식물생육에 영향을 준다. 식물과 Ca^{++}, Mg^{++}, K^+, Na^+ 의 양분들이 흡착이 되면 비옥한 토양이 되며 식물들도 잘 자라게 되므로 이들의 용량을 측정하여 좋은 토양인지 아닌지를 알 수 있다.

양이온 치환용량(CEC : cation exchange capacity)

토양 콜로이드(교질물)가 양분을 흡착하는 용량으로서 염기치환용량(base exchange capacity : BEC)이라고도 부른다. 단위는 토양 100 g당 양분흡착량을 밀리그램당량(me/100 g)으로 표기한다.

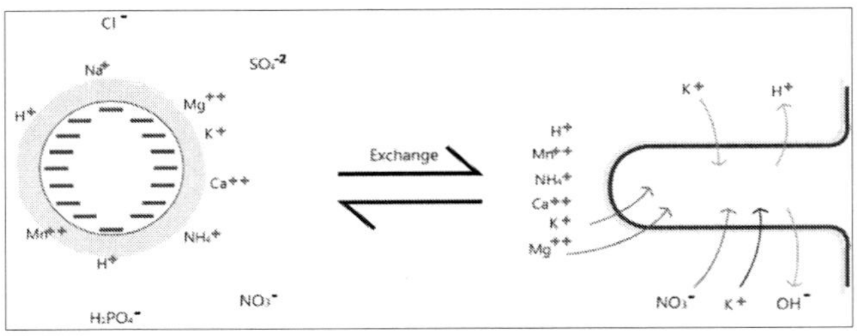

그림 3-27 치환성양이온과 양이온 치환

토양 콜로이드는 전기를 띠고 있으며 일반적으로 음전하 상태인데, 토양 콜로이드 바깥쪽에 음전하에 대응하는 양이온(염기이온)을 흡착한다. 토양 내의 부식과 점토는 콜로이드(colloid)를 형성하고 있어 토양용액 중에서 음전하를 띤다. 즉, 염기는 용액 중에서 양이온과 음이온으로 나뉘는데, 예를 들면 NaCl은 물에 용해되어 Na^+이온과 Cl^- 이온으로 해리되므로 음전하량이 많은 토양콜로이드는 다수의 양이온이 전기적으로 흡착한다. 양이온의 치환력은 H 〉 Ca 〉 Mg 〉 K 〉 Na 등의 순서로 알려져 있다.

CEC는 양분보유능력을 판단하는 지표로 유용한데, CEC가 클수록 염류집적에 대한 저항성이 커 외부 변화에 대한 완충능력이 높아진다. 일반적으로 유기질함량과 점토함량이 많을수록 CEC값이 높아지는 경향이 있다. 생태복원을 위한 생태계 내에서는 10~20 me/100 g 정도가 적합한 것으로 판단한다.

5) 염분 : 생리적 건조와 원형질 분리

염분은 수목의 건조, 호흡곤란 등을 발생하게 하는 원인이 되며, 식물에 부착되었을 때 생리적 건조를 일으킨다. 즉, 생리적 건조란 염분에 의해 식물이 건조현상을 나타내는 것을 말하는데, 이에 더하여 잎표면 등에 부착된 염분농도에 의한 삼투압 현상으로 식물체 내 수분이 배출되어 원형질 분리 현상이 발생된다.

원형질 분리(plasmolysis)는 반투성을 가진 원형질막을 세포벽에서 분리시키는 현상으로서, 식물세포를 그 세포액보다 삼투압이 높은 고장액 속에 담가 두면 삼투압 현상으로 인해 세포 내부의 수분이 밖으로 빠져나오면서 세포벽에 붙어 있던 원형질이 수축하면서 원형질막이 벽에서 분리된다(그림 3-28). 원형질막은 죽은 세포에서 볼 수 없기 때문에 원형질 분리는 식물 세포의 생사를 판단하는 기준이 되며, 동물 세포에는 세포벽이 없기 때문에 원형질 분리 현상이 일어나지 않는다.

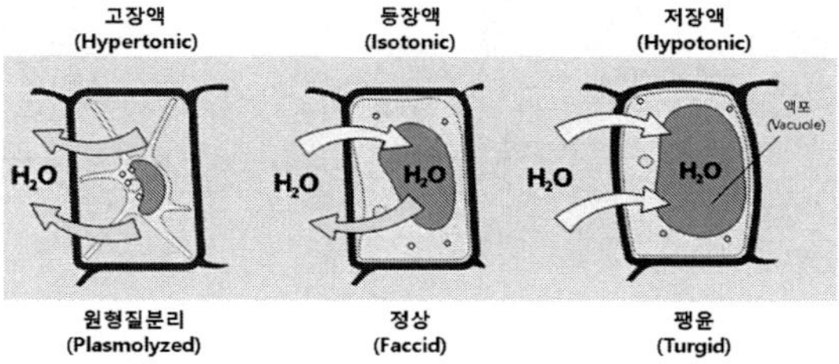

그림 3-28 원형질 분리 (자료 : https://biologydictionary.net/plasmolysis/)

6) 토양 산도(pH)

주어진 온도에서 용액의 산과 염기의 정도를 나타낸 것으로서 물속 수소이온은 화학반응이나 미생물의 활동에 큰 영향을 준다. 토양산도는 토양 입자의 수소이온농도를 측정하는 것으로서 우리나라의 일반적인 산림토양은 pH 5.5~6.5 내외의 약한 산성을 띠고 있다. pH 측정기구로는 pH 지시종이, 비색기, pH 미터가 있으나 생태조사에서는 정확성이 뛰어난 pH 미터를 사용한다.

토양산도는 일반적으로 토양과 증류수의 비율을 1 : 5의 비율로 측정하게 된다. 토양과 증류수의 1 : 5 혼합된 액을 거름종이로 거른 후 상등액을 pH 미터로 측정한다.

이때 pH 표준액인 pH 4, pH 7, pH 10에 미리 측정하여 보정한 후 토양 시료의 상등액을 측정한다.

참고 표준용액

- 일반적으로 pH 미터를 표준화할 때에는 2종류의 완충용액 이용
- 시료용액이 산성 용액일 때에는 pH 7과 pH 4의 완충용액 이용
- 시료용액이 알칼리성 용액 때에는 pH 7과 pH 10의 완충용액 이용

7) 전기전도도(EC, electric conductivity)

물질이나 용액이 전류를 운반할 수 있는 정도를 뜻하며, 용액 중의 이온세기를 신속하게 평가할 수 있는 지표이다. 단위는 전기저항의 역수로서 국제적으로 'S (simens)'로 통용한다. 값에 따라 'ds/m', 'ms/cm', 'μs/cm' 등의 단위로 표시한다.

1.4.4 토양물리성

흙의 역학적 성질은 흙을 구성하는 입자의 모양과 크기에 의해 차이가 발생한다. 흙입자의 크기, 입도 및 형상 등에 의해 영향을 받는다. 토양에서는 습윤건조와 동결융해의 반복에 의하여 수축팽창이 일어난다. 이러한 수축과 팽창이 일어나면서 토양집합체(soil mass)의 틈이 갈라지고, 틈 사이에 유기물, 산화철, 점토 등의 결합제가 작용하여 물에 안정한 구조로 되며, 식물의 뿌리 또는 미생물도 직간접적으로 영향을 주게 된다. 수분이동, 통기성, 가비중과 같은 토양성질은 토양의 입단이나 여러 가지 크기의 토양입자에 의해 크게 영향을 받는다.

1) 토양입자와 입도

입경(粒徑)은 흙 입자의 크기이며, 입도는 흙입자의 크기별 분포 상태로서 직경이 서로 다른 토양이 섞여 있는 비율을 말한다.

토양 단위입자(ped)의 모양에 따라서 구분하면 입상(구상, spherical), 판상 (plate-like), 괴상(block-like), 주상(prism-like) 등 4가지 기본형으로 나눌 수 있다(그림 3-29).

입상구조

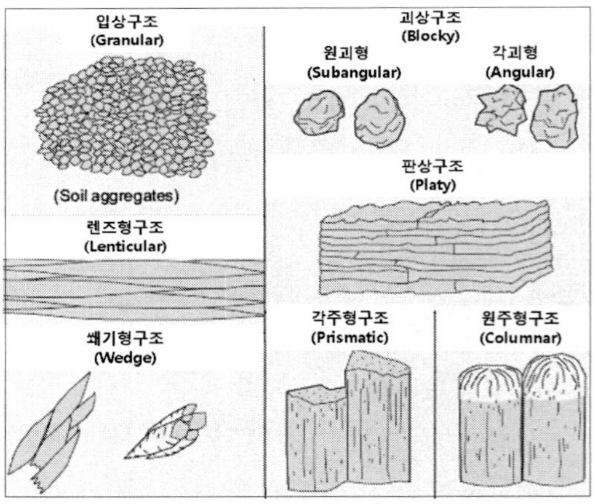

그림 3-29 토양입자의 구조 (자료 : USDA)

식물생육에 가장 유용한 구조는 입상구조로서, 직경 1 cm 이하의 작은 입단으로서 다공성의 쇄립형태이며, 공극이 잘 발달하여 물과 공기를 적절히 저장할 수 있어 식물생육에 매우 유익하다. 주로 유기질 토양에서 잘 발달하지만 인위적 영향에 의해 쉽게 파괴되기도 한다. 일반적으로 토양의 A층을 포함한 표층에서 발달하며 지렁이와 같은 토양 소동물 활동이 활발한 경우 잘 발달된다. 유기질함량이 많고 토양 속성이 식물생육에 이상적이다. 구상구조라고도 하며 특별히 분말상태의 분상구조를 별도로 세분하기도 한다. 입상구조(구상구조)는 주로 유기물의 결합작용으로 형성되며, 지렁이 등 토양 소동물과 미생물, 경운에 의한 영향을 받는다.

판상구조

가로 길이가 세로 길이보다 긴 판자모양을 이룬 층으로서 비교적 엷은 층을 이루고 있다. 물의 하층이동이 어려워 수직배수가 불량하다. 토양생성작용의 결과 만들어지는데 객토나 성토과정에서 기계화시공에 의해 생성된다. 농경지의 경우 농기계의 오랜 사용으로 논의 작토층 밑(쟁기바닥층)에도 생성되기도 한다.

괴상구조

불규칙한 육면체 모양으로서 대략 5~50 mm의 비교적 큰 덩어리를 이룬다. 배수와 통기가 잘 이루어지는 조건의 B층에서 주로 발달한다. 각괴상(angular block)은 각이 예리하고 4각 모양이며, 원괴상(아각괴상, subangular block)은 각이 없이 완만한 모양을 이룬다.

그림 3-30 토성3각도 (자료 : USDA)

주상구조

세로 길이가 가로 길이보다 긴 기둥모양 구조로 주로 B층에서 나타난다.

원주상은 기둥 상부가 둥근 모양으로서 나트륨함량이 높은 심토에서 주로 발달한다.

각주상은 기둥이 각지고 상부가 평평한 면으로 되어 있다.

2) 토성

식물체마다 적합한 토성이 각각 다르다. 토성을 알지 못하고 식물을 심는다면 고사하거나 생육이 불량하게 되며 다른 손실의 원인이 되기도 한다. 그러므로 토성은 수목의 관리뿐만 아니라 생태계 관리에 꼭 필요한 중요한 요소이다.

토성은 토양입자들이 갖는 크기 등급 즉 직경의 비율에 의해 결정된다. 토양의 물리적 성질과 화학적 성질 등과 밀접한 관계가 있다. 즉, 투수성, 보수력, 통기성, 양이온치환능력 등에 관련되어 있다.

토양 입자는 입자의 크기에 따라 모래(sand), 미사(silt, 가루모래), 찰흙(점토, clay) 등으로 구분하며, 모래, 미사, 찰흙의 함량에 따라 토성을 분류하게 된다. 토성은 그림 3-30과 같이 토성 3각도에 의해 모래, 미사, 찰흙의 함량을 기준으로 분류한다.

국제토양학회의 정의에 의하면, 직경 2 mm 이상은 자갈로 분류되고, 직경 0.2 mm 이상은 거친모래, 0.2~0.02 mm는 가는모래(세사), 0.02~0.002 mm는 가루모래(미사, silt), 0.002 mm 이하는 찰흙(점토) 등으로 구분된다.

식물생육에 적합한 토양을 판단하기 위한 토성은 점토의 함량을 기준으로 사토, 사양토, 양토, 식양토, 식토로 구분한다.

- 사토 : 점토함량 12.5% 이하. 보수성 낮고 양분흡착능력 약하여 식물생장에 부적합하여 개량 필요
- 사양토 : 점토함량 12.5~25%. 식물생장에 적합함
- 양토 : 점토함량 25~37.5%. 식물생장에 가장 적합함. 보수능, 배수능, 통기성, 뿌리 생장 용이. 잠재비옥도 높음
- 식양토 : 점토함량 37.5~50%. 점토함량이 많아 개량 필요
- 식토 : 점토함량 50% 이상. 점토함량이 너무 많아 개량 필요. 토양입자 응집력 크고, 점성과 가소성 크고, 마를 때는 굳어져 갈아엎기 곤란. 통기성 나쁘고 배수 잘 안됨

3) 토색(soil color)

토색은 외관상 뚜렷하게 나타나는 토양의 주요 특징 중의 하나이다. 토색에 따라 어느 정도 토양 생성과정을 알 수 있어 토양분류가 가능한데 예를 들면 황색포드졸토양, 갈색산림토양, 체르노젬(흑토), 테라로사 등의 분류가 가능하다.

토색은 토색첩에 나타나 있는 색상, 명도, 채도로 구분하며, Munsell 기호나 신판표준토색첩을 사용한다. 토색에 영향을 주는 주요 요인은 일반적으로 토양유기물과 철, 망간, 수분함량 등에 의해 결정되며 모암, 배수상태 등도 영향을 끼친다.

4) 토양수분(soil water)

토양입자 사이의 공극에는 공기와 수분이 채우게 되는데, 토양 수분에는 여러 가지 물질과 이온이 함유되어 있다. 토양수분은 다음과 같은 기능을 한다.

- 무기물 및 유기물 이온 함유되며 O_2, CO 같은 기체 용해
- 수분이 이동할 때 녹아 있던 물질이 함께 따라 이동하여 용탈과 집적작용
- 물질의 화학적 변화가 일어날 때에도 매개체가 됨
- 토양과 결합력에 따라 중력수(gravitational water), 모세관수(capillary water), 흡습수(흡착수, hydroscopic water), 결합수(결정수) 등으로 구분(그림 3-31)
- 식물이 흡수 가능한 유효수분은 모세관수로서 토양입자 사이의 작은 공극에 채우고 표면장력에 의해 유지되고 모세관현상에 의해 이동

토양수분은 식물체 내의 물질이동 매개체로서 식물체를 지탱하는 기능을 한다. 과습한 경우 뿌리부분이 숨을 쉬지 못하여 고사되며, 건조한 경우 식물은 세포에 있는 원형질막과 세포벽이 분리(원형질 분리)되어 결국 세포에 변형을 일으키고 더 이상 생명 활동을 할 수 없게 되어 고사에 이른다. 토양수분은 토양 입자 사이의 작은 공극에 채워지는 액상으로서, 토양입자와의 결합력에 따라 중력수, 모세관수(모관수), 흡착수(흡습수), 결합수 등으

로 구분된다.

- 중력수(gravitational water) : 토양의 큰 공극을 따라 중력에 의해 자유롭게 이동하는 수분을 말하며 보통 일시적으로 저장되었다가 중력에 의해 옆으로 이동하거나 아래로 침투하여 지하수를 형성한다.
- 모세관수(모관수 : capillary water) : 식물이 직접 이용할 수 있는 유효 수분이며, 토양표면에서의 증발이나 식생에 따라 모세관수 결핍이 다르게 나타난다. 대기 중에 24시간 이상 충분히 건조시키면 제거된다.
- 흡착수(흡습수 hygroscopic water) : 모세관수가 제거된 후 토양입자 사이에 얇은 막을 형성하며 단단하게 결합되어 생장에는 유효하지 않다. 대기 중에서는 제거되지 않으며 105℃ 이상의 온도로 8시간 이상 가열하면 제거된다.
- 결합수 : 토양입자 내부에 화학적으로 결합되어 있어 가열하여도 제거되지 않으며 이 책에서는 특별히 다루지 않는다.

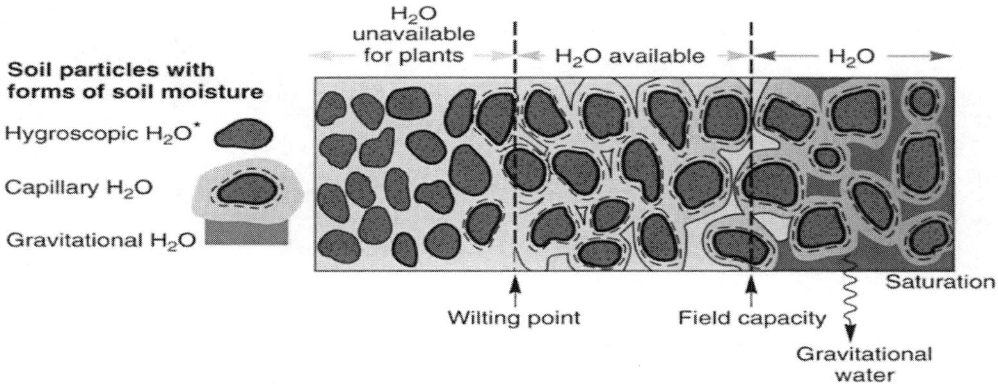

그림 3-31 토양수분 (좌로부터 흡습수, 모세관수, 중력수) (자료 : Bailey, 2016)

건토중량법

토양수분 함량을 표기하는 방법은 중량비, 용적비 등 양적 표현과 에너지 전위 등에 의한 질적 표현이 가능하다. 토양수분 함량을 측정하기 위해서는 건조 전 중량과 기건 상태에서의 건조 후 중량을 각각 측정하여 수분함량을 산정하며 함수율을 계산한다.

그림 3-32 토양수분 함량 측정.건토중량법
왼쪽 : 건조전 중량, 오른쪽 : 건조후 중량

촉감법에 의한 간이 수분측정

야외에서 촉감법(feeling test)에 의해서 어느 정도 토양 습윤도를 판단할 수 있다. 건조토양은 만졌을 때 건조한 느낌을 주며 딱딱하고 부서지기 쉽다. 습윤토양은 부드럽고 유연하고 습하다. 젖은 토양은 짜면 물이 나오고 손에 진흙이 묻어나온다.

모래질이 많은 경우 까칠까칠한 촉감을 주며, 미사가 많은 경우 건조 시에는 부드럽고 미끈거리며 습윤상태에서는 어느 정도 가소성이 있다. 점토는 끈적끈적한 촉감으로서 가소성과 점착력이 높다.

5) 경도(hardness) 및 견밀도(consistence)

경도

경도는 입경 조성, 공극량, 용적밀도, 토양수분이 종합되어 나타나며 토층의 투수성, 뿌리신장 등에 영향을 준다. 경도는 토양의 퇴적 양식, 식물의 생육조건의 좋고 나쁨을 판정하는 역할과 생물의 생육환경을 판단하는 지표가 될 수 있다. 토양의 경도는 토양에 힘을 주었을 때 저항하는 정도이므로 보통 원추형 관입저항계인 경도계(cone penetrometer)로 관입저항을 측정하거나 손가락으로 눌러서 판단한다.

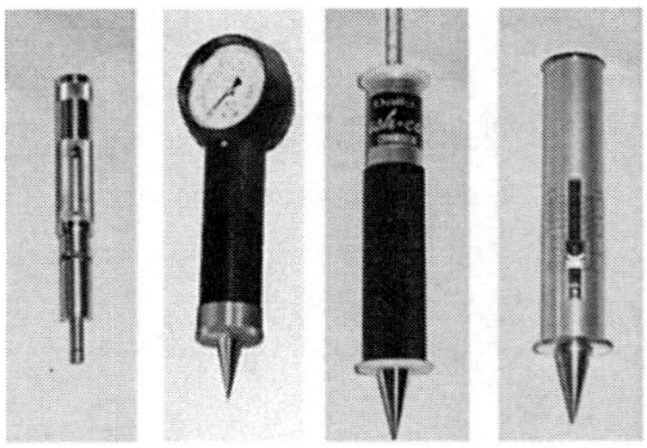

그림 3-33 산중((山中)식 토양경도계

견밀도

견밀도는 유동과 변형에 대한 저항력을 말한다. 외부에서 가해진 힘에 대한 토양의 변형 또는 파괴저항성이며, 토양입자 사이의 응집성을 뜻한다. 토양수분에 따라 변화하는 역학적 성질로서, 포화수분 이상인 경우 유동성과 점성이 나타내고, 수분이 감소되는 경우 소성(plasticity)을 나타내고 딱딱하게 된다.

1.4.5 토양의 생물학적 특징

토양계는 여러가지 생물들이 에너지나 양분 공급원으로써 이용할 수 있는 많은 유기질과 무기질을 포함하고 있으며 이러한 생물들이 살아갈 수 있는 다양하고 적합한 물리적인 환경을 구성하고 있다. 세균으로부터 대형동물에 이르기까지 다양한 생물들이 서식하면서 양분의 순환 전환 토양구조의 발달에 있어서 중요한 역할을 한다. 토양생물의 종류나 개체수, 그들에 포함된 여러 가지 기작들은 매우 복잡하고 광범위하며 일반적으로는 토양식물계와 토양동물계의 두 가지로 분류할 수 있다.

1) 토양 조류(algae)

조류는 독립영양생물로서 엽록소를 매개로하여 태양광선을 에너지원으로 이용할 수 있는 능력이 있어 빛이나 수분조건이 양호한 토양표면에서 주로 발생되며, 대기 중 공중질소를 고정할 수 있고 활성산소를 방출하기 때문에 중요한 요소이다.

2) 토양 균류(fungi)

호기성 종속영양생물로서 주로 낙엽 또는 떨어진 나뭇가지나 목재 잔해의 분해에 관여하여 부식층을 형성하거나 토양의 입단화를 돕는다. 균류의 중요한 기능 중의 하나는 종자 파종 후 첫 번째 생장기 동안 어린 묘목의 뿌리에 대한 보호 기능이 있다.

3) 방사상균(actinomysetes)

종속영양생물로서 균류와 같이 식물체 내 셀룰로오스 목질섬유소의 분해가 주요한 기능인 것으로 알려져 있다. 또한 방사상균은 비콩과 식물에 근류를 형성하여 식물의 질소고정에 관여한다.

4) 토양 미생물(bacteria)

토양 속에는 세균, 방선균, 사상균, 효모, 조류, 원생동물 등 미생물이 있다. 이들은 유기물을 분해함으로써 토양을 개선시키며 주로 뿌리근처 근권에 집중 분포하여 양분 보전을 돕는다. 또한 토양구조를 개선시키고 수분의 흐름을 개선시키며 토양침식을 감소시킨다. 나아가 질병 유발 생물과 경쟁하기도 하며 흙 속의 물을 따라 흐르는 오염물질을 분해하거나 걸러줌으로써 토양 개선 효과를 증진시킨다.

방선균은 토양 속 유기물 분해작용에 관여하는데 곰팡이처럼 균사를 만드는 세균의 한 그룹으로서, 방선균으로 인해 건강한 토양에서 독특한 흙냄새가 나게 된다.

토양 속의 미생물의 수나 종류는 온도, 수분, 산도, 깊이, 유기물의 유무 및 계절 등 여러 가지 환경에 의하여 변동할 뿐만 아니라 토성이나 식생 등의 영향을 받는다.

- 첫째, 대부분 분해자에 속하며 뿌리 분비물과 신선한 식물 부스러기와 같은 단순한 탄수화물을 소비하는 과정을 통해서 유기물을 토양 먹이사슬 내에서 살아가는 다른 생물에게 유용한 형태로 에너지를 바꾸어 준다. 토양 속 오염물질을 분해하거나 세포 안에 양분을 보유하거나 고정시키는 기능을 함으로써 근권으로부터 질소와 같은 양분을 유실되지 않게 해준다.
- 둘째, 공생으로서 질소고정세균은 식물과 공생하여 질소고정작용을 돕는다.
- 셋째, 무기영양체 또는 화학독립영양체이다. 유기화합물 대신에 수소 또는 질소, 황,

철화합물로부터 에너지를 얻으며 어떤 종은 질소순환과 오염물질의 분해에서 중요한 기능을 한다.

- 마지막으로, 세균성 병원균으로는 Xymomonas, Erwinia와 식물에 암종을 일으키는 Agrobaterium 등이 포함된다.

1.5 빛

1.5.1 빛과 식물

광포화점(light saturation point)

광합성은 빛의 강도와 비례하여 직선적으로 증가하나 일정 한도에 이르면 증가폭이 감소하며 마침내 더 이상 증가하지 않게 된다. 이렇게 빛의 세기가 증가되어도 더 이상 광합성 속도가 증가되지 않는 점을 광포화점이라고 한다.

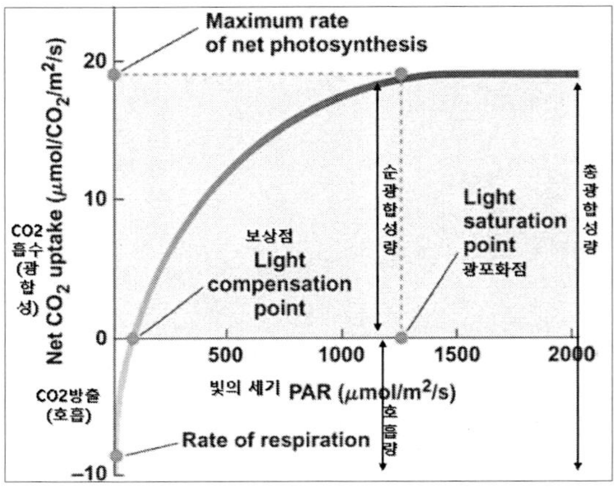

그림 3–34 광포화점과 보상점(구본학, 2016)

보상점(compensation point)

호흡은 빛의 세기와 관계없이 거의 일정하게 유지되지만 빛의 세기가 약할 때는 광합성이 거의 진행되지 않아 생산량보다 소비량이 많아진다. 빛의 세기가 증가하면서 점차 광합성이 활발해지면서 생산량이 증가하게 된다. 이때 광합성에 의한 CO_2 흡수량(O_2 배출량)과 호흡에 의한 CO_2 배출량(O_2 흡수량)이 같아지는 점을 보상점이라고 한다. 즉, 광합성량과 호흡량이 일치하여 순광합성량이 0이 되는 점을 의미한다.

1.5.2 빛공해(light pollution)

인공조명의 부적절한 사용으로 인해 과도한 빛 또는 조명영역 밖으로 누출되는 빛에 의해 건강하고 쾌적한 생활을 방해받거나 환경에 피해가 발생하는 상태를 말한다. 빛의 침입(light trespass), 과도 조명(over−illumination), 눈부심(glare), 빛의 혼란(light clutter), 밤하늘에의 영향(sky glow) 등 다양하다.

인공적인 빛에 의해 생물은 많은 영향을 받게 된다. 희귀종의 절멸 가능성이 높아지고 산란장해를 유발하며 생식주기가 변하고 성장 지연 및 생산력이 낮아지는 한편, 물질순환에도 영향을 끼칠 수 있다. 철새들이 도시의 불빛을 별빛으로 착각해 떼죽음 당한다든가 바다거북이 산란 장해와 더불어 부화된 바다거북이 해변가 불빛 때문에 바다로 가지 못하고 헤매기도 한다. 식물의 경우도 생리적 부조화나 단풍 또는 낙엽 지연, 가로등 등에 의한 벼의 수확 차이 등이 발생한다.

2 식물상 및 식생

식물분포는 기후와 토양특성, 인위적 영향 등 생태학적 요인에 의해 제한된다(Kolbek et al. 2003). 식물분포는 1차적으로 기후에 의해 지배되지만 2차적으로는 미기후나 미지형, 토양조건, 생물적 요인, 인위적인 영향 등에 의해 다양한 형태를 나타낼 수 있다.

2.1 식물상

2.1.1 식물상

식물상은 어떤 지역에 나타나는 식물들의 집합상, 그 목록, 식물 분류 등을 의미한다. 식물상 조사는 대상지 전체에 분포하는 식물 종의 현황을 조사하는 것으로서 출현종 및 분포현황, 법적보호종, 멸종위기종, 외래종, 귀화종, 교란종 등의 경향을 조사하여 보전가치가 있는 지역을 선정하는데 활용할 수 있다.

식물상 조사에서 나타난 중요한 종의 서식처는 보존하는 방안을 마련해야 한다.

식물상은 계절별로 다양한 서식지를 직접 방문하여 조사하게 된다. 전문적인 식견과 소요되는 시간에 의해 크게 좌우되므로 충분한 시간을 갖고 조사하는 것이 좋다. 식물 종 명칭 등 분류방법이 분류학자에 따라 차이가 있을 수 있으므로 분류 기준이 되는 서적을 밝힌다. 우리나라의 경우 Engler의 분류체계 또는 국내의 분류학자가 사용한 분류체계를 따르게 된다. 식물명의 정리는 학명을 기준으로 작성하며 국명을 병기한다.

2.2.2 수환경적응도에 따른 식물분포

식물생육이 수환경에서 얼마나 적응되어 있는지에 따라 구분된다(미국야생동물관리청(U.S. Fish and Wildlife Service), 1988 : 구본학, 2002)

식물은 수환경적응도에 따라 다음과 같이 구분할 수 있다.

• 절대습지식생(OBL : Obligate wetland plants) : 수생식물. 99% 이상 물이 있는 곳

에서 생육

- 상대적 습지식생(FACW : Facultative wetland plants) : 습생식물. 대부분(67~99%) 물이 있는 곳에서 생육.
- 중성식생(FAC : Facultative plants) : 수역과 육지에서 모두 (34~66%) 생육 가능
- 습성내륙식생(FACU : Facultative upland plants) : 대부분 육지(67~99%)에서 생육
- 내륙식생(UPL : Obligate upland plants) : 육상식물. 육지 생육 가능성 99% 이상

2.3 식생군락

2.3.1 식생

식생이란 지표를 덮고 있는 식물적 생명공동체 즉 식물군락을 의미하며 식생의 성립은 기후요인·토양요인·지형요인·생물요인·인위적 요인에 의해서 영향을 받는다. 식생분포는 기후에 따라 달라지는데 우리나라는 강수량이 풍부하기 때문에 기온에 따라 식생 분포가 결정된다.

우리나라의 대표적 식생유형으로는 아고산대초원, 아고산대관목림, 아고산대교목림(침엽수림, 침활혼효림, 낙엽활엽수림), 산지대초원, 산지대관목림, 산지대교목림(침활혼효림, 낙엽활엽수림, 상록침엽수림), 계반림(산지계곡림), 저지대교목림(낙엽활엽수림, 상록침엽수림, 침활혼효림, 상록활엽수림), 하반림, 소택림, 하반관목림, 임연식생, 암벽식생, 습원식생(고층, 중층, 저층), 하천습지초본식생, 유수변초본식생, 수생식물군락 등으로 구분하며, 해안지대의 절벽, 자갈밭, 사구, 염습지, 방목지, 휴경 및 폐경지, 인위적 식재림 등도 포함하여 세분한다.

식생조사

식생조사는 군집의 식생구조를 파악하는 것으로서 식생조사를 통해 잠재자연식생을 파악할 수 있으며 개발이 예상되는 지역에서는 이식하여야 할 중요한 종을 파악하는데 도움을 준다. 대표성 있는 일부 군락을 조사하여 전체 대상지의 식생을 판단하는 조사방법으로서 일반적으로 브라운블랑케에 의해 제안된 Braun-Blanquet법을 사용한다.

식생조사표(표 3-34)에 대상지 기초 환경정보와 식생정보를 기록하며, 전체적인 식물군락의 분포 확인을 위해 식생도를 작성하게 된다. 넓은 지역의 경우 항공사진을 기초로 하여 밑그림 작성 후 현장방문으로 확인한다. 현장조사에서는 우점종 및 군락 범위를 확인하는데 일반적으로 측정자와 기록자가 2인1조로 한다.

조사도구

식생조사를 위해서는 기본적으로 식생조사표, 필기구, 줄자, 고도계, GPS, 경사계, 접이자, 식물채집도구, 카메라, 쌍안경, 조사지도 등을 준비한다. 식생조사표는 일정한 서식의 조사용지로서 야외조사 시 빠진 부분이 없도록 하는 것이 중요하다(표 3-32).

줄자(50 m 이상) 또는 노끈은 방형구 설치 시에 이용한다. 줄자(5 m 이내)는 식물의 높이나 토양의 깊이의 측정, 기타 용도에 이용되며 일반적으로 철제가 좋다. 카메라는 입지조건이나 군락의 기록에 필요하며 식생정보를 효과적으로 전달할 수 있다. 드론과 같은 비행체에 부착된 카메라를 이용하여 접근이 어려운 지역도 쉽게 촬영가능하며, 하이퍼스펙트럴 등과 같은 초분광카메라를 이용하면 효과적으로 조사 분석이 가능하다.

고도, 경사, 방위는 요즘에는 GPS 또는 GPS 기능이 내장되어 있는 시계, 휴대폰 등을 통해서도 측정이 가능하다. 고도계는 식생조사 지점의 해발고도를 아는데 필요하다. 경사계는 조사 대상지의 경사도를 측정하기 위해 필요하며 일반적으로 지질조사용을 사용한다. 나침판은 조사지의 방위 측정과 산지 조사 시 길을 잃지 않기 위해서도 좋다. 조도계는 군락의 소멸이나 조성은 임관의 무성한 정도에 크게 영향을 받는 식생에서 임관의 개폐 정도를 알기 위해 측정하는 경우가 있다.

표 3-4 식생조사표 (야장) 예시

식 생 조 사 야 장							
20 년 월 일				조사자 :			
NO.		조사지					
조사구면적	m × m		지 형			조사좌표	
	높이(m)	식피율(%)	경 사	15°		방 위	
교 목	>8 m		표 고	m			
아교목	2~8 m		토 성	바위 호박돌·자갈·모래·사질토·점토			
관 목	1~2 m		수심(m)			교란유형	
초 본	<1 m		군락명			인접군락	
교 목		아 교 목		관 목		초 본	
종 명	D.S	종 명	D.S	종 명	D.S	종 명	D.S
특이사항							

표본구

조사대상지 중 입지조건이나 상관이 균질한 대표 식생이 나타난 식분(stand) 부분에 방형구를 설치한다. 균질부분이 넓을 때에는 2개 또는 수 개의 표본구를 설치하며, 입지조건이나 군락형태, 조성에 차이가 있는 식분에는 별개의 표본구를 설치한다. 거리가 떨어진 곳에 같은 종류로 보이는 군락이 있을 때에는 반복하여 표본구를 설치한다. 표본구역의 모양은 사각형의 방형구가 일반적이며, 조사 지역의 지형이나 군락의 전체 모양에 따라 변형할 수도 있으나 균질한 군락 내에 표본구역을 설치하는 것이 중요하다.

표본구 면적이 너무 적으면 출현종을 모두 기록하지 못하게 되고, 너무 크게 되면 인접군락에 침범하게 되어 이질적인 군락의 요소가 섞이게 될 수 있다.

표본구의 크기는 면적과 종수의 관계를 나타낸 종수-면적 곡선을 통해 파악 가능하다

(그림 3-35). 식물종수와 면적과의 관계를 그래프로 작성하면 종수-면적곡선이 된다. 조사면적에 따른 종수를 나타낸 그래프인 종수-면적 곡선은 가로축은 조사면적, 세로축은 발견종수를 기록한다. 종수-면적 곡선에 의하면 면적이 커질수록 종수가 많아지게 되는데, 초기에는 면적이 증가할수록 급격하게 종수가 증가하다가 어느 정도 면적이 커진 이후에는 증가속도가 완만해지고 결국 면적의 증가와 관계없이 종수가 거의 일정해지는 패턴을 보인다. 표본구의 크기는 종수의 평균증가율에 해당되는 면적으로 하거나 아니면 증가속도가 완만해지는 면적으로 결정하게 된다.

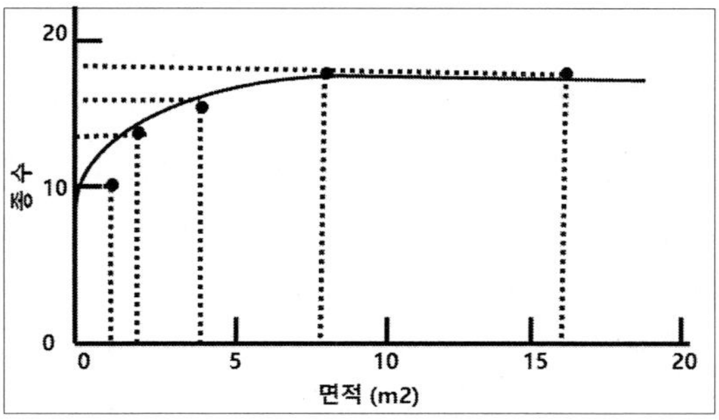

그림 3-35 종수면적 곡선

2.3.2 측구법(plot sampling method)

측구법은 개체군이나 군집의 종조성과 구조를 정량적으로 조사하는 표본 추출법이다. 측구의 모양은 대개 정방형(방형구)이거나 장방형이지만 편의에 따라 원형이나 다른 모양으로 변형할 수도 있다. 조사자는 측구의 면적을 결정한 다음, 그 안에 있는 모든 생물의 종을 동정하여 기록하고 개체수를 조사한다. 개체군이나 군집의 정확한 정보를 얻기 위해 여러 개의 방형구를 반복하며 정확성을 높이기 위해서는 랜덤 추출을 해야 한다.

방형구법(quadrat method)

일반적으로 방형구의 크기는 가장 커다란 종의 평균적인 canopy의 약 두 배를 사용하고 있다. 식물 종의 수에 따라서 모든 방형구에 한 종 또는 두 종의 식물이 포함되도록 정하기도 한다. 또는 모든 방형구에 가장 일반적인 종이 63%에서 86% 정도가 나타나도록 방형구의 크기를 정하기도 한다. 그 외 조사자의 수에 의한 방법도 있다. 식물군락 유형에 따라 적절한 크기의 방형구를 설치하여 출현 식물종을 기록하고 식물종의 피도, 경엽부 밀도, 빈도 등을 측정한다. 현장에서 측정한 식물종별 피도, 밀도 및 빈도로부터 상대피도, 상대밀도 및 상대빈도를 산출한다. 또한 상대피도, 상대밀도, 상대빈도의 평균값으로부터 중요치(importance value)를 계산한다. 또한, 생물다양성을 비교하기 위해 Shannon의 종다양도, 최대종다양도(H′max), 균제도(J′), 우점도(D)를 구한다.

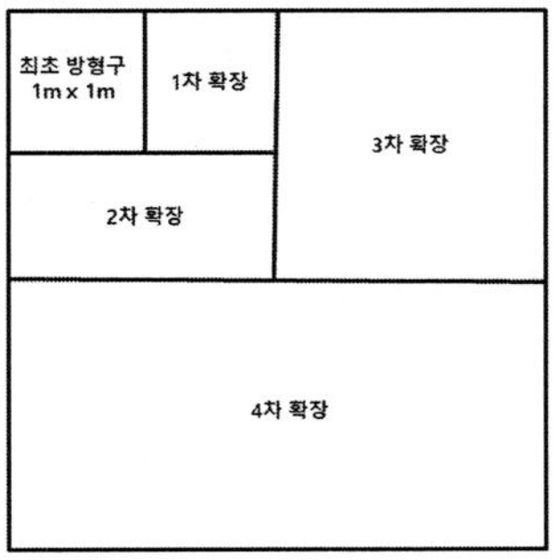

그림 3-36 방형구 크기

$$H' = -\Sigma pilogpi \qquad H'max = logS$$

$$J' = \frac{H'}{H'max} \qquad D = 1 - J'$$

여기서 pi는 어떤 종의 개체수대 전체종의 총개체수의 비, S는 구성종 수

대상법 및 선차단법

대상법은 긴 띠 안에 분포하는 생물을 조사하는 방법으로, 생태적 천이의 연속적인 단계나 전이대에서의 군집을 연구할 때 더 장점이 많고 효율적이다. 띠대상법(belt transect)이나 선차단법(line intercept)으로 조사하면 방형구법에 비해 시간과 노력이 절감된다.

2.4 군락 구조 조사

2.4.1 입지조건 조사

기록자는 주변지형과 표본구의 위치에 대한 일반적 현황을 우선 기록한다.

- 해발고도 : 고도계를 읽고 기록한다. 불확실한 부분도 기록해 두었다가 나중에 정확한 해발고도를 확인 후 기록을 수정한다.
- 경사의 방위와 각도 : stand의 경사에 대한 방향과 각도는 군락의 일광조건이나 풍향, 나아가 토양의 건조 등과 관계된다. 경사계를 사용하여 측정한다.
- 지형과 토양 : 비탈면의 상부(US), 중부(MS), 하부(LS), 혹은 산등성이 상(R) 등 포본구의 지형상의 위치나 특징을 기호로 기록한다. 토양은 깊이 1 m 이상의 도랑을 파는 것이 일반적이나, 표층이나 그 하층의 토성의 군락에 따라 조사하는 것이 바람직하다.
- 향 : 양지와 바람맞이. stand의 지형상의 위치에 좌우되는 요인으로서, 앞의 지형으로 가름하기도 한다.

2.4.2 군락계층(층위구조)

구성종을 기록하기 전에 교목층(T1), 아교목층(T2), 관목층(S), 초본층(H) 등으로 구분하여, 각 계층의 우점종명, 평균적인 높이와 식피율(그 계층의 수관이 표본구 면적을 덮은 비율), 교목층의 흉고직경을 측정하고 기록한다. 측정자는 기록자의 신장 또는 머리 위 손의 높이 등을 기준삼아 교목층, 아교목층, 관목층의 높이를 측정한다. 초본층은 자신의 무릎 위의 허리 높이를 기준으로 하여 측정한다. 각 계층의 전체적인 식피율은 눈으로 측정한다.

고목군락의 경우, 최상층의 교목층이나 그 아래 아교목층의 높이 측정은 측고기에 의한 측정이 가장 정확하다. 이때 측고기가 없는 경우에는 손을 머리 위에 올려서 2 m 높이의

위치를 알고, 그의 몇 배의 높이에 해당하는가를 측정하면 오차를 최소화할 수 있다.

표 3-5 군락 계층 구분

구 분	층 구 분
교목층(tree-1 layer : T1)	8 m 이상
아교목층(tree-2 layer : T2)	2~8 m
관목층(shrub layer : S)	0.5~2 m
초본층(herb layer : H)	1~0.5 m 이하

2.4.3 종조성의 목록작성

기록자가 표본구의 중앙에 서고, 측정자는 달팽이집 모양으로 걸으면서 계층별로 종명을 부르고, 기록자가 기록한다. 같은 종이더라도 다른 계층에 출현하게 되면 각 계층에 종명을 반복 기입한다. 고목의 경우에는 쌍안경을 이용하며, 종명이 불분명한 식물은 모두 채집하거나 정밀촬영하고 기호 또는 임시명칭을 붙여 그것을 조사표에 기입한 후 실내로 가져와서 동정한다. 채집의 경우 소형 표찰 또는 종이테이프에도 기입하여 채집품에 붙인다. 종의 추가가 없으면 조사를 끝내고 조사면적을 기록한다. 이때 표본구 밖에서 같은 군락으로 보인 곳에 발견되는 종이 있으면 추가 기입한다. 우점도, 군도는 괄호 안에 "."으로 구분 작성한다.

2.4.4 우점도, 군도

Braun-Blanquet(1964) 법에 의해 구성종에 대한 계층별 목록작성이 끝나면 그들 각 종의 양과 생육 상태를 측정한다.

먼저 종의 양적 지표는 우점도로서 피도(Coverage : C)와 개체수를 조합한 우점도(dominance) 계급을 7단계로 나누어 표시한다(표 3-6). 우점도는 표본구를 어느 정도 덮고 있는지 파악한다.

다음으로 식물생육의 상태는 계급별로 종에 따른 군도(sociability : S)나 활력도(vitality), 착화결실의 유무 등에 대하여 기록한다(표 3-7, 3-8). 군도는 종의 개체(지엽의 넓이를 포함)의 집합 혹은 이산의 정도를 말하며 활력도란 군락 내에서 종의 생활사의 완결능력을 말한다.

표 3-6 우점도 (피도와 개체수를 조합)

우점도 계급	피도범위	판 정 기 준
5	75~100 %	표본구 면적의3/4 이상을 덮고, 개체수는 임의
4	50~75 %	표본구 면적의 1/2~3/4을 덮고, 개체수는 임의
3	25~50 %	표본구 면적의 1/4~1/2을 덮고, 개체수는 임의
2	5~25 %	표본구 면적의 1/10~1/4을 덮거나, 개체수가 많다.
1	1~5 %	개체수가 많지만 피도 낮다. 혹은 산재하지만 피도는 높다. (단 1/10 이하)
+	〈 1 %	피도 낮고 산재
r	≪ 1 %	고립하여 출현, 피도는 극히 낮다. (r기호가 생략되고, +기호에 포함시켜 정리하는 경우도 많다.)

표 3-7 군도 판정 기준

분포 상태	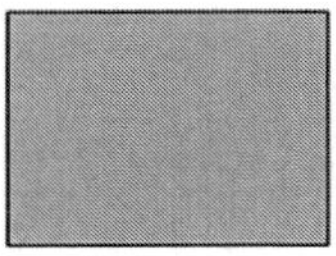	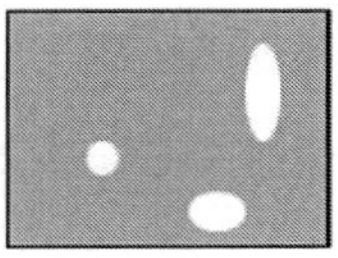	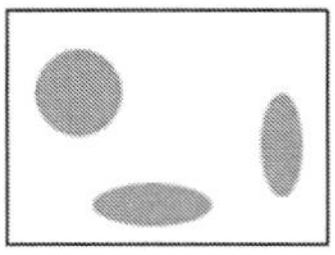	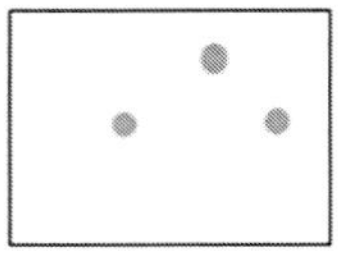	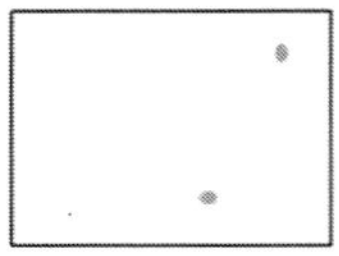
군도	군도 5	군도 4	군도 3	군도 2	군도 1
	카페트상 또는 멍석 넓이	카페트에 구멍 뚫려 있거나 좁은 카페트	방석 넓이	포기 또는 직경 5 cm 이하	고립하여 생육
설명	방형구내에서 전체적으로 퍼져 있어 카펫트처럼 연속되어 있는 형태 (거의 피도 80~100%정도)	조사면적 내에 2-3곳이 드문드문 비어있는 형태. 마치 카펫트에 구멍이 난 것처럼 한 종이 없는 면적이 있다.	조사면적 내에서, 한 종이 몇군데에서 나타남. 그 면적이 군도 4보다 적으나, 피도 30~40% 정도.	조사면적 내에서 드문드문 나타남. 전체적 적은 무리가 생육.	우연히 출현하거나, 조사면적 내에서 고립해서 존재

표 3-8 활력도

기호	설명
●	잘 번성하고 생활사를 규칙적으로 완결하는 식물
◉	생육은 별로 좋지 않으나 번식하는 식물, 혹은 번성하거나 생활환을 규칙적으로 완결시킬 수 없는 식물
○	생활환을 완결시킬 수도 없고 생육도 나쁜 식물
:	우연히 발아하여 번성할 수 없는 식물

다음 표 3-9는 실제 조사한 식생조사표의 사례이다.

표 3-9 식생조사표 사례

식생조사표

2013 년 8 월 31 일 　　　　조사기관 : 00대학교

No 4 　조사지 00 지구 　조사자 000

지 형 : 산정 사면(상·중·하·⎍⎍·⎍⎍) 능선 선상지 평지 계곡

날 씨 : 　　토양 pH : 　ppm 　노암율 : 2 %

표 고	123 m	계 층	높 이 (m)	식피율 (%)	토양층(cm)	
방 위	185 °	교 목 층	15	80	낙엽층	
경 사	15 °	아교목층	8	5	부엽층	
면 적	10 >10 m	관 목 층	1.5	15	A1 층	
군락명	갈참나무	초 본 층	0.3	35	A2 층	

교 목 층		아교목층		관 목 층		초 본 층	
Species	D	Species	D	Species	D	Species	D
갈참나무	5	상수리나무	2	참느릅나무	1	산박하	+
굴피나무	2a			밤나무	1	청미래덩굴	2a
졸참나무	2b			굴피나무	+	참취	1
				졸참나무	1	졸참나무	2a
				쥐똥나무	+	기린초	+
				작살나무	+	생강나무	1
				생강나무	2a	회나무	+
				개암나무	1	칡	+
				갈참나무	2a	참느릅나무	+
						양지꽃	r
						굴참나무	+
						맑은대쑥	+
						원추리	r
						갈참나무	r
						산벚나무	r
						인동	+
						개암나무	r
						맥문동	+
						실새풀	1
						삽주	r
						그늘사초	2m
						밤나무	+
						멍석딸기	r
						댕댕이덩굴	r

2.4.5 군락 단면도

조사표 기입 후에는 군락평면도를 기반으로, 뒷면 또는 별지에 군락의 수직적 배열상태를 계층구조화하여 계층구조를 포함한 군락 단면도를 그린다. 단면도에는 토양표면의 낙엽 퇴적 상태나 자갈 산재 정도 등을 기록하며, 토양 깊이 등 특별한 토양 요소도 단면도에 묘사한다.

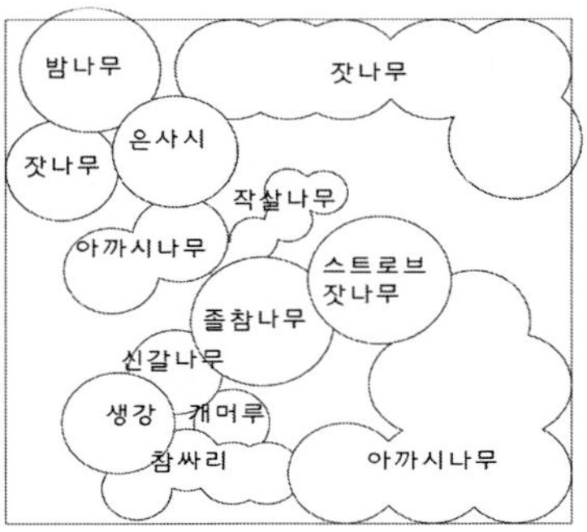

그림 3-37 태조산 군락 평면

그림 3-38 태조산 군락 단면

계층	높이(m)	식피율(%)	우점종
교목층(T1)	15	85	리기다소나무
아교목층(T2)	5	5	
관목층(S)	1	7	졸참나무
초본층(H)	0.5	3	산딸기
DBH(cm) : 18			

교목층(T1)		아교목층(T2)		관목층(S)		초본층(H)	
리기다소나무	5.5	밤나무	r	은행나무	r	산딸기	+
-	-	밤나무같은..	r	신갈나무	+	신갈나무	+
-	-	-	-	졸참나무	+	-	-

그림 3-39 태조산 식생군락 우점도 군도

현존식생도/잠재자연식생도

현존식생도는 제반 환경조건과 인간의 영향을 받는 현재 상태의 식생도를 말하며, 우점종을 중심으로 군락명을 명명하고 식생도를 작성한다. 식생도는 군락의 분포를 실제 크기에 맞게 지도로 표현한다(그림 3-40). 이 분포도에는 기후, 토양, 인간의 영향 등을 포함하므로 그 지역의 환경상태와 식생분포를 일목요연하게 파악할 수 있다.

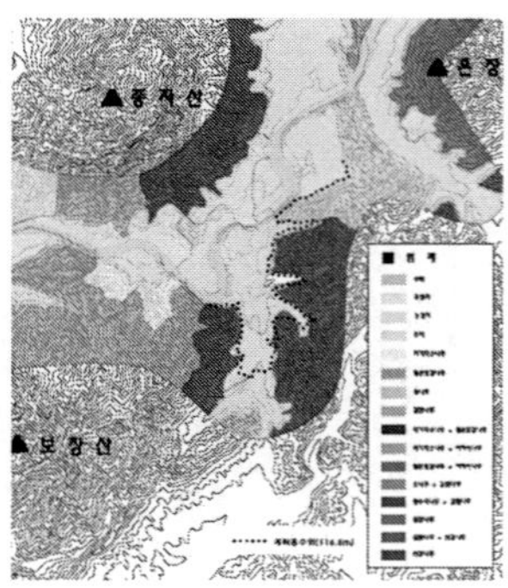

그림 3-40 현존식생도 사례

잠재자연식생도는 인간의 개입을 배제했다고 가정할 때 나타날 수 있는 잠재적 식생을 의미하며, 그 지역의 환경조건에 부합된 식생이라고 하겠다. 그러므로 잠재자연식생은 대상지를 포함한 주변지역에 잔존하는 자연식생 구조와 생육환경을 파악하고, 천이의 흐름과 우점도, 인간간섭 유형 및 정도, 토양구조의 변화 등을 종합적으로 판단하는 것이 중요하다.

2.4.6 생체량 측정

채집된 식물체는 물로 씻어서 지상부인 경엽부와 지하부인 지하경, 뿌리로 구분한다. 부위별로 분리한 식물 시료는 80℃ 건조기에서 건조 후 무게를 측정한다.

2.5 식생보전가치 및 등급

식생보전등급(degree of vegetation conservation, DVC)은 국토의 식생자원을 효율적으로 관리를 위하여 입지의 자연조건, 식생의 천이정도, 인위적인 간섭정도, 식생경관을 고려하여 자연성, 희귀성, 역사성 및 분포상황 등에 따라 그 보전가치를 식생보전등급으로 평가한 것을 말한다(표 3-10, 3-11).

표 3-10 식생보전등급 평가 항목 및 요령(환경부, 2009)

평 가 항 목	평 가 요 령
가. 분포 희귀성 (rarity)	(1) 식물군락이 한반도 내에서 분포하는 패턴 (2) 분포면적이 국지적으로 좁으면 높게, 전국적으로 분포하면 낮게 평가
나. 식생복원 잠재성 (potentiality)	(1) 식물군락이 형성되는데 소요되는 기간(잠재 자연식생의 형성기간) (2) 오랜 시간이 요구되면 높게, 짧은 시간에 형성되는 군락은 낮게 평가. 부영양화, 식재 등에 의한 것이면 상대적으로 낮은 것으로 평가
다. 구성식물종 온전성 (integrity)	(1) 식물군락의 구성식물종(진단종군)이 해당 입지에 잠재적으로 형성되는 식물사회의 구성식물종인가에 대한 평가 (2) 입지의 자연식생의 구성종을 엄밀히 파악하는 것으로 천이 후기종(극상종)으로 구성되면 높게, 초기종의 구성비가 높으면 낮게 평가
라. 식생구조 온전성	(1) 식물군락이 해당입지에 전형적으로 발달하는 식생구조(층위구조)가 얼마나 원형에 가까운가 (2) 산림식생은 4층 구조를 가지며, 층위별 고유 식생고(height)와 식피율(coverage)을 가지고 있으므로 층위구조가 온전하면 보전가치 높게 평가
마. 중요종 서식	(1) 식물종 자체에 대한 보전생태학적 가치 (2) 분포면적이 좁거나, 중요한 식물종(멸종위기종 또는 식물구계학적 중요종)이 포함되면 더욱 높게 평가
바. 식재림 흉고직경	식재림의 경우 가장 큰 개체, 보통 개체의 흉고직경(DBH)을 기록

표 3-11 식생보전등급 기준

등급구분	분 류 기 준
가. Ⅰ등급	(1) 식생천이의 종국적인 단계에 이른 극상림 또는 그와 유사한 자연림 (가) 평균수령이 50년 이상된 삼림식생(난온대상록활엽수림, 낙엽활엽수림) (나) 아고산대 침엽수림(분비나무군락, 구상나무군락, 주목군락 등) (다) 산지 계곡림(고로쇠나무군락, 층층나무군락 등), 하반림(오리나무군락, 비술나무군락 등), 너도밤나무군락 등의 낙엽활엽수림 (2) 삼림식생이외의 특수한 입지에 형성된 자연성이 우수한 식생이나 특이식생 (가) 해안사구, 단애지, 자연호소, 하천습지, 습원, 염습지, 고산황원, 석회암지대, 아고산초원, 자연암벽 등에 형성된 식생. 다만, 이와 같은 식생유형은 조사자에 의해 규모가 크고 절대보전가치가 있을 경우에만 지형도에 표시하고, 보고서에 기재 사유를 상세히 기술하여야 함
나. Ⅱ등급	자연식생이 교란된 후 2차천이에 의해 다시 자연식생에 가까울 정도로 거의 회복된 상태의 삼림식생 (가) 군락의 계층구조가 안정되어 있고, 종조성의 대부분이 해당지역의 잠재 자연식생을 반영하고 있음 (나) 난·온대 상록활엽수림(동백나무군락, 구실잣밤나무–당단풍군락, 졸참나무군락, 서어나무군락 등의 낙엽활엽수림)
다. Ⅲ등급	(1) 자연식생이 교란된 후 2차천이의 진행에 의하여 회복단계에 들어섰거나 인간에 의한 교란이 지속되고 있는 삼림식생 (가) 군락의 계층구조가 불안정하고, 종조성의 대부분이 해당지역의 잠재자연식생을 충분히 반영하지 못함 (나) 조림기원 식생이지만 방치되어 자연림과 구별이 어려울 정도로 회복된 경우 (2) 산지대에 형성된 2차관목림이나 2차초원
라. Ⅳ등급	인위적으로 조림된 식재림
마. Ⅴ등급	(1) 2차적으로 형성된 키가 큰 초원식생(묵밭이나 훼손지 등의 억새군락이나 기타 잡초군락 등) (2) 2차적으로 형성된 키가 낮은 초원식생(골프장, 공원묘지, 목장 등) (3) 과수원이나 유실수 재배지역 및 묘포장 (4) 논·밭 등의 경작지 (5) 비교적 녹지가 많은 주택지(녹피율 60%이상)

2.6 자료정리

2.6.1 분류 동정

분류(classification)란 용어를 정의하고, 대상물을 체계적으로 정리하는 것이다. 즉, 분류란 차이점을 찾아서 나누어가는 작업과, 유사점을 찾아서 종합하여 가는 작업이 함께 이루어져 종조성(식별종, 특이종 등)을 분류하고 계급명을 붙이는 등의 체계화를 이루는 과정이다. 분류과정에서 구별, 동정을 포함하는 개념이다. 구별(discrimination), 혹은 구분(subdivision)은 두 개 이상의 개념이 같은 것인지 다른 것인지를 판단하는 것이다. 동정(identification)이란 구별된 것이 기존의 분류체계의 어느 것에 해당되는가를 판단하는 것이다. 식물 종 명칭 등 분류방법이 분류학자에 따라 차이가 있을 수 있으므로 분류 기준이 되는 서적을 밝힌다. 식물명의 정리는 학명을 기본하며 국명을 병기한다.

2.6.2. 표 조작법에 의한 식생 자료 처리

Braun-Blanquet방법에 따른 군락 분류에서는 유사한 식분들을 모아서 한 식생단위로, 유사하지 않은 식분들을 모아서 다른 식생단위로 분류한다. 식생단위는 비슷한 출현양식을 가지는 종군과 비슷한 종조성을 나타내는 식물군을 모아 파악한 후 등급을 부여한다.

표 조작법의 순서는 다음과 같다.

① 원자료표를 작성한다.

② 출현빈도표(상재도표)로 옮겨 적는다.

③ 부분표를 이용하여 식별종을 발견한다.

④ 식별종의 유무에 따라서 종과 식분을 배열함 식별표를 작성한다.

표 조작법을 통해 우선 고출현종(고상재도종)을 찾을 수 있다. 즉, 전 자료를 통하여 출현횟수가 많은 고출현종이 대상지 군락 전체의 특성을 대표한다.

1) 원자료표(raw or primary table)

원자료표는 조사된 식생자료를 모두 한 표에 기입하여 종조성을 한눈에 볼 수 있게 작성한 일람표를 의미한다(표 3-12). 모눈종이를 사용하여 왼쪽에 식물명을 기록하고 해당 조사지 번호에 피도와 군도를 기입하되 왼쪽에 피도계급을, 오른쪽에 군도 계급을 적고, 그 사이에 점을 찍어 구분한다. 액셀과 같은 컴퓨터 프로그램을 이용하는 경우 종명을 세로열(column)에 조사구별 피도와 군도를 가로행(row)에 기록한다.

2) 출현빈도표(상재도표, constancy table)

원자료표에서 출현횟수가 많은 종의 순서로 옮겨 적은 표를 의미한다(표 3-13). 구체적인 군락을 구분하기 위한 과정이다. 20 mm폭으로 절단한 긴 모눈종이의 테이프를 출현횟수가 가장 많은 제1번 종 밑에 대고 테이프에 기록한 다음, 그 기록을 넓은 모눈종이에 옮겨 적는다. 같은 요령으로 제2번 종, 제3번 종을 순서에 따라 옮겨 적으면서 왼쪽란의 종명과 오른쪽란의 출현횟수가 맞는지 확인한다. 액셀프로그램을 이용하는 경우 원자료표에서 산출한 출현빈도에 따라 내림차순으로 정리(sorting)한다.

출현빈도에 따라 고출현종(고상재도종), 중출현종(중상재도종) 및 저출현종(저상재도종)을 구별한다. 고출현종은 출현빈도 60~100%, 중출현종은 출현빈도 10~60%, 저출현종은 출현빈도 1~10%를 의미하며, 일반적으로 중출현종이 군집의 특징을 식별하는 식별종으로 간주된다.

표 3-12 원자료표 예시

표본구 번호	1	2	3	4	5	6	7	8	9	10	출현 횟수	출현빈도 (상재도) (%)
출현종수	21	10	13	12	14	20	18	19	8	12		
갈대	2.2	2.2	4.4	4.4	4.4	2.3	4.4	4.4	3.4	3.3	10	100
가시상치	1.2		(+)	(+)	1.1	2.2	(+)	1.2		1.1	8	80
갈풀	(+)		(+)		(+)	2.2	1.1	1.1			6	60
강아지풀	2.2		(+)		2.2	2.2	2.2	2.2			6	60
개망초		(+)	(+)	(+)		(+)	(+)	(+)	(+)	(+)	8	80
개미자리	2.2				2.2	(+)	(+)	1.1			5	50
개밀	1.1				4.4	4.4	4.4	2.3			5	50
개피	1.1				(+)	(+)	1.1	2.2			5	50
갯버들	2.2										1	10
고마리	1.1				(+)	1.1	2.2	2.2			5	50
골풀	2.2					(+)	(+)	(+)			4	40
금강아지풀						(+)	(+)				2	20
다닥냉이					2.2	(+)					2	20
달맞이꽃	3.3				4.4	4.4	2.2	2.2			5	50
달뿌리풀					(+)	(+)	(+)	(+)			4	40
닭의장풀	1.1					2.2					2	20
도루박이	2.2				5.5						2	20
돌콩	2.2					2.2	(+)	1.2			4	40
돌피											1	10
동부		2.3	4.4	4.4					2.3	4.4	5	50
돼지풀		2.2	(+)	1.2					2.2	(+)	5	50
땅빈대	(+)						(+)	(+)			3	30
망초	(+)					(+)	(+)				3	30
매듭풀	(+)										1	10
명아주	(+)										1	10
미국가막사리											1	10
박주가리				1.1					1.1	2.2	4	40
방가지똥	(+)										1	10
방울고랭이								(+)			1	10
벌깨덩굴						(+)					1	10
부들								(+)			1	10
비자루국화						(+)					1	10
사마귀풀							(+)	(+)			2	20
사철쑥				1.2					(+)	1.1	3	30
서양민들레					(+)					(+)	2	20
속털개밀				(+)							1	10
송이고랭이							(+)	(+)			2	20
쇠뜨기									(+)	(+)	2	20
쇠별꽃		1.1	2.2								2	20
실새삼		1.2	2.2								2	20
애기부들											1	10
여뀌											1	10
왕고랭이	(+)								2.2		1	10
익모초											1	10
조개풀		1.1									1	10
조뱅이	(+)										1	10
줄	(+)										1	10
차풀										1.1	1	10
환삼덩굴			(+)								1	10
황새냉이			(+)								1	10

표 3-13 출현빈도표(상재도표) 예시

종군 구분	표본구 번호	1	2	3	4	5	6	7	8	9	10	출현 횟수	출현빈도 (상재도) (%)
	출현종수	21	10	13	12	14	20	18	19	8	12		
	갈대	2, 2	2, 2	4, 4	4, 4	4, 4	2, 3	4, 4	4, 4	3, 4	3, 3	10	100
	가시상치	1, 2		(+)	(+)	1, 1	2, 2	(+)	1, 2		1, 1	8	80
	개망초		(+)	(+)	(+)		(+)	(+)	(+)	(+)	(+)	8	80
A	갈풀	(+)		(+)		(+)	2, 2	1, 1	1, 1			6	60
A	강아지풀	2 , 2		(+)		2, 2	2, 2	2, 2	2, 2			6	60
B	동부		2, 3	4, 4	4, 4					2, 3	4, 4	5	50
B	돼지풀		2, 2	(+)	1, 2					2, 2	(+)	5	50
A	개미자리	2, 2				2, 2	(+)	(+)	1.1			5	50
A	개밀	1, 1				4, 4	4, 4	4, 4	2, 3			5	50
A	개피	1, 1				(+)	(+)	1, 1	2, 2			5	50
A	고마리	1, 1				(+)	1, 1	2, 2	2, 2			5	50
A	달맞이꽃	3, 3				4, 4	4, 4	2, 2	2, 2			5	50
A	달뿌리풀					(+)	(+)	(+)	(+)			4	40
A	골풀	2, 2					(+)	(+)	(+)			4	40
A	돌콩	2, 2					2,2	(+)	1, 2			4	40
B	박주가리		(+)							1, 1	2, 2	4	40
A	땅빈대	(+)						(+)	(+)			3	30
A	망초	(+)					(+)	(+)				3	30
B	사철쑥				1, 2					(+)	1, 1	3	30
	중상재도의 종수	9	3	2	4	8	11	12	12	4	4		

3) 부분표

부분표란 출현빈도표에서 고출현종과 저출현종을 제외하고 중출현종 또는 20~75% 정도의 출현빈도를 나타낸 종을 대상으로 정리한 표이다(3-14). 유사한 종조성을 갖는 식분과 서로 대립되는 종을 갖는 식분을 찾아내어 색연필이나 실선 또는 점선의 밑줄로 구별하여 종군A와 종군B로 구분한 다음 같은 종군끼리 모은다.

4) 식별표(군락구분)

식별표에서 식생 군락단위를 결정한다. 식별표는 모든 자료를 출현빈도에 따라 군으로 분류하여 한 표에 기입한 표로서 군락을 구분하고 군락명칭을 명명한다(표 3-15). 먼저 부분표에서 분류한 종군A와 종군B를 옮겨 적고, 그 밑 란에 나머지 종 중에서 출현빈도가 높은 종으로부터 낮은 순으로 적은 다음 고출현종군을 구획선으로 묶고 종군C라고 이름 짓는다. 군락명칭은 우점종과 아우점종 등 1-2개 종명을 이용하여 명명한다.

표 3-14 부분표 사례

일련번호	2	3	1	4	5	10	6	7	8	9	출현횟수
종군	A	A	A	A	A	B	B	B	B	B	
표본구 번호	7	8	6	1	5	3	2	4	9	10	
출현종수	18	19	20	21	14	13	10	12	8	12	
갈풀	1, 1	1, 1	2, 2	(+)	(+)	(+)					6
강아지풀	2, 2	2, 2	2, 2	2, 2	2, 2	(+)					6
개미자리	(+)	1, 1	(+)	2, 2	2, 2						5
개밀	4, 4	2, 3	4, 4	1, 1	4, 4						5
개피	1, 1	2, 2	(+)	1, 1	(+)						5
고마리	2, 2	2, 2	1, 1	1, 1	(+)						5
달맞이꽃	2, 2	(+)	4, 4	3, 3	4, 4						5
달뿌리풀	(+)	(+)	(+)		(+)						4
골풀	(+)	(+)	(+)	2, 2							4
돌콩	(+)	1, 2	2, 2	2, 2							4
땅빈대	(+)	(+)		(+)							3
망초	(+)		(+)	(+)							3
박주가리							(+)	1, 1	1, 1	2, 2	5
사철쑥								1, 2	(+)	1, 1	5
동부						4, 4	2, 3	4, 4	2, 3	4, 4	4
돼지풀						(+)	2, 2	1, 2	2, 2	(+)	3
중출현빈도의 종수	12	12	11	9	8	2	3	4	4	4	

표 3-15 식별표 사례

	종군	A	A	A	A	A	B	B	B	B	B	출현 횟수	상재도 계급
A	조사지번호	7	8	6	1	5	3	2	4	9	10		
	출현종수	18	19	20	21	14	13	10	12	8	12		
	갈풀	1, 1	1, 1	2, 2	(+)	(+)	(+)					6	3
	강아지풀	2, 2	2, 2	2, 2	2, 2	2, 2	(+)					6	3
	개미자리	(+)	1, 1	(+)	2, 2	2, 2						5	3
	개밀	4, 4	2, 3	4, 4	1, 1	4, 4						5	3
	개피	1, 1	2, 2	(+)	1, 1	(+)						5	3
	고마리	2, 2	2, 2	1, 1	1, 1	(+)						5	3
	달맞이꽃	2, 2	2, 2	4, 4	3, 3	4, 4						5	3
	달뿌리풀	(+)	(+)	(+)		(+)						4	2
	골풀	(+)	(+)	(+)	2, 2							4	2
	돌콩	(+)	1, 2	2, 2	2, 2							4	2
	땅빈대	(+)	(+)		(+)							3	2
	망초	(+)		(+)	(+)							3	2
B	박주가리							(+)	1, 1	1, 1	2, 2	5	3
	사철쑥								1, 2	(+)	1, 1	5	3
	동부						4, 4	2, 3	4, 4	2, 3	4, 4	4	2
	돼지풀						(+)	2, 2	1, 2	2, 2	(+)	3	2
C	갈대	2, 2	2, 2	4, 4	4, 4	4, 4	2, 3	4, 4	4, 4	3, 4	3, 3	10	5
	가시상치	1, 2		(+)	(+)	1, 1	2, 2	(+)	1, 2		1, 1	8	4
	개망초		(+)	(+)	(+)		(+)	(+)	(+)	(+)	(+)	8	4
	금강아지풀						(+)	(+)				2	1
	다닥냉이					2, 2	(+)					2	1
	사마귀풀							(+)	(+)			2	1
	서양민들레					(+)					(+)	2	1
	닭의장풀	1, 1					2, 2					2	1
	도루박이	2, 2				5, 5						2	1
	송이고랭이							(+)	(+)			2	1
	(이하 생략)												

2.6.3 식생군락 명명

식생군락 명칭은 국제식물학회에서 규정한 조류, 균류와 식물을 위한 국제명명규약(International Code of Nomenclature for algae, fungi, and plants)에 따른다. 식물학명에 대한 국제명명규약은 식생군락명에 혼란이 생기는 것을 방지하고 통일된 합리적인 식생단위의 명칭을 정하기 위해 1867년 파리에서 개최된 "국제식물학회(International Botanical Congress)"에서 처음으로 채택 된 후, 2011년까지 총12회 개정이 이루어졌으며, 현재는 2011년 멜버른에서 개최된 "18차 국제식물학회"에서 확정된 코드를 사용하고 있다(국립수목원, 2016).

1) 식생단위의 어미

군집 식생단위의 이름은 1종 또는 2종 또는, 종 이하의 분류군의 학명의 속명에 특정한 계급의 어미를 붙여서 만든다(표 3-16).

표 3-16 식물사회학적 식생단위

계급	어미	사용 예
군강(class)	–etea	Molinio–Arrhenatheretea
아군강(subclass)	–enea	Arrhenatherenea
군목(order)	–etalia	Arrhenatheretalia
아군목(suborder)	–enalia	Arrhenatherenalia
군단(alliance)	–ion	Arrhenatherion
아군단(suballiance)	–enion	Arrhenatherenion
군집(association)	–etum	Arrhenatheretum
아군집(subassociation)	–etosum	Arrhenatheretum brizetosum
이태(facies)	–osum	Arrhenatheretum brizetosum bromosum erecti

2) 식생군집명 만들기

단위명을 두 종으로 표현할 때, 다른 종의 두 속이 같으면, 제1속의 어간에 종결모음을 붙이고, 계급어미를 갖는 제 2의 속명을 연결한다. 또 두 종이 같은 속이면, 계급 어미를 갖는 속명의 다음에, 그 종의 종소명(specific epithet)을 연결모음으로, 제2의 종소명을 속격어미로 한다.

- 특수한 범위(circumscription), 위치(position), 계급(rank)을 가지는 각각의 군락분류군은 단 하나의 정명을 갖는다.
- 군락분류군의 정명은 선취권의 원리(Principle of Priority)에 따라 가장 먼저 유효하게 출판된 것이다.

• 군락분류군명의 적용은 이 군락분류군의 명명기준표본(nomenclatural type : the type of the name)의 의미에 의해서 결정된다.

2.6.4 피도, 밀도, 빈도, 중요도

1) 피도

피도란 방형구 면적에 대한 어떤 종의 수관(canopy) 밑에 있는 면적의 피복비율로서 어떤 종이 덮는 지표면의 면적을 전체 생육지 면적으로 나눈 값이다. 전체 생육지 면적에 대한 한 종이 덮는 면적의 백분율(%)로 나타내거나 피도계급으로 나타낸다.

canopy의 가장자리는 둥글고 그 밑에 있는 뿌리나 줄기에 영향을 준다. 그러므로 방형구의 바깥에 뿌리내리고 있는 식물의 방형구 내로 들어온 canopy도 계산에 넣는다. 둥글게 점선으로 그려진 부분까지 포함하며 겹치는 부분이 있으면 두 번 세지 않는다.

작은 식물의 경우 겹쳐진 부분이 있으면 별개로 피도를 계산한다. 어떤 식생에서는 겹치는 canopy가 많기 때문에 총 피도가 100%를 넘기도 하는데 그래도 맨 땅이 존재한다. 이러한 이유로 맨땅은 100%에서 식물의 총 피도를 뺀 값과 같지 않다.

상대피도

식물의 총 피도에 대한 특정 종의 피도의 비율을 %로 나타낸 것을 상대피도라 한다. 총 상대피도는 100%이다.

2) 밀도

밀도란 단위면적 또는 단위부피(공간) 내의 개체수로서 각 방형구 내에 뿌리내린 식물의 수를 의미한다. 절대밀도라고도 부른다. 그루터기나 지하경으로 영양 번식하는 목본식물이나 초본식물의 개체수를 셀 경우에는 개체를 구분하기 어렵다. 이런 경우에는 줄기 또는 경엽부의 수를 센다. 식물이 뚜렷한 그루터기를 형성하면 전체 그루터기 수를 세고 이것을 각 개체로 간주한다.

상대밀도

식물의 총 밀도에 대한 한 종의 밀도를 백분율로 나타낸 것을 상대밀도라고 한다.

3) 빈도

빈도는 전체 표본(방형구)수에 대한 어떤 종이 출현한 표본수의 백분율을 의미하며, 어떤 종의 뿌리내린 개체가 최소한 한 개라도 포함된 총 방형구의 백분율이다.

빈도는 개체가 고르게 흩어져 있는가 또는 한 곳에 모여 있는가를 나타내는 분포 유형을 기재하고 검정하는데 쓰인다.

상대빈도

식물의 총 빈도에 대한 한 가지 종의 빈도의 백분율을 의미하며 군집 내의 한 종의 빈도를 모든 종의 빈도의 합으로 나눈 값이다.

4) 중요도

전체 군집에 대한 한 종의 상대적인 기여도로서 상대피도, 상대밀도, 상대빈도의 합으로 계산한다. 특정 종의 중요치는 군집 내에서 그 종의 중요성 또는 영향력을 나타내는 총체적 척도로서 군집 내의 어떤 종의 중요도는 0~300 사이의 값을 갖는다.

이들을 요약하면 다음과 같다.

- 상대밀도 Relative Density(RD) = 어떤 종의 총개체수/모든 종의 총개체수 × 100
- 상대빈도 Relative Frequency(RF)
  = 어떤 종이 나타나는 총빈도수/모든 종이 나타나는 빈도수 × 100
- 상대피도 Relative Coverage(RC) = 어떤 종의 총면적/모든 종의 총면적 × 100
- 중요도 Important value = RD + RF + RC

중요도가 가장 큰 값을 갖는 종을 그 군락의 우점종으로 판단할 수 있다.

3 동물상 및 서식처

3.1 조사유형

직접 관찰

- 정점조사(spot census)
- 선조사(line census)
- 라이트센서스(light census)
- 항공조사

포획조사

- 함정포획조사 trap
- 생포틀조사(shermantrap, live traps)

그림 3-41 정점조사 (조류 관찰)

- 마취 파이프
- 그물, 포충망
- 올가미, 포획막대, 집게
- 함정채집(pitfall trap)
- 쓰는 법(sweeping)
- 터는 법(beating)

그림 3-42 맹꽁이 대체서식처 조성을 위한 포획조사

흔적조사

- 배설물, 둥지, 휴식처, 털, 발자국, 조류의 깃털, 식흔, 파충류 허물 등으로 존재 여부 판단.
- 눈금 있는 자, 볼펜, 동전, 기타 크기를 비교할 수 있는 물체를 옆에 놓고 함께 촬영하여 크기 판단

청문조사

- 전문가, 해당지역 학교의 교사 및 동호회, 현지주민 등을 상대로 종의 서식 유무 확인.
- 종의 사진을 보여주고 해당 종의 존재 유무, 도래 시기, 번식 산란 시기 및 장소, 서식처 등 확인.
- 전문가가 아닌 주민의 경우 연령, 성별, 학력에 따른 편차가 심함
- 이해관계가 있는 사업의 경우 왜곡 가능성

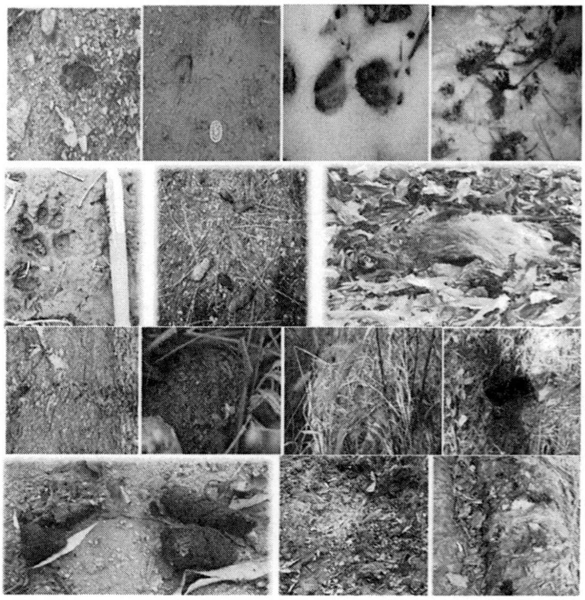

그림 3-43 야생동물 흔적조사

3.2 분류군별 조사

대부분의 동물들은 야행성이거나 사람을 피해 숨어 다니기 때문에 눈으로 목격하는 것이 쉽지 않다.

흔적조사는 직접 관찰이 어려운 동물을 대상으로 배설물, 둥지, 휴식처, 털, 발자국, 깃

털, 식흔, 허물 등을 찾아내어 존재 여부를 판단하는 방법이다. 흔적을 촬영할 때는 눈금 있는 자, 볼펜, 동전, 기타 크기를 비교할 수 있는 물체를 옆에 놓고 함께 촬영하여 나중에 해당 흔적의 크기를 판단할 수 있도록 한다.

일반적으로 동물은 번식기, 산란기, 도래기 등이 다르므로 종의 특성을 파악한 후 각 분류군별, 종별 생활사 및 생태적 특성에 따라 조사하는 것이 좋다. 또한 종 별로 번식지, 산란지, 취식지 등을 고려하여야 하며, 동면기에는 동면 장소에 대한 고려도 필수적이다.

포유류

함정, 생포틀, 마취파이프, 그물이나 포충망, 올가미, 포획막대 등을 이용한 포획조사와 직접관찰 및 흔적조사 등이 있다.

조류

물새, 산림 및 들판 등 서식환경을 고려하며, 텃새와 철새의 분포 패턴이 다른데, 특히 계절에 따라 출현 특성이 매우 다르므로 봄, 여름, 가을, 겨울 등 4계절 조사를 기본으로 하며, 특히 겨울철새와 여름철새, 나그네새, 텃새 등으로 구분하여 특정 계절에 집중 조사가 필요하다. 조류의 번식시기 또는 철새의 이동시기를 고려하여 추가로 조사를 실시한다. 일정 위치에서 조사지역을 관찰하는 정점조사와 조사구 내에 임의의 경로를 설정 후 경로를 따라 이동하면서 관찰되는 동물을 조사하는 선조사 등이 있다. 그 외에도 조류 깃털, 둥지, 발자국, 배설물 등을 조사한다.

양서파충류

산란기, 동면기 등 라이프사이클 고려한다. 양서류는 물에서 사는 유생시기와 육지에서 사는 성체를 구분 조사하며, 울타리, 그물, 함정 등 포획법과 울음소리를 통한 간접확인법이 있다.

파충류는 주로 포획 등에 의하여 확인하게 되며, 봄과 가을에 따뜻한 곳, 여름에는 시원한 곳을 찾아서 포획한다. 포획법, 흔적확인법 등이 있다.

어류

산란기 등을 고려한다. 현지에서 동정하거나, 사진촬영, 표본채취 후 실험실 내에서 동정을 실시한다. 주로 그물과 투망, 산대, 낚시 등을 이용해 포획하며, 어류상, 어업 실태를 잘 아는 전문가, 현지주민, 낚시꾼, 담수어 연구회, 낚시 동호회 등을 상대로 종의 사진 등을 보여주면서 종의 서식 유무 확인한다.

곤충류

생활사를 고려하는 것이 중요하다. 곤충은 대체로 가을에서 겨울을 거쳐 봄에 이르는 기간은 알 상태로 지내다가, 애벌레와 번데기 등을 거쳐 봄과 여름 사이에 주로 우화를 하여 성체가 되고 가을이 되면 알을 낳고 성체가 죽는다. 계절적인 조사를 실시하며, 다양한 생활사와 서식특성을 고려하여 산림, 들판, 수변 등 서식환경에 따른 조사가 이루어져야 하며, 직접 보고 포획하거나 빗자루로 마당을 쓰는 것처럼 잔디나 수풀, 관목이나 수목의 가장자리를 포충망으로 쓸 듯이 몇 회를 반복하여 채집하기도 한다. 나뭇가지나 잎에서 살고 있는 작은 곤충을 채집하기 위해 흰 천이나 우산을 펴서 거꾸로 받쳐 놓은 후 위에서부터 막대기로 가지를 두드려서 머물러 있는 곤충을 그 안으로 떨어뜨린다. 야행성이 많으므로 야간조사에는 등화채집법이 사용된다. 유아등으로는 전등, 카바이트등, 가스등, 휘발유등이 있으나 자외선(UV Light, Black Light)이 효과적이다, 백색 스크린을 설치하고, 무더운 그믐밤이 가장 좋고 계곡이 한눈에 내려다보이는 산중턱이면 더욱 좋다. 등불에 잘 모이는 곤충만 잡을 수 있다. 번데기에서 성충으로 우화하는 과정에서 탈피를 하므로 허물을 찾아 곤충의 종을 확인할 수 있다.

저서무척추동물

종별로 수질에 대한 내성 범위가 각각 다르므로 담수생태계의 수질환경을 평가하는 지표생물로 이용되고 수생태계의 1차 소비자로서 중요한 기능을 한다.

3.3 먹이연쇄 및 먹이그물

광합성에 의해 식물에 저장된 에너지는 먹이 연쇄를 통하여 다른 생물에게 전달된다. 먹고 먹히는 관계를 사슬과 같이 일렬로 나타낸 것을 먹이사슬이라고 하며, 그물과 같이 서로 연결된 형태로 나타낸 것을 먹이그물이라고 한다.

생산자가 동화작용을 통해 유기물로 고정한 에너지와 물질은 먹는 자(predator)와 먹히는 자(prey)의 관계를 통해 이동하며 이러한 관계를 먹이연쇄(food chain)라 하며, 생태계 전체가 한 복합체로 구성된다. 먹이연쇄가 독립되어 있지 않고 그물망

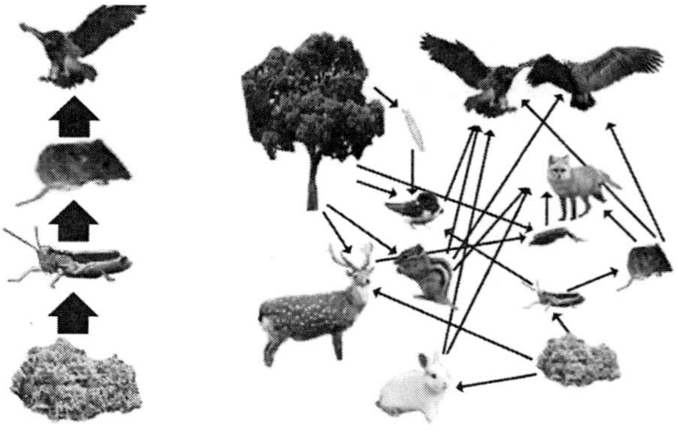

그림 3-44 Food Chain과 Food Web(오른쪽)
(구본학, 2016)

처럼 복잡하게 얽혀있는 것을 먹이그물(food web)이라고 한다(그림 3-44).

수생태계에서의 생산자는 수생식물 및 수변 식생대로서 이들은 광합성 작용을 통해 태양에너지를 영양물질로 전환하는 에너지 공급자로서 기능을 한다. 그 외에도 분해자인 미생물이나 저서생물 중 일부가 동식물의 죽은 개체를 분해하여 또 다른 에너지원으로서 작용하기도 한다. 어류, 저서무척추동물 등은 주로 1차소비자로서 생산자에서 고차소비자로 연결되는 생태계 내 연결 고리로서 작용하며, 이들은 다시 2차소비자의 먹이가 되어 생태계 내 먹이그물을 형성하게 된다.

수생태계에서는 다양한 크기의 먹이원이 입자상으로 존재한다. 수생태계 내의 유기체의 일부는 하천 내 부유하거나 침전된 상태의 미립자성 유기물(fine particulate organic matter : FPOM)이 되는데, FPOM은 자연하천이나 호수 등에 현탁 상태로 존재하는 동식물 플랑크톤이나 플랑크톤 유해, 배설물 등에 세균이 부착하여 형성되는 퇴적물이며, 때로는 육지로부터 낙엽 등 조립자성 유기물(coarse particulate organic matter : CPOM) 상태의 유기물이 유입되기도 한다.

FPOM은 용존유기물(dissolved organic matter : DOM)이나, CPOM 또는 다른 FPOM 상태에서 FPOM 상태로 전환되어 존재하며 가장 초기단계의 먹이연쇄를 구성한다. 분쇄자(Shredders)는 수변생태계에서 유입된 낙엽 등 유기체의 부산물인 CPOM을 먹고 분쇄하는 분해자(detritivores)이며, Collectors는 FPOM을 먹는데 그들이 먹는 먹이입자의 상태에 따라 수중의 부유물을 걸러먹는 무리(filtering-collectors)와 하상에 침전된 부산물을 주어먹는 무리(gathering- collectors)로 구분된다. 박테리아나 저서성 소동물에 의한 물리적인 분해 작용에 의해 CPOM의 상당 부분은 작은 입자로 분해되어 감소된다. 화학적 용탈작용이나 미생물의 배설 및 호흡에 의해 DOM 및 CO_2가 생성되며, 한편으로 대부분의 탄소는 FPOM으로 전환된다(그림 3-45).

1) 분쇄자(Shredders)는 CPOM을 먹는다.
2) Collectors와 Filterers는 FPOM을 먹는다.
3) Scrapers는 조류(algae)와 규조류를 청소한다.
4) 포식자는 그 외 모든 것을 먹는다.

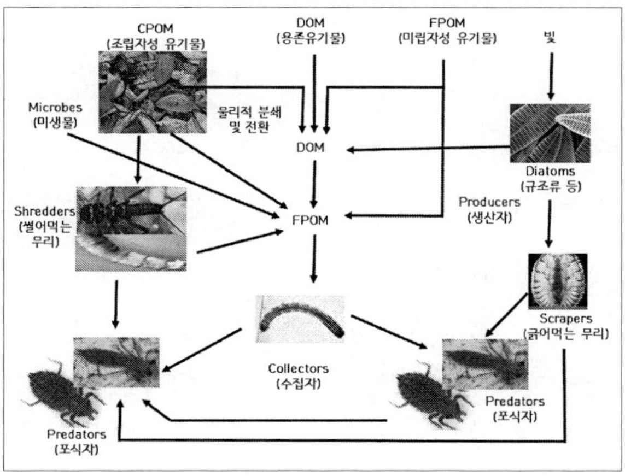

그림 3-45 수생태계 먹이연쇄 개념도

다음 그림 3-46는 국내 소택형 습지에서 조사된 동식물상을 근거로 구본학(1999)에 의해 작성된 먹이연쇄도 사례와 미국의 중소규모 하천에서 볼 수 있는 먹이연쇄 모델을 보여주고 있다.

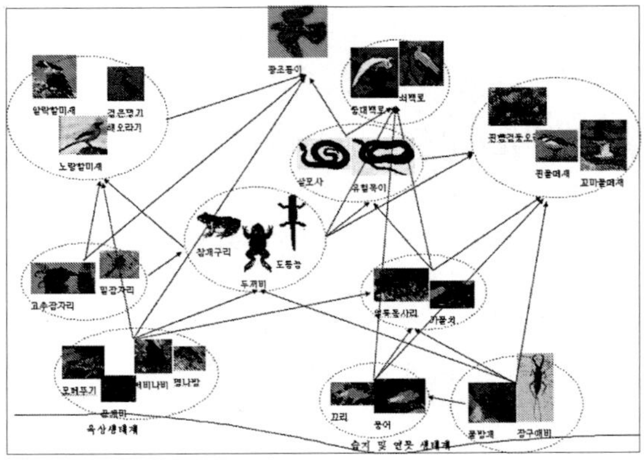

그림 3-46 소택형습지에서 예상되는 먹이연쇄도
(구본학, 1999)

4 외래종과 교란

4.1 외래종(exotic species)

외래종이란 원래 그 지역에서 살지 않던 동식물이 최근 일정기간 동안 주로 사람의 활동을 통해 유입된 것을 말한다. 자연생태계의 생태복원에서 고유종 및 향토종의 보전 및 도입은 매우 중요한 과제로서 복원프로젝트에서 외래종의 제거나 감소는 매우 중요한 관심사항이 되고 있다. 자연생태계에서 외래침입종은 토착종과 경쟁하여 때로는 토착종을 제압하고 대체하기도 하지만 모든 외래종이 교란종은 아니다. 어떤 외래종은 멸종위기에 직면하였거나 소멸된 토착종이 수행하던 생태적 기능을 대신하기도 한다. 예를들어 특정 목적으로 도입된 종이 우리의 실생활에 많이 기여해 오거나 토양의 침식 방지 등에 기여하는 등 부분적으로는 긍정적인 면도 가지고 있다. 하지만, 돼지풀류와 같은 외래식물은 인체에 악영향을 줄 수 있으며, 서양등골나물, 미국가막사리, 물참새피 등과 같은 종은 기존 생태계를 교란시킬 수 있는 부정적인 영향을 끼치고 있다. 따라서, 외래식물에 대한 모니터링을 통해 외래식물에 대한 포괄적인 정보를 바탕으로 이해를 증진시켜서 외래종의 번식을 제어하는 것이 중요하다(Haber, 1997).

한편, 문화경관에서 외래종은 생태계의 필수적 경관요소이기도 하다. 예를 들면, 농작물이나 목축, 때로는 귀화종과 함께 공진화해왔을 수 있는 거친 밭작물이나 곡식밭에서 나는 식물들이 이에 해당된다. 그런 외래종은 문화적 복원에서 매우 중요한 요소이다.

외래종 침입과 확산

Mack et al.(2000)은 외래종의 침입 및 토착화 과정을 미생물의 성장곡선으로 설명한 바 있다(그림 3-47). 수세기 전에 사람이나 기타 다른 매개체에 의해 이입되어서 토착화되었으며 심지어 어떤 종들은 홀로세기에 기후변화에 대응하여 이동한 경우도 있는데 이들을 외래종으로 보기에는 무리가 있다. 또한 모든 외래종들이 복원 대상지에서 제거되었다 하더라도 그들이 다시 재이입될 가능성은 매우 높다. 그러므로 가장 큰 위협을 주는 종을 조절하거나 찾아내어 제거하는 것이 가장 우선적이다. 이는 특히 이동성이 있고 경관 수준이나 지역 수준에서 생태적 위협에 놓여있는 생태계교란식물과 토착종을 잡아먹거나 대체하는 동물을 포함한다.

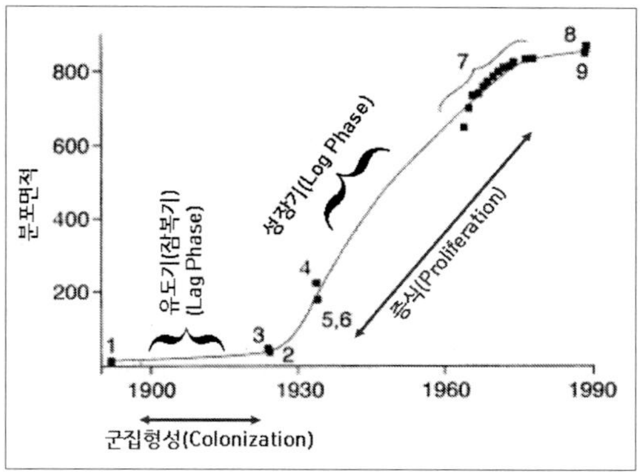

그림 3-47 외래종 침입과 토착화 및 확산 과정
(Mack et al., 2000)

침입은 생태계의 변화를 초래하는 원인이 되며, 다른 한편으로는 또다른 생태계 변화 과정에 의한 결과물이기도 하다(그림 3-48). 침입은 과잉의 유용자원과 개념적으로 관련이 있다. 이러한 자원은 자원을 흡수 소비하는 토착종들이 생태계 내에서 소멸되었을 수도 있고, 원래부터 자연적으로 유지되어온 자원보다 더 많은 자원이 인위적으로 증가되었을 수도 있고, 둘 다 원인이 될 수도 있다. 외부에서 들어온 일부 식물들은 복원계획에서 특별한 목적을 부여받기도 하는데, 예를들면 지피작물, 보호작물, 질소고정식물 등이 그것이다. 이들이 천이의 과정에서 다른 종으로 대체되는 상대적으로 수명이 짧고 단기간 생존하는 종이 아니라면 그들의 제거 여부의 결정은 복원계획에 의해 이루어진다.

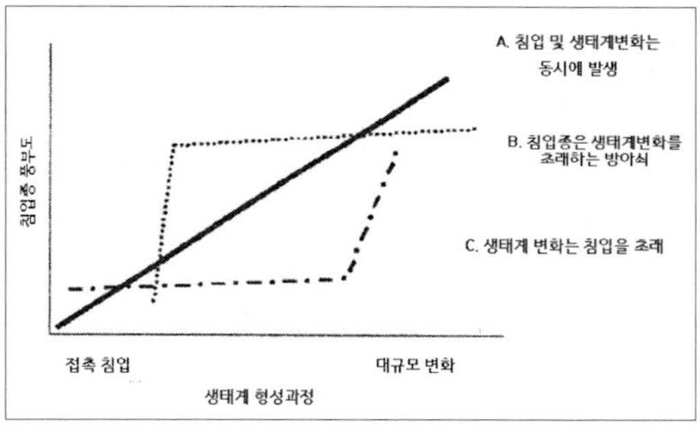

그림 3-48 침입은 생태계 변화(alteration)를 초래하며 한편으로 다른 대안적 과정의 결과임
(McEwan, Invasion Ecology)

Meffe et al.(1994)은 외래종과 토착종의 구별에 의문을 제시하면서, 고립된 섬생태계에서는 토착종 비율이 높게 나타날 수 있지만, 상대적으로 종다양도는 낮다고 하였다. 또한 Kendle and Rose(2000)는 다양한 외래종들이 정착된 경우 자생수종 식재 정책을 유도하는 것이 바람직할 것인가라는 의문을 던지면서 자생종보다도 귀화한 외래종들이 생태적 측면에서 바람직하거나 우월한 경우가 있다고 하였다. 다만, 의도적으로 외래종이나 귀화식물을 식재할 필요는 없으며, 귀화식물이 그곳의 생태계에 악영향을 주지 않을 경우에는 인위적인 제거보다는 자연적인 천이나 환경조건의 개선 등을 통해서 제어해 주는 것이 바람직할 것이다.

생태복원은 침입한 식물종에 의해 영향을 받는 개념모델은 다음 그림처럼 나타낼 수 있다(그림 3-49, 3-50). 침입종의 전파 및 흐름 과정은 검은 점으로 나타낸다. 위쪽의 3개의 화살표의 크기는 침입종의 전파 흐름을 조절하려는 노력의 강도를 나타낸다. 복원 화살표의 회색 음영 농도는 식물성장을 위한 기초 조건에 영향을 미치는 생태계 프로세스의 변화 또는 스트레스 요인을 개선하기 위해 필요한 노력의 정도를 나타낸다.

또한 침입은 자원의 공급과 흡수 사이에서 발생하는 상호관계에 의해 결정된다. 1) 일반적으로 자원을 흡수하는 토착종의 일부는 생태계 내에서 손실되거나, 2) 자연적으로 존재하는 자원 수준 이상으로 인위적으로 시스템에 추가되거나, 3) 이 둘 모두에 해당한다.

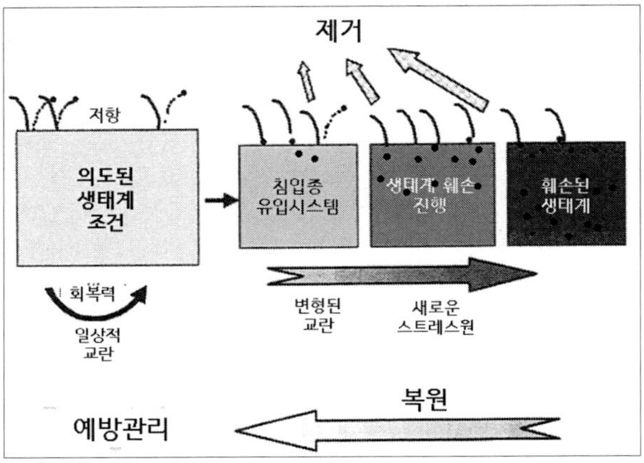

그림 3-49 외래종에 의해 영향 받은 생태계 복원 개념 모델 (McEwan, Invasion Ecology)

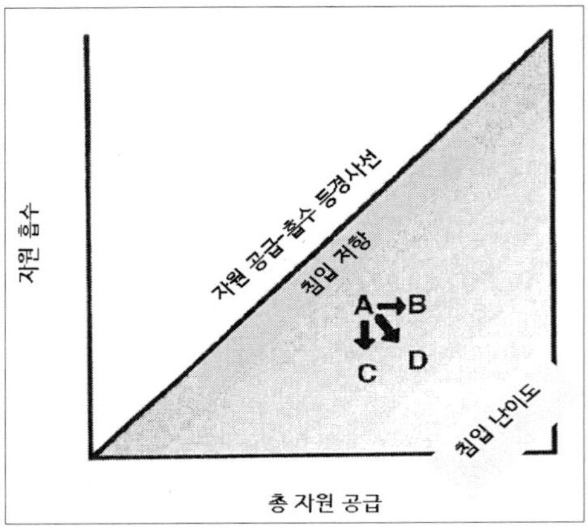

그림 3-50 침입과 자원 공급 (McEwan, Invasion Ecology)

4.2 생태계교란생물

'생물다양성 보전 및 이용에 관한 법률'에 의한 위해성평가 결과 생태계 등에 미치는 위해가 큰 것으로 판단되는 생물을 말한다.

구체적으로 다음 종을 포함한다.

- 외래생물 중 생태계의 균형을 교란하거나 교란 우려가 있는 생물
- 외래생물에 해당하지 아니하는 생물 중 특정 지역에서 생태계의 균형을 교란하거나 교란할 우려가 있는 생물
- 유전자의 변형을 통하여 생산된 유전자변형 생물체 중 생태계의 균형을 교란하거나 교란할 우려가 있는 생물

생태계교란 야생생물은 고유의 토착생태계에 대한 교란 여부로 판단하게 되므로, 천적

이 없거나 번식 등 생활력이 강한 외래종의 경우가 많고 토착종이나 유전자 변형종에서도 나타날 수 있다.

어느 지역의 토착종, 심지어는 멸종위기종이 다른 지역에서는 교란종이 되는 경우가 많은데, 예를 들면 미주나 유럽의 토착종인 황소개구리나 뉴트리아, 큰입배스나 파랑볼우럭 등이 우리나라 생태계를 교란시키거나 반대로 우리나라의 가물치 등이 외국의 생태계를 교란시키기도 한다. 대표적으로 동남아에서 유입된 버마비단뱀(Burmese python : *Python bivittatus*)은 IUCN 멸종위기 취약(VU)종임에도 미국 에버글레이즈 습지에서는 습지 생태환경을 교란시키는 가장 심각한 생태계교란종으로 꼽히고 있다.

그림 3-51 미국 에버글레이즈 습지의 생태계를 교란시키는 버마비단뱀 (자료 : Everglades N.P.)

2021년 9월 기준으로 우리나라의 생태계교란 야생생물 목록은 다음 표 3-17과 같다.

표 3-17 생태계교란 야생생물 (2021.9 기준)

구 분	종 명
포유류	뉴트리아 Myocastor coypus
양서류·파충류	가. 황소개구리 Rana catesbeiana 나. 붉은귀거북속 전종 Trachemys spp. 다. 리버쿠터 Pseudemys concinna 라. 중국줄무늬목거북 Mauremys sinensis 마. 악어거북 Macrochelys temminckii 바. 플로리다붉은배거북 Pseudemys nelsoni
어류	가. 파랑볼우럭(블루길) Lepomis macrochirus 나. 큰입배스 Micropterus salmoides 다. 브라운송어 Salmo trutta
갑각류	미국가재 Procambarus clarkii
곤충류	가. 꽃매미 Lycorma delicatula 나. 붉은불개미 Solenopsis invicta 다. 등검은말벌 Vespa velutina nigrithorax 라. 갈색날개매미충 Pochazia shantungensis 마. 미국선녀벌레 Metcalfa pruinosa 바. 아르헨티나개미 Linepithema humile 사. 긴다리비틀개미 Anoplolepis gracilipes

구 분	종 명
	아. 빗살무늬미주메뚜기 Melanoplus differentialis
식 물	가. 돼지풀 Ambrosia artemisiaefolia var. elatior 나. 단풍잎돼지풀 Ambrosia trifida 다. 서양등골나물 Eupatorium rugosum 라. 털물참새피 Paspalum distichum var. indutum 마. 물참새피 Paspalum distichum var. distichum 바. 도깨비가지 Solanum carolinense 사. 애기수영 Rumex acetosella 아. 가시박 Sicyos angulatus 자. 서양금혼초 Hypochoeris radicata 차. 미국쑥부쟁이 Aster pilosus 카. 양미역취 Solidago altissima 타. 가시상추 Lactuca scariola 파. 갯줄풀 Spartina alterniflora 하. 영국갯끈풀 Spartina anglica 거. 환삼덩굴 Humulus japonicus 너. 마늘냉이 Alliaria petiolata

4.3 유해야생동물

야생생물 보호 및 관리에 관한 법률에 의한 기준에 따라 사람의 생명이나 재산에 피해를 주는 야생동물을 말한다.

구체적으로는 다음과 같이 구분할 수 있다.

- 장기간에 걸쳐 무리를 지어 농작물 또는 과수에 피해를 주는 참새, 까치, 어치, 직박구리, 까마귀, 갈까마귀, 떼까마귀
- 일부 지역에 서식밀도가 너무 높아 농·림·수산업에 피해를 주는 꿩, 멧비둘기, 고라니, 멧돼지, 청설모, 두더지, 쥐류 및 오리류(오리류 중 원앙이, 원앙사촌, 황오리, 알락쇠오리, 호사비오리, 뿔쇠오리, 붉은가슴흰죽지는 제외)
- 비행장 주변에 출현하여 항공기 또는 특수건조물에 피해를 주거나, 군 작전에 지장을 주는 조수류(멸종위기야생동물은 제외)
- 인가 주변에 출현하여 인명·가축에 위해를 주거나 위해 발생의 우려가 있는 멧돼지 및 맹수류(멸종위기야생동물은 제외)
- 분묘를 훼손하는 멧돼지
- 전주 등 전력시설에 피해를 주는 까치
- 국부적으로 과밀하게 서식하여 분변(糞便) 및 털 날림 등으로 문화재 훼손이나 건물 부식 등의 재산상 피해를 주거나 생활에 피해를 주는 집비둘기

4.4 위해우려종

위해우려종이란 국내에 유입될 경우 생태계 등에 위해(危害)를 미칠 우려가 있는 생물종으로서 수입 또는 반입이 제한된 생물종을 말하며, 그 범위로는 살아있는 것으로서 개체의 일부·알·종자 등을 포함한다.

위해우려종을 수입 또는 반입하려는 자는 생태계위해성심사를 받아야 하며, 생태계위해성심사 결과와 해당 위해종이 생태계 등에 미치는 피해의 정도 등을 고려하여 환경부장관이 승인여부를 결정하게 된다.

- *다만, 「해양생태계의 보전 및 관리에 관한 법률」에 따른 허가 또는 「유전자변형생물체의 국가간 이동 등에 관한 법률」에 따른 승인을 받은 경우에는 예외*

위해성심사의 주요 고려사항은 다음과 같다.

1. 위해우려종의 생물학적·생태학적 특성
2. 위해우려종의 국내외 분포 현황 및 확산 양상
3. 위해우려종을 수입하거나 반입할 경우 국내 생태계에 미칠 수 있는 영향
4. 그 밖에 환경부장관이 정하는 기준

5 생태성과 훼손

생태성은 보호지역 설정, 완충 및 전이지역 설정, 목표종 및 목표 서식지 계획, 보전프로그램 계획, 보전 필요지역 복원계획 등을 위해 유용하며, 적지선정, 토지이용계획, 자연경관 및 자연생태계 계획 목표 설정에도 필수적인 기초자료로 활용된다.

5.1 생태성

1) 녹지자연도(degree of green naturality)

식물 군락의 자연성을 등급화하여 0~11등급으로 나타낸다. 식생의 종류, 밀집 정도 등을 조사해 녹지공간의 자연성을 나타내는 지표로 유용하다.

2) 생태자연도

산, 하천, 습지, 호소, 농지, 도시 등에 대하여 자연환경을 생태적 가치, 자연성, 경관적

가치 등에 따라 등급화한다. 자연환경정보를 수치지도로 작성하고, 전 국토의 생태적 가치를 1~3등급 및 별도관리지역으로 등급화한다.

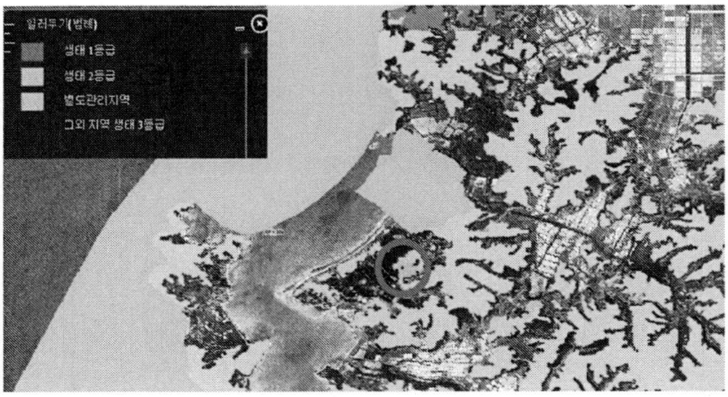

그림 3-52 생태자연도 사례

- 1등급 권역 : 자연환경의 보전 및 복원으로서 1) 멸종위기야생생물 또는 보호야생동·식물의 주된 서식지, 도래지 및 주요 이동통로가 되는 지역, 생태계가 특히 우수하거나 경관이 특히 수려한 지역, 생물의 지리적 분포 한계에 위치하는 생태계지역 또는 주요 식생의 유형을 대표하는 지역, 생물다양성이 풍부한 지역, 자연원시림 또는 이에 가까운 산림 및 고산초원, 자연생태 또는 이에 가까운 하천·호소·강하구·갯벌 및 해양
- 2등급 권역 : 자연환경의 보전 및 개발·이용에 따른 훼손 최소화
- 3등급 권역 : 체계적인 개발 및 이용
- 별도관리지역 : 다른 법률의 규정에 의하여 보전되는 지역 중 역사적·문화적·경관적 가치가 있는지 역이거나 도시의 녹지보전 등을 위하여 관리하고 있는 지역(자연보호림, 자연공원, 천연기념물보호구역, 조수보호구역 등)

3) 국토환경성평가

국토를 친환경적이고 계획적으로 보전, 개발 및 이용하기 위하여 환경적 가치를 여러 가지로 평가하여 전국을 5개 등급으로 나누고 지도화한다.

- 법제적 평가항목 : 자연환경부분, 수질환경부분, 기타(3개 부문 56개 항목)
- 환경·생태적 평가항목 : 자연자원의 개념을 반영하여 자연성, 다양성, 풍부도, 희귀성, 허약성, 군집구조의 안정성, 잠재적 가치, 연계성(8개 부문 11개 항목)

환경적 가치에 따라 1~5등급으로 구분-1등급에 가까울수록 상대적으로 환경적 가치 높음다. 1~4등급은 상대적인 측면에서의 환경적 보전가치 정도를 평가한 것이고, 5등급은 기 개발지역에 해당한다.

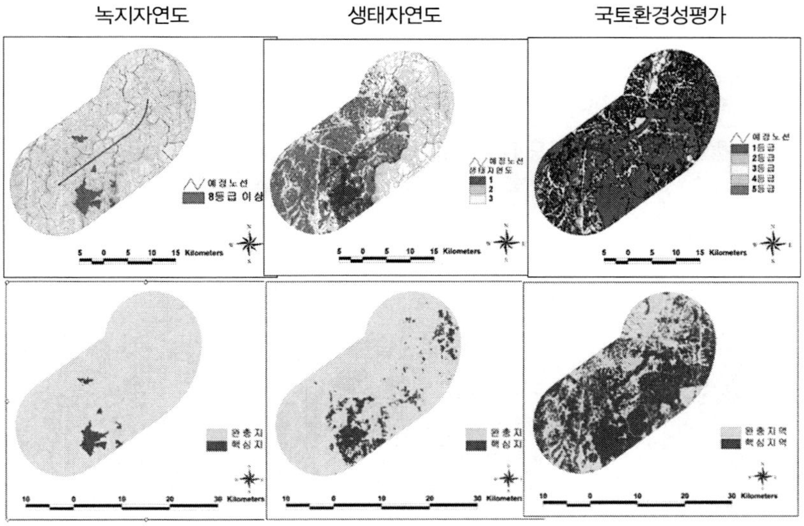

그림 3-53 토지생태성평가 사례 (호남고속철도, 구본학 등, 2007)

4) 비오톱평가

비오톱유형

주거지 비오톱, 상업 및 업무지 비오톱, 공업지비오톱, 도시기반시설지비오톱, 교통시설지비오톱, 조경녹지 비오톱, 하천 및 습지 비오톱, 경작지 비오톱, 산림지비오톱, 유휴지 비오톱 등으로 구분한다.

도시생태의 특성은 토지이용, 도시기후, 식생 및 동·식물, 토양, 물관리, 소음, 폐기물 등 다양한 요소에 의해 종합적으로 판단한다. 토지이용, 토양피복, 현존식생 등의 조사자료를 바탕으로 유형화한다.

그림 3-54 화성시 비오톱평가도

비오톱평가도

비오톱유형별 가치등급을 5개로 나누어 표현하여 도면으로 나타낸다.

표 3-18 비오톱평가 등급 기준

등급	등 급 기 준
1등급	최우선 보전지역, 개발 비대상지
2등급	우선보전지역, 소규모 부분 개발허용
3등급	개발, 보전 완충지역. 보전을 우선하고 잔여지역도 토지 이용제한이 필요한 유형
4등급	친환경적 개발 유도지역. 일부 지역에 대해 토지이용제한
5등급	체계적인 개발 지역

5.2 생태계 훼손

1) 인위적 훼손

그림 3-55 인위적 훼손

- 영농행위, 어로행위 및 불법경작으로 인한 인위적인 간섭에 의한 훼손
- 진입도로 등 교통동선 및 차량 진입
- 인위적인 식재로 인한 생태적 부조화 및 경관 훼손
- 각종 개발사업에 의한 인위적 교란
- 과도한 탐방객출입
- 시설물 훼손 및 파괴

2) 생물학적 훼손

- 생태계 교란종 및 외래종이 생태계를 교란시키고, 덩굴성식물이 다른 식물들을 덮어 시각적인 훼손과 생태계 악영향
- 야생동물에 의한 경작지 피해 : 야생동물의 침입으로 생태계와 지역주민 생활에 피해

3) 지형훼손

- 강우에 의해 토사가 유출되거나 세굴현상.

- 매립지, 습지, 연안지대, 해안선, 침식지 등 형상
- 토양, 사면의 안전성, 지반침하 등의 변화로 판단
- 지형훼손 정도에 따라 상, 중, 하로 구분

4) 오염원 유입

그림 3-56 두웅습지 오염원 유입

5) 대암산 용늪 훼손 사례

- 용늪 주변 도로 개발과 인공구조물 설치 등
- 작은용늪 상부지역 지형 평탄화 작업 및 군사용 건축물 축조 등으로 산림 훼손되었고 표토가 부서져 지표에 노출되어 홍수 시에 많은 토사가 작은용늪으로 유입되어 작은용늪이 거의 파괴
- 큰용늪 내에 스케이트장 건설 피해
- 여름철 우기에는 습지에 충분한 수분이 함유되어 있지만 건기에 해당하는 가을에서 봄까지 지하수의 유출속도가 증가하여 습지가 건조해지고 습지식물이 고사되는 현상
- 표층수의 고갈로 인한 습원 소멸이 가속화될 것으로 예측

그림 3-57 용늪 훼손 사례

2절 인문환경

1 지역적 맥락

대상지 위치를 주소, 좌표, 지형도, 위성영상 등의 방법으로 기록한다. 위성영상은 저해상도의 Landsat 영상으로 광역권을 나타내며 Google, IKONOS 등 고해상도 영상을 통해 세부 위치를 정밀도를 높여가면서 2-3단계 내외로 나타낸다. 대상지의 인지도나 유명도에 따라 정밀한 수준과 단계를 조절할 수 있다.

지역적 맥락은 대상지 주변의 광역적 특성 즉, 거리, 시간적 변화, 주변 관광여건, 주요자원, 기타 계획을 위한 단서를 광역적 차원에서 분석한다. 대상지의 전반적인 일반 현황을 지형도, 사진, 위성영상, 항공사진, 기타 다양한 방법으로 나타낸다.

그림 3-58 저해상도 영상(Landsat-V)으로 분석한 한강 하류구간 유역 (자료 : 구본학, 2002)

그림 3-59 대상지 읽기를 통한 고유성 도출

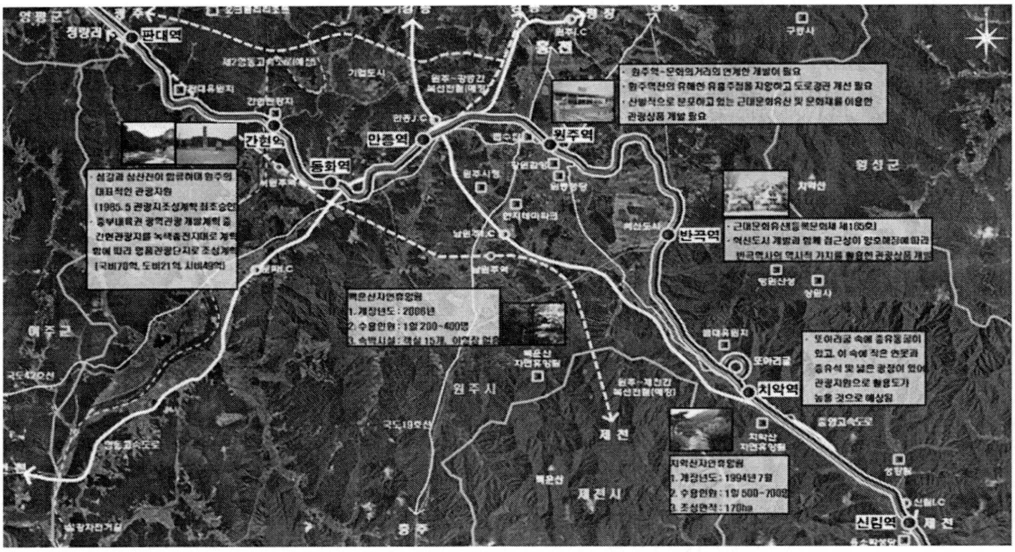

그림 3-60 중앙선 폐선 구간 광역적 맥락 (구본학 등, 2016)

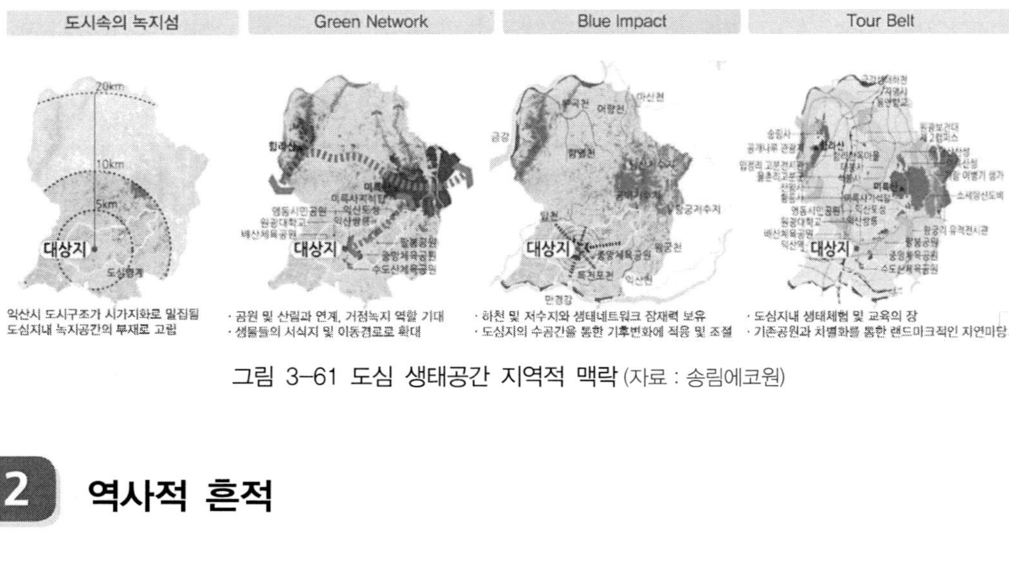

그림 3-61 도심 생태공간 지역적 맥락 (자료 : 송림에코원)

2 역사적 흔적

옛 기록이나 고지도, 항곡사진, 역사적 문헌 등에 나타난 역사성을 통해 프로젝트 대상지의 원형과 옛모습을 찾을 수 있고, 대상지와 관련된 전설, 신화, 설화 및 스토리 발굴 등을 통해 복원을 위한 단서를 찾을 수 있다.

대상지의 정체성과 상징성을 찾고 장소성을 부여하며, 복원 계획을 위한 표준경관을 도출하여 복원 목표 설정, 모니터링 및 성능평가, 적응관리 등을 위한 기준을 수립할 수 있다.

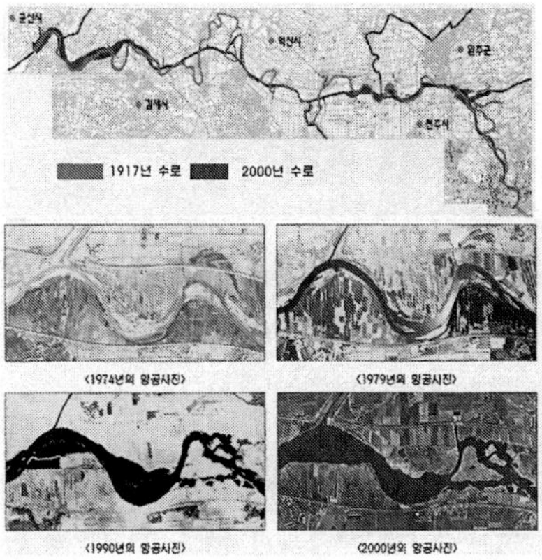

그림 3-62 항공사진과 지형도 분석을 통해 과거 하천 흐름을 파악

그림 3-63 제천 의림지 고지도 및 시문

3 자연경관과 장소성

3.1 자연경관 영향

자연경관

환경부 자연경관심의 지침에 의하면 자연경관 관련 주요 용어 정의는 다음과 같다.

1) 자연경관 : 자연환경적 측면에서 시각적·심미적인 가치를 가지는 지역·지형 및 이에 부속된 자연요소 또는 사물이 복합적으로 어우러진 자연의 경치(법 제2조제10호).
2) 경관자원 : 경관을 구성하는 물리적 요소 중 심미성, 역사성, 향토성, 특이성, 자연성 등에 의해 보존 혹은 이용할 가치가 있는 시각대상.
3) 조망 : 관찰자와 일정한 거리를 두고 한눈에 바라다 보이는 대상물과 그 주변 환경.
4) 조망점(view point) : 조망대상을 바라다 볼 수 있는 지점.
5) 가시권 : 특정 조망점에서 보여지는 대상지역의 시각적 범위.
6) 경관축 : 조망경관의 보존 및 개방감 확보를 위해 공원녹지, 하천, 도로, 광장, 공개대지, 농경지, 건물사이 개방공간 등에 의해 설정된 일정 폭을 지닌 선형의 공간축
   ① 통경축 : 일반적으로 인공시설이 밀집되어 일정 거리의 개방 가시권 확보가 어려운 지역에서 개방감을 높이기 위해 설정한 선형의 개방공간
   ② 조망축 : 산림, 하천, 특이지형, 역사건조물, 랜드마크, 조형적 건축·구조물 등 조망가치가 있는 특정 경관에 대한 가시권을 보호하기 위해 설정한 직선형태의 개방 공간

7) 스카이라인(skyline) : 지형·지물의 윤곽선이 하늘과 맞닿아 드러난 선
8) 경관시뮬레이션 : 개발사업이 주변경관에 미치는 영향을 평가하기 위해 실험적으로 만들어내는 모의경관–모형제작, 사진합성, 컴퓨터이미지합성, 가상 동영상 등 활용
9) 경관시설 : 심미성, 인지성, 자연성, 향토성, 특이성 등 경관의 가치를 향상시키기 위해 인위적으로 설치하는 구조물 또는 자연소재

자연경관영향 심의(협의)

자연환경보전법에 의해 1) 전략환경영향평가 대상 개발 기본계획, 2) 환경영향평가협의 대상 사업(소규모 환경영향평가협의 대상사업 포함)으로서 다음 어느 하나에 해당하는 사업은 자연경관영향 심의를 받는다.

- 보호지역(자연공원, 습지보호지역, 생태경관보호지역)에서 일정거리 이내 개발사업
- 자연경관에 미치는 영향이 크다고 판단되어 대통령령으로 정하는 사업

표 3–19 자연경관영향 심의 대상

구 분	자연경관영향 심의 대상
보호지역 주변 (자연공원, 습지보호지역, 생태경관보전지역)	• 전략환경영향평가 대상 개발기본계획 • 환경영향평가협의 대상 개발사업 • 소규모 환경영향평가 대상 개발사업
보호지역 주변외 지역	• 환경영향평가 및 소규모 환경영향평가 협의 대상 개발 사업 중 대통령령이 정하는 개발 사업

여기서 자연공원, 습지보호지역 및 생태·경관보전지역의 경계로부터 다음 표 3–20에 규정된 거리 이내의 지역이 해당된다.

표 3–20 자연경관영향 심의 대상이 되는 보호지역 경계로부터의 거리

구 분		경계로 부터의 거리
자연공원	최고봉 1200 m 이상	2,000 m
	최고봉 700 m 이상	1,500 m
	최고봉 700 m 미만 또는 해상형	1,000 m
습지보호지역		300 m
생태·경관보전지역	최고봉 700 m 이상	1,000 m
	최고봉 700 m 미만 및 해상형	500 m

※ 1. 습지보호지역 및 생태경관보전지역 중복 시 습지보호지역 거리 기준을 우선 적용
2. 보호지역이 도시지역 또는 계획관리지역에 위치한 경우는 거리 기준을 300 m로 함

자연경관영향 심의기준은 다음 표 3-21와 같다.

표 3-21 자연경관영향 심의 기준

<table>
<tr><th>구 분</th><th>검 토 항 목</th><th>세 부 내 용</th></tr>
<tr><td rowspan="18">조망점</td><td rowspan="2">이용 특성</td><td>조망점 위치도에 이용 특성 표시</td></tr>
<tr><td>검토 보고서에 설명 제시</td></tr>
<tr><td rowspan="2">조망점</td><td>조망점 위치도</td></tr>
<tr><td>조망점 선정 기준 준수 여부</td></tr>
<tr><td rowspan="3">가시권 분석</td><td>가시권 분석의 정확성</td></tr>
<tr><td>조망점 위치도에 가시권 표시</td></tr>
<tr><td>가시권 분석 사진 장비 제시</td></tr>
<tr><td rowspan="3">경관 특성</td><td>경관 자원 분류표 및 경관 현황도 제시</td></tr>
<tr><td>선정 사유 제시</td></tr>
<tr><td>주요 경관 자원의 현황 사진 및 설명 제시</td></tr>
<tr><td rowspan="2">경관 변화</td><td>배후 녹지의 스카이라인 표시</td></tr>
<tr><td>스카이라인의 변화가 예상될 경우 시설물 위치 및 높이 제시</td></tr>
<tr><td rowspan="6">위치도</td><td>총괄 표 제시</td></tr>
<tr><td>Z값과 지반고 명시</td></tr>
<tr><td>대상지와 조망점간의 최단 거리 제시</td></tr>
<tr><td>어둡지 않은 도면 사용 여부</td></tr>
<tr><td>A4 절반 이상 사이즈</td></tr>
<tr><td>내부, 외부 조망점 구별</td></tr>
<tr><td rowspan="5">훼손 여부</td><td rowspan="2">스카이라인</td><td>7부 능선 산정 정확도 여부</td></tr>
<tr><td>7부 능선 산정을 위한 객관적인 판단 자료 제시</td></tr>
<tr><td colspan="2">절·성토 규모 수치 제시</td></tr>
<tr><td colspan="2">위압감 형성 여부</td></tr>
<tr><td>경관 유형별 훼손 여부</td><td>조망점별 경관 유형 구분하여 세부 경관에 대한 훼손 여부 제시</td></tr>
<tr><td rowspan="10">자연 경관 영향 예측</td><td rowspan="4">시뮬레이션의 정확도</td><td>Z값과 지반고 명시</td></tr>
<tr><td>와이어 프래임 제시</td></tr>
<tr><td>프로그램 명시</td></tr>
<tr><td>지형 모델링 권장</td></tr>
<tr><td rowspan="3">작성 과정 명시</td><td>지형 모델링</td></tr>
<tr><td>시설물 모델링</td></tr>
<tr><td>조망점별 경관 모델링</td></tr>
<tr><td rowspan="3">절·성토에 의한 경관 변화</td><td>절·성토 발생 지역 명시</td></tr>
<tr><td>발생고 제시</td></tr>
<tr><td>경관 변화 자료 제시</td></tr>
<tr><td rowspan="7">저감 방안</td><td colspan="2">영향 저감 공법 자료 제시</td></tr>
<tr><td rowspan="4">효과 및 환경 영향 분석</td><td>단계별 과정 고려</td></tr>
<tr><td>지역적 경관 특성 고려</td></tr>
<tr><td>통경축 확보</td></tr>
<tr><td>이질감 완화</td></tr>
<tr><td rowspan="2">저감 방안 제시</td><td>기존 경관 자원의 훼손 여부</td></tr>
<tr><td>기존 경관 자원과의 조화 여부</td></tr>
</table>

3.2 풍수와 장소성

3.1.1 풍수생태

풍수생태(풍수, 풍수사상, 풍수지리)는 땅이 내포하는 지기(地氣)를 읽어내어 경관 의미를 파악하는 과학으로서 뒤에 설명할 장소령과 지기의 개념이 상통한다. 땅과 공간의 해석과 활용에 대한 동아시아의 고유 사상으로서 음양오행설을 바탕으로 한 동아시아의 자연관이 잘 나타나 있으며 실제로 조경과 건축 등과 같은 토지이용에 영향을 미친 자연관이며 인문학적 사상을 융복합한 생태문화적 접근 논리로서 장소성과 장소령 등의 사상과 맥을 같이한다.

풍수생태는 산세·지세·수세 등을 판단하여 이것을 인간의 길흉화복에 연결시키는 학설로서 만물이 기(氣)로 이루어졌다고 보며 만물 중의 하나인 땅도 지기로 이루어진 것으로 본다. 지기에 대해 음양과 오행, 그리고 주역의 논리로 체계화 한 것이 풍수생태이다.

도성·사찰·주거·분묘 등을 축조하는데 재화(災禍)를 물리치고 행복을 가져오는 지상(地相)을 판단하려는 이론으로, 감여(堪輿 : 堪은 天道, 輿는 地道), 또는 지리라고도 한다.

풍수생태는 간룡법, 장풍법, 득수법, 형국론, 정혈법, 좌향론 등의 이론적 체계를 갖추고 있으며, 생태복원과 관련하여 비보풍수가 유력한 수단이 될 수 있다.

비보풍수(裨補風水**)**

풍수생태 중에서 생태복원이나 환경계획과 관련하여 주목할 것으로 비보(비보설(裨補說), 산천비보(山川裨補))가 있다. 비보는 풍수적으로 부족한 조건을 인위적으로 보완하는 풍수 기법이라고 할 수 있다. 저자가 이끈 연구팀에서 수행한 계룡대실지구 풍수생태도시 계획 연구에서 비보 유형을 조산, 조형물, 숲, 못, 명칭(지명 및 놀이), 사탑(사찰 및 시설) 등으로 구분하였고, 비보풍수 구성 유형과 기능을 용맥비보, 장풍비보, 득수비보, 형국비보, 흉상차폐, 화기방어 등으로 구분 제시한 바 있다(구본학 등, 2008). 예를 들면, 형태와 구성요소로는 사찰의 탑, 당간(행주형국), 선돌, 솟대, 장승, 남근석, 돌거북 및 돌자라, 흙무지, 돌무지, 명칭(네이밍), 조산숲, 비보숲 등의 형태를 들 수 있고, 기능으로는 수구막이, 마을수호, 흉상차폐, 음풍방어(남근석), 산세진정, 보허, 지기배양, 용맥비보, 수해방지, 형국보완 등을 들 수 있다.

비보 형식은 (협의의) 비보법(또는 보허(補虛)), 염승법(壓勝法) 등으로 구분할 수 있다. 비보가 부족한 것을 더한다는 의미라면 염승은 과한 것을 억제한다는 의미로서, 생태복원의 계획설계과정과 적응관리 등의 전과정과 유사성이 있다.

3.1.2 장소성(sence of place)

장소성은 일정한 장소, 한정된 공간의 독특하고 고유한 특성을 의미한다. 여기서 장소는 안에서 경험한다는 의미를 강조한다, 공간의 행동적 기능적 의미를 담으며 행위를 함축하며 경관에 비해 경험적 의미 내포한다,

Relph, Tuan 등의 문화경관 해석, Seamon의 장소의 무용, Norberg-Schulz의 실존적 접근, 풍수생태 등이 있다.

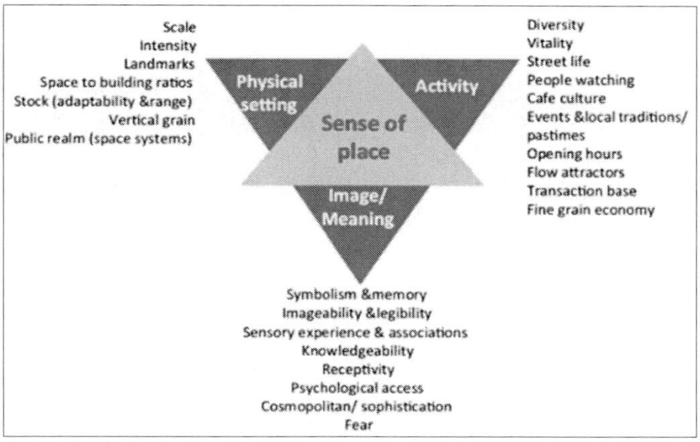

그림 3-64 Sense of place (Source : Carmona et al., 2003. P.122.)

장소애착(topophilia)과 장소혐오(topophobia)

장소애착은 장소에 대한 사랑을 의미하며 개인이 일정 장소와의 계속적인 접촉을 통해 그 장소를 좋아하게 된다. 랠프의 존재적 내부성과 관련되며 예를 들면 자기집, 마을, 고향 등 생활터전에 대한 애착심을 갖게 된다.

장소의 영혼/장소령(genius loci)

장소성과 유사한 개념으로서 때로는 구별하지 않는 용어로 장소령이 있다. 의미를 구별하는 경우 장소성은 장소령을 포함하는 개념적 용어로 사용되며 장소령은 종교적, 신앙적 대상으로서 명확한 실체를 전제하게 된다.

즉, 모든 존재(being)는 이를 지켜주는 수호진, 즉 영적인 존재(genius)가 있다는 사상으로서 동양의 노장사상이 대표적이다. 영혼은 사람이나 장소에 생명을 주고 요람에서 무덤까지 함께하며 존재의 특성 혹은 본질을 결정한다(Noberg-Schulz). 장소의 구조와 영혼으로 해석하며, 린치의 이미지와 랠프의 장소성을 함축하고 있다.

3절 표준생태계와 원형경관

1 표준생태계(reference ecosystem)

1.1 생태복원과 표준생태계

그림 3-65 자연생태계로서의 기능이 우수한 습지는 습지기능평가를 위한 표준습지로 선정될 수 있으며, 복원을 위한 원형생태계로서도 의미있다. (사진 : 필자촬영, 주남저수지, 창원)

인위적으로 복원 또는 조성된 생태계는 조성 직후가 아닌 일정한 시간이 경과된 이후에야 비로소 목표를 달성하게 된다. 따라서 생태계의 기능에 대한 평가는 해당 생태계의 중요 요소들이 충분히 발달할 만큼 시간이 경과되어야 효과적이며, 예를 들면 도시공간에 도입 가능한 저습지의 경우 최소 3~5년이 경과되어야 생태적으로 안정되어 자연생태계와 유사한 기능을 나타내게 된다(Kentula et al., 1993).

예를 들면, 인공습지 및 대체습지 평가를 위한 표준 습지(reference wetland)는 자연과정과 교란(천이, 산불, 침식 그리고 침전 등) 뿐만 아니라 인간이 영향을 끼친 결과로써 나타난 습지유형으로 지역의 변이성을 대표할 수 있는 습지를 말한다. 이러한 표준습지는 습지유형별로 다르며 또한 습지가 위치한 지역의 생태적 특성에 따라 구분된 생태권역에 따라 다르게 나타날 수 있다.

표준습지는 자연원형에 가까운 습지생태계의 전형(prototype)이다(USEPA, 1996). 나아가 표준습지는 지역적 측면에서 변이성을 대표할 수 있으며 자연적 과정 및 인류역사적인 과정을 겪은 습지로서(Smith et al., 1995), 자연성을 유지하여 습지복원, 대체습지 조성, 기능평가, 성능평가 등을 위한 기준이 되는 습지이며, 인위적 또는 자연적 훼손이 적고 습지의 기능이 우수하게 발휘되는 습지를 말한다(구본학 등, 2011).

기능평가를 이루기 위해서는 자연생태계의 기능이 우수한 전형적 생태계로서 표준생태계(reference ecosystem)를 선정하고 이를 근거로 평가모델을 수정하여 평가를 수행하게 된다. 이러한 표준생태계의 선정을 통해 다음과 같은 합리적 판단이 가능하다. 표준생태계는 기준생태계, 대조생태계, 참조생태계 등으로 불리기도 한다.

- 첫째, 지역에서 나타나고 있는 선택된 표준생태계를 통하여 대상지 생태계의 기능과 구조적 특성을 정의할 수 있다.
- 둘째, 생태계 기능 평가모델을 위해 필요한 데이터를 제공할 수 있을 뿐만 아니라, 평가모델에서 나타나고 있는 상태의 변이성과 변이의 범위를 수립해준다.
- 셋째, 표준생태계는 반복적으로 관찰하고 측정함으로써 생태계의 대표성을 수치화, 구체화시켜 준다.

1.2 표준생태계 속성

표준생태계는 자연생태계로서의 기능이 우수한 생태계로서 생태계 변화의 역사와 교란, 생물적 비생물적 환경조건 등을 반영한 생태계의 구조와 형성과정에서 나타나는 역사적 자연적 변이를 포함하는 대표적인 생태계이다.

지역적 측면에서 변이성을 대표할 수 있으며 자연적 과정 및 인류역사적인 과정을 겪은 생태계이며, 자연성을 유지하여 복원, 대체생태계 조성, 기능평가, 성능평가 등을 위한 기준이 되는 생태계로서, 인위적 또는 자연적 훼손이 적고 생태계의 기능이 우수하게 발휘되는 생태계를 말한다(Smith et al., 1995, Goebeletal. 2005, 구본학, 2002).

이 책에서는 구본학 등(2011)에 근거하여 '자연성을 유지하고 있는 생태계이며 생태계 복원, 대체생태계 조성, 기능평가, 성능평가 등을 위한 기준이 되는 생태계로서, 인위적 또는 자연적 훼손이 적고 생태적 기능이 우수하게 발휘되는 생태계'라고 정의한다.

생태계 구조와 생태적 형성과정에서의 역사적 자연적 변이를 말하며 생태계의 역사적 변화와 교란 정도, 무생물 및 생물 조건 등을 반영한다(Covington et al. 1997).

표준생태계는 특정한 기능을 지닌 생태계 유형을 대표하므로 이를 파악하여 생태적 기능을 향상 또는 예측할 수 있는 기준을 개발할 수 있다(Brinson, 1993).

표준생태계는 지형, 기후, 기타 환경조건을 고려하여 구분한 생태권역(eco-region)이나 생태계 유형 등에 따라 가장 전형적이고 대표성 있는 생태계를 선정하는 것이 바람직하다. 또한 표준생태계는 일반적으로 보전이 잘 되어 고유의 기능을 유지하고 있는 자연생태계에서 선정하는 것이 바람직하나, 인공적으로 조성되었지만 생태적 형성과정에 의해 자연생태계에 근접한 생태적 기능을 나타내는 인공생태계에서 선정하는 것도 현실적으로 바람직한 방법이다(구본학 등, 2011).

그림 3-66 묵논습지가 자연적형성과정에 의해 자연습지로서의 소택형 습지에 가까운 구조와 기능으로 발달된 습지. 습지복원을 위한 원형생태계로서 의미를 갖는다. (사진 : 필자촬영. 자운늪, 대전)

표준생태계는 지형, 기후, 기타 환경조건을 고려하여 구분한 생태권역(eco-region)이나 생태계 유형 등에 따라 가장 전형적이고 대표성 있는 생태계를 선정하는 것이 바람직하다. 복원된 생태계는 궁극적으로는 표준생태계의 속성에 근거하여 기능과 구조로 유사하게 복원될 것으로 기대되며, 사업의 목적과 전략이 그 기대에 따라 설정될 수 있다.

표준생태계는 하나일 수도 있고 여러 개일 수도 있으며, 모델이 될 수 있는 생태계 및 그 속성에 대한 기술적 표현, 생물적 비생물적 요소들에 대한 정보들을 모두 포함하게 된다.

1.3 표준생태계 기능

표준생태계는 생태복원계획을 위한 모델, 복원의 성공 여부를 평가하기 위한 기준으로서, 특정한 기능을 지닌 생태계 유형을 대표하므로 이를 파악하여 생태적 기능을 향상 또는 예측할 수 있는 기준이 된다(Brinson, 1993).

표준생태계는 훼손 이전의 건전한 생태계의 구조와 기능을 지닌 생태계로서 복원 계획의 모델이 되며 복원 이후 목표 달성을 평가하기 위한 기준이 된다. 즉, 표준생태계를 통해서 복원 목표를 설정하고, 대상지의 복원 잠재력을 정의하며, 복원을 어떻게 시행하고 복원의 성공 여부를 어떻게 평가할 것인가 등의 기초 정보를 얻을 수 있다.

표준생태계의 정보는 다음과 같은 방법으로 구할 수 있다.

- 복원대상지에 남아있는 원 생태계의 정보
- 생태계가 훼손되거나 기능이 저하되거나 파괴되기 이전의 생태적 특성에 대한 기록, 종목록, 도면 등의 자료
- 다른 유사한 생태계의 생태적 조사 기록이나 종목록 등
- 시계열적 변화를 촬영한 사진
- 온실, 식물원, 박물관 등에 보관된 표본
- 복원대상지의 원생태계의 물리적 구조와 생물상 및 생태적 기능을 가늠할 수 있는 잔

여 패치

- 대상지의 훼손 이전의 상태를 파악하고 있는 전문가 및 지역주민 등을 통한 과거 상태 및 구두 면접
- 지질학적 증거 – 화석, 광물자원, 나이테, 패총 등

표준생태계는 생태계 천이과정에서 발생되는 여러 가지 경우들이 확률적으로 조합되어 나타나며, 복원이 진행 중인 생태계는 다양한 잠재적 가능성을 기반으로 하고 있다. 이렇게 다양한 상태들이 복원의 대상이 되며, 표준생태계가 변화되어 발전될 수 있는 잠재적 상태로 나타낼 수 있다. 이런 의미에서 단일 표준생태계는 일단의 잠재적 상태들을 표현하기에는 부적합하며, 복원된 생태계에 의해 표현될 수 있는 변이의 범위를 나타내기에 한계가 있다. 그러므로 표준상태는 복수의 표준생태계와 다른 자료로부터 도출되는 것이 바람직하다. 이러한 복합적인 정보들에 의해 더욱 실천가능한 복원계획이 수립될 수 있다.

표준생태계를 나타내는 표현 수단은 생태계의 질과 유용성이라는 두 가지 요소가 복합적으로 작용한다.

첫째, 표준생태계를 선정할 때 생물종 다양성이 우수한 대상지를 선정하게 되는 반면, 복원대상지는 생태적 천이의 초기단계에 머무르는 경우가 많다. 이러한 경우, 선행단계로 돌아가서 복원 계획과 평가 목적에 따라 재검토하고 표준생태계에 근거하여 적절한 조치를 취해야 한다. 복원된 생태계의 발전단계가 표준생태계에서 정한 바대로 올바른 방향으로 진행될 때는 별다른 해석이나 조치가 필요하지 않다.

둘째, 복원 목표가 자연생태계를 근거로 할 때는, 표준생태계는 인간의 개입에 의한 부정적 영향을 받게 되므로 표준생태계에 근거한 구체적인 서술이 필요하며 생태학적 판단 경험과 과학적 지식이 필요하게 된다. 구체적으로 표현된 복원 목표는 표준생태계의 상태를 서술하는데 필요한 구체적인 세부 사항을 결정하는데 매우 중요한 요소이다. 대규모 경관단위의 복원에서 일반적 수준의 목표를 설정하는 경우 표준생태계도 일반적 속성을 서술할 수 있게 된다. 그런 경우, 항공사진이 표준생태계에 대한 다양한 정보를 구할 수 있는 가장 중요한 출처가 될 수 있다. 정밀한 수준의 복원은 대상지 내 작은 조사구를 설치하여 수집된 훨씬 더 복잡하고 구체적인 표준생태계 정보를 필요로 한다.

표준생태계는 1) 생태자원의 기능 평가, 2) 인공생태계 조성 및 복원 목표, 3) 조성된 인공생태계에 대한 성능평가 등의 목적에 의해 선정된다. 이러한 표준생태계의 조건은 자연성이 뛰어난 생태계로서 목적물과 같은 생태권역 ecoregion 에서 같은 유형의 생태계 유형에 속하는 가장 전형적인(prototype) 생태계일 때 가능하다는 것이다.

습지의 경우 예를 들면, 습지의 정밀기능평가를 위한 HGM(hydrogeomorphic) method에서는 습지의 유형분류체계를 람사르협약에 의한 유형분류체계나 미 NWI 구축을 위한 Cowardin system 등 습지목록 구축 등의 유형분류체계와는 별도로 HGM 평가를 위한 분류체계를 적용하여 HGM 분류체계에 의한 유형별 표준습지를 선정하고 기능평가를 수행하게 된다.

인공적으로 조성된 대체생태계의 성능평가를 위해서 국내에서는 인공습지 성능평가 연구사례가 있다. 전국습지조사를 바탕으로 습지기능평가 결과 보전가치가 높게 나타난 습지를 표준생태계로 선정한 바 있다. 생태권역의 경우 동일 유형의 습지에서는 국내를 단일 생태권역으로 간주한다. 이는 아직 국내 연구수준이 습지의 생태권역을 구분하기에는 미흡하기 때문이며 이에 대한 진전된 연구가 지속적으로 이루어질 필요가 있다.

2 생태복원을 위한 원형경관

표준생태계는 생태계 복원을 위한 원형경관 또는 원형생태계(prototype)로서도 큰 의미를 갖는다. 즉, 원형생태계의 구조와 기능을 인위적인 기술에 의해 도시공간 등 생태적으로 열악한 건조환경에 도입하는 것이 생태복원의 중요한 핵심이라고 할 수 있다.

생태복원은 어떤 유형의 생태계를 어떤 구조와 기능으로 복원하느냐가 매우 중요한 과제이다. 예를 들면 생태숲을 조성하기 위해서는 대상지와 생태적으로 유사한 자연숲의 원형을 바탕으로 도입모델을 구축하며, 하천생태계를 복원하기 위해서는 자연하천의 전형을 찾아 그 구조와 기능을 파악하고 도입해야 한다.

습지복원의 경우도 생태권역 및 습지유형별 표준습지를 선정하고 이를 기준으로 습지복원의 달성도를 평가하게 된다. 이때 자연 그대로의 생태계가 가장 전형적인 모델이 될 수 있지만 인공적인 생태복원을 위해서는 가장 자연성이 높은 생태계보다는 70~80% 수준의 자연성을 지니는 생태계가 더 유용한 도입 모델이 될 수 있다.

표준생태계를 기반으로 하는 원형경관은 다음과 같은 특성을 지닌다.

첫째, 지역에서 나타나고 있는 선택된 표준생태계를 통하여 대상지 생태계의 기능과 구조적 특성을 정의할 수 있다.

둘째, 생태계 기능 평가모델을 위해 필요한 데이터를 제공할 수 있을 뿐만 아니라, 평가모델에서 나타나고 있는 상태의 변이성과 변이의 범위를 수립해준다.

셋째, 표준생태계는 반복적으로 관찰하고 측정함으로써 생태계의 대표성을 수치화, 구체화시켜준다.

습지생태계를 예로 들어보면, 인공습지 및 대체습지 평가를 위한 표준 습지는 자연과정과 교란(천이, 산불, 침식 그리고 침전 등) 뿐만 아니라 인간이 영향을 끼친 결과로써 나타난 습지유형으로 지역의 변이성을 대표할 수 있는 습지이다. 이러한 표준습지는 습지유형별로 다르며 또한 습지가 위치한 지역의 생태적 특성에 따라 구분된 생태권역에 따라 다르게 나타난다.

이러한 표준생태계는 생태계 복원을 위한 원형생태계로서도 큰 의미가 있다. 즉, 원형생태계의 구조와 기능을 인위적인 기술에 의해 도시공간 등 생태적으로 열악한 건조환경에 도입하는 것이 생태복원의 중요한 핵심이다.

인위적인 생태계복원의 표준생태계는 자연성을 그대로 유지한 원시상태의 생태계보다는 현실적인 복원모델을 제시할 필요가 있으며, 구체적으로 습지를 대상으로 습지복원의 모델이 될 수 있는 유용한 사례를 들면 다음과 같다.

표 3-22 원형경관으로서의 표준생태계

습지와 육지를 연결하는 ecotone의 전형적인 모델(우포늪)	묵논이 자연에 가까운 습지로 발달된 사례로서 인공적으로 복원되는 습지복원의 전형으로 유용한 모델(대전, 자운늪)	

훼손된 자연하천 기능을 인위적인 수단으로 향상시킨 사례로서 도시내 자연형하천의 모델로서 유용함(대전, 유등천)	수변부 주변의 덤불과 수풀군락은 포유류를 유인하고 개개비나 붉은머리오목눈이와 같은 조류의 서식처가 되므로 이와 같은 종을 유치하기 위한 하나의 유형으로 활용(어룡천 상류)	댐저수지 수위변동구간은 환경조건의 적합한 경우 자연식생이 회복될 수 있으며, 인공적인 생태복원의 모델이 됨

CHAPTER 04

생태복원 과정

1절 복원목표 설정

1 복원목표

생태복원은 기본적으로 자연형성과정(natural process)에 근거하여 천이를 유도함으로써 자연생태계 스스로 회복되어갈 수 있는 기반을 조성하는 것이 중요하다. 이를 위해서는 각 지역의 자연환경과 생태적 기반 및 식생 등이 적정하게 형성되는 것이 중요하며, 각 단계에서 필요한 기반환경을 조성하여 여러 가지 식물과 동물이 환경에 적응할 수 있도록 유도하는 것이 바람직하다. 결국 자연 생태계는 대상지의 생태환경에 적응한 생물의 생명활동에 의해서 만들어지고 변화되는 과정이므로 생물이 그 환경 속에서 살고 자랄 수 있는 장소로 조성하여야 한다.

생태복원은 단순히 자생종을 식재하거나 야생동물을 방사 또는 서식처 조성 등의 과정에 국한되지 않으며, 구조적 기능적 안정성과 복원기반 조성, 향토종 및 자생종 중심의 식생 복원, 원 서식처 또는 잠재 서식처 복원 및 조성, 천이 및 변화에 따른 순응형 관리 등의 시스템적 접근이 요구된다. 이러한 배경에서 생태복원은 주의 깊고 체계적인 계획을 필요로 하며, 이 책에서는 복원 계획 단계를 다음과 같이 설정하고자 한다.

1) 문제인식 Identification of Problems : 복원 필요성에 대한 명확한 정립
2) 생태특성 분석 Ecological Description : 복원대상지의 생태적 현황 및 특성 분석
3) 복원 목표/목적 설정 Setting Goals and Objectives of Restoration
4) 복원 전략 및 방법 설정 Determine a Strategy and Methods
5) 표준생태계 선정 및 생태적 특성 분석 Designation of the Reference Ecosystem
6) 생태복원 결과의 경관 및 상위 생태계 융합 전략 및 물질 순환 전략 Integrating with the Landscape and Circulation of Materials
7) 구체적 실행계획 Explicit Plans : 공정, 예산 등
8) 훼손 원인의 제거 Removing the Source of Degradation
9) 복원 단계별 적용 Adapting the Restoration Step : 이 책 Chapter 1에서 제안된 복원 단계에 따라 구조적 및 기능적 안정성 확보, 복원 기반 조성, 식생 복원, 서식환경 조성 및 복원 등의 단계에 따라 복원 시행
10) 적응형 관리 Adaptive Managements : 복원된 생태계 천이 모니터링 및 적응형관

리를 통한 자연형성과정에 부합되는지 지속적 모니터링 및 유지관리

11) 성능평가 Performance Assessment : 목표달성 여부에 대한 성능 평가를 위한 요구성능, 성능기준 및 평가 지표 설정

12) 중장기 보전 관리 전략 수립 Setting Long-term Strategies and Be Patient : 복원 목표 달성은 단기적 과제가 아닌 중장기적 형성과정을 통해서 가능하므로 생태적 천이를 위한 충분한 시간 필요. 회복의 과정에서 인간의 시간과 자연의 시간이 다르다는 것을 인식하고 인간의 잣대에서 보다는 자연의 관점에서 복원 목표 달성 여부를 평가하는 것이 필요함

Giardina et al.(2007)은 생태복원 계획 과정을 다음과 같이 설정하고 있다.

1) 표준생태계 선정 : 복원 모델 도출
2) 복원 필요성 인식 : 생물다양성, 생태기능, 문화적 가치
3) 목표/목적 설정 : 시간, 비용, 투자회수, 전문가그룹
4) 모니터링 지표 설정 : 상대적, 간단, 신뢰성
5) 복원 수행 : 과학적, 현장적용형
6) 지표에 대한 모니터링 : 선행 사례 고찰을 통한 실행

이러한 과정을 적용하되, 종 수준에서는 목표종을 설정하고 개체군 다양성 및 생태계 회복력 등을 목표로 하며, 생태계 수준에서는 식생군락 구조, 생태적 기능, 생태계 서비스 등을 주 관심사로 한다. 복원계획에는 다음 사항들이 포함되는 것이 바람직하다.

- 복원 필요성에 대한 명확한 규명
- 복원대상지의 생태적 특성
- 복원계획의 목적 및 목표
- 표준생태계의 선정 및 특성
- 제안된 복원 기법이 대상지 생태경관과 물질순환의 융복합적 통합 방법
- 분명하고 명확환 계획안, 예정공정, 예산, 복원 전후의 고려사항, 복원 단계별 검토 및 오류에 대한 수정 전략 등
- 복원결과 평가를 위한 성능 기준, 모니터링 지침
- 복원된 생태계에 대한 중장기적 보호 및 생태적 관리(adaptive management) 전략

또한 복원된 생태계의 성과를 비교 평가를 위해 대조구가 될 수 있는 무처리구가 최소한 개소 이상 포함되는 것이 필요하다.

예비평가

복원 과정에서 예평가는 생태복원 사업에서 가장 먼저 이루어지는 핵심적 단계이다. 예비평가를 통해 복원사업의 이슈와 핵심적 의문을 규명하며, 이에 근거를 두고 복원 목표와 실천기술을 결정할 수 있게 된다. 예를들어 일반적으로 하천평가는 서술적이거나, 생물종, 수문, 지형, 지질 등의 데이터 목록을 구축하였으며, 이러한 요소들 간의 상호관련성 등과 같은 분석적 접근은 부족하였고, 하천생태계의 물리적, 화학적, 생물학적 형성과정은 무시되곤 하였다. 예비평가를 통해 하천생태계 복원에 필요한 인과관계를 밝힘으로써 생물군집의 성장을 억제하는 요인과 관리에 대한 단서를 찾는 것이 중요하다.

2 기술적 단계

생태계 복원을 위한 단계는 기술 및 공법에 따라 다르지만 대체로 구조적 안정성 확보, 복원 기반 조성, 식생도입, 서식처 조성 등의 단계로 구분할 수 있다(구본학, 2004; 2011).

이 과정을 요약하면 다음 표 4-1과 같이 나타낼 수 있다.

표 4-1 기술적 단계에 따른 생태복원 유형

과정	이슈	내 용	예 시
1단계	목표설정	• 복원목표 설정	• 복원, 복구, 대체, 향상 등. • 생태계 유형.
2단계	구조 및 기능	• 구조적, 기능적 안정성 확보	• 비탈면의 안정이나 건축물의 하중, 하천의 수리 수문 조건 등
3단계	생태복원 기반 조성	• 토양 등 식생 기반이 열악하고 다양한 환경압(environmental stress)이 작용하므로 적절한 기반조성 필요	• 토양환경 : 생육심도, 토양 개량, 경사 • 수환경 : 수리수문적 조치 및 수질 정화 등
4단계	복원목표에 따른 식생 도입	• 복원 대상지의 특성에 따라 적합한 식생의 선정 및 도입	• 자생식물 개체 또는 종자 등 환경조건에 적합한 식생
5단계	서식환경의 조성	• 생물종이나 서식지에 대한 생태적 지식을 바탕으로 목표 생물종이 선호하는 공간 조성	• 어류서식처, 다공질 환경, 덤불숲, 모래톱, 기타 분류군별 종별 서식환경에 따른 재료 및 기법
6단계	생태적 관리 및 모니터링	• 복원목표 달성 또는 달성가능성을 높이기 위한 적응관리 • 복원된 생태계의 구조 및 기능 조사	• 수환경 및 토양 등 기반환경 관리, 외래종 제거 및 자생군락 보전. • 모니터링

과정	이슈	내 용	예 시
7단계	복원 후 성능평가	• 복원목표 달성 또는 달성가능성을 판단하기 위한 평가. • 표준생태계와의 비교 고찰을 통해 판단	• BACI 평가. • 요구성능 및 세부요구성능 도출. • 성능평가 항목 및 지표 설정. • 성능평가 수행 및 관리 수준 설정

첫째, 물리적 구조로서 복원 대상의 구조적 안정성을 확보하는 것이 중요하다. 비탈면의 안정이나 건축물의 하중, 하천의 수리 수문 조건을 만족하는 것 등이 그것이다. 이는 물론 복원의 대상에 따라 안정의 유형이나 요구 수준이 다르다.

둘째, 식생도입을 위한 생태계 복원 기반 조성이다. 복원 대상지는 토양 등 식생 기반이 열악한 경우가 대부분이며 다양한 유형의 환경압(environmental stress)이 작용하므로 적절한 기반조성이 필요하다. 식생을 도입하기 위해서는 수목의 종류에 따른 생육 최소 심도를 확보하는 것이 중요하며 토양성분과 수분, 영양물질, 기타 식생 활착 및 성장에 필요한 요소들을 만족시켜야 한다. 토양환경은 가급적 자연적인 토양구조를 가지고 있는 토양을 이용하여야 한다. 수환경의 경우에는 적절한 수질과 수위가 유지될 수 있도록 조성해 주어야 하는데, 일반적으로 생태연못 등의 인공습지에 물을 공급할 때에는 식물을 이용한 정화시설을 거치는 것이 바람직하다. 그리고, 수위의 유지는 수생식물의 발달과 밀접한 관계를 맺고 있으므로 지나치게 수위가 높거나 낮은 것은 지양해야 한다.

셋째, 복원목표에 따른 식생 도입이다. 기반 조성과 마찬가지로 식생 도입을 위한 제한요인이 매우 다양하기 때문에 복원 대상지의 특성에 따라 적합한 식생의 선정 및 도입이 중요하다. 목표식생은 해당지역의 식생조사를 거쳐 식물개체를 활용하거나, 종자를 채취하여 번식·재배한 식물을 이용한다.

넷째, 서식처 조성 등을 위한 복원공사의 경우 조성 목표에 따라 다공질 환경을 비롯한 다양한 서식환경을 조성한다. 여기서 중요한 것은 도입하는 생물종이나 서식처 조성의 목표로 하는 생물종에 대한 충분한 생태적 지식을 습득해야 한다는 것이다. 그래서 목표로 하는 생물종이 선호하는 공간들을 조성해 주어야 한다. 어류서식처 조성을 위한 어소블록이나 식생도입, 곤충류의 서식환경을 조성하기 위한 돌무지, 폐목, 기타 다공질 재료, 조류 서식처 조성을 위한 덤불숲, 관목숲, 초지, 모래톱, 자갈밭, 얕은 물 등 서식처 조성 목표에 따라 다양한 환경을 조성하는 것이 중요하다.

다섯째, 복원 목표와 목적을 명확히 설정한 이후에 생태적 관리 및 평가 과정을 진행한다. 복원 방법에 대한 생태계의 반응을 분명하게 예측하는 것은 거의 불가능하기 때문에 일정한 수준의 복원 이후에 복원 성과에 대한 성능을 평가하는 것이 필요하며 문제가 발생한 경우 방법이 수정되어야 한다. 이와 같이 적용 후 평가 및 수정 과정을 거쳐 진행하는 것을 생태적 관리라고 하며 '적응관리 또는 순응형 관리(adaptive management)'라고 한다. 적응관리는 현지 답사 및 모니터링을 통해 이루어지며 가설에 대한 검증 절차를 거친다. 가설은 미리 정해진 제한 요인을 제거함으로써 서식처와 군집이 복원될 것이라는 가설이 설정될 수 있다.

여섯째, 성능평가를 위해서는 과학적 방법론에 의해 정량적 분석이 가능한 모니터링을 통해 가능하다. 대부분의 복원사업에 대한 평가프로그램은 정성적 분석으로서 복원대상지가 복원방법에 대해 어떻게 적응하고 있는지에 대한 반응을 측정한다. 생태계 반응 범위 내에서 원인-결과 관계를 규명하기 위한 방법론이 아니다. 정량적 평가로서의 실험적 방법론으로는 'BACI(Before-After-Control-Impact)'가 알려져 있다. 이 방법론은 복원행위의 효과를 시간적(복원 전 후), 공간적(표준생태계, 조절구, 실험구) 규모에서 평가하고자 하는 것이다. BACI 설계에서는 시간적으로나 공간적으로 반복 실험을 필요로 한다. 그러나 일정 규모 이상의 대규모 프로젝트에서는 여러번 반복하는 것이 더 어렵기 때문에 통계적 유의성을 확보하기 위해서 시간적 반복을 주로 수행한다.

2절 구조적 기능적 안정성

생태적으로 조성되거나 복원될 대상지의 유형에 따라 구조적으로 안정될 수 있는 조건을 만족시키는 것이 중요하다. 비탈면의 안정이나 건축물의 하중, 하천의 수리수문 조건 만족 등을 의미하는데 이러한 구조적 안정성은 생태계 유형 및 대상에 따라 안정의 유형이나 요구 수준이 다르다.

1 육상생태계의 안정성

1.1 토양 기반

생태계 복원의 기반이 되는 토양기반은 원지형을 최대한 보전하려는 노력으로 인해 토공사량이 최소화되고 있으나, 불가피하게 절성토 등의 조치가 필요할 수 있다. 이때 자연스런 지형을 조성하기 위해 굴곡을 조성하는 경우, 토양의 안정성을 고려해야 한다.

비탈진 토양에서 흙의 전단저항(미끄러져 붕괴하려는 힘에 저항하는 힘)은 토양의 접착력과 마찰력으로 구성되며, 이 두 성분에 의해 자연상태의 흙이 이루는 안정된 비탈의 각도이다. 즉 흙을 절취하거나 성토하면 일시적으로는 어느 높이까지는 수직 상태로 견디나 시간이 경과하면 무너지게 되는데, 일정한 기울기가 되면 멈추게 되며 특별한 내외의 충격이 없으면 안정상태를 유지한다. 이렇게 안정된 상태의 비탈면이 수평면과 이루는 각을 안식각(resting angle of soil), 휴식각, 또는 식각이라 한다.

토압을 산정하기 위해서는 토양의 휴식각을 알아야 하며 이에 따른 파괴면을 먼저 결정한다. 즉, 어떤 흙이나 모래 등의 토양이 자연적으로 안정한 상태를 유지하면서 이루는 각을 β라 하며 이를 안식각 또는 휴식각이라고 한다. 다시 말하면 흙을 높이 쌓아 두었을 때 일정 시간이 지나면 미끄러져 내려와 비탈을 이루며 안정되는데 이때의 경사면이 이루는 각도를 안식각이라고 한다.

이 각은 토양의 종류, 수분상태 등에 의해 좌우되며 일반적으로 보통흙이 건조상태에서 약 40°를 이루며, 토질에 따라 다음과 같이 적용한다.

- *보통흙 : 30 – 45°, 진흙 : 15 – 45°, 모래 : 30 – 40°, 자갈 : 30 – 40°*

1.2 절성토

토공사에서 토량계산은 크게 긴(기둥) 모양의 토량과 넓은 지형의 토량으로 구분한다. 긴모양의 토량에서 단순한 모양인 경우 양단면적 평균법(the average end area method = cross section method)을 적용하며, 양 단면의 면적을 A_1, A_2 거리 또는 높이를 h라 하면 체적 $V = \dfrac{(A_1 + A_2)}{2} \times h(\mathrm{m}^3)$이 된다. 이 방법은 양 단면의 차가 클수록 실제보다 크게 나오게 되나 계산이 간편하므로 개략적인 체적을 구할 때 널리 사용된다.

중앙단면적법은 중앙단면을 A_m, 양 단면간의 거리를 h라 할 때, $V = A_m \times h$이며, 이 방법은 실제보다 약간 작게 나온다.

심프슨공식으로 알려진 주상체 공식법(prismoidal formula)은 양 단면이 평행하고 측면이 평면일 때 $V = h/6 \times (A_1 + 4 \times A_m + A_2)$로 산출된다. 이 방법은 양단면평균법과 중앙단면적법을 혼합한 형태로서 양단면 모양이 복잡할 때는 중앙단면을 결정하기 곤란하므로 적용하기 어려우나 가장 정확하여 실제와 거의 유사한 값이 산출된다.

한편, 표준품셈 등에 제시된 공식에 의한 방법은

$$V = \frac{h}{6} \cdot ((2a + a') \cdot b + (2a' + a) \cdot b'))$$
$$= \frac{h}{3} \times (A_1 + A_2 + \sqrt{A_1 \cdot A_2})$$

이때 A_1 : 윗면의 면적, A_2 : 밑면의 면적, a, b : 윗면의 각 변 길이, a', b' : a, b에 대응하는 아랫면의 각 변 길이, h : 높이

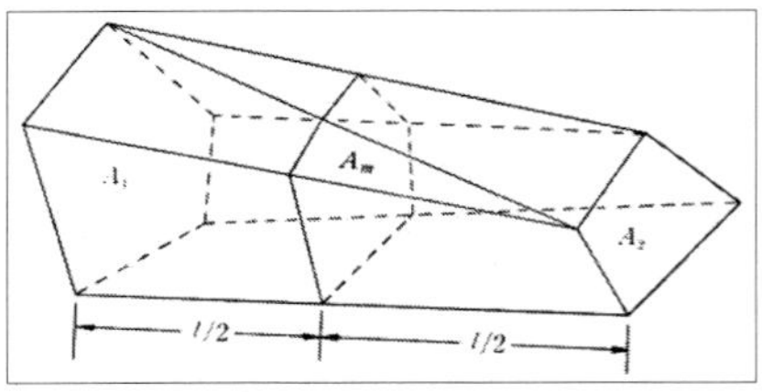

그림 4-1 prismoid 공식 적용법

다음으로 넓은 지형의 토량을 산출할 때는 등고선법과 점고법을 응용하는 것이 효과적이다.

먼저 등고선법은 각주 공식을 이용하여 식을 구성할 수 있는데, 등고선으로 둘러 싸인 면적을 $A_1, A_2, A_3, \ldots, A_n$이라 하고, 등고선 간격을 h라 하면

- $V = h/3 \times (A_1 + 4(A_2 + A_4 + \ldots + A_{n_1}) + 2(A_3 + A_5 + A_7 + \ldots + A_{n_2}) + A_n)$

로 나타낼 수 있다.

이 식은 각주 공식의 응용이라 할 수 있는데, 구체적으로는 다음과 같다.

A_1에서 A_3까지의 토량 $2h/6 \times (A_1 + 4A_2 + A_3)$

A_3에서 A_5까지의 토량 $2h/6 \times (A_3 + 4A_4 + A_5)$

A_5에서 A_7까지의 토량 $2h/6 \times (A_5 + 4A_6 + A_7)$

....

$A_n - 2$에서 A_n까지의 토량

$2h/6 \times (A_n - 2 + 4A_n - 1 + A_n)$

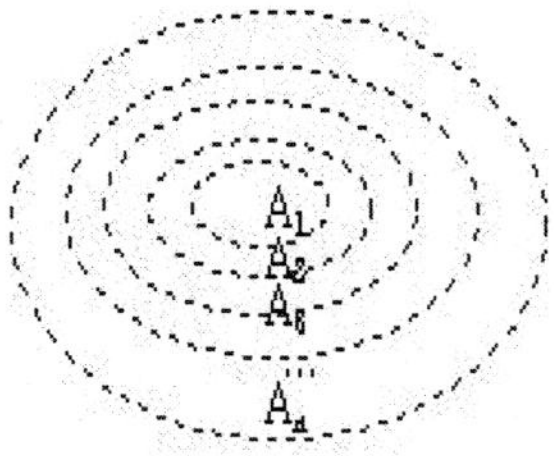

그림 4-2 등고선법

- $V = h/3 \times (A_1 + A_n + 4(A_2 + A_4 + ... + A_n - 1) + 2(A_3 + A_5 + ... + A_n - 2))$

점고법(the spot elevation method = grid method)은 넓은 지역 매립, 땅고르기 등 불규칙한 지형의 체적을 산출할 때 유용한데, 양단면이 평면이면 체적은 양단면의 중심간의 수직거리에 수평면적을 곱한 것과 같다는데서 출발한다. 즉, 각 모서리 거리의 평균 * 수평면적으로 체적을 구하게 된다.

사각 : $V = A/4 \times (h1 + h2 + h3 + h4)$

삼각 : $V = A/3 \times (h1 + h2 + h3)$

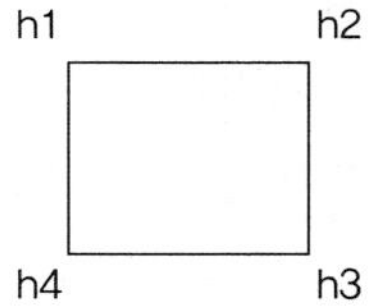

그림 4-3 점고법

그림에서 각 모서리의 높이를 각각 $h1$, $h2$, $h3$, $h4$라 하면,

평균높이 $h = \dfrac{(h1 + h2 + h3 + h4)}{4}$

체적을 V, 면적을 A라 하면

$$V = A \cdot h = A \cdot \frac{h1 + h2 + h3 + h4}{4} = \frac{A}{4} \cdot (h1 + h2 + h3 + h4)$$

이러한 점고법을 응용하여 넓은 지역의 체적을 구할 수 있다. 즉, 넓은 지역을 두 변의 길이가 각각 a, b인 사각형(또는 a, h인 삼각형)의 여러 단면으로 분할하고, 각 모서리점에서의 높이를 $h1$, 두 단면이 만나는 모서리의 높이를 $h2$, 세단면이 만나는 공통 모서리 높이를 $h3$,... 라고 할 때, 같은 면적의 4각형으로 분할하여 각 정점 높이의 평균치 또는 표고차를 구하여 체적을 산출한다(4각형분할, 구형분할, 사각형 각주법).

$$V = \frac{a \times b}{4}(\sum h1 + 2\sum h2 + 3\sum h3 + 4\sum h4)$$

이때 하나의 사각형 내의 표고변화에 따르는 오차를 최소화하기 위해서는 가능하면 사각형의 크기를 작게 하는 것이 좋다.

또한 3각형 분할 (삼각형 각주법)은 다음과 같이 나타내며 사각형각주법보다 정밀도 높다.

$$V = \frac{a \times b}{6}(\sum h1 + 2\sum h2 + 3\sum h3 + ... + 8\sum h8)$$

이때 기준면적 $a \times b$는 사각형의 넓이로서 만일 삼각형의 넓이 A를 기준면적으로 하면 분모가 3이 된다. 즉, $V = A/3$ (⋯)이 된다.

1.3 토압

비탈면이나 옹벽뒷채움 등의 안정성을 위해서 토압을 산정하게 된다. 토류구조물에 작용하는 토압은 주동토압(active earth pressure, P_a). 정지토압(earth pressure at rest, P_o), 수동토압(passive earth pressure, P_p)이 있다. 옹벽 뒷면의 토압은 깊이에 비례해서 커지는 삼각형의 분포를 갖는다. 뒷채움 backfill에 의한 토압 Pa가 작용할 때 벽면에 대해 기울기 δ를 가지고 있다. 이 토압을 주동토압이라고 하며 구조물을 앞으로 밀어내려는 힘이 작용된다. 반면에 옹벽 전면에서 흙 또는 어떤 압력이 구조물을 뒤로 되밀어내는 경우 벽뒷면의 토양을 압축하여 파괴하려는 경우를 수동토압이라고 한다.

옹벽에 작용하는 토압은 옹벽자체가 강체로서 회전이나 전면으로 밀려나오는 변위(옹벽구조물을 강체로 간주함으로 부재 상호간에는 변위가 없다고 보지만 구조물 전체가 일정하게 회전하는 변위)가 발생함으로써 주동토압이 된다. 즉 뒷채움재가 옹벽을 향하여 활동면을 따라 수평이동을 일으키고부터 옹벽이 뒷채움재를 지지한다고 보기 때문에 주동토압을 적용한다.

일반적으로 주동토압이 중요하며, 주동토압 계수는 다음과 같이 계산된다.

$$K_a = \frac{\cos^2(\theta - \delta)}{\cos^2\psi\cos(\psi - \delta)\left[1 + \sqrt{\frac{\sin(\phi + \delta)\sin(\phi - \beta)}{\cos(\psi - \delta)\cos(\psi + \beta)}}\right]^2}$$

여기서 $\delta = k$이고 $\psi = 0$인 경우 주동토압 계수는 다음과 같다.

$$k_a = \cos\beta\left[\frac{\cos\beta - \sqrt{\cos^2\beta - \cos^2\phi}}{\cos\beta + \sqrt{\cos^2\beta - \cos^2\phi}}\right]$$

만일 배면의 경사가 $\beta = 0, \delta = 0$이고, $\psi = 0$이면 주동토압 계수는 다음과 같다.

$$K_a = \frac{1 - \sin\phi}{1 + \sin\phi}$$

참고 토압론

토압을 산정하는 이론에는 여러 가지 방법이 있으나, 그 중 대표적으로 사용되는 토압이론에는 Coulomb과 Rankine의 이론이 있다.

Coulomb의 토압론과 Rankine의 토압론의 가장 중요한 차이점은 벽면 마찰의 고려 여부이다. Rankine 토압론은 벽면마찰을 무시하며 Coulomb 토압론은 벽면마찰을 고려한다. 란킨토압은 전단 이론에서 유도되며 벽마찰이 없다고 가정하고 전단저항각으로 토압계수를 구한다. 쿨롱토압은 벽마찰각 고려하며 힘의 다각형에서 토압계수를 구한다. 우리나라에서는 경제적인 설계를 위해서 Coulomb 토압적용을 각종 시방서나 규정, 지침 등에서 Rankine의 토압보다 우선하고 있다. 특히 실측치에 비교적 가까운 값을 보이는 Coulomb 토압공식을 사용토록 규정하고 있다.

이를 더 구체적을 살펴보면 다음과 같다.

지표가 수평일 경우 Rankine 토압은 수직성분이 없으나, Coulomb 토압은 벽면 마찰각만큼 경사지게 작용하여 수직성분을 지님으로서 옹벽의 안정성 판단에 중요한 차이를 일으키게 한다. 즉,Coulomb의 수평 주동토압이 Rankine의 수평 주동토압보다 더 적은 값이 되어서 단면을 감소시키는 효과가 있다.

또한 토압의 작용 방향면에서 Rankine 토압은 지표의 경사와 평행이고 연직한 벽면에 작용하는 토압이며, Coulomb의 토압과 같은 벽배면의 경사나 벽면과 흙 사이의 마찰을 고려할 수는 없다. 그래서 캔틸레버식 옹벽의 안정 검토 시 토압 분포는 Rankine 토압 분포를 기준하여 연직인 가상배면에 삼각형을 분포시키고 토압은 Coulomb의 토압계수 공식을 사용하는 방법이 많이 쓰이고 있다.

Coulomb 토압론

Coulomb 토압론은 옹벽과 흙사이의 벽면 마찰각을 고려한 흙쐐기론에 의한 이론으로서 배면토는 소성평형 상태에서 옹벽을 따라 활동한다고 가정한다. 흙을 하나의 강체로 본다. 쿨롱토압론의 전제조건은 우선 파괴면은 평면이며 벽마찰각을 고려하게 되며, 가상파괴면 내의 흙쐐기는 하나의 강체와 같이 작용한다. 또한 옹벽의 뒷채움 흙은 점착력이 없는 흙으로 가정한다. 옹벽의 뒷채움재 및 상재하중, 흙의 점착력 등을 고려하여 옹벽에 작용하는 총 주동토압은 다음과 같다.

$$Pa = rH^2K_a + qHK_a - 2c\sqrt{K_a}$$

여기서 r = 흙의 단위중량, k_a = 주동토압 계수, q = 상재하중

H = 옹벽의 설계높이, c = 점착력

수평면에 대한 쿨롱의 파괴면의 방향(a)은 다음과 같다.

$$\tan(a-\phi) = \frac{-\tan(\phi-\beta)\sqrt{\tan(\phi-\beta)[\tan(\phi-\beta)+\cot(\phi-\psi)][1+\tan(\sigma-\psi)+\cot(\phi+\psi)]}}{1+\tan(\sigma-\psi)[\tan(\phi-\beta)\cot(\phi+\psi)]}$$

경계면 마찰각 δ은 통상 현장 또는 실내실험으로부터 결정된다.

Rankine 토압론

Rankine의 토압론은 옹벽과 흙 사이의 벽면마찰을 무시한 소성론에 의한 이론이이며 중력만 작용한다고 본다.

랜킨토압론은 다음과 같은 전제를 통해 이루어진다.

- *흙은 균질한 입자이며 비압축성이다.*
- *흙입자는 입자간 마찰력에 의해서만 평형을 유지하며 점착력은 없다.*
- *지표면의 무한히 넓게 존재한다. 지표면에 작용하는 하중은 등분포하중이며, 따라서 선하중 또는 점하중인 경우는 해석이 곤란하다.*
- *토압은 지표면에 평행하게 작용한다. 그러므로 벽마찰각은 무시된다.*

1.4 비탈면 안정

1.4.1 비탈면 붕괴 활동 및 경사

비탈면의 붕괴형태는 자연적인 원인과 인위적인 행위에 의하여 발생되며, 이러한 원인들이 복합적으로 작용되기 때문에 실제 발생되는 붕괴형태는 대단히 복잡하다. 비탈면의 붕괴형태는 Eckel, Skempton and Hutchinson 및 Zaruba and Mencl 등에 의하여 분류되었는데, 이들은 붕괴면의 형태와 붕괴의 직접적인 원인이 되는 지질구조 및 응력상태 등을 기준으로 분류하였다. Varnes(1978) 및 Cruden and Varnes(1992)에 의한 분류 및 붕괴형태는 그림 4-4와 같다.

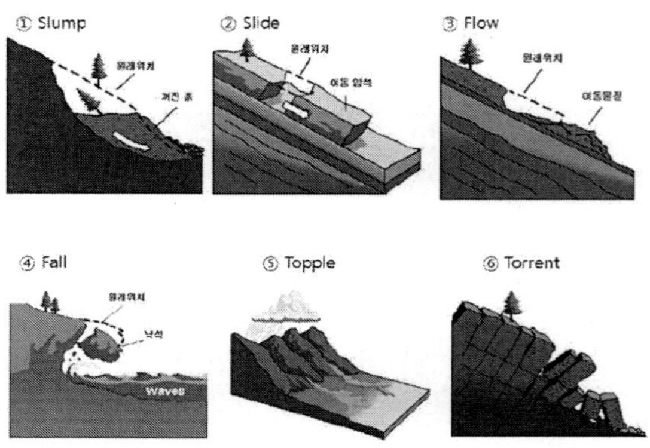

그림 4-4 비탈면 활동 유형
[자료 : Varnes(1978) 및 Cruden & Varnes(1992)]

비탈면의 안정을 장기간 유지하기 위해서는 체계적이고 합리적인 비탈면의 분석과정을 거쳐야 하며, 지질조사 및 설계단계에서 보다 신뢰도가 높은 안정된 비탈면 경사가 결정되어야 한다.

성토비탈면 경사

성토비탈면의 경사는 일반적으로 지반의 풍화 및 균질정도, 성층 상태, 간격 및 함수량 등에 의해 복합적으로 영향을 받으므로 일정한 기준을 설정하는 것은 어려운 일이다. 따라서 원지반의 지층 상태 및 성토재의 특성을 조사하고 필요한 경우에는 안정계산을 바탕으로 종합적인 판단을 하여 비탈면 경사를 결정한다. 일반적으로 기초지반의 지지력이 충분하고 침수의 영향이 없고, 식생에 의한 비탈면보호를 전제로 할 때 적용되는 성토 비탈면 표준경사 기준은 표 4-2와 같다.

한편, 토질에 대한 구분이 명확하지 않아 단순히 성토 높이만 근거로 하는 경우 비탈면 성토 높이 0-6 m의 경우 1 : 1.5, 높이 6 m 이상은 1 : 1.8로 적용하기도 한다(도로교설계 실무편람, 2007). 이 때 높이 6 m 이상인 경우 1 m의 소단을 설치한다.

표 4-2 성토재료와 성토고에 대한 비탈면 표준 경사 (도로교설계요령, 2007)

성토재료	성토고(m)	경 사	흙의 분류
입도분포가 좋은 모래	0 ~ 6	1 : 1.5	GW, GP, SW, GM, GC
자갈 및 자갈섞인 모래	6 ~ 15	1 : 1.8	
입도분포가 나쁜 모래	0 ~ 10	1 : 1.8	SP
암괴, 암버럭	0 ~ 6	1 : 1.5	SW, GP, GM
	6 이상	1 : 1.8	
사질토, 굳은 점질토, 굳은 점토 (홍적층, 점성토, 점토등)	0 ~ 6	1 : 1.5	SM, SC, CL
	6 이상	1 : 1.8	
연약한 점성토	0 ~ 6	1 : 1.8	CH, OH, ML, MH

절토비탈면 경사

절토비탈면의 설계 시에는 지반조건을 충분히 파악하여야 하며 토사, 풍화암, 발파암 등으로 구분하여 표준 절토 경사기준에 따라 정하는 경우가 많다. 다만, 이러한 설계방법은 기본설계나 토공량 계산 등을 주 목적으로 한 설계이고 비탈면의 안정성은 고려되지 않기 때문에 시공 시 비탈면의 붕괴로 인하여 많은 피해를 유발하기도 한다. 그러므로 지반조건을 충분히 파악할 수 없을 때에는 안정해석만으로 경사를 결정하는 것은 매우 위험하므로 국부적으로 굴착에 의하여 지반의 상태를 확인하고 합리적인 판단에 의하여 비탈면 경사를 결정하거나 변경하여야 한다. 일반적으로 적용되는 절토비탈면 경사 설계기준은 표 4-3과 같다.

표 4-3 지반특성별 절토비탈면의 표준 경사 (도로교설계요령, 2007)

<table>
<tr><th colspan="2">비탈면의 토질조건</th><th>절토높이</th><th>경 사</th><th>비 고</th></tr>
<tr><td colspan="2">경 암</td><td></td><td>1:0.3 ~ 1:0.8</td><td></td></tr>
<tr><td colspan="2">연 암</td><td></td><td>1:0.5 ~ 1:1.2</td><td></td></tr>
<tr><td colspan="2">모 래</td><td></td><td>1:1.5 이상</td><td>SW, SP</td></tr>
<tr><td rowspan="4">사질토</td><td rowspan="2">밀실한 경우</td><td>5 m 이하</td><td>1:0.8 ~ 1:1.0</td><td rowspan="4">SM, SC</td></tr>
<tr><td>5 ~ 10 m</td><td>1:1.0 ~ 1:1.2</td></tr>
<tr><td rowspan="2">밀실치 못한 경우</td><td>5 m 이하</td><td>1:1.0 ~ 1:1.2</td></tr>
<tr><td>5 ~ 0 m</td><td>1:1.2 ~ 1:1.5</td></tr>
<tr><td rowspan="4">자갈 또는 암괴섞인 사질토</td><td rowspan="2">밀실한 경우 또는 입도 양호</td><td>10 m 이하</td><td>1:0.8 ~ 1:1.0</td><td rowspan="4">GW, GM, GC, GP</td></tr>
<tr><td>10 ~ 15 m</td><td>1:1.0 ~ 1:1.2</td></tr>
<tr><td rowspan="2">밀실치 않은 경우 또는 입도불량</td><td>10 m 이하</td><td>1:1.0 ~ 1:1.2</td></tr>
<tr><td>10 ~ 15 m</td><td>1:1.2 ~ 1:1.5</td></tr>
<tr><td colspan="2">점토 및 점성토</td><td>0 ~ 10 m</td><td>1:0.8 ~ 1:1.2</td><td>ML, MH, CL, OL, CH</td></tr>
<tr><td colspan="2" rowspan="2">암괴 또는 호박돌이 섞인 점성토</td><td>5 m 이하</td><td>1:1.0 ~ 1:1.2</td><td rowspan="2">GM, GC</td></tr>
<tr><td>5 ~ 10 m</td><td>1:1.2 ~ 1:1.5</td></tr>
</table>

비탈면 안전율

비탈면의 안전율은 대상지 특성과 공사 내용, 비탈면 주변에 미치는 영향 및 경제성 등에 따라 다르다. 비탈면 안정에는 최소 안전율 선정이 중요한데, 안전율은 지하수의 흐름과 흙의 물리적·역학적 성질(전단강도)을 어떻게 보는가에 따라 차이가 나타난다. 안전율은 흙의 전단강도와 활동면의 전단응력과의 비로 나타낼 수 있다.

허용안전율의 결정요소

Lowe(1987)는 동일한 비탈면에 대해서 안전율에 영향을 미치는 요인으로 전단강도 실험방법, 전단강도의 선택, 해석방법 등을 제시하였다. 여기에 복구비용 및 실험의 신뢰도 등을 추가로 고려하여 종합적으로 다음을 판단하여 결정한다.

1) 전단강도의 특징, 비탈면 기하학적 조건 및 기타 조건에 대한 불확실 정도
2) 비탈면의 경사를 완화시키거나 높이를 감소시키는데 소요되는 비용

3) 비탈면 파괴 시의 피해액과 결과
4) 비탈면이 영구 구조물인가 일시 구조물인가의 판단

국내외에서 적용되는 성토구간 허용안전율 기준은 대체로 1.1~1.5 내외로서 안전율의 결정요소에 따라 부분적으로 상이하게 적용하고 있다. 그 기준은 다음과 같다.

표 4-4 성토비탈면의 최소안전율 적용기준

구 분	최소안전율(minimum safety factor)	
한국토지공사	단지계획, 설계실무 편람(Ⅱ)	$F_s \geq 1.3$
한국도로공사	도로설계요령	$F_s \geq 1.3$
일본건설성	표준적인 계획 안전율	$F_s \geq 1.1$~1.3
일본항만협회	항만시설 기술상의 기준, 동해설	$F_s \geq 1.5$
일본 건설부	구조물 기초 설계기준	$F_s \geq 1.3$
일본도로실무강좌	도로토공, 연약지반 대책공 지침	$F_s \geq 1.2$~1.3
일본토질공학회 (연약 지반의 조사 설계 시공법)	가설구조물, 건설중의 비탈면 안정 등 일시적인 안정	$F_s \geq 1.0$~1.3
	일반적인 구조물	$F_s \geq 1.3$
	중요 구조물	$F_s \geq 1.5$
고속자동차 국도 설계 요령(일본)	공용하중 개시 후 적용	$F_s \geq 1.25$
	축조기간 중 일시적인 안정에 적용	$F_s \geq 1.1$

1.4.2 식생이 비탈면에 미치는 영향

식생이 비탈면 침식에 미치는 영향

비탈면 식생의 손실이나 제거는 지표의 침식률을 증가시키고 비탈면의 파괴 빈도를 증가시킬 수 있으므로 식생을 도입한 비탈면 녹화는 비탈면 안정에서 매우 중요하다. 따라서 비탈면의 침식 방지 및 구조적 안정을 위해서는 식생을 도입하는 것이 합리적이라 할 수 있다.

토양 침식에 대한 식생의 영향을 설명한 Universal Soil Loss Equation은 다음 식 (4-1)과 같다.

$$A = R \cdot K \cdot L \cdot S \cdot C \cdot P \tag{4-1}$$

여기서 A : 토양 유실량, R : 강우, K : 토양 침식, L : 비탈면 길이,
S : 비탈면 기울기, C : 식생, P : 침식 방지공

USLE는 간단하고 직접적으로 토양유실에 대한 정보를 제공하며 여러 인자가 토양침식에 관여함을 보여준다. 기상학적인 인자 R, 지형적인 인자 L, S, K는 그 변화폭이 한정적이나, 식생인자 C는 식생의 선택, 유지 및 시공에 의해 몇 배에서 몇 십배의 변화를 보인다. 따라서 토양유실량에 대하여 식생은 큰 변수라 할 수 있다.

식생이 비탈면 안정에 미치는 영향

비탈면에서 파괴가 발생하면 흙과 뿌리의 합성체는 파괴에 밀려 나가는 부분과 그렇지 아니한 두 부분으로 나뉘게 된다. 전단면상의 토괴를 관통하는 뿌리에는 파괴에 의한 변위가 커질수록 인장 응력이 증가하게 되며, 이에 의해 전단저항이 증가하게 된다. 뿌리에 의한 전단강도 증가는 뿌리의 형태에 따라서 전단면에 수직한 뿌리보강 효과와 전단면에 기울어진 뿌리보강 효과로 구분할 수 있다.

전단강도의 증가를 예측하기 위한 이론적 모델은 Waldron(1977), We et al.(1979)등에 의하여 발달되어 왔다. 직접전단실험에 의한 이들의 모델은 비탈면의 붕괴전단면에서 뿌리의 붕괴저항력(CR)을 흙의 Coulomb강도 식에 넣어, 붕괴발생에 대한 흙과 뿌리의 저항력을 포함한 강도(Rt)는 식 (4-2)과 같다.

$$R_t = C + C_R + \sigma\tan\phi \qquad (4-2)$$

여기서, C : 점착력, CR : 뿌리의 붕괴저항력, σ : 수직응력, ϕ : 내부마찰각

수직뿌리에 의한 보강 효과

전단면에서의 뿌리보강 효과는 수직한 뿌리보강과 기울어진 뿌리보강으로 구분되며 뿌리로 인한 전단력의 증가를 예측하기 위한 모델들이 개발되었다. 먼저, 수직한 뿌리보강 모델은 그림 4-5와 같이 유연하고 탄성적인 뿌리가 평행한 전단영역을 수직으로 뻗어있다고 가정하고 뿌리의 인장력에 의한 흙의 전단강도 증가를 예측하였다(Wu, 1976).

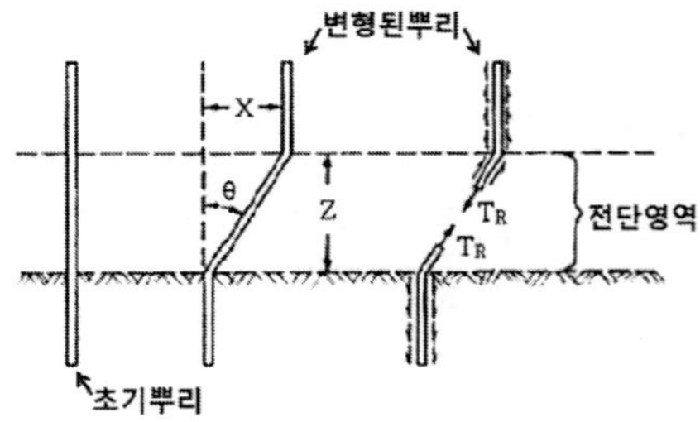

그림 4-5 전단면에 수직한 뿌리보강 모델 (Wu, 1976)

전단 발생 시 뿌리에서 일어나는 인장력은 전단에 직접적으로 저항하는 전단면에 평행한 부분과 전단 영역의 구속응력을 증가시키는 전단면에 연직한 부분으로 나뉘고, 이 두 가지 힘에 의해 전단응력이 증가하게 된다. 모델에세 뿌리에 의한 전단 강도의 증가 ΔC_R는 식 (4-3)과 같다.

$$\Delta C_R = S_R(\sin\theta + \cos\theta\tan\phi) \qquad (4-3)$$

여기서, RS : 흙의 단위면적당 뿌리의 평균 인장강도

θ : 전단 비틀림각, ϕ : 흙의 내부 마찰각

임의의 전단면에 포함되어 있는 뿌리의 전체 면적(A_R)은 전단면 내의 각각 뿌리의 면적을 구하기 어려우므로 일정한 간격으로 뿌리의 면적을 분류하여 식 (4-4)과 같이 구할 수 있다.

$$A_R = \Sigma(A_i \cdot N_i) \quad (4-4)$$

여기서, A_i : i Class 안에 있는 뿌리의 평균면적

N_i : i Class 안에 있는 뿌리의 개수

식 (4-3)에 의하면 뿌리에 의한 전단강도의 증가(ΔC_R)는 뿌리의 인장강도와 면적 비율, 또한 전단 비틀림 각과 흙의 내부마찰각에 의한 값에 의존한다고 볼 수 있다. Waldron(1977)이 뿌리가 있는 토양을 실험실에서 직접전단 실험한 결과 전단 비틀림각(θ)이 40~50° 범위에 나타났으며, Wu(1976)가 현장 경비탈면의 토양을 관측한 결과 45~70° 범위로 측정되었다.

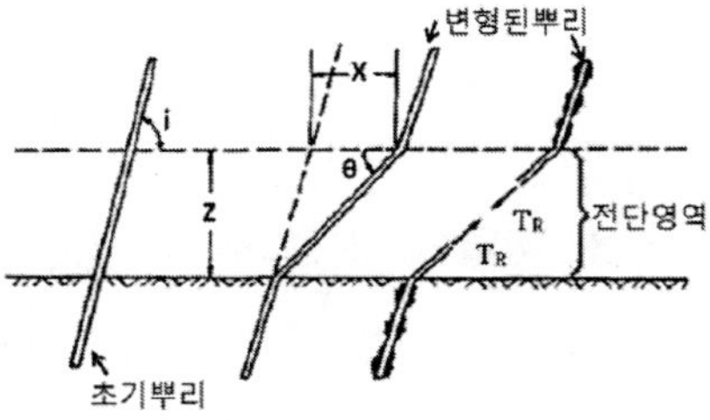

그림 4-6 전단면에 기울어진 뿌리보강 모델. Gray and Leiser(1982)

기울어진 뿌리에 의한 보강 효과

Gray and Leiser(1982)는 실제 뿌리는 무작위하게 분포하며 기울어진 경우가 많으므로(그림 4-6), 뿌리의 기울기를 고려해 식 (4-5)와 같이 나타낼 수 있다.

$$\Delta C_R = T_R(A_R/A)[\sin(90-\theta) + \cos(90-\theta)\tan\phi] \quad (4-5)$$

전단 영역에 대한 뿌리의 초기 기울기(i)와 인장으로 변형된 비율에 따라 식 (4-5)의 값은 그림 4-7과 같은 범위를 갖는다.

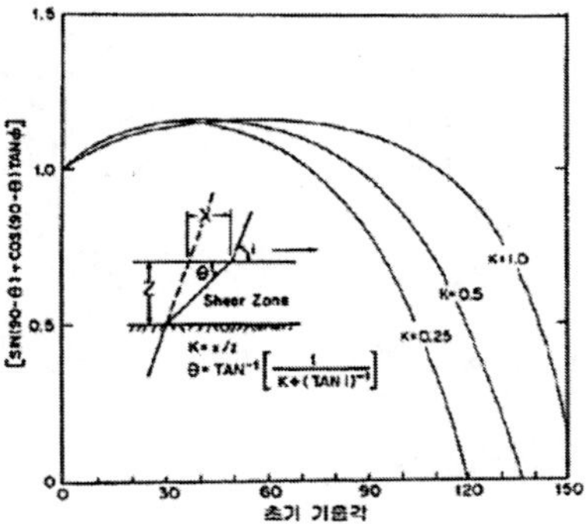

그림 4-7 초기 기울기에 의해 계산된 범위

흙의 전단력

흙의 전단실험은 크게 직접전단실험과 간접전단실험으로 나누어진다(표 4-5).

직접전단실험은 지반의 전단강도정수를 산정하기 위해 실시되며, 전단면(파괴면)을 정해놓고 전단하중을

가하면서 그 면에서의 수직응력, 전단응력을 직접 측정해서 파괴포락선과 강도정수를 구하게 된다. 간접전단실험에서는 파괴면이 아닌 곳에서의 응력을 측정해서 계산에 의해 파괴면에서의 수직응력, 전단응력을 구해서 파괴포락선과 강도정수를 구하게 된다.

표 4-5 흙의 전단실험 종류

대 분 류	소 분 류
직접전단실험 (KS F2343)	직접전단실험(direct shear test)
	단순전단실험(simple shear test)
간접전단실험	삼축압축실험(triaxial compression test)
	일축압축실험(unconfined compression test)
	평면변형률압축실험(plane strain compression test)
	비틂전단실험(torsional shear test)

1.4.3 비탈면 안정해석 사례

1) 비탈면 식생기반재 전단력(직접전단실험)

직접전단실험기는 재하장치, 하중계(load cell), 변위계로 구성되어 있다. 재하 장치는 수직력 및 수평력을 작용시키는 두가지 방법이 있으며 일반적으로 수직방향은 응력제어, 수평방향은 변형제어 방식으로 힘을 가한다(그림 4-8). 구본학 등(2014)은 수평 방향으로 0.10~0.20 mm/min의 속도를 가하여 수행하였다. 하중계의 용량(capacity)은 용량 100 ~ 300 kgf이며, 감량은 용량의 1/200 이하인 것을 사용하였다. 변위계는 연직변위(스트로크가 10 mm 이상)와 수평변위(스트로크가 20 mm 이상)의 측정을 위하여 사용되며 정밀도는 1/100 이상인 것을 사용하였다.

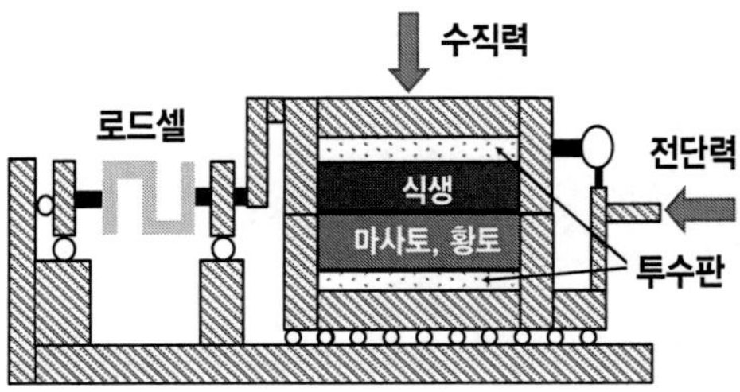

그림 4-8 직접전단실험 개요(좌) 및 장비(우)

실험시료는 그림 4-9와 같으며, 실험 조건 및 종류는 표 4-6에 나타낸 바와 같이 조건에 맞게 성형된 시료들을 수직응력 50 kPa, 100 kPa, 200 kPa를 가하여 수행하였다.

실험 수행 과정은 다음과 같다.

1) 원지반과 식생, 두 부분으로 분리된 시료를 전단상자의 분리된 부분에 맞춰 시료를 성형하였다.
2) 전단상자를 결합하고 전단실험이기 위에 설치한다.
3) 재하판을 공시체 위에 올려놓고 충격이 가해지지 않도록 하여 수직하중을 가하였다. 수직하중은 50 kPa, 100 kPa, 200 kPa로 가하였다.
4) 수평, 수직 변위를 측정할 게이지를 설치하고 고정못을 제거하여 상하 전단상자를 분리한다.
5) 수평하중을 0.1 mm/min 의 속도로 가하여 전단응력이 피크점을 지나 일정한 값으로 떨어지거나 수평변위가 시료직경의 15%가 될 때까지 계속하였다.

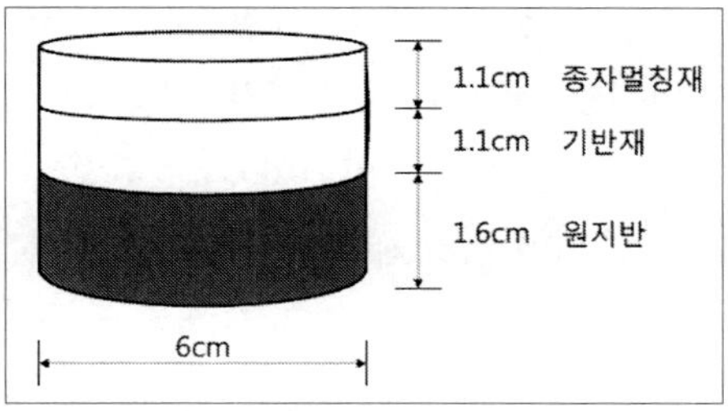

그림 4-9 실험 시료 개요도

표 4-6 식생기반재 전단력 실험 조건

조합	조 건	시료	수직 하중(kPa)
A	원지반층이 마르지 않은 상태 + 화이버 매쉬를 첨가하지 않은 기반재	마사토	50, 100, 200
		황토	
B	원지반층이 마르지 않은 상태 + 화이버 매쉬를 첨가한 기반재	마사토	
		황토	
C	원지반층이 마른 상태 + 화이버 매쉬를 첨가하지 않은 기반재	마사토	
		황토	

조합별 전단강도

각 조합별로 시료에 대한 직접전단 실험 결과 일반적으로 황토의 전단강도는 마사토보다 크게 나타났으며, 특히 점착력에서 큰 차이를 보였다. 표 4-7은 직접전단 실험을 통해 산정한 전단강도 정수 산출결과를 보여주고 있다.

표 4-7 각 지반의 전단강도 정수

구 분		c (kPa)	ϕ (°)
A조	마사토	10	41.8
	황토	60	34.9
B조	마사토	35	33
	황토	25	33.7
C조	마사토	29	41.8
	황토	33	47.4

원지반과 식생사이의 전단강도 정수(ϕ, c)는 앞에서 제시된 일반적인 절·성토 비탈면의 전단강도 정수(사질토, 점성토)보다 크게 나타났다. 이는 식생기반재 취부기술을 비탈면에 적용하였을 경우, 원지반보다 양호한 접합부를 갖는 것을 의미하며, 비탈면 붕괴를 가정하더라도 원지반에서 먼저 전단파괴가 일어나기 때문에 식생기반재의 원지반과 식생사이의 부착력이 아주 우수하다고 판단된다.

A조합에 대한 직접전단 실험 결과 및 실험 전후 시료의 변형은 다음 그림 4-10, 4-11과 같다.

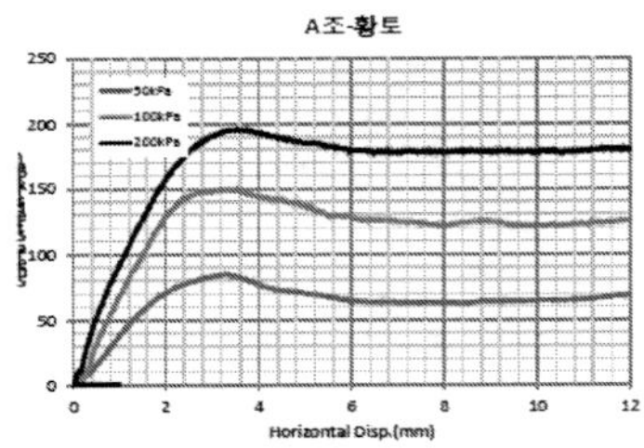

(a) 전단응력-수평변위 그래프

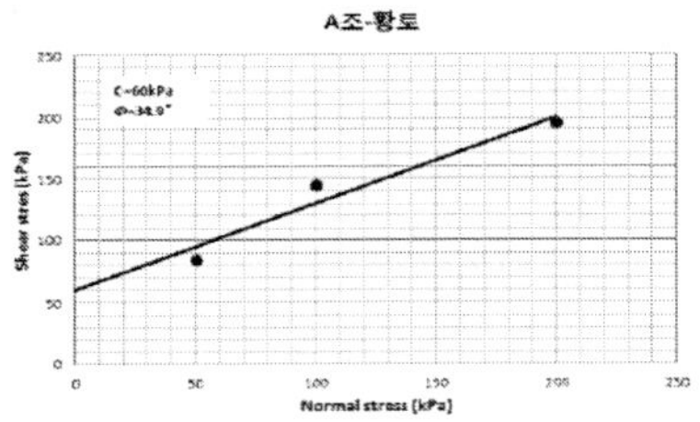

(b) 전단강도 산정

구분	50kPa	100kPa	200kPa
실험전			
실험후			

그림 4-10 전단변위(a) 및 전단강도(b), 실험 전후 시료변화(A조 황토)

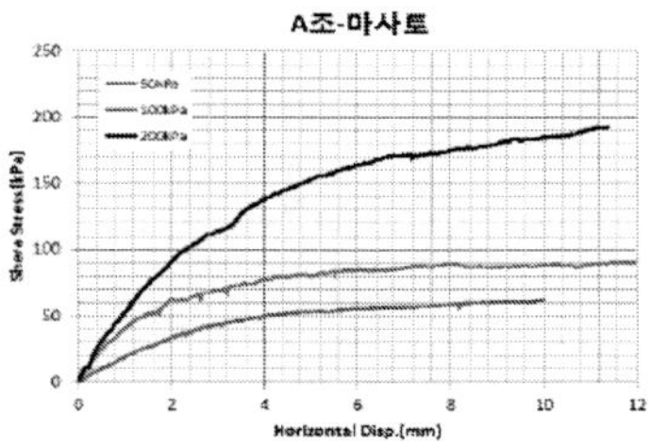

(a) 전단응력-수평변위 그래프

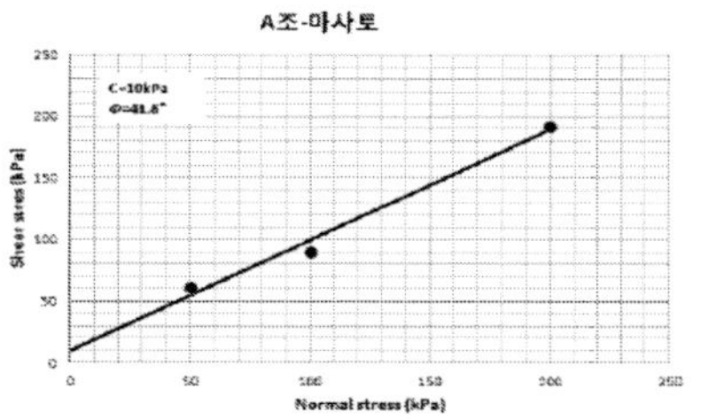

(b) 전단강도 산정

구분	50kPa	100kPa	200kPa
실험전			
실험후			

그림 4-11 전단변위(a) 및 전단강도(b), 실험 전후 시료변화 (A조 마사토)

2) 투수계수

흙의 투수성은 투수계수의 크기로 표현된다. 흙의 포화투수계수를 구하는 방법에는 현장수투실험과 실내투수실험법으로 나뉘고, 실내투수실험은 수위의 주어진 방법에 따라 정수위 투수실험과 변수위 투수실험으로 나뉜다(그림 4-12).

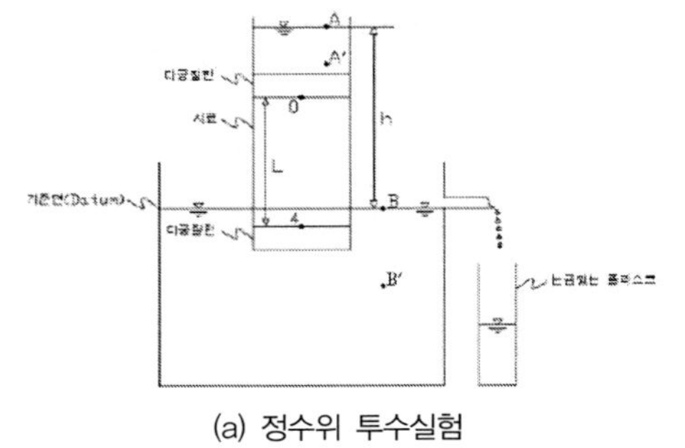

(a) 정수위 투수실험

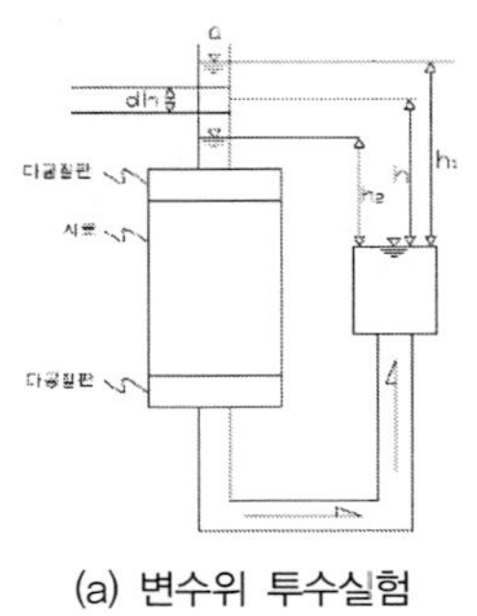

(a) 변수위 투수실험

그림 4-12 투수실험. (a) 정수위 투수실험, (b) 변수위 투수실험

Darcy는 흙속을 흐르는 물의 침투유량 계산식을 다음 식 (4-6)과 같이 제안하였다.

$$q = kiA \tag{4-6}$$

여기서 q : 침투유량 (cm^3/sec), i : 동수경사

A : 흙속으로 물이 흐르는 단면적 (m^2), k : 포화투수계수 (cm/sec)

정수위 투수실험에서 투수계수는 식 (4-7)과 같이 계산된다.

$$k = \frac{QL}{hAt} \tag{4-7}$$

여기서 t : 측정시간 (sec), L : 물이 시료를 통과한거리 (cm),

Q : t시간동안 침투한 유량 (cm^3)

A : 시료의 단면적 (cm^2), h : 수두 (cm)

변수위 투수실험에서 투수계수는 다음 식 (4-8)로 계산된다.

$$k = 2.3\frac{aL}{A}\frac{1}{t_2 - t_1}\log\frac{h1}{h2} \tag{4-8}$$

여기서 a : 스텐드 파이프의 단면적 (cm^2)

t_1 : 측정시작시간 (sec), t_2: 측정종료시간 (sec)

$h1$: t_1에서의 수두 (cm), $h2$: t_2에서의 수두 (cm)

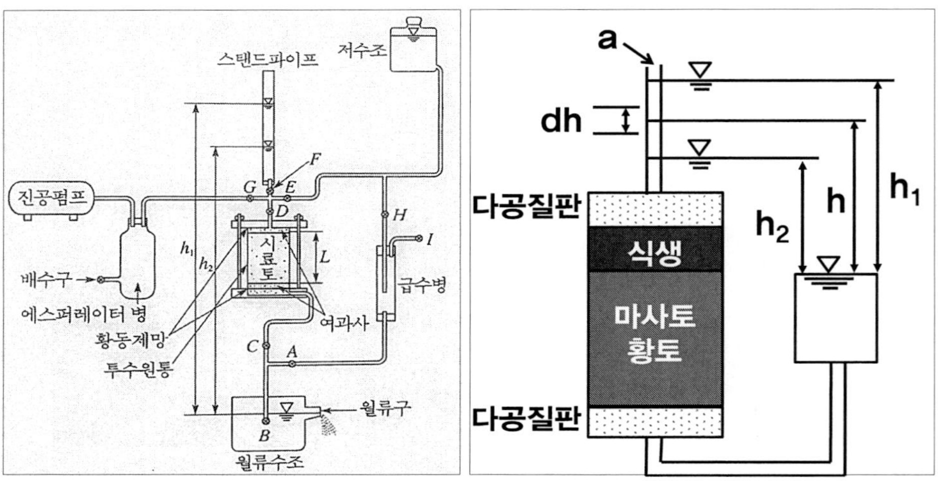

그림 4-13 변수위 투수실험 개요(a) 및 장비(b)

구본학 등(2014)은 기반재 투수성능을 검증하기 위해 변수위 투수실험을 통해 각 시료의 포화투수계수를 산정하였다(그림 4-13). 변수위 투수실험은 일정한 지름과 길이를 가

진 시료 속을 침투함으로써 생기는 수위강하와 그 경과시간의 관계를 관측하는 방법으로서, 투수계수가 작은 실트질이나 점토질 흙에 적용된다.

투수실험을 위한 시료 및 몰드는 그림 4-14와 같으며 실험 방법은 다음과 같다.

1) 몰드의 부피(V)와 단면적(A)를 측정하고, 스텐드 파이프의 단면적(a)를 측정한다.
2) 투수실험이기 속에 흙을 넣어 시료를 조제하고 시료를 포화시킨다.
3) 스텐드 파이프의 최초의 수위 h1과 최종수위 h2를 미리 정해둔다. 수위가 h1에서 h2로 내려올 때의 시간을 측정한다. 반복수행하여 일정한 값을 얻는다.
4) 측정 시 수온을 확인하여 온도보정을 한다.

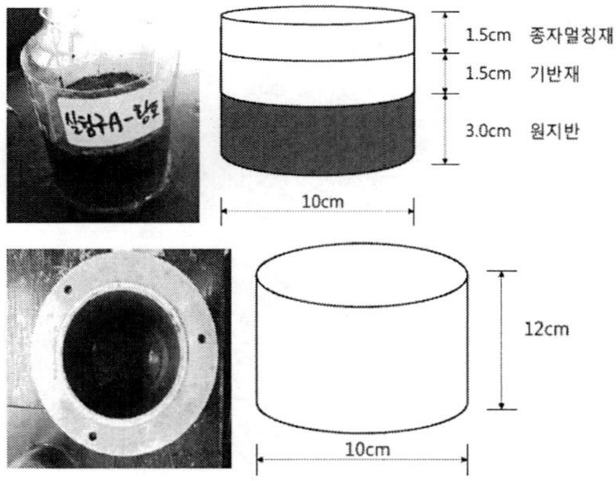

그림 4-14 투수실험 시료(위) 및 몰드(아래)

실험결과 마사토의 투수계수는 황토 투수계수보다 크게 나타났으며, 원지반보다 식생이 포함된 지반의 투수계수는 1/10 정도 작은 값이 산정되었다(표 4-8). 본 실험을 통해 산정된 투수계수를 일반적인 투수계수와 비교하였을 때(표 4-8) 실트질 모래 및 점토질 모래에 속하는 지반이라 할 수 있다. 이는 일반적으로는 식생의 뿌리 등으로 인하여 지반의 간격을 증가시켜 침투성을 증가시키는 경향이 있으나, 식생기반재에 포함된 셀룰로오스 네트화이버 부산물이 지반의 투수계수를 감소시키는 기능을 한 것으로 판단된다.

표 4-8 변수위 투수실험 결과

구 분	원지반 투수계수 (cm/sec)	식생+원지반 투수계수 (cm/sec)
마사토	3.5×10-3	2.0×10-4
황토	2.7×10-3	1.36×10-4

표 4-9 흙의 종류에 따른 일반적인 투수계수 (J. Ratrick Powers, 1992)

흙의 종류	투수계수 (cm/sec)	비 고 (실험 시료)
Openwork gravel(GP)	1또는 이상	
균등한 자갈(GP)	0.2~1.0	
입도가 양호한 자갈(GW)	(0.5~0.3)×10−1	
균등한 모래(SP)	(0.05~2.0)×10−1	
입도가 양호한 모래(SW)	(0.01~1.0)×10−1	
실트질 모래(SM)	(1.0~5.0)×10−3	원지반
점토질 모래(SC)	(1.0~10.0)×10−4	식생+원지반
실트(ML)	(0.5~1.0)×10−4	
점토(CL)	(0.1~1.0)×10−4	

3) 해석 모델

원지반과의 포화투수계수(saturated coefficient of permeability) 차이로 인한 강우침투분석과 비탈면 원호 활동의 안정성 검토를 위해 Seep/w-Slope/w(Geo-Studio, 2007) 연계 해석을 수행하였다. 침투해석은 지반의 함수특성곡선(Soil Water Characteristic Curve)과 포화 및 불포화 투수계수를 고려한 해석을 수행하였으며(Fredlund and Rahardjo, 1993), 비탈면안정해석은 한계평형상태에서 모멘트의 평형을 고려한 Bishop의 간편법을 이용하였다.

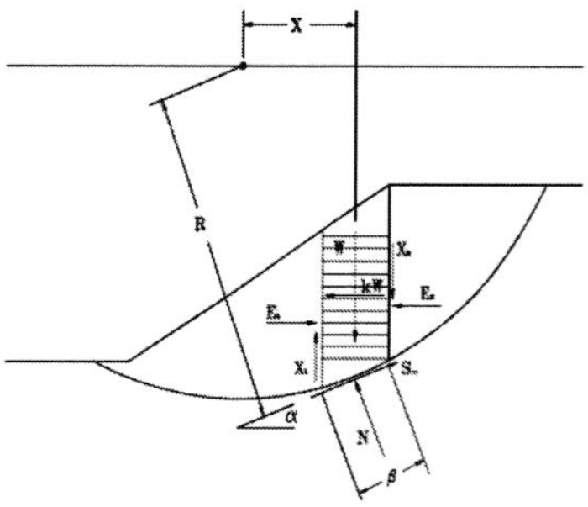

그림 4-15 Bishop 간편법에 의한 원호 활동면

Bishop의 간편법은 원호형태의 가상 활동면을 가정하고 파괴상태일 경우 그림 4-15와 같이 절편에 작용하는 전단응력 식 (4-9)로부터 안전율을 계산한다.

$$S = c' + (\sigma_n - u)\tan\phi' \qquad (4-9)$$

여기서 S : 전단응력 (kPa), c' : 유효점착력 (kPa), σ_n : 유효수직응력 (kPa)
ϕ' : 유효내부마찰각 (degree), u : 간극수압 (kPa)

Bishop의 간편법에 의한 안전율을 다음 식 (4-10)과 같이 나타낼 수 있다.

$$F_m = \frac{\Sigma[c'\beta + (N-u)\tan\phi]R}{\Sigma W\sin\alpha} \qquad (4-10)$$

여기서 F : 안전율, β : 절편저면의 길이 (m), W : 절편토체의 무게 (kN)

4) 해석 조건

기본적인 해석 대상 비탈면의 높이(Hs)는 15 m이며, 비탈면의 경사(θ)는 30˚, 45˚, 60˚를 적용하였다. 그림 4-16과 같이 비탈면의 경계조건(far-field boundary condition)은 침투해석 및 비탈면안정해석에 영향을 미치지 않는 범위 내에서 설정하였다(비탈면 좌우측 : 1.5 Hs, 바닥면 : Hs). 지하수위는 건기를 가정하여 바닥면에서 4 m 상부에 존재하는 것으로 설정하였으며, 지하수위 위쪽과 바닥면은 흐름이 존재하지 않는 것으로 간주하여 no flow(nodal flux, $Q=0$), 지하수위 아래쪽은 total head ($ht = 4$m)를 적용하였다(Rahardjo et al., 2010). 해석에 적용한 강우강도는 22 mm/h이며 지속시간은 24시간으로 고정하였다.

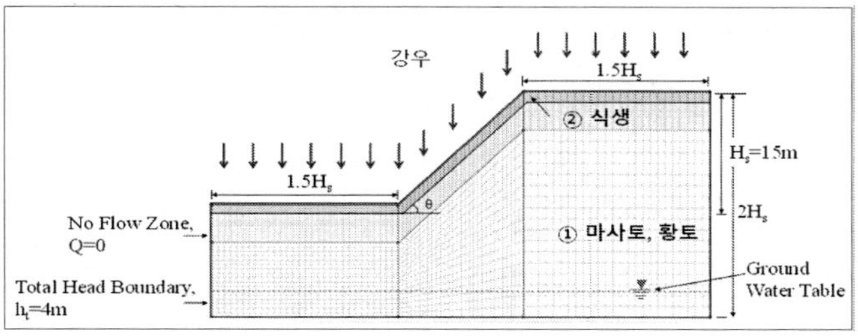

그림 4-16 해석에 사용된 비탈면 및 경계조건

마사토와 황토 2가지 원지반 조건에 대해 해석을 수행하였으며, 변수위 투수실험을 바탕으로 포화투수계수를 산정하였다. 각 지반의 불포화 특성은 그림 4-17과 같이 포화투수계수에 적합한 함수특성곡선을 산정하였다(van Genuchten, 1980).

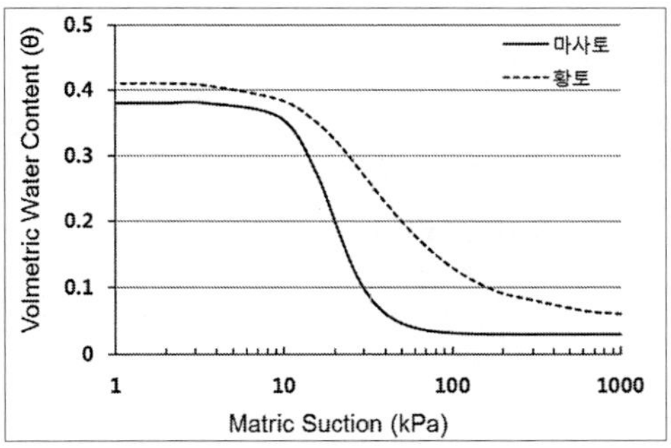

그림 4-17 함수특성곡선

본 해석에서 사용된 지반물성치는 표 4-10과 같다.

표 4-10 지반 물성치

구분	γ_t (kN/m^3)	k_s (m/sec)	c (kPa)	ϕ (degree)	함수특성곡선(SWCC)			
					a (1/kPa)	n	θ_s	θ_r
① 마사토	18	3.558 X 10−5	15	25	0.057	3.9	0.38	0.03
② 마사토+식생	18	2.050 X 10−6	24	37	0.057	3.9	0.38	0.03
① 황토	18	2.783 X 10−5	15	25	0.0423	2.06	0.41	0.054
② 황토+식생	18	1.360 X 10−6	29	38	0.0423	2.06	0.41	0.054

5) 안전율 해석

원지반조건과 식생 유무에 따른 비탈면의 파괴 형상과 안전율은 그림 4-18, 4-19와 같다. 식생기반재 비탈면안전율이 원지반보다 3.2%~4.8% 증가하는 경향을 보이고 있으며 비탈면경사가 낮을수록 비탈면안전율 향상 폭이 증가함을 알 수 있다. 또한 원지반 포화투수계수가 작을수록 비탈면은 안정한 것으로 나타났다. 이는 비탈면에 포화투수계수가 작은 식생기반재의 경우 비탈면이 포화되는 깊이(z_w)와 침투되는 양이 감소하였기 때문으로 판단된다.

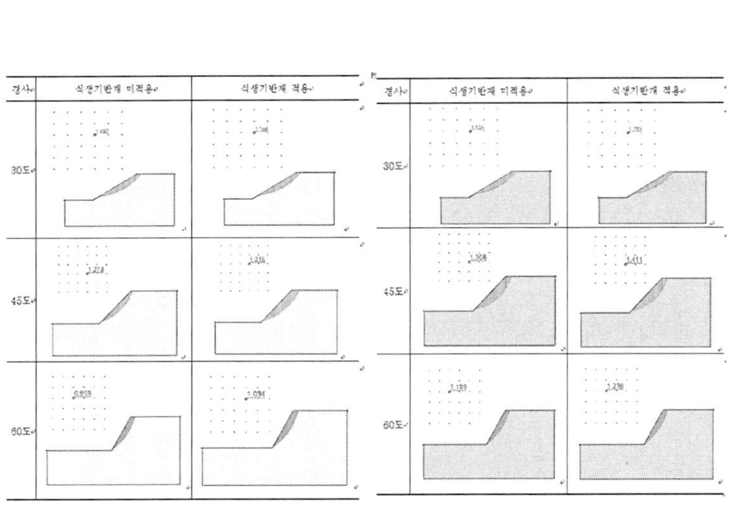

그림 4-18 비탈면 안전율. 마사토지반(좌), 황토지반(우)

그림 4-20은 황토지반의 식생 유무에 따라 비탈면에 형성된 간극수압 분포를 나타낸다. 식생이 존재하는 경우, 비탈면에 침투되는 물의 양이 감소함을 알 수 있으며 양의 간극수압 발생범위가 작음을 알 수 있다.

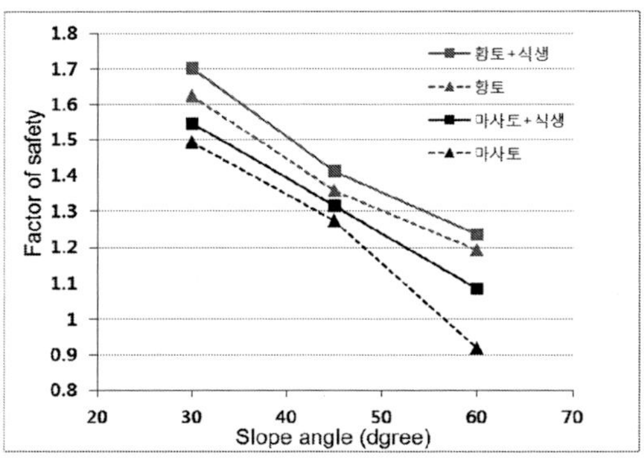

그림 4-19 비탈면경사 및 지반조건에 따른 비탈면 안전율

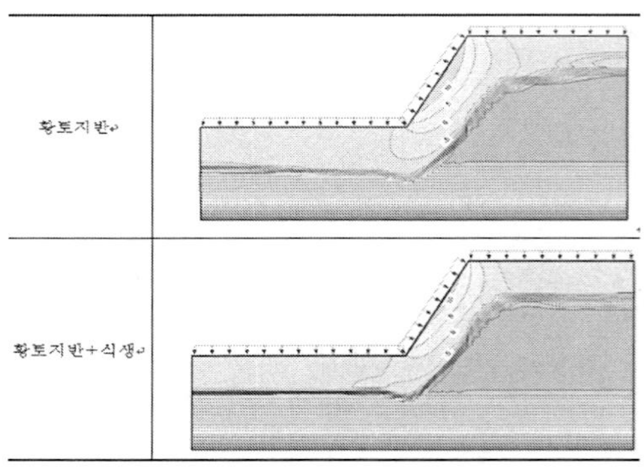

그림 4-20 황토지반의 식생유무에 따른 간극수압 분포도 (비탈면경사 60도)

2 수생태계의 안정성

2.1 물과 수생태계 형성과정

습지나 연못 또는 하천 등 물과 관련된 생태공간에서는 수리적 수문적 안정성을 확보하는 것이 중요하다. 이를 위해서 미리 계획단계에서 수질보전과 수원확보를 위한 수리계획을 수립하며 시공 전후의 우수와 배수체계의 변화 및 공사 중 폭우시의 대책을 수립한다. 지하수위가 높거나 지하수가 유출되는 곳에서는 용출수를 처리하기 위한 배수시설을 고려한다.

수리수문적 안정성 검토 결과 기존 물환경의 변경이 필요한 경우 다른 지역에 미치는 영향을 분석하여 부정적인 영향이 미치지 않도록 하는 것이 중요하다.

2.1.1 물의 특성

물분자의 결합 특성

물(H_2O)의 특성을 우선 간단히 요약하면, 물은 옥텝규칙에 의해 수소와 산소의 공유결합으로 이루어지며 수소결합에 의해 연결되어 있다. 즉, 원자번호 1번인 수소는 1주기 원소이므로 최외각(K껍질)에 하나의 전자만을 가지게 되며, 원자번호 8번인 산소는 2주기 원소로서 K, L 2개의 껍질이 있고 그 중 최외각인 L껍질에 6개의 전자가 배치된다(K껍질에 2개, L껍질에 6개). 이 두 원소가 공유결합에 의해 물분자를 이루게 된다.

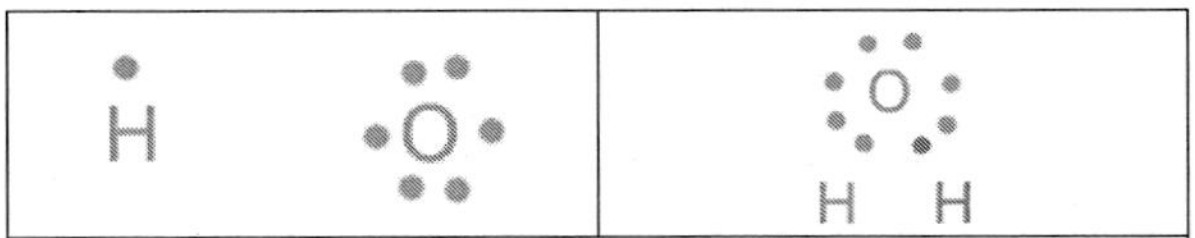

왼쪽 : 루이스점자식으로 표현한 수소, 산소원자.
오른쪽 : 물은 산소와 수소의 공유결합으로 형성

그림 4-21 루이스점자식으로 표현한 수소, 산소, 물의 공유결합

이를 루이스점자식으로 표현하면 그림 4-21과 같다.

옥텝규칙

모든 원자는 일정한 수의 전자를 갖는데, 각 전자는 소위 원자가껍질에 분포한다. 원자가껍질은 안쪽으로부터 K, L, M, ... 등으로 나타내며, 주기율표에 나타난 원소배열에 따라 제1주기 원소는 1개(K), 제2주기 원소는 2개(K, L), 제3주기 원소는 3개(K, L, M), ... 등의 원자가껍질이 있다. 이러한 원자가 껍질에 전자가 채워지게 되는데 최대 개수는 K껍질에는 2개, L껍질에는 8개, M껍질에는 18개, ... 등이 채워질 수 있다. 그런데 원자

는 가장 안정된 상태를 유지하려는 특성이 있고 제1껍질(K껍질)을 제외한 모든 껍질은 전자가 8개일 때 가장 안정적인 상태를 나타내게 된다. 이를 옥텝규칙이라 한다.

이온결합

각 원자는 가장 바깥의 껍질 즉 최외각껍질에 존재하는 전자에 의해 그 특성이 나타나게 되는데, 옥텝규칙에 의해 원소들은 특수한 경우 외에는 일반적으로 최외각 껍질에 음이온을 받아들이거나 탈락시켜 8개의 전자를 배치하려는 노력을 하게 되고, 그 결과에 따라 음이온 혹은 양이온 형태로 존재한다. 예를들면, 원소기호 11인 Na의 경우 K,L,M 등 3개의 껍질이 있는데 이중 최외각껍질인 M껍질에 1개의 전자가 있으므로 이를 탈락시켜 Na+ 형태로 유지하려 하고, 원소기호 17인 Cl의 경우 최외각 M껍질에 7개의 전자가 배치되므로 음이온 1개를 받아들여 Cl^- 형태로 존재한다. 이를 이온결합이라 한다.

공유결합

또한 두 개의 원자가 결합할 때도 전자를 서로 공유하면서 옥텝규칙을 따르게 되는데, 예를들어 염소(Cl)의 경우 최외각 껍질 전자 하나씩을 공유함으로써 안정적인 Cl2 구조로 존재하게 된다. 이렇게 각 원소들이 전자를 공유함으로써 옥텝규칙에 따른 가장 안정적인 상태를 유지하려는 경향을 하는 결합을 공유결합이라고 하는데, 이때의 전자배치는 주기율표에서 18족 원소인 He, Ne, Ar 등의 비활성기체와 같은 구조로서 이렇게 비활성기체의 형태를 유지할 때 가장 안정한 모습이 된다.

다만, 제4주기 이상의 원소에서는 이러한 규칙이 그대로 적용되지 않는데 이것을 파악하기 위해서는 오비탈과 전자배치의 관계를 이해하여야 하며 물의 특성과는 무관하므로 이 책 글에서는 생략한다.

그런데 물분자는 약간 굽은 형태를 유지하고 있다. 이는 공유결합을 하고 있는 중심원자의 전자쌍과 각 전자쌍 사이의 반발력에 의해 결정된다. 즉, 공유결합에 의해 각 전자는 전자쌍이라고 하는 몇 개의 그룹으로 구분할 수 있으며, 이때 중심원자의 공유전자쌍의 개수와 비공유전자쌍의 개수인 스테릭넘버(SN)에 의해 결정된다. 예를들어 SN 2의 경우 선형 구조를 이루며, SN 4의 경우 정사면체 구조를 이룬다.

SN 4의 경우도 비공유전자쌍의 수에 따라 구조가 다르게 되는데 메탄(CH_4)의 경우 중심원자인 탄소의 공유전자쌍만 4쌍이므로 정사면체 구조이지만, 물의 경우 중심원자인 산소원자에 공유전자쌍 2개와 비공유전자쌍 2개가 있으므로 SN 4가 되며 각 분자쌍 사이의 반발력에 의해 결합각도가 104.5°인 굽은 형태를 유지하게 된다.

공유결합으로 이루어진 물은 폴링(Linus Pauling)이 제안한 폴링척도에 의해 이온화에너지를 의미하는 전기음성도의 차이에 따라 극성을 지니게 된다. 즉, 폴링척도에 의해 수소의 전기음성도(2.2)가 산소의 전기음성도(3.44)에 비해 작기 때문에 수소의 전자가 산소 방향으로 끌리게 되며, 그 과정에서 전자를 얻는 산소는 (+)극으로, 전자를 잃는 수소는 (−)극으로 되는데, 이때 끌리는 힘의 합력 크기만큼의 극성이 발생한다.

1	2	3	4	5	6	7	8	9	10	11	12	13	14	15	16	17	18
H 2.20																	He
Li 0.98	Be 1.57											B 2.04	C 2.55	N 3.04	O 3.44	F 3.98	Ne
Na 0.93	Mg 1.31											Al 1.61	Si 1.90	P 2.19	S 2.58	Cl 3.16	Ar
K 0.82	Ca 1.00	Sc 1.36	Ti 1.54	V 1.63	Cr 1.66	Mn 1.55	Fe 1.83	Co 1.88	Ni 1.91	Cu 1.90	Zn 1.65	Ga 1.81	Ge 2.01	As 2.18	Se 2.55	Br 2.96	Kr 3.00

그림 4-22 폴링척도에 의한 전기음성도의 크기(F가 기준이 된다)

또한 물은 분자 사이의 수소결합에 의해 독특한 특성을 지니게 된다. 일반적으로 아주 가까이 있는 모든 분자 사이에서 어떤 분자의 핵과 다른 분자의 전자사이에 발생되는 약한 결합인 반데르발스의 힘과는 달리, 수소결합은 전기음성도가 높은 플루오르(F)의 주변에 배치되는 산소, 나트륨 등의 비공유전자쌍이 수소원자와 결합하여 강력한 결합력을 나타내는 것을 말하는데, 수소의 반지름이 가장 작기 때문에 쿨롱의 법칙(두 물체에 작용하는 전기력은 거리의 제곱에 반비례하고 전하량의 곱에 비례)에 의해 다른 원소와의 결합에 비해 결합력이 높게 나타난다. 즉, 물분자를 구성하는 산소가 다른 물분자의 수소와 결합하면서 물분자의 결합력이 높아진다. 이때 물분자는 4개의 다른 물분자와 수소결합을 하게 된다.

이러한 수소결합에 의해 표면장력, 얼음의 부피가 커지는 현상, 모세관 현상 등의 특성이 나타나며, 비열이 높고 끓는점과 어는점이 높은 것도 수소결합에 의해 다른 물질에 비해 강하게 결합되어 6각 구조의 공극이 형성되기 때문이다.

2.1.2 물의 유체 특성

압축성 및 점성

물은 압축성(compressibility), 점성(viscosity), 표면장력(surface tension), 모세관현상(capillary phenomenon) 등의 기본적인 성질을 갖는다.

물은 압력에 의해 수축되었다가 압력을 제거하면 처음 체적으로 되돌아간다(압축성). 수온 10℃의 경우 1 kg/cm^2 압력 가하면 0.005% 부피가 감소하는 것으로 알려져 있다.

점성은 물분자가 상대적인 운동을 할 때 분자간, 혹은 물 분자와 고체경계면 사이에 마찰력을 유발시키는 물의 성질을 말하며 이는 물분자간의 응집력 및 물분자의 다른 분자간의 점착력 등의 상호작용에 의하여 나타난다. 유체 내부의 각층마다 속도가 다르며 속도의 차이에 의해 유체내부에서 마찰력 발생하게 된다. 이와같이 유체내부의 상대속도로 인해 내부마찰력을 발생하게 하는 성질을 점성이라 한다.

물의 점성특성을 살펴보면(그림 4-23)

$\Delta y = A - B, \triangle u = Ua - Ub$이라 할 때,

점성계수 $\mu = \frac{\frac{\pi}{\triangle u}}{\triangle y} = \frac{F}{A} \times \frac{\triangle y}{\triangle u}(g \cdot \sec/cm^2)$

동점성계수 = 점성계수 / 밀도 $(v = \frac{\mu}{\rho})$

이때 점성계수, 동점성계수는 온도에 반비례한다.

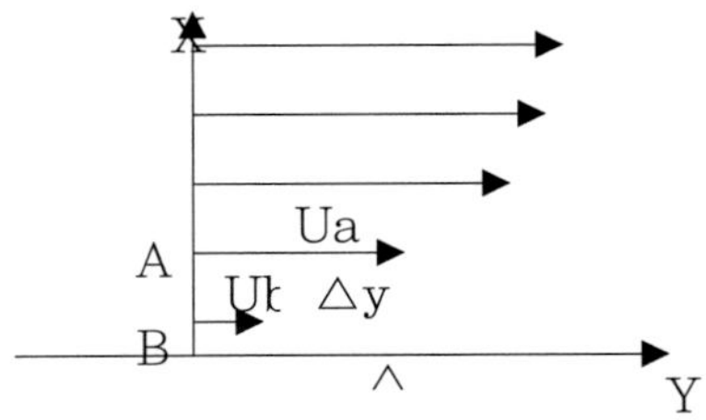

그림 4-23 물의 점성

표면장력

물분자가 서로 당기는 응집력에 의해 구형의 물방울이 되며 물방울 표면에는 물분자가 서로 당기는 수축력이 작용하게 된다. 그림 4-24에서 보는 바와 같이 내부의 물분자들은 각 방향으로 고르게 힘이 작용하여 합력이 0이 되지만 표면의 물분자들은 안쪽으로 당겨지는 힘에 의해 물분자가 표면적을 최소화할 수 있는 구형에 가까운 형태를 유지하게 된다. 이때 액체 내부의 각 분자들은 분자인력에 의하여 힘의 평형을 이루게 되나 액면상의 분자들은 분자인력 이외에 표면을 팽창시키려는 장력과 더불어 힘의 평형이 이루어진다. 이와같은 액체면의 수축하려하는 힘에 대응하여 발생되는 장력을 표면장력이라 부른다. 단위는 dyne/cm(= 980 g/cm)이다.

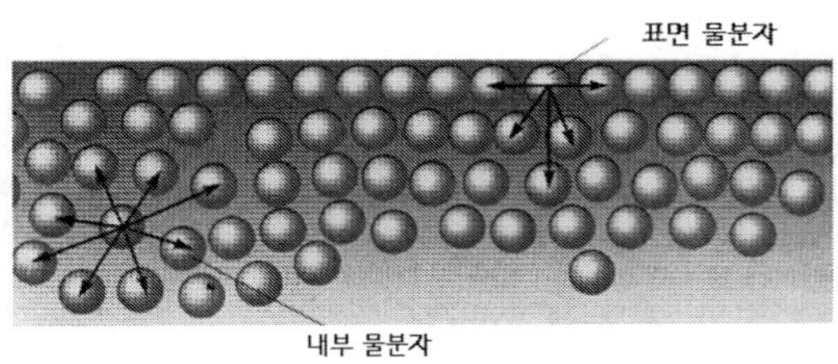

그림 4-24 내부의 물은 고르게 힘을 받지만 표면의 물은 안쪽으로 힘을 받게 되어 표면장력 발생

모세관현상

모세관현상은 액체와 관의 부착력과 액체의 응집력에 의해 발생한다. 액체면이 고체면과 접촉될 때 접촉각도가 물질의 종류에 따라 일정한 각(접촉각(angle of contract))을 이루며, 이 접촉면에 응집력(cohesive force), 부착력(adhesive), 표면장력 등이 작용하여

평형을 이룬다. 액체와 관의 부착력과 액체의 응집력(표면장력)에 의해 액체가 상승하거나 하강하게 된다. 이때 응집력 〉 부착력이면 하강, 응집력 〈 부착력이면 상승하게 된다. 모세관현상에 의해 상승되는 높이를 측정하면 표면장력을 산출할 수 있다.

그림 4-25에서

유리관속의 물의 무게 = $\frac{\pi d^2}{4} \times wh$

물을 끌어 올리는 힘의 수직력 = $\pi d T \cos\theta$

두 힘이 같으므로 $\frac{\pi d^2}{4} \times wh = \pi d T \cos\theta$

$\therefore\ T = \frac{whd}{4\cos\theta}$ 또는 $h = \frac{4T\cos\theta}{wd}$

여기서 T : 표면장력, θ : 접촉각, d : 관 지름,
w : 물 단위중량.

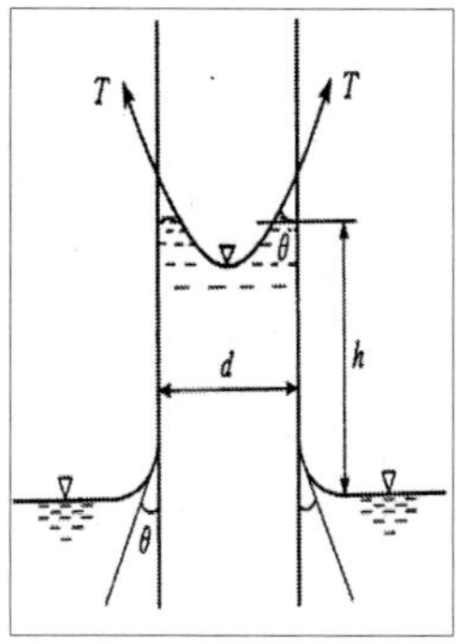

그림 4-25 모세관현상

토양수분에서 식물의 생육에 가장 필수적인 모(세)관수의 경우 작은 공극 사이에 토양입자와의 표면장력에 의해 유지되며, 공극의 모세관현상에 의해 지표방향으로 상승한다. 또한 식물뿌리에서 삼투압 작용에 의해 흡수된 물은 증산작용, 모세관현상, 근압 등이 복합적으로 작용하여 상승하게 된다.

2.2 수생태계 형성과정과 수리수문학적 원리

2.2.1 물의 수리수문학적 작용

하천이나 습지 등의 수생태계 형성과정에는 토지이용, 수문조절, 자연적 원인 등에 의해 유역에서 미소서식처에 이르는 다양한 수준의 서식처에 영향을 미치게 된다. 유역권으로 유입되는 물, 에너지, 침전물, 영양물질, 오염원, 기타 부유물이나 폐기물 등은 자연형성과정을 통해 이동, 침전, 침식, 퇴적되기도 하며 범람원, 지표수와 지하수 등의 물리수문학적 작용을 한다. 이러한 일련의 과정은 하천지형, 서식처 구조와 연결성 등에 영향을 끼치며 하천생태계내 생물종다양성에 영향이 미치게 된다. 이 과정에서 인위적인 토지이용이나 수문조절, 자연적 원인에 의한 교란 등이 중요한 변수가 된다.

생태복원의 대상은 사실상 생태계 전체에 해당되나, 최근 습지에 대한 중요성이 새롭게 강조되면서 습지의 기능과 구조를 이해하려는 노력과 더불어 습지생태계를 복원 및 조성하려는 국가 및 지방자치단체, 기업체 등의 노력이 확산되고 있다. 이 과정에서 수리수문

학적 지식이 필수적이다. 수리학(hydraulics)이란 물에 관한 물리적, 화학적 및 생물학적 성질을 규명하여 수공구조물(hydraulic structure)의 설계에 기여하고자 물의 거동을 연구하는 자연과학의 한 부분이라고 정의할 수 있다. 수문학(Hydrology)은 물의 근원과 분배, 소멸의 과정을 연구하는 학문으로서, 미연방과학기술위원회(U.S. Federal Council for Science and Technology)에 의하면 "지구상에 존재하는 물의 생성, 순환, 분포와 물리화학적 성질 및 물이 환경에 어떠한 작용을 하며 생물학과는 어떠한 관계를 가지는가를 연구하는 과학의 한 분야로서, 지구상의 물의 순환 전 과정을 구명하는 학문"이라고 정의할 수 있다. Webster 사전에는 "물의 성질, 시간 및 공간적 분포와 그 순환을 다루는 과학으로서, 지구상의 물이나 암석층 내의 물 및 대기 중에 있는 물을 연구하는 과학의 한 분야"라고 정의되어 있다.

물의 흐름

물은 그 흐름의 상태에 따라 관수로와 개수로, 정류와 부정류, 등류와 부등류 등으로 구분할 수 있다.

먼저 관수로는 물이 유수단면에 가득 차서 흐르고 자유수면이 없는 흐름으로서 수도관과 같은 압력관 형태로 일정한 압력에 의해 흐르는 경우가 많으며, 개수로는 물이 유수단면의 일부만 차서 흐르는 경우로서 대기압에 의한 자유수면이 있고 주로 중력에 의해 흐르게 된다. 개수로의 흐름은 일정한 단면을 지나는 유량이나 수심 등이 시간의 흐름에 따라 변하는지에 따라 정류(steady flow, 정상류)와 부정류(unsteady flow, 비정상류)로 구분한다. 즉, 일반적인 흐름이나 저수지에서 물을 일정하게 방류할 때와 같이 일정한 단면을 지나는 유량과 수심이 시간에 따라 변하지 않고 일정한 흐름을 정류라 하며, 홍수기 하천 유량이 시시각각으로 변하는 것처럼 한 단면에서 유량과 시간이 시간에 따라 변하는 것을 부정류라 한다.

개수로의 흐름

일정한 단면을 가진 개수로를 물이 정상적으로 흐르는 경우 수로 경사가 작은 상류에서 급한 하류로 흐르게 되면 물은 점차 가속되어 유속이 빨라지고 수심이 얕아진다. 그러나 유속이 어느 한도를 넘으면 더 이상 가속되지 않고 일정한 유속으로 흐르며 균일한 유수단면을 가진 수로에서는 수심도

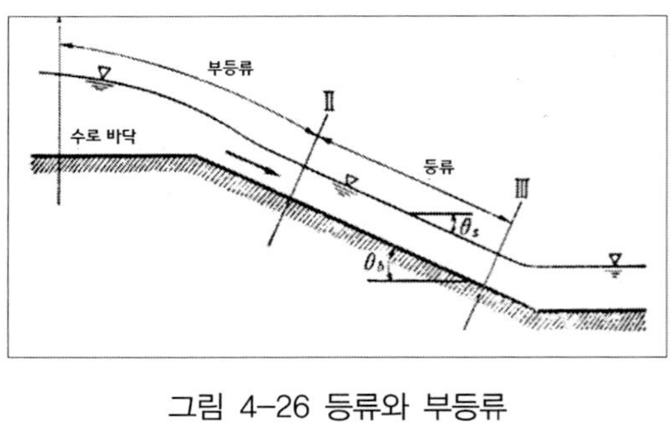

그림 4-26 등류와 부등류

일정하게 된다. 이렇게 유속과 유적이 변하지 않는 흐름으로서 인공수로와 같이 각 단면의 흐름이 같을 경우 등류(uniform flow, 등속정류)라고 하며, 유속과 유적이 변하는 흐름을 부등류(nonuniform flow, 부등속정류)라고 한다. 일반적으로 흐름의 변화가 심하지 않는 경우 등류로 가정하게 된다(그림 4-26).

한편, 레이놀즈(Reynolds)에 의하면 일정한 속도까지는 물이 서로 섞이지 않고 실처럼 흐트러지지 않는 층상 흐름을 갖게 되는데 이를 층류라 하며, 유속이 어떤 한계값 이상으로 빨라지면 서로 흐트러져 섞여 교란되어 흐르게 되며 이를 난류라 한다. 이때 기준이 되는 수치가 레이놀즈의 수(Re)로서, Re〈2000이면 층류, Re〉4000이면 난류, 그 중간은 일종의 전이구역이다. 층류와 난류는 유속, 흐름의 규모, 점성 등의 조건에 의해 변하게 된다. 그러나 일반적으로 층류는 지하수, 작은 관 등에 국한되며 대부분의 흐름은 난류로 볼 수 있다.

개수로의 기본적 개념(그림 4-27)으로, 유수단면적(유적 cross sectional area)은 수로를 흐름의 방향에서 직각으로 끊었을 경우 유체가 점유하는 단면을 의미한다.

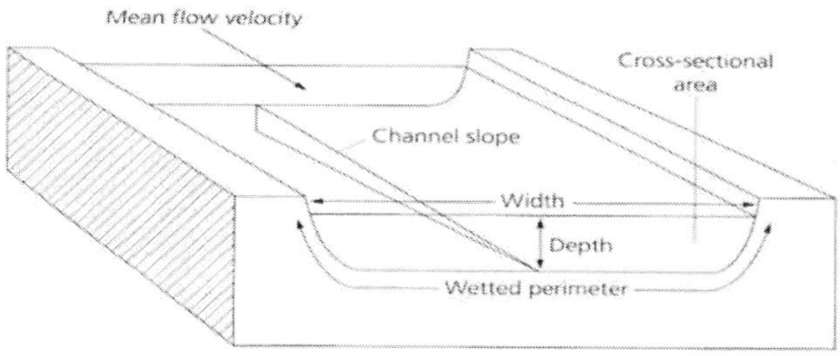

그림 4-27 유수단면적, 윤변, 경심
(자료 : Allen, 1997)

윤변(wetted perimeter)은 수로의 한 단면에서 물이 수로의 벽면과 접촉하는 길이, 즉 유수와 수로 사이에 마찰이 작용하는 주변의 길이이다. 경심(徑深, hydraulic radius, 동수반경, 수리평균깊이)는 수로의 한 단면에서 유수단면적을 윤변으로 나눈 값으로서 마찰이 작용하는 주변의 단위 길이 당의 유수단면적이며, 수로단면의 특성을 나타낸다.

수리수심은 유수단면적을 수면너비로 나눈 값이다(표 4-11).

표 4-11 수로단면별 윤변, 유적, 경심

구 분	윤변(P)	유적(A)	경심(R)
원형	πd	πd ^2/4	$A/S = d/4$
사각형	$2(a+b)$	ab	$A/S = ab/2(a+b)$

또한 개수로에서의 물의 흐름을 이해하기 위해 기본이 되는 개념으로 유량과 손실수두가 있다. 일정한 단면과 경사를 가지는 배수로는 등류 특성을 나타내며 수로의 유량은 유속과 관련이 있다.

물이 관속을 정류로 흐르면 유량은 유수단면적과 유속과 관계된다.

$$Q = A \times V$$

여기서 Q : 유량 (m^3/sec), A : 단면적 (m^2), V : 평균유속 (m/sec)

2.2.2 베르누이 정리

손실수두

손실수두는 물의 흐름에 따른 압력의 차이를 의미하며 Darcy-Weisbach 공식이 대표적인데, 그 공식은 다음과 같다.

$$h_L = f \cdot \frac{l}{d} \cdot \frac{V^2}{2g}$$

이때 개수로의 동수반경 $R = d/4$이므로

$$h_L = f \cdot \frac{l}{4R} \cdot \frac{V^2}{2g}$$

연속방정식

- *"속도의 제곱과 압력의 합은 항상 일정하다"*

레오나르도다빈치(Leonardo Da Vinci)의 그림에는 과학적 원리가 항상 숨어있다고 한다. 그 중 하나가 흐르는 물에서 나뭇잎이 떠내려가는 것을 스켓치한 것이다. 즉, 천천히 떠내려가던 나뭇잎이 하천 폭이 좁아지면서 물살이 빨라지고 더불어 나뭇잎도 빠르게 떠내려가는 것을 스켓치하였고, 이것이 연속방정식의 원리와 통한다.

물이 정상적으로 흐르는 경우 관의 지름과 관계없이 관 내의 각 단면에서 유량이 같다는 것을 질량보존의 법칙으로부터 유도해낸 것이 연속방정식이며 이는 수리학의 가장 기본적인 원리라고 할 수 있다.

그림 4-28 및 4-29와 같이 관내를 일정한 정류가 흐를 때 단면 A_1에서의 유체의 속도를 V_1, 단면 A_2에서의 유체의 속도를 V_2라고 하고, 일정 시간동안 이동한 거리를 각각 ds_1, ds_2라고 하면 다음과 같은 연속방정식이 성립한다.

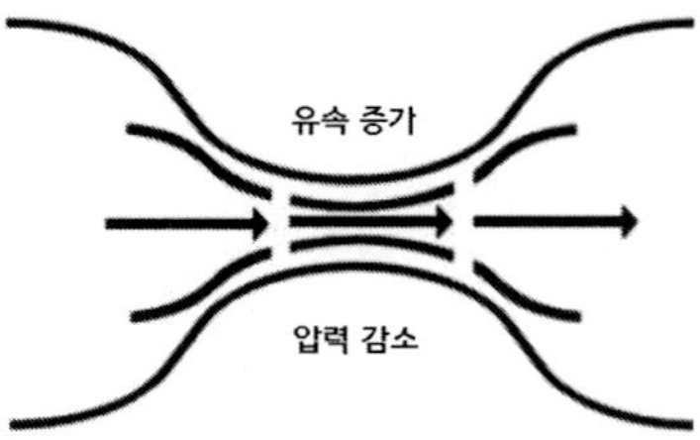

그림 4-28 관경이 작아지면 유체의 속도가 빨라지고 압력 감소

$$\rho_1 \cdot A_1 \cdot \frac{ds_1}{dt_1} = \rho_2 \cdot A_2 \cdot \frac{ds_2}{dt_2} = const$$

$$(V_1 = ds_1/dt_1,\ V_2 = ds_2/dt_2)$$

$$\rho_1 \cdot A_1 \cdot V_1 \;=\; \rho_2 \cdot A_2 \cdot V_2$$

일반적으로 유체의 질량 ρ은 일정하므로

유량 $Q = A_1 \cdot V_1 = A_2 \cdot V_2$

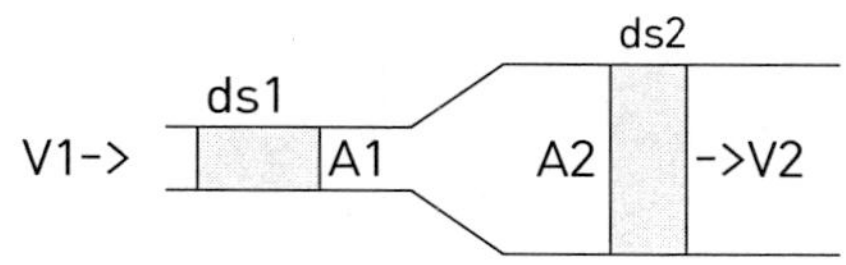

그림 4-29 연속방정식

즉, 관의 한 단면을 물이 정상적으로 흐르는 경우 각 단면의 유량은 같다.

베르누이의 정리

연속방정식이 유체의 유속과 유량의 관계를 규명한 것이라면, 위치에너지, 운동에너지 등을 모두 고려하여 유체의 속도와 압력과의 관계를 다루는 가장 기본적인 원리로 베르누이(Bernoulli)의 정리를 들 수 있다. 1738년 스위스의 수학자 다니엘 베르누이에 의해 제안된 것으로서, 운동하고 있는 유체 내에서의 압력과 유속, 임의의 수평면에 대한 높이 사이의 관계를 나타내는 유체역학의 기본적인 원리이다.

잘 알려진 뉴튼의 제2법칙인 운동방정식(F=ma)이 고체와 같이 크기가 일정한 물체에는 그대로 적용되지만 액체나 기체와 같은 유체에서는 매우 복잡해진다. 그런데 운동에너지의 개념으로 접근하면 해석이 가능해지며 그것이 오일러의 방정식과 베르누이의 정리라고 보면 쉽게 이해될 수 있다. 오일러의 방정식은 뉴튼의 제2법칙을 유체의 이상적 흐름에 적용한 것이라고 볼 수 있는데, 베르누이의 정리는 오일러의 방정식에서 유도할 수 있다.

이 책 글에서는 뉴튼의 운동방정식과 오일러 방정식으로부터 베르누이의 정리를 유도하는 과정은 생략하며, 다만 물과 같은 흐름에서는 베르누이의 정리가 매우 적합한 모델이라는 것으로 대신한다. 즉, 베르누이 정리는 흐름이 균일하거나 층류인 이상유체에 대한 에너지 보존원리로서, 유체의 압축률과 점성은 무시될 수 있어야 하며 유체의 흐름은 균일하거나 층류이어야 한다. 물과 공기는 다른 유체에 비해 점성을 무시할 수 있는 정도이므로 베르누이의 정리는 물과 공기에 적합한 모델이라고 할 수 있다.

기본 원리는 운동하고 있는 유체의 역학적 총에너지, 즉 유체의 압력에 의한 에너지와 임의의 수평면에 대한 중력에 의한 위치 에너지 그리고 유체의 운동 에너지의 총합이 일정하다는 것이다. 즉, 정압(static pressure) + 동압(dinamic pressure) = 전압(total pressure)으로 요약할 수 있다.

베르누이의 정리는 위치에너지와 운동에너지의 관계를 포함하기 때문에 에너지보존 법칙과도 유사하며, 속도를 0으로 가정한다면 파스칼의 원리와 같아지게 된다. 나아가 아르키메데스의 부력의 원리를 증명하는 것도 가능하다.

높은 위치에 있거나 일정한 속도를 가지고 있거나 압력을 가진 물은 각각 일을 할 수 있는 능력(에너지)이 있다.

다음 그림 4-30에서 단면 I과 단면 II의 유속을 v_1, v_2, 기준수평면으로부터의 높이를 z_1, z_2라고 할 때, 두 단면 I, II에는 같은 정도의 수압이 작용한다.

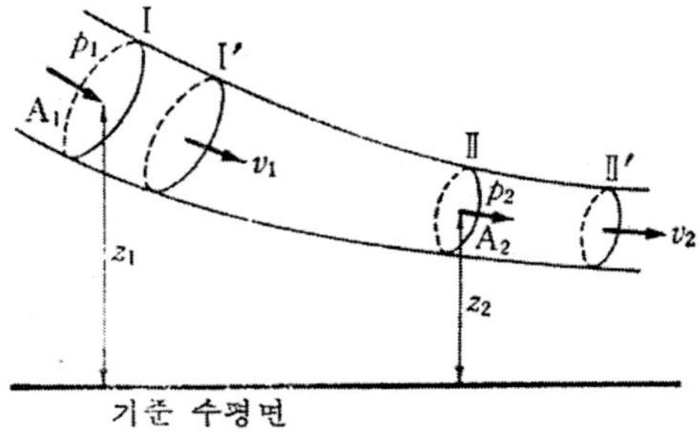

그림 4-30 수로의 단면과 속도

$$\frac{P}{\gamma}+\frac{V^2}{2g}+z=H$$

이를 Bernoulli의 에너지 방정식이라 하며, p/γ = 압력수두, $V^2/2g$ = 속도수두, z = 위치수두, H = 전수두 (총수두)이다.

이를 다시 표현하면

$$\frac{P}{\rho}+\frac{V^2}{2}+g \cdot z=\text{const}$$

이 되며, 여기서 각 항은 각각 압력에너지, 운동에너지, 위치에너지이다.

또한 압력의 개념으로 이해하기 위해 γ 를 곱하면

$$p+\frac{\gamma V^2}{2g}+\gamma z \qquad \text{여기서 } \gamma=\rho g \text{ 이므로} \qquad p+\frac{\rho V^2}{2}+\gamma z=H_P$$

앞에서 언급한 바와 같이 베르누이 정리는 정상류, 이상유체(마찰에너지 손실 없음), 비압축성, 같은 유선위에 위치 등을 전제로 하며, 물과 공기에서 가장 적합하다.

2.2.3 하천 및 개수로의 흐름

비에너지, 한계수심, 상류와 사류, 도수

베르누이 정리에서 기준면으로부터의 높이 z를 0으로 한 것, 즉, 수로 바닥을 기준면으로 선택한 에너지선의 높이를 비에너지라고 한다. 개수로에서 물이 흐를 때 물의 전수두 즉, 에너지는 베르누이의 정리에 의해 다음과 같이 쓸 수 있다.

$$h+\frac{V^2}{2g}+z=H_t$$

이때 하류로 갈수록 손실수두만큼 작아지며, 이때의 기준면으로부터의 높이(z) 차를 고

려하면 다음과 같다.

$$h + \frac{V^2}{2g} = H_t - z = H_e$$

이 값은 기준면으로부터의 높이가 0일 때이며, 이는 전수두에서 수로바닥의 기준수평면으로부터의 높이를 뺀 것이다. 이를 비에너지(specific energy)라고 한다. 흐름이 등류인 경우 비에너지는 일정하다.

유량이 일정하고 비에너지가 최소이며, 또한 비에너지가 일정하고 유량이 최대일 때의 수심을 한계 수심(critical depth)이라 한다. 수심이 한계 수심일 때의 평균 유속을 한계 유속, 평균 수심이 한계 수심과 같을 때 개수로의 경사를 한계 경사라 한다. 일반적으로 개수로의 흐름에서 수심이 한계 수심보다 큰 흐름을 상류(subcritical flow), 수심이 한계 수심보다 작은 흐름을 사류(supercritical flow)라 한다.

$V = Q/A$를 대입하면 $H_e = h + \frac{V^2}{2g} = h + \frac{1}{2g}\left(\frac{Q^2}{A^2}\right)$와 같이 수정되며, 비에너지는 결국 유량과 수심의 함수로 나타낼 수 있다. 여기에서 유수단면적을 너비 b의 직사각형이라 가정하면,

$$H_e = h + \frac{1}{2g}\left(\frac{Q}{bh}\right)^2 \text{ 이 된다.}$$

이 관계를 그래프로 나타내면 다음 그림 4-31와 같으며, 그림에서 비에너지가 최소가 되는 수심 hc(H_{e_min})를 한계수심이라고 한다. 그리고 일정한 유량이 흐를 때 수심이 한계수심보다 큰 경우를 상류, 작은 경우를 사류라고 한다.

한계수심은 비에너지가 일정할 때 유량이 최대가 되는 수심이며, 프로드(Freude) 수가 $F_r = 1$이 되는 경우의 수심이고 또는 상류에서 사류로 변하는 지배단면에서의 수심이 된다. 직사각형 단면이라고 가정할 때 유량이 최대가 되는 수심은 비에너지의 2/3이며, 포물선 단면일 때는 3/4, 삼각형일 때는 4/5가 된다.

흐름이 사류에서 상류로 변할 때는 수면이 불연속적으로 뛰는 현상이 나타나게 되는데 이를 도수(hydraulic jump)라 한다. 도수에 의해 물의 에너지가 차이가 발생하며, 그 차이는 도수 전후의 수심차가 클수록 크게 나타난다.

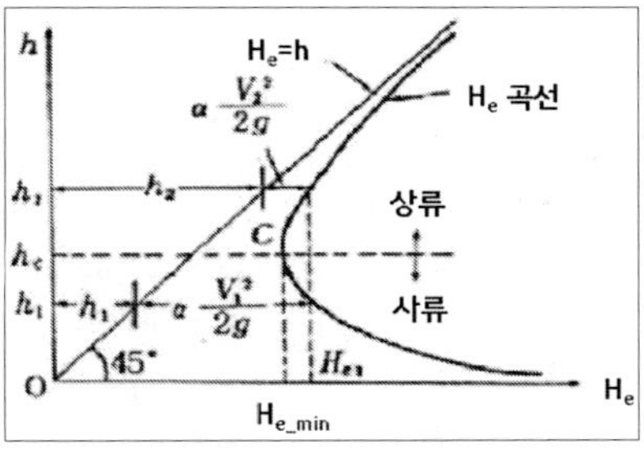

그림 4-31 한계수심, 비에너지, 사류

하천호안 (경사평면)에 작용하는 전수압

다음 그림 4-32와 같은 하천단면을 생각하면, 수심 z점에 있는 수평으로 분할된 미소 단면적 dA에 작용하는 수압을 dP라고 하면,

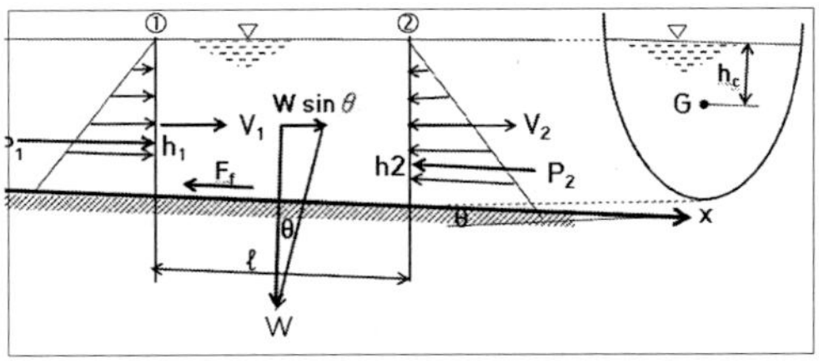

그림 4-32 경사평면에 작용하는 전수압

$$dP = wzdA = wS\sin\theta dA$$

이고, 평면 A에 대한 전수압은,

$$P = w\sin\theta\int_A SdA = w\sin\theta S_G A$$

그런데 수심 h_G이고 $S_G\sin\theta = h_G$이므로

$$P = wh_G A$$

하천 통수능

하천과 같은 개수로의 통수능력을 나타내는 방법으로 통수능 계수(K)는 다음과 같이 나타낼 수 있다. 여기서 n은 Manning 의 조도계수, A는 유수단면적, R은 동수반경이다.

$$K = \frac{1}{n}AR^{\frac{2}{3}}$$

하천 수목 관리

자연하천에는 모래톱, 범람원 등에 자연 식생이 침입 성장하게 되는데, 하천의 흐름이 수목에 미치는 외력모멘트는 다음과 같다.

$$M = \int_0^h F(z+e)dz = \int_0^h \frac{1}{2}\rho C_D(z)u(z)^2 b(z)(z+e)dz$$

여기서, M : 외력모멘트, F : 항력, ρ : 물의 밀도, $CD(z)$: 수목의 항력계수,
$u(z)$: 유속, $b(z)$: 항력의 작용폭, e : 파괴중심

유량산출

하천유량을 산출하는 방법으로는 크게 산술계산법, 등유속선법, 수심-유속 적분법 등을 들 수 있고 산술계산법으로는 중간단면법과 평균단면법이 있다. 주로 사용되는 유량계산 방법은 중간단면법이다.

$$q_1 = v_1\left[\frac{b_2 - b_1}{2}\right]d_1, \qquad q_n = v_n\left[\frac{b_n - b_{n-1}}{2}\right]d_n$$

$$Q = \sum q_i \frac{b_i + b_{i+1}}{2} \quad \text{또는} \quad Q = \sum \overline{v_i}\, d_i \frac{b_i + b_{i+1}}{2}$$

2.3 피크타임을 고려한 설계 홍수량

수생태계에서는 수리수문적 안정성을 확보하는 것이 중요하며, 이를 위해서는 계획단계에서 수원확보를 위한 수리계획을 수립하고 시공 전후의 우수와 배수체계의 변화 및 공사 중 폭우 시의 대책을 수립한다. 수리수문적 안정성 검토 결과 기존 물환경의 변경이 필요한 경우 다른 지역에 미치는 영향을 분석하여 부정적인 영향이 미치지 않도록 하는 것이 중요하다.

하천과 같은 수환경에서는 강우 지속기간에 따라 첨두홍수량에 이르는 시간과 홍수량에 차이가 있다. 그림 4-33은 일반적인 수문곡선을 나타나고 있다. 그림 4-33에서 짧은 기간에 강우강도가 높은 집중호우가 내리는 경우와 긴 기간 동안 강우강도가 낮은 호우가 내리는 경우의 첨두홍수량을 나타낸다. 배수설계를 위한 유역 내 홍수량은 그림에서 강우시간과 첨수홍수량의 관계를 나타낸 곡선(굵은 곡선)을 따르게 된다.

이를 더 구체적으로 살펴보면, 먼저 기본적인 홍수기 수문곡선은 다음 그림 4-34에서 보는 바와 같이 실제 강우 지속기간에 따라 첨두홍수량에 이르는 시간과 홍수량에 차이가 있다.

그런데 강우의 진행방향에 따라 첨두시간과 첨두홍수량의 특성이 달라지게 된다. 그림 4-35에서 보는 바와 같이 강우의 진행 방향이 유역 상류에서 하류로 이동하는 경우 전 유역이 첨두유량에 기여하게 되고 피크타임에서의 첨두유량이 커지게 된다. 반면에 강우 진행방향이 유역 하류에서 상류로 이동하는 경우 첨

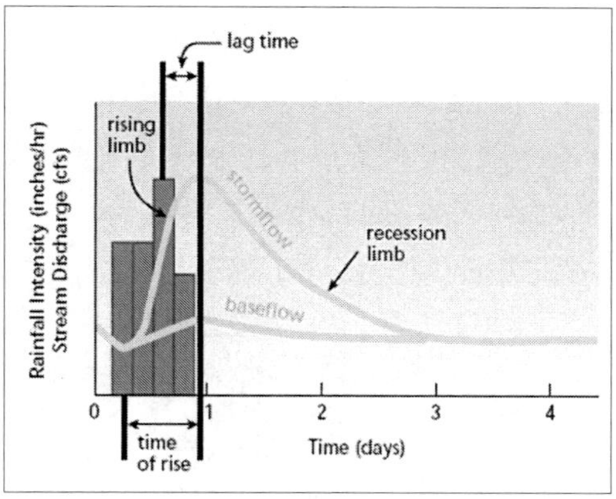

그림 4-33 일반적인 수문곡선
(자료 : USEPA)

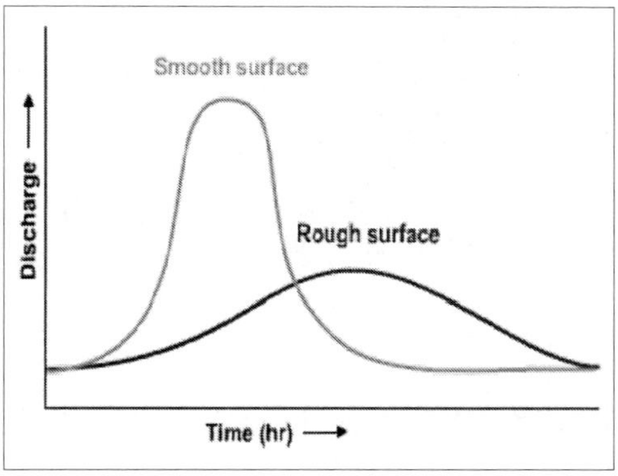

그림 4-34 표면조도와 첨두홍수량 관계
(자료 : https://www.chmi.cz/)

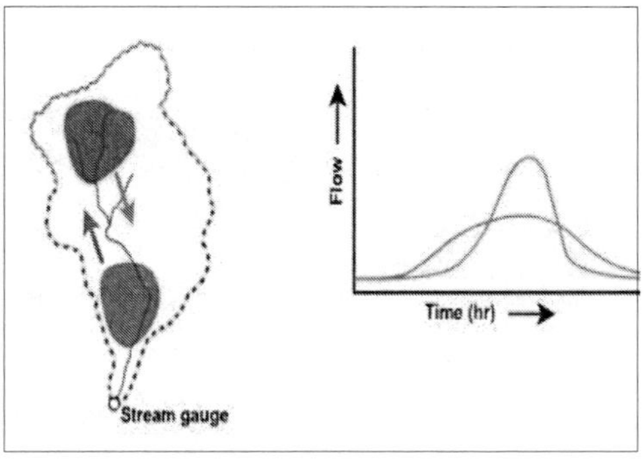

그림 4-35 강우 진행방향에 따른 수문곡선
(자료 : https://www.seu.ac.lk/ft/lm/FT0_099/Hydrology/7.0%20Hydrograph.pdf을 수정)

두유량은 작지만 첨두분포가 길게 나타난다.

한편 도시화에 따른 도시하천에서는 토지이용의 변화와 하천 구조의 변화로 인해 자연하천에 비해 더 짧은 시간에 더 많은 유량을 보이게 되며 이는 그림 4-36에서 보는 바와 같은 가파를 곡선으로 나타난다. 그러므로 도시 등 인조공간에 인공습지를 도입하는 경우 습지는 홍수기 빗물의 흐름을 지연시키고 흡수하며 저장된 물을 지속적으로 장기간에 걸쳐 방출한다는 점에서 스폰지와 같은 역할을 한다(그림 4-37). 이는 피크타임을 완화하며 첨두홍수량을 저감시켜 홍수의 가능성을 줄여준다.

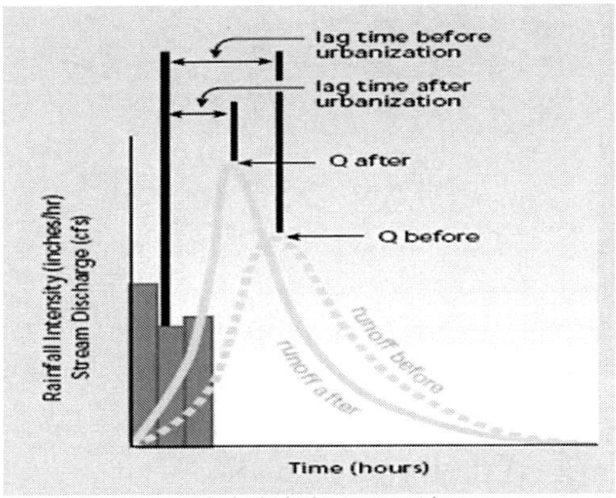

그림 4-36 도시화지역의 수문곡선(자료 : USEPA)

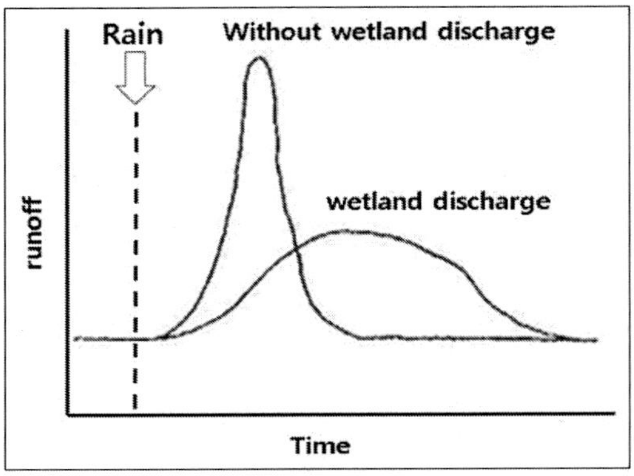

그림 4-37 습지와 수문곡선
(자료 : Mitsch and Gosselink, 1993)

2.4 수위변동구간의 수리수문적 특성 및 안정성

1) 수위변동구간의 특성

자연하천이나 습지에서의 수위변동구간은 수환경과 육지환경의 전이지대(ecotone)로서 가장자리효과(edge effect)에 의해 종다양도가 매우 높은 공간이다(그림 4-38). 그러나 하천 호안, 댐저수지 등 인공적 수환경에서의 수위변동구간은 식생제거, 콘크리트 등 인위적 호안재, 기타 제한적 요소가 많아 생태적으로 매우 열악한 환경이 된다. 대부분의 인공저수지는 이 구간의 식생을 제거하여 나지로 노출되어 경관을 악화시키

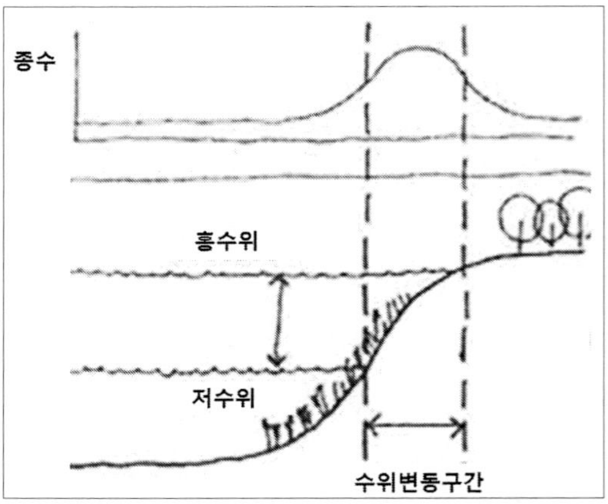

그림 4-38 자연하천이나 습지에서 수위변동구간은 ecotone으로서 매우 종다양도가 높음
(자료 : FRANCE(2002)를 저자 수정)

고 비탈면의 붕괴 등 구조적 문제와 더불어 생태적 기능을 다하지 못하고 있다. 댐저수지 등 인공습지에서의 수위변동구간은 계획홍수위까지 식생을 제거함으로써 기반토양이 노출되고 빗물이나 파랑 등에 의해 지속적으로 침식되어 비탈면의 안정성에 영향을 주고 있다. 또한 표토층이 제거되어 식물생육에 필요한 영양물질이 부족한 척박한 토양으로 식생도입이 매우 어렵게 된다.

그림 4-39 댐저수지 수위변동구간의 침식 과정(한국수자원공사, 2004)

그림 4-40 대청호 생태복원 적용 후 주변 침식 및 침수(한국수자원공사, 2004)

그러므로 댐저수지 저수위와 홍수위 사이의 수위변동구간에 대한 생태계 복원이 중요하며, 특히 상시만수위~계획홍수위 사이의 비탈면은 장기간 노출되어 시각적으로 경관 훼손은 물론 생태적으로도 빗물과 표면수에 의한 침식, 파도에 의한 침식 등 끊임없이 외부 침식의 영향을 받으며 이로 인해 표면세굴, 사면붕괴 등 사면안정에 부정적 영향을 끼치게 된다.

수위변동구간의 토양의 붕괴 및 침식 원인은 다음과 같은 요인들이 있다.

- *토양 일부가 물을 함유하여 중량이 늘고 하층물질과 마찰력 감소*
- *풍화 등의 작용으로 토양의 응집력 저하*
- *경사가 급하고 지피물이 없으므로 침식능 증가*

- *빗물이나 파랑에 의해 직접 떨어져나가거나 지하수압에 의해 표토 파괴*
- *큰 비로 인해 수목의 뿌리가 동요되거나 나무가 전도*
- *수위변동이나 홍수 시 급류에 의해 지속적으로 침식 붕괴*
- *지진, 동결과 해빙의 반복, 기타*

2) 수환경과 구조적 안전성

일반적으로 국내 호안 설계는 평균 유속과 평균 소류력을 이용하여 이루어진다. 유속이 커지면 하천호안의 토사와 자갈을 밀어내리는 소류력이 더 크게 작용하므로 이 둘의 상관관계를 이해하는 것이 중요하다.

① 평균 유속

수면으로부터 측정수심까지의 비가 0.2, 0.8인 지점의 유속을 측정하여 평균유속을 구하는 방법이다. 이 방법은 식 (4-11)과 같이 평균 유속을 구한다.

$$V_m = \frac{V_{0.2} + V_{0.8}}{2} \tag{4-11}$$

여기서, V_m 은 평균유속, $V_{0.2}$, $V_{0.8}$은 각각 수면아래 수심의 20% 및 80% 지점의 유속이다. 이 방법은 수심 50~75 cm의 범위에 사용하며, 일반적으로 수심이 60 cm 이상 1 m 이하이면 2점법을 채택한다.

② 평균 소류력

물과 접촉하는 윤변에서 흐름에 의해 유발되는 힘을 소류력이라 하며 비점성 유사로 구성된 하상에 대하여 소류력을 계산하게 된다. DuBoys의 소류력 산정 공식은 다음 식 (4-12)와 같다.

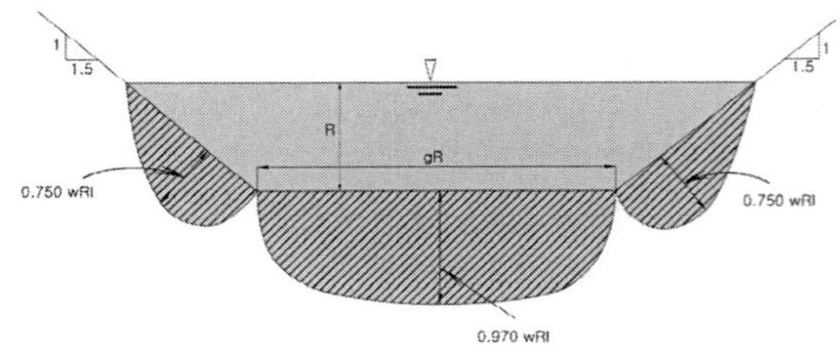

그림 4-41 하도내 소류력 분포

$$\tau_0 = \mathrm{WRI} = \frac{W}{C^2}V^2 \tag{4-12}$$

- τ_0 : 단위면적당 소류력(kg/m²), W : 물의 단위중량(kg/m^3)
- R : 경심(m), I : 수면경사 혹은 에너지선의 경사
- $V = C\sqrt{RI}$, V : 평균유속(m/sec), C : Chezy 유속계수

3) 저수지 수위변동구간의 안정성 파랑

저수지면에서 발생되는 파랑에 의해 비탈면 수위변동구간에서 토양 유실이 발생하게 되는데, Clouston(1979)에 의하면 파랑은 식물에게 충격과 침식의 영향으로 침수보다 더욱

활착을 방해하고 토양침식에 큰 영향을 끼친다. 일반적으로 파랑은 바람이나 보트 등에 의해 발생하는 현상으로서 수변 토양 침식의 한 요인이며, 이때 토양침식의 정도는 안식각, 배수성 그리고 식생의 피복상태 등에 의해 결정된다.

그림 4-42 파랑에 의한 침식 모의 실험
(한국수자원공사, 2003)

표면유수

유수에 의한 토양의 유실은 비가 내리면 땅속으로 투과되는 물을 제외하고는 표면유하에 의해 발생하게 되는데, 침식정도의 차이는 강우량, 강우강도, 토양의 침식성, 식생의 피복 정도에 따라 달라질 수 있다. 특히 강우량보다 강우강도에 의한 영향을 받으며 토양의 침식성은 암반층, 진흙, 자갈 그리고 사질 순으로 침식성이 강하다. 식생의 피복 정도는 매우 중요한 요인으로 토양의 입단구조가 발달함으로서 토양은 다공성이 된다. 따라서 투수성이 높아지게 됨으로서 토양의 유출량이 감소하게 된다.

결빙과 해빙

겨울철과 이른 봄철에는 결빙과 해빙으로 인한 토양 유실도 발생하는데, 호수 주변의 토양은 갑작스런 수위 변화에 의한 지하수위의 상승 등으로 결빙과 해빙의 영향을 받게 된다. 경사면의 토양이 동절기에 결빙되어 부피가 증가하고 해빙이 되면서 응집력을 잃은 토양은 중력에 의해 흘러내리게 된다. 이러한 과정을 반복하며 토양은 침식되게 되는데, 적절한 식생의 피복은 토양침식으로부터 토양 표면을 보호할 뿐만 아니라 토양의 온도를 높여 땅 표면을 동결을 방지하게 된다.

그림 4-43 침수기간에 대한 모의실험
(한국수자원공사, 2003)

수위변동 및 침수기간

수위의 변화폭은 저수지 비탈면의 침수와 침수기간 등의 요인과 함께 직접적인 영향을 미치는 인자이다. 대표적으로 수위변동으로 인해 발생하는 어려운 점은 토사유출과 사면붕괴로 인한 시험시공지의 식생기반 안정이라 할 수 있다.

대청댐 저수지 생태복원을 위한 연구(한국수자원공사, 2003~2006)에서 수위변동폭이 가장 중요한 결정요인이었으므로 수위변동을 파악하였다. 과거 5년간 수위변동 중 변동폭이 심한 2/4분기 및 3/4분기의 수위분석 결과는 그림 4-44 및 4-45와 같다. 2/4분기의 수위는 4월에서부터 우리나라의 기후특성에 따라 강우가 발생하는 시기로서 댐수위의 변동폭이 앞서 매우 큰 폭을 나타내고 있다. 3/4분기는 우리나라의 집중적인 강우가 발생하는 시기로서 댐수위변동이 가장 큰 시기이다. 댐수위에 가장 큰 영향을 미치는 인자로서는 강우량으로서 우리나라는 여름철 집중강우에 의한 강우량이 가장 많은 편으로서 강우에 의한 댐수위변동폭을 뚜렷하게 확인할 수 있다.

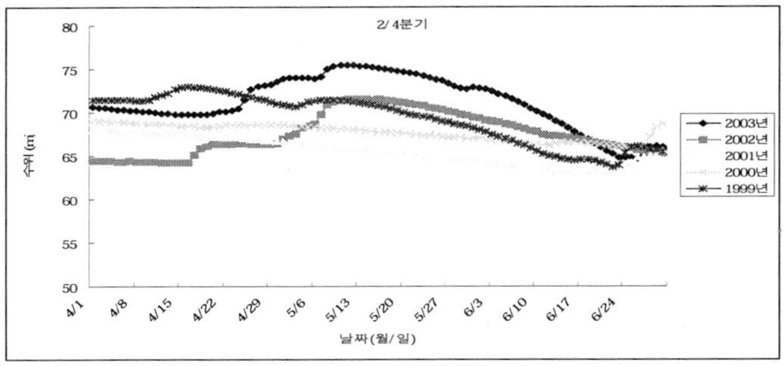

그림 4-44 연도별 대청댐의 수위변화 (2/4분기)

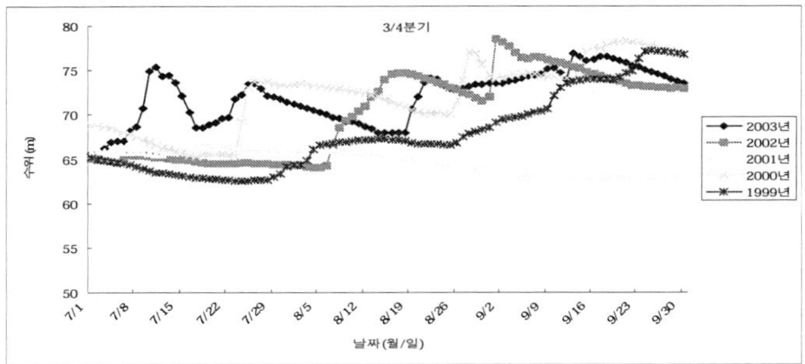

그림 4-45 연도별 대청댐의 수위변화 (3/4분기)

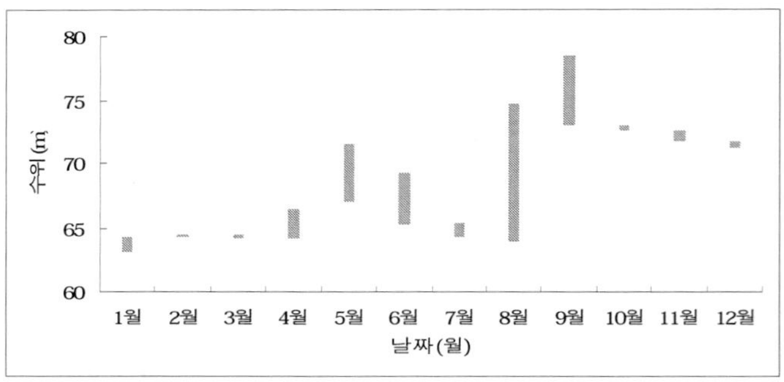

그림 4-46 대청호 월별 수위변화폭 (2002년)

그림 4-46에 나타난 바와 같이 1월~3월에는 수위변화가 거의 없으나 4월~9월까지는 매우 큰 수위변화가 일어나고 있다. 특히 8월에는 약 10.7 m 높이의 수위변화가 일어나고 있다. 이러한 수위변화폭은 매년 겨울철에는 수위변화폭이 적으며 여름철에 수위변화가 크게 일어나는 것으로 나타났으며, 해마다 지속적으로 반복되고 순환된다. 이러한 단기간의 수위변화는 저수지 비탈면의 토양침식을 일으켜 비탈면 식생과 토양에 영향을 미치게 되며, 토양의 유실은 여러 가지 측면에서 식생기반을 저해하는 결과를 가져올 뿐만 아니라 수

변지역의 경관을 훼손하게 되므로 적절한 조치가 필요하다.

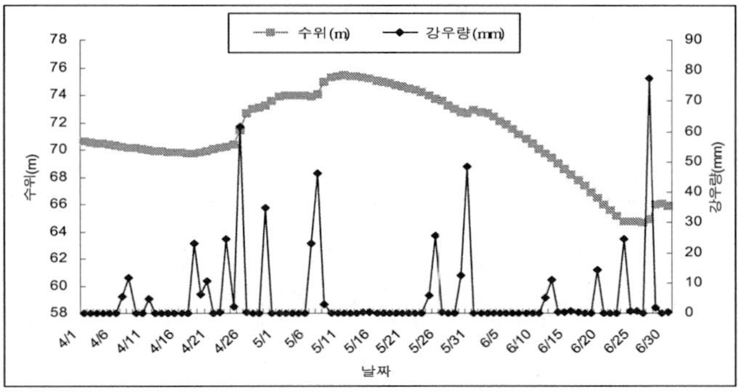

그림 4-47 강우량과 댐수위와의 관계(2003년 2/4분기)

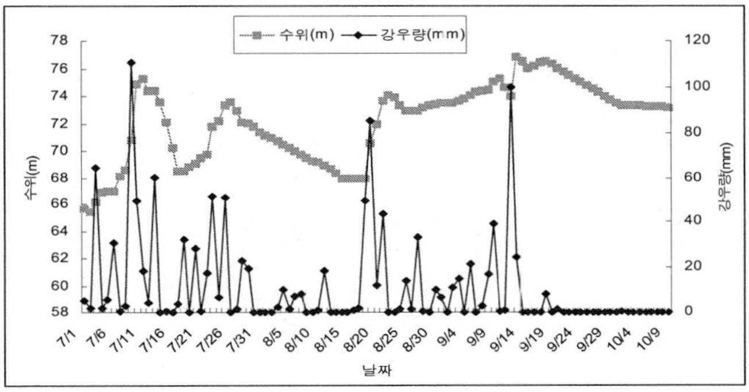

그림 4-48 강우량과 댐수위와의 관계(2003년 3/4분기)

댐수위는 강우와 유입량, 유출량 등 여러 가지 인자와 관련되어 있다. 그러나 우리나라의 강우 특성상 년중 전체강우의 50~60%가 여름철에 내리고 있으며, 이는 그 어느 인자보다 더 중요한 요소로서 영향을 미치며 유수가 댐에 유입되면서 댐 수위를 높이는 결과를 가져온다. 그림 4-47, 4-48는 2003년 댐수위폭이 가장 많았던 2/4분기와 3/4분기의 수위와 강우량을 보여주는 그래프로서 수위에 가장 크게 영향을 크게 미치는 강우량과 비교해 볼 때 강우량이 많아지는 시점에서 댐수위가 급격하게 변화하고 있으며, 강우량이 많지 않은 1/4분기와 4/4분기에는 댐수위가 일정한 경향을 나타내었다.

4) 습지 수문 부하(water budget)

습지의 결정 요소는 습지 수문, 습지 토양, 습지 식생 등을 지표로 할 수 있으나, 토양과 식생은 기본적으로 습지 수문에 의해 영향을 받는다는 점에서 습지에서는 수문 조건이 중요한 결정인자가 된다. 습지의 인식과 범위 설정을 위한 수문 조건은 특히 수위의 변동 측면에서 검토할 필요가 있다. 수위변동은 강우량, 증발산량, 지표수 유입 및 유출, 지하수 유입 및 유출 등에 의해 지배된다.

Gilman(1994) 및 USGS에서는 수문부하의 관계를 다음 식으로 정리하였다.

$$P + SW_I + GW_I = E_T + SWO + GWO + Æ_S$$

여기서, P : 강수량, SW_I : 지표수 유입, SWO : 지표수 유출,

GW_I : 지하수 유입, GWO : 지하수 유출,

E_T : 증발산, $Æ_S$: 저장량의 변화

그러므로 수체의 체적의 변화는 $Æ = P + SW_I + GW_I - E_T - SWO - GWO$로 정리될 수 있다.

5) 홍수추적

홍수추적이란 홍수가 발생한 경우 하천의 임의 구간에서 그 구간의 저류량에 의해 홍수의 크기가 얼마나 감소되며 지속기간이 얼마나 늘어나느냐를 밝히는 것이다(윤용남, 1988). 구본학(2000)의 연구에서는 홍수 범람에 따른 습지의 범위를 설정하기 위해 여러 가지 홍수추적법 중 저수지 추적법(reservoir routing)에 속하며 수문학적 추적방법인 저류방정식(storage equation)의 적용가능성을 확인하고자 하였다. 이러한 연구는 습지의 홍수조절 기능을 계산하는 목적으로도 유용할 것으로 판단된다.

3 생태복원 공간의 동선

도로 선형은 원활한 차량의 흐름을 주된 목적으로 하며, 일반적으로 수평선형과 수직(종단)곡선으로 구분하게 된다.

3.1 수평노선(horizontal alignment)

수평노선은 도로가 곡선으로 회전하는 구간의 선형을 의미한다. 이때 곡선구간은 원형을 이룬다. 수평선형을 결정하는 곡선반경은 자동차가 직선부분과 같이 안전하고 충분한 속도로 달릴 수 있는 반경으로서, 차량이 곡선부분을 달릴 때는 밖으로 넘어지려는 원심력이 작용하며, 이 원심력은 곡선반경이 작을수록 크고, 속도가 빠를수록, 차량 무게가 무거울수록 커진다. 그러므로 원심력을 줄이기 위해서는 일정한 곡선반경을 유지해야 하며, 이 곡선반경은 원심력에 의해 바깥쪽으로 미끄러지거나 넘어지려는 힘과 타이어와 노면의 마찰력으로 결정된다.

- 원심력 $F(\mathrm{kg}) = \dfrac{\mathrm{W}}{\mathrm{g}} \times \dfrac{\left(\dfrac{\mathrm{V}}{3.6}\right)^2}{\mathrm{R}} \fallingdotseq \dfrac{\mathrm{WV}^2}{127\mathrm{R}}$

  단, W : 차량중량 (kg), V : 차량속도 (km/hr), R : 곡선반경 (m),
  g : 중력가속도 (9.8 m/sec^2)

이때 노면의 기울기를 i, 마찰계수를 f라 하면,

- $\tan(i+f) \fallingdotseq i+f = F/W$

위의 두 식을 정리하면,

- 최소반경 $R = \dfrac{V^2}{127(i+f)}$ 또는 $R = 57.3\dfrac{L}{I}$

수평노선은 그림 4-49과 같이 원곡선으로 나타낼 수 있으며, 이때 중요한 지점의 용어 및 의미는 다음과 같다.

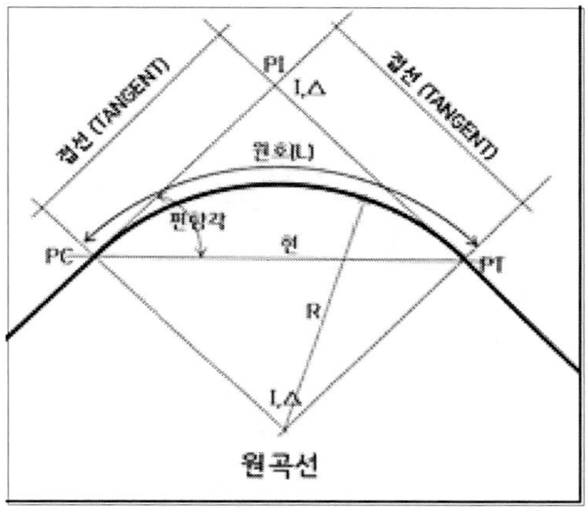

그림 4-49 수평노선 용어

- *PC(=BC, 시곡점, 곡선시점) : point of curvature 또는 Beginning of curve로서 곡선구간이 시작되는 지점*
- *PT(=EC, 종곡점, 곡선종점) : point of tangency 또는 End of curve 로서 곡선구간이 끝나는 지점*
- *PI(=IP, 교점) : point of intersection 또는 Intersection point로서 곡선시점 및 종점에서 직선으로 연장한 가상의 직선이 교차하는 지점*
- *I : Intersection angle(중심각) 또는 Deflection Angle(편각)으로서 교점 각도를 의미하며, 원의 곡선 구간 시점 및 종점 사이의 중심각과 같음.*
- *Tangent line (접선길이) : 곡선시점에서 교점까지의 직선거리(PC – PI) 또는 교점에서 곡선종점까지의 직선거리(PI – PT)*

$$T = R\tan\frac{I}{2}$$

- *Chord length (현장, PC – PT 거리) : 곡선시점에서 종점까지의 수평거리*

$$C = 2R\sin\frac{I}{2}$$

- *Arc (L, curve length) : 곡선시점에서 종점까지의 원호의 곡선길이*

$$L = \frac{2\pi RI}{360} = \frac{RI}{57.3}$$

Super Elevation

곡선구간에서는 차량이 옆으로 미끄러지는 현상을 방지하기 위해 바깥쪽이 높은 한쪽경사(super elevation)를 설치하는데, 경사는 속도가 높을수록 그리고 곡선반경이 작을수록 크다. 이때 각도 a는 다음 식에 의한다.

$$F\cos a - W\sin a \leq f(F\sin a + W\cos a)$$

단, f : 노면과 타이어의 횡방향 미끄럼 마찰계수

a : 한쪽경사가 수평과 이루는 각도

여기서,

$$R \geq \frac{V^2}{127(i+f)} \quad e = \frac{V^2}{127.4R} - f \text{ (m/m)}$$

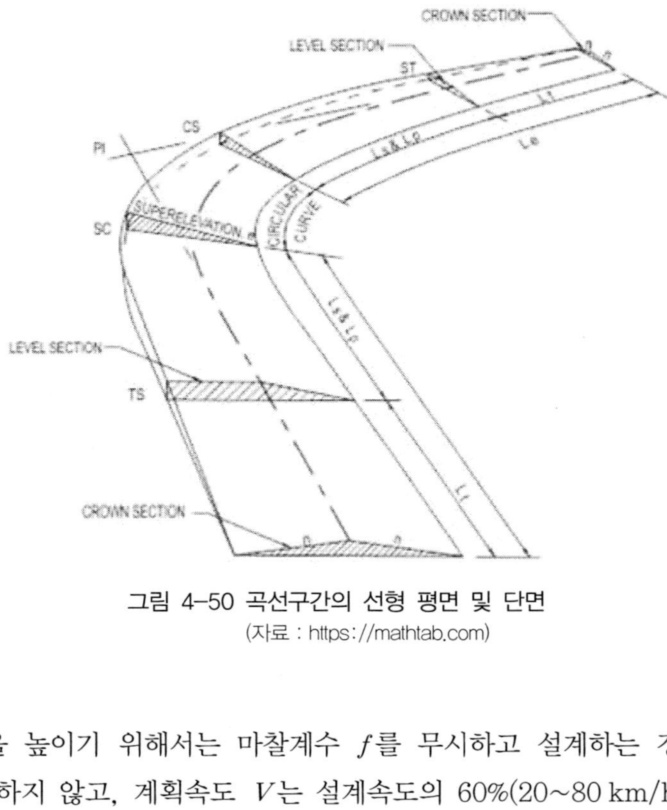

그림 4-50 곡선구간의 선형 평면 및 단면
(자료 : https://mathtab.com)

이때 안전율을 높이기 위해서는 마찰계수 f를 무시하고 설계하는 경우가 많고, e는 0.06 이상으로 하지 않고, 계획속도 V는 설계속도의 60%(20~80 km/h)를 적용하는 것이 보통이다. 여기서 f의 값은 노면과 타이어에 따라 0.12~0.16의 분포가 된다. 일반적으로 노면이 건조 상태일 때 0.4~0.8 정도, 습윤 상태일 때 매우 낮으며 동결 시에 0.1 정도가 된다. 또한 속도에 반비례하여 70 km/h 이상일 때는 0.1, 70 km/h 이하일 때는 0.15를 각각 적용한다.

한편, 도로 직선부와 곡선부 사이 핸들조작을 원만하게 하며 원심력을 줄이고 한쪽경사에 따른 노면의 갑작스런 변화로 인한 운전불편을 줄이기 위해 점진적인 변화구간 설정하게 되는데, 주로 3차 포물선과 클로소이드 곡선을 설치하며, 클로소이드 곡선이 일반적이다.

원곡선에서는 원심가속도는 $\frac{V^2}{R}$ 이고, 완화곡선의 길이를 L이라 하면 차량이 완화곡선을 통과하는 시간을 $\frac{L}{V}[L\,(\mathrm{m}),\ V\,(\mathrm{m/sec})]$라고 할 수 있다.

그러므로 원심가속도의 변화율은 $\frac{V^2}{R} \div \frac{V}{L} = \frac{V^3}{LR}$이 된다.

그런데 일반적으로 이 변화율 값이 0.6 m/sec이내일 때 승객에 불쾌감을 주지 않으므로 $\frac{V^3}{LR} \leq 0.6$ 이어야 하며, 완화곡선의 길이 L은 $\frac{V^3}{0.6R} \leq L$이다.

이때, V의 단위를 km/hr로 환산하면 $L \geq \frac{0.036\,V^3}{R}$ 이 되어야 한다.

즉, 완화곡선의 길이는 차량의 속도가 커지거나 곡선반경이 작을수록 커진다.

마지막으로 선형노선을 조성할 때는 다음과 같은 일반적인 원칙을 설정할 수 있다.

- *선형의 연속성 유지,*
- *평면, 종단선형 및 횡단 구성의 조화,*
- *선형의 시각적 검토,*
- *평면곡선(수평곡선) 과 종단곡선(수직곡선)이 겹친 경우 양 곡선이 1:1로 대응,*
- *접속부는 수직으로 연결,*
- *도로의 중앙선을 따라 설정 및 표기,*
- *길이 등은 측점(stationing)에 의해 나타냄 (0+00),*
- *원곡선, 반지름은 정수로 설정,*
- *가능하면 반향곡선이나 복합곡선은 회피 등*

3.2 수직노선(종단곡선) vertical curve

수직노선은 오르막 또는 내리막 도로의 선형을 의미한다. 이때 수직노선의 시점에서 종점까지의 곡선은 원형 또는 포물선으로서 주로 포물선으로 형성된다.

수직노선과 관련된 주요 지점 및 용어는 다음 4-52와 같다.

- *L (Length of the curve) : 종단 곡선길이 (이때, 종단곡선은 매우 편평하므로 수평거*

리와 같다고 간주함)

- *시점* PVC*(point of vertical curvation, beginning of curve) : 곡선구간의 시작점*
- *종점* PVT*(point of vertical tangent, end of curve) : 곡선구간의 종점*
- *교점* PVI*(point of vertical intersection) : 곡선시점과 종점에서 가상의 직선을 각각 연장한 직선의 교차점*

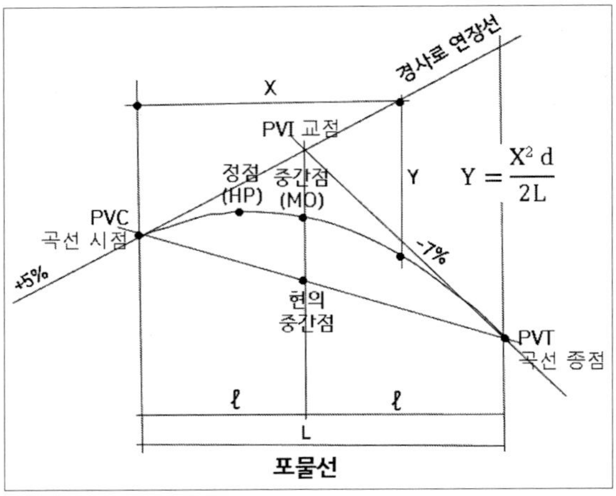

그림 4-51 수직노선 관련 용어

- *MO(middle ordinant of the curve) : 곡선구간의 중간점. 교점에서 도로노면으로 수직으로 연결한 지점*
- *X : PVC로부터 곡선구간 중 임의 지점까지의 수평거리*
- *Y : X로부터 곡선구간 도로 노면까지의 수직거리*
- *d(the algebraic difference of the intersecting slope lines,* $m-n$*) : 오르막 도로와 내리막 도로의 경사도 차이*
- *정점 HP(high point, apex) : 오르막도로 이후에 내리막 도로로 연결되는 언덕형 수직노선에서 솟음곡선의 정점(운전자의 시거에 관계)*
- *저점 LP(low point) : 내리막도로 이후에 오르막 도로로 연결되는 수직노선에서 처짐곡선의 저점(하수관, 집수거 등 지하매설물에 관계)*

수직노선 설정을 위해서는 다음과 같이 산출한다.

$$Y = \frac{x^2 d}{2L} = \frac{x^2(m-n)}{200L}$$ 여기서 m : 오르막 경사(%), n : 내리막 경사(%)

$$HP(apex) = \frac{mL}{d}$$

$$mo = \frac{Ld}{8}$$ (Y를 산출하는 공식에서 $X = L/2$를 대입)

$$L = \frac{V^2 d}{360}$$ (V = 속도)

다만, 실제 지형에서는 대칭적 구조보다는 비대칭 구조가 많이 발생하며, 이때는 mo 외의 다른 요소들은 대칭구조와 같이 설정한다.

마지막으로 종단곡선 설정을 위한 원칙으로는 일반적으로 다음과 같다.

- *주로 포물선으로 나타냄(원곡선으로 간단히 나타내기도 함)*
- *경사가 변하는 곳에서 승차감 감소, 노면손상, 시거단축 등의 이유로 적당한 곡선으로 연결*
- *도면에 표시할 때는 도로 단면도로 나타내며 평면도보다 10배로 확대하여 표시*
- *PVI를 측점(stat. point)에 맞추면 계산이 편리*
- *길이 L(vertical curve length)을 정수로 맞춤 등*

3절 복원기반 조성

일반적으로 생태복원 대상지는 여러 가지 원인에 의해 훼손되었거나 물리적으로 파괴된 경우가 많기 때문에 토양을 비롯한 식생기반이 없거나 열악한 경우가 대부분이며, 지속적으로 다양한 유형의 환경압(environmental stress)이 작용하므로 적절한 기반조성이 필요하게 된다. 그러므로 복원 후 식생 도입을 위해서는 호안처리, 토심확보 등의 필요한 조치를 사전에 시행해야 한다.

1 토양 및 기반재

1.1 생태복원과 토양

토양은 생태복원을 위한 물리적 기반이면서 동시에 식생 및 서식처 조성 복원 기반으로서 매우 중요하다. 여기서는 토양의 물리적 화학적 특성과 더불어 복원기반으로서 갖추어야 할 요소를 중심으로 간단히 살펴본다.

먼저 토양의 어원은 '土(흙) + 壤(부드럽고 고운 흙으로서 식물이 자라기에 적합한 상태)'이며, 영어의 soil은 라틴어 "solum (床, 지면)"에서 유래된 것으로 알려져 있는데, 토양생성작용에 의해 모재로부터 토양으로 진행된 상태를 의미한다. 이러한 토양에 대해서 농업과 관련해서는 식물 성장 매개체로서의 토양이라는 관점에서 보며, 토목공학 등과 관련해서는 토양의 기계적, 구조적 능력에 관심이 많아 토양단층의 구조적 지내력 등을 연구대상으로 하며, 지질학 등에서는 토양의 물리적, 형태학적 성질에 관심이 있다.

토양 유기물은 토양의 물리적 특성 변화에 지배적 역할을 하며, 질소의 대부분과 유효인산의 50~60%를 공급하며 양이온치환용량을 개선시키는 등 토양특성에 가장 큰 영향을 주는 인자이다(Miller와 Donahue, 1990). 그러나 훼손된 생태계의 경우 대부분 1%이내로서 토양 유기물함량의 적정 최소 생육 기준으로 제시된 2~3%에 비해 매우 낮다.

토양의 pH는 양분흡수에 대하여 매우 큰 영향을 끼치며, 그 영향은 먼저 토양 안 양분의 화학적 형태가 변하여 그 용해도가 달라져 공급력이 변하게 되며, 토양반응 pH가 4 이하 또는 9 이상으로 되면 세포액의 대사에 이상이 생겨 생육장애가 일어난다. 특히 pH 3 이하가 되면 일반토양에서는 뿌리로부터 오히려 양분이 유출된다(임선욱, 1982).

1.2 수생태계와 토양

수생식물과 토양과의 상관관계

수생식물은 물 속 토양에 뿌리를 내리고 영양분을 흡수하고 있어서 유기물함량은 다른 토양환경인자 중 매우 중요하다(Wilcox and Simonin, 1987). 유기물이 지나치게 높으면 다른 무기물의 흡수에 타감작용으로 오히려 수생식물에 악영향을 미칠 수 있다. 일반적으로 유기질 토양에서는 낙엽이나 낙지가 쌓여서 형성되는 유기층(forest floor)이 토양발달에 가장 중요한 기능을 수행하며, 특히 부식의 공급으로 인한 토양 내 유기물의 공급과 토양구조의 개선에 중요한 기능을 한다. 그러나 훼손된 생태계의 경우 식생과 더불어 생육기반까지 제거되게 되므로 대부분 토양 또는 기반 조건이 매우 열악하다.

수생식물과 토양과의 관계에 대한 연구로서, 유병열(2010)의 연구에서는 갈대나 부들류의 경우 양토(점토함량이 25~37.5%) 이하의 미세한 토양이 적합하다고 하였다.

국내 중부지방 주요 하천습지의 토양환경과 갈대의 생육특성과의 상관관계를 분석한 최병순 등(2011)의 연구에서 토양 유기물함량이 증가하면 CEC 값도 증가하고 토양 CEC가 증가하면 토양 pH는 감소하며, 중성 또는 약알칼리성 토양에서 토양의 보비력이 감소한다는 것을 알 수 있었다. 또한 토양환경과 생육특성과의 상관관계를 분석한 결과 토양 pH가 낮으면 갈대의 체장 및 직경이 높게 나온다는 결과를 도출하였다.

토양의 CEC는 유기물함량이 증가할수록 증가하는데(Sparks, 1995), 갈대 피도가 높은 갈대군락지 조사 결과 다른 지역에 비하여 유기물이 축적되어 유기물함량이 다른 지역보다 2배 이상 높은 경향을 보였으며 양이온치환용량도 높게 나타났다.

염분농도(NaCl)는 수생식물 중 특히 갈대에서는 매우 중요한 생육환경의 요인으로써 Waisel(1971)은 생육지의 염분농도에 따라서 신장생장, 생체량 등에 있어서 중생식물형과 염생식물형으로 생태형적 변이가 있음을 보고하였다. 염습지 갈대군락의 염분농도가 0.47~0.49%로써 높게 나타났으며, 엽록소함량과 현존량도 담수역에 비하여 높게 나타나고 있다. 또한 갈대생육지의 토양환경에서 독립변수의 토양화학성 각 인자 상호간의 관계를 분석하였다(표 4-12, 4-13).

토양화학성으로서는 pH, 유기물, CEC, EC, NaCl의 5개 항목을 중심으로 상관관계를 분석한 결과, 유기물과 토양의 CEC는 유의수준 5% 이내(p=0.02) 상관계수 0.593의 양의 상관관계를 갖으며, 이는 토양의 유기물함량이 증가하면 토양 보비력의 척도인 양이온치환용량인 CEC 값도 증가하는 의미이다. 토양의 CEC와 토양의 pH는 유의수준 1%이내(p=0.000)에서 상관계수 -0.0835로 음의 상관관계를 보인다. 이는 토양의 CEC 용량이 증가하면 토양 pH는 감소하는 것으로 중성 또는 약알칼리성 토양에서 토양의 보비력이 감소한다는 것이다.

표 4-12 토양환경의 상관관계(pearson 상관계수, 유의확률) (최병순 등, 2011)

		토양_유기물	토양_CEC	토양_NaCl	토양_pH	토양_EC
토양_유기물	Pearson 상관계수	1	.593**	−.186	−.349	−.186
	유의확률 (양쪽)		.002	.385	.095	.385
	N	24	24	24	24	24
토양_CEC	Pearson 상관계수		1	−.137	−.835**	−.137
	유의확률 (양쪽)			.524	.000	.524
	N		24	24	24	24
토양_NaCl	Pearson 상관계수			1	.008	1.000**
	유의확률 (양쪽)				.970	.000
	N			24	24	24
토양_pH	Pearson 상관계수				1	.008
	유의확률 (양쪽)					.970
	N				24	24
토양_EC	Pearson 상관계수					1
	유의확률 (양쪽)					
	N					24

표 4-13 토양환경과 생육특성과의 상관관계 (pearson 상관계수, 유의확률)

		토양_유기물	토양_CEC	토양_NaCl	토양_pH	토양_EC
생육_체장	Pearson 상관계수	−.034	.241	−.313	−.470*	−.313
	유의확률 (양쪽)	.895	.336	.206	.049	.205
	N	18	18	18	18	18
생육_직경	Pearson 상관계수	.089	.340	−.231	−.302	−.231
	유의확률 (양쪽)	.725	.167	.356	.223	.355
	N	18	18	18	18	18
생육_밀도	Pearson 상관계수	−.201	.237	.170	−.360	.170
	유의확률 (양쪽)	.425	.344	.499	.142	.500
	N	18	18	18	18	18
생육_건중량	Pearson 상관계수	−.331	.155	−.291	−.237	−.292
	유의확률 (양쪽)	.180	.540	.241	.343	.240
	N	18	18	18	18	18
생육_엽록소	Pearson 상관계수	.363	−.028	.187	.330	.187
	유의확률 (양쪽)	.081	.898	.382	.115	.381
	N	24	24	24	24	24

* 상관계수는 0.05(양쪽)에서 유의 ** 상관계수는 0.01(양쪽)에서 유의

1.3 토양기반 복원

하천이나 습지를 복원하는 경우 원래의 습지토양을 도입 모델로 설정할 수 있는데, 예를 들어 대암산 용늪에 발달한 이탄층은 물이끼가 죽어서 분해되지 않고 생성된 전형적인 습지토양이라고 할 수 있다. 용늪에 조성된 스케이트장은 바로 이 이탄층을 모아서 조성된 것으로서 토양환경이 붕괴되고 아울러 용늪의 물순환체계가 급격하게 바뀌어 습지의 기능이 저하되게 되었으며, 따라서 용늪의 회복을 위해서는 우선적으로 용늪 토양 복원과 더불어 물순환체계를 안정화시키는 것이 중요한 관건이 된다(표 4-14).

표 4-14 용늪의 유기질 토양(왼쪽)이 스케이트장 조성을 위해 훼손되어 물순환체계가 바뀜

생태연못 바닥의 토양은 수생식물의 생육기반이 될 뿐만 아니라 수질에 미치는 영향이 크다. 거친 모래(0.25~0.5 mm)보다 입자가 큰 토양에서 식물의 생육이 빈약하므로 점토 함유량이 25~30% 정도인 양토보다 입자가 가는 토양으로 한다. 바닥이 진흙으로 처리된 경우에는 진흙입자가 미세하고 점성이 강한 것을 일정한 두께로 포설하며, 토양 표면을 돌로 덮어 정수식물이나 부엽식물의 종자가 발아하여 번성하는 것을 예방하거나 수심조절을 통해 제어한다. 자갈을 바닥에 깔 때에는 방수재의 손상을 방지하기 위해 자갈을 포설하기 전에 보호용 재료를 도포하고 접합부위가 분리되지 않도록 한다.

2 호안부

2.1 호안 구조

호안(護岸)의 구조가 복잡할수록 다양한 서식환경이 조성되어 종다양도가 높아지게 된다(그림 4-54). 호안 재료는 다공질의 자연재료를 원칙으로 하되 홍수기 등 수리수문적 안정성을 고려하여 필요한 경우에는 생태복원을 목표로 개발된 인공재료를 도입하는 것도

검토될 수 있다. 호안의 구조는 다양한 생물이 서식할 수 있도록 통나무, 자연석, 자갈 및 진흙 등과 같은 자연 재료를 활용하여 경계부, 경사, 바닥의 형태 및 깊이, 재료 등을 다양하게 조성한다.

그림 4-54 습지 수변부 유형 [(출처 : Marble(1991)]

또한 호안부 식재지반의 경사가 급하면 식물군락이 발달하지 않는 경향을 보인다. 호안부는 물속에서 연약화되기 쉬우므로 진흙성분이 많을 경우에는 경사를 완만히 하고 식물군락이 정착한 후 침수되도록 한다. 경사를 완만히 하기 어려운 경우에는 모래나 자갈이 많이 포함된 토양을 사용하거나, 포트식재 또는 통나무 등으로 호안처리를 하여야 한다(그림 4-55, 4-56).

그림 4-55 수련의 확산을 방지하기 위한 포트 식재 (환경부, 2001)

그림 4-56 자연석과 통나무말뚝을 이용한 연못 호안 (용담댐 자연학습원)

2.2 호안 식생대

수위는 수생식물 발달과 밀접한 관계가 있으므로 지나치게 수위가 높거나 낮은 것은 지양하며, 수심을 적절히 조절하여 식물 번식을 제어한다. 정수식물은 수심 50~60 cm를 넘지 않도록 하며, 부엽식물은 1.0~1.5 m까지 생장 가능하므로 이 범위를 유지하도록 한다. 수심이 얕은 곳에서는 정수식물(추수식물)이 침입하여 침수식물이 자랄 수 없는 경우가 생기므로 식재지반 조성 시 수중분에 식재하거나 통나무 박기 등 정수식물(추수식물)의 침입 확산을 방지할 수 있도록 한다.

호안식생대는 가능하면 1 : 7에서 1 : 10 정도의 완만한 경사가 바람직하며, 수생식물이 점유하는 면적이 수면의 50%를 넘지 않도록 하여 개방수면을 유지한다. 특히 호안부는 식물이 생육하는 곳일 뿐만 아니라 수륙 양서동물의 이동통로이며, 수서곤충류나 소동물의 번식 또는 월동장소로 이용되기도 하므로 일부 구간은 식물 침입을 제어하여 나지를 조성한다.

2.3 생태계 이전

생태계 이전은 단순한 식생의 이전이 아니라 토양을 포함한 복합적인 환경의 이전이므로 생태계를 유지하는 토양 등은 이식대상지의 환경을 그대로 이전하여 생태계 이전 후에도 생태계의 구조가 유지될 수 있도록 한다.

이전예정지의 식재기반조성을 위해 복토가 요구될 경우 중장비에 의한 지반다짐의 피해를 방지할 수 있는 조치를 취해야 하며, 식재토양의 물리성 악화 및 고결방지를 위해 비가 오거나 온 직후에 대형장비에 의한 작업을 시행하지 않도록 한다.

3 복원 환경 조성

3.1 수환경 조성

참고 수질, 수량

습지 및 연못에서는 수질보전과 수원확보가 중요하므로 이를 위한 수리계획과 시공 전후의 우배수체계의 변화 및 공사 중 폭우 시의 대책을 미리 수립한다. 적절한 수질과 수위가 유지될 수 있도록 조성하며 물을 공급할 때에는 식물을 이용한 정화시설을 거치는 것이 바람직하다. 작고 얕은 연못에서는 겨울의 동결과 여름의 과열로 인해 서식생물에 치명적인 영향을 미칠 수 있으므로 최소 5×5 m의 크기와 1~1.5 m의 수심을 확보하도록 한다. 수생식물은 적당한 태양광선의 공급을 필요로 하므로 연못이 지나치게 그늘에 가리지 않도록 주의한다.

대규모 연못과 습지에는 섬을 조성하여 야생조류의 안전한 서식처를 제공한다. 기존 수로의 변경이 필요한 경우 수로 변경으로 인한 다른 지역에 미치는 영향을 분석하여 부정적인 영향이 미치지 않도록 한다.

참고 지하수

지하수위가 높거나 지하수가 유출되는 곳에서는 용출수를 처리하기 위한 배수시설이 필요하며, 침하 우려가 있는 지반은 기초설치 전에 안정하게 처리해야 한다. 또한 바닥면과 호안의 연결부분은 누수를 막기 위해 진흙을 겹쳐 축조한다. 나아가 주변에서 유입되는 물이 자연스럽게 유입되고, 과다한 물이 유입되는 경우는 월류부를 통해 집수정으로 흘러가도록 경사를 만들어야 한다. 지하수위가 수변 식물의 분포에 커다란 영향을 끼치므로 지하수위의 변동이 심하게 일어나지 않도록 한다.

3.2 수리적 안정성을 고려한 기반 조성

댐저수지 수위변동구간의 경우 대부분 유기층은 물에 의한 침식 등으로 인해 존재하지 않는다. 지속적인 침식으로 사질토가 많아 토양의 입단화 등 물리적 조건이 열악하며 수위가 상승하여 침수 상태에서 침식에 매우 취약하다(그림 4-57, 4-58).

그림 4-57 댐저수지 수위변동구간의 침식 (한국수자원공사 2003)

그림 4-58 댐저수지 수위변동구간의 토양기반. 빗물, 파랑 등에 의해 구조적으로 침식 붕괴되고 표토가 상실되며 유기질이 부족한 풍화암 사질토 등 (한국수자원공사 2003)

또한 우리나라 산림토양의 일반적인 가비중 값은 약 1.0 g/cm^3 정도인데 비해 댐저수지 수위변동구간의 경우 가비중은 최고 1.3~1.6 수준으로서 토양 물리성이 매우 열악하다. 토양의 평균 견밀도도 0.78~0.97 (kg/cm^2)로 나타나서 식물체의 뿌리성장에 장애를 초래한다(한국수자원공사, 2003).

수위변동구간은 갈수기 수위저하로 인해 건조되어 토양수분이 감소하여 뿌리의 흡수능이 저하되고 식물체 내 수분증산을 억제하기 위해 낙엽이 지거나 기공이 폐쇄되며 심한 경우 고사하게 된다. 홍수기에는 침수로 인해 산소농도가 저하되고 뿌리분포구간에 혐기적 환경이 발생한다. 이로 인해 뿌리의 작용이 둔화되고 식물에 스트레스가 작용하며 심한 경우 생육에 영향을 끼친다. 침수된 줄기나 잎은 기공이 폐쇄되어 광합성이 억제되고 증산작용이 제한되어 생육에 영향을 끼치게 된다. 완전 침수된 경우에는 생육에 결정적 영향을 끼칠 수 있다.

吉田 等(1993)은 저수지 비탈면의 구조적 안정에 기여하면서 식생을 도입하기 위한 기반을 버드나무류 가지엮기, 섶단누이기, 나무말뚝, 자연석, 돌망태, 야자섬유롤 등으로 조성하고 토양이동방지 및 토양이동량 감소를 위해 종자취부공, 식생네트, 흙주머니 등을 적용하였다(표 4-16).

표 4-16 댐저수지 수위변동구간 생태복원 사례 (구본학, 2010)

댐	조성 사진
阿木川 댐	
高山 댐	
대청댐	

한국수자원공사에서는 대청댐을 대상으로 댐저수지 수위변동구간을 생태적으로 복원하기 위한 연구를 진행한 바 있다. 토질조건으로는 사질토, 경질토, 점성토 등, 침수기간별로는 누적침수일 기준 30일, 60일, 90일 이상 등, 식생기반으로는 식생기반재 뿜어붙이

기, 식생자루, 식생매트, 사방공(편책공) 등을 적용하였다. 침수기간을 산출하여 침수기간별 토양기반 조성 공법과 도입 식생을 차별화하였다(표 4-17, 4-18).

표 4-17 수위변동구간 생태복원 기반 안정 공법 및 식생 현황(한국수자원공사, 2007)

	생육기반 조성 시공 현황(왼쪽부터 기반재뿜어붙이기, 편책, 바자울 등)
	기반재뿜어붙이기 공법
	편책공
	식생자루공
	식생매트공

표 4-18 침수기간별 기반 조성 공법 및 도입 식생(한국수자원공사 2005)

침수일수	기반토양적용방법	식생적용방법
30일 이내	- 식생기반재 뿜어붙이기 - 식생자루 및 매트 - 사방공(편책공 응용)	표층토, 선구식물종자, 묘목, 이식 및 식재
60일 이내		
90일 이내		
120일 이내	- 식생기반재뿜어붙이기 - 식생자루 - 식생매트	선구식물종자, 묘목, 이식 및 식재
150일 이내		
180일 이내		

시험시공 결과 식재 및 삽목과 종자를 복합적으로 사용한 종자타입을 적용하여 60 ㎡(12 m×5 m)의 단일 공법을 침수일수 30일~90일 구간에 식생기반재 뿜어붙이기가 가장 적당할 것으로 분석되었다.

4 매토종자의 활용

매토종자(buried seed)는 땅속에 살아 있는 휴면종자를 의미한다. 짧게는 1~2년의 단기간에서부터 수십년의 장기간동안 발아력을 유지한 채 땅 속에서 숨쉬고 있으며, 불리한 환경조건에서는 발아되지 않고 잠자고 있다가 온도, 빛의 조건 등 최적의 조건이 조성되면 스스로 싹을 틔우게 된다. 매토종자는 일반적으로 지표면으로부터 20~30 cm 이내의 표토에 남아 있는 경우가 많으며 적극적인 표토 활용을 통해 매토종자가 발아할 수 있는 환경조건이 이루어지면 식생을 조기에 복원시킬 수 있게 된다. 대체로 가을에서 겨울에 이르는 기간에 채취하는 것이 유리하며 봄에 살포하는 것이 발아에 도움이 된다.

표토에는 유기물과 매토종자가 포함되어 있어 생태복원이나 조성에 매우 유리하다. 생태복원 또는 조성에 의해 형성되는 식생군락은 홍수, 토양유실, 벌채, 산불, 토지이용 전환 등 인위적 원인이나 자연적 원인으로 훼손된 후에 2차천이의 진행에 의하여 회복하는 숲이므로 땅 속 토양에 남아있던 매토종 자, 뿌리, 포자 등은 천이과정의 중요한 요소가 된다. 매토종자는 훼손된 생태계를 지역의 고유종으로 복원하고 이후의 천이과정을 예측하기 위해 매우 중요한 요소이다.

매토종자는 식물체에서 산포된 종자가 토양의 표토층 등에 묻혀 휴면 중이므로 과거와 현재 식생의 파악과 함께 잠재자연식생(potential natural vegetation) 추론의 자료로 유용하며(Milberg, 1993 ; Brock and Rogers, 1998 ; Augusto et al., 2001), 교란된 식생군락의 갱신과 회복에 중요한 역할을 한다(Nakagoshi, 1985 ; Pickett and Mcdonnel, 1989). 이와 관련하여 McGraw(1987)는 토심에 따른 매토종자의 분포가 식생사를 반영한다고 하였다.

또한 매토종자는 천연갱신의 중요한 요소로서 식생을 결정하거나 임상 변화 등에 관여하여 식생의 종구성과 종다양성에 영향을 미치므로(Roberts, 1981) 매토종자를 이용한 생태천이, 종자발아 특성 등의 연구가 많이 이루어지고 있다(Van der Valk and Davis, 1979 ; Hagg, 1981 ; Putz and Appanah, 1987 ; Galatowitsh and Van der Valk, 1996 ; Harwell and Havens, 2003 ; Jalili et al., 2003 ; Wassie and Teketay, 2006 ; Joe and Kim, 2008).

4절 식생 및 서식처 복원

1 식재모형 및 식생복원

1.1 기본 방향

식생복원은 식물상 및 식생조사를 거쳐 대상지 내 식물과 같은 종의 개체를 활용하거나 대상지 내에서 종자를 채취하여 번식·재배한 식물을 이용한다. 식물 선정 시 조성 목적에 따른 대상지의 생태적인 균형을 고려해야 한다.

생태복원의 목적을 달성하기 위해서는 식물군락이 갖는 환경 개선력을 살리는 기술이 기본이 되어야 하며 다음과 같은 기술방향이 중요하다.

1) 자연회복을 도와 준다

식물군락의 재생은 자연 스스로가 진행하기 때문에 그 자연 회복력에 대한 도움을 주는 것이 생태복원의 전제 조건이다. 표토가 제거하고 남은 나지를 방치하면 식물의 침입이나 정착은 진행되지 않는다. 표토 이동이 완화되거나 정지하고 난 다음에야 식물 군락이 서서히 성립되기 시작하므로 식물이 생육하기 쉬운 상태로 나지를 정비하고 이를 기초로 군락의 재생을 생각할 필요가 있다.

2) 종자로부터 자연의 군락을 재생·창조한다.

식물의 침입이나 정착이 용이하지 않은 장소에서는 종자 도입을 적극적으로 도모할 필요가 있다. 종자로부터 성장한 식물은 그 장소에서 적합한 생육을 하기 때문에 자연경관에 가장 가까운 상태로 회복될 수 있고, 보전 가치가 높은 유효한 군락이 조성되기 쉽다.

3) 자연에 가까운 방법으로 군락을 재생한다.

생태복원은 곧 자연형성과정에 따라 천이를 유도하는 것이다. 나지에 식생을 도입하는 경우 천이의 흐름을 무시하고 한꺼번에 극상군락을 만드는 것은 불가능하다. 잠재 식생을 도입한다 해도 극상군락은 성립되기 어렵다. 외관상으로 극상군락으로 보이더라도 기능면에서는 전혀 다르기 때문에 결국 자연형성과정에 의해 변화되게 되므로, 자연형성과정을 존중하며 자연의 법칙에 역행하지 않도록 재생하는 것이 필요하다.

4) 다양하고 풍부한 종을 사용한다.

생태복원에서는 가능한 한 다양하고 풍부한 종을 사용한다. 토질, 입지, 환경, 토양 수분 분포 등 다양한 요인이 작용하기 때문에 다양한 종의 종자를 도입하여 주어진 조건에서 가장 잘 적응하는 식물로 나지가 복원되도록 유도한다. 이때 다른 식물의 생육을 방해하거나 지나치게 우점하는 식물은 사용하지 않는 것이 바람직하다.

수생태계의 예를들면, 일반적으로 침수 시 생존 가능하며 척박지에서도 생육이 가능한 수종, 근계의 폭이 넓어 토양결속력이 강한 수종, 활착이 빠른 수종 등을 공통조건으로 하여 대상지의 특성에 따라 지역성을 대표할 수 있는 향토 수종, 저수지의 수질에 악영향을 끼치지 않으며 수질개선효과가 있는 수종 등으로서 시장성, 경제성, 유지관리 등을 고려한다.

吉田 等(1993) 등은 수환경 적응력이 높고 출현빈도가 높은 식물 중 내침수성, 시장성, 향토성을 고려하여 교목류, 관목류, 초본류를 선정하였는데 산뽕나무, 족제비싸리, 갯버들, 버뮤다그래스, 비수리 등의 활착률이 높고 안정적이어서 저수지 비탈면에 도입 가능한 수종으로 파악되었다. 박미옥 등(2011)의 연구에 의하면 목본류 침수실험 결과 육상식물인 찔레나무와 조팝나무가 부분침수 조건에서 생육이 양호하였으며 완전침수 조건에서도 일부 적응력을 보여 수변 식생 도입 가능성을 확인할 수 있었다.

침수기간 36시간 정도의 50년 빈도의 홍수에 침수된 경우 부분적인 생육장애 현상이 나타날 수 있지만 완전침수가 아니라면 생존이 가능하다. 특히, 갯버들 등 Salix 류가 침수조건에 내성이 강한 것으로 확인되었으며, Poplus류도 침수조건에서 비교적 생육이 양호한 것으로 알려지고 있다. 은버들, 포플러, 떡갈나무, 느릅니무, 물푸레나무, 단풍나무 등이 장기침수 조건에서도 생육이 가능했고 심지어 소나무도 뿌리부분이 침수되는 정도라면 일정 기간 생육이 가능하다.

교목류 중에서는 버드나무류, 포플러류가 저습지, 침수지 등의 조건에서 생육이 가능한 것으로 알려져 있다. 침수기간이 짧은 경우 족제비싸리, 비수리 등 맹아력이 강하고 급속히 확산되는 초본류도 적합하다. 갈대, 등나무, 족제비싸리 등 수생식물 및 관목류도 침수조건에서 장기간 생존이 가능하나 이러한 관목류, 수생식물 등은 홍수기에 완전 침수되므로 침수기간 등을 신중하게 검토한 후 도입해야 한다.

1.2 식생의 기능

식생은 대상지 내 식물개체와 같은 종의 개체를 활용한다. 식물 선정 시 조성 목적에 따른 대상지의 생태적인 균형을 고려해야 하며, 특히 생태권역 내 동일 유전형을 지닌 자생식물을 도입하는 것이 중요하다. 목표식생은 해당지역의 식생조사를 거쳐 식물개체를 활용하거나 대상지 내에서 종자를 채취하여 번식·재배한 식물을 이용한다. 앞에서 설명한 표토와 매토종자를 활용하는 것도 매우 중요하다.

식생의 존재는 뿌리에 의한 토양의 결합력을 높이고, 수관의 빗물 차단으로 침식 방지, 낙엽 부엽토 등에 의한 보수능 증대와 풍화 억제 등의 기능을 갖게 되며 이는 수위변동구간 비탈면 토양을 안정시키는 중요한 기능을 한다. 수림지의 경우 유출량이 0.9 m^3/sec로서 일반적인 도시지역의 3.0 m^3/sec에 비해 1/3에 불과한 것으로 알려진다. 또한 지속적인 침식을 방지하기 위해 교목류 외에도 관목류 및 지피류의 도입이 필요하다. Hackett(1979)에 의하면 지피식생은 2.3 m/sec의 유속에도 침식되지 않고 유지되는 것으로 알려진다.

현존량과 순생산량

현존량(Standing Crop)이란 1차생산자인 식물이 초식동물에 먹힌 나머지, 또는 자신의 물질대사에 이용되고 남은 유기물질을 말한다. 순생산량(Net Production)은 총생산량(Gross Production)에서 호흡량을 뺀 나머지를 말한다. 녹지자연도에 근거하여 조사된 대청댐 주변 산림의 현존량 및 순생산량은 표 4-19와 같다.

표 4-19 대청댐 주변 산림의 녹지자연도, 현존량 및 순생산량 (S.C. : 현존량, N.P. : 순생산량)

DGN Degree	Outline	Area(ha)	Ratio(%)	S.C.	N.P
2	Crop field	66	2.67	110,880	60,720
6	Reforestation	1055	42.78	7,026,300	1,266,000
7	Secondary forest(I)	97	3.93	588,790	55,290
8	Secondary forest(II)	1248	50.60	8,736,000	673,920
	Total	2,466	99.98		

1.3 식재모형

식생의 분포는 수심, 바닥처리 등에 영향을 받으므로 주변부에서 못의 중심에 이르는 환경경사를 고려하여 식생을 도입한다. 식생 도입 시 생태적인 균형과 외래수종이 기존 생태계에 미치는 영향을 고려하며 연못의 일부분은 여름철 그늘을 형성하고 겨울철 햇빛이 투과할 수 있는 호습성 활엽수를 군식한다. 수생식물이 자라는 곳은 대체로 수심 2 m 이내의 육역과 수역이 접하는 곳으로서 수서동물의 산란처이자 포식자를 피하여 은신하는 장소이기도 하다. 또한 수생식물은 조류나 어류, 곤충 등의 먹이로 사용되기도 한다. 수생식물은 야생조류의 식이식물이 되며 호소생태계를 안정화시키고 자연회복기능을 갖게 된다. 또한 수생식물이 번성하게 되면 광합성에 의하여 용존산소가 증가된다.

한편으로는 토양이 안정화되어 빗물이나 파랑 등으로부터 침식이 발생하지 않으면 식물은 자연스럽게 침입될 수도 있다. 따라서 녹화공법의 적용이나 식물종자의 사용 등에 대해서는 수위변동구간의 토질과 침수기간, 주변부 식생침입의 용이성 등에 따라 다양한 복원 및 조성모델이 적용될 수 있다. 식물별 생육기반환경과 군락형태 및 식재모델에 관한 연구들이 수행되고 있다.

구본학 등(1999)은 습지형 비오톱의 생태계 기능모델을 구성하고 각 생물종과 환경조건 사이의 회귀분석을 통하여 예측 모델을 도출하였다. 이은희와 장하경(2000)은 연못의 형태와 호안처리 방법 등 생물의 서식환경에 따라 갈대, 줄, 부들, 세모고랭이 등이 잘 자라 다양한 수심과 완경사의 호안처리 기법과 수생식물의 서식환경 조성이 매우 중요하다고 하였다. 강현경(2001)은 종다양성 증진과 자연성 복원을 위한 식생모델을 제시하였고, 이율경(2004)은 우리나라 하천식생을 하천림(계곡·계반림, 하변 연목림, 하식애림), 관수지초본식생(유수역 다년생식생, 정수역 다년생식생, 암극초본식생, 수변 일이년생식생), 수중식생(침수·부엽식생, 부유식생), 기타 식생으로 구분하였다.

방광자 등(2004)은 자생 수생식물의 수질정화에 따른 생리활성 변화 분석결과 수생식물에 의한 수질정화 효과를 분석한 결과 갈대가 기질의 중화능력이 활발했음을 보고하였으며, 이상석(2006)은 하천의 수생식물과 계절적인 요인을 종합하여 녹화율이 높은 여름철이 가장 높은 선호도를 보였고, 자연과 조화될 수 있는 하천호안공법의 시계열적 선호도를 밝혔다.

김재준(2009)은 하천변 식재복원을 위해서는 주변 식생 등의 특성을 고려한 수종 선정과 생태적 기반환경인 지형 및 토양환경에 대한 복원이 필요하다고 하였고, 최병순(2011)은 수생태계에서 대표적인 식생인 갈대군락은 대부분의 유사한 피도와 식물구조를 보인다고 하였다. 구본학 등(2013)은 수환경, 토양환경, 이산화탄소 저감, 주변 식물과의 관계 등을 고려하여 기후변화 대응형 수생식물 식재 모델을 제안한 바 있다(표 4-20).

표 4-20 기후변화 대응형 수생식물 식재 모델 (구본학 등(2013)에서 발췌)

유형	주요 내용	식생모델
애기부들 군락	• 애기부들은 정수역이 형성된 연안대의 우점식생이며, 주변 유기물 성분이 유입이 많은 곳, 하수가 유입되는 곳에 군집을 형성함. • 토양은 부유물질의 침전으로 인하여 진흙 성분 토양에 다량의 유기물을 포함하며, 유속이 매우 느린 곳에 생육함. • 수반종으로는 달뿌리풀, 좀개구리밥, 창포, 노랑꽃창포, 골풀, 띠 등이 있음.	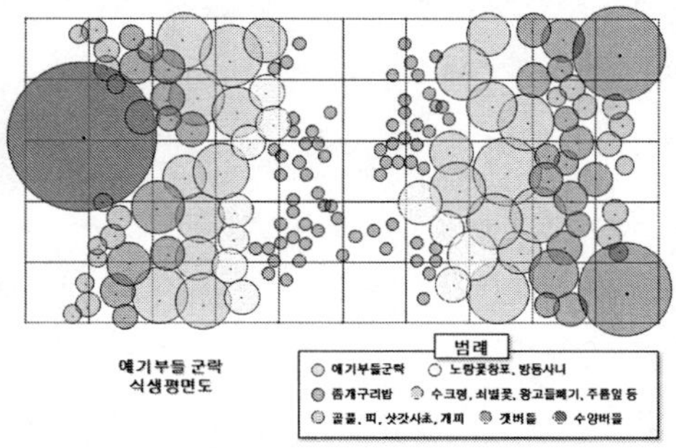
매자기 군락	• 본 군락은 하천폭이 75 m가 넘는 유속이 매우 느리거나 지형적으로 유속의 영향을 받지 않는 곳에 서식함. • 큰 면적으로 순군락지를 이루거나 마름, 물잔디, 좀개구리밥 등을 수반종으로 함.	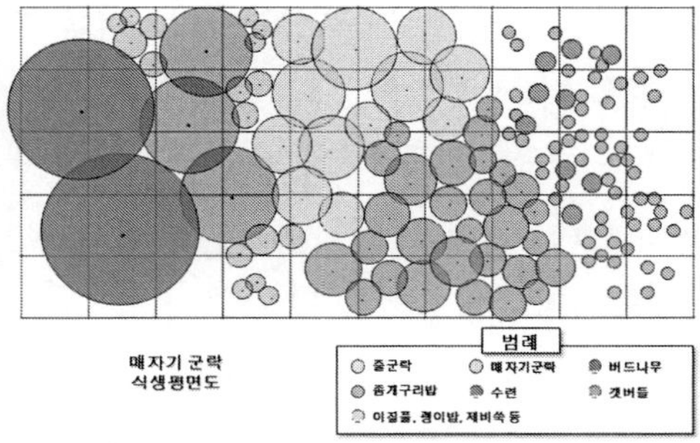
노란 꽃창포 군락	• 본 군락은 수련, 세모고랭이, 부처꽃, 방동사니, 강아지풀, 갯버들, 키버들 등과 혼생함. • 식재밀도는 잎이 벌어지는 간격을 고려하여 식재.	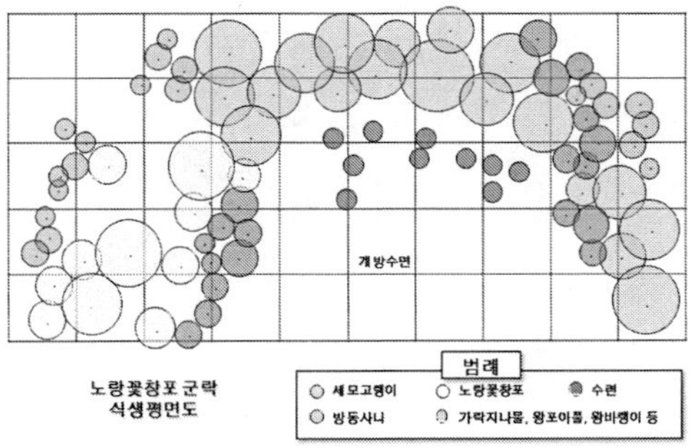

1.4 식생복원

하천 및 저수지 등의 상시만수위~계획홍수위 구간은 수변의 경관특징을 결정하는 중요한 부분이고 야생동물의 서식처로서도 중요한 기능을 지닌다. 비탈면 나지에서 도입된 식생이 천이되는 중간단계이므로 인위적인 간섭은 될 수 있으면 배제한다. 하천주변의 식물군락을 홍수의 영향에 의해 3가지로 분류해 보면 불안정대(매년 홍수가 발생할 경우 생육하는 식물이 유실되는 식생대), 안정대(매년 홍수가 일어날 경우 전체적으로 영향을 받지 않고, 영향을 받은 곳은 빠르게 원래의 상태를 회복하려 함), 반안정대(불안정대와 안정대의 중간단계)로 구분해 볼 수 있다.

이들 각 영향단계별로 적합한 식물 및 공법의 선정과 적용이 필요하다. 하천이나 호수 경계부 식물상 조사 결과, 물에 잠겼다가 다시 빠지는 환경이 반복되는 수변의 특징적인 환경에 적응한 벼과의 갈풀, 갈대, 물억새 등과 마디풀과의 고마리, 소리쟁이, 여뀌, 버드나무 등이 자주 출현하였으며, 그 외에 환삼덩굴, 개망초, 닭의장풀 등 척박한 곳에서도 잘 자라는 식물들도 자주 출현하였다.

그림 4-59은 대청호 수변구간의 식생조사 모식도이다. D구간에서는 하천에서 가장 가까워 지형적으로도 물의 출입이 반복되는 아주 습한 지역에 갈풀, 고랭이사초 등이 군락을 이루고 분포하고 있으며, 그보다 약간 덜 습한 지역에는 물억새, 갈풀, 달맞이꽃, 솔새 등이 군락을 이루며 분포하고 있다. 내륙 쪽에 가까워질수록 버드나무류와 갈대 등이 분포하고 있으며, 인근산림 지역에는 밤나무와 상수리나무가 군락을 이루며 분포하고 있음을 알 수 있다. 또한 E구간에서는 물억새군락이 하천 가장 가까운 습한 지역에 분포하고 있으며, 육지로 갈수록 갈풀군락, 개여뀌군락, 물억새군락 등이 분포하고 있으며, 산림지역의 경우 리기다소나무와 상수리나무가 군락으로 분포하고 있음을 알 수 있다.

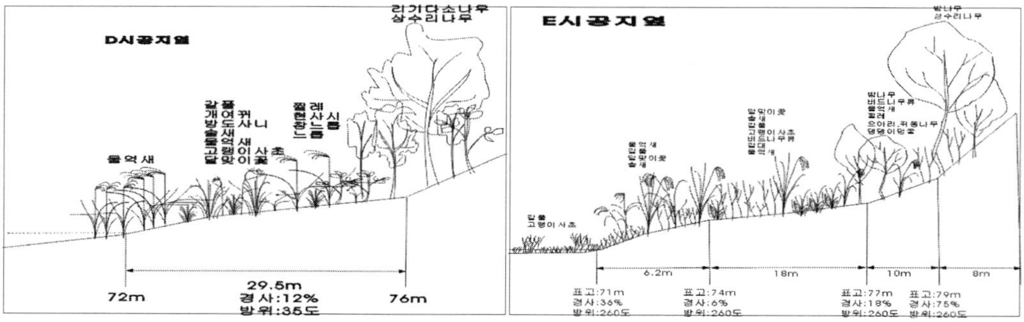

그림 4-59 대청댐 수위변동구간 식생 현황 (한국수자원공사 2003)

또한, 버드나무나 낙우송류는 물에서도 잘 자라는 특성을 지니고 있는데, 버드나무류는 홍수의 영향을 적게 받으나 천이의 진행속도는 빠르지 않다. 그러나 비탈면 나지를 피복하기 위해서는 바람에 의해 퍼지는 버드나무류 종자를 도입하여 새로운 군락을 인근에 유도할 수 있는 관리방안 검토한다. 버드나무류의 경우 생장이 빠르거나 성목이 되는 왕버들 등의 버드나무류는 관리문제가 발생될 수 있으므로 신중히 고려한다(김용식 등, 1996).

박종민과 최건호(2001)는 댐호, 하천, 호소 등에서 저수비탈면과 하안의 안정, 경관 조성 및 수질정화 식생대 조성을 위해서 몇종의 목본식물을 대상으로 이용가능한 내침수성 식물의 규명을 위한 연구를 진행하였다.

2 서식처 조성

2.1 서식처(Habitat)와 서식 환경

도심지 내에서 생물서식공간의 조성은 다양한 야생동식물들을 도심지 내부로 유인하고 끌어들임으로써 도심 내부의 생물다양성 증진에 기여하는 측면이 고려되어야 한다. 단지 야생동물을 도심 외곽에서 도심 내부로 유인하는 것에 머무르지 않고 야생동식물을 거의 관찰할 수 없는 도심지 내부공간에서 야생동식물이 서식할 수 있는 조건을 만들어 줌으로서 도시 내부에서의 생물다양성을 높여 주는 것은 매우 커다란 의미를 가진다고 할 수 있다.

도심 내부에서 서식하는 야생동식물의 종다양성 증진과 더불어, 도심지 내에 조성하는 생물서식공간은 생태교육이나 야생체험의 장으로서 기능할 수 있다. 도심 내부에 많은 생물서식공간을 조성하기 위해서는 지역주민들이 그 중요성을 깨닫고 적극적으로 그러한 노력에 결합할 수 있도록 만들어야 한다. 이를 위해서는 생물서식공간의 조성을 위한 계획 및 시공, 관리에 이르기까지 지역 주민들과 학생들이 참여할 수 있는 다양한 방안이 마련되어야 한다. 또한 도심 내에 조성하는 생물서식공간이 지역주민들과 학생들을 위한 다양한 생태교육의 장으로서 기능할 수 있어야 한다.

서식지 구성요소

생물서식공간을 조성하는 경우 필수적으로 고려해야 할 서식지 구성요소는 먹이(food), 커버(cover), 물(water) 등이며, 분류군별 공간의 규모 및 구조, 물질순환, 동종간 및 타종간의 경계 등을 고려한다.

먹이는 각 분류군별 종별 개체별 생육에 필요한 영양물질의 공급과 관련이 있으며 각 종이 선호하는 먹이를 안정적으로 공급해 줄 수 있어야 한다. 어떤 환경에도 잘 적응할 수 있는 다양한 천이단계의 먹이 자원과 각 종이 선호하는 다양한 식생의 먹이자원이 제공되어야 한다.

물은 야생동물 먹이의 구성요소이며, 소화를 도와주는 매개체이고 더운 환경에서 적응할 수 있도록 도와주는 요소이기도 하다. 물이 부족한 지역에서는 야생동물의 서식을 위하여 자연 집수장치를 야생동물들이 접근하기 쉬운 장소에 설치하여 야생동물에게 물을 공급해 줄 수 있어야 한다.

커버는 야생동물의 생식 또는 생존을 증진하는 환경의 구조적인 부분으로서, 야생동물

서식을 위해서는 동면이나 은신, 휴식, 산란 등을 위한 장소를 확보하기 위하여 적절한 커버가 필요하다. 분류군별로 종별로 개체별로 선호하는 서식 조건이 각각 다르므로, 개별 종들의 선호 서식처 조건을 정확히 파악하는 것이 중요하다. 일반적으로 야생동물의 서식처 선호는 선천적인 것으로 알려져 있으며, 겨울철 서식처를 결정하는 주요 요소는 먹이가 아닌 커버이다.

서식지 조성 기본방향

생물종에 대한 생태적 지식을 바탕으로 조성목표에 따라 다공질 환경 및 생물종이 선호하는 공간들을 조성하며 자연지역과 생물서식공간과의 연결체계를 구축한다. 야생동물이 거부감을 갖지 않도록 시각적 차폐, 공간규모와 시설의 폭 및 구조 등을 복합적으로 고려하여 서식공간을 조성한다. 또한 각 분류군별 및 종별 생활상(life cycle)을 파악한 후 서식처를 제공한다. 예를들어 어류서식처 조성을 위한 식생 도입, 곤충류의 서식환경을 조성하기 위한 돌무지, 폐목, 기타 다공질 재료, 조류서식처 조성을 위한 덤불숲, 관목숲, 초지, 모래톱, 자갈밭, 얕은 물 등 서식처 조성목표에 따라 다양한 환경을 조성하는 것이 중요하다.

서식처 규모는 강우확률빈도에 따라 유역차원의 고려에서부터 미소서식처 수준에 이르기까지 하천 공간 규모를 고려한다. 이때 고려되어야 할 공간 규모로는 그림 4-60과 같이 유역 drainage basin, 범람원 floodplain, 단위구간 reach, 서식처 habitat, 미소서식처 microhabitat 등의 위계별로 고려한다.

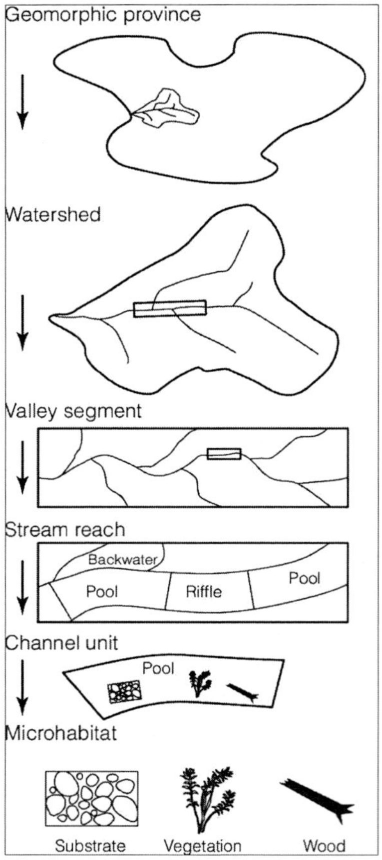

그림 4-60 유역에 따른 서식환경 (자료 : Frissell et al. 1986; Montgomery and Bolton 2003)

2.2 분류군별 서식환경 조성

2.2.1 곤충류 서식처

곤충류는 생태계에서 양서류, 파충류 및 포유류 등 고차소비자와 생산자인 식물사이에서 물질순환의 연결 고리를 형성하는 생태적 지위를 갖는다. 대부분의 곤충류들은 직접적으로 식물을 섭식하는 1차소비자로서 생산자이며 피식자인 식물을 포함한 상위포식자들의 밀도 조절 기능을 통해 생태계 먹이연쇄 과정에서 중요한 기능을 한다.

조류나 포유류, 또는 양서·파충류 등의 서식처는 상당히 넓은 대상지 면적이 확보되어야 하고 주변의 녹지공간이나 수공간과의 적극적인 연계가 필수 불가결하기 때문에 어려움이 많다. 반면에 곤충류의 경우 적은 녹지면적에서도 다양한 종류의 곤충들의 서식을 유도할 수 있으며, 서식처 조성 효과를 빠른 시일 내에 볼 수 있고 생태교육이나 현장체험 등에도 활용가능성이 매우 높아 효과적이다. 그러므로 주민들이나 학생들이 관심과 흥미를 가지고 관찰할 수 있는 곤충류들이 서식할 수 있는 조건으로 조성할 필요가 있다.

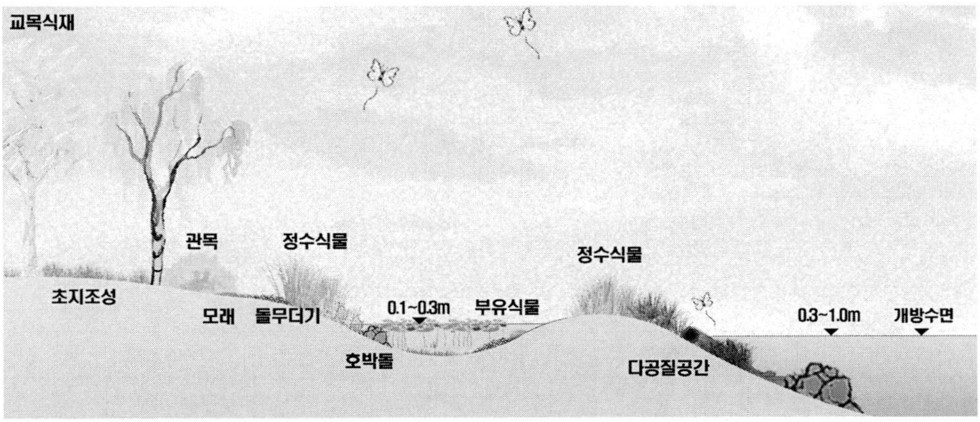

그림 4-61 곤충류의 서식환경을 반영한 서식처 모델
(수생태복원사업의 하나로 저자가 이끄는 연구팀 작성)

곤충류를 유인하기 위해서는 통나무쌓기, 돌쌓기, 짚쌓기, 고목 및 나뭇가지 더미 놓기, 토담쌓기, 낙엽층 및 부엽토 쌓기 등 다공질의 구조로 환경을 조성한다. 곤충은 알에서 깨어나 성충이 되어 이동했다가도 산란할 때가 되면 자신이 태어난 곳으로 되돌아오는 습성을 가진 곤충의 종류가 많다.

- 산림이나 숲과 연계되고 가장자리 햇볕이 잘 드는 곳이 최적의 입지이다.
- $50\,m^2$ 이상 크기의 연못과 초지, 그리고 덤불이나 조그만 숲을 조성하며 가까운 곳에 다른 연못이나 수변공간이 있으면 좋다.
- 곤충의 생활사를 고려하여 필요한 식생(흡밀식물, 먹이식물, 수액식물 등)을 도입한다.
- 말뚝과 통나무 횃대를 배치하여 잠자리와 나비의 휴식장소를 제공한다.

사람과 친근하고 도시환경에 도입이 용이한 나비목, 잠자리목 등의 서식환경을 예로 들면 다음과 같다.

나비목

나비목의 먹이식물은 애벌레의 먹이가 될 뿐만 아니라 산란장소로 이용하고 있다. 특히 번식기의 경우 충분한 양분 섭취가 필요하기 때문에 다양한 먹이식물이 요구된다. 일반적으로 나비는 애벌레가 장차 먹고 살아갈 식물의 잎이나 그 주변에 알을 낳는 습성을 가지고 있다(이원규, 1993). 또한 성충이 된 나비들 중에서도 먹이식물의 꽃에서 흡밀을 하는 종들이 많은데, 이는 흔히 나비가 자신이 애벌레 때 먹고 자란 나무와 풀 그리고 그 꽃을 가장 좋아하기 때문이다(이원규, 김정환, 1996). 대표적인 나비목의 먹이식물과 그 생태적 특징, 유인하는 나비류를 종합하면 표 4-21과 같다.

표 4-21 나비목의 주요 먹이식물과 서식하는 주요 나비

[신유항(1991), 이원규·김정환(1996), Pollard and Yates(1993), 환경부(1996)]

먹이식물	개화시기	꽃 색깔	관찰할 수 있는 나비
진달래	3-4월	분홍색	제비나비류, 호랑나비류, 노랑나비류, 푸른부전나비, 배추흰나비, 멧팔랑나비
얼레지	4월	분홍색	애호랑나비, 쇳빛부전나비
민들레	4-5월	노란색	노랑나비, 갈구리나비, 멧노랑나비, 각시멧노랑나비
제비꽃	4-5월	보라색	갈구리나비, 푸른부전나비, 멧팔랑나비
신나무	5월	황백색	제비나비류, 표범나비, 범부전나비, 도시처녀나비
수수꽃다리	5-7월	흰색	호랑나비류, 제비나비류, 흰나비류, 갈구리나비
기린초	5-7월	노란색	모시나비, 노랑나비, 배추흰나비, 구름표범나비
얇은잎고광나무	5-7월	흰색	제비나비류, 모시나비, 노랑나비류, 푸른부전나비
고추나무	5-7월	흰색	제비나비, 호랑나비, 봄어리표범나비, 꼬리명주나비
개망초	6-7월	흰색	은줄표범나비, 노랑나비류, 부전나비류, 팔랑나비류
엉겅퀴	5-8월	보라색	사향제비나비, 모시나비, 표범나비류, 팔랑나비류, 노랑나비, 기생나비, 배추흰나비
까치수영	6-8월	흰색	표범나비류, 팔랑나비류, 흰눈뱀나비, 부전나비류
백일홍	6-10월	빨강색	호랑나비, 노랑나비, 표범나비류, 네발나비, 줄점팔랑나비, 각시멧노랑나비
누리장나무	8-9월	흰색	제비나비류, 호랑나비, 흰줄표범나비
산초나무	8-9월	연록색	호랑나비류, 줄나비류, 사향제비나비, 애물결나비
쑥부쟁이	7-10월	연보라색	흰줄표범나비, 네발나비

나비의 성충들 중에서 일부 부전나비류는 이슬을 먹고 사는 경우도 있는데, 이들도 애벌레 때에는 상수리나무나 떡갈나무 등의 잎을 먹고 산다. 그리고 부처나비, 먹나비, 대왕나

비, 황오색나비, 수노랑나비, 왕오색나비 등은 참나무나 갯버들의 즙을 빨아먹고 산다(이원규, 1993). 도심지역의 경우 먹이식물을 많이 심어 놓는다 하더라도 나비들을 관찰하기가 쉽지 않은데, 이는 대기오염 등으로 먹이식물이 오염되어 적당한 나비의 먹이가 되지 못하기 때문이다.

나비의 서식환경은 매우 다양하며, 오염되지 않은 애벌레의 먹이식물, 성충의 흡밀식물, 마실 깨끗한 물, 바위나 나뭇가지, 낙엽 등이 있는 곳이라면 나비의 매우 양호한 서식처가 될 수 있다.

나비의 주요 서식환경과 거기에 서식하는 나비의 종류를 정리해 보면, 표 4-22와 같다.

표 4-22 나비의 주요 서식환경과 서식하는 주요 종
[주흥재·김성수·손정달(1997), 이원규(1993), 환경부(1997)]

주요 서식환경	서식하는 나비 종류
습지대	산제비나비, 호랑나비, 청띠제비나비, 흑백알락나비, 푸른부전나비, 은판나비 등
계곡 주변	푸른부전나비, 갈구리나비 등
습성 초원	꼬리명주나비, 사향제비나비, 큰주홍부전나비, 왕팔랑나비 등
건성 초원	산부전나비, 산호랑나비, 표범나비류, 모시나비류, 남방노랑나비 등
산림(상층부)	녹색부전나비, 긴꼬리부전나비, 왕오색나비 등
어두운 산림 내부	부처나비, 그늘나비, 먹그늘나비 등
산길, 잡목림 주변	애호랑나비, 제비나비, 귤빛부전나비, 줄나비류, 청띠신선나비 등
경작지, 마을 주변	네발나비, 배추흰나비, 큰멋쟁이나비, 큰줄흰나비, 노랑나비 등

잠자리목

잠자리는 육식성으로 모기, 나방, 벌, 깔다구 등 작은 곤충을 잡아먹고, 애벌레는 물 속에서 올챙이나 작은 물고기 등을 잡아먹는다. 세계적으로 5천여 종이 알려져 있고, 우리나라에는 약 90종이 알려져 있다(신유항,1998). 잠자리목의 서식처 구성요소는 잠자리 생활사의 각 단계에 따라 산란기 – 알 – 유충기 – 우화기 – 성충기 등으로 나누어 생각할 수 있다. 산란기의 경우 잠자리가 상공에서 인지할 수 있는 수생식물, 개방수면, 얕은 수면 등의 산란장소가 주요 서식처 구성요소가 된다. 또한 알 시기와 유충기에는 수질과 수량의 유지가 중요하며, 유충의 먹이가 적당히 있어야 하고 천적의 이상 발생이 없어야 한다. 우화기의 경우 유충이 우화할 수 있는 장소가 확보되어야 한다. 성충기에는 먹이, 쉬는 장소, 피난처 등이 주요한 서식처 구성 요소이다.

잠자리의 서식처 구성 요소 중 먹이와 먹이사슬을 살펴보면 표 4-23과 같다.

표 4-23 잠자리류 먹이와 먹이사슬 [김정환(1998), 환경부(1997), 남상호(1996) 등]

피 식 자 (먹이)	생장단계	포 식 자
물벼룩, 장구벌레, 송장헤엄치개, 옆새우, 작은 물고기, 올챙이, 실지렁이	잠자리 유충	물장군, 게아제비, 물방개, 육식성 물고기
진딧물, 하루살이, 모기, 날파리, 강도래 등	잠자리 성충	왕잠자리, 거미, 사마귀, 말벌 등 육식성곤충, 개구리 등 양서류와 파충류 , 제비 등 조류

물은 잠자리의 산란장소일 뿐만 아니라, 가장 중요한 서식처이다. 잠자리 유충의 경우 물속에서 생활하고, 성충의 경우에도 연못 등 물이 있는 곳에 서식하게 된다. 이를 단계적으로 좀 더 자세하게 살펴보면, 알 시기의 경우 알의 발생에 필요한 수질과 수량이 확보되어야 한다. 유충의 서식을 위해 요구되는 생물화학적 산소요구량(BOD)은 밀잠자리나 왕잠자리의 경우 10 ppm 이하이며, 물잠자리와 장수잠자리의 경우 5 ppm 이하이다. 유충기의 경우에도 부영양화나 녹조현상이 일어나지 않도록 지속적인 수질의 관리가 요구된다.

마지막으로 요구되는 잠자리의 서식처 구성요소는 산란장소, 우화장소, 휴식장소, 피난장소 등의 제공이다. 산란장소의 경우 잠자리 종류에 따라 산란방법과 산란장소가 약간씩 차이가 나며, 이를 정리해 보면 표 4-24와 같다.

표 4-24 잠자리의 산란장소와 산란방법 [김정환(1998), 배연제(1998), 환경부(1997) 등]

구 분	산 란 방 법	종 류
식물조직 내에 산란	애기부들 등 수초의 줄기 식물조직에 산란	왕잠자리
수초 표면에 산란	제비붓꽃, 수련, 검정말 등 식물의 잎이나 줄기에 산란	실잠자리
타수 산란	수면 위를 비행하며 배 끝을 순간적으로 물에 넣어서 산란	밀잠자리, 고추잠자리
공중비행 산란	공중을 비행하며 수면 상에 알을 떨어뜨리는 산란	여름좀잠자리, 깃동잠자리, 쇠측범잠자리
흐르는 물에 산란	수중 바닥을 파고 산란	장수잠자리

우화장소의 경우 유충이 성충으로 우화할 수 있는 장소를 말하고, 휴식장소의 경우 잠자리가 잠시 앉아서 쉴 수 있는 장소를 얘기하는 것이며, 피난장소의 경우 잠자리가 천적 등으로부터 몸을 숨길 수 있는 곳을 말한다. 산란장소 이외의 장소적인 서식처 구성요소를 종합해서 나타내 보면, 표 4-25와 같다.

표 4-25 잠자리목의 주요 서식처 구성요소 [김정환 (1998), 환경부 (1998), 환경부 (1997)]

구 분	서식처 구성요소
우화장소	유충이 우화할 수 있도록 만들기 위해서는, 잠자리 유충이 기어오를 수 있을 만한 높이의 자연암석이나, 수면에서 올라오는 수생식물이 필요
교미행동을 위한 장소	잠자리들은 자신의 활동공간을 방어하는 습성을 가지고 있으므로, 잠자리의 교미행동이 일어나기 위해서는 넓은 수면적이 확보되어야 함. 수면적의 확보가 어려울 경우 굴곡이나 장애물을 이용하여 공간을 분할하고, 힘이 약한 잠자리에게 은신처를 제공할 수 있어야 함.
휴식장소	성충이 내려앉아 쉴 수 있는 막대(고추잠자리)나 수생식물(왕잠자리) 필요
피난장소	천적으로부터 자신을 보호하기 휘한 곳으로 수림이나 덤불이 필요

잠자리가 가장 선호하는 서식처는 숲이 근처에 있는 햇볕이 잘 드는 연못이다. 잠자리의 비상거리는 1 km 정도로, 그 이내에 숲이나 다른 연못이 존재하면 더욱 양호한 서식조건이 갖추어 진다. 또한 잠자리 성충은 우화 후 일정 기간(수일에서 2~3주) 동안 물가에서 떨어져서 생활하기 때문에, 연못 주위에 초원이 인접해 있어야 한다. 그리고 잠자리는 돌출된 가지나 바위에 앉아 있으면서 먹이가 시야에 들어오면 그것을 쫓아가고 다시 되돌아오는 것을 반복하므로, 연못 주위에 교목이나 관목, 바위, 말뚝 등이 있어야 한다(황병시, 1997).

잠자리의 주요한 서식환경들과 그곳에서 서식하는 잠자리를 종합하면 표 4-26과 같다.

표 4-26 잠자리의 주요 서식환경과 서식하는 종 [배연재 (1998), 김정환 (1998), 환경부 (1997) 등]

주요 서식환경	서식하는 종들
식생이 풍부한 연못	실잠자리, 부채장수잠자리, 왕잠자리, 산잠자리, 고추잠자리, 깃동잠자리, 나비잠자리, 넉점박이잠자리 등
습지, 작은 연못	애기좀잠자리, 꼬마잠자리, 밀잠자리, 깃동잠자리, 큰밀잠자리, 베치레잠자리, 노란실잠자리, 가는 실잠자리 등
나무 그늘이 있는 연못	왕잠자리, 좀잠자리, 실잠자리, 검은물잠자리, 큰실잠자리 등
흐르는 물	측범잠자리, 산측범잠자리, 담색물잠자리 등

2.2.2 어류 서식처

어류는 주로 봄에서 여름사이에 많이 산란하며, 성장은 일반적으로 4~6월에 활발하며, 10~3월에 저조한 성장을 한다. 어류의 생활 공간 분포는 구역, 지질, 수질, 수온 그리고 용존산소량 등에 따라서 달라진다. 또한 어류의 활동은 대체로 먹이를 먹는 것과 휴식으로 구분할 수 있는데, 수온과 낮과 밤에 따른 시간적 변화에 따라 달라진다. 대체로 저온이 되면 활동이 활발해지지 않게 되며, 겨울에는 웅덩이나 강변의 풀 사이, 강의 거석 바닥

등에서 가만히 있기도 하며, 모래나 돌 밑에 잠겨 겨울을 지내기도 한다. 또한, 보통 낮에는 먹이를 먹으면서 생활하며, 밤에는 웅덩이에서 휴식을 한다.

어류의 성장과정에 따른 환경요인으로 산란장 면적, 수온, 포식자, 먹이, 어획량, 착저장 면적 등이 중요하며(杉山惠一 等, 1997), 어류서식을 위한 환경의 구성 요소로서 어류의 생육 번식 산란과 은신처 제공을 위한 지류 형성, 은신처 제공을 위한 거석배치 등을 들 수 있다.

표 4-27 어종별 서식처 조건 (서울대학교, 2002)

종 명	하상구조	수심 (cm)	수온 (℃)	D.O	pH	산란장소
납자루類	모래, 자갈	50~100	25	2~5	7~8	조개류
참붕어	모래	50	30	2~5	6~7	돌
버들치	자갈	50~100	20	9	7	자갈
종개類	모래, 자갈	50	25	5~9	7	자갈, 모래

어류의 서식처 조성을 위한 기본적인 고려사항 및 주요 기법은 아래와 같다.

- 어류의 서식에 지장을 주지 않도록 수질의 관리가 가능한 형태로 조성
- 휴식 및 은신처로서 웅덩이나 연안의 가장자리 부근에 수초나 돌틈을 조성
- 깊은 수심을 조성 : 여름철의 수온상승과 겨울철의 동결심도를 고려하여 1m 내외의 깊은 수심을 일부 조성
- 저서환경의 다양화 : 모래, 자갈, 진흙 등 다양한 재료를 이용하여 저서환경 제공
- 어종과 산란지와의 관계를 파악해서 필요로 하는 공간 제공

표 4-28 어류 서식환경 및 조성기법 (수생태복원사업의 하나로 저자가 이끄는 연구팀 작성)

구 분		어류의 대표적 서식환경											비고
		수심(A)			유속(B)			하상(C)					
		1	2	3	1	2	3	1	2	3	4	5	
		50cm 이하	50~ 100cm	100cm 이상	여울	못	민못 (민여울)	점토 이하	모래 + 점토	모래	모래 + 자갈	자갈 이상	
설계형 조성기법	점토깔기	●	●	●		●		●	●				식생 도입가능
	모래깔기	●	●	●		●	●		●	●	●		
	자갈깔기	●	●	●	●	●	●					●	
	호박돌·바위 깔기	●	●	●	●	●	●					●	
	돌무더기쌓기	●	●	●		●	●		●		●	●	
	복합공간	●	●	●	●	●	●	●	●	●	●	●	식생 도입가능

어류 서식처를 제공하기 위한 수단으로 다공질호안, 수중어소, 기타 수제를 활용한 서식처를 조성한다. 물가에 수생식물, 초본류나 수목이 생육하고 있거나 다공질 환경이 조성되어 적당한 그늘을 만들고 있는 곳이 어류의 먹이, 산란, 휴식장소가 된다.

그림 4-62 어류서식처 다공질 콘크리트 호안

- 휴식 및 은신처로서 웅덩이나 연안의 가장자리 부근에 수초나 돌틈을 조성한다.
- 여름철 수온상승과 겨울철 동결심도를 고려하여 1m 내외의 깊은 수심을 일부 조성한다.
- 모래, 자갈, 진흙 등의 다양한 재료를 이용하여 다양한 저서환경을 제공한다.
- 부유물질 등이 가라앉아 수환경이 어느 정도 안정성에 도달할 때 어류를 도입한다.
- 도입하는 어류는 자생어종을 도입하되, 조성대상지역의 인근 유역에서 채집 방사한다.

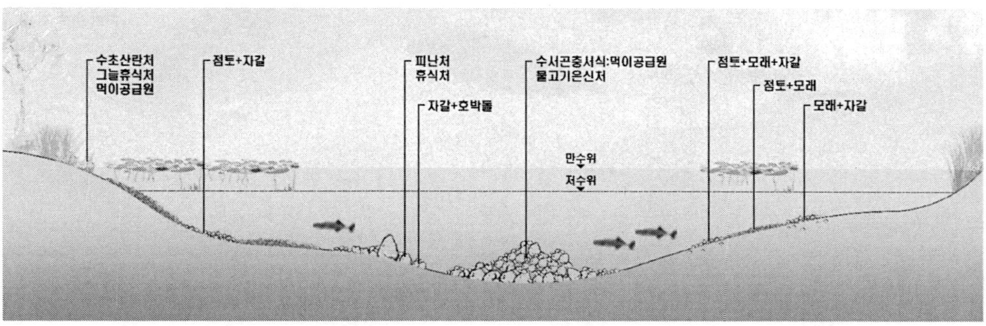

그림 4-63 복합형 어류 서식처. 피난처, 산란처, 먹이공급원 등 다양한 공간 조성
(수생태복원사업의 하나로 저자가 이끄는 연구팀 작성)

2.2.3 양서류 및 파충류 서식처

양서류는 파충류나 대형조류의 먹이원으로 양서류의 개체수 증가 혹은 서식처 복원은 먹이사슬을 다양하게 하고 생태계 건전성을 증진시킨다. 개구리류는 1년을 기준으로 춘기에는 번식을 위해 산란장소인 수역으로 이동하고 여름에는 먹이를 찾거나 은신하기 위하여 그늘진 곳이나 먹이가 풍부한 장소로 옮기게 된다. 가을에는 동면을 하기위하여 적당한 동면장소로 이동하게 되므로, 핵심지역(core zone)과 완충지역(buffer zone)의 서식공간이 필요하게 된다. 양서류 서식지는 여름철의 생활 장소에 따라 저지대 습원(논, 습지), 저지대 평지와 계곡, 고산지형(야산, 관목림) 등으로 구분될 수 있다.

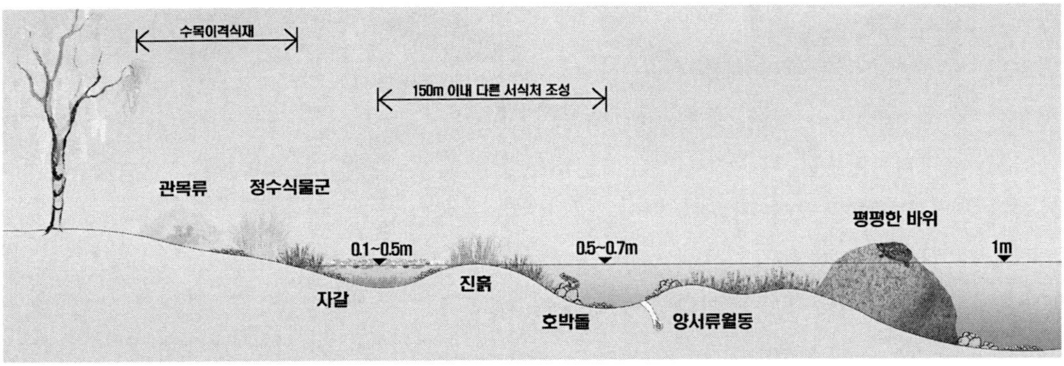

그림 4-64 양서류 서식환경을 반영한 서식처 모델(수생태복원사업의 하나로 저자가 이끄는 연구팀 작성)

양서류 및 파충류 서식처를 위해서는 생활사 및 활동범위(그림 4-65)를 고려하여 각 생활사에 필요한 환경을 조성하는 것이 중요하다. 최근에는 기후변화 및 이상기상현상으로 산란시기가 앞당겨지는 등 변칙적인 현상도 나타나는 점도 고려할 필요가 있다,

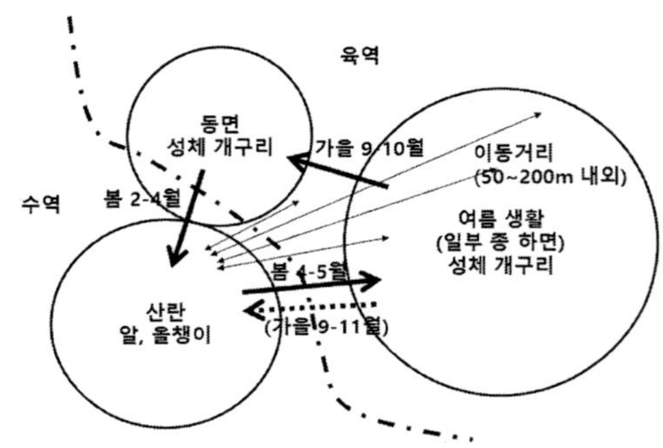

그림 4-65 양서류의 생활사 및 활동범위
(구본학, 2016)

양서류 서식처는 수심 최고 1 m에서 수변부는 35 cm 내외로 만들어주어야 하며, 중앙부분는 턱을 만들어 양서류가 휴식을 통해 일광욕 및 먹이 소화를 할 수 있는 공간을 만들어주어야 한다. 겨울에도 완전히 건조하지 않는 환경이 필요하며, 완만한 수제부와 더불어 주변에는 성체의 생활장소로서 초지나 수림지가 필요하다. 수생식물은 물속 용존산소량을 증가시키고 수서곤충 등 먹이원이 풍부하게 되므로 양서파충류의 생존율과 개체수의 증가를 가져온다.

- 햇볕이 잘 드는 곳으로 물이 너무 차갑지 않아야 올챙이의 성장에 적합하며, 수목에 의해 지나치게 그늘이 생기지 않도록 해야 한다.
- 저습지의 규모는 최소한 30 m^2 정도로 한다.
- 양서류의 생활사를 고려하여 휴식지, 산란지, 동면지 등을 함께 조성한다.
- 뱀류의 서식환경조건은 토양이나 식생이 발달되고, 먹이가 되는 곤충류, 지렁이류, 곤충류, 양서류, 파충류 등이 풍부하고, 은신처, 산란처, 동면할 수 있는 장소가 필요하다.

2.2.4 조류 서식처

조류는 포유류와 함께 생태계에서 고차 소비자로서 중요한 지위를 차지한다. 조류는 물과 유실수, 곤충, 어류, 양서류 등을 먹이로 하는데 조류의 다양성을 유지할수록 안정적인 먹이사슬이 형성되며, 이는 생태적으로 건강한 서식처임을 나타낸다.

표 4-29 조류의 생태적 특성 [서울대학교(2002)를 요약]

목표종	생태적 지위	서식지	둥우리	먹이	기타 특징
큰고니 (고니)	겨울철새	• 물이 고인 논, 소택지, 해안, 저수지간척지, 해안초지, 범람원	사초과식물, 골풀, 갈대를 재료로 사용	마름 같은 물풀이나 해초, 수초뿌리, 육지식물의 열매, 수서곤충, 연체동물 등	• 수심이 낮아 개펄이 드러난 지역 선호 • 겨울에 물이 얼지 않는 곳 – 개방된 곳 – 초장 10~40 cm
가창오리	겨울철새	호소, 소택지, 못, 논, 하천	낙엽송, 버드나무 등의 나뭇가지에 풀잎과 줄기를 이용하여 만듦 • 사초과 식물, 자작나무, 버드나무 등	풀씨, 낟알, 수서곤충, 소형어류, 다슬기	• 겨울철에는 벼낟알과 풀씨에 의존함 – 얕은 수심
물닭	나그네새	내륙의 저수지,	물가의 갈대나 줄풀속	소형어류, 곤충, 마름, 벼와 보리의 어린 잎	– 얕은 진흙지대와 갈대, 줄 군락
뿔논병아리	겨울철새	• 갈대, 줄, 부들 등이 무성한 수면이나 물가, 호수나 습지의 갈대밭	갈대, 줄, 부들 등이 무성한 수면 위에 잎과 줄기로 만듦 • 식생피도 20–60%	어류, 수서곤충, 잠자리 유충	• 물에서 생활할 뿐만 아니라 잠수하는 것을 즐김 – 물이 흐르지 않는 정수역 – 부영양상태
쇠제비갈매기	여름철새	강가, 모래밭, 자갈밭, 해안 • 충분한 면적의 모래톱, 자갈톱	• 모래땅을 파서 지음 1) 넓고, 2) 물에 둘러싸여 고립되고, 3) 언제나 물에 잠기지 않는 노출된 모래섬 • 초장 10 cm 이하 • 식생피도 20% 이하	소형 어류, 수서곤충	• 너구리나 족제비 등이 알을 손상하지 않도록 섬 형태 • 쇠제비갈매기의 번식을 위한 섬을 조성할 때 물의 깊이는 물이 약간 차는 듯한 상태 – 완만한 유속 – 부영양상태 – 개방된 공간
흰물떼새	나그네새	간척지, 염전, 해안의 모래밭	• 자갈 사이 오목한 곳 • 낮은 식생피도	거미류, 곤충류	수심 10 cm 내외

목표종	생태적 지위	서식지	둥우리	먹이	기타 특징
검은 머리 물떼새	텃새	무인도의 암초가 있는 곳, 하구의 삼각주, 개펄, 사구, 자갈밭	• 하구의 작은 섬, • 연안의 무인도 땅위, –암초 위 접시 모양 –내부는 풀을 깔아 만듦	게류, 지렁이, 곤충류, 소형어류, 해초류	• 갯벌에서 먹이를 취식한 후 호수내 모래톱에서 휴식 • 만조시 해안, 암초, 해수가 미치지 않는 곳
뜸부기	여름철새	물가의 풀숲, 아침과 저녁에 논과 둑에 나와서 활동, 호수나 강가, 평지의 논	풀숲의 땅 위에 벼나 풀의 줄기로 지음	곤충류, 벼나 보리, 수서동물(달팽이), 수초의 씨	낮에는 물가나 풀숲, 논과 부근의 덤불 속에서 숨어있고, 아침과 저녁에 논과 둑에 나와 활동
꼬마 물떼새	여름철새	논, 하천가, 해상의 암초, 개울	모래밭, 개울가의 자갈밭	곤충류	• 습초지
큰 기러기	겨울철새	해만, 간척지, 논밭, 소택지, 호소, 하천부지	건조한 곳, 물이 빠진 곳, 수컷이 망을 볼 수 있는 곳	마름, 밀과 보리의 푸른 잎과 낟알, 옥수수, 감자, 고구마	• 습초지

우리나라와 같이 대체적으로 포유류의 서식환경이 열악하여 순환적 생태환경시스템의 기능을 주로 조류가 담당하고 있는 실정이며, 따라서 조류의 서식지 보전 및 조성이 매우 중요한 이슈로 대두되고 있다. 또한, 우리나라는 지리적·지형적 특징으로 국가간 대륙간 조류이동에서 매우 중요한 위치에 있으므로, 조류 서식처 조성은 중요한 과제이다.

대부분의 조류는 경계심이 강하기 때문에 사람의 접근이 제한되어 조류가 안심하고 서식할 수 있는 구역을 확보하는 것이 중요하다. 수면, 수제, 사수역과 수생식물, 갈대밭, 홍수터, 모래밭, 갯벌, 초지, 잡목림은 조류의 먹이장소, 둥지장소, 휴식장소로 필수적인 공간이다.

표 4-30 몇 조류의 서식환경 (수생태복원사업의 하나로 저자가 이끄는 연구팀 편집 작성)

B : 번식장소, E : 취식장소, F : 채식장소, R : 휴식·은신장소

과명		수계												산림환경			초지		자연나지				특수한 환경 요소					그 외				
		유수				지수					해역																							
		하구	하류	중류	상류	1	2	3	4	논	암초연안	모래톱연안	해안갯벌	활엽	혼효	침엽	건생	습생	흙	모래	자갈	바위	임내열린공간	고사목	나무구멍	흙절벽	바위절벽	경작지	과수원	주택지	시가지	개활지
논병아리과	B	O	O	O		O	O	O	O																									
	E	O				O																												
	F	O	O	O		O	O	O	O																									
	R	O	O	O		O	O	O	O																									
가마우지과	B										O																							
	E					O					O																							
	F	O				O					O																							
	R	O				O					O																							
백로과	B													O	O	O		O																
	E	O				O				O																								
	F	O	O	O	O				O	O																	O							
	R	O	O		O				O	O				O	O	O		O									O							

- 수변부에 몸을 숨길 수 있는 숲을 조성하며, 물새들이 먹을 수 있는 각종 수생동물과 곤충류의 서식밀도를 높이도록 연못의 수변부를 다양하게 조성한다.
- 먹이 획득 위한 수변, 서식처로서 주변 수림, 보금자리 공간을 조성한다.
- 물총새와 같이 부리로 깊은 둥지구멍을 파는 종류는 흙웅덩이나 콘크리트로 덮이지 않은 제방이 필요하다.
- 갈대나 수풀에 둥지를 마련하는 조류는 사람이 접근할 수 없는 넓은 공간이 필요하다.
- 나무구멍을 둥지로 이용하는 조류를 위해서 인공새집을 가설해 준다.
- 조류의 휴식처로 중도, 인공식물섬, 고목, 횃대 등을 조성한다.
- 조류관찰대 주변에도 사람이 조류에게 노출되지 않도록 차폐시설을 설치한다.

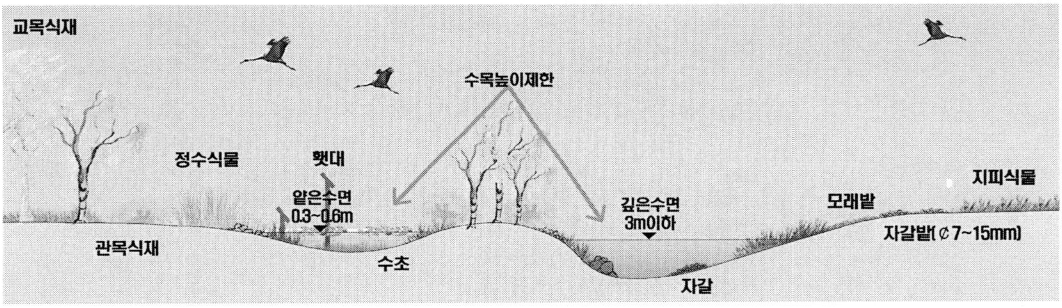

그림 4-66 조류 서식처 조성 모델 (수생태복원사업의 하나로 저자가 이끄는 연구팀 작성)

표 4-31 조류 서식처 복원기법 [서울대학교(2002)를 요약]

기법	사례	내 용	사례 사진
갈대밭	영국 / Titchwell NNR	• 군집 조성 • 갈대습지내에 개방수면 확보 • 관목군락 침입하거나 마르면 안됨(English Nature, Action for Bitterns). • 갈대 이식 : 지하경, 갈대베기, 뿌리삽목, 직파(영국 Lakenheath) • 충분한 면적의 갈대습지 확보 – 알락해오라기 : 20 ha 이상의 갈대습지 • 수심 0.5 m 유지. 습초지의 경우 여름과 겨울의 수위 차이 최대 0.5 m 유지, 갈대습지의 경우 연중 최고 수위 0.5 m까지 물이 차있는 것이 좋으며 갈수기에도 지하 0.5 m 이하로 내려가지 않아야 함 (Ward 등, 1995 : 220). • 갈대 지나친 번성으로 식생 단순화되지 않도록.	
초지 조성	영국 / Holkham NNR	• 소형수로와 초지를 함께 조성하여 수로를 통해 물이 공급되도록 함 • 계절에 따라 수위조절을 달리함 • 초지관리를 위해 가축을 사용함	

기법	사례	내　　용	사례 사진
횃대	일본 / 동경만 야조공원	• 새들이 앉아서 휴식하거나 수면할 수 있는 횃대를 습지구역이나 개방수면의 여러 곳에 설치하여 새들의 휴식처가 될 수 있도록 함.	
모래 자갈 섬	영국 / 런던 Barn Elms	• 인공섬의 높이는 수면에서 높지 않고 물이 차는 듯한 모양이 바람직. • 재료를 쌓아올리거나 조성할 섬 주변을 일부 파 올려서 조성하는데 하구점토, 담수 점토로 조성 • 식생이 없는 모래, 자갈섬 조성	
수위 조절	영국 / 런던 Barn Elms 소형수문장치	• 진흙으로 된 제방과 파이프를 통한 수위조절장치를 사용 • 호수의 가장자리는 왜가리과 조류들이 노닐면서 채이를 할 수 있는 수심 (20~30 cm)을 유지 • 배수로에서의 안정된 수위는 조류뿐만 아니라 수생식물, 곤충류에게 좋은 서식처가 되어 먹이사슬에서 건전성 확보(Holkham) • 섭금류 : 10 cm • 번식기에는 얕은 수위 유지 • 잠수성 오리(댕기흰죽지, 흰죽지, 흰뺨오리, 흰비오리)를 위해서는 2 m 이상의 깊은 수위를 유지하는 개방수면을 확보하고 수면성 오리(넓적부리, 알락오리, 청둥오리, 쇠오리)를 위해서는 채이에 적합한 30~40 cm의 수위를 유지	

5절 생태계 평가

1 복원된 생태계의 검증

1.1 성공적인 생태복원

생태복원은 훼손된 생태계가 복원목표를 향해 스스로 회복할 수 있도록 도와주며 시작하는 과정으로서 복원목표를 달성하기 위해서는 생태계가 스스로의 자연형성과정에 의해 회복될 수 있도록 지속적인 모니터링과 적응형 관리가 필요하다. 생태적 관리를 통해 복원된 생태계가 장래까지 지속적으로 건전하고 건강한 상태를 유지할 수 있도록 생태적 관리를 수행하는 것이 중요하다. 생태적 목적으로 조성된 공간에 대해서는 일반적인 유지관리를 최소화하되, 모니터링 및 성능평가 결과를 토대로 생태계가 목표를 달성할 수 있도록 생태적 형성과정에 입각하여 생태계 구조와 기능을 유지하도록 관리한다.

복원되었거나 조성된 습지와 생태연못의 생태환경과 생물종의 변화추이를 관찰하여 자연천이 과정을 살피고 목표를 달성했는지에 대한 성능평가(performance assessment)와 생태적으로 바람직한 관리방향을 제시한다. 모니터링은 물리적 환경과 생물적 요소를 모두 하며 모니터링 결과를 토대로 조성된 생태계가 목표를 달성했는지 또는 달성할 수 있는지에 대한 성능평가를 한다. 평가를 위해서는 목적물의 요구 수준을 설정하는 요구성능과 목적물이 목표를 달성했는지를 평가하기 위한 성능평가항목 및 평가기준을 설정 평가한다. 구본학 등(2011), 김보희 등(2015)은 대체습지 모니터링 결과를 바탕으로 표준습지에서 도출한 요구성능, 생태성능 평가항목 및 평가기준에 따라 대체습지 생태성능을 평가한 바 있다.

잘 수립된 복원계획은 표준생태계 분석을 통해 핵심 요소들을 도출하여 복원 목적 및 목표로 설정하고 이를 달성하기 위한 제반 전략들을 적용한다. 이러한 목표들은 이상적이며 목적은 이러한 목표를 달성하기 위한 구체적인 방법들을 포함하고 있다. 이와 관련하여 복원된 생태계를 평가하기 위해서는 크게 1) 목적은 달성되었는가, 2) 목표는 충분히 이루었는가 등 두가지 의문에 대한 해답이 요구되며, 이는 복원 목표와 목적이 사전에 분명히 설정될 때 검증될 수 있다.

생태계는 매우 복잡하고 또 아주 정교하게 의도적으로 조작되지 않는다면 수많은 생태계들 중에 동일한 생태계는 존재하지 않는다. 그렇기 때문에 복원된 생태계는 단일 표준생태계와 동일할 수 없으며, 평가에 활용될 수 있는 생태계의 변수의 수는 상당기간동안 측정되기에는 너무 크다. 어떤 변수가 평가될 것인가 또는 무시될 것인가에 대한 선택은 실용성과 더불어 평가자의 가치 판단에 의해 결정될 수 있다.

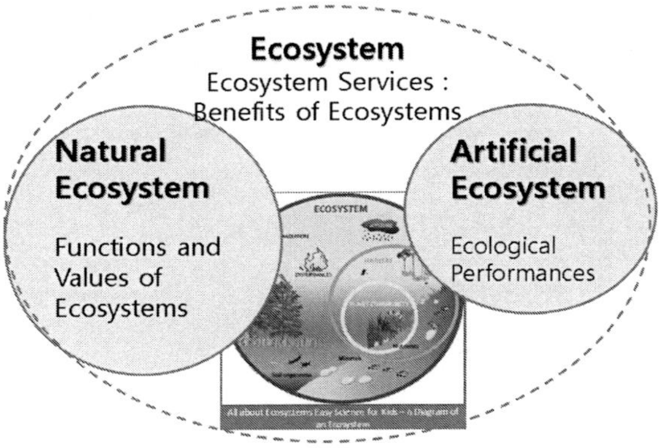

그림 4-67 생태계 평가 유형 및 대상(구본학, 2018)

일반적으로 자연생태계의 경우 고유한 기능과 이해관계가 반영된 가치 평가에 관심을 갖는 경우가 많고, 인공생태계의 경우 자연생태계와 비교하여 성능 달성 여부를 평가하는데 관심을 갖게 된다. 아울러 이들은 생태계서비스 평가를 위한 기본적인 기초데이터를 제공한다.

복원 목적을 달성했는지 여부는 성능기준이나 설계기준, 기타 성공여부를 판단하기 위한 제반 기준에 근거하여 평가될 수 있다. 이러한 기준 및 지표들은 표준생태계에 대한 이해로부터 출발하며 그 속성에 기반을 둔다. 성능기준은 어떤 목적이 달성되었는지 또는 아직 달성되지 못했는지를 판단하기 위한 실증적 근거를 제공해 준다.

성능(performance)은 기능발휘를 위해 갖추어야 할 목적물의 특성, 성능기준은 성능 달성 여부를 판단하기 위한 근거이며, 생태성능은 '인공적으로 조성된 생태계가 자연생태계와 유사한 기능발휘를 위해 갖추어야 할 생태적 성질과 특성'으로 정의할 수 있다(구본학 등, 2011).

복원 목적, 성능 기준, 모니터링 및 평가 지침 등은 복원 계획 수립 시에 이미 고려되어야 한다. 모니터링 결과 조사된 데이터가 성능기준에 적합하다면 복원 목적은 달성된 것으로 판단하며, 이러한 경우 복원된 생태계는 복원 전문가의 도움이 더 이상 필요 없을 정도로 충분한 생태적 기능을 발휘하고 있다고 볼 수 있다. 그러나 목적과 성능기준이 불분명하거나 부적절한 경우 목표 달성 여부는 보장될 수 없으며, 예측 불가능한 변화가 복원 궤적을 바꾸어 편향천이를 유발시킨다.

성능평가는 크게 직접 비교, 속성 분석, 궤적(진행방향) 분석 등 3가지 평가 전략으로 진행된다. 직접 비교는 미리 제시된 평가 요소를 근거로 표준생태계와 복원된 생태계를 측정 평가한다. 표준상태에 대한 정의가 명확하다면 동식물상 등의 생물 환경 및 무생물 환경 조건을 포함하여 20~30개 요소가 비교될 수 있을 것이다. 이러한 평가방법은 몇 요소의 비교가 완료되고 다른 요소들이 완료되지 않는 경우 다의적이고 모호한 해석이 될 것이다. 그렇다면 복원 목표가 만족할만한 수준으로 달성되었다고 판단하려면 얼마나 많은 요소들이 유사한 가치를 가져야 하며 어떻게 완료되어야 할 것인지에 대한 의문이 남는다.

속성분석의 경우, 표준습지 분석을 통해 도출된 속성을 토대로 평가한다. 정기적인 모니터링을 통해 축적된 정량적 또는 반정량적 데이터 또는 다른 조사 목록에 근거하여 각각의 목표가 달성되었는지 또는 어느 정도 달성하였는지를 판단하는 것이 매우 유용한 방법이다.

아직 자연화가 진행 중인 복원생태계의 경우 수많은 비교가능한 데이터를 해석하고 분석하기 위해서는 진행방향 즉 복원된 생태계의 변화 궤적을 추적하여 평가하는 것이 매우 유용하고 의미있는 전략이다. 이런 경우 복원된 생태계에서 정기적인 모니터링을 통해 축적된 데이터를 통해 변화와 천이의 경향성을 파악할 수 있다. 즉, 어떤 복원된 생태계가 표준생태계에서 도출 제시된 표준 조건과 예측모델의 방향으로 변화하는 경향성을 보이게 되면 그 복원생태계는 의도된 궤적, 즉 복원목표를 향해 정상적인 방향으로 발전하고 있다고 판단할 수 있다.

일반적으로 생태복원의 결과 목표를 달성했는지에 대한 과학적인 판단으로는 생태자원에 대한 기능평가 모델을 통해 달성도를 평가하는 방법과 모니터링 데이터를 그래프 또는 통계적 방법으로 표현하여 달성도를 평가하는 방법들이 가능하다.

복원된 생태계가 생태복원 목표를 달성하였는지 혹은 달성할 수 있는지를 파악하기 위해서는 아래의 목표들이 검증되어야 할 것이다.

첫째, 복원된 생태계의 생태적 기능이 개선 혹은 향상되었는가?

둘째, 복원된 생태계의 경관을 개선하였는가? 주변 환경과 이질적인 경관이 해소되었는가?

셋째, 도입된 복원 기술들은(재료, 시공방법 등) 복원된 생태계에서 발생되고 있는 물리적인 외력에 대한 내성 및 적응성이 있는가?

한편, 평가 기준에는 문화적, 경제적, 기타 사회적 관심사를 포함한 목표와 목적에 대한 평가도 포함한다. 이를 위해서 평가 기준 및 지침에는 사회과학적 방법론을 포함하는 경우도 있다. 사회경제적 목표의 평가는 해당 생태계와 관련되어 있는 이해당사자들과 복원사업에 대한 정책적 재정적 지원을 결정하는 의사결정자들에게 매우 중요하다.

평가 방법론 및 연구 사례

직강화된 하천변을 환경친화적으로 복원하여 경관미를 회복함과 동시에 다양한 생물서식공간을 제공할 수 있어야 하며, 훼손된 하천을 복원하기 위해서는 주변 경관생태와 연결통로가 되는 수변복원이 병행되거나 최소한 하천복원 계획 단계부터 적용되어야 한다는 경관생태학적 하천복원에 대한 연구(우효섭·김성태, 2000), 청계천 복원 후 물리적, 생태적, 경관적 요소를 평가한 강수학(2008)의 연구와, 자연형하천 복원을 생태적 특성을 고려한 하천의 물리적 형태 및 구조복원에 두는 평가기준에 의해 수원천의 하천자연도 평가 연구(김동찬 등, 2000) 등이 있다.

하천의 물리적 구조 질의 진단 및 파악을 위한 하천자연도 평가(조용현, 1997)와 지리정보체계를 활용하여 하천의 생태적 재생을 위한 정보수집, 분석, 관리방안에 대한 제시를 위한 평가 등이 있다(정경진, 1996). 또한 김대현과 구본학(1999)은 댐건설에 따른 경관영향평가를 시행하기 위해 적용 가능한 경관영향평가 과정을 제안한 바 있다. 문석기(2001) 등은 하천호안의 복원을 목적으로 도입한 녹화공법의 효과를 검증하기 위해 경관, 안정성 및 수질, 생태환경측면에서도 공법의 적용효과를 파악한 바 있다. 영국에서는 하천경관을 보전하기 위한 하천경관 평가방법 및 절차를 담고 있는 지침서(NRA, 1993)를 작성하였다.

1.2 의도하지 않은 복원생태계

1.2.1 생태적 엇박자(불일치)

생태학적 불일치는 기후변화 등의 환경요인에 의해 생태계가 의도되지 않은 방향으로 진행되는 개념이다. 계절성 및 이동성 동물과 곤충은 환경에 의존하여 생활과 생식 주기 동안 일정한 기후를 필요로 한다. 예를 들어, 새들은 추위에 적응하는 대신 따뜻한 기후대로 이주하는 것으로 알려져 있는데 기후변화로 인해 새들의 이동에 영향을 미칠 수 있다. 기온이 저하되면 새들은 남쪽으로

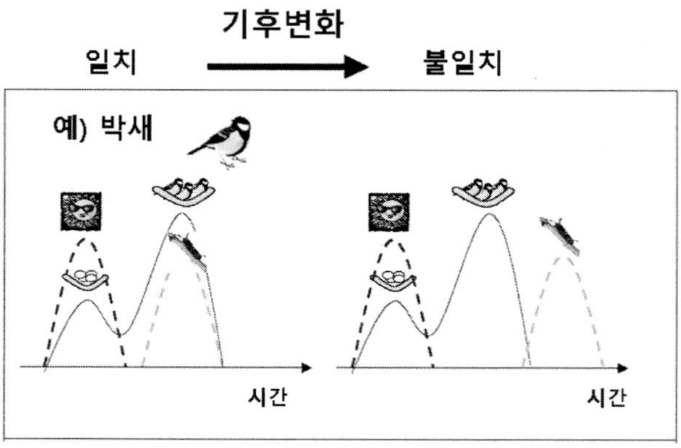

그림 4-68 기후변화가 조류의 먹이원과 번식에 미치는 영향
(자료 : https://naturalresources.anthro-seminars.net/concepts/ecological-concept-ecological-mismatch/)

이동하게 되는데 새들이 미처 겨울이 오고 있다는 것을 깨닫지 못할 정도로 빠른 속도로 기온이 내려간다. 이런 현상이 장기간에 걸쳐 발생하여 새로운 현상으로 정착되면 환경의 변화는 새의 생존 능력을 감소시키고 번식 일정을 변경시킬 수 있으므로 결국 새는 새로운 환경을 찾아야 한다.

인간의 예를들면, 기후변화로 인해 작물을 비옥하게 하고 퍼뜨리기 위해 천연 수분자(pollinator)에 의존하는 상황이 나타날 수 있다. 즉, 날씨가 바뀌어 12월에 파종을 시작하는 경우가 나타나고, 수분 매개체 곤충들이 도착하기 전에 작물이 꽃을 피우는 불일치가 발생한다. 시간이 지남에 따라 수분 매개체는 온도에 따라 수명 주기를 조정하지 못할 수 있으며, 이로 인해 해당 지역의 수분 매개체 개체수가 감소할 수 있다. 결과적으로 농장의 생산성을 심각하게 감소시킬 것이다.

1.2.2 새로운 생태계

인간 활동, 환경 변화, 외래종의 의도적이거나 부주의한 도입 등의 영향을 통해 종의 새로운 조합을 포함하는 새로운 생태계 유형이 나타날 수 있다. 새로운 생태계는 종들이 주어진 생물군계 내에서 이전에 발생하지 않은 조합으로 인해 나타나게 된다.

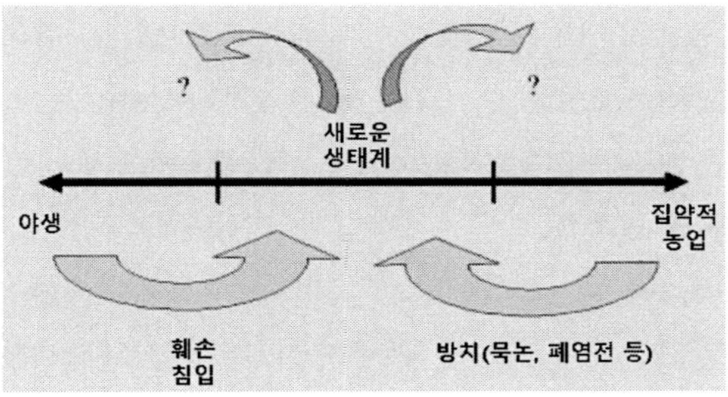

그림 4-69 새로운 생태계의 발생
(자료 : Hobbs et al., 2006)

주요 특징은 새로운 종의 조합과 생태계 기능의 변화 가능성이 있는 신규성, 그리고 이러한 생태계가 고의적이거나 부주의한 인간 행동의 결과로 나타나게 된다. 나아가 지구의 더 많은 부분이 인간의 행동에 의해 변형됨에 따라 새로운 생태계의 중요성이 증가되기도 한다.

원생태계 또는 야생상태의 생태계 훼손이나 침입, 또는 집중적으로 관리되는 시스템을 포기하고 방치하는 경우 새로운 시스템의 형성을 초래하게 된다. 이렇게 새로운 생태계가 발전되는 경우 시스템을 이전 상태로 되돌리는 것은 매우 어렵거나 비용이 많이 들 수 있으므로 적절한 관리목표 및 접근 방식을 개발하는 것이 중요하다.

2 생태계 기능 평가 및 현명한 이용

2.1 기능과 가치 평가

'기능(Function)'이라 함은 목적물이 지니는 본질적인 능력라고 할 수 있다. 이는 사람의 이해관계에 따라 그 의미와 중요성이 달라질 수 있는 '가치(Value)'와는 달리 목적물의 고유한 특성을 반영하고 있다. 예를들면 습지의 기능은 습지의 자연 형성과정(natural process) 및 생태적형성과정(ecological process) 그 자체를 의미하며 가치는 사람의 기준에서 일정한 의미를 부여하는 행위를 말한다. 일반적으로 생태자원의 기능은 전형적이고 고유성이 있으며 가치중립적이라고 말할 수 있다.

람사르협약에서는 습지의 기능을 다음과 같이 설정하고 있다.

1. Flood Control, 2. Groundwater Replenishment, 3. Shoreline Stabilization & Storm Protection, 4. Sediment & Nutrient Retention, 5. Climate Change Mitigation, 6. Water Purification, 7. Reservoirs of Biodiversity, 8. Wetland Products, 9. Recreation/Tourism, 10. Cultural Value

구체적으로 '5. 기후변화 대응 및 저감(Climate Change Mitigation)' 기능을 예를 들면, 습지는 지표 탄소의 40% 정도를 함유하고 있고, 특히 이탄습지 및 산림습지는 특히 탄소양을 감소하는데 중요한 기능을 하고 있다. 습지를 파괴하고 농경지로 활용하기 위한 전환은 지구 온난화 60%의 원인을 차지하는 이산화탄소의 배출을 증가시킬 것이다.

현명한 이용(the Wise Use of Wetlands)

생태자원의 기능을 극대화하기 위한 노력을 말하며, '인류의 유익을 위해 습지를 생태계의 자연 요소로서 관리하고 지속적으로 이용하는 것'이라고 할 수 있으며(Davis, 1993), 람사르협약에서는 "지속가능한 발전이라는 개념 하에 생태적 접근의 실행을 통해 습지의 생태적 특성을 지속적으로 유지될 수 있도록 하는 것"이라고 정의하고 있다.

생태기능 및 가치평가

연구자들은 생태계의 특성에 의한 생태계 기능에서 일정한 원칙을 찾기 위한 노력을 계속해 왔으며 다양한 수준의 생태계 기능 모델이 다양한 규모에서 이루어지고 있다.

일반적으로 비오톱이나 자연 상태의 공간을 보호하기 위한 요소로는 면적, 섬의 수와 배치, 코리도와 징검돌 비오톱의 존재, 서식공간, 경관특성, 서식지경계 등이 중요하다

(Blab,1999). Costanza et al.(1992)은 생태계 평가 인자로서 회복성, 저항성, 연결성, 자연성 등을 제안한 바 있고, Spellerberg(1992)은 생태계 보전가치평가 항목으로 희귀성, 풍부성, 자연성, 전형성 등을 제안하였다. 또한 Helliwell(1969)은 다양성, 희귀성, 면적을, Tubbs & Blackwood(1971)는 다양성, 희귀성, 잠재적 가치 등을 각각 생태계 평가 지표로 제안하였다. Kirby(1986)의 연구에서는 자연지역 생태계 평가항목으로 자연성, 종풍부도, 희귀종 및 특별종, 과거 기록 및 미래 전망 등을, Kleyer(1994)는 서식지 자연성 평가 항목으로 보전가치와 생태계 연결성을 선정하였다. Jenny(1971)가 제시한 환경요인과 생태계의 관계 상태요인방정식(State Factor Equation)에 의하면 생태계의 특성과 토양특성, 식생특성, 동물특성은 기후, 지역의 생물요인, 경사도, 시스템의 연령(시간) 등과 관련되었다.

구체적인 기능 모델로는, 생태계의 핵심적 기능인 서식처 및 종의 공급원으로서의 기능에 대해 Zwlolfer et al.(1981)은 종의 공급원이 될 수 있는 인근 생태계까지의 거리가 중요하며 수킬로미터 떨어진 경우에는 수십년이 경과하더라도 새로운 종의 정착은 이루어지지 않는다고 하였다. 이는 경관생태학에서 패치의 분포와 위치에 따라 종의 멸종가능성에 영향을 준다는 일반적 원리와 유사하며, 비오톱 보전 복원을 위한 기본적 전제이기도 하다.

단위 생태계로서 비오톱의 최소 면적을 결정하기 위해서는 특징적 소규모 단위 구조가 존재할 수 있는 가장 작은 공간의 면적, 종수-면적 곡선, 미기후 및 미기후의 영향을 받는 종, 곤충의 비행거리, 조류의 도피거리, 군집 사이의 경쟁인자들이 관련되는데, 특히 면적에 관한 요구가 가장 강한 종의 개체군 유지에 필요한 면적이 비오톱을 유지하는데 필요한 최소면적으로 이해할 수 있다. 이를 바탕으로 면적에 대한 기본 모델을 구성하면 Area = f(least-area, species, microclimate, flight-length, competition)로 나타낼 수 있다. 면적에 대한 모델의 일반 원칙은 경관생태학에서 종다양성 및 종의 멸절 가능성과 관련하여 패치의 면적이 클수록 좋다는 일반적 원칙과도 관련된다. 패치의 크기에 대한 SLOSS(Single Large Or Several Small) 논쟁에서 볼 수 있는 바와 같이 멸종가능성이 높거나 활동 범위가 큰 희귀종이나 주요 핵심종의 경우 넓은 면적이 필요한 반면 대부분의 일반종은 일정한 면적으로도 충분하며 오히려 작은 단위로 배치되는 것이 외부로부터의 환경압을 저감 또는 분산시키거나 종다양성을 높이는데 도움이 될 수도 있다.

Hruby et al.(1999)은 습지평가 모델은 다음의 요소들을 만족해야 한다고 주장하였다.

• 습지가 수행하는 기능의 수준(가치가 아님) 평가
• 실천가능하고 신속하며 경제적이어야 함

- 계량지표에 의하여 평가
- 습지관리전략 수립을 위한 개별 습지 평가
- 지역별 또는 습지유형별 차이를 민감하게 구별
- 새로운 지식 및 정보에 의해 손쉽게 개량
- 숙련된 평가자에게 친숙함
- 사용자가 평가결과 도출 과정을 따라 반복 수행할 수 있는 투명성
- 일반적 수준에서 재현가능한 결과
- 작은 변화로 인해 결과가 크게 바뀌지 않아야 함

2.2 기능평가 방법

기능평가는 8~10개로 구분된 기능별로 표준화된 기능평가모델을 먼저 작성하고 답사 및 문헌조사 등을 통해 각 변수값을 찾아 각 기능을 평가하는 방법으로 진행된다. 대표적인 모델로는 일반기능평가(RAM), 정밀기능평가(HGM) 등이 있으며 이들은 습지기능평가를 위해 개발되었으나 변수 및 지수의 조절을 통해 일반 생태계에 확대 적용이 가능하다.

종별 서식처 평가 기법인 HEP(Habitat Evaluation Procedures) 평가기법은 어류 및 야생동물의 서식처를 평가하기 위한 모델로 지표종에 대한 서식처 분석(HSI; Habitat Suitability Index) 결과를 바탕으로 서식처 점수를 평가한다(U.S. Fish and Wildlife Service, 1980). 생물학적 평가 모델인 IBI(Index of Biological Integrity) 평가모델은 생태계의 생명부양 및 유지능력을 평가하며, 특정 생태계 내 종의 구성, 다양도, 기능적 측면에서의 생태계 구조와 기능을 자연상태의 생태계와 비교하여 평가한다.

일반적 수준의 기능평가

일반기능평가는 1~2회 정도의 답사와 문헌연구 등을 통해 평가하는 방법으로서 간편하면서도 광범위한 일반적 수준의 평가가 가능한 장점이 있다. 대표적으로 RAM(Rapid Assessment Method) 기법은 습지의 일반적 수준에서의 기능을 평가하기 위한 방법으로서 습지의 기능을 8가지로 분류하며, 각각의 기능에 대해 이익을 제공하는 능력을 수행정도에 따라 “high”, “moderate”, “low” 등 3단계로 평가한다. 또한 각각의 기능은 2-12개의 변수로 구성되며, 기능별 평가의 모든 변수는 각각 3단계로 구분 평가하게 된다. 구체적으로는 다음과 같은 8가지 기능으로 구분되며, 여기에 기능평가를 위한 보조기능인 유역의 유출 및 물질운반 능력(Ability of Watershed to Deliver Runoff, Nutrients, Sediments)으로 구분한다.

- *식물다양성 및 야생동물 서식처(Floral Diversity and Wildlife Habitat) : 다양성은 종의 다양성 또는 풍부도 외에 군집과 서식처의 다양성을 포함하기도 하는데, Shannon-Weaver Index(H) 및 Simpson Index(D)로 측정되기도 한다. Wittaker(1972)는 공간상의 맥락에서 지리학적 스케일의 다양성을 제한된 특정 지역 내의 종의 수를 의미하는 alpha-diversity, 종구성의 변화를 나타내는 beta-diversity, 넓은 지역의 종합적인 지리학적 다양성을 의미하는 gamma-diversity로 구분하여 설명하였다. 그러나 본 RAM 기법에서는 직접적인 측정법 보다는 여러 가지 다른 변수를 통한 간접적인 산출방법으로 다양성을 파악한다.*
- *어류 및 양서파충류 서식처(Fishery and Herpetile Habitat) : 생물서식공간을 조성하는 경우 공간의 규모 및 구조, 물질순환, 동종간 타종간의 경계 등을 고려한다.*
- *홍수조절(Flood/Storm Water Storage) : 일시적으로 홍수를 저장하였다가 서서히 유출하는 기능으로서 하류지역의 첨두홍수량을 저감시키는 능력이다. 유역의 토지이용 및 피복, 경사도, 유입구 및 유출구 등에 의해 영향을 받는다.*
- *유출량 저감(Runoff Attenuation) : 지표수의 유출을 저감시키는 능력이다. 홍수조절과 관련이 있으며 물의 흐름을 억제하는 인자를 기준으로 판단한다. 유입구 및 유출구의 형태, 식생형, 지표수의 흐름, 개방수면과 식생의 혼재도, 습지의 규모 등과 관련이 있다.*
- *수질보전 및 개선(Water Quality Protection) : 습지의 수질 정화 및 수질 오염 저감 능력으로서, 유역의 상태, 유출 및 유입 상태, 개방수면의 면적, 수심, 습지면적 및 유역면적과의 비율 등의 인자를 고려한다.*
- *호안 및 제방보호(Shoreline/Stream Bank Protection) : 호안이나 하천제방의 침식을 억제하고 보호하는 능력이다. 호수, 하천 등과 관련되는 습지에만 적용한다.*
- *미적 레크리에이션(Aesthetics/Recreation) : 습지가 지니는 미적 또는 레크레이션 기능이다. 이 기능은 물리적인 습지를 미적인 가치로 판단하는 것으로서 주관적인 판단이 개입된다는 점에서 다른 일반적인 습지 기능 평가 기법에서는 평가 대상에서 제외하는 경우가 많다.*
- *지하수 유지(Groundwater Recharge Potential) : 지하수를 유지하고 보충하는 기능으로서 물순환의 과정에서 매우 중요한 위치를 점하고 있다. 토양특성, 유역에 대한 습지의 면적비, 유출구의 존재 등이 지하수에 영향을 끼친다.*

정밀한 수준의 종합기능평가

종합기능평가는 1년(4계절) 정도의 정밀 조사를 통해 데이터를 수집하고 각 기능별 정

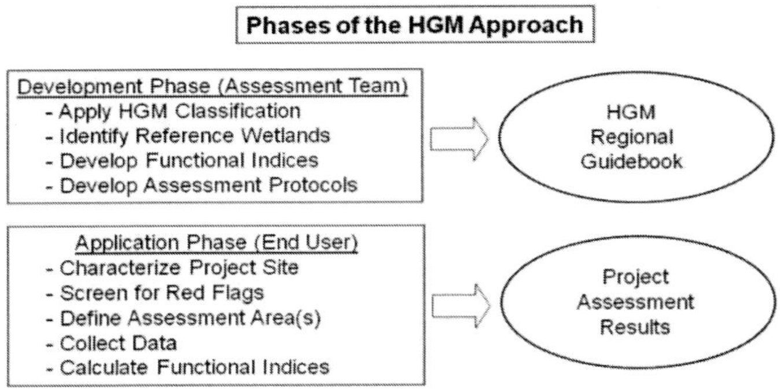

그림 4-70 HGM평가법 수행 단계

밀한 모델을 통해 기능을 평가하여 지수로 나타내게 된다. 대표적으로 HGM 접근 방법(Brinson et al., 1995)은 the Clean Water Act Section 404에 의한 Regulatory Program에 대한 방법론으로서, 습지 평가에 대한 기능 지표를 설정하고 적용하는 것이다. 습지평가를 생태권역별로 표준화시키고 지형적 특성이나 습지의 유형에 따른 기능평가가 이루어질 수 있도록 하였으며, 습지와 관련된 개발 행위에 따른 행위 제한, 영향의 최소화, 불가피한 영향의 평가, 저감방안의 제시, 사후평가 등을 결정하기 위해 유용하다(Smith et al. 1995).

즉, HGM 기법은 지형학 및 수문학적 지식에 바탕을 두고 동일한 지역 및 유형별로 자연상태의 표준습지(Reference Wetland)와 비교하여 습지의 기능 수행정도를 파악하고자 하는 것으로서, 미국의 경우 습지 관리 전략의 하나로서 이 HGM 모델을 적용하기 위한 국가차원의 National Action Plan이 수립되었고(USACE et al., 1996), 주정부 및 각 사업자별로 수정된 HGM 모델을 개발 적용하고 있다. HGM의 적용을 위해서는 HGM 시스템에 따른 습지 분류(HGM Classification), 표준습지 선정, 모델 및 기능 지표 평가(Assessment Models and Functional Indices), 프로토콜의 적용(Application Protocols) 등의 절차를 거치게 된다.

각 부문별 조사 자료는 본 HGM 모델에서 제시하는 지수 선정 과정을 통해 점수화되어 습지의 기능을 평가할 수 있으며, 특히 자연습지에 대한 평가결과는 인공습지의 기능 평가를 위한 기준이 될 수 있다. 현재의 습지 기능을 평가하고 제안된 행위의 결과로 나타나는 습지의 잠재적 변화에 대한 예측을 하며 훼손되지 않은 자연상태의 습지(표준습지)와 비교평가하게 되는데, 표준습지는 생태권역별, 습지유형별로 구분하여 선정하는 것이 바람직하다.

HGM은 정밀 생태 조사 분석을 통한 기능 평가 도구로서 8개 기능별 변수 및 지표 설정에 의해 이루어지게 되는데, hydrologic, biogeochemical, physical habitat 등 3개 범주에서 평가하며, 각 기능별로 표준습지를 조사하여 미리 구축된 수식에 의해 FCI값으로 나타낸다.

구체적으로 다음과 같은 기능을 평가하게 된다.

Temporarily Store Surface Water

일시적이고 단기적인 물의 저장능력을 나타낸다. 주로 유역 내 강우에 의해 결정되며 제방 등을 통해 범람하거나 지표수 형태로 유입되는 물의 동태를 의미한다. 강우량, 주변 유역으로부터의 지표수 유입, 지하수 유입 등으로 구성된다. 우포늪과 같이 하천의 범람으로 인해 생성된 습지의 경우 특히 중요한 기능이다.

Maintain Characteristic Subsurface Hydrology

습지가 지하수를 저장하고 운반하는 능력을 의미한다. 강우, 지표수 및 지하수유입, 하천 범람 등에 의해 영향을 받는다. 습지가 지니는 지하수 저장능력의 중요성은 대체로 3가지로 요약된다. 첫째, 생물지화학적 순환과정과 식생 군락 및 동물 군집에 영향을 준다. 둘째, 하천의 수문 조건을 지배하며 수원으로 작용하며 이는 야생생물의 서식처와 다양성 등에 영향을 끼친다. 마지막으로 지하수위의 계절적 변화로 인해 홍수 저장능력을 증대시킬 수 있는 토양 공극이 발생한다. 습지의 지하수 이동을 평가하기 위해서는 토양 등 다공성 재료를 이동하는 물의 흐름에 영향을 주는 인자를 고려해야 한다.

Nutrient cycling

질소원소를 환원 상태로부터 질소산화물로 전환하는 능력을 비롯하여 생물이 삶을 영위하기 위해 carbon dioxide, water, phosphorus, nitrogen 등의 무기물이나 무생물 요소를 carbohydrates, fats, proteins 등의 유기체 형태로 변형하는 능력으로서, 광합성, 미생물 분해, 기타 생태계 내에서 생산자, 소비자, 분해자에 의해 이루어지는 생지화학적 과정을 포함한다.

Remove and Sequester Elements and Compounds

습지 내로 유입된 영양물질, 오염원, 기타 elements 및 compounds를 완전 제거하거나 일시적으로 활성화를 억제하는 능력

Retain particulates

유속의 감속 등 물리적인 과정을 통해 물속에 함유된 무기물과 유기물 입자를 제거하는 기능을 평가한다.

Export Organic Carbon

습지 내에서 생성된 유기탄소를 배출시키는 기능으로서 여과, 용출, 대체, 침식 등을 포함한다.

Maintain characteristic plant community

식생의 종구성과 물리적 특성을 의미하며, 식물의 종구성과 물리적 특성에 의해 나타나는 식물 군집의 동태와 구조가 중요. 현재의 상태를 나타내는 현존 식물군집과 식물군집 특성이 미래에도 유지될 수 있는지를 결정하는 물리적 인자를 동시에 고려하며, 식생구조와 풍부도 및 ordination 분석 등을 바탕으로 모델을 작성한다.

Provide Habitat for Wildlife

습지가 야생동물의 일생 중 어느 한 시기에 서식처를 제공하고 부양할 수 있는 능력을 의미한다. 특히 조류상에 초점을 두고 있으며, 조류의 서식조건을 충분히 갖춘다면 다른 동물상의 서식조건에도 부합될 수 있을 것으로 전제한다..

2.3 보전가치 평가 및 보전등급 설정

생태계 평가를 위해서는 앞에서 제시한 평가 항목 및 지표에 따라 평가가 진행된 후 보전가치 판단 기준에 따라 생태적 중요성 및 보전가치를 판단한다.

예를들어 저자가 개발한 습지일반기능평가를 근거로 한 보전 가치 판단 기준(구본학, 2002 ; 2009)은 우선 습지 내에서 보호종이나 서식처가 발견된 경우는 절대보전이 필요하다고 판단하여 "우선보전 고려"로 판정하였고, 각 기능별 평가 결과에 따라 "높음"으로 판정된 수가 1/2 이상인 경우, 전체 평가 변수에 대한 평가 결과에 따라 "높음"으로 판정된 수가 전체 변수의 1/2 이상인 경우 및 전체 가치 평균이 2.4이상으로 나타난 경우 등은 보전가치 "높음"으로 판정하여 "보전" 전략을 수립하도록 하였다. 또한 기능별 평가결과 "높음"으로 판정된 기능이 1개 이상으로서 전체 기능의 1/2 미만인 경우, 전체 평균이 1.7-2.4인 경우, 각 평가요소 중 '높음'으로 나타난 요소가 전체 1/2 이상인 경우 및 '보통'으로 나타난 요소가 전체 요소의 1/2 이상인 경우에는 보전가치 '보통'으로 판정하여 기능 향상 전략을 수립하도록 하였다. 그 외의 경우는 보전가치 '낮음'으로서 복원 또는 향상 전략을 수립하도록 하였다.

3 성능평가

3.1 성능 및 성능기준

생태복원의 결과 목표를 달성했는지에 대한 과학적인 판단이 매우 중요하며, 이렇게 목적물이 달성해야 할 목표를 '성능(performance)'이라고 한다. 합리적이고 객관적인 공사품질을 보장하기 위해 제정된 건설기술기준은 표준화된 기술과 공법을 중심으로 설계 및 시공과정, 품질시험 등을 제시함으로써 품질관리와 공정관리에는 매우 유용한 제도이나 최종성능에 대한 고려가 부족하여 성능이 저하되고 생애주기가 짧아지게 되는 원인이 되고 있다. 이런 한계를 극복하기 위해 최종성능에 초점이 맞춰진 성능기준(Performance Standard) 및 성능보증계약(Performance Warranty Contracting) 제도 도입과 각 건설분야에 적합한 성능기준 개발에 대한 요구가 높아지고 있다(한국건설기술연구원, 2007). 세계무역기구(WTO)에서는 정부조달협정 및 무역의 기술적 장벽에 관한 협정에서 정부의 발주는 시방에 의하지 않고 성능에 의한 성능발주를 권유하고 있고, 이에 따라 선진국의 경우 80년대부터 성능기준을 도입하여 건설사업에 적용하고 있으며 기술혁신을 통해 목적물의 품질향상 및 공사의 효율성을 높이기 위해 노력하고 있다. 미국의 시방서에서는 품질 및 공정 사항과 더불어 성능에 대한 기준을 병행 제시하기도 한다.

성능은 기능발휘를 위해 갖추어야 할 목적물의 특성을 의미하고, 성능기준은 성능 달성 여부를 판단하기 위한 근거이다. 성능은 계량화된 정량적 목표를 설정하거나 정성적 목표를 설정할 수도 있는데, 많은 경우 본래의 기능을 평가하여 성능 달성 여부를 판단하게 된다. 일반적으로 모니터링 데이터를 그래프 또는 통계적 방법으로 표현하여 달성도를 평가하는 방법들이 가능하다. 성능기준은 기술적 측면에서 단순히 시설물의 성능향상 외에 설계자 및 시공자의 기술개발을 유도하며, 시설물의 성능과 품질을 가치 척도로 표현하게 되어 신기술, 신공법 도입을 활성화할 수 있다. 또한 유지관리비용 및 생애주기비용(LCC)을 단축시킬 수 있다는 점에서 성능기준연구가 활성화되면 장기적으로 성능보증계약제도를 도입할 수 있는 근거가 되며 국제 건설시장에서 경쟁력을 키울 수 있게 된다. 그러나 아직 국내의 강제규격은 시방이 아닌 성능에 근거하고 있다.

성능기준에 관련된 제도로는 GBTool, CASBEE, LEED, BREEAM 등이 있으며, 국내의 경우 아직 성능에 대한 개념정립이 미흡하지만 생태복원분야에서 성능의 개념이 어느 정도 포함된 제도로는 친환경건축물인증기준, 생태면적율 및 비탈면녹화지침 등이 있다.

또한 생태복원분야 성능관련 연구로는 성능중심 건설기술기준 개발 방안(김민수,

2007), 투수성포장 성능기준(한승호, 2007), 열섬효과의 완화와 이를 통해 생물다양성을 증진시키며 생태계를 유지 관리할 수 있는 성능중심 건설기술기준 작성지침 연구(구본학, 2008), 대체습지 성능기준(정진용, 2009), 김하나(2010), 인조암의 생태성능(윤복모, 2012) 등의 연구가 있다.

건설사업이나 환경사업에 적용될 수 있는 성능은 환경성능, 재료성능, 내구성능, 사용성능, 구조안전성능 등으로 구분되며, 환경성능은 다시 생태성능, 환경부하저감성능, 경관성능으로 세분할 수 있다. 생태복원분야는 이중 주로 환경성능과 관련되어 있다(그림 4-71).

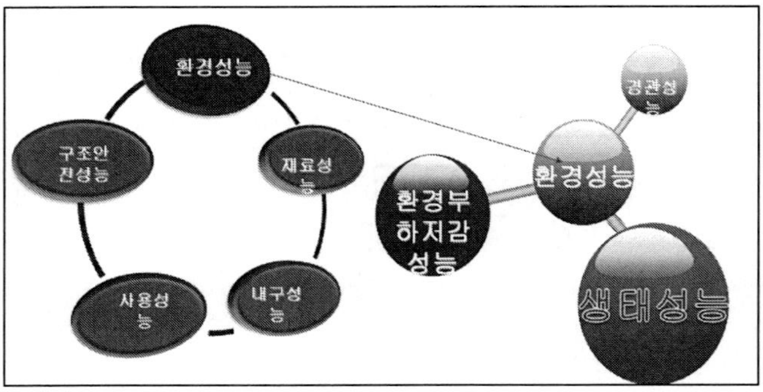

그림 4-71 건설분야 성능의 유형(정진용, 2009). 생태복원분야는 주로 환경성능에 관련되어 있음

구조안전성능

홍수 및 파랑 등의 물리적 외력에 저항성이 있어야 하므로 복원 시공에 사용된 재료와 공법의 침식 및 유실정도 등을 중심으로 조사 평가한다.

생태성능

생태성능은 인공적으로 조성된 생태계가 자연생태계와 유사한 기능을 발휘하기 위해 갖추어야 할 생태적 성질과 특성으로 정의할 수 있다(구본학 등, 2011). 즉, 인위적으로 조성되거나 복원된 생태계의 조성 목표를 설정하게 되는데 이를 생태성능이라고 할 수 있다. 생태적 복원을 위해서는 식물의 안정적인 생육 및 활착이 중요하여 생태적 복원 목표를 달성하였는지에 대한 판단 근거가 될 수 있다.

경관성능

경관성능은 생태복원 결과 개선된 생태계의 경관이미지를 평가하게 되고, 경관생태학차원에서 주변과의 경관적 이질성/동질성 여부 등도 함께 파악하게 된다. 복원된 생태계에서 지각되는 경관사진을 촬영하여 생태복원 전후의 경관이미지를 평가 비교 한다. 이때 하천경관의 시각적 선호요인 분석을 위해 많이 이용되었던 경관형용사법 등이 적용될 수 있다.

3.2 생태성능평가

3.2.2 성능평가

복원된 생태계를 평가하기 위해해서는 1) 목적은 달성되었는가? 2) 목표는 충분히 이루었는가? 등의 의문에 대한 해답을 검증해야 한다. 성능평가는 이러한 의문에 대해 목적이 달성되었는지 또는 아직 달성되지 못했는지를 판단하기 위한 실증적 근거를 제공한다.

여기서 성능은 기능발휘를 위해 갖추어야 할 목적물의 특성을 말하며, 성능기준은 성능달성 여부를 판단하기 위한 근거가 된다면, 생태성능은 '인공적으로 조성된 생태계가 자연생태계와 유사한 기능발휘를 위해 갖추어야 할 생태적 성질과 특성'(구본학 등, 2011)이라고 할 수 있다. 성능평가는 크게 직접 비교, 속성 분석, 궤적(진행방향) 분석 등 3가지 평가 전략으로 진행할 수 있다.

생태계 조성 목표는 종다양도가 될 수도 있고, 단순히 동식물 종 수, 또는 일정한 평가를 통해 일정한 수준의 기능을 발휘할 수 있도록 정할 수도 있다. 생태성능평가는 생태복원 사업 및 생태적 접근을 통한 도입될 수 있는 성능기준을 목표로 하며, 생물종을 보호하는 습지 생태계로서 생물의 서식처와 생태계 서비스 개선을 위한 도시 생물다양성 증진, 도시 열섬현상 완화, 이산화탄소 저감의 기능을 강조하고 있다. 생태성능평가는 생태계의 현재 상태를 파악할 뿐만 아니라 건강성 회복을 위한 판단의 근거를 제공할 수 있으며 평가를 통해 생물서식처, 생물종다양성, 생태계 연결성, 기능발휘를 근거로 수생태계의 회복과 복원을 위한 목표를 설정할 수 있게 된다.

생태성능평가는 모니터링 결과를 토대로 하며, 복원되었거나 조성된 생태계가 목표를 달성했는지 또는 달성할 수 있는지에 대한 평가를 한다. 평가를 위해서는 목적물의 요구수준을 설정하는 요구 성능과 목적물이 목표를 달성했는지를 평가하기 위한 성능평가항목 및 평가기준을 설정 평가한다.

생태성능과 관련하여 Kentula et al.(1993)은 인공습지 조성 후 일정 기간 모니터링을 수행하여 시간의 흐름에 따라 인공습지의 구조적 특성 및 기능적 특성이 어떻게 변화하는지에 대한 성능곡선을 추출한 바, 유기질함량 및 식생피복은 초기에 낮았으나 점차 증가하여 3~4년 경과 후에는 자연습지에 근접하였다. 또한 생물종다양성은 오히려 초기에는 높았으나 점차 안정되어 3-5년 경과 후 자연습지 수준으로 안정되었다고 보고하였다.

국내 성능평가 관련 연구로는 강수학(2008)의 연구에서 도시복원하천인 청계천을 사례로 도시하천의 생태적 관리를 위한 생태계 평가지표를 개발하였으며 평가틀에는 물리·수문적 변수, 생태·환경적 변수, 친수·이용적 변수를 포함시켰고, 명현호(2010)는 해안사구 생태계 평가의 정확성, 일관성을 높이기 위해서 객관적 평가지수를 선정하여 등급화 한 후 건강성 평가 지표 기준을 제시하였으며, 이에 따라서 해안사구생태계 보전 및 관리방안을 도출하였다.

구본학(2011)은 습지 생태계를 환경 포텐셜에 따라 "야생동물의 서식처로서 기능을 충분히 발휘해야 한다.", "생물 종 다양성이 풍부해야 한다.", "다른 생태계와의 연결성이 우수해야 한다.", "우수한 생태적 기능발휘를 위한 수 환경이 조성되어야 한다."로 설정하여 성능평가 항목별 기준을 제시하였다. 또한 대체습지로서 표준습지를 선정하였고 이는 국내 하천변 범람원에 형성된 습지 유형을 대표하는 습지로 새로운 지표 또는 기준으로 활용 가능하여 생태적 기능을 향상 또는 예측할 수 있도록 하였다. 구본학 등(2011)은 대체습지 모니터링 결과를 바탕으로 표준습지에서 도출한 요구성능, 생태성능 평가항목 및 평가기준에 따라 대체습지 생태성능을 평가한 바 있다(그림 4-72, 4-73). 정연숙 등(2013)은 생태계 건강성 평가지표를 개발하기 위해 수질 외에 생물의 현존량과 다양성 등을 포괄하는 통합적 생태계 건강성 평가지표를 추출하여 점수화 한 후 지수 결정 및 검증 세단계로 구분하여 적용 가능성을 제시하였다.

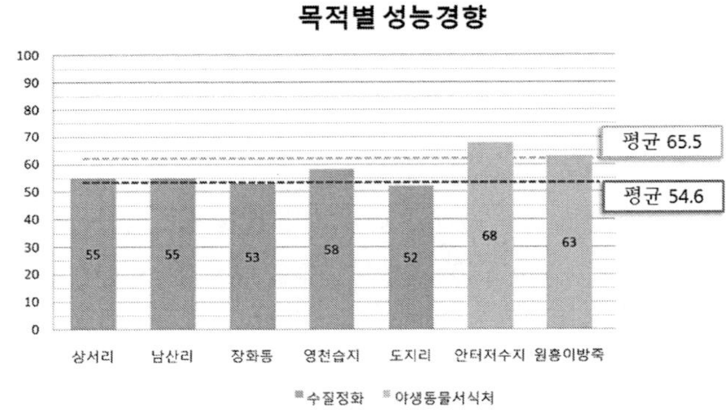

그림 4-72 목적별 대체습지 성능평가(구본학 등, 2011)

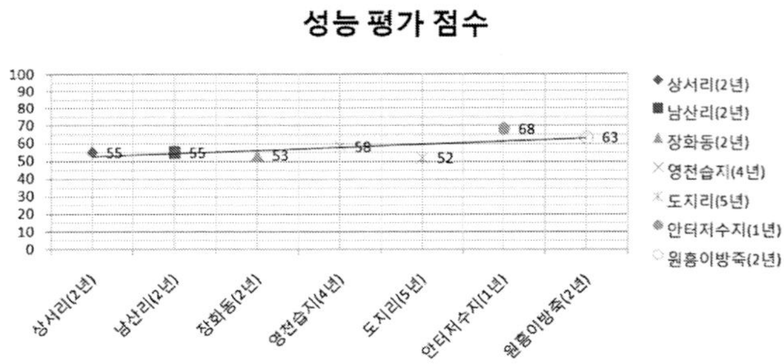

그림 4-73 대체습지 성능평가 점수 사례(구본학 등, 2011)

이러한 성능평가 관련 연구들 뿐만 아니라 국내외에서는 습지관련 성능평가기준들이 개발 및 제안되고 있다. 국내 습지성능평가연구로는 HGM 기법을 적용한 습지의 기능평가 연구(구본학, 2001a)를 기반으로 하여, 정진용(2009)의 습지 생태적 성능평가기준은 국내·외 생태성능 관련 평가요소를 전제로 유사한 요소는 통합하고 포괄적인 요소는 세분화 한 후 전문가와의 심층 면담을 통해 최종적으로 평가가 용이하고 습지의 생태적 기능이 반영될 수 있는 항목들만 선정하였다. 이 밖에 습지 평가에 관한 연구로는 논습지, 댐습지, 하천습지, 인공습지의 자연도 평가, 가치평가, 기능평가, 토양발달평가 등 연구가 진행되었다.

3.2.2 성능곡선 performance curves

프로젝트에 의해 조성된 인공 생태계에서 시간의 흐름에 따른 기능의 변화는 유사한 자연 생태계와 비교하여 예측 가능하다. 모니터링 데이터는 performance curves, summary or descriptive graphs, time-series graphs, characterization curves 등 4가지 유형의 성능곡선 그래프로 표현할 수 있다(Kentula et al,, 1993). 성능곡선은 모니터링의 테이터 표현을 위한 그래프로서 조성된 인공생태계와 자연생태계를 비교할 때 유용하며, 자연생태계는 생태계 원형을 지니고 있는 표준생태계의 기능을 평균으로 나타내는 것이 일반적이다.

모니터링을 위한 생태계 기능 곡선을 나타내는 두가지 접근 방법이 가능하다.

1) 비슷한 시기에 조성된 생태계 및 자연생태계에서 시간의 흐름에 따라 반복적으로 sampling하여 비교 : 새로운 프로젝트, 사례가 적은 경우에 지속적인 모니터링을 실시한다.
2) 서로 다른 시기에 조성된 생태계에서 동시에 sampling 하여 비교 : 자연생태계 또는 오래된 인공생태계이거나 사례가 많은 경우에 생태계의 조성 기간에 따라 동시에 조사 비교한다.

- *이들은 주로 다음과 같은 정보를 얻기 위해 활용될 수 있다.*
- *자연생태계나 인공생태계의 기능이 목표치까지 달성될 수 있는가?*
- *인공생태계의 기능이 자연생태계와 비슷한 수준을 달성하였는가?*
- *인공생태계의 기능이 목표 수준에 이르기 위해서 어느 정도 시간이 걸리는가?*
- *최적의 정보를 얻기 위해서 모니터링은 얼마나 지속되어야 하는가?*

그림 4-74는 4가지 유형의 성능곡선을 나타내고 있는데, 인공습지 조성 후 일정시간 경과되어 자연습지의 기능에 이르는 경우를 각각 구분하여 설정하고 있다. 즉, 윗 부분의

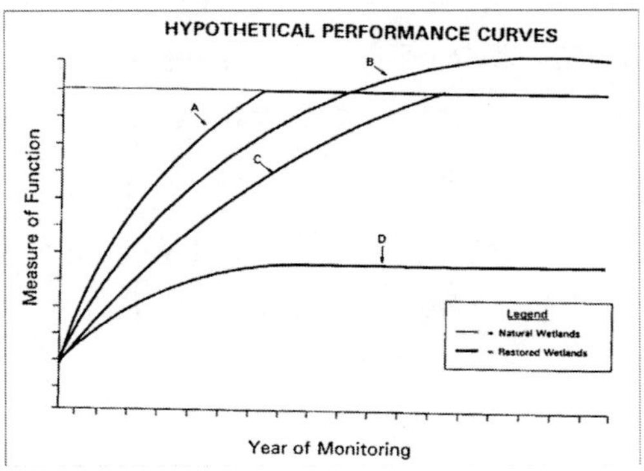

그림 4-74 4가지 유형의 performance curves
(구본학, 2009)

가는 실선이 자연 습지의 기능곡선이며, A, B, C, D는 새로 조성된 네 개의 인공습지의 기능 변화를 나타낸다. A, C는 자연습지의 기능에 이르렀으며, B는 초과, D는 기능이 자연습지에 이를 수 없으므로 구조 및 기능 개선이 필요하다.

다음 그림 4-75은 시간의 흐름에 따른 인공습지의 기능과 자연습지의 기능을 비교한 것(a), 또는 조성연대가 서로 다른 인공습지 기능을 비교한 것(b)이다.

(a)에서 인공습지(굵은 실선)는 시간에 따라 기능이 상승하여 자연습지(가는 실선) 기능과 근접함을 알 수 있다. 이때 더 이상 기능이 상승되지 않는 점에서 인공습지의 기능과 소요시간을 결정한다.

(b)에서는 생성연대가 서로 다른 많은 자연습지를 대상으로 동시에 기능을 평가한다. 습지의 생성 기간에 따라 오래된 습지일수록 기능이 향상되는 경향을 보이고 있다.

즉, 인공습지 조성 후 시간이 흐를수록 자연습지의 기능에 근접하게 되어 조성 목표를 달성했음을 알 수 있으며, 일정 기능에 도달하지 못하는 경우 새롭게 조성하거나 구조와 기능의 개선이 요구된다.

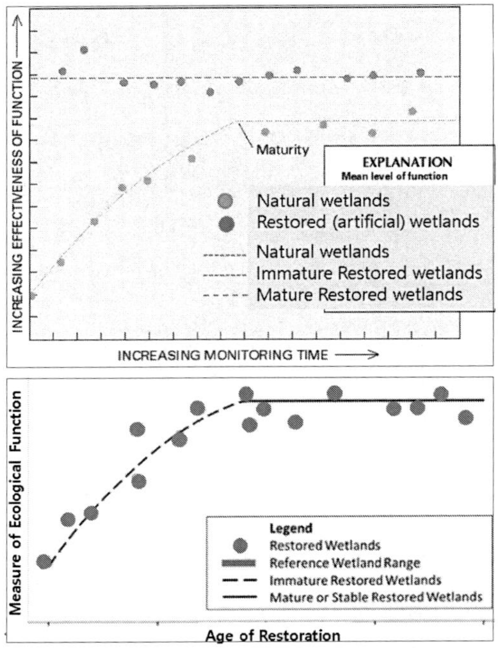

그림 4-75 시간에 따른 performance curves
(Kentula, USGS)

시계열 그래프(time-series graphs)

성능곡선과 유사한 그래프이나 서로 다른 시기에 대한 개별 습지의 가치를 의미하는 것이 아니며, 시간의 경과에 따른 여러 습지의 관찰을 의미한다는 점에서 차이가 있다(그림 4-76). 주로 데이터 쌍(paired data)으로 구성되는데, 예를들면 같은 구역내의 인공습지와 자연습지의 비교를 통해 인공습지와 자연습지의 유사성 또는 시간의 경과에 따른 습지 기능의 변화 등을 검증하게 된다.

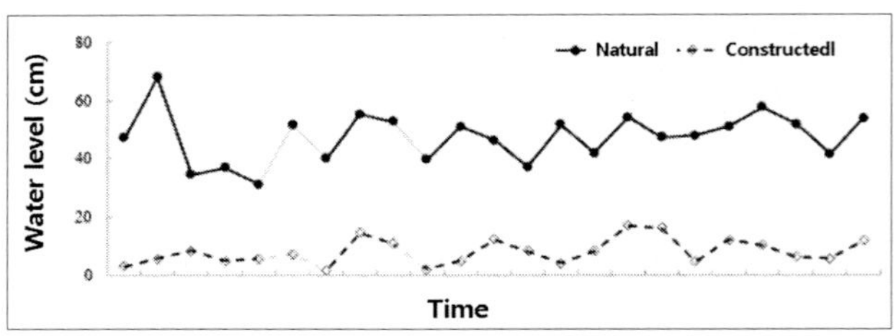

그림 4-76 time-series graphs

그 외에도 summary or descriptive graphs, characterization curves 등이 활용될 수 있다(그림 4-77, 4-78).

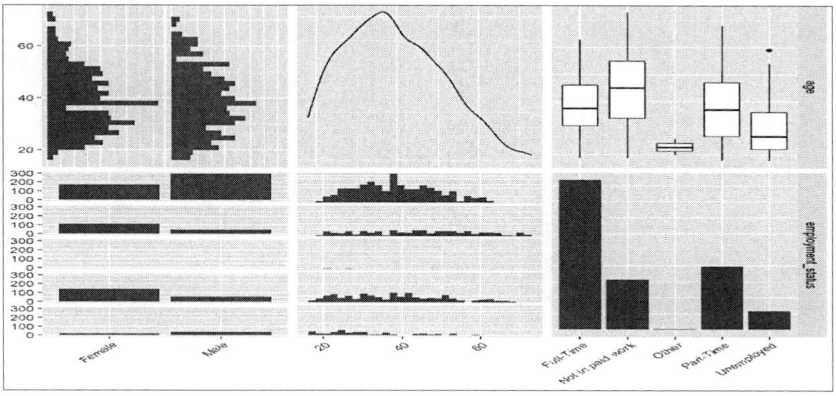

그림 4-77 summary or descriptive graphs (Bauer,PC., 2020)

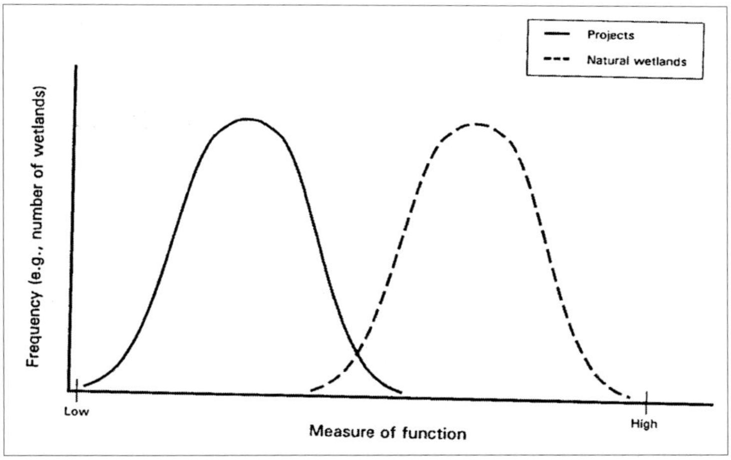

그림 4-78 characterization curves

3.4 요구성능과 성능평가

3.4.1 요구성능

성능기준은 성능측면에서 최종 목적물의 달성 수준을 제시한 요구성능과 이를 판단하기 위한 근거가 될 수 있는 성능평가로 나누어 생각할 수 있다. 이들은 정량화되어 제시될 수도 있고 정성적 표현으로 제시될 수도 있다. 정량적으로 수치화될 수 있는 경우는 명백하게 특정 요구수준이나 성능평가가 제시될 수 있는 경우 외에는 정성적 표현으로 제시하는 것도 매우 바람직한 방법이며, 가능하면 성능평가에서는 정량화하거나 객관화되어 제시한다면 달성도를 판단하기 위한 근거를 분명히 나타낼 수 있을 것이다.

요구성능 개념은 잔디주차장 성능평가 사례(兵庫県, 2006 ; 그림 4-79)가 있고, 투수성포장 사례에서는. 빗물을 포함한 물순환을 유지하기 위한 투수성포장의 고유의 기능을 발휘하기 위한 목표치로서 다음과 같이 요구성능을 규정한 바 있다(한승호, 2007).

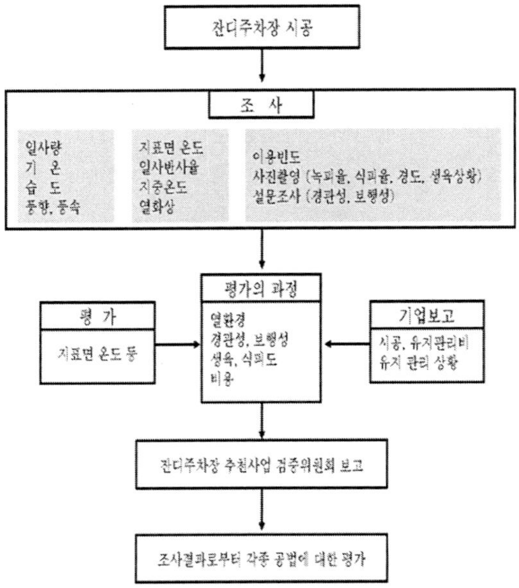

그림 4-79 잔디주차장 성능 조사평가 추진체계 (兵庫県, 2006)

- *우수활용을 위해 강우 시 표면 유출수를 최소화 시켜야 한다.*
- *우수활용을 위해 강우 시 투수율이 높고 저수율도 높아야 한다.*
- *우수활용을 위해 포장면에서의 증발산 되는 수분의 양이 많아야 한다.*
- *열섬저감효과를 높이기 위해 포장면의 알베도 값이 높아야 한다.*
- *열섬저감효과를 높이기 위해 기화열과 잠열의 양이 많아야 한다.*
- *열섬저감효과를 높일 수 있는 열특성을 가지고 있어야 한다.*
- *생물종다양성을 높이기 위해 식재면적율이 높아야 한다.*
- *생물종다양성을 높이기 위해 공간연결성이 높아야 한다.*

대체(인공)습지 성능평가 사례

대체습지 성능평가 항목은 성능기준을 구체적으로 다루고 있는 GBTool, CASBEE, LEED, BREEAM, GBCC, 기능평가를 위한 RAM, HGM, WIMS, WET II 및 성능기준의 개념을 포함하고 있는 친환경건축물인증기준, 생태면적율, 건설기준 (설계기준, 표준시방서), 그리고 국내외 전문가의 연구성과 등을 근거로 다음과 같이 평가항목을 제안하였다(정진용, 2009).

대체습지를 포함한 인공습지에 대한 요구성능은 대체습지의 개념 정의로부터 "보존된 자연습지와 유사한 생태기능을 수행하도록 조성해야 한다"로 규정된 바 있으며, 또한 인공습지의 기능을 야생동물 서식처 기능, 생물종다양성 기능, 생태계연결 기능 등으로 구분하고(그림 4-80), 여기에 수환경을 포함하여 다음과 같이 구체적인 세부 요구성능으로 제시되었다. 이를 달성하기 위한 세부 요구성능인 '야생동물 서식처', '생물종다양성', '생태계 연결', '수환경' 등으로 구분하여 도출하였다.

- *야생동물의 서식처로서의 기능을 적절히 발휘해야 한다 : 야생동물 서식처 조성, 대체습지 면적비, 입지의 적절성*
- *생물종다양성이 풍부해야 한다 : 식물 종 수, 야생동물 종 수, 보호종*
- *다른 생태계와의 연결이 충분해야 한다 : 야생동물 이동통로 조성, 녹지축 조성, 다른 생태계와의 거리*
- *생태성능 발휘를 위한 수환경이 조성되어야 한다 : 수질, 수심, 수변부 모양*

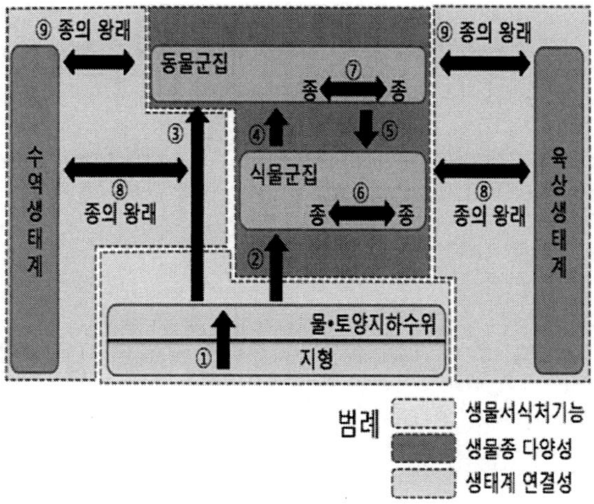

그림 4-80 습지의 기능과 범위

또한 일본에서는 잔디주차장에 대한 요구성능을 다음과 같이 규정한 바 있다.

- *열섬 현상을 저감할 수 있어야 한다.*
- *시각적 쾌적성이 높아야 한다.*
- *보행성이 좋아야 한다.*
- *녹피율이 향상되어야 한다.*
- *유지관리의 효율성이 높아야 한다.*

위 사례에서 보는 바와 같이 요구성능은 구체적인 수치를 통해 정량적으로 제시되는 경우도 있지만 많은 경우 정성적 기준으로 제시되며, 절대적 기준과 더불어 향상, 개선 등의 상대적 기준이 설정되기도 한다.

3.4.2 성능평가 항목 및 지표

생태자원의 성능평가 항목은 요구성능 및 세부 요구성능을 잘 달성하였는지에 대한 판단 근거로서 생태계 기능을 기반으로 설정하게 된다. 예를들어 구본학(2018)은 습지기능을 기반으로 성능평가지표를 개발한

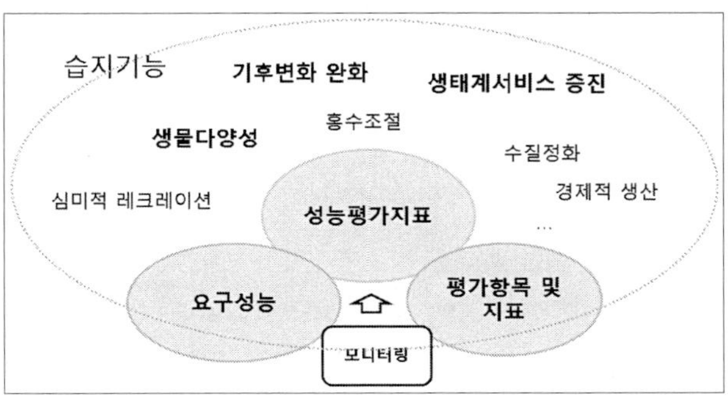

그림 4-81 습지기능과 성능평가 (구본학, 2018)

사례가 있다(그림 4-81).

성능평가는 측정에 의한 방법, 평가지표에 의한 방법, 모니터링에 의한 방법 등의 방법으로 수행된다. 측정(수치)에 의한 방법은 야생동물 서식처 조성, 대체습지면적비, 입지의 적절성, 야생동물 이동통로, 다른 생태계와의 거리, 수심 등의 항목이며, 평가지표에 의한 방법은 수변부 모양, 모니터링에 의한 방법은 식물 종 수, 야생동물 종 수, 보호종, 수질 등 주로 사후모니터링에 의해 판단될 수 있는 대응지표들이 해당된다.

저자의 연구팀(정진용, 2009; 구본학 등, 2010)에서는 앞에서 언급한 바와 같이 전국습지조사에서 보전가치가 높게 나타난 표준습지를 답사하여 각 평가항목별 지표와 기준을 제안, 검증한 바 있다. 즉, 표 4-32에 제시된 평가기준별로 달성도를 각각 5단계로 구분 제안한 후 표준습지를 답사하여 제안된 평가기준과 달성도 등급이 적절한지에 대한 검증을 하였다.

표 4-32 대체습지 성능평가 항목 및 평가 기준 (구본학 등, 2010)

요구성능	평가항목	평 가 기 준
야생동물 서식처로서의 기능을 충분히 발휘해야 한다	야생동물 서식처 조성	조류·양서·파충류·수서곤충·어류 서식처의 종류별 조성 여부
	대체습지면적비	최소기준 – 1 : 1 표준기준 – 1 : 1.5 향상기준 – 1 : 3
	입지의 적절성	GBCC의 기준을 기본으로 하여 훼손습지와 대체습지의 거리 요소를 첨가하여 평가
생물 종 다양성이 풍부해야 한다.	식물 종 수	대체습지의 종 수/표준습지의 (평균) 종 수
	야생동물 종 수	대체습지의 종 수/표준습지의 (평균) 종 수
	보호종	보호종의 서식지나 출현여부에 따라 평가
다른 생태계와의 연결성이 우수해야 한다.	야생동물 이동통로	RAM의 평가기준을 세분하여 총 5단계로 나누어 조성개수에 따라 평가
	녹지축조성	GBCC의 평가기준을 기본으로 5급의 기준을 추가하여 제시하고 최소 녹지축의 폭은 4 m로 평가기준 제시
	다른생태계와의 거리	RAM의 평가기준을 세분하여 평가기준 제시
우수한 생태적 기능발휘를 위한 수환경이 조성되어야 한다.	수질	환경정책기본법의 호소수질기준에 근거하여 평가기준 제시 (COD를 평가)
	수심	France의 설계기준을 기본으로 하여 차이도를 계산하여 평가
	수변부의 모양	수변부의 모양이 불규칙적이고 굴곡이 적절한가? (일정 가이드 라인 제시)

가중치

대체생태계 등 인공적으로 조성된 생태자원은 조성 목적에 따라 그 달성도의 평가 항목과 기준이 달라져야 한다. 아직은 국내 연구 수준이 성능평가를 도입하기 위한 단계이므로 항목별 가중치를 적용하기에는 더욱 다양한 연구성과가 축적되어야 하나, 현재 수준에서 복합적 목적의 대체습지(구본학 등, 2010)나 투수성 포장(한승호, 2007)의 성능평가 연구에서 제안된 평가 항목에 대한 항목별 가중치가 선정된 바 있다. 이들은 계층적기법(AHP)에 의해 전문가를 대상으로 가중치를 선정했으며, 각각 제안된 가중치는 다음 표 4-33, 4-34와 같다.

대체습지의 경우 복합적 목적을 지닌 습지에 적합하도록 제안되었으며, 추후 조성목적별 가중치 설정에 관한 연구가 더욱 진전될 필요가 있다.

표 4-33 투수성포장 가중치 (한승호, 2007)

평가 항목	물환경 항목			열환경 항목			서식 환경항목		
	0.457			0.235			0.308		
항목내 가중치	투수저류	표면유출	증발산	표면온도	알베도	잠열	식생면적	공간연결	토양기능
	0.521	0.209	0.270	0.392	0.323	0.285	0.395	0.310	0.295
요소별가중치 순위	0.244	0.098	0.127	0.086	0.071	0.062	0.123	0.097	0.092
	1	4	2	7	8	9	3	5	6

표 4-34 대체습지 가중치 (구본학 등, 2010)

평가항목	야생동물 서식처 기능			생물 종 다양성		
	0.280			0.260		
항목 내 가중치	야생동물 서식처 조성	대체습지 면적비	입지의 적절성	식물 종 수	야생동물 종 수	보호종
	0.327	0.250	0.423	0.328	0.301	0.371
최종 가중치 및 순위	0.091	0.070	0.118	0.085	0.078	0.096
	4	11	1	6	8	2
평가항목	생태계 연결			수 환경		
	0.261			0.199		
항목 내 가중치	야생동물 이동통로 조성	녹지축 조성	다른 생태계와의 거리	수질	수심	수변부 모양
	0.298	0.345	0.357	0.387	0.218	0.395
최종 가중치 및 순위	0.078	0.090	0.093	0.077	0.044	0.079
	9	5	3	10	12	7

4 생태계서비스 평가

4.1 생태계서비스

생태계서비스란 자연 생태계와 이를 구성하는 종들이 인간의 삶을 지탱하고 충족시키는 조건과 과정들이다. 생태계 재화(음식물 등)과 서비스(폐기물 동화 등)는 유무형 이익과 직접적, 간접적 이익을 모두 포함하여, 생태계 기능으로부터 인간이 직간접적으로 얻는 편익을 나타낸다(Costanza, 1997). Millenium Ecosystem Assessment에 의하면 지난 50년간 지구생태계 서비스의 가치에 대해 충분한 논의가 없었기 때문에 생태계의 약 60%가 악화되었다고 지적하였다(MA, 2005). Daily(1997)는 생태계 및 생물종이 인간의 삶을 위한 요소들을 생산하는 조건과 과정으로 정의하였으며 Costanza et al.(1997)은 생태계로부터 인간이 직·간접적으로 얻을 수 있는 이익으로 정의하였다. MA(2005)와 The Economics of Ecosystems and Biodiversity(TEEB, 2011)은 인간이 생태계로부터 얻는 이익으로 정의하였는데 이는 기존의 다른 연구들에서 제시된 정의들을 포괄적으로 다루어 유무형 이익과 직접적, 간접적 이익을 모두 포함시키고 있다. 또한, 구본학(2002)은 습지생태계를 대상으로 생산, 조절, 서식처, 정보(문화)기능에 해당하는 구성 요소를 제시하면서 사람들에게 생태계서비스를 일상생활을 통해 체험할 수 있도록 제공하는 공공부문 서비스를 강조하였으며, 보편적 복지로서의 생태복지를 제안하였고, Boyd and Banzhaf (2007)은 생태계 구성요소가 인간복지를 위해 직접적으로 쓰는 것으로 정의하여 생태계가 인간의 복지와 연관이 있음을 보였다.

생태계서비스는 인간이 생태계로부터 얻는 이익으로서 시키고 있다. 생태계 서비스는 생물다양성을 유지하고 해산물, 목재, 연료, 천연섬유, 의약품, 산업제품과 그 원료 같은 생태계 재화(goods)를 생산한다(Daily, 1997). 생태계서비스를 여러 가지로 분류할 수 있으나 Costanza et al.(1997)은 생태계의 다양한 기능으로부터 생태계서비스 개념을 정립하였으며 구성요소를 제시하였다. MA(2005)에서는 공급서비스, 조절서비스, 문화서비스, 서식지 및 부양(지원 또는 지지) 서비스 등 4개 유형으로 구분하였으며, De Groot et al.(2010)은 공급서비스, 조절서비스, 서식지 및 부양서비스, 문화 및 어메니티로 구분하여 구성요소를 제시하였고, TEEB(2011)은 공급서비스, 조절서비스, 서식지 또는 부양서비스, 문화서비스로 구분하여 구성요소를 제시하였다.

이 책에서는 생태계서비스를 공급서비스(Provisioning service), 조절서비스(Regulating service), 문화서비스(Cultural service), 지원(지지) 서비스(Supporting service) 등 4개 유형으로 구분하고자 한다.

4.2 생태계서비스 평가

TEEB, IPBES(생물다양성 및 생태계서비스에 관한 정부 간 과학–정책 플랫폼) 등을 중심으로 생태계서비스 가치를 평가하기 위한 노력이 이루어지고 있다. 생태계서비스는 생태계 기능과 가치, 인류 복지 등과 연계되며, 이러한 연계체계 및 그 과정을 개념화한 다양한 모델들이 연구되고 있다. 생태계 변화를 유발하는 구동력으로서의 환경압과 사회적 변화 등은 중장기적으로 생태계 서비스를 형성하며, 이는 생태계 내 재화와 인류복지와 관련이 있고 다시 생태계 변화를 유발하는 구동력에 영향을 끼친다. 인류복지는 사회적 가치, 건강 가치, 경제적 가치 등의 측면에서 고려될 수 있다.

경제적 평가

생태계 서비스의 사회경제적 가치를 평가한 사례로서, Costanza 등(1997)은 전세계 생태계서비스 총액이 연간 33조달러에 이른다고 계산하였다. Yaron(2001)은 카메룬의 열대우림이 제공하는 홍수 조절 기능에 헥타르당 연간 미화 24달러의 가치를 매겼다. Van Beukering(2003) 등은 면적 2만5천㎢에 이르는 열대우림인 Leuser 생태계로부터의 물 공급의 순현재가치(NPV)를 미화 2,420억 달러로 추정했다. Kaiser and Roumasset (2002)은 4만ha에 이르는 하와이의 간접적인 편익 가치가 14억2천만~26억3천만US$에 이르는 것으로 발표했다. 유럽연합에 의하면 곤충의 수분작용에 의한 농작물을 경제적 가치로 환산하면 약 150억€로 산출되었으며, Priess(2007)와 연구진들은 인도네시아 Sulawesi의 산림이 제공하는 수분 서비스의 가치를 헥타르당 46€로 평가했다.

사람들이 하와이의 산호초를 방문하기 위해 지출한 여행 및 현지 사용 경비에 근거했을 때, 산호초와 연관된 가치는 연간 9,700만US$에 달했다고 추정된 바 있다(TEEB ; case by van Beukering and Cesar 2010).

국내에서 진행된 몇 생태계서비스 평가 사례로서 국립산림과학원(2010)에서는 우리나라 전국 산림이 총 73.2조원의 가치가 있다고 하였고, 류대호와 이동근(2013)은 수도권 그린벨트 내 산림과 농업용지를 대상으로 MA(2005) 및 de Groot et al.(2010)의 산출지표를 이용하여 생태계서비스 가치를 평가하여 수도권 그린벨트의 산림 및 농경지가 제공하는 생태계서비스의 연간 경제적 총가치(TEV)를 산림 1조8,600억원, 농경지 6,029억원으로 총 2조4,629억원으로 추산하였다.

기능적 평가

생태계서비스 평가는 주로 경제적 관점에서 평가연구가 진행되어 왔으나 습지가 제공하는 생태계서비스 평가를 위해서는 경제적 가치뿐만 아닌 습지가 지닌 고유한 기능을 평가할 수 있는 지표가 매우 중요하다. 박미옥과 구본학 등(2018)은 생태계서비스 고유 기능에 초점을 두고 생태계서비스를 평가하였는데, 구체적으로는 습지 기능평가에서 산출한 생태계서비스 영향지표와 영향계수를 도출하여 이를 생태계서비스 평가방법론으로 제안하였다.

표 4-35 습지기능 기반 생태계서비스 평가 사례 (박미옥과 구본학 등, 2018)

대분류	중요도	평가항목	중요도	가중치(total)	CI	CI
공급 서비스	0.204	인근 유역의 유출 능	0.435	0.089	0.0050	0.0087
		영구적인 수체와의 관련성	0.565	0.115		
조절 서비스	0.347	개방수면과 식생피복과의 혼재도	0.125	0.043	0.0038	
		수문 침수 정도	0.132	0.046		
		식생형	0.134	0.046		
		유역의 표면 유출	0.232	0.081		
		침식의 흔적	0.097	0.034		
		인근 유역의 유출 능	0.081	0.028		
		주변 토지이용	0.145	0.050		
		영구적인 수체와의 관련성	0.054	0.019		
지원 서비스	0.231	다른 습지까지의 거리	0.164	0.038	0.0031	
		개방수면과 식생피복과의 혼재도	0.171	0.040		
		수문 침수 정도	0.144	0.033		
		식생형	0.214	0.049		
		식물 군집의 수	0.165	0.038		
		주변 토지이용	0.142	0.033		
문화 서비스	0.218	식생형	0.242	0.053	0.0029	
		식물 군집의 수	0.124	0.027		
		주변토지이용(경관)	0.234	0.051		
		시각적 개방성	0.232	0.051		
		폐기물 등의 흔적	0.168	0.037		

평가지표

생태계서비스의 지속가능한 이용 가능성을 평가할 수 있는 지표로서 de Groot et al.(2010)은 생태계 서비스 유형별 구성요소별 상태지표와 성능지표로 구분하여 제시한 바 있으며 공급서비스의 사례를 보면 다음 표 4-36과 같다.

표 4-36 생태계 공급서비스 지속적 이용을 위한 잠재지표 (de Groot et al., 2010)

	생태계서비스 구성 요소 및 사례	생태적 형성과정 또는 서비스를 공급하는 요소(기능)	상태지표 (생태계 서비스량)	성능지표 (지속가능한 사용 및 제공된 서비스량)
1	음식	먹을 수 있는 동식물	전체 또는 평균 저장량 (kg / ha)	순생산량 (kcal / ha / year 또는 다른 단위)
2	물	저수지	수자원 총량 (m^3 / ha)	최대 수자원유용량 (m^3 / ha / year)
3	섬유, 연료, 다른 원료	목재, 연료 또는 원료로 사용 잠재력을 가진 생물종 또는 무생물적 구성요소	총 생체량 (kg / ha]	순생산량 (kg / ha / year)
4	유전물질 : 식물병원체 저항 유전자	(잠재적으로) 유용한 유전물질을 가진 생물종	'유전자은행'가치 (예, 생물종 및 아종의 수)	최대 지속수확량
5	생화학적 생산물과 약용 자원	화학적이나 약용으로 유용한 생물종 또는 무생물 구성요소	추출할 수 있는 유용한 물질의 총량 (kg / ha]	최대 지속수확량 (양 / 면적 / 시간)
6	관상용 생물종과 자원	관상용 생물종 또는 무생물 자원	총 생체량 (kg / ha)	최대 지속수확량

4.3 생태계서비스 지불제(PES : payments for ecosystem services)

건강한 생태계를 유지하는 것이 곧 건강하고 건전한 삶을 보장하는 것이라는 생태적 사고를 바탕으로 건강한 생태계를 유지하기 위해 국제적으로 다양한 생물다양성 상쇄프로그램이 운영되고 있다. 생물다양성 프로그램을 적용하기 위해서는 해당 생태계서비스에 대한 평가를 바탕으로 보전지역에 대한 대체지역 조성 면적이나 비용 등을 추산하게 된다(그림 4-82).

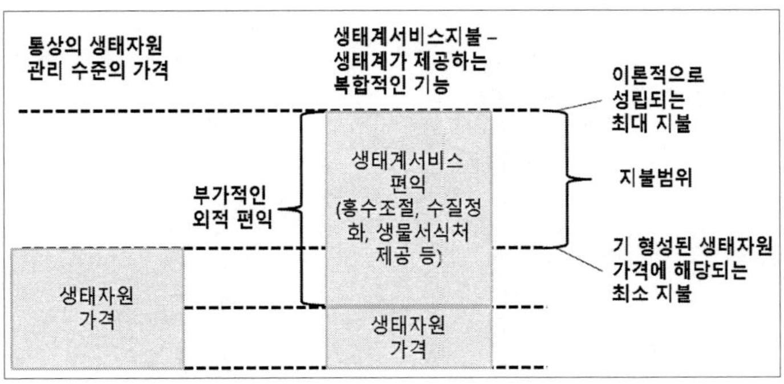

그림 4-82 생태계서비스 지불 개념 (구본학, 2016)

생태계서비스의 기본 전제는 생태계를 양호한 상태로

유지하여 생태계의 혜택을 제공하는 사람(또는 단체 등)에게 그 비용을 산출하여 대가를 지불한다는 의미이다. 즉, 그동안 가격이 형성되지 않았던 생태계서비스라는 새로운 가격을 제공하게 된다. 생태계서비스지불제는 생태계가 주는 혜택에 경제적 가치를 부여함으로써 생태계 파괴를 억제하거나 생태계를 보전할 역할이 있는 지역주민에게 이익으로 돌려주는 시스템으로서, OECD(2010)에서는 300개 이상의 PES 프로젝트를 진행하고 있다.

6절 모니터링 및 적응관리

1 모니터링

1.1 모니터링 계획

생태계에 분포하는 식물은 다양한 구조를 가지며, 식물의 분포는 기후, 토양, 유속, 수분조건, 온도, 수심, 수질 등과 같은 환경에 크게 영향을 받는다. 복원되었거나 조성된 생태계의 생태환경과 생물종의 변화추이를 관찰, 기록하여 자연천이의 과정을 살피고, 생태적으로 바람직한 관리방향을 제시하여 시행하는데 도움을 준다.

수생태계의 경우, 유수생태계에서는 갈풀, 달뿌리풀, 물억새 등의 생육이 왕성하고 규모가 큰 순군락을 형성하며, 정수생태계에서는 갈대, 애기부들, 줄, 큰고랭이 등이 높은 생장력을 보이나 자칫 다른 식물의 생육을 방해할 수 있으므로 적정한 관리가 필요하다.

모니터링은 조성 시점부터 시작하여 조성 직후, 1년, 2년, 3년, 5년, 10년 등의 주기로 하며, 물리적 환경과 생물적 요소를 모두 하며, 외래종 등 관리 대상종에 특히 주의를 기울여야 한다.

모니터링 수준

조사목적, 목표 등에 따라 모니터링 및 조사 수준을 결정한다. Ramsar 협약의 Convention on Wetlands Secretariat(2020)에서는

조사항목				Level 1	Level 2	Level 3	Level 4
Name and code				●	●	●	●
Geology	Geological zones			●			
	Geographic location				●	●	●
Climatic characteristics				●	●	●	●
Wetland goods and services				●	●		●
Ecological character	Physical features	Type of Ecoregion		●	●		
		Geomorphic setting					●
		Altitudinal range			●	●	●
		Spatial	Surface area			●	●
			Length				●
			Width				●
		Basin morphology	Bathymetry				●
			Inlet stability				●
		Currents, waves and sediment movement in a coastal area				●	●
		Erosional status				●	●
		Soil types				●	●
		Bottom sediments/substrata					●
		Water regime			●	●	●
		Wetland area and type		●	●		
		Geological characteristics		●	●		
		Groundwater				●	●
	Physico-chemical features	Water quality				●	
		Surface water	Temperature				●
			Salinity				●
			pH				●
			Transparency				●
			Nutrients				●
	Biological features	Biological condition of complex				●	
		Species and associations of biological significance				●	
		Vegetation	Dominant assemblages				●
			Dominant species				●
			Alien invasive species and environmental weeds				●
			Species and assemblages of conservation significance				●
			Vegetation cover	●	●		●
		Fauna	Dominant assemblages and species				●
			Species of conservation significance				●
			Populations				●
			Alien invasive and vermin/pest species				●
		Habitat(s)				●	●
		Biological significance of the habitat					●
Habitat classification							●
Population demographics						●	
Land and water use						●	●
Jurisdiction					●	●	
Management issues and threats				●	●	●	●
Monitoring and management programmes							●
Data sheet completion				●	●	●	●

그림 4-83 AWI 조사 수준별 조사 항목 (Wetlands International, 2002)

Wetlands International(2002)에서는 국가습지목록(NWI) 구축을 위한 new 툴킷에서 인벤토리 척도는 인벤토리 구축 목적, 해상도, 면적 및 범위, 사용가능한 리소스, 정확도, 생태학적 특성 및 확장성 등의 요인에 의해 결정한다고 하였으며, 축척에 따라 최소 매핑 단위가 결정되며 예를들면 1/250,000은 600ha, 1:50,000은 1ha 등의 최소 매핑단위로 설정된다고 하였다.

또한 아시아 습지인벤토리(AWI ; Asia Wetlands Inventory) 구축을 위한 모니터링 및 조사 수준을 level 1-4 단계로 구분하고 있다(그림 4-83). 이와 관련하여 우리나라에서는 습지인식 증진을 위한 습지툴킷을 작성하면서 level 3 단계에 따라 국가습지인벤토리(KWI)를 구축한 바 있다(구본학, 2006).

실내 작업 : 수치지형도 및 위성영상

수치지형도, 지형도, 위성영상, 항공사진 및 토양도, 지질도, 수문도 등을 활용하여 생태계의 분포와 유형, 기타 속성을 개략적으로 파악한다(그림 4-84).

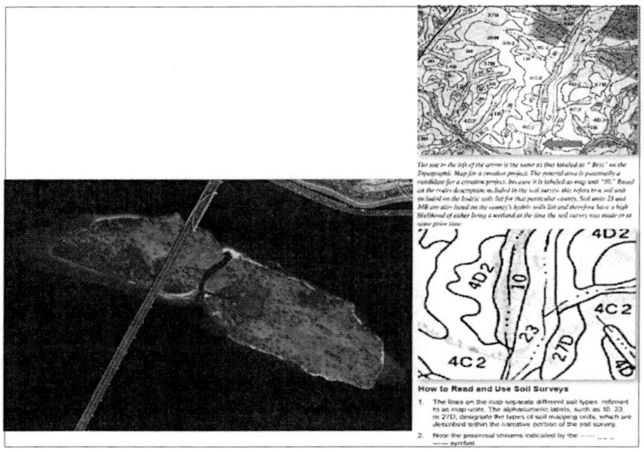

그림 4-84 실내작업

현지 답사

실내조사를 바탕으로 연구대상지에 방문하여 육안으로 전체적인 현황을 파악한다(그림 4-85).

생물상과 더불어 방형구를 설치하여 식생군락의 구조를 분석하고, 수환경에 대한 수심, 수위, 지하수위 등을 측정한다. 토양조사는 색상표를 활용한 토양 및 수피 등을 조사하며, field form 등 미리 작성하여 조사에 임하는 것이 좋다.

그림 4-85 현지답사

예시 습지 기능평가를 위한 현지 답사 야장(RAM field form)

1. Vegetative interspersion (field, air photos)
   What is the degree of interspersion between the vegetative types? (그림 4-86)

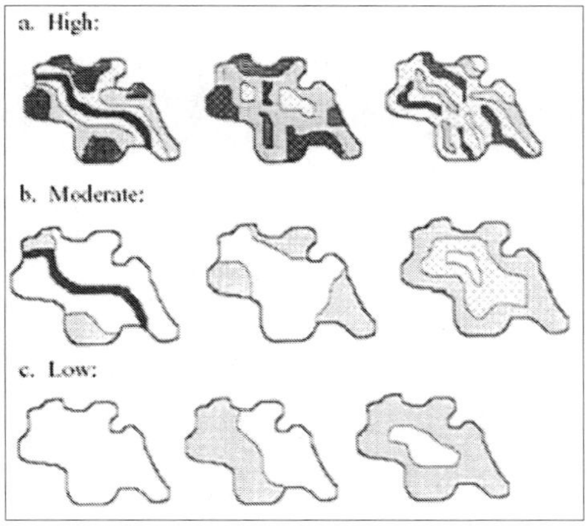

그림 4-86 식생혼재도 모식도

2. If the wetland is along a stream bank or shoreline, what is the width of the wetland vegetation along the streambank/shoreline? (field, air photos)
   a. 〉 20 ft b. 20~10 ft
   c. 〈 10 ft d. Not applicable

3. Inundation (field)
   3.1. Y N Is the wetland inundated?
      a. Approximate wetland inundation: _______ %
      b. Approximate average depth: _______ in.
      c. Approximate maximum depth: _______ in.

   3.2. What is the percent of and degree of interspersion of vegetative cover to open water? (field, air photos) (그림 4-87)
      a. Open water occupies less than 5% of wetlands
      c. Open water occupies 5~25% of the wetland. Vegetation occurs in dense patches or diffuse open stands.
      b. Open water occupies 5~25% of the wetland. Vegetation occurs in a peripheral band.
      d. Open water occupies 26~75% of the wetland. Vegetation occurs in a peripheral band.
      e. Open water occupies 25~75% of the wetland. Vegetation occurs in dense patches or diffuse open stands.

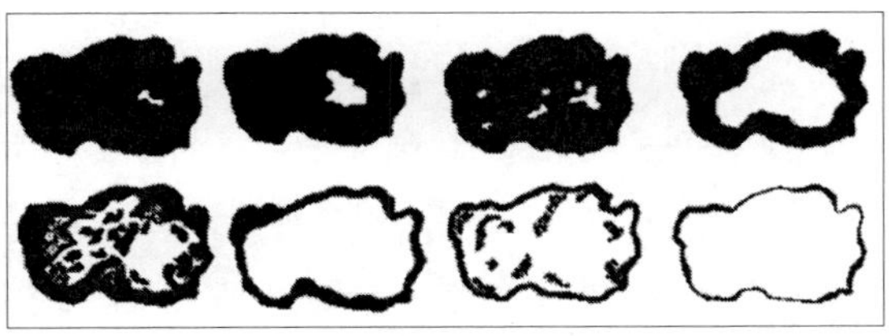

그림 4-87 개방수면과 식생군락 비율 모식도

f. Open water occupies 76~95% of the wetland. Vegetation occurs in a peripheral band.
g. Open water occupies 76~95% of the wetland. Vegetation occurs in patches or diffuse open stands.
h. Open water occupies more than 95% of the wetland.

2.2 모니터링 사례

2.2.1 청계천 복원 후 모니터링

청계천은 서울 도심을 서에서 동으로 가로지르며 흐르는, 중랑천의 제1지류인 지방 1급~2급 하천으로서 유역면적 50.96 km^2, 유로 연장 10.92 km의 도시하천이며 행정구역은 동대문구, 성동구, 중구, 종로구 등 4개구에 속해 있다. 청계광장부터 중랑천합류부의 총 8.12 km 구간이며 복원 전은 콘크리트로 복개된 상태였으나 상류, 중류, 하류를 4공구로 나누어 대대적인 복원을 시행하였다. 1, 2공구는 친수공간을 중심으로, 3, 4공구는 자연성이 살아있는 공간으로 각각 복원방향을 설정하였다. 특히, 3, 4공구로 이루어진 하류는 양안 및 고수부 면적이 상대적으로 넓어 이입종의 유입 가능성이 큰 지점이다(서울특별시시설관리공단, 2006).

청계천 복원 후 2006년부터 2010년까지 생태계 변화 모니터링을 진행하였다(구본학 등, 2006~2010). 식물상은 1,2년생 초본과 다년생 초본이 지속적으로 증가하였으며, 생활에 따른 청계천 복원 후의 식물상은 1,2년생 초본을 중심으로 구성되고 시간이 지날수록 다년생 초본의 비율이 증가하는 것으로 나타났다. 이는 하천복원 후의 불안정한 초기 상태를 보여주고 있는 것으로 판단된다.

구간별로는 하류부에 속하는 3,4구간에서 모래톱, 넓은 홍수터, 여울과 못, 저습지 등 자연환경이 양호하고 미소지형과 둔치 및 제방사면이 발달하여, 콘크리트 호안과 좁고 직선형 하도 등 열악한 환경조건인 상류부 1,2구간에 비해 더 많은 종이 관측되었다.

복원 직후인 2006년에는 328종이 발견되었다가, 2007년 446종, 2008년 444종, 2009년 471종 및 2010년 510종이 발견되었다. 이입종은 2006년 233종, 2007년 312종, 2008년 308종, 2009년 314종 및 2010년 300종으로 나타나 초기 1,2년에 급격한 변화를 보이다가 3년차 이후에는 비교적 안정적인 추세를 나타내고 있다. 생활형에 따라 초기 1,2년생 초본류 및 다년생 초본류가 점차 증가하고 있었다. 생활형에 따라 분석한 결과 청계천 복원 후의 식물상은 1,2년생 초본을 중심으로 구성되고 시간이 지날수록 다년생 초본의 비율이 증가하는 것으로 조사되었다. 이입종 중에서 귀화식물은 2006년 58종이 발견된 이래, 2007년 61종, 2008년 63종, 2009년 66종 및 2010년 68종 등으로 나타났으며, 귀화율의 경우 2006년에는 25%에 이르다가 2007년 이후 20% 내외로 유지되고 있었다.

생태계교란종은 연구기간에안 3종이 공통으로 출현하였고 연구기간에 총 5종이 발견되었다. 또한, 환삼덩굴 등의 덩굴성 식물의 번성이 식재종의 생육에 영향을 주고 있다. (환삼덩굴은 연구기간 이후에 생태계교란종으로 지정되었다.)

귀화종은 2006년에 58종이 조사된 이후로 지속적으로 증가하여, 2007년 61종, 2009년 66종, 5차년도인 2010년에는 68종으로 나타났다. 생태계교란종 및 귀화종의 증가는 하천생태계에 있어 식재종 및 자생종에 영향을 줄 가능성이 높으므로 이에 대한 지속적인 관리가 필요할 것으로 판단된다.

홍수기 집중 호우 전후의 식물상 모니터링 결과 갈대(Phragmites australis)와 줄(Zizania latifolia)이 집중 호우 후에도 재생이 빠르며 생육이 가능한 종으로 판단되었으며, 생태계위해종인 돼지풀(Ambrosia artemisifolia), 단풍잎돼지풀(Ambrosia trifida), 서양등골나물(Iris pseudoacorus)과 환삼덩굴(Humulus japonicus)의 우점도가 대폭 증가한 것으로 나타났다.

생태적 목적의 하천 복원, 자연형하천 또는 생태하천 조성 및 생태적인 하천 관리에서는 초기 1~2년 간의 급격한 생태적 변화가 예상되며, 이 시기에 인위적인 에너지를 투입해 생태계위해종, 귀화종 및 종의 교란 등을 저감하기 위한 노력이 진행된다면 복원 후 3년 내외의 빠른 시간에 하천생태계가 안정될 수 있을 것으로 판단된다.

2.2.2 기타 모니터링

한봉호 등(2010)의 연구에서는 생태조성하천인 수원천을 대상으로 10년간의 식생변화를 관찰한 결과, 조성 당시 식재종과 조사 시 수종은 큰 차이가 있었으며, 남아있는 식재종으로는 둔치지역에 잔디와 토끼풀, 호안지역은 모두 사라지고, 저수로에는 버드나무, 갈대와 줄만 남아있었고 전반적으로 자연발생종에 의해 피복된 것으로 조사되었다.

최병순(2011)의 연구에 의하면 수생태계 대표적인 식생인 갈대군락은 기수역, 담수역, 염습지, 담수 하천에서 순군락, 공생군락에서 모두 유사한 피도와 식물구조를 보인다고 밝혔다.

2 적응관리

복원은 생태계가 고유의 구조와 기능을 따라 스스로 자기조절적 형성과정을 통해 발전될 수 있도록 도와주고 시작하는 의도적 행위로서 그 과정에서 인위적 노력은 최소화하는 것이 필요하며 생태적 형성과정(ecological process)에 입각한 적응관리(adaptive management) 또는 순응형 관리에 의해 생태계가 복원 목표를 향해 발달될 수 있도록 한다.

적응관리는 관리 결과에서 학습하여 자원 관리를 개선하기 위한 체계적인 접근 방식으로서, 생태적 탄력성과 생산성의 증진을 위해 자연형성과정에 기반을 두고 있으며, '시행 착오' 과정이 아니라 수행과정에서 각 단계별로 문제를 인식하고 해결하는 과정을 말한다. 적응관리는 그 자체가 목적이 아니라 효과적인 의사 결정과 해결방안을 제공하는 수단이다.

그림 4-88 적응관리 모델
(Williams et al., 2009)

적응관리는 생태계의 구조와 기능을 규명하기 위한 목적으로 수행되며, 관리 행위에 따른 생태계의 반응 즉 생태적 기능에 대한 불확실성을 전제로 한다. 이러한 불확실성을 해소하기 위해 생태계의 구조와 기능을 기반으로 관리모델을 구축 수행하게 된다. 즉, 관리목표를 달성하기 위해 생태계에 대한 이해를 바탕으로 관리 전략을 수립하며, 모니터링 결과를 바탕으로 관리목표 달성 여부를 예측하여 관리 수준과 방법 등에 대한 의사결정을 내리게 된다.

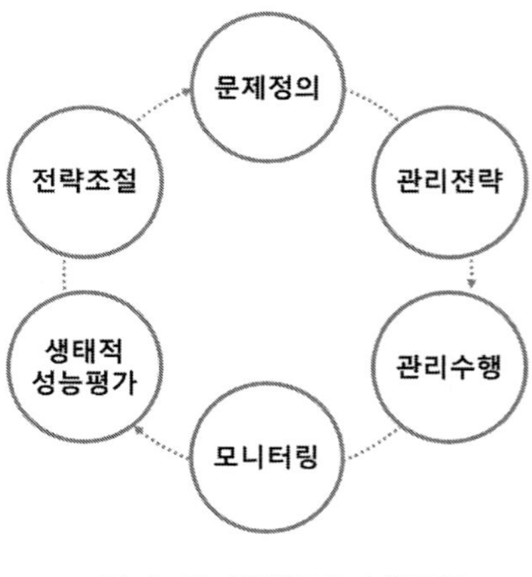

그림 4-89 적응관리 순환모델
(Williams et al., 2009)

적응관리는 1회성 의사결정이 아닌 반복 또는 순환적 모델이라고 할 수 있다. 또한 의사결정자의 일방적 결정이 아닌 지속적인 생태모니터링에 근거하여 성능평가를 수행함으로써 관리 목표 달성 수준을 결정하고 이에 따라 생태적 원리에 바탕을 두고 관리 전략을 수정 및 수행하게 된다.

적응관리의 장점 및 편익으로는 불확실성에 대한

유연한 대응이 가능하고, 과학적(생태적) 지식에 근거를 두고 있으며, 언제 어떠한 상황에서 최적의 관리 전략을 수립 또는 수행할 것인가에 대한 단서와 해답을 제공한다. 또한 모니터링에 따른 유용한 정보를 바탕으로 최적의 의사결정을 가능케 하고 이를통해 이해당사자들의 장기적인 협력을 가능케 한다.

반면에 적응관리의 한계와 도전으로는, 기존의 관리조직 및 시스템이 변화에 대한 충분한 대응이 어려울 수 있고, 사업 및 사후 관리 기간 동안 지속적인 모니터링 및 평가에 대한 약속이 전제되어야 한다. 한편, 관리행위와 그 효과가 나타나기까지 상당한 시간적 차이가 있으므로 성과에 대한 해석 및 전략 수립에 이를 고려하여야 하며, 법률 및 제도적 복합적인 적용 및 운영이 필요하다. 또한 효과적인 평가를 수행하기 위해서는 충분한 모니터링에 근거한 정보가 축적되어야 한다.

한편, 생태공학은 자연재료, 유기체 및 물리화학적 환경을 조작하여 목표에 도달하도록 하거나 기술적 문제를 해결하는 과학으로서, 철강이나 콘크리트 등 인공재료에 의존하는 일반적인 공학적 접근과는 매우 다르다. 공학적 접근방법이 축적된 데이터를 통해 예측가능한 특성이 있는 반면 생태복원은 예측불가능한 발전과정이라는 점이 고려되어야 하며, 생물종다양성이나 생태계 건전성, 건강성과 같은 다소 실용적이지 못한 정성적 목표를 설정하게 된다. 이렇게 예측가능성이 문제가 되지 않는다면 생태공학적 프로젝트의 범위는 복원행위로 검증될 때까지 확대될 수 있게 된다.

나아가 생태복원은 때로는 유역관리 프로그램이나 개발사업, 생태계 관리 및 자연보전 등 공공부문이나 기업 등의 사적 프로젝트를 구성하는 많은 요소 중 하나일 뿐이다. 이러한 대규모 사업에서 프로젝트 매니저는 생태복원을 계획하고 수행하기 위한 복잡성과 비용 등에 유의할 필요가 있다. 비용절감을 달성하기 위해서는 대규모 프로그램의 다른 요소와 함께 복원행위를 주의 깊게 조정하는 것이 중요하다.

그러므로 생태복원을 수행하는 프로젝트매니저는 생태복원을 프로그램의 종합적 요소로 인식할 필요가 있다. 이런 경우 복원전문가는 프로그램 요소 중에서 복원을 저해하거나 나쁜 영향을 주는 요소를 도출할 수 있으며, 비로소 생태복원 목표를 달성하고 완전히 실현될 수 있을 것이다.

CHAPTER 05

유형별 생태복원 기술

1절 육상 생태계 복원 기술 및 사례

1 산림생태계 및 도시림

1.1 산림복원

훼손된 자연은 회복하는데 최소 수십 년에서 수백 년이 소요될 수 있다. 더욱이 환경 친화적인 비탈면의 식생경관을 조성하기 위해서는 획일적이고 직선적 형태의 비탈면 형상보다는 주변 환경과의 자연스러운 조화가 될 수 있도록 조기에 목본이 출현하는 식생군락을 형성시키는 것이 바람직하다. 생태복원은 단지 새로운 식물사회의 조성이 아니라 자연의 회복력에 대한 기대와 생태적 천이와 부합되는 자연 회복을 위해 인위적으로 도움을 줄 수 있는 기술로 생각되어야 한다(환경부, 2001).

복원은 전혀 새로운 식물의 조성이 아니라 자연의 회복력을 기대하고, 생태적 천이에 도움을 주고 자연 회복을 위해 인위적인 도움을 주는 기술이다(환경부, 2001). 훼손된 생태계를 생태적으로 복원함으로써 경관미의 향상도 더불어 기대할 수 있다(Morrison, 1996). 생태복원은 보전 가치가 높은 생태계의 보전 전략과 더불어 개발사업의 결과 생태계에 대한 순손실이 없어야 한다는 'no net loss of ecosystem function' 의 원칙에 입각하여, 생태자원의 총량관리를 통해 생태자원을 현명하게 이용하기 위해 매우 유력한 수단이다. 이러한 복원 노력은 생태계 유형이나 훼손 유형을 구분하지 않고 다양한 생태계를 대상으로 다양한 방법론을 적용하고 있다.

우보명(2003)은 각종 유형의 토목공사에 의한 개발 행위와 자연현상 등으로 훼손된 자연을 인위적 노력으로 재생·복원하기 위해서는 식물 성장이 불가능할 정도의 열악한 입지 환경 조건을 적극 개선하여 녹색공간을 창출하여야 한다고 하였다.

우리나라 중부지역 야산지 인공조림지 산림군락에서 DBH 2 cm 이상의 수목을 대상으로 중요치를 분석한 결과 리기다소나무가 116.134로 가장 높았으며, 다음으로는 소나무 44.493, 곰솔 20.844, 굴참나무 20.284, 상수리나무 19.185, 밤나무 14.963, 아까시나무 12.290, 졸참나무 10.597 등의 순으로 나타났다(한국수자원공사 2003 ; 그림 5-1).

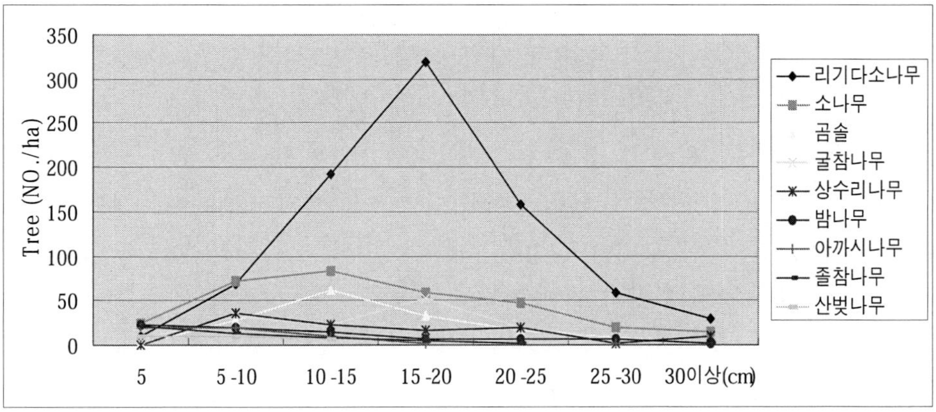

그림 5-1 대청댐 주변산림의 흉고직경 분석(한국수자원공사, 2003)

리기다소나무와 소나무, 곰솔이 1, 2, 3위를 차지하고 있는 것으로 보아 교목층에 리기다소나무와 소나무, 곰솔, 굴참나무, 상수리나무 등이 우점하는 군락들로 이루어져 있음을 알 수 있다. 조림수종인 리기다소나무의 개체수가 훨씬 많은 것을 알 수 있으며, 조림시기가 20년 전에 많이 이루어진 것을 알 수 있다. 소나무 또한 인공조림된 수종으로 많은 개체수를 보인다. 그러나 우점 수종인 인공조림수종 외에 참나무류 수종인 굴참나무, 상수리나무, 졸참나무가 비교적 높은 수치를 보이고 있고, 흉고직경으로 판단해도 참나무류 수종인 굴참나무의 어린 개체가 비교적 높게 나타나고 있는 것을 알 수 있으며 이는 소나무에서 참나무류로의 천이가 진행되고 있다고 해석될 수 있다. 흉고직경은 수령 및 임분동태의 간접적인 표현이며 산림천이의 양상을 추정할 수 있는 바, 개체수가 많은 리기다소나무, 소나무, 곰솔, 굴참나무, 상수리나무, 밤나무, 아까시나무, 졸참나무, 산벚나무의 9종에 대한 흉고직경급별 분포도를 작성하였다.

생태복원은 각 지역의 자생종 및 고유종을 적극 활용하고, 생물종다양성과 자연경관복원에 기여할 수 있도록 생태복원공법들을 적용하고, 복원공법의 특성에 부합되도록 복원식물을 배합 설계한다. 다만, 종자를 파종하거나 묘목 또는 성목을 식재하여 복원하여도 수목은 지속적으로 성장하고, 또 생장 중에 도태되는 경우도 있다. 특히 생물적 자연은 항상 변동하기에 복원 결과가 앞으로 어떤 방향으로 나아갈 것인가에 대한 명확한 계획을 가져야만 한다. 또한 식물의 상황에 대한 정기적인 모니터링과 평가를 통해(우보명, 2003) 목표를 성공적으로 달성하는지에 대한 판단과 더불어 목표를 재검토하는 경우도 발생하기도 한다.

한편, 의도적으로 발생시킨 화재와 산림 내 흩어져 분포하는 목재부산물의 제거 등이 산림생태계 관리 전략의 하나로 적합하다. 산림 식생 천이, 식생 갱신, 산림생태계 내 종다양성 유지관리 등을 위해 다양한 전략들이 적용되고 있으며, 그중 산불에 의한 영향도 중요한 역할을 하고 있다(Gardner et al., 1999; Rollins et al., 2004). 지난 수십년간 자연 발화된 산불에 의한 교란에 대한 모의 연구를 진행하였다(Cissel et al., 1999; Seymour et al., 2002; Cleland et al., 2004; Nitschke, 2005).

식재기법은 화재로 인해 심각한 피해를 받은 지역에 대한 유용한 관리 전략으로 도입될 수 있다. 나아가 일부 종자 산포용 수목을 남겨두고 일정 지역을 선택적으로 벌목한 후에 의도적으로 화재를 발생시키는 행위는 심각하게 화재의 피해를 입은 지역을 제외한 대부분 지역에서 건전한 산림 관리 전략으로 매우 유용한다.

2 비탈면

2.1 비탈면 생태복원의 전제

비탈면 복원공사는 시공전의 자연환경을 고려하며, 최소한의 환경훼손 방향으로 복원계획이 수립되어야 한다. 일반적으로 도로 비탈면의 복원은 생태계 복원, 비탈면의 안정성, 경관보존 기능, 생물 서식공간제공의 기능, 종 다양성 회복에 기여해야 하며, 비탈면 안정, 도입식물 선정, 식물의 생육환경(서식지, 생육장소, 입지조건)의 유기적 연동이 필요하다(일본녹화공학회, 2002).

비탈면은 흙깎기와 흙쌓기에 의해 조성되는데 초기의 복원공사에서는 외래 도입초종(양잔디) 위주의 조기복원이 이루어고, 복원공법 적용에도 훼손된 비탈면의 생태환경에 대한 분석 없이 접근함으로 비탈면이 재 황폐화되는 등 문제점이 심각하였다. 비탈면을 생태적으로 복원하기 위해서는 대상지의 현지상황을 상세하고 정확하게 조사하여 적절한 복원계획에 필요한 조사를 실시해야 한다. 특히 시험시공을 통해 복원공법과 식물을 선정하는 것이 필수적이다. 초기에는 조기복원이 가장 중요한 목표였으나 점차 품질이 강조되면서 친환경적 복원과 더불어 훼손된 비탈면을 주변지역 생태계와 유사한 구조로 회복시키기 위한 생태적 복원의 필요성이 강조되었다.

비탈면은 안정과 적절한 복원이 이루어져야 토양유실을 방지하고, 경관을 조기 회복시킬 수 있다. 현재 국내에는 각종 도로의 신설 및 확장공사와 신도시, 골프장공사 등으로 인해 비탈면의 수가 급증하고 대형화되는 경향이 있다. 이렇게 생성된 비탈면은 복원을 통하여 훼손되기 이전의 종 다양성으로 조기 회복하여서 토사유출 방지와 경관미의 회복 등의 노력을 통해 훼손으로 인하여 생긴 주변 환경의 피해를 최소화하여야 한다. 일반적으로 비탈면 복원은 적용 식생과 공법선정이 자연생태계 복원, 생물서식 공간, 경관보존 등 기본적 기능에 바탕을 두고 선정하는 것이 바람직하다. 즉, 각종 건설공사 등으로 인하여 훼손된 비탈면이 자연환경의 생태계로 복원되고, 이용자들에게는 안정감과 쾌적함을 제공함과 동시에 주변의 환경에 적합한 종자와 적합한 복원공법의 선정을 통하여 친환경적인 비탈면 복원공법 시공에 관한 내용을 정하는 것이 중요하다.

복원목표

비탈면 복원 초기에는 생태적으로 중요한 지역에서도 외래초종 위주의 복원이 이루어지고, 경질마사토, 리핑암. 풍화암 토질에서도 네트만 치고 파종하는 등 복원공법이 맞지 않아 재시공 하거나, 복원에 실패하여 얇은 식생기반의 취부공법으로 대체되는 사례가 빈번하다(국토교통부, 2004).

훼손된 비탈면이 자연환경의 생태계로 복원하여 도로이용자에게 안정감과 쾌적함을 제공하고, 야생 동식물의 서식공간을 조성하는 등 친환경적인 도로 비탈면을 조성하는 것이 중요하다. 이를 위해 주변여건에 적합한 복원공법 및 종자를 선정하여야하고 시공 전에는 검증절차(시험시공)를 거치도록 함으로써 부실시공을 방지하고 복원 후 품질을 향상 할 수 있게 된다.

비탈면 생태복원의 적용 공법에 대한 선정 기준은 각 생태권역별로 복원 목표를 설정한 후 토질, 기후, 지역적 여건을 종합적으로 고려하여 자생종을 적극 활용할 수 있는 복원공법 선정 체계를 제시하고 있다. 또한 생태권역에 따라 광역적인 환경복원지역의 구분과 국부적인 복원목표의 선정을 위해 녹지자연도 및 국토환경성 평가도에 따라 자연경관복원형과 일반복원형으로 구분된다.

생태자연도 1등급지역과 별도관리지역은 지역 고유초종을 사용해서 생물종 다양성 보존과 자연경관의 조기회복에 도움을 주기 위한 자연경관복원형의 목표를 설정하고, 생태자연도 2, 3등급 지역은 일반복원형으로 목표를 설정한다. 비탈면 구분, 비탈면의 경사, 토심, 토질, 주변의 경관과 식생, 조류의 이동 등 현지여건을 종합적으로 분석하여 초본위주형, 초본·관목혼합형, 목본군락형으로 구분한다.

'자연경관복원형'은 생태자연도 1등급, 국토환경성평가 1~2등급, 별도관리지역 등 생태계의 고려가 필수적인 지역에서 추진되는 도로건설로 인하여 발생되는 인공 및 자연 비탈면의 복원에 지역의 자생종 위주로의 식물종을 구성하여서 종 다양성을 높이고자 하는 복원방법을 말한다.

생태권역을 기후환경, 지역환경, 산림환경 등을 고려하여, 국토생태핵심녹지축지역(백두대간 보호에 관한 법률에서 정하는 백두대간을 중심으로 하는 핵심지역과 그 주변 지역의 정간 및 13개 정맥을 포함하고 있는 우리나라 핵심생태녹지축 지역)과 내륙생태계지역, 해안생태계지역으로 구분하여 복원목표와 종자 배합을 달리하도록 규정하고 있다. 특히 백두대간과 같은 국토핵심녹지축 지역에서는 외래종의 사용이 제한되고, 비탈면의 규모와 기반상태, 주변 생태계의 현황에 따라 초본위주형, 초본관목혼합형, 목본군락형으로 구분하고 있으며 일반복원과 자연경관 복원의 상이한 복원목표가 구현될 수 있도록 유도하고 있다.

복원목표는 표 5-1, 5-2와 같이 생태자연도 평가등급별로 일반 복원형과 자연경관 복원형으로 목표를 구분하여 적용하고 있다.

표 5-1 생태자연도 평가등급별 비탈면 복원목표 (국토교통부, 2005)

생태자연도 등급	복원목표		비 고
	일반 복원형	자연경관복원형	
1		○	별도관리지역 포함
2	○		
3	○		생태등급이 설정되지 않은 구역 및 등급 외 지역

표 5-2 복원지역과 생태자연도별 비탈면 복원목표 (국토교통부, 2005)

복원목표 / 복원지역구분		생태자연도 등급별 복원목표					
		1등급	2등급			3등급	
		자연경관복원형	일반 복원형			일반 복원형	
			목본군락형	초본관목혼합형	초본위주형	초본관목혼합형	초본위주형
국토핵심생태녹지축지역		○	○	○	○	○	○
해안생태계지역		○	○	○	○	○	○
내륙생태계 지역	녹지자연도 8등급 이상	○	○	○	○	○	○
	녹지자연도 7등급 이하		○	○	○	○	○

2.2 비탈면 복원 공법 및 기술

2.2.1 복원공법 선정

비탈면 복원설계는 환경친화적이면서 비탈면의 안정성 유지, 경관복원, 토양유실방지, 자연식생천이 유도, 이산화탄소 저감에 유리한 식생구조의 조성을 위해 자연환경, 토양환경, 지질 및 토질특성, 식생기반재 등을 종합적으로 고려한다. 또한 설계 시에는 기본적으로 지역 환경에 대한 선행조사와 분석, 평가 등의 절차를 거쳐 복원지역을 구분하고 생태자연도의 등급에 의해 설정된 비탈면 복원목표를 달성할 수 있도록 복원공법을 설정한다. 공법이 선정된 다음에는 복원목표 달성을 위해 종자배합을 설계하고, 모니터링계획 및 시험시공계획, 유지관리계획을 수립하는 등의 세부수량을 산출한다.

비탈면 복원공법은 그림 5-2와 같은 비탈면 복원공법선정 절차에 따라 환경녹화지역구분 중 어느 지역에 해당하는지를 먼저 확인하고 흙깎기 비탈면과 흙쌓기 비탈면으로 구분하여 적용하되, 토질(특성, 비탈면의 경사도, 주변 환경, 지역여건 등을 고려하여 복원공법을 선정한다.

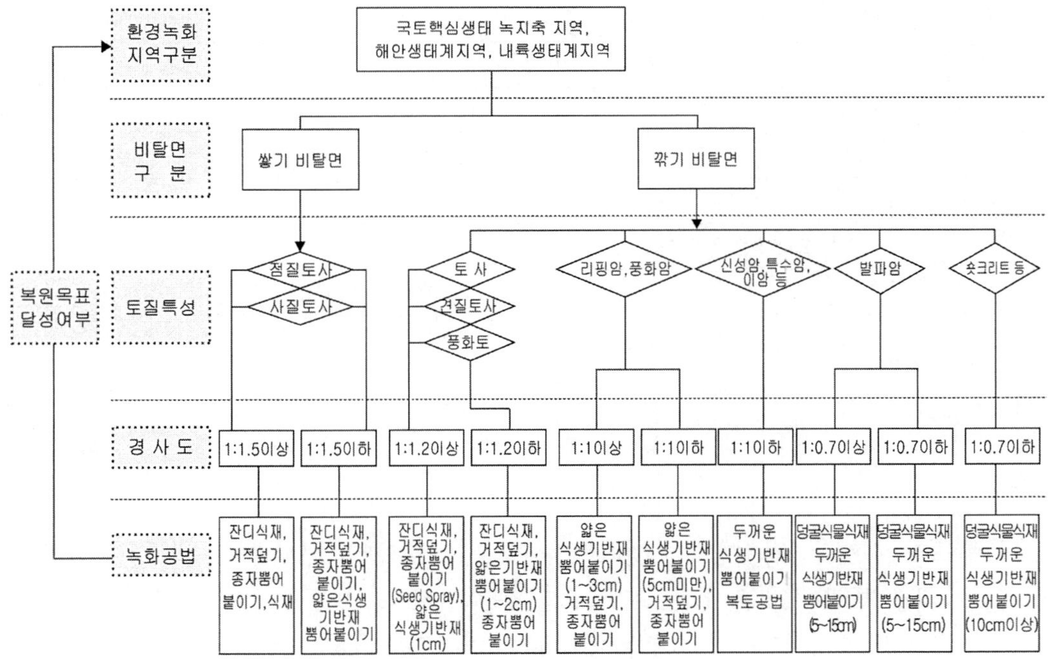

그림 5-2 비탈면 복원공법 선정절차 (국토교통부, 2009)

2.2.2 복원용 식물

비탈면 복원지역별 종자배합설계는 초본위주형, 초본·관목혼합형, 목본군락형, 자연경관복원형 등의 복원목표에 부합되도록 하여야 한다. 목본군락형, 자연경관복원형의 복원목표 달성을 위해 생태복원공법들의 특성에 맞춰 주변에서 채취한 표토활용, 종자파종 및 자생종의 묘목식재, 이식 등의 방법을 검토하고, 식생기반재뿜어붙이기와 병행하는 방안과 자연 천이의 촉진 및 유도 방안 등을 강구할 수 있다.

비탈면복원공법에 적용할 종자배합은 표 5-3에 따라 설계한다. 다만, 자연경관복원형은 복원목표를 달성하기 위해 불가피한 경우에는 복원공법의 특성에 맞게 종자배합설계를 다르게 적용할 수도 있다. 종자배합 설계에 대한 내용은 종자배합량 조견표에서 제시하고 있는 목본, 초본, 야생화류, 외래초종(양잔디류)의 종자배합비율을 참조한다.

표 5-3 종자배합비율 조견표 (국토교통부, 2009)

복원목표	식생구분	종자배합비율(%) (중량배합)	
		자연경관복원형	기타
초본 위주형	관목류	20~40	10~40
	초본, 야생화류	40~80	40~80
	외래초종(양잔디류)	0~10	10~20
	합 계	100	100
초본·관목 혼합형	관목류	30-50	30~50
	초본, 야생화류	45-70	40~70
	외래초종(양잔디류)	0~5	5~15
	합 계	100	100
목본 군락형	교목류, 아교목류, 관목류	40~70	35~60
	초본, 야생화류	30~70	35~65
	외래초종(양잔디류)	0	3~10
	합 계	100	100

복원목표가 자연경관복원형인 경우 복원식물은 그늘사초, 큰기름새, 대사초, 참억새, 새, 솔새, 개솔새, 쑥류(맑은대쑥, 쑥, 넓은잎외잎쑥, 뺑쑥), 양지꽃, 노루오줌, 구절초, 참취, 큰까치수영, 뚝갈 등의 초본류와 생강나무, 진달래, 철쭉, 개옻나무, 붉나무, 국수나무, 산초나무, 쥐똥나무, 개암나무, 호랑버들, 병꽃나무, 찔레나무, 산딸기, 복분자딸기, 노린재나무, 소나무 등의 목본류가 비탈면 복원용 자생종(재래초본, 재래목본)으로 사용될

수 있으며, 이외에도 대상지 생태적 접근에 적합한 식물을 추가로 사용할 수 있다.

복원용 식물은 현지에 서식하는 식물을 주로 활용하고, 목본군락형의 경우에는 교목류와 아교목류 등의 식재가 비탈면 상부의 토심이 깊고 경사도가 완만하여 비탈면 안정에 영향이 없어 시야에 지장이 없는 구간에 적용이 가능하며, 성장 후에도 키가 낮은 식물들을 우선 적용할 수 있도록 하고 있다.

해안생태계지역에서는 해안에 적합한 종자배합을 하고, 외래도입초종이 10%를 넘지 않도록 한다. 이 경우 난지형초종인 위핑 러브글래스(Weeping Lovegrass) 사용을 억제하고, 싸리와 낭아초는 20% 이하의 비율로 배합하여서 지나친 우점을 피한다. 또한 목본군락형의 경우 교목류와 아교목류는 비탈면 상부의 토심이 깊고 경사도가 완만하여 비탈면 안정에 영향이 없고 시야에 지장이 없는 구간에 적용이 가능하며, 성장 후 키가 낮은 식물로 선정한다.

종자배합설계 시 고려할 사항으로는 종자의 배합비율은 토질, 계절, 기후특성 등을 고려하여 정하며, 혼합한 후에는 종자가 골고루 살포되도록 하고, 주위 경관과 조화로울 수 있도록 식물종을 배합하여 적용하여야 한다. 재래종과 외래초종(양잔디류)의 배합에는 재래종의 비율을 높게 하여서 외래초종에 의하여 피압 당하지 않도록 하여야 하고, 외래초종을 사용할 경우에는 초장이 짧은 종을 사용하여야 한다.

보전지역, 자연공원, 문화재 보호구역, 터널 입 출구, IC 구간, 등 경관을 특별히 고려할 필요가 있는 곳의 종자배합 시에는 한 종류의 발생기대본수가 총 발생기대본수의 40% 이상이 되지 않도록 하고, 생태·경관보전지역에서는 지역 고유의 자생종 종자를 혼합하여야 한다. 시야확보 및 효과적인 유지관리를 위해 쌓기 비탈면 최상단 및 깎기 비탈면 최하단에 키가 큰 수목종자(낭아초, 싸리류 등) 사용은 피한다.

주변 식물군락의 유형에 따라 초본·관목혼합형 및 목본군락형 복원지역에 내음성이 강한 수종을 한 종 이상 선정하여 파종할 수 있으며, 종자배합 설계 시 비탈면의 고도와 방향, 주변 생태계의 특성을 종합적으로 고려하여 다른 종자배합설계를 적용할 수 있다. 특히 비탈면의 방향과 해발고도 등을 고려할 때 수분의 고갈이나 제설, 일조량, 온도 등으로 식물의 생육이 어렵다고 판단되는 경우, 종자배합을 다르게 적용할 수 있도록 하고 있다.

2.3 비탈면 복원 사례

S시의 J인터체인지 연결도로 건설공사 현장에 발생하는 훼손지 비탈면을 대상으로 토질별 적용 공법과 파종식물, 피복률 등 그 생육기반에 따른 비탈면 생태복원 성능을 평가 분

석하였다. 대상지 비탈면 복원을 위해 생태권역 구분에 따른 지질, 암질, 토질상태, 자연환경 등을 고려하여 복원공법 및 뿜어붙이기 두께를 선정하였다.

조사구 설치 및 측정

조사구는 임의로 정한 방형구(1 m × 1 m) 3곳 이상을 설치하였다(그림 5-3). 식생생육량, 수종 및 초종, 식생피복률, 병충해유무 등을 조사 분석하였고, 토양경도 및 습도, 산도 등의 경우는 조사장비를 통하여 측정하여 반영하였다. 조사내용은 조사일자 및 사진자료를 조사야장에 기입하였다(표 5-4).

그림 5-3 방형구 설치

표 5-4 조사도구

토양경도계	간이 토양 산·습도 측정기
	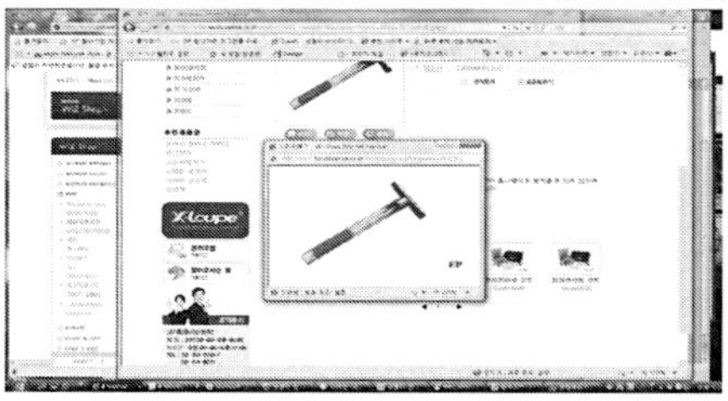
GPS좌표계	토층 채취기
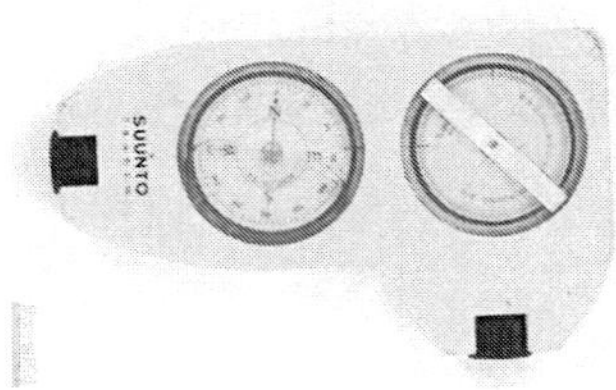	
경사 및 방위계	식물도감

2절 수생태계 복원 기술 및 사례

1 수생태계의 특징

1.1 수생태계의 생태적 특징

수생태계는 물환경 고유 특성을 지닌 생태계이면서 깊은물(deep water)과 내륙(upland)의 전이지대(ecotone)로서 생물서식지 및 물질 순환 등 생태학적 구조와 기능이 활발한 공간이다(구본학, 2002; 2009). 수생태계는 육수생태계와 해양생태계로 구분할 수 있는데, 육수생태계는 다시 하천과 같은 유수생태계와 호수 등과 같은 정수생태계로 구분할 수 있다. 이 절에서는 육수생태계인 정수생태계와 유수생태계를 대상으로 하며 연안생태계는 '3절. 연안생태계 복원기술 및 사례'에서 별도로 설명한다.

정수생태계인 습지나 생태연못, 유수생태계인 하천이나 계류 등은 다른 유형의 생태계에 비해서 더 많은 생물 다양성을 보유하고 있고, 다양한 생물들이 서식할 수 있는 기회요소를 제공한다. 그러므로 생물서식공간에 물을 도입하는 것은 생물 다양성 증진을 위해서 가장 효과적인 기법이다. 즉, 도시공간이나 다른 토지이용에 습지나 생태연못, 하천이나 계류 등을 조성함으로써 수생 및 습지식물의 생육환경과 더불어 수서곤충, 어류, 양서류 및 조류의 서식처 등을 창출할 수 있고, 이들 수생태계는 수질정화, 생태체험, 물질생산, 레크레이션 기회 제공, 기후변화 대응, 물질순환, 생태교육의 장으로도 유용한 공간이다.

수변공간은 수량이나 수질 등의 환경변화가 매우 중요하므로 환경 특성을 파악하는 것이 식생관리의 기초가 되며, 특히 하천, 호수, 댐저수지 등 수변공간은 홍수나 가뭄에 의한 영향을 많이 받는 지역으로서 물과 주변식생 사이를 연결시켜 주는 고리로서 중요한 역할을 하게 된다.

수위변동구간은 일종의 전이지대인 추이대(ecotone) 또는 이행대로서 육지 특성과 호수 특성이 교차하는 생태적으로 매우 중요한 구간이다. 그럼에도 불구하고 대부분의 댐에서는 이 구간의 식생을 제거함으로써 나지로 노출시켜 매우 나쁜 불량한 경관을 조성하고 있으며, 토양유실과 침식이 계속 발생되고 수질정화 등 다양한 생태적 기능을 하지 못하는 매우 부정적인 시각적 영향요소로 취급되고 있는 실정이다.

수위변동구간은 건조 환경과 침수 환경이 반복되어 나타나는 매우 불량한 조건을 갖추고 있다. 갈수기에는 수위저하로 인해 토양수분이 감소하여 뿌리의 흡수능이 저하되고 식물체내 수분 증산을 억제하기 위해 낙엽이 지거나 기공이 폐쇄되며 심한 경우 고사하게 된다. 홍수기에는 침수로 인해 산소농도가 저하되고 토양 중 뿌리분포 구간에 혐기적 환경이 발생한다. 이로 인해 뿌리의 작용이 둔화되고 식물에 스트레스가 작용하며 심한 경우 생육에 영향을 끼친다. 침수된 줄기나 잎은 기공이 폐쇄되어 광합성이 억제되고 증산작용이 제한되어 생육에 영향을 끼치게 된다. 특히 완전 침수된 경우 생육에 결정적 영향을 끼칠 수 있다.

수위변동구간에 식생을 도입하기 위해서는 토양환경의 개선이 우선 요구된다. 표토층이 제거되어 식물생육에 필요한 영양물질이 부족한 척박한 토양으로 남게 되어 식생도입이 매우 어려운 상태이며, 최근에는 상시만수위에서 계획홍수위까지 구간은 침수빈도가 적기 때문에 식생을 제거하지 않고 남겨두기도 한다.

토양이동량을 저감시키기 위해서는 비탈면에 수평기반공을 조성하여 토양이 퇴적될 수 있는 공간을 확보하며, 저수지로부터 발생한 파도에 의해 사면이 침식되는 것을 방지하고 식생을 보호하기 위해 파도 방지 시설을 설치한다. 식생이 발아하고 생육하는 기반이 되는 식생기반재는 환경위해성이 없는 것을 사용하여야 한다.

1.2 수생태계와 수생식물

수생식물들의 분포에 영향을 미치는 것은 수질과 함께 수심이 가장 큰 영향을 주고 있다. 그리고, 생물다양성과 종풍부도의 증진 및 습지로서의 기능을 향상시키기 위해서는 도입되는 식물이 필요로 하는 환경조건을 제대로 갖추어야 한다(Admiraal et al., 1997).

여기에서는 물의 깊이, 유속, 침전물과 식생 구조 등이 기여하게 되는데, 식생은 섬, 육상 은신처의 인근 지역, 수생식물 식생대 등이 제공되어야 한다. 특히, 수생식물 군집과 개방수면과의 면적비는 야생동물의 서식에 중요한 요인으로 그 비율은 70:30이나 40:60 등이 바람직하다(Admiraal et al., 1997). 수변 호안에 식물이 제대로 성장할 수 있는 경사는 1:3~1:20 사이의 경사를 유지해야 한다(Malcolm Emery for the Ecological Parks Trust, 1986).

식물의 유형별로 필요한 수심은 표 5-5와 같다.

표 5-5 습지식물의 유형 및 적정 수심(Anne D. Marble, 1992 ; Donald A. Hammer, 1996 ; 서울대학교, 1997)

분 류	특 징	적정 수심*	비 고
관목 및 교목	수면 밖 육상에서 생활하는 수목	0 cm 이상	수변림 형성
습생식물	물가에 접한 육지면에 위치하여 생육		
정수식물 (emergent plants)	비교적 얕은 수심에서 나타나며, 뿌리와 줄기의 일부가 물에 잠겨 있음. (ex : 갈대, 줄, 애기부들, 고랭이 등)	0~30 cm (약 50~30 cm)	
부엽식물 (rooted plants)	뿌리는 물속 토양에 의지하고 입만 수면위에 떠서 생활함. (ex : 마름, 노랑어리연, 수련, 가래 등)	약 30~120cm	
침수식물 (rooted submerged plants)	몸 전체를 물 속에 담그고 있는 식물로서 수압/부력에 의존함. (ex : 말즘, 새우말, 붕어마름 등)	약 45~190 cm (약 50~100 cm)	
부유식물 (free-floating plant)	몸 전체를 수면위에 띄워서 생활하며, 대부분 양분의 흡수는 변형된 잎에 의해서 이루어짐. (ex : 개구리밥, 생이가래, 통발 등)		
수생식물이 없음 (개방수면)		약 200 cm 이상	식물생육에 부적합한 깊이

생태복원 초기의 변화

생태복원 이후 초기 2~3년간의 생물상은 급격한 변화를 초래하게 된다. 예를들어 복원된 습지에서의 일반적인 패턴은 조성직후 생물종이 급격하게 증가하면서 1년생 초본이 우점하게 된다. 이후 약 2년 정도 생물종 수가 증가하면서 2년생 초본식물이 우점하게 되고 그 이후는 다시 종수는 줄어드는 경향을 보인다(Davis and Coppeard, 1989). Bazzaz (1968)의 연구에 의하면, 생태공간 조성후 2년이 지난 이후 30종, 4년 후 28종, 10년후 24종 등이 나타난 것으로 보고하고 있다. 또한 김형국과 구본학(2008 ; 2012)의 연구에 의하면 청계천 복원이후 5년간의 모니터링 결과, 초기 2~3년동안 생물종 수가 증가하다가 3년 이후에는 안정적인 변화를 나타내고 있음을 알 수 있었다. 이와 같이 생태적 목적으로 조성된 공간은 조성 직후 일정기간 교란시기를 거친 후에 점차적으로 안정된 생태계로 변화해가는 경향성을 나타낸다.

식생기반조성

吉田 等(1993)은 저수지 비탈면의 구조적 안정에 기여하면서 식생을 도입하기 위한 기반의 조성 공법을 버드나무류 가지 엮기, 섶단 누이기, 나무말뚝, 자연석, 돌망태, 야자섬

유롤 등으로 조성하였다. 종자취부공, 식생포트공, 근공, 목책공, 흙주머니토류벽공 등으로 조성하였고, 버들가지 목책공은 경사 1 : 2~1 : 3의 완만한 비탈면에 적용한다.

토양이동방지 및 토양이동량 감소를 위해 종자취부공, 식생 네트공법, 흙주머니 기반 조성 등이 유효하다. 다음 그림들은 댐저수지 비탈면 수위변동구간을 생태적으로 복원하기 위해 대청댐에서 실시한 실험적 연구에서 적용한 기반재뿜어붙이기, 식생네트, 식생자루, 편책, 사방공 등의 기반조성 및 식생복원 결과이다.

2 생태하천 및 하천생태복원

2.1 유럽 하천 복원 사례

독일 바이에른주의 마인강 상류 및 로다흐강 생태복원 결과 핵심종의 개체수, 크기, 발생학적으로 중요한 서식지의 연결성 등이 향상되었다. 특히 유생 어류 서식처의 다양성과 연결성이 증가하면서 유수성 어류의 종 풍부도가 향상되었다(그림 5-4, 표 5-6).

그림 5-4 독일 마인강 상류 및 로다오강 복원 대상지

표 5-6 마인강 및 로아흐강 생태복원 결과

Characteristics and parameters	Main (restored)	Main (non-restored	Rodach (restored)	Rodach (non-restored)
(1)inventory of species and guilds (score)	4,00	3,33	3,00	3,00
(2) abundances of species and guilds (score)	1,94	1,82	1,71	1,97
(3) age structure/ reproduction (score)	3,00	3,29	4,14	1,33
(4) migration (score)	1,00	1,00	1,00	1,00
(5) fish region (score)	1,00	1,00	1,00	1,00
(6) dominant species(score)	3,00	1,00	2,00	2,00
medium score	**2,65**	**2,36**	**2,55**	**1,78**
Ecological status	good	moderate	good	poor
Additional parameters				
Shannon Index (adults) Shannon Index (juveniles)	1,638 2,166	1,833 1,627	2,281 1,972	2,163 1,389
Renkonen similarity	0,578	0,451	0,512	0,443

2.2 일본 하천 복원 사례

1) 연어의 고향, Shibetsu River 복원

일본 북해도의 동쪽에 위치한 시베츠강(Shibetsu River)은 일본의 대표적인 연어와 송어의 서식지로 알려져 있다. 시베츠강은 77.9 km길이에 유역면적은 671 km^2에 이른다. 유역 내 인구는 25,000명으로서 주로 1차 산업에 종사한다. 시베츠강 개발 계획은 메이지 시대에 시작되어 제2차 세계대전 종전 후에는 홍수를 방지하고 이탄층으로 형성된 유역 내 배수를 촉진하기 위해 지하수위를 낮추고 사행흐름을 직강화하였다. 직강화된 하천에 의해 습지가 초원으로 바뀌었다.

곡류하천 복원

그러나 지역 주민들은 더 나은 하천 환경을 요구하였고, 북해도 당국은 직강화되었던 시베츠강을 자연성 그대로의 모습을 간직한 원래의 하천 생태계로 되돌리기 위한 하천 복원을 시작하였다. 2002년 우선 시범사업으로 일부 직강화 구간을 복원하였다(그림 5-5).

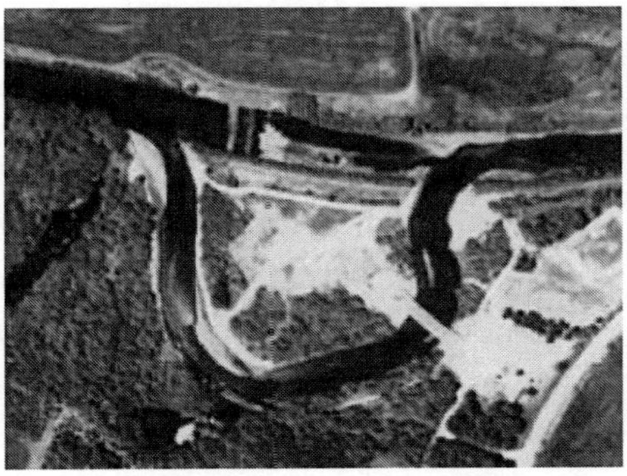

그림 5-5 Shibetsu River nature restoration experiment (Source : Hokkaido Regional Development Bureau)

하천변 식생대 보전 및 육성

사행하천을 일부 복원하는 한편 하천변 수림대를 보전하고 육성하였다. 반자연(Semi-natural) 공법이 적용되어, 일부 남아있던 곡류구간의 제외지에 토사 호안을 축조하였고, 하천변 및 수변 식생대가 자연적으로 보전 육성되었으며, 하천 호안은 콘크리트 대신 버드나무를 식재하였다.

2.3 중국 하천 복원 사례

중국 천하강(Tianxia river)은 생태적으로 지역사회의 지속가능한 발전에 매우 중요한 기능을 한다. 그러나, 수질오염과 더불어 하천의 구조적 기능적 훼손으로 인해 수생태계의 생물다양성과 수자원의 지속가능한 이용에 대한 위협이 증가하였고, 식수의 안정성과 사람들의 건강이 위협받게 되었다. 하천 수로의 인공적 직강화와 호안 및 하상의 콘크리트 등으로 인해 하천생태계의 구조와 기능에 심각한 훼손을 초래하였고 생물종다양성의 구성에 심각한 영향을 끼치는 등 하천형성과정이 심각하게 손상되어 제 기능을 나타내지 못하였다.

현재는 생태하천 복원을 통해 하천의 형상이나 자연적 구조 – 하천의 곡류상 구조, 콘크리트 호안의 제거, 하천변 식생대의 복원, 서식처 조성 – 등은 물론 하천의 수문학적 형성과정 및 관련 이론에 대한 충분한 고려와 검토를 바탕으로 복원되었다. 생태복원 실험은 Tianxia River가 Xili 저수지로 유입되는 200 m 구간을 생태적 수법에 의해 사행하천으로 조성하였으며, 실험구간(A zone)과 주변 대조구간(B zone)으로 구분하여 복원효과를 비교 검증하였다. 하천환경조건에 따라 상류 50 m구간(A–1 zone), 중류 50 m 구간(A–2 zone), 하류 50 m 구간(A–3 zone) 등으로 세분하였고, 각 세부구간은 수위를 기준으로 저수위 – 평수위 구간, 평수위 – 홍수위 구간으로 다시 구분하여 복원효과를 비교하였다.

종다양도 증진

복원 효과를 분석한 결과 복원 후 2년 동안의 식물 종 수 및 다양도가 급격하게 증가하였다. 실험구간(A)과 대조구간(B) 모두 물에서 가까운 구간의 종 수와 다양도가 물에서 멀리 떨어진 구간보다 더 큰 것으로 나타났으며, 시간에 따라서는 대조구간은 큰 차이가 없었지만 실험구간은 주변 대조구간에 비해 종 수와 다양도가 더 증가했다. 또한 실험구간 중에서는 A–2 zone 〉 A–1 zone 〉 A–3 zone의 순으로 종 수와 다양도가 높은 것으로 나타났다.

실험구간의 하천 구조와 미지형의 발달로 인해 서식처가 발달되었고 다양한 종이 유입될 수 있는 조건이 되고 있다. 복원 후 실험구간의 종다양도는 대조구간에 비해 매우 높게 나타나고 있다. 또한 저수위구간과 고수위구간의 종다양도의 차이는 저수위구간이 수환경과 육지환경 사이의 에코톤(ecotone)으로서 주연부효과(edge effect)를 유발하기 때문으로 해석된다.

자연형성과정에 의한 물리적 서식처(모래톱)의 형성

사행 흐름의 실험구간에서는 실험기간 동안 반복된 홍수로 인해 4개의 모래톱이 형성되었다. 대조구간은 직선형 흐름으로 인해 물길이 변화가 없어 퇴적현상이 발생하지 않고 곧바로 하류 구간으로 모래 등 물질을 흘러 보내기 때문에 모래톱이 형성되지 않았다. 이러한 결과를 통해 심하지 않은 홍수가 하천의 물리적 서식환경의 형성과 변화와 서식환경의 질을 증진시키는데 기여한다는 것을 알 수 있다. 결국 하천복원의 핵심은 자연적 사행흐름의 물리적 속성과 천변식생대를 복원함으로써 서식환경을 조성하고 생물상을 복원하는데 있다.

2.4 청계천 복원 사례

하상 변화 및 모래톱 생성

빠른 표면수에 의해서 만곡부에서 바깥쪽은 세굴되고 안쪽에는 자갈이나 모래가 퇴적되어 모래톱이 생성되었다. 모래톱은 야생동물이 서식처로서 많은 이용을 하고 있고 수질정화에도 기여하고 있다. 모래톱의 기능에는 크게 수질정화, 식생의 종다양성, 생물서식처, 유속의 조절기능, 홍수조절의 기능을 가지고 있는데 그 중 유속의 조절기능과 생물서식의 기능이 모래톱 기능에 있어서 중요한 역할을 한다(그림 5-6).

그림 5-6 모래톱의 기능

청계천 복원 시점인 2006년부터 지형 및 환경에서 다양한 변화가 관찰되고 있으며 그 중에서도 모래톱의 변화상이 계절적 혹은 주기적으로 나타나고 있다(표 5-7, 그림 5-7). 특히, 집중호우 전· 후로 변화가 많이 일어나고 있다. 이러한 모래톱의 생성은 홍수기 침식과 퇴적에 의해 발생되며 생물상 변화와 더불어 하천 흐름이 사행화되고 있다. 대부분의 모래톱은 곡류부 또는 다른 지천과의 합류부 등에 형성이 되어있으며 주요 측량 지점은 황학교 인근, 성북천 유입부, 무학교 인근, 정릉천유입부, 신답철교 인근에서 모래톱이 관찰되었다.

표 5-7 모래톱 측정 구간범위

구분	구간 범위	비고
1구간	황학교–비우당교	
2구간	비우당교–무학교	안암천 유입부
3구간	무학교–두물다리	
4구간	두물다리–고산자교	정릉천 유입부
5구간	신답철교–제2마장교	

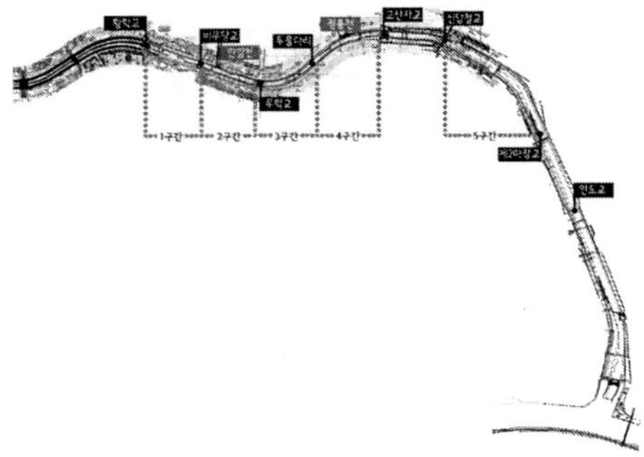

그림 5-7 청계천 모래톱 측정 구간

저자가 이끄는 연구팀에서는 모래톱의 기능에 변화가 있는지의 여부를 알아보기 위해 청계천 준공 이듬해인 2006년부터 2009년까지 주요 모래톱구간 5곳을 선별하여 집중호우 전·후로 나누어 측량한 바 있다. 모래톱 측량은 2인 1조로 Sokkia 광파기를 이용하여 평판측량 및 레벨측량을 같이 하였으며, 그 결과값을 Auto CAD 2008과 PhotoShop CS3, CS4 프로그램을 이용하여 도면화 시킨 후 모래톱 변화상을 분석하였다(표 5-8; 그림 5-8).

표 5-8 청계천 구간별, 연도별 모래톱 변화

구분	1구간	2구간	3구간	4구간	5구간
2007년	116.85	95.41	676.93	124.67	0
2008년	152.73	113.60	661.06	320.95	206.71
2009년	417.93	157.82	831.77	417.00	229.93

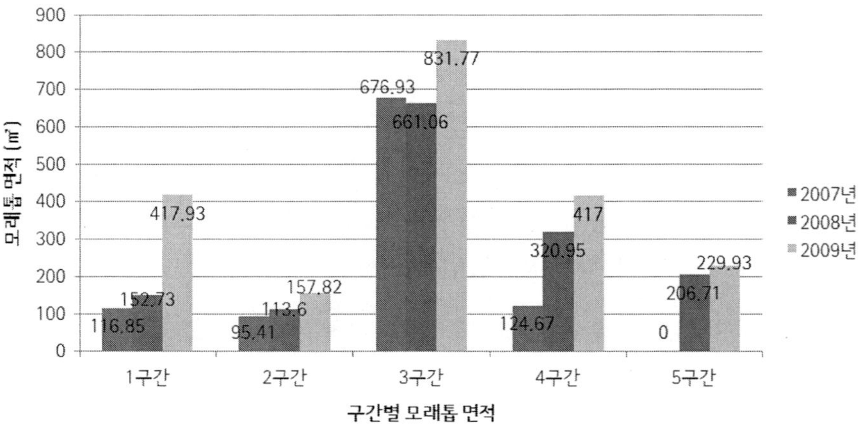

그림 5-8 청계천 구간별 모래톱 변화

전반적으로 2009년에 모래톱의 면적이 2007년에 비해 넓어진 것을 확인할 수 있다. 특히, 1구간과 3구간의 모래톱은 다른 구간의 모래톱에 비해 큰 차이를 보이고 있는데 이는 모래톱이 형성되기 좋은 하천 곡류부에 형성되었기 때문으로 판단된다. 연차별로도 시간의 흐름에 따라 모래톱의 위치가 조금씩 바뀌고 면적도 넓어지고 있는 것을 알 수 있었다. 2008년 조사된 모래톱의 경우 총 5개의 구간에서 관찰 할 수 있었고 2007년과 비교했을 때 4구간에서 새로운 모래톱이 생성되었다. 3차년인 2009년의 모래톱은 총 5개 구간에서 관찰할 수 있었는데 2007년부터 2009년까지의 결과를 종합해 볼 때 청계천 유수의 흐름으로 모래의 퇴적과 침식으로 인해 생성과 소멸의 모습이 번갈아 가면서 나타나는 것을 볼 수 있다.

황학교 부근 모래톱은 홍수가 심했던 2007년부터 우안 곡류부 저수로에 모래톱이 형성되었고 시간이 지남에 따라 달뿌리풀이 활착하여 해오라기, 붉은머리오목눈이 등이 지속적으로 관찰되고 있는 구간이다(그림 5-9). 이런 경향으로 보아 추후 해오라기 및 붉은머리오목눈이의 산란 가능성도 예상되고 있으며 다른 야생동물의 서식공간으로서의 활용이 더욱 기대되는 장소이다.

그림 5-9 황학교 인근 모래톱 전경

무학교 인근 모래톱은 좌안에 식재된 습생식물군락이 조류의 산란처로 이용되는 지점이다. 모래톱이 형성되면서 달뿌리풀 등의 식물 군락이 자연스럽게 이입되어 황학교 인근의 모래톱과 마찬가지로 조류의 산란처 및 서식처로서 중요한 기능을 수행하는 지점이다(그림 5-10).

한편, 홍수 전후의 모습을 비교해보면 홍수기 상류에서 침식되거나 외부에서 유입된 모래로 인해 모래톱의 변화가 나타나고 있다. 예를들어, 황학교 인근 모래톱의 단면을 비교해보았을 때 해가 지날수록 모래톱이 커지는 모습을 볼 수 있다(그림 5-11). 이는 황학교 인근 모래톱에 달뿌리풀, 물억새 등이 활착하여 모래톱의 유실이 적고 곡류부에 있어 홍수기에 내려오는 모래 와 자갈들이 쌓여서 커지는 것으로 판단된다. 또한 해오라기, 붉은머리오목눈이 등 관목를 주로 이용하는 조류가 해마다 나타나고 있는 것으로 볼 때 모래톱 인근에 산란처가 있을 것으로 예상된다.

그림 5-10 무학교 인근 모래톱 전경

집중호우 전 단면도	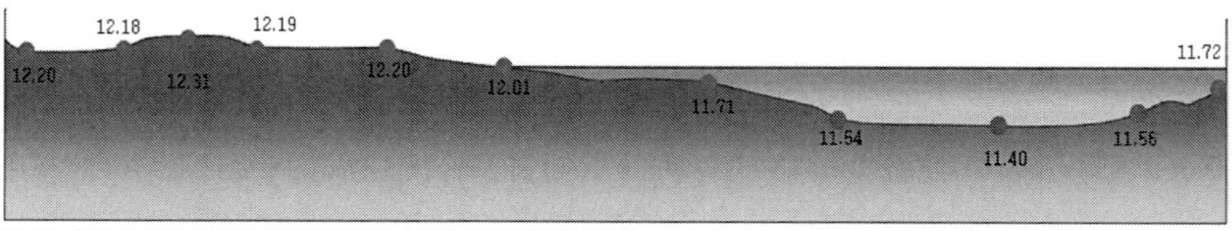
집중호우 후 단면도	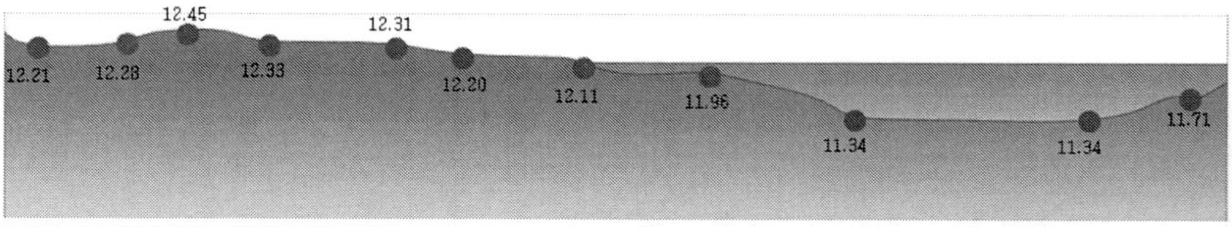
집중호우 전·후 모래톱 평면	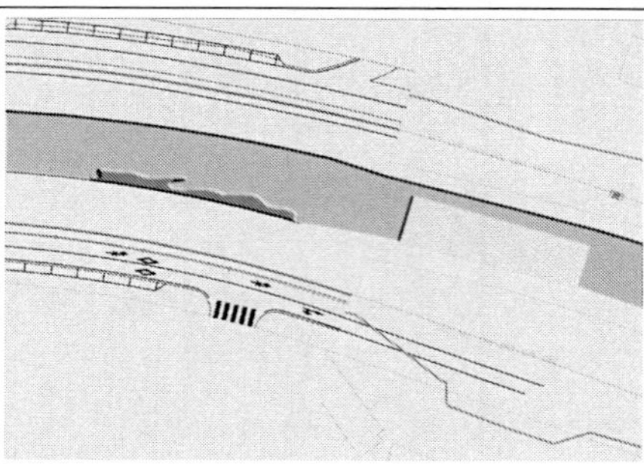 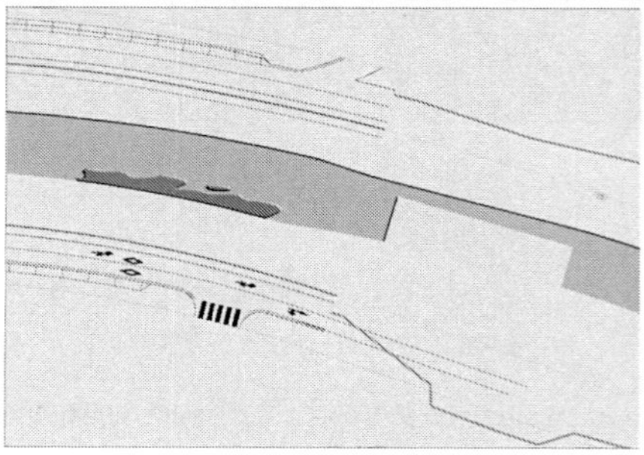
면적	152.73 ㎡ / 154.40 ㎡

그림 5-11 홍수기 전후의 황학교 인근 모래톱 변화

주요 출현 식생은 물억새와 달뿌리풀, 갈대, 애기똥풀 등 수변부에서 주로 볼 수 있는 식생이 주를 이루고 있었으며, 조류의 경우 청둥오리, 흰뺨검둥오리, 집오리 등 오리류가 주를 이루었다. 황학교 인근에 해오라기와 왜가리, 쇠백로도 매년 발견되었다. 그리고

2009년에는 3구간에서 천연기념물 327호인 원앙을 발견되었다.

표 5-9 2007~2009년도 구간별 식생 및 조류 현황

구분		주요 출현종		
		2007	2008	2009
1 구간	식생	물억새, 고마리, 갈대	달뿌리풀, 물억새, 갈대	달뿌리풀, 물억새, 고마리, 갈대, 황새냉이,
	조류	쇠박새, 청둥오리, 직박구리, 붉은머리오목눈이	딱새, 박새, 붉은머리오목눈이, 참새, 청둥오리	물총새, 백할미새, 청둥오리, 붉은머리오목눈이, 왜가리
2 구간	식생	물억새, 다닥냉이, 서양민들레, 달뿌리풀, 도루박이	물억새, 서양민들래, 달뿌리풀, 도루박이, 애기똥풀, 다닥냉이	물억새, 서양민들래, 달뿌리풀, 애기똥풀, 다닥냉이
	조류	붉은머리오목눈이, 쇠박새, 쇠백로, 청둥오리, 흰뺨검둥오리	붉은머리오목눈이, 왜가리, 중대백로, 집오리, 청둥오리,	물총새, 청둥오리, 해오라기, 흰뺨검둥오리, 쇠백로, 붉은머리오목눈이
3 구간	식생	갈대, 물억새, 달뿌리풀	갈대, 물억새, 애기똥풀, 달뿌리풀, 갈퀴덩굴	갈대, 물억새, 애기똥풀, 달뿌리풀, 갈퀴덩굴
	조류	붉은머리오목눈이, 직박구리, 청둥오리, 흰뺨검둥오리	붉은머리오목눈이, 왜가리, 참새, 중대백로, 청둥오리, 해오라기	왜가리, 원앙, 중대백로, 흰뺨검둥오리
4 구간	식생	갈대, 환삼덩굴, 물억새, 개망초, 애기똥풀,	갈대, 애기똥풀, 환삼덩굴, 물억새, 개망초, 달뿌리풀	갈대, 애기똥풀, 환삼덩굴, 물억새, 개망초, 달뿌리풀
	조류	집오리, 청둥오리, 흰뺨검둥오리	쇠박새, 중대백로, 해오라기, 왜가리, 청둥오리, 붉은머리오목눈이	괭이갈매기, 쇠백로, 왜가리, 중대백로, 청둥오리, 해오라기, 흰뺨검둥오리
5 구간	식생	모래톱 미생성	식생침입 없음	식생침입 없음
	조류		집오리, 청둥오리	괭이갈매기, 왜가리, 중대백로, 집오리, 청둥오리

1구간인 황학교 인근 모래톱은 우안 곡류부 저수로에 형성되었고, 식생의 활착이 활발한 지역으로 모래톱 대부분의 면적을 달뿌리풀이 피복하여 활착하였다. 이용하는 야생동물은 조류가 주로 조사되었으며 수조류로는 해오라기, 쇠백로, 산새류로는 붉은머리오목눈이 등이 지속적으로 관찰되었으며 붉은머리오목눈이의 산란 가능성도 예상되는 구간이다.

2구간은 안암천에서 유입되는 모래 및 자갈이 쌓여 모래톱을 형성하는 지점으로 집중호우 전·후로 많은 변화가 발생하는 구간이다. 2007년 조사부터 형성되어 있는 구간이지만, 황학교 인근 모래톱에 비해 식생의 활착이 더디고, 주로 오리류의 휴식처로써 이용되고 있다.

3구간은 1구간과 비슷한 형태로 곡류부 저수로에 형성되어있으며 달뿌리풀 및 물억새가 활착되어 있으며, 붉은머리오목눈이의 산란가능성이 예상된다.

4구간은 정릉천이 유입되는 구간으로 모래톱 형성 및 야생동물의 이용 등이 2구간과 유사한 형태의 지점으로 정릉천에서 유입되는 모래 및 자갈, 상류에서 흘러내려오는 모래가 쌓여 형성된다. 주로 조류의 휴식처로 이용되고 있다.

5구간은 2007년에는 모래톱이 발견되지 않았지만 2008년도 조사 시에 급격히 모래 와 자갈이 쌓여 모래톱이 형성된 지점이다. 5구간의 모래톱은 1~4구간의 모래톱과는 달리 수변부에 형성되지 않고, 중도의 형태로 형성된 모래톱으로 조류의 휴식처로 이용되고 있다.

3 습지

3.1 인공습지

구본학 등(2011)은 인공습지의 기능과 목적, 복원 및 새롭게 조성, 보상전략 등에 따라 다음과 같이 인공습지 및 대체습지의 개념을 구분하였다(표 5-10).

표 5-10 인공습지의 유형 구분 (구본학 등(2011)을 수정)

<table>
<tr><th rowspan="2">구분</th><th colspan="6">인공습지
artificial, human-made, constructed wetlands</th></tr>
<tr><th colspan="3">복원습지a)
restored wetlands</th><th colspan="3">창출(조성)습지b)
created (constructed) wetlands</th></tr>
<tr><td>보상전략
(mitigation)
compensation
wetlands</td><td colspan="2">향상습지
enhanced wetlands</td><td>복원습지
restored wetlands</td><td colspan="2">창출(조성)습지
created wetlands</td><td>대체습지
replaced wetlands</td></tr>
<tr><td rowspan="6">조성목적*
(목표로 하는 기능)</td><td colspan="6">수질정화습지 treatment wetlands</td></tr>
<tr><td colspan="2">자유수면형습지 FWS
Free Water Surface
Wetlands</td><td colspan="2">지하침투형습지 SSF
Subsurface Flow
Wetlands</td><td colspan="2">복합형습지
Hybrid Treatment
Wetlands</td></tr>
<tr><td colspan="6">서식처 습지 habitat wetlands</td></tr>
<tr><td colspan="6">홍수조절 습지 flood control wetlands</td></tr>
<tr><td colspan="6">내수면산업 습지 aquaculture wetlands</td></tr>
<tr><td colspan="6">기타(목적에 따라 세분 가능)</td></tr>
</table>

* 조성목적(기능)에 의한 습지 분류는 주로 창출(조성)습지(b)에 적용되며 복원습지(a)의 경우는 제한적으로 적용될 수 있음.

인공습지란 생태적 목적에 의해 인공적으로 조성된 습지로서 훼손된 습지의 기능을 회복하기 위한 복원습지(restored wetlands)와 새롭게 조성된 습지(created or constructed wetlands)를 의미하며(Hammer, 1992), 람사르협약(Ramsar Convension)(2008)에서는 "human-made wetlands"로 분류한다. 또한 조성 목적에 따라 수질정화습지(created wetlands)와 생물다양성 등 기타 인공적으로 조성된 습지(constructed wetlands)를 구별하기도 하며, 특별히 이들을 구별하지 않고 포괄적으로 인공습지(artificial wetlands)와 같은 의미로 사용하는 경우도 있다(Mitsch and Gosselink, 1993)

3.2 수질정화 습지

3.2.1 수질정화 원리

수질정화습지는 다양한 물리적, 화학적, 생물학적 작용에 의해 수질을 개선한다. 물 속 줄기나 잎은 유속을 감소시켜 정화작용 시간을 증가시키고 침전을 용이하게 하여, 물리적, 화학적으로 오염물질을 제거할 수 있도록 유도한다. 즉, 습지 식생은 물의 흐름을 방해하여 유속이 감소되고 토사의 침전을 유도하며, 점토입자의 흡착현상 때문에 토사에 많은 오염물질, 특히 인이 부착되어 함께 침전된다. 습지 수면을 통해 산소 교환이 일어나고 광합성 작용으로 용존산소가 증가하여 유기물과 금속 이온을 산화시키게 된다.

특히 이 과정에서 최적의 미생물성장 환경이 조성되고 유지되는 것이 중요하다. 식생은 미생물이 서식할 수 있는 환경을 조성하게 된다. 일반적으로 식물은 물에 뿌리가 침수되면

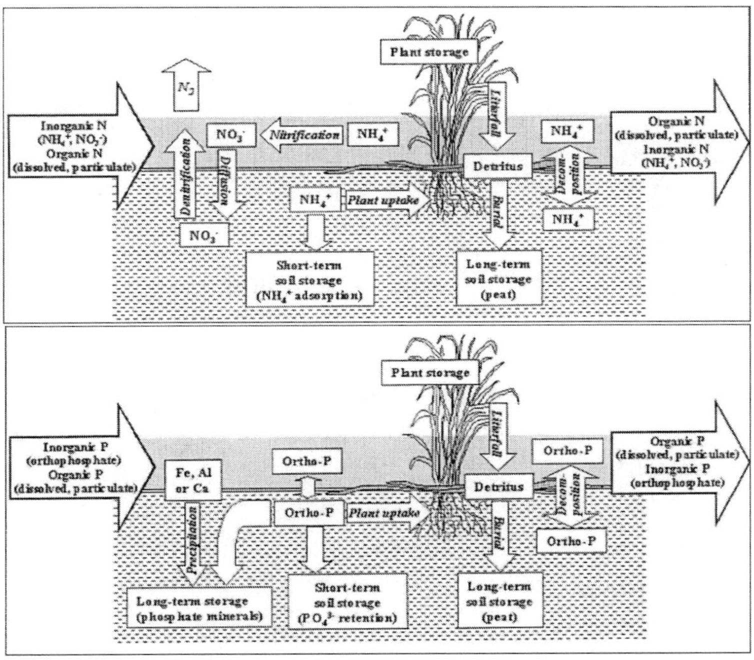

그림 5-12 습지의 질소, 인 처리 기능

혐기성상태에서 산소를 얻을 수 없기 때문에 잘 자랄 수가 없다. 그러나 수생식물이나 습지식물의 줄기, 뿌리, 잎 등은 습지 환경에 적응된 생리적 구조를 가지고 있으며, 특히 산소를 포함한 공기를 뿌리로 이동할 수 있는 통기조직을 가지고 있다. 통기조직을 통해 물속 토양의 뿌리로 산소를 공급하며, 뿌리털 주변의 혐기성 토양에 산소를 공급하게 되어 호기성 근권역이 형성되게 되며 근권역 밖으로는 여전히 혐기성 상태로 남아 있게 된다. 이러한 조건은 질소순환에 중요한 데, 호기성 상태에서는 암모니아성질소가 질산성질소로 변환되고 혐기성 조건에서는 질산성 질소가 질소가스로 변환되어 대기로 방출된다.

아울러 습지식생과 낙엽, 줄기 등의 부산물들은 미생물에게 탄소공급원이면서 서식환경을 제공하여 미생물에 의한 유기물 분해와 수중 병원균의 포식 등의 기반을 이루는 효과도 있다. 또한 토양, 모래, 자갈 등 습지 기반은 한편으로는 습지식물을 물리적으로 지지하며, 수중 이온들이나 화합물들의 반응성 표면을 제공하고 미생물이 부착하여 서식할 수 있는 표면을 제공하기도 한다.

물순환 및 토양 필터층에 따른 수질정화습지 유형은 자유수면형습지(FWS)와 지하흐름형습지(SSF)로 구분할 수 있다(그림 5-13). FWS는 물의 흐름이 지면 위로 유지되며, SSF는 수위가 여재보다 낮은 지하에 유지되고 물의 흐름이 모래와 자갈층을 통해 여과되어 바닥의 원지반층에 이른다.

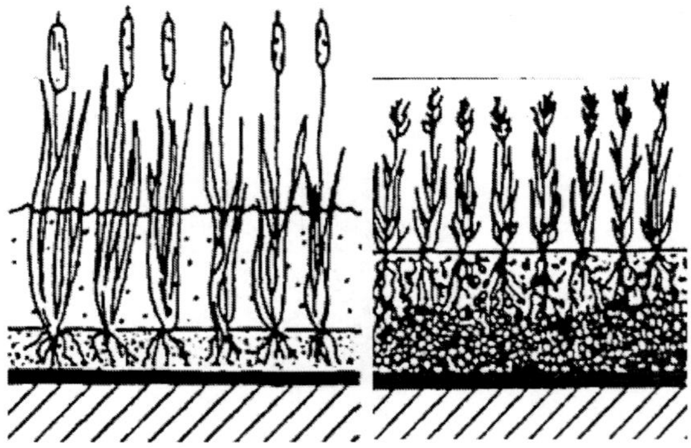

그림 5-13 FWS와 SSF의 비교 (자료 : USEPA)

3.2.2 자유수면형습지(FWS : free water surface flow)

표면처리습지(SFW : surface flow treatment wetlands) 로 표현하기도 한다. 자연습지 및 연못과 유사한 구조로서 개방수면 아래에 불투수성 식재 기반을 두고 수질정화용 수생식물을 식재한다(그림 5-14).

기본적인 구조는 수생식물, 물, 토양 등으로 구성되는데, 수심이 얕은 저류지, 식물의 뿌리를 지탱하는 식재 기반, 수위를 유지시켜 줄 수 있는 유출 장치로 이루어져 있다. 수면이 기질의 상부에 있으므로 FWS는 자연습지와 비슷한 구조가 된다. 유입수는 대부분 토양 표층 위로 흘러 물리·화학·생물학적 처리를 하며, 적용 범위가 광범위하여 광산배수, 농업배수, 도시 강우 유출수, 산업폐수, 오염하천 등에 적용된다.

수질정화 기작은 수생식물의 줄기, 잎, 잔류물 등에 의해 침전, 여과, 제거, 흡수, 침투 등의 복합작용에 의해 수질 정화가 진행된다. 수위가 지표면 위로 유지되고 정수식물이 물속 토양에 뿌리를 박고 수면 위로 성장한다. 수표면 위의 수생식물의 잎은 수표면에 그늘을 만들어 조류의 성장을 억제한다. 수체 내의 줄기에서 나오는 제한된 양의 산소는 부착성 미생물의 성장을 촉진시킨다. 야생동물 서식처로서도 유용하며 곤충, 달팽이 등 복족류, 어류, 양서류, 파충류, 조류, 포유류 등에게 서식환경을 제공한다. 때로 기계적 처리 이후에 2차, 3차 처리용으로 도입되기도 하며 파동형 부하(pulsing loads)로도 좋은 사례이다.

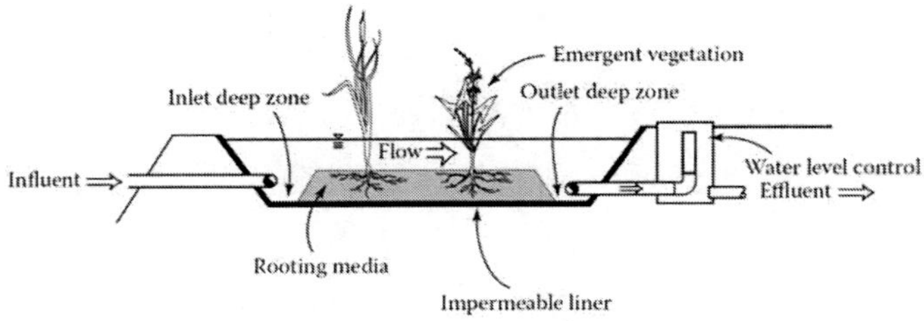

그림 5-14 FWS(SFW)의 구조 (자료 : Kadlec & Wallace, 2009)

3.2.3 지하흐름형습지(SSF : subsurface FTW)

지하흐름형습지(SSF)는 수생식물, 토양, 모래, 자갈층으로 구성되며, 일반적으로 원지반을 굴착하고 입자가 큰 토양 또는 자갈 등의 여재를 채워 수위는 여재층 상단보다 낮게 유지한다(그림 5-15). 식물은 여재 사이로 뿌리를 뻗으며 자라게 되며 유입수가 전부 습지 하부층으로 흘러들어 표면에는 흐름을 볼 수 없는 구조이며, 습지 위로 사람들이 접근하는 것도 가능하다.

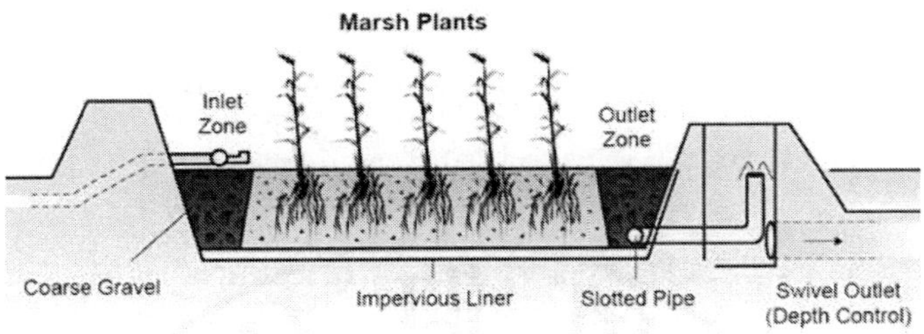

그림 5-15 지하흐름형습지(SSF) (자료 : Kadlec & Wallace, 2009)

FWS에 비해 면적이 상대적으로 작고 수위가 여재층 아래에 유지되므로 불쾌한 냄새나 모기 발생이 적은 장점이 있는 반면, 자갈여재 비용이 증가하고 여재의 공극이 폐쇄되기 쉬운 단점이 있다. 또한 오염된 물과 여재층의 접촉이 오랜시간 유지되므로 처리효율이 높고, 표면에 식물 잔재가 퇴적되고 여재층이 단열작용을 하여 겨울철에도 처리효율이 높고 비교적 안정적으로 운영할 수 있다. 지하흐름습지는 Rock reed filters, Microbial rock plant filters, Vegetated submerged beds, Tule beds, Hydrobotanical systems 등의 시스템을 통칭하는 수질정화습지라고 할 수 있다.

지하흐름형습지는 수직흐름습지와 수평흐름습지로 다시 세분할 수 있다.

수직흐름습지(VFW : vertical FTW)

VFW의 장점으로는 비교적 소규모 면적 필요, 산소공급 용이, 질화작용 양호, 초기 수질정화 효과 극대화 등을 들 수 있다.

VFW의 단점으로는 짧은 물 흐름, 탈질작용 불량, 기술적 요구도 높음, 특히 인 제거 효율 낮음 등을 들 수 있다.

수평흐름습지(HFW : horizontal FTW)

HFW의 장점으로는 긴 흐름이 가능하고 영양물질 경사 확립, 질화 및 탈질화 가능, N, P 제거를 위한 휴믹 물질 형성, 긴 수명 등을 들 수 있다.

HFW의 단점으로는 넓은 면적 필요, 최적의 산소공급을 위해 유압 계산에 유의, 동질의 폐수공급 복잡 등을 들 수 있다.

3.2.4 복합형 습지(HTW : hybrid treatent wetlands)

하이브리드 즉 복합형 습지는 수질정화 효율을 높이기 위해 수직흐름과 수평흐름의 조합으로 구성되며, 최근에는 총질소의 제거율을 높이고 오염원이 다양해져 복잡한 산업 및 농업 폐기물 처리를 위해 자유수면형 습지를 포함한 복합형 습지가 조성괴기도 한다. 복합형 습지의 구조에 따라 오염원별 제거 효율이 다르기 때문에 최적의 조합이 필요하다.

3.2.5 수질정화습지의 구조와 성능

전처리

수질정화 인공습지의 유입부에는 유입 원수의 농도를 낮추어 습지의 정화 성능을 향상시키기 위한 전처리 과정이 필요하다. 전처리 시설로는 호기성 분해조(rot tank)와 혐기성 침전조(digester)가 있으며, 대체로 호기성 분해조가 효과적으로 알려져 있다.

습지의 질소 및 인 제거 기능

VFW 및 HFW의 복합시스템으로 효율을 증대시키며 특히 질소 제거에 효율적이다.

3.3 식생 조절을 위한 호안 구조

생태연못에는 자갈과 돌, 죽은 나무, 모래 등이 주요한 구성 요소가 된다. 갯버들, 왕버들 등 물에서 잘 자라는 나뭇가지나 등걸 등을 자유롭게 배치하는 것도 좋은 방법이다(그림 5-16). 자연석과 통나무말뚝을 이용하여 연못 호안을 조성하여 식생이 연못으로 확산하는 것을 방지할 수 있다(그림 5-17). 또한 수련의 확산을 방지하기 위해 포트에 식재하여 뿌리가 습지 내로 확산되는 것을 억제하기도 한다(그림 5-18).

그림 5-16 나뭇가지와 자갈 등을 활용

그림 5-17 자연석과 통나무말뚝 호안 조성 사례
(용담댐 자연학습원)

그림 5-18 수련의 확산을 방지하기 위한 포트 식재
(환경부, 2001)

그림 5-19 에버글레이즈 HID 프로그램
(자료 : www.nps.gov)

3.4 습지복원 사례

3.4.1 에버글레이즈 습지 복원

미국 에버글레이즈 국립공원에서는 묵논을 습지로 복원하는 HID(Hole-in-the-Donut) Restoration Program으로 에버글레이즈에 분포하는 묵논이 자연습지 기능에 가깝도록 복원되고 있다(그림 5-19). 에버글레이즈에서는 1900년대 중반부터 농업적 이용이 제한되어 외래종이 유입되는 등 생태적으로 기능이 저하되었다(그림 5-20). 1993년

에버글레이즈 국립공원, 국립공원 재단 등이 플로리다 환경청, 미공병단 등과 파트너쉽을 구성하여 약6,300acre에 이르는 묵논 복원 프로그램을 통해 플로리다의 첫 번째 습지은행(mitigation bank)이 설립되었다.

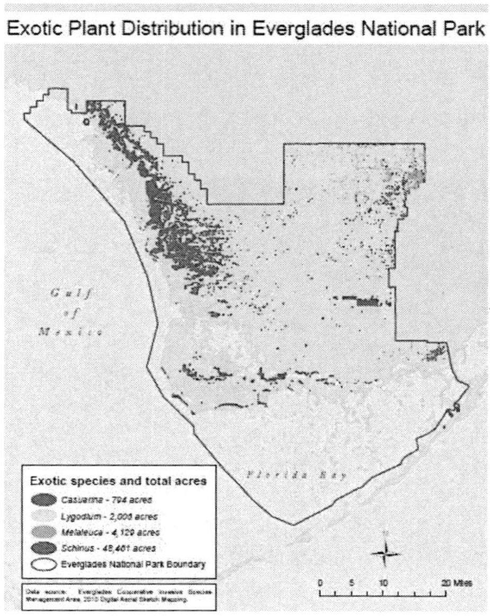

그림 5-20 에버글레이즈의 외래식물 분포
(자료 : www.nps.gov)

HID프로그램의 복원목표는 다음과 같다(www.nps.gov).

1) 표준생태계의 구조와 기능을 정립하고 특징을 도출하여 복원 모델 구축
2) HID에서 외래종을 영구적으로 제거하고 지속가능한 생태환경 복원
3) 통합적 연구, 모니터링 및 관리 수행
4) 다른 복원 사업이나 프로그램에 응용할 수 있는 복원 연구
5) 복원 목표 달성을 위한 대안별 비용편익 분석
6) 연구 성과를 생태계 관리를 위한 의사결정과정에 적용(적응관리)

3.4.2 쿠시로 습지 복원

일본 북해도의 습지는 1920년대부터 매립되기 시작하여 60%에 이르는 습지가 농업용이나 택지용으로 전환되었고 37.4%만 공원지역으로 지정 보호되고 있다(Nakamura, 2008). 이중 대부분은 쿠시로 습지(Kushiro Mire)에 해당된다. 쿠시로 습지는 일본에서 가장 큰 자연습지로서 습지면적은 약 190 km^2이며 유역면적은 습지면적의 13배인 2,500

그림 5-21 쿠시로습지 전경

km^{2}에 이른다. 쿠시로습지는 쿠시로천 직강화로 인해 급격히 육화가 진행되고 육상식생이 침입하고 있으며 주변 산림도 확산되고 있다. 산림확산 권역은 크게 3개 권역으로 구분할 수 있는데, 북부권역은 구릉지와 경계를 이루면서 습지 경계부 및 하천을 따라 울창하게 발달한 교목림이 형성되어 있다. 남부권역은 산림 밀도가 서서히 증가하고 있으며, 중부권역은 밀도나 수고에서 뚜렷한 변화를 보이지 않는다.

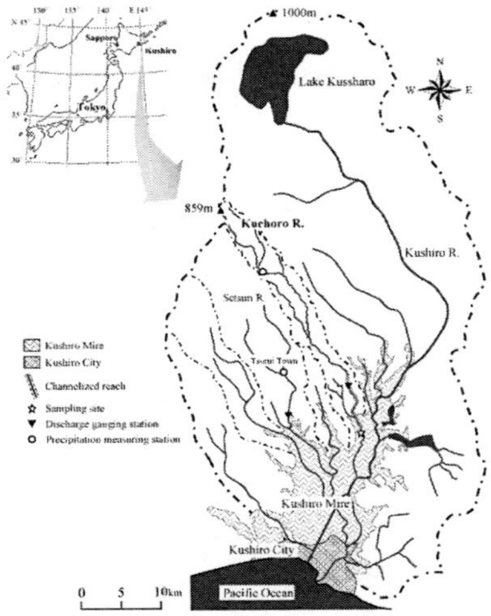

그림 5-22 쿠시로습지 위치 및 범위

쿠시로습지 주위에 농업적 토지이용이 급격히 진행되어 비료와 축산 거름들이 쿠시로 습지 지류로 유입되어 쿠시로 습지의 수질을 저하시키고 있다. 또한 침전물들이 제방 유실과 천변식생대의 목장용 개발로 인해 다량으로 유입되고 있다. 쿳초로강과 같은 지류들은 인공적으로 직강화된 수로로 개수되었고 하상은 습지 가장자리보다 2 m 정도 상승되어 있다. 탁한 흙탕물들이 미세한 부유사를 함유하고 습지 내로 유입되었고 그 결과 미세한 침전물이 퇴적되었다(Nakamura et al. 1997).

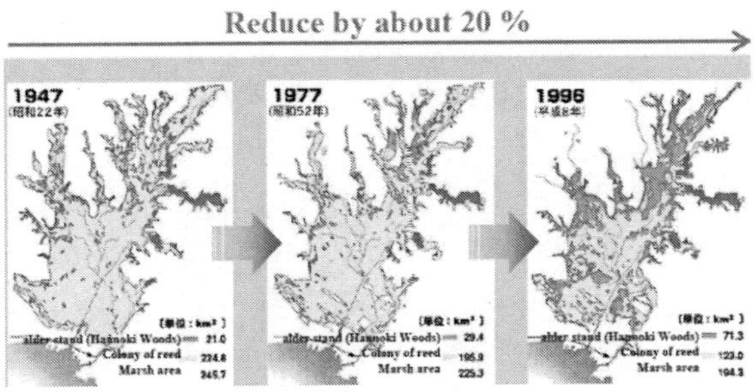

그림 5-23 쿠시로습지 훼손 진행 (자료 : Isao Yamashita)

결국 습지식물인 오리나무는 버드나무류로 대체되었다(Nakamura et al. 2002). 오리나무는 주로 하천변에서 나타나는데 점차 하천에서 멀리 떨어진 습지 내에서 발견되었다. 오리나무류는 습지의 수문조건과 영양물질이 부족한 환경으로 인해 다간 관목성으로 성장하였다. 반면에 하천변의 퇴적지에서 자라는 나무들은 단간의 교목성을 이루고 있다. 이렇게 침전물과 영양물질의 유입으로 숲이 급속히 확장되었고 반면에

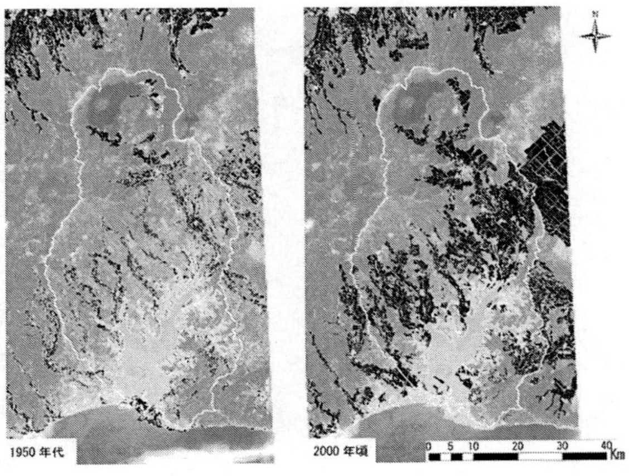

그림 5-24 쿠시로습지 육화 진행. 1950년대(왼쪽)에 비해 2000년대(오른쪽)에 육화가진행되어 육지식생의 침입흔적이 뚜렷함. (자료 : F. Nakamura)

습지 경계부에 우점하던 갈대류와 사초류들은 급속히 소멸되었다(Nakamura, 2004).

습지 복원 목표 연도는 쿠시로 습지가 람사르습지로 등록되었던 1980년을 목표로 하고 있는데, 이 시기의 쿠시로 습지는 광범위한 토지이용 변화가 이루어지기 전의 상태로서 대부분 교란되지 않은 본래의 모습이

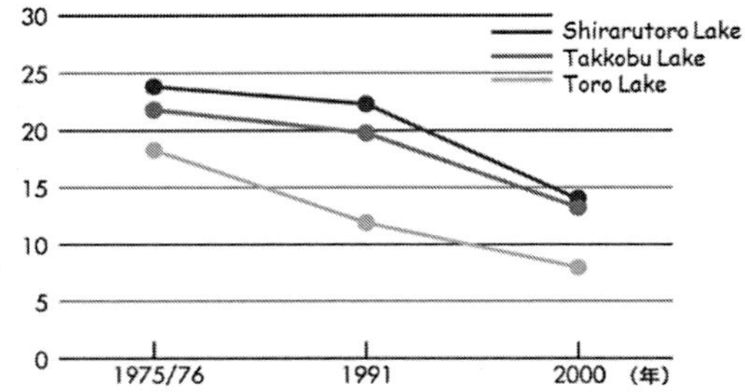

그림 5-25 쿠시로습지 내 3개 호수의 수생식물 종 다양도 변화 (자료 : F. Nakamua)

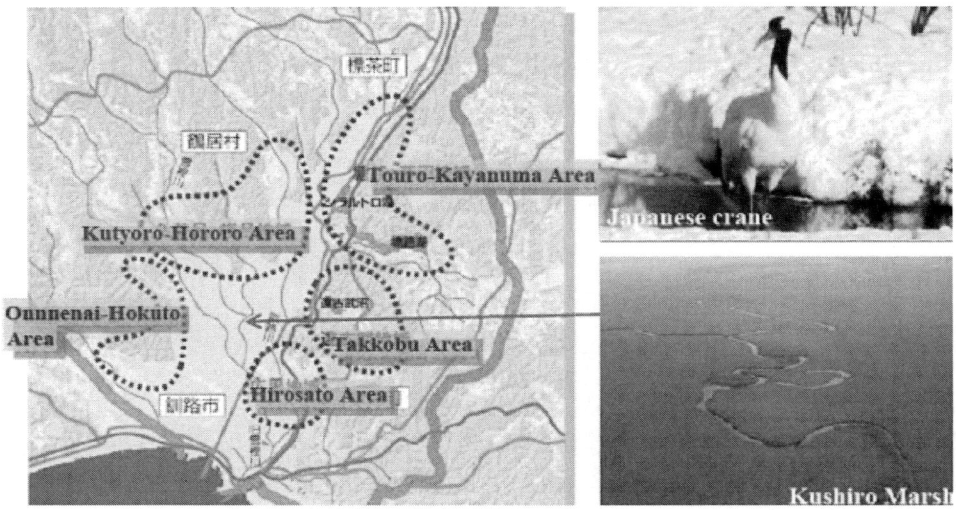

그림 5-26 쿠시로습지 5개 프로젝트 (자료 : Isao Yamashita)

남아있었다. 또한 습지 유역 내 오염 부하량을 습지 훼손이 어느 정도 진행되었던 2000년도의 수준으로 감소시키는 것이다. 1980년도에 이미 오염부하량이 초과되었다는 지적도 있었지만, 그 이전의 수질자료가 없었기 때문에 1980년도 수준으로 회복하는 것으로 설정하였다. 1980년도의 영양물질 및 침전물의 부하량은 모델과 토지이용 데이터를 이용하여 산출되었다. 복원 목적을 달성하기 위한 목표 기준을

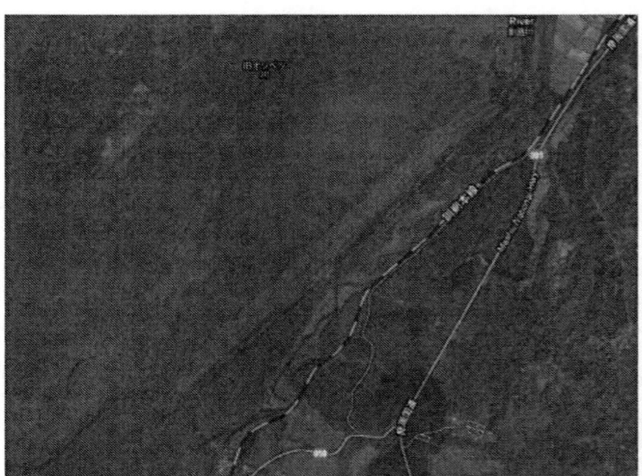

그림 5-27 쿠시로습지 직강화 구간과 곡류천 복원

설정하기 위해 1980년도에서 2000년도까지의 증가량을 산출하였고 그 결과 매년 침전물과 영양물질 부하량을 40%, 및 30%씩 각각 저감하는 것으로 목표 기준으로 설정하였다.

이러한 기준을 이루기 위한 복원 전략은 5개 구간으로 나누어 홍수저류시설, 천변 완충식생대, 유입부 수목식재 등을 포함하고 있으며, 구체적으로는 하천 유로 및 배수로를 따라 침전지와 생태연못을 조성하였고 직강화되었던 하천 유로를 원래의 곡류하천으로 되돌렸으며 습지의 수원이 되는 산림을 복원하였다. 나아가 자연환경의 보전 및 재생을 통하여 지역경제 활성화에 공헌하기 위한 사업도 시행하였다.

쿠시로습지 복원 구간은 히로사토(広里; Hirosato Area), 탓고부(達古武; Takkobu Area), 도로(塘路), 카야누마(茅沼; Kayanuma Area) 등 5개 지역으로 구분 시행되었다.

그림 5-28 쿠시로습지 복원 전략. 식생복원(왼쪽 위), 토사유입 방지용 저류지(오른쪽 위), 천변 식생대 조성(왼쪽 아래), 사행하도 복원(오른쪽 아래) (자료 : F. Nakamura)

도로, 가야누마 지역은 습원 상류역 수환경 재생과 수생식물 수질정화 실험을 시행하였다. 사행으로 흐르던 구하도를 사행으로 복원하였다. 일부 남아있는 사행구간을 표준생태계(Reference Ecosystem)로 설정하여 구하도의 횡단면과 종단면 등 구조와 수환경, 식생, 토양 등 제반 환경을 복원하였다.

히로사토 지역은 원래 습지였으나 농지로 개간된 지역을 60년대 이전의 원래의 모습으로 되돌리는 프로젝트가 진행되었다. 인근에 원 생태계와 유사한 대상지를 표준습지

(Reference Wetland)로 설정하여 원 습지의 구조와 기능을 바탕으로 침입 식생 및 유입된 식생을 제거하고 원식생을 복원하였다. 지하수위, 식생 등의 영향을 모니터링을 통해 규명규명하여 1960년대 후반에 조성된 농지를 갈대 및 사초과 우점 습원으로 재생하였다. 표토보존 시험, 오리나무 벌채 시험, 관련 시설 설치(정보발신 시설, 고가사다리차 전용주차장, 출입방지책, 지하수위 상승으로 인한 둑 축조) 등을 시행하였다.

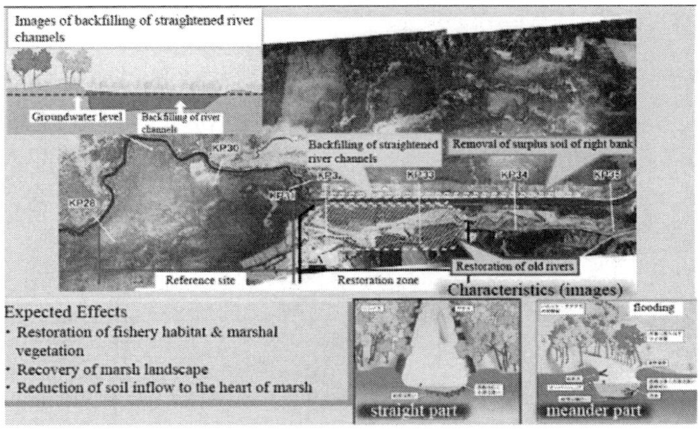

그림 5-29 Kayanuma 지역에서 진행된 구하도 복원
(자료 : Isao Yamashita)

탓고부 지역은 습지 유역권의 산림복원 사업을 시행하였다. 자생수종으로의 복원을 위해 종자채취 및 매토종자를 적극적으로 활용하고 침입종 제거 등을 시행하였다. 효과적인 사업 수행을 위해 지역 NPO 단체들의 적극적인 참여와 생태교육 등을 통해 주민참여형 복원사업이 진행되었다. 그 결과 습원 중류역 숲을 재생하고, 황폐했던 구릉지를 낙엽활엽수림을 중심으로 한 풍성한 숲으로 재생하였다.

그림 5-30 Takkobu 지역에서 진행되는 식생복원 (자료 : Isao Yamashita)

쿠시로습지 복원을 위한 12개 복원 전략으로는, 1) 수변 완충식생대 및 저류지를 조성하여 토사 등의 유입을 조절, 2) 저류지의 식생 기능 향상 및 식재에 의한 침식 방지, 3) 사초류 및 갈대습지의 복원, 4) 육상식생의 확산 억제, 5) 사행 하천의 복원, 6) 유역 내 수질 향상, 7) 야생동물서식처의 보전, 8) 습지경관의 보전, 9) 습지 연구 및 관리에서 일

반인의 참여 확대, 10) 습지 보전 및 현명한 이용에 대한 공공 이해의 공유, 11) 환경교육 육성, 12) 지역사회의 연합 및 활성화 증진 등을 설정하였다.

복원계획 과정에서 계량적 목표 및 보전방법을 규정하기 위해 쿠시로습지 복원 프로젝트에서 유역 오염부하량 저감을 목표로 설정하고 습지 경계부와 수변식생대에 시범사업구간을 정하였으며, 버려진 농경지도 습지 복원 목표로 포함되었다.

1) 저류지 축조 등 습지 기능 향상 방안, 2) 하천 사행흐름 및 범람원 복원, 3) 이전에 습지였던 지역의 복구, 4) 복원 실천기술의 향상을 위한 시범 사업 등을 제안하였다.

3.4.3 토미톰슨 공원(tommy thompson park)

캐나다 온타리오주 토론토의 MTRCA(the Metropolitan TRCA(TRCA(toronto and region conservation authority))에서 온타리오호수 Waterfront에 조성한 2.0 km^2 면적 인공습지 공원이다. 토론토 항만위원회(THC) 토론토항 시설 확장 사업으로 토론토항은 토론토 시내 개발지 및 외항의 폐자재를 바다에 매립하여 항구시설로 개발하는 폐기물

그림 5-31 토미톰슨 공원. 위 : 토미톰슨공원 전경(좌), 복원사업을 통해 조성한 공원의 호안(우). 가운데 : 계절변화를 고려한 어류 서식지 조성. 아래 : 어류서식지
(자료 : TRCA, 2008a)

매립장으로 사용하였다. 1979년 TCRA와 토론토시, THC, 시민단체, 토론토 시민들이 주체가 되어 공원 조성에 합의하여 매립장 자연복원되었다.

3.4.4 Ballona Wetlands

Los Angeles에 위치한 Ballona Wetlands는 염습지, 기수습지, 담수습지 및 산림 등이 복합적으로 형성된 생태계로서 사람들에 의해 훼손되고 기능이 저하된 습지를 자연의 힘으로 복원한 사례이다.

그림 5-32 Ballona Wetlands 복원담당자와 답사

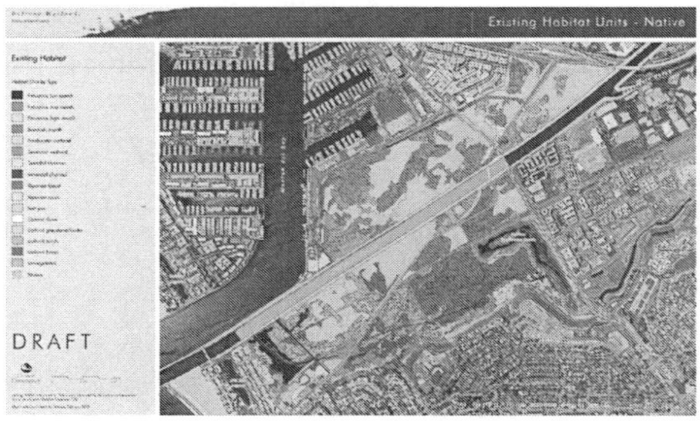

그림 5-33 Ballona Wetlands 복원 계획도

4 저수지, 호수

4.1 저수지 수위변동구간 복원

4.1.1 복원 전제

저수지 수위변동구간 생태복원을 위한 전제조건은 다음과 같다(한국수자원공사(2003)를 저자가 수정 편집).

1) 저수지 비탈면의 환경조건 조사 : 생태복원 대상 비탈면에 대한 기상, 지형, 지질, 토양, 식생, 저수지 운영방식 등에 대한 조사
2) 생태복원계획 : 생태복원 대상 비탈면에 대한 조사결과를 토대로 저수지 비탈면의 복원조건 및 시공대상지를 정하고, 복원 조건별로 복원목표를 설정하며, 복원 목표를 달성하기 위한 효과적인 공법 선정
   - 복원조건의 정리 : 기상조건, 관수조건, 비탈면 조건 등 도입 공법을 선정을 위한

비탈면의 조건을 구분 정리

- 복원 대상지의 설정 : 복원조건을 정리한 결과를 토대로 답사하고, 저수지 호안 비탈면 전역을 조닝(구역화)하고, 복원 중요도를 고려하여 설정
- 복원 목적의 명료화 : 나지화된 경관의 개선, 비탈면안정, 생태계복원 및 자연환경 보전 등을 기본 목적으로 하며, 비탈면 조건에 따라 구체적인 세부 목적 설정
- 복원 목표의 설정 : 식물 생육, 기반재 시공 특성, 서식환경 등을 고려하여 실현가능한 범위 내에서 설정
- 복원 기술의 선정 : 복원 목표에 따라 도입 식물과 공법을 효과적으로 결부시켜 선정하며 생물다양성 증진, 서식환경 조성, 식물재료 특성, 시장성 등을 고려하여 선정. 계절에 따른 수위변동 폭이 큰 경우, 수위변동과 라이프싸이클이 일치되는 식물 도입

3) 생태복원 시공 : 도입 식물의 특성을 고려하여 시공시기를 선택하는 것이 중요하며, 수위저하 시에 복원기반 공사를 하고, 수위가 상승하기 직전에 식재

4.1.2 저수지 수위변동구간 구조적 안정성

저수지의 수위변동구간은 일종의 경계부, 즉 추이대(ecotone)로서 육지적 특성과 호수적 특성이 교차하는 전이지대라고 할 수 있는데, 이 지역의 생태적 복원은 녹지자연도의 증가와 토양침식방지, 물질생산 및 분해능력 고양, 오염물질의 제거, 야생동물의 서식처 제공 등 다양한 효과를 기대하는 등 생태적으로 매우 중요한 구간이다. 그런데 대부분의 저수지는 수위변동구간의 식생을 제거함으로써 전이지대로서의 기능을 마비시키는 등 생태적인 긍정적 효과를 모두 차단하고, 나지로 노출시켜 매우 나쁜 불량한 경관을 조성하고 있으며 토양유실과 비탈면의 침식, 풍화, 홍수기의 붕괴 등의 물리적 구조적 훼손과 아울러 수변식생이 없음으로 수질정화 등의 생태적 기능을 다하지 못함으로써 심각한 경관훼손지역으로 인식되고 있는 실정이다(그림 5-34~5-37).

일반적으로 인공호는 담수가 시작되기 전에 홍수위까지 식생을 제거하게 되는데 이는 토양 침식 및 붕괴를 초래하여 비탈면을 유지하기 어려운 조건이다. 식생의 존재는 뿌리에 의한 토양의 결합력을 높이고, 수관의 빗물 차단으로 침식 방지, 낙엽 부엽토 등에 의한 보수능 증대와 풍화 억제 등의 기능을 갖게 되며 이는 수위변동구간 비탈면 토양을 안정시키는 중요한 기능을 한다. 그런데 식생이 제거되어 토양이 노출된 구간은 식생이 정착하기에 몇가지 제한요소가 있다. 즉, 일단 식생이 제거되어 토양이 노출된 경우 빗물이나 파랑 등에 의해 지속적으로 침식되어 비탈면의 안정성에 영향을 준다.

그림 5-34 댐저수지 비탈면의 일반 현황
(한국수자원공사, 2003)

그림 5-35 식생이 제거되고 토양이 노출된 수위변동구간 (일본 양수댐저수지)

그림 5-36 풍화암이 노출된 저수지 비탈면
(한국수자원공사, 2003)

그림 5-37 식생이 제거된 수위변동구간
(한국수자원공사, 2003)

이렇게 저수지 비탈면 토양 노출 구간의 토양 붕괴 및 침식을 초래하는 몇가지 원인이 있다. 먼저 토양이 물을 함유하여 중량이 늘고 하층 물질과 마찰력이 감소하게 된다. 또한 풍화작용 등으로 인해 토양 자체의 응집력도 저하되게 된다. 그런 한 편으로 이 구간은 경사가 급하고 식생이 제거되어 지피물이 없으므로 침식능이 증가한다. 이러한 구간의 토양은 빗물이나 파랑에 의해 직접 영향을 받아 떨어져 나가거나 지하수 등에 의해 표토 부분이 파괴되기도 한다. 겨울철의 토양 동결과 해빙이 반복되면서 토양의 응집력이 저하되고 손쉽게 붕괴되거나 침식이 진행된다. 이 구간과 인접한 식생도 큰 비가 올 경우 뿌리 부분이 안정적이지 못하여 동요되면서 침식 또는 붕괴되고 나무가 전도되는 현상이 나타나면서 비탈면 붕괴가 가속화되게 된다.

4.1.3 수위변동구간의 식물 생육

수위변동구간 표토층이 제거되면 식물생육에 필요한 영양물질이 부족한 척박한 조건이 되어 식생도입이 매우 어렵게 되며, 생태적으로 복원하기 위해서는 비탈면 안정, 식생기반 조성, 적합한 식생 도입 등의 과정을 통해 생태복원이 가능하다.

그림 5-38 토양기반이 남아있는 구간은 식물 생육 가능하다 (한국수자원공사, 2003)

그림 5-39 수위변동구간에 식물 생육이 가능한 사례 (일본 양수댐)

수위변동구간은 건조 환경과 침수 환경이 반복되어 나타나는 매우 불량한 조건을 갖추고 있다. 갈수기에는 수위 저하로 인해 토양수분이 감소하여 뿌리의 흡수능이 저하되고 식물체내 수분 증산을 억제하기 위해 낙엽이 지거나 기공이 폐쇄되며 심한 경우 고사하게 된다. 그러므로 식생 도입의 경우 침수조건과 척박 조건이라는 극단적 환경조건을 고려해야 하며, 뿌리 분포에 따른 뿌리의 결속력 등을 고려하는 것이 바람직하다. 홍수기에는 침수로 인해 산소농도가 저하되고 토양 중 뿌리분포 구간에 혐기적 환경이 발생한다. 이로 인해 뿌리의 작용이 둔화되고 식물에 스트레스가 작용하며 심한 경우 생육에 영향을 끼친다. 줄기나 잎은 기공이 폐쇄되어 광합성이 억제되고 증산작용이 제한되어 생육에 영향을 끼치게 된다. 특히 완전 침수된 경우 생육에 결정적 영향을 끼칠 수 있다.

그러므로 인공호의 경우 수위변동구간의 식생 제거를 최소화하여 토양의 침식 붕괴 및 척박화를 억제함으로써 기존 비탈면의 생태계를 유지함은 물론 이미 제거된 구간에는 다음과 같이 새로운 식생의 도입 조건을 조성할 필요가 있다.

- 식생이 제거되어 토양이 노출된 구간의 식생도입은 비탈면 안정, 식생기반조성, 적합한 식생 도입 등의 과정을 통해 가능하다. 이 경우 침수조건과 척박 조건이라는 극단적 환경조건을 고려해야 하며, 뿌리 분포에 따른 뿌리의 결속력 등을 고려하는 것이

바람직하다.

- 신규 댐의 경우 수위변동구간의 식생 제거를 최소화하여 토양의 침식 붕괴 척박화를 억제함으로써 기존 비탈면의 생태계를 유지함은 물론 새로운 식생의 도입 조건을 조성한다.
- 50년빈도의 홍수(침수기간 36시간)에 침수된 경우 부분적인 생육장애 현상이 나타날 수 있지만 완전침수가 아니라면 생존이 가능하다. 특히, 갯버들 등 *Salix* 류가 침수조건에 내성이 강한 것으로 확인되었으며, *Poplus* 류도 비교적 침수조건에서 생육이 가능한 것으로 알려져 있다. 독일 등에서 조사된 바에 의하면 은버들, 포플러, 떡갈나무, 느릅나무, 물푸레나무, 단풍나무 등이 장기침수에 생육이 가능했고 소나무도 뿌리부분이 침수되는 정도라면 일정 기간 생육이 가능한 것으로 나타났다.
- 관목류, 수생식물 등은 홍수기에 완전 침수되므로 도입에 신중해야 하나, 갈대, 등나무, 족제비싸리 등이 침수조건에서 장기간 생존이 가능한 것으로 나타났다.
- 지속적인 침식을 방지하기 위해 교목류 외에도 관목류 및 지피류의 도입이 필요하다. Hackett(1979)에 의하면 지피식생은 2.3 m/sec의 유속에도 견딜 수 있는 것으로 나타났다.

4.1.4 수위변동구간 복원 사례

1) 대청호 수위변동구간 생태복원

대청호 수위변동구간은 담수일수에 따라 식생의 활착정도가 다르게 나타나고 있으며, 담수일 외에도 토질, 경사도, 향, 상부식생의 종류, 파랑의 정도, 바람에 의한 영향 등 다양한 요인이 수위변동구간의 식생에 영향을 주고 있었다. 토질의 경우 사질토, 식양토, 정성토, 리핑 풍화암, 사력토, 경암 등 다양한 토질이 나타나고 있으며, 지속적으로 침식이 진행되고 있었다. 경사도는 토질과 밀접한 관련이 있으며, 향의 경우에는 서향이 동향보다

그림 5-40 대청호 수위변동구간 식생도입을 위한 기반 조성

식생의 활착이 미약함을 알 수 있다. 상부식생으로 활엽수림이 잘 발달된 곳은 상대적으로 침식이 덜 진행되며 식생의 활착도 용이함을 알 수 있다. 파랑이 심하지 않은 계곡부에서 다양한 식물이 생육하고 있는 것을 관찰할 수 있으며, 파랑이 심한 곳은 상대적으로 수위

그림 5-41 대청호 수위변동구간 시범 시공지 (한국수자원공사, 2003)
위 : 사질토, 리핑, 경질토 지역, 아래 : 점성토 지역

그림 5-42 대청호 수위변동구간 시험 시공 (한국수자원공사 2005)

그림 5-43 대청호 수위변동구간 시험시공

변동구간에서 식물의 생육가능성이 낮아지는 것을 알 수 있다. 바람이 심한 곳에서 식물의 생육가능성이 낮아지는 것을 알 수 있다,

이와 같은 전제에 따라 대청호에서는 토질조건으로는 사질토, 경질토, 점성토 등, 침수기간별로는 누적침수일 기준 30일, 60일, 90일 이상 등, 적용공법으로는 식생기반재 뿜어붙이기, 식생자루, 식생매트, 사방공(편책공) 등을 적용하였으며, 비교를 위해 바자얽기, 산돌쌓기 등 사방공법을 적용하여 대조구로 설정하였다.

시험시공 결과 식재 및 삽목과 종자를 복합적으로 사용한 종자타입을 적용하여 60m^2 (12 m × 5 m)의 단일 공법을 침수일수 30일~90일 구간에 시공하는 것이 바람직하며 시공공법으로는 식생기반재 뿜어붙이기가 가장 적당할 것으로 분석되었다.

대청호 수위변동구간은 현지조사 결과를 바탕으로 2개소의 대상지를 선정하여 생태복원 시범사업을 실시하였다(한국수자원공사, 2003~2005; 그림 5-47). 복원기반 조성을 위해 식생기반재 뿜어붙이기 공법, 식생자루 및 매트 공법, 편책공법 등을 적용하였으며, 사용식물은 종자를 이용하는 방법, 표층토 및 매토종자를 이용하는 방법, 묘목을 이용하는 방법 등을 적용하였다. 각 공법의 시공하고자 하는 대상지의 토질과 경사, 향, 파랑의 정도, 바람의 흐름, 주변식생의 자연 침입 용이성 등을 고려하여 시공성과 경제성 등을 종합적으로 고려하였다. 대청호 수위변동구간에 적용된 시공 조합은 다음 표 5-11과 같다.

표 5-11 대청호 적용 복원기반 및 식생 (한국수자원공사, 2003)

기반토양적용방법	식생적용방법	실험구수	반복
식생기반재뿜어붙이기 (A type)	• 표층토 이용(매토종자 활용) • 선구식물 종자 위주 배합 • 묘목식재+표층토 이용(매토종자 활용) • 선구식물 종자 위주 배합+묘목식재	4	3
사방공 (B type)	• 표층토 이용(매토종자 활용) • 선구식물 종자 위주 배합 • 묘목식재+표층토 이용(매토종자 활용) • 선구식물 종자 위주 배합+묘목식재	4	3
식생자루공 (C type)	• 묘목식재 • 묘목식재 + 선구식물 종자 위주 배합 • 이식 및 식재	3	3
식생매트공 (D type)	• 표층토 이용(매토종자 활용) • 선구식물 종자위주 배합 • 표층토(매토종자 활용)+선구식물 종자배합	3	3
소 계		14	

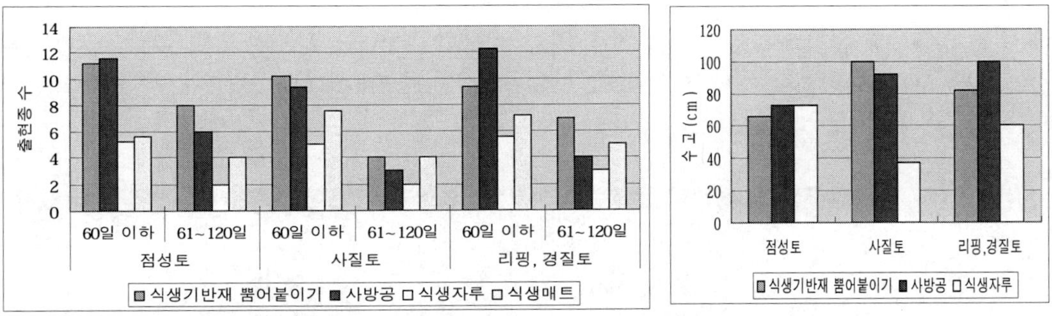

그림 5-44 대청호 수위변동구간 생태복원 수위별 공법별 모니터링 결과 (한국수자원공사 2005)

2) 일본

吉田 等(1993)은 인공 저수지 수위변동구간 생태복원 연구에서 산뽕나무, 족제비싸리, 갯버들, 버뮤다그래스, 비수리 등의 활착률이 높고 안정적이라고 밝힌 바 있다.

일본 오사카 箕面川댐은 국립공원구역으로서 친환경댐 전략으로서 생태복원을 고려하였다. 지역의 자연성 평가 결과 주변의 자연식생과 일치되는 경관 형성을 목표로 하였고 자연형성과정에 의한 자연 스스로의 복원을 도모하였다. 구체적으로 기존 산림대의 표토를 재활용하여 주 식생인 활엽수 매토종자를 적극 도입하였고, 근주의 맹아를 이용하여 천이단계를 단축하였다. 복원 대상지의 물리적 안전성을 유지하기 위해 표토의 유실을 막기 위한 편책을 사용하였고, 식생기반을 위해서는 주변의 산림에서 채취한 표토를 활용하여 자생종 매토종자를 도입함과 아울러 근주 맹아를 도입하였다. 모니터링 결과 5년 후에 관목림의 선구식물로 식생이 회복되고 있었고 15년 후에는 수목이 크게 성장하였으며, 다만 일부 수목들이 부분적으로 고사한 다음 갱신작업이 이루어지고 있었다. 그러나 표층토 복원지 외의 소단에 식재하여 복원한 지역은 숲을 이루지 못하고 인공적인 모습이 그대로 유지되기도 하여 자연 스스로의 생태적 형성과정이 매우 중요함을 보여주었다.

一庫댐의 경우 콩과식물 등의 선구식물이 침입하여 생육하고 있었는데 이는 자연환경조건이 부합된다면 자연 스스로 환경조건에 적응하여 장기적인 복원을 향해 진행하는 것이 가능하다는 것을 시사해주고 있다.

阿木川 댐의 경우 급경사 지역으로서 주변으로부터 영향을 줄이고 관리적인 차원에서 바닥을 시멘트 모르타르 멀칭 처리하고 편책 및 식생자루공법을 적용하였다. 시험시공 결과 침수기간과 식물생육은 매우 밀접한 관계에 있으며 토양유실 및 건조방지를 위하여 식생자루를 병행하는 것이 좋은 결과를 기대할 수 있었다. 도입 수종으로는 초본류로는 새류, 버뮤다그래스 등도 출현하였으며 족제비싸리와 버드나무는 내침수성 및 생존율이 상대적으로 우수한 종들로 나타났다. 그러나 발아된 식생은 대부분 침수시 고사하였으며, 물에 잠겨 있던 부분에는 식물들이 전혀 출현하지 않았고, 수위 변동에 따라 노출 및 침수를 반복하는 구간에서 침수 때에는 고사하는 식물들이 노출 시에 다시 생육하는 생활사를 보여 주고 있었다.

그림 5-45 阿木川 댐 수위변동구간 복원 사례

高山 댐의 경우 식생기반층의 안정을 위한 편책공을 적용하였고 편책공 상부에 일부 매트공을 적용하였다. 토사 유실을 방지하기 위한 내부 멀칭재를 충전하고 대형 앙카로 고정하였다. 멀칭재로는 바크퇴비 등을 생산하여 식생기반층 재료로 일부 배합하였다. 실험시공지는 2곳에 조성하였는데 사람의 접근이 가능한 장소와 사람의 접근이 어려워 배로 접근한 실험 시공지로 구분된다. 편책에는 삼나무 벌근재 등 상부에서 유입되는 유목을 재활용하여 편책용 목재로 재활용하였다. 댐 본체 주변 등 이용자들이 많은 곳부터 녹화를 시

도하였다. 초기 파종한 식생의 생육보다는 주변 침입종의 생육이 우세하게 나타나 초기에는 식생을 도입하지 않고 자연천이에 의한 식생유입을 유도하는 것도 유용한 복원 전략으로 판단된다.

그림 5-46 高山 댐 수위변동구간 복원 사례

그 외에도 일본에서는 인위적으로 훼손된 비탈면의 생태복원 기술로서 수림화가 주류를 이루고 있다. 목본은 초본보다 비탈면의 안정에 기여하는 바가 크기 때문에 비탈면 수림화는 비탈의 안정을 얻는데 상당 부분 효과를 거둘 수 있는 것으로 인정되고 있다.

3절 연안 생태계 복원 기술 및 사례

1 사구 및 배후식생

1.1 사구 생성과 생태적 특성

해안사구(coastal sand dune)는 육지 생태계와 해안 생태계의 전이지역(ecotone)으로서, 두 생태계의 속성을 일부 지니며 해안사구만의 독특한 서식환경을 제공하는 생태적인 가치가 높은 자연자원이라고 할 수 있다(Carter, 1988). 해안사구는 해류와 하안류에 의하여 운반된 모래가 파랑으로 밀려와 탁월풍의 작용을 받아 낮은 구릉 모양으로 쌓여서 형성되는 지형을 말한다. 해안사구는 해안경관(coastal landscape)을 구성하는 주요 요소로서, 해류나 연안류에 의해 해안으로 운반되어 해빈을 이룬 모래가 다시 바람에 의해 해빈(beach)으로부터 이동하여 해빈 후면에 집적되어 형성된다.

온대지역에 분포하는 해안사구는 강수량이 풍부하기 때문에 사막이나 건조지역에 발달하는 사구와는 달리 수분이 식물생육을 제한하는 제한요인으로 작용하지 않으며 지속적인 수분 공급으로 인해 식생으로 피복된다. 또한 주변 배후 산림에서 유입된 물이 바닷물과의 밀도 차이로 인해 빠져나가지 못하고 사구 사이 또는 배후에 저장되어 담수의 양이 풍부한 특징이 있다.

'한국의 사막'으로 불리는 신두리사구는 서해안에 위치한 충남 태안군 신두리 해안을 따라 길이 3.5km, 최대 높이 19m에 이르는 국내 최대의 해안 사구이다. 이중 천연기념물(제431호, 2001년)로 지정된 구역은 신두리사구 북쪽의 길이 1.5 km, 최대 폭 1.3 km 구간이다.

신두리사구는 북서풍을 정면으로 받는 방향으로 길게 늘어서 탁월풍인 북서계절풍에 의해 형성되었다. 사구의 발달을 지배하는 요인은 풍속으로서 사구의 모래를 이동시킬 수 있는 한계풍속은 4.5m/sec 이며 이동률은 풍속의 3제곱에 비례한다. 탁월풍(prevailing)이 해풍인 경우 내륙쪽 사구가 높게 발달하며 해풍이 탁월풍이 아닌 경우 해안쪽 사구가 가장 높게 발달하는 것으로 조사되고 있다(Ranwell, 1972). 이때 모래의 공급이 제한되면 사구 성장이 멈추고 부분적 침식이 나타나게 된다(Boorman, 1977).

사구의 형성과정은 다음과 같다(McHarg, 1969).

- 1단계 : 파랑에 의한 퇴적작용으로 모래톱 형성되면서 해풍에 의해 모래가 내륙쪽으로 이동하고 선구군락이 모래톱 내륙부 사면에 출현
- 2단계 : 해풍에 의한 퇴적과 함께 덤불선에서 사구의 형성이 이루어짐. 해풍이 덤불선에 모래를 퇴적시키고 사초류가 점차 확장
- 3단계 : 사구 전면 모래가 제거되어 2차 사구가 형성. 모래가 지속적으로 1차 사구에 퇴적된 상태에서 해풍과 파랑에 의해 1차사구 전면에서 모래가 제거되고 사구 배후면으로 덤불이나 수목 군락 정착
- 4단계 : 사초류 군락이 최고만조선까지 번식. 사초군락으로 1차사구가 방해받으며 2차사구에 번식
- 5단계 : 1차사구가 정착되고 2차사구가 안정되기 시작. 1차사구에 의해 염분의 비산이 저감되며 지면이 상승하고 사구식생이 점차 육상식생으로 대체. 2차사구가 안정화되면서 사구식생은 모래 집적이 불필요한 식생으로 대체되면서 안정화된 2차사구의 후면에 수림대 형성

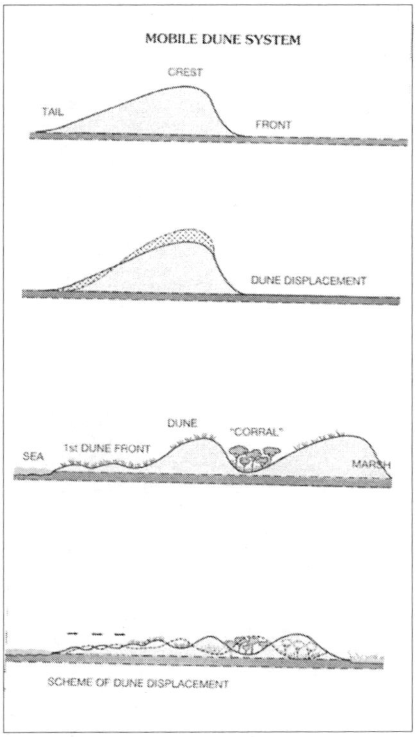

그림 5-47 사구형성 시스템
(자료 : 도냐나 국립공원)

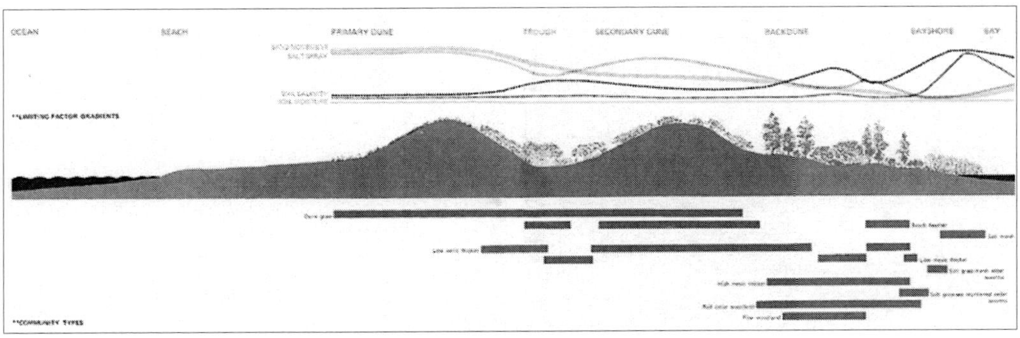

그림 5-48 사구의 발달과 식생군락 (McHarg, 1969)

사구는 보통 마지막 빙기인 뷔름(Würm) 빙기를 기점으로 그 이전의 고사구(古砂丘)와 그 이후를 현생사구(現生砂丘)로 구분된다. 약 1만년 전부터 쌓이기 시작한 후빙기의 현생사구층이 수십만년 전 최후간빙기 때 형성된 두터운 고사구층을 덮어 지금의 사구를 만들

고 있다. 신두리사구도 현생사구 밑에 고사구가 자리하고 있다. 신두사구에서 발견되는 적색 모래층은 고사구 모래층으로서 풍화를 받은 산화철 성분이 다량 포함되어 나타나는데 현생사구의 밝은 모래층과 구분된다.

해안사구는 자연환경과 지역 및 주민의 일상생활에 중요한 위치를 차지하고 있다.

해풍과 바닷물의 유입을 차단하여 지하수가 오염되는 것을 막아주며, 태풍 또는 폭풍이나 해일 등 자연재해로부터 해안을 보호하는 자연제방이면서 해빈 침식을 저감하는 완충

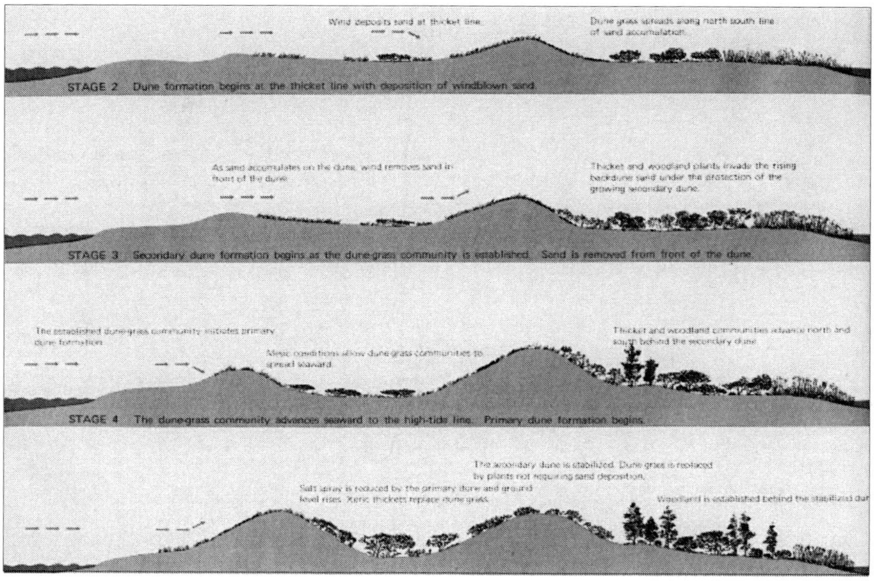

그림 5-49 사구발달 과정(McHarg, 1969)

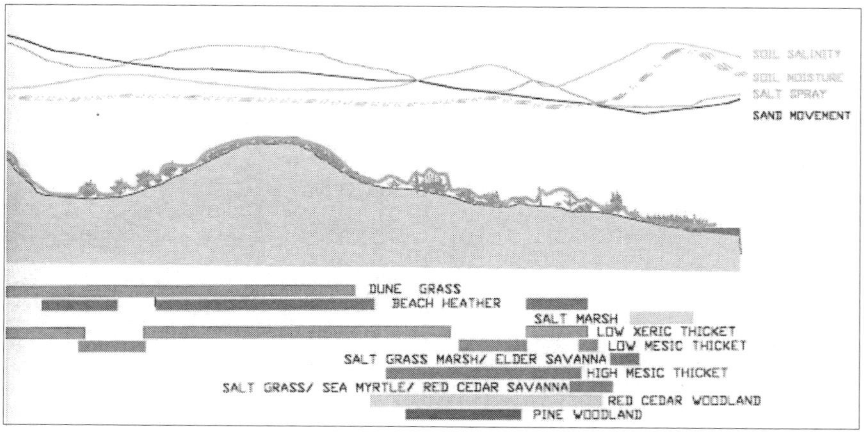

그림 5-50 사구의 식생군락과 환경조건.
(Young, 2013, http://www.youngenvironmentalllc.com/)

작용이 가능한 모래 저장소이다. 지하수 함양이 용이하여 많은 양의 담수 지하수를 저장함으로써 해수면의 염수가 내륙으로 침투하지 못하도록 하는 자연장벽이다.

해안사구는 희귀동식물의 서식처 제공 등 생태계를 보호하고 다양한 생물이 서식하는 생물다양성의 보고이기도 하다. 다른 유형의 생태계에서 볼 수 없는 독특한 사구 생태계를 형성하며 배후습지 및 사구저지대 습지가 또 다른 형태의 습지생태계를 구성한다.

1.2 사구복원

사구의 생태적 문화적 중요성에도 불구하고 막대한 면적의 해안사구가 매년 침식 또는 파손되고 있다. 국내의 경우 동·서·남해안을 따라 133여개의 해안사구가 있으며(환경부, 2001), 대부분의 해안사구가 해수욕장으로 개발되면서 해안사구의 생태계에 영향을 주었다. 일부는 도시나 공업 용지를 확장하는 과정에서 사라지는 경우도 있으며, 남아있는 해안사구도 대부분 방품림이 조성됐거나 농업용지로 이용되고 있어 본래의 모습을 찾아보기 어렵다.

권순효 등(2011)은 서해안 경기도 궁평리 해안사구 훼손 현황을 진단하고 복원 방향을 제안하였다. 궁평리 해안사구는 길이 2 km, 폭 200~300 m에 달하며, 내륙 쪽 사구 후면에는 100년 이상 된 해송 5,000그루 이상이 군락을 이루고 있다. 궁평리·백미리 지역 해안사구가 철새들의 도래지 및 서식지로써 적합하여 철새들이 많이 모임에도 불구하고 철새도래지의 역할을 하기에 부족하다. 화성방조제의 간척사업과 관광상품개발로 인한 훼손으로 생태적 자원과 철새도래지 및 서식지를 파괴되고 있고, 해안사구의 확장이 차단되어 2009년 1년간 약 5 m의 모래가 유실되는 등 문제의 심각성이 대두되고 있다.

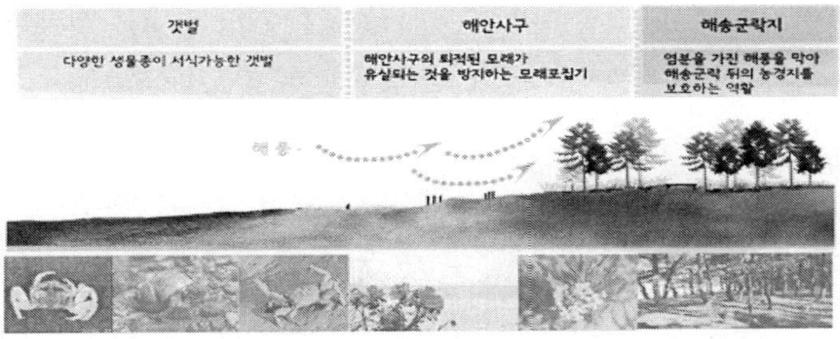

그림 5-51 해안사구 복원계획 단면도(권순효 등, 2011)

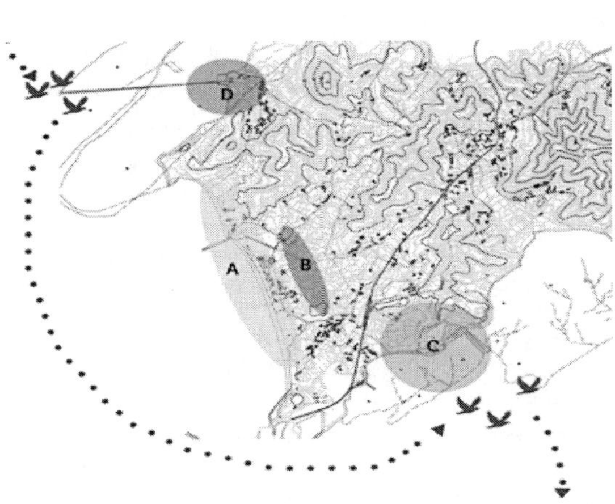

그림 5-52 궁평리 해안사구 복원계획(권순효 등, 2011)

복원계획에서는 해안사구(A), 해송군락(B), 갈대습지(C), 백미리 갯벌(D)으로 구분하여, 해안사구 복원을 통한 생물 종 다양성을 증대시키며 그 주변 공간을 복원이라는 성격에 알맞은 생태적인 공간을 만들어 지역특성을 극대화시키고 철새 도래지 및 서식처 복원을 통한 철새마을을 제안하였다. 또한 생태학습장 및 자전거 탐방코스 등 학습프로그램을 통한 교육의 장을 펼치고 최소한의 인위적인 시설물로 자연환경의 피해를 최소화 시키는 방향으로 해안사구 및 생태환경 보전, 복원을 제안하였다.

1) 해안사구구역

궁평리 해안사구는 경기만에서 유일하게 남아있는 자연해안이지만 빠른 속도로 사구면적이 감소하고 있기 때문에, 사구식물을 조성하는 동시에 모래포집기 설치 및 인위적 모래투입으로 모래유실을 최소화하고 사구면적을 최대한 넓게 조성하였다.

2) 갈대습지구역

화성방조제로 인하여 생긴 화성호 지역에 갯벌 및 갈대습지지역을 조성하여 백미리지역에서 화성방조제 중·하류로 이동하는 철새들의 도래지 및 서식처를 계획하였다. 백미리·궁평리지역 또는 남양만에서 서식하고 있는 철새를 목표종으로 설정하여 갈대습지를 조성하였다. 목표종별 갈대습지 조성방법은 다음과 같다.

표 5-12. 목표종별 갈대습지 조성계획 조건(권순효 등, 2011)

대상종	조성규모	주변식생
두루미 재두루미 흑두루미	• 잠자리(외부로부터 독립된 0.5 ha 이상의 면적) 필요 • 취식지-농경지 최소 16 ha 이상의 면적, 도로, 인가, 사람 등의 방해요인과 멀리 떨어진 곳	• 잠자리 • 1 m 이상 크기의 갈대 등 수변식물 식재
저어새 노랑부리저어새	• 번식을 위한 수면으로 분리된 섬지역이 필요 • 직선거리 500 m 이상 드러나는 갯벌 • 주변에 개활지 및 농경지(최소100 ha 이상)조성하거나 얕은 수역을 가진 저수지(최소 16 ha) 조성	• 번식지 • 둥지재료인 관목류나 초본류가 필요 • 갈대, 사초과 식물 등의 은신할 수변식물 식재
황로 대백로 쇠백로 왜가리	• 반경 50 m 이상의 완만한 경사를 이루는 호소 • 횃대는 호소 내 최소 3 m 간격으로 수면보다 50 m 이상 높게 설치	• 갈대, 부들 등 은신 및 번시할 수 있는 수변식물 식재
논병아리 물닭 쇠물닭	• 최소 반경 50 m 이상의 부정형의 타원모양으로 조성 • 30 cm 이내의 수위변화가 적당 • 논병아리류의 안정적인 서식을 위해 일정한 수심을 유지	• 갈대, 부들, 사초과의 수생식물 식재

3) 해송군락구역

해안방품림의 과도한 전진은 해안침식을 증가시키고 후퇴될 경우 완충지대의 소실이라는 문제점(우다 다카아키, 2006)과 방풍림 전진으로 인한 해안사구식생의 분포면적 축소로 인해 완충지대의 소실을 동반한 해안사구생태계의 기능이 축소된다.

약 50 m 되지 않는 해안사구의 복원을 위해 해송군락을 이식하였다.

4) 백미리 갯벌구역

화성시는 1980년대 후반 이후 국가사업으로 수행된 간척사업으로 인하여 많은 갯벌이 상실되고 있는 형편이며, 간척사업으로 인해 갯벌면적의 많은 부분이 상실되었다. 궁평리지구 등 풍부한 관광자원을 보유하고 있지만, 효율적인 관리방안 및 전략의 부재로 인하여 난개발과 해양오염이 증가한다. 생물종 다양성이 풍부하며 철새들이 도래하는 철새도래지로써 현재 추진되고 있는 백미리 갯벌체험마을에 대한 방안을 모색하고 철새관찰대를 설치하여 자연학습장을 조성한다.

4절 단위생태계 복원 기술 및 사례

1 생태적 단위시설

1.1 단위시설

1) 자연공원시설

생태적 목적으로 도입되는 단위시설의 대표적인 사례로 자연공원법에 의한 자연공원시설을 들 수 있다. 자연공원시설이라 함은 자연공원을 보전·관리 또는 이용하기 위하여 공원계획에 따라 자연공원법에 의해 자연공원에 설치하는 시설을 말한다.

표 5-13 자연공원 내 공원시설의 분류 (자연공원법 제2조)

구 분	해 당 시 설
공공시설	공원관리사무소, 탐방안내소, 매표소, 우체국, 경찰관파출소, 마을회관, 도서관, 환경기초시설
보호 및 안전시설	사방, 호안, 방화, 방책, 조경시설 등 공원자원을 보호하고, 탐방자의 안전을 도모하기 위한 시설
휴양 및 편익시설	체육시설(골프장, 골프연습장 및 스키장 제외)과 유선장, 어린이놀이터, 광장, 야영장, 청소년수련시설, 휴게소, 전망대, 대피소, 공중화장실
문화시설	식물원, 동물원, 수족관, 박물관, 전시장, 공연장, 자연학습장
교통 및 운수시설	기념품판매점, 약국, 식품접객업소(유흥주점 제외), 미용업소, 목욕장, 유기장
상업시설	도로(탐방로 포함), 주차장, 교량, 궤도, 삭도
숙박시설	호텔, 여관
기타	공공시설 및 숙박시설 등의 부대시설

2) 자연환경보전이용시설

자연환경보전·이용시설은 자연환경보전법 제38조(자연환경보전이용시설의 설치운영)에 의해 자연환경보전 및 자연환경의 건전한 이용을 위하여 설치하는 시설로서 1) 자연환경을 보전하거나 훼손을 방지하기 위한 시설, 2) 훼손된 자연환경을 복원 또는 복구하기 위한 시설, 3) 자연환경보전에 관한 안내시설, 생태관찰을 위한 나무다리 등 자연환경을 이용하거나 관찰하기 위한 시설, 4) 자연보전관·자연학습원 등 자연환경을 보전·이용하기 위한 교육·홍보시설 또는 관리시설, 5) 그 밖의 자연자산을 보호하기 위한 시설 등을 의미한다.

3) 습지보전이용시설

습지보전법 제12조(습지보전이용시설) 및 습지보전법 시행령 제9조(습지보전·이용시설), 제10조(습지보전이용시설의 이용 등)에 의하여 습지를 보호 연구하기 위한 시설, 습지보전에 지장을 주지 않는 시설을 설치 운영할 수 있으며, 도입 가능한 시설물로는 습지오염을 방지하기 위한 시설, 습지생태를 관찰하기 위한 시설, 습지를 보호하기 위한 시설, 습지를 연구하기 위한 시설 등이 있다.

표 5-14 습지보전이용시설의 분류(습지보전법 제12조 및 시행령 제9조)

습지보전법	습지보전법 시행령
제12조 (습지보전·이용시설)	제9조 (습지보전·이용시설) 제10조 (습지보전·이용시설의 이용 등)
습지를 보호·연구하기 위한 시설, 습지보전에 지장을 주지 않는 시설을 설치·운영. 1. 습지를 보호하기 위한 시설 2. 습지를 연구하기 위한 시설 3. 나무로 만든 다리, 교육·홍보 시설 및 안내·관리 시설 등으로서 습지보전에 지장을 주지 아니하는 시설 4. 그 밖에 습지보전을 위한 시설 (대통령령으로 정함)	기타 습지보전을 위한 시설 1. 습지오염을 방지하기 위한 시설 2. 습지생태를 관찰하기 위한 시설 습지보전·이용시설의 설치자는 당해 시설의 이용·운영·관리를 위하여 관리자가 필요

1.2 보전이용시설 유형

1) 생태 공원

- 이용자에게 생태적 요소를 주제로 한 자연관찰 및 학습 등을 위하여 식물, 동물, 곤충들이 자연환경 속에서 성장하고 활동하는 모습을 관찰할 수 있도록 조성된 공원
- 생태적 원리에 입각하여 야생 동·식물의 서식처를 유지 또는 조성하되, 생태계 질서(종다양성, 생태적 건전성, 지속 가능성 등)에 의해 스스로 유지되거나 최소의 외부에너지 투입에 의해 유지 또는 관리되도록 조성된 공원
- 주요 대상시설 : 자연생태 연구시설, 보전지역(습지, 하천, 산림 등), 비오톱, 탐방객안내소, 관찰데크, 자연탐방로, 야외관찰원, 야생화원, 완충녹지 등

2) 생태체험·자연학습시설

- 생태체험·자연학습 시설은 평소 자연환경과의 접촉, 이해, 교육 등의 기회가 많지

않은 국민들에게 자연환경의 탐방 또는 교육 등을 통해 자연에 대한 이해와 보전의식을 함양하기 위한 시설

- 주요 대상시설 : 생태공원시설 등 관찰시설, 연수시설, 교육시설 등

3) 생태관찰시설

- 기존의 인공적인 자연환경에서 쉽게 접할 수 없는 자연 그대로의 생태천이 과정 또는 서식환경의 관찰이 가능하도록 조성된 시설
- 동 시설은 자연생태계의 보전을 우선 배려하는 시설로서 생물 서식처에 대한 간섭을 최소화하는 범위에서 필요시 탐방객의 탐방활동 등을 제한할 필요성이 있음
- 주요 대상시설 : 관찰시설, 서식지 보호시설, 폐교활용 자연학습시설, 안내시설, 관찰데크, 조류관찰대 등

1.2 보전이용시설 설치

1) 설치시 고려사항

- 탐방객의 편의를 고려하면서도 환경압으로 작용하지 않도록 위치와 구조를 고려.
- 핵심지역, 완충지역에 설치를 억제하고 전이지역에 집중 설치.
- 계획목적에 적합한 위치, 규모, 시설내용으로 안전하며 쾌적한 시설로 설치하되, 인공적인 시설물은 최소화
- 자연환경조사 또는 타당성조사를 우선 실시하여 기본 방향 설정
- 자연환경, 경관, 생물다양성 확보를 배려하여 환경영향을 최소화
- 자연환경, 경관과 조화되는 친환경적인 구조, 재료, 디자인으로 구성
- 자연환경복원 및 창조에 기여
- 장애인 등 사회적 약자 등의 이용을 배려한 부대시설 고려
- 탄소제로 등 지구환경보전에 기여 및 비용절감 고려
- 완성된 후 유지관리 고려 등
- 거버넌스 : 지역주민, 환경단체, 기타 이해당사자 등과 토지이용, 생태탐방 등에 대하여 전과정에 걸쳐 충분한 협의

2) 방문객센터 및 안내시설

탐방객들의 원활한 통제 관리를 위하여 안내소를 설치하고 야생동·식물의 서식지 및 중요 경관 포인트에 안내시설을 설치하여 탐방객들에게 안내시설을 통해 정확하고 다양한 정보를 제공한다.

방문객센터(안내소)는 주변의 지형여건과 경관을 고려하여 외관디자인과 자재를 선택하며, 팜플렛 등의 안내 및 홍보물을 배치함으로서 교육적 효과를 고려한다. 옥상녹화 및 벽면녹화 등 생태건축으로 조성한다. 옥상녹화는 최소한의 관리로 이루어지는 옥상녹화방법인 저관리형 옥상녹화를 선택하여 최소한의 관리로 biotop 효과를 창출하며, 벽면녹화는 건물 외벽을 보호하고 건물의 에너지절약을 돕는 등의 효과를 창출한다. 이러한 시설들은 장기적으로 생태적 수용능력을 산정하여 시설까지 진입하는 1일 적정 이용객 수를 산정한다.

그림 5-53 습지 생물 해설판 사례
(미국 Great Swamp)

관찰 가능한 생물에 대해 산책로 및 전망 공간 등에 안내판을 설치하여 관광객에게 습지 생물에 대한 이해도를 높인다. 특히 관찰 동·식물 및 멸종위기종의 일반적 형태, 특징 등과 생물학적 가치를 안내판에 기술하여 이용자들에게 교육적 효과를 도모한다.

그림 5-54 자연학습원 목재데크
(일본 이와쿠라 생태원)

안내판은 주변 자연과 조화되는 디자인과 재료(목재)를 선택하여 일관성과 통일성을 유지하며, 방부처리를 최소화하여 친환경적으로 설치하며 사용재료, 색채 및 반사 등은 생태적 영향을 고려하여 설치한다. 관찰대상이 되는 동·식물이 서식하는 곳에 해설표지판 설치한다.

3) 관찰 탐방 시설

생태계가 오염되지 않는 범위 내에 탐방 및 관찰용 데크를 조성하여 생태계를 관찰할 수 있도록 한다. 이때 탐방객 답압으로 인한 생태계의 훼손과 토사유실, 생태계 내부로의 토사 유입 등 훼손이 진행될 수 있으므로 데크 설치로 답압에 대한 피해를 최소화한다. 탐방객의 움직임을 직·간접적으로 유도 및 통제할 수 있도록 탐방객들의 동선을 예상한다. 수생태계의 경우 수위변동 및 물순

그림 5-55 맹그로브 습지 탐방을 위한 부유식 데크(홍콩 마이포 습지공원)

환을 고려하여 부유식 데크 도입도 고려한다. 중장기적으로 1일 수용량을 산정하여 탐방객이 집중되지 않도록 한다.

1.3 보전이용시설 평가

보전이용시설의 현황을 파악하여 다음 항목들을 평가하고 평가결과에 따라 관리방안 및 개선방안을 제시한다.

표 5-15 보전이용시설 평가표

평가항목	평 가 내 용
조형미	심미적 평가, 조형미 요소, 조형원리 등
상징성	상징적 평가, 지표, 연상, 상징, 현상, 스토리텔링
가독성(인식성)	색채와 문자, 질감, 대비 등
관리성	재료의 내구성, 햇빛 빗물 등 환경조건에 대한 저항성, 유지보수 용이성, 내오염성
재료(친환경재료)	재활용, 자연재료, 향토성, 친환경 인공재료
이미지성	로고 및 CI, 고유성

2 비오톱(biotop)

2.1 비오톱 개념 및 유형

비오톱(biotop)이란 "생물서식공간"으로서 주변 공간과 지형 상 뚜렷하게 구분되는 생물공동체의 서식공간이라 할 수 있다. 영어로는 바이오톱(biotope)이라고 한다. biotope은 "bio(생물)" + "topos(장소)"의 결합어로서 생물이 살고 있는 장소를 지칭한다. Dahl에 따르면 "생물공동체의 서식처"(Lebensstaette von Biozoenosen)라고 하였으며, Schaeffer(1992)는 "어떤 일정한 생명 집단 및 사회 속에서 입체적으로 다른 것들과 구별할 수 있는 생명 공간" 으로서 다소간의 차이는 있지만 동질적 성격으로서 주변 공간들과 분명히 이질적으로 구분된다. Leser(1991)에 의하면 "동식물로 이루어진 어떤 생물 사회 속에서 3차원적이고 지역적으로 특징 지울 수 있는 생명 공간"을 뜻한다. 또한 무생물계와 생물계로 이루어진 생명 공간을 뜻하기 때문에 비교적 동일한 생명 조건을 제공하기도 한다.

여기서 중요한 것은 비오톱은 몰가치적이고 중립적인 가치 개념으로서 특별히 보존 가치가 있고 힘들여 보호해야 하는 생명 공간만을 의미하지는 않으며, 중요도와 무관하게 모든 형태의 생명공간을 포함한다. 즉, 인구 밀집 지역의 집약적 농경지든, 생명부양능력이 우수한 습지이든, 도시 내 열악한 공간이든 모두 비오톱의 하나이다. 또한 물을 기반으로 하는 수생 또는 수서비오톱과 땅을 기반으로 하는 육생 또는 육상비오톱 모두 비오톱으로 간주된다.

2.2 비오톱 조성 사례

2.2.1 보호지역내 생물다양성 증진을 위한 비오톱

박은경과 구본학(2013)은 동강 생태경관보전지역 내 생물다양성 증진을 위한 비오톱을 입지 유형에 따라 조성하였다. 동강유역은 비교적 양호한 수환경과 다양한 어종, 높은 고유성, 천연기념물 및 법적 보호종의 서식 등으로 인해 보전가치가 높으나, 한편으로는 무분별한 개발이나 밀렵행위 등에 의한 생태계 훼손, 래프팅, 주변 양식장 및 주택가의 오수 등 오염원으로부터 노출되어 생태계에 부정적인 영향을 미치고 있다. 이에 동강 생태계 보전을 위한 노력의 하나로 비오톱을 조성하게 되었다.

동강생태경관보전지역 내 비오톱 조성은 입지조건에 적합한 서식지 계획을 전 과정에 거쳐 진행되었으며, 입지유형별로 계획과정 및 방법을 차별화하여 조성하였다는 점에서 의의가 있다. 본 비오톱 조성은 멸종위기종Ⅱ급인 맹꽁이의 서식지로서는 강원도 내에서 첫 사례이다.

동강 생태·경관보전지역 내 입지유형별로 3개의 대상지를 선정하였으며(그림 5-56), 대상지 선정기준은 다음과 같다.

그림 5-56 동강생태경관보전지역 비오톱 조성 위치
(박은경과 구본학, 2013)

① 생태·경관보전지역 내 훼손되거나 현재 훼손이 진행되고 있

는 지역으로서 생태계 유지를 위해 우선적으로 복원을 요구하는 지역, ② 주민 및 지자체에서 생태복원이 요구되는 지역, ③ 맹꽁이, 운문산 반딧불이, 도롱뇽, 북방산개구리 등 보호종 및 특수종의 서식 또는 서식 흔적이 발견된 지역을 선정하였다.

대상지의 입지유형에 따른 환경적 특징과 비오톱 조성 방향은 다음과 같다.

1) 문산리 626

마을에서 조금 벗어나 있으나 인근 주변의 간섭을 받는 지역이다. 주변 산림과 하천으로 인해 토양 내 습기를 유지하고 수원을 공급하며, 집중호우시 배수불량의 상습적인 범람지역으로 넓은 정수 조건을 가지고 있고 맹꽁이 서식 흔적이 발견되어 맹꽁이 서식지로 조성하였다(그림 5-57).

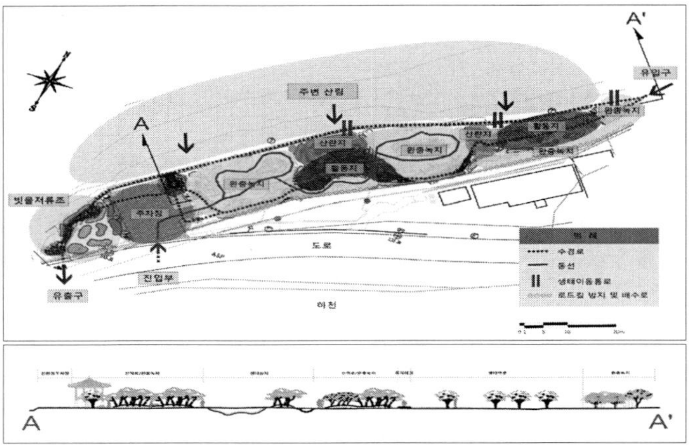

그림 5-57 문산리626번지 비오톱 조성계획도
(박은경과 구본학, 2013)

맹꽁이 서식 환경을 고려한 HSI를 산정하여 습지의 면적은 50 m^2 이상이 적합하므로, 맹꽁이 서식공간과 그 외 다양한 생물의 서식지를 고려하여 맹꽁이 서식지는 381.5 m^2로 조성하였다. 개방수면 비율은 산란을 위해 중요한데, 대상지가 주변 산림과 2 m 이내로 인접한 점을 고려하여 81%를 확보하였다. 수원은 주변 산림으로부터 자연수로를 통해 유입시키며, 홍수기 과잉의 빗물은 저류조에 저장하였다가 수위가 내려가면 습지에 공급하는 시스템으로 맹꽁이의 활동처, 번식처, 은신처 공간을 유지되도록 하였다. 활동지는 겨울철 동결 또는 수온상승이 수생생물에 영향을 주지 않는 1m 이내로 하였고, 산란지는 0~30 cm로 다양한 수심을 적용하였다. 습지 가장자리는 불규칙적인 자연스러운 형태로 조성하여 종다양성 효과를 기대할 수 있고, 경사는 0~15°의 범위 내 다양하게 적용하였다. 바닥은 부드러운 황토를 30 cm로 포설하여 맹꽁이의 이동과 활동이 용이하도록 하였다. 또한 주변산림과 매우 인접하여 자연스럽게 산림식생 연계와 야생동물의 이동통로가 될 수 있다.

맹꽁이의 먹이가 될 수 있는 곤충류를 유인하기 위해 동강유역 자생식물을 근거로 교목은 소나무, 마가목, 때죽나무 등과 수액식물로 일부 나비류와 딱정벌레류에게 먹이를 제공하는 참나무류와 버드나무류를 선정하였다. 관목은 인동과 식물인 덜꿩나무, 백당나무와 꽃색이 화려한 산철쭉 등을 선정하였다. 한편, 생물들의 서식지, 먹이, 번식, 은신처로 이용될 수 있도록 썩은 나무와 나뭇가지, 현장의 돌을 모아 다공질 환경을 조성하였다. 습지 주변은 3~20m 폭의 완충식생대를 조성하여 맹꽁이의 다양한 먹이원을 제공하고 주변 환경으로부터 보호하였다. 주변 습지와의 거리는 20 m로 가까운 위치에 있으나, 인접 도로에 의해 단절된 상태로 포유류 및 양서파충류의 로드킬 현상이 빈번하게 발생되어 경계부에 생태이동통로 기능을 갖는 배수로를 설치하여 로드킬 문제에 대응하였다.

2) 귤암리 269

동강변 절벽 위에 위치하여 경관이 매우 수려하고 다양한 생물서식지의 기능을 하고 있다. 그러나 마을과 인접하여 경작활동으로 인한 동강변으로 오염원이 유입되고 이로 인해 환경압이 발생되고 있다.

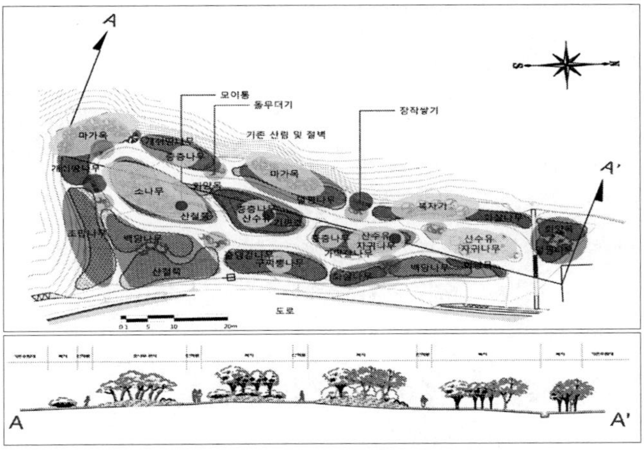

그림 5-58 귤암리 269번지 비오톱 조성계획도
(박은경과 구본학, 2013)

육생 비오톱을 목표로 하였으며, 문헌자료와 인근 주민을 대상으로 실시한 청문조사를 근거로 생태숲과 곤충류 서식지 및 다양한 육상동물 서식환경을 조성하였다(그림 5-58). 육생 비오톱을 위해 안정한 생물서식 장소를 조성함으로써 소생물 서식 유도, 다양한 생물들의 네트워크 형성, 생물종의 서식환경 보호, 자연환경 관찰학습 공간제공, 생태적 성역 조성, 모니터링 및 생태복원 방법과 기술 연구를 위한 학술적 공간으로의 활용 등의 기능을 도입하였고, 가장 우선 조건으로 생물이 서식할 수 있는 식생구조를 조성하였다.

표준생태계인 동강유역 산림식생이 주로 소나무군락이었으며, 학술적 가치가 있는 식물군으로 회양목 군락지 및 비술나무, 시무나무 등과 암벽식생인 돌단풍, 부처손 등이 있다. 또한 소나무하늘소, 어름치, 수달, 황조롱이, 원앙 등 천연기념물과 비오리 등 야생동물의 집단서식지로서 파악되고 있다(원주지방환경청, 2007).

녹지면적은 전체 면적 1,000 m^2의 약 60%인 602 m^2, 동강유역 자생 식생을 근거로 교목은 소나무하늘소 서식을 위한 소나무와 산사나무, 마가목, 복자기 등을 식재하고 조류의 먹이원이 될 수 있는 열매식물과 먹이통을 배치하였다. 또한 장작쌓기, 돌무더기 등 육생 비오톱을 조성하여 다양한 곤충류를 유인하였다. 지형에 따라 바닥포장은 자연배수 등 친환경 소재인 마사토를 사용하였으며 유지관리를 위한 최소 동선으로 계획하였다. 또한 학술적으로 가치를 높이기 위하여 자연스러운 식생천이과정을 유도 및 관찰할 수 있도록 천이관찰구간을 도입하였다.

3) 귤암리 253

마을 주민들의 영농활동 중단으로 폐기물이 방치되어 황폐화된 지역이지만 지대가 높아 경관이 수려하고 사람의 이동과 빛이 비추지 않는 지역이다. 또한 주변에 산림이 우거져 있으며 산기슭에서 유입되는 계류로 지속적인 수원 확보가 가능하다.

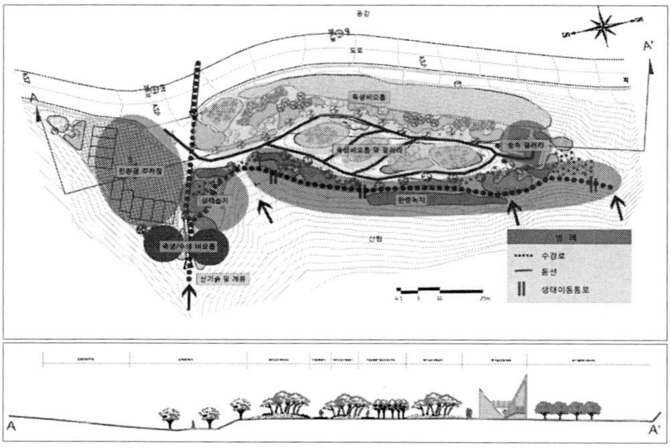

그림 5-59 귤암리 253번지 비오톱 조성계획도
(박은경과 구본학, 2013)

과거 이 일대에 서식했던 역사적 흔적에 근거하여 운문산반딧불이를 목표종으로 설정하였으며, 반딧불 서식환경에 근거하여 사람의 이동과 불빛이 거의 없고 먹이원인 달팽이류와 패각류가 많이 존재하는 습한 상태가 항상 유지되도록 지형적 특성과 수환경을 고려하였다. 면적 69 m^2에 비오톱과 함께 생태학습 공간으로 조성하였다(그림 5-59).

운문산반딧불이는 흙으로 집을 만들기 때문에 토양이 건조해지지 않도록 지속적인 수원공급으로 습도를 높여 운문산반딧불이 및 먹이자원이 되는 달팽이류 서식 조건을 제공하였다. 충분한 먹이원 공급과 산소 공급, 다양한 수심을 고려하였고, 산란에 적합한 수온 유지를 위해 개방수면을 50%로 하였다. 연못주변은 토양수분 및 육상 비오톱 조성을 위해 나뭇가지와 돌무더기를 설치하였다. 연못 하단부에는 산란조건인 이끼 형성에 유리하도록 통나무를 배치하고 수분을 유지하였으며, 큰 돌을 배치하여 다양한 서식환경을 조성하고 수목을 식재하여 그늘을 제공하였다. 유속이 빠른 계류 지점은 토양의 침식과 토사가 흘러내려가는 것을 방지하기 위해 사방댐(check dam)을 설치하여 유속에 변화를 주었으며, 생태연못 내 수생식물을 활용하여 수질개선에 효과를 높였다.

수변식생인 버드나무와 물억새를 식재하고 산림과 인접한 부분은 다양한 곤충류를 위해

꽃이 화려한 화목류를 식재하였다. 습지 주변으로는 주변 산림의 돌무더기와 나뭇가지를 모아 육생비오톱을 조성하여 다양한 생물의 환경을 유지하였다. 또한 집중호우 시 범람을 고려하여 일정 수위를 넘어서면 기존 배수로에 연결하여 우회하도록 하였다.

생태학습의 공간으로도 활용되어, 자연계류를 이용한 서식지로 운문산반딧불이의 생장기를 관찰할 수 있으며, 동강유역의 멸종위기종 동·식물 사진을 전시하여 인근 주민들과 아이들, 동강유역을 방문하는 탐방객들에게 법적 보호종에 대한 중요성과 지역이미지 홍보에도 중요한 역할을 제공한다.

3 LID 기법과 우수침투저류시설

3.1 도시 물순환 시스템과 LID

3.1.1 도시에서의 물순환 특징

도시 물순환 체계의 특징은 지표면의 변형에 따른 빠른 유출과 적은 유보(유출지연), 감소된 녹지면적으로 인한 증발산량의 감소, 지하침투 감소 등이다. 이중 도시 내 빗물의 유출에 영향을 미치는 기본적 요인으로는 강우강도, 강우빈도, 지속시간 등의 기후적 인자와 지리적 인자, 식생, 토성, 포장 등의 물리적 인자, 인위적 토지이용의 변화 등이 있다. 그런데 도시화의 진전에 따라 유출계수와 유출량이 증가해 우수의 급격한 유출이 일어나게 되어 홍수위험 가중, 물이용 차질, 하천변과 수변생태계의 파괴 등의 문제가 야기된다. 또한 우수의 지하로의 적은 침투로 인한 지하수 충전의 불량, 습지 비오톱 감소로 인한 생물종 다양성 결여, 토양 함수량 감소로 인한 지표면 서식 동식물에의 악영향 등의 문제가 야기된다.

특히, 도시 내 홍수유발에 영향을 미치는 도시계획적 요인으로는 토지이용의 고도화와 집약화를 들 수 있다. 또한 택지개발 사업과 같은 도시개발 사업은 녹지공간의 축소, 아스팔트화로 인한 투수성 면적의 감소 등을 초래하여 유수 도달속도의 증가, 유역의 첨두홍수량 및 총유출량을 증가시켜 하류지역에 홍수에 의한 재해를 유발할 우려가 높다.

Arnold와 Gibbons(1996)은 지역계획 및 단지계획 차원의 불투수성 지표면 관리방향을 제안하였고 주차장 녹지대를 이용한 유출수 저류 및 침투효과를 제시하였다.

도시화로 인한 우수유출량의 변화는 자연상태일 때의 10% 유출율이 도시화 75~100%

상태에서 55%의 유출율로 증가하여 약 5.5배의 유출량이 증가되며 이는 도시 내 물수지에서 가용수자원의 감소 현상으로 이어진다. 그러므로 최근의 도시 내 우수관리의 목표를 최단기 배출이 아닌 가능한 한 오랜 시간 동안 도시 내에서 저류시켜 유출량을 줄이고 유출시간을 지연시켜 활용한 후 배출하는 방향으로 전환하고 있다.

3.1.2 LID 시스템

LID 시스템이란 도시 하수처리시스템의 부담을 덜어 주고 도시 홍수 억제 및 도시 내 생물서식기반 조성을 목적으로 우수를 유도, 정화, 저류, 이용, 침투시키는 시스템을 말한다. 도시 우수처리시스템은 재해방지 차원의 도시홍수 예방과 도시생태계의 보전 및 복원을 위한 대안기술이라는 기능을 동시에 고려하여야 한다. 그런데 도시 내 불투수면이 비약적으로 확대되면서 강우 시 단지 내에서 우수가 저류 및 침투되거나 유출 지연되지 못하고 곧바로 단지 외부로 유출됨으로써 첨두유량 증가로 인한 도시홍수 문제를 유발한다. 이에 대한 대안으로 우수저류침투 시스템이 유력한 해법으로 대두되고 있다.

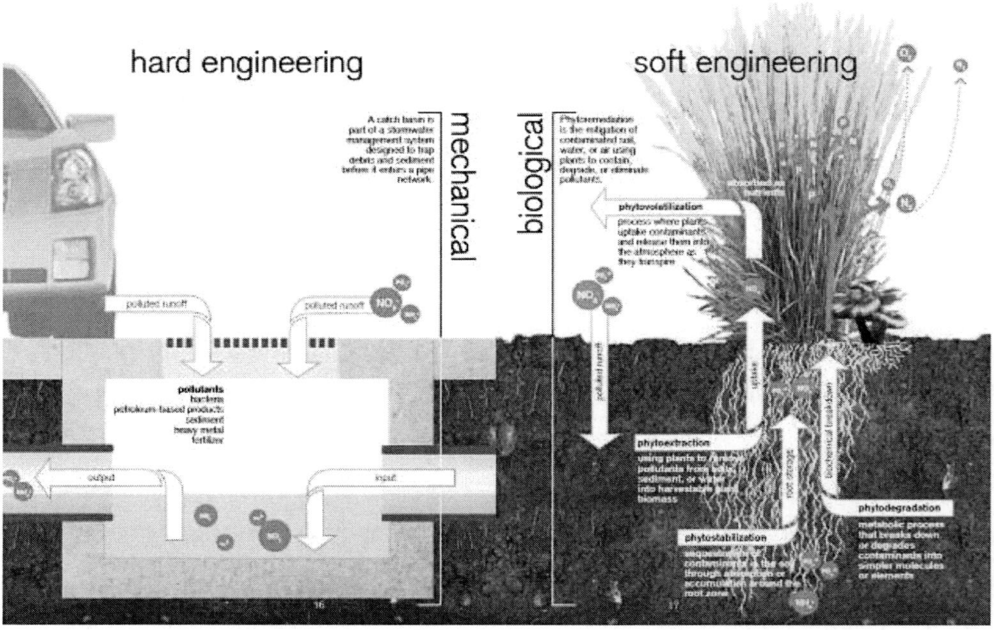

그림 5-60 LID 시스템 개요. 하드엔지니어링과 소프트엔지니어링
(Credit: University of Arkansas Community Design Center's images from " Low Impact Development: a manual for urban areas (LID)" University of Arkansas Community Design Center, Fayetteville, AR Client: Arkansas Natural Resources Commission and the U. S. Environmental Protection Agency http://uacdc.uark.edu ASLA 2011 award of excellence)

우수저류란 토지의 개발에 따라 변화하는 우수의 유출량을 일시적인 저류에 의해 조절하는 것으로, 토지의 복합이용과 저류설비의 안전성, 유지관리에 따른 공사비를 고려하여 개발 대상지에 가장 적합한 저류형태를 선택한다. 유출억제 측면과 더불어 도시 내 생물다양성 증진에 기여할 수 있는 생물서식공간으로 기능을 할 수 있도록 계획 및 설계하는 것이 중요하다.

우수침투는 자연적인 물순환의 한 요소로서 지하로 침투된 강우의 일정량은 지하수로 유입되어 지하수위를 함양하고, 나머지는 녹지와 식물의 소비수량으로 사용된다. 우수 침투량은 일차적으로 토양특성에 좌우되므로, 저류된 우수가 1~3일 내에 지하침투 될 때 효과적이라고 할 수 있다. 이런 시스템에 주로 선호되는 공극이 큰 사질토는 침투성이 뛰어나지만 조성 후 운영단계에서 세립 점토와 실트질이 쌓이기 시작하면 침투능력이 현저히 감소하게 되므로 지속적으로 침투능력을 유지할 수 있도록 사후관리가 요구된다.

3.2 LID 시스템 구성

LID 시스템은 크게 전처리, 저류, 침투 등 하부시스템으로 구성되어 있다.

Sieker(1998)는 잔디도랑-침투 트렌치 시스템(Swale-Infiltraton Trench System)으로 분산되어 있는 우수관리 시스템들과 하수구에 의해서 연결되어 있는 잔디도랑/침투트렌치들로 구성된 시스템을 제안하였다. Alfakih 등(1999)은 우수침투 시스템을 이용하게 되는 이유로 하천의 하류에 존재하는 하수 시스템의 포화상태, 하수의 농도 변화로 인한 유입수의 영향 등을 제시하였다.

3.2.1 전처리시스템

우수의 활용을 전제로 하는 우수처리시스템의 경우 전처리 단계는 필수적이다. 전처리시스템은 집수대상과 이용목적에 따라 결정되며, 우수의 이용이 가능한지와 우수이용 요구가 얼마나 되는지를 판단해야 한다. 우수는 각종 오염물질과 접촉하거나 대기오염 등으로 인하여 오염되게 된다. 우수의 전처리에 활용될 수 있는 대표적인 요소기술로는 전통적인 침전정, 오니제거 침투정, 침전연못 등 다양한 공법이 있으며 구성하고자 하는 시스템의 특성에 맞게 선택되고 조합되어야 한다.

침전연못

유수 정체시간이 충분할 경우 지름 0.1 mm 이상의 고체는 효과적으로 침전된다. 호기성 및 혐기성 생물학적 정수 프로세스가 진행되며, 식생에 따라 부가적인 생물학적 정화효과를 얻을 수 있다. 수면에 떠오르는 부유물질 청소, 침전된 오니 제거 등의 관리가 필수적이다.

식생대(수질정화연못)

수질정화 효과가 높은 것으로 알려진 수생식물(갈대, 부레옥잠, 생이가래 등)의 생리적 특성을 활용하여 수중의 영양염류와 고형물을 침전, 포집하여 수질을 정화시키는 방법이다. 수생식물에 의한 수처리는 물리화학적 처리에 비해 비용이 저렴하고 미생물적 처리에 비해 효과가 가시적이란 장점이 있는 반면 성장을 마친 수생식물의 처리문제나 계절적 요인에 생육이 지배되어 처리효율이 불규칙하다는 단점을 지니고 있다. 식생대의 규모는 토양의 투수계수와 식생대에서 우수가 머무르는 체류시간과 관련되며 지속적으로 유수가 유입될 때 수질정화 효과를 극대화할 수 있다.

쇄석여과층

집수된 우수가 쇄석층의 공극을 통과하면서 접촉, 흡착, 침전에 의해 오염물질이 기계적으로 제거되며, 쇄석에 부착되어 있는 미생물들에 의해 생물학적 정화처리 과정이 이루어지게 된다. 한편으로는 우수가 쇄석의 크고 작은 공극을 통과하면서 용존산소가 높아지는 효과도 있다.

침전정

침전정은 우수의 중간 저장기능과 함께 우물형태의 구조물 안에서 침전에 의해 오염물질을 제거하는 기계적 정수기능을 가진다. 내부에 설치된 수중벽은 수면 위에 뜨는 부유물질을 걸러주는 역할을 한다. 일반적으로 수량이 적고, 침전 가능한 물질이 많이 섞인 우수의 전처리에 적용된다.

오니제거 침투정

지표면에 가까운 불투수층에도 적용이 가능한 공법으로 적은 설치비용과 시설면적으로 대지이용에 장애가 없다는 장점을 가지고 있으며, 반면에 관리상의 제약이 많으며 침전 가능한 물질에만 정수기능을 가진다는 단점이 있다.

우수정수조

침전 가능물질인 경우 정수효과가 뛰어나며, 우수 저류 및 정수기능이 우수하다. 그러나

물이 채워져 있는 경우 어린이의 익사 위험이 있으며, 넓은 시설면적과 높은 관리요구가 단점이라 할 수 있다.

표 5-16 LID 시스템 우수 전처리공법의 유형분류 (서울대학교, 2002)

유형분류	특 징	적용가능성	비고
쇄석 여과층	• 시공이 간단하며, 초기 용존산소를 높여주는 방법 • 부유물질로 쇄석의 공극이 막히면 효과가 급격히 감소	• 요구하는 시설면적이 적고, 시공 및 관리가 간단하여 폭넓은 적용이 가능	
침전연못	• 용해·고형물질 모두에 효과 • 넓은 시설면적, 높은 관리요구 • 물이 차 있을 때 어린이 익사위험	• 주변경관과 잘 조화, 도시 내 생물서식공간으로 기능 • 정수효과가 우수	
수질정화 식생대	• 유기성분의 정수효과 탁월 • 지속적으로 수량이 유입되어야 최대 정수효과를 얻음 • 저류공간과의 연계가 필수적	• 주변경관과 잘 조화를 이루며 생물서식공간으로 기능 • 유기물이 많고 수량이 안정적인 물의 정화에 적합	
침전정	• 좁은 시설면적 요구 • 대지이용에 장애가 없음 • 침전가능한 물질만 정수기능 • 외류에 의해 침전 방해	• 좁은 시설면적이 요구되는 장점을 가짐 • 유량이 적고, 침전물이 많은 우수에 적용 가능	
오니제거 침투정	• 지표면에 가까운 불투수층에도 적용이 가능 • 적은 시설면적과 설치비용 • 침전 가능한 물질만 정수기능	• 오니가 많이 섞인 우수에 적용이 가능 • 관리상 제약이 많음	
원심 분리정	• 뛰어난 정수기능 • 작은 시설면적 • 상승 및 하강속도가 낮을 경우 고체의 분리율이 낮음	• 작은 시설면적을 요구하고 정수기능이 뛰어나지만, 많은 시설비를 필요로 하고 관리요구도가 높음	

3.2.2 LID 시스템

주차장저류

주차장에 설치하며 저류 효과가 큰 반면 차량 등에 의한 오염원이 된다. 넓은 주차장에서는 비교적 사용빈도가 적은 부분에 저류하고, 전면을 저류장소로 이용하는 경우 이용자들의 발을 적시지 않도록 보행로 부분을 높이는 것이 필요하다.

건물 간 저류(동간저류)

집단주택의 건물 사이에 우수를 저류하는 것으로, 단지 내 우수배제를 위한 배수시설이나 하류의 조정지 등 저류시설의 규모를 적게 할 수 있어 단지 내 토지이용의 다양화를 도모한다. 건물보호, 유아에 대한 안전성, 유지관리 등을 고려한다.

저류연못(유수지, 저류지)

비오톱으로 역할을 하며 수생식물의 정화기능에 의한 수질정화 효과가 우수하다. 주민들의 휴식장소와 학생들의 생태학습 장소로 활용할 수 있다. 오염물질 및 부유물질의 제거에 유의해야 하며, 부영양화가 되지 않도록 유출·유입되는 물의 상태와 저류시간 등을 고려한다.

공원저류

공원에 설치하는 우수저류 시설로 공원의 기능, 이용자의 안전대책, 경관 등을 배려해서 저류 장소 및 저류 가능 용량을 결정하여야 한다. 어린이공원의 경우에는 안전성을 고려한다.

교정저류

학교운동장 등 교정 또한 유용한 저류시설이 될 수 있다. 수업과 관련된 옥외활동에 지장을 주지 않도록 강우 종료 후 빠른 기능 회복이 중요하다. 집수역을 학교 내로 한정하는 것이 바람직하다.

지붕저류(옥상녹화 포함)

건물 옥상 및 지붕에 저류하는 시스템으로 고밀도 시가지에 특히 유용하다. 각 건물과 가정에 옥상과 연결되는 우수조를 설치하여 우수를 저장하였다가 재활용한다. 지붕의 방수상태, 단열성능, 구조적 안정선 등을 고려해야 한다. 옥상녹화시스템은 우수의 전처리와 저류를 동시에 수행할 수 있으며, 옥상녹화 그 자체가 도시지역에서 매우 양호한 생물서식공간으로 기능할 수 있다.

유수녹지

기능적으로는 유수지와 비슷한 기능을 하며, 강우 시 유입된 빗물이 일시 저류된 후 토양으로 침투하거나 대기 중으로 증발되고 건조 시에는 녹지공간으로 활용이 가능한 건식 저류지이다.

건식연못

개발 전후 동일한 우수유출률을 유지하기 위해 개발로 인해 증가되는 유출량을 저류하여 배수하기 위한 구조물이다. 유역 말단에 위치하며 빠른 시간 내에 최대유량을 효과적으로 저류시키는 장점을 가지고 있다. 우기 시에만 저류되는 곳으로 건기 시의 토지이용을 고려할 필요가 있다.

지하저류

입체적 토지이용이 가능한 구조로서 지상부를 주차장이나 공원 등 다른 용도의 시설로 이용할 수 있다. 저류조의 저류수심은 경제성뿐만 아니라 퇴사반출의 용이성을 감안하여 2m 이상으로 하는 것이 바람직하다. 주로 고층주택 및 큰 건물 등의 지하공간을 이용하여 설치하며 홍수가 빈번히 발생하는 고밀도 주택가에서 유용한다.

표 5-17 LID 시스템 우수 저류공법의 유형분류 (서울대학교, 2002)

유형 분류	특 징	적용가능성
주차장 저류	• 가장 저류효과가 크나, 오염된 우수의 가장 커다란 발생원 • 이용자들에게 불편야기 가능	• 이용자 불편문제로 주택지역보다는 한시적으로 이용하는 시설들에 적용이 가능
동간(지하) 저류	• 지하에 공사를 해야하므로 막대한 공사비 소요 • 저류조의 관리상의 애로(저류조 내 병원성 세균 등의 발생)	• 저류된 우수의 장기간에 걸친 지속적인 이용이 가능해 생물서식공간의 조성에 있어서 기반(수원) 제공
저류연못	• 높은 저류효과와 제어가능성 • 높은 배수의 지연효과 • 넓은 시설면적 • 저수 시 어린이 익사 위험	• 높은 유출지연 효과를 가지고 있으며, 주변경관과 조화를 이루어 생물서식공간으로 기능 가능
공원저류	• 별도시설을 필요로 하지 않음 • 공원이용 상의 제한 • 이용자의 안전대책 필요	• 공원이용의 제한과 이용자 안전대책 요구
옥상저류 (녹화옥상 포함)	• 대기 중 오염물질의 제거 • 옥상층의 온도조절 • 중량형 녹화일 경우 관리요구도가 높아짐	• 어느 정도의 우수정화와 저류기능을 모두 가짐 • 도시 내 녹지공간 확대, 생물서식공간으로 기능
유수녹지 (건식연못)	• 빠른 시간 내에 최대유량을 효과적으로 저류 • 우기에만 저류하는 곳으로 건기 시 토지이용 고려 필요	• 건기 때와 우기 때의 차별적인 토지이용 전략이 수립 필요 • 이용자의 안전대책 필요

3.2.3 침투 시스템

침투시스템은 전처리과정을 거친 우수를 지하저류조로 유입시키는 단계로서, 유출억제, 지하수 함양, 강우 초기 오염물질 제거 등의 효과가 있다. 가장 보편적인 침투공법은 투수성 포장공법과 같은 토양의 표면을 통한 침투공법이다. 한편 정수 및 저류기능을 동시에 지닌 공법도 있는데, 침투구덩이나 침투연못 등이 대표적인 사례이다. 저류가 가능하나 정수기능이 없는 공법으로는 원형침투정이나 유공관이 대표적이다.

투수성 포장

투수성포장은 우수의 지하침투량을 증가시켜 우수의 유출 억제 및 우수 이용량을 증가시킴으로써 도시 내에서 자연에 가까운 물순환을 촉진시키는데 목적이 있으며, 다공질 포장재, 잔디 블록 등이 있다. 투수성 포장의 문제점으로는 일정 기간 사용 후 공극이나 포장재 사이 간격을 먼지와 토사 등이 채워 투수력을 저하시키는 문제가 있다.

침투트렌치

트렌치에 쇄석이나 자갈 등 골재를 충전하여 다공질 투수환경을 조성하고 우수를 모아 다공재의 측면과 저면을 통해 빗물이 분산되도록 한다. 필요한 경우 트렌치 내에 다공재 속에 침투관을 설치하고 상부에 침투시트를 깔고 흙으로 매립한다.

표 5-18 우수 침투공법의 유형 (서울대학교, 2002)

유형분류	특 징	적용가능성
토양표면침투 (투수성 포장)	• 유지관리 용이, 낮은 저장능력 • 넓은 시공면적 필요	• 시공이 간편하고 기술적 장애가 없지만, 넓은 시공면적 요구
침투구덩이	• 높은 저류효과, 용이한 유지관리 • 녹지와 연계가 용이함 • 과밀지역은 쓰레기 투기 우려	• 유역의 10-20% 면적 소요 • 어린이 익사 위험
침투연못	• 높은 정수효과와 저류용량 • 저수 시 어린이 익사 위험 • 관리 부재 시 바닥면 차수	• 비오톱으로 주위경관과 통합되어 생물서식공간으로 기능 가능
원형침투정	• 적은 시설면적에 제어가 용이 • 지표면 부근 불투수층에 적용가능 • 부유물질이 있을 경우 처리 애로	• 정수기능이 없고 관리상 제한
유공관	• 높은 저류용량, 적은 시설면적 • 지표면 부근 불투수층에 적용가능 • 낮은 정수기능	• 물에 부유물질이 있으면 안되고, 유지관리 방안이 없음
침투관거	• 점적으로 유입되는 우수 신속처리 • 높은 저류용량, 적은 시설면적 • 유지관리나 제어방안이 없음	• 정수기능이 없고 물에 부유물질이 있으면 안됨
침투트렌치	• 우수를 모아 신속하게 쇄석의 측면, 저면으로 분산시킴 • 접근성 때문에 유지관리 용이	• 유사가 축적될 우려
잔디형수로	• 지피식물로 피복되어 있어 주변 경관과 잘 조화 • 적절하게 식생을 피복해야 함 • 일정정도의 통수능 확보필요	• 시공이 간단하고 충분한 폭을 확보할 경우, 저류와 침투기능 동시수행 가능 • 소생물 서식공간으로 기능

유형분류	특 징	적용가능성
침투측구	• 집수한 우수를 저면의 불포화대나 포화대를 통해 분산 • 유입부에 침전정을 설치하여 부유물질을 제거해야 함	• 부유물질 제거를 위해 침전정 등의 전처리 시설이 필요
침투통	• 집수한 우수를 불포화대로 분산, 침투시키며, 공장, 공공시설, 주거단지에 적합	• 토사 및 부유물질의 부착 상황을 확인하기 위한 정기적인 관리 필요

3.2.4 LID 시스템 사례

LID 시스템에서 일반적인 적지 선정기준은 아래와 같은 기준을 충족시켜 주어야 한다.

• 쾌적성, 효율성, 위생성 등 각 요소를 고려

• 토지이용, 복합적 이용 등 토지이용계획 상 가능한 장소에 배치

• 저류·침투시설로 인한 타 시설의 안정성 고려

• 유지관리비 및 공사비 고려

• 지하수위 고려

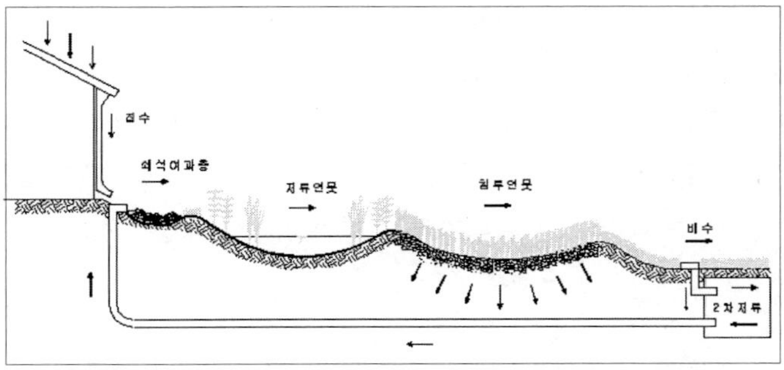

그림 5-61 00지구 LID 시스템 개념도 (서울대학교, 2002)

○○지구 LID 시스템 우수저류침투 연못의 조성 대상지의 면적은 93 m^2였으며, 대상지 옆으로 상당한 면적의 녹지가 확보되어 있어, 다양한 생물서식기반이 조성될 것으로 보였다. 대상지에는 배롱나무, 낙상홍, 대왕참나무, 철쭉류 등이 식재되어 있었으며, 쇠박새, 참새, 까치 등의 조류가 관찰되었다. 여름철 강우 시 몇몇 양서류도 관찰할 수 있는 것으로 조사되어, 기존 산림과 저류 및 침투연못을 연계할 경우 다양한 생물종의 유입이 예상되었다. 1일 6시간 이상의 일조가 확보되므로 동식물 서식공간으로 매우 적합하다.

연평균 강우량(30년간)은 1,307.0 mm였으며, 최근 강우량이 증가하여 지난 10년간의 연평균 강우량은 1,388.5 mm로 나타났다. 실제로 시험적용이 이루어진 1999년의 경우,

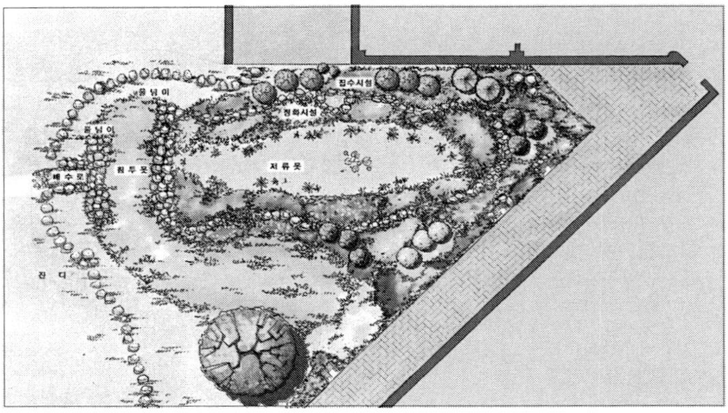

그림 5-62 00지구 LID 시스템 평면도 (서울대학교, 2002)

평년에 비해 강우량이 상당히 많아 연간 강우량이 1,556.1 mm에 달했으며 그 70% 가량이 7~9월에 집중된 것으로 나타났다. 저류연못의 수위 유지에 중요한 인자라 할 수 있는 증발량의 경우, 직경 20 cm인 용기를 이용한 소형증발량이 연간 1,105.2 mm에 달하는 것으로 나타났다.

생태적 빗물관리 LID 시스템을 이루는 각 단위공법은 “유출억제 및 침투증대를 통한 도시 물 순환체계의 개선”, “생물서식기반 복원 및 서식처 제공을 통한 도시 내 생물다양성 증진”, “빗물의 재활용을 통한 수자원의 효율적 이용” 등 효과를 극대화할 수 있어야 한다. 이를 바탕으로 빗물관리의 각 단계 단위공법들을 검토한 결과, 도시 물순환체계의 개선과 생물서식기반 조성에 기여할 수 있는 생태적 빗물관리 시스템이 도출되었다. 전체 시스템은 쇄석여과층 – 저류연못 – 침투연못 – 2차 저류시설로 구성하였다.

집수 시설

기존의 빗물받이 홈통에 집수관을 연결하여 건물 지붕과 옥상에 떨어지는 빗물을 집수하였다. 집수관의 직경은 대상지의 강우자료를 바탕으로 20년 빈도의 강우에 준하여 직경 200 mm의 관을 사용하였다.

여과층

집수된 빗물을 자갈(D300–400 mm), 모래(D8–16 mm)로 이루어진 여과층에 통과시켜, 대기나 지붕에서 오염물질을 포함해 수질이 나쁜 초기 빗물을 효과적으로 정화하여 저류연못으로 유입시키는 전처리단계이다.

저류연못

빗물의 유출저감과 생물서식공간의 기능을 지니는 단계로, 집수면적에 따른 총유출량,

다양한 생물 서식조건, 대상부지 여건 등을 고려하여, 강우 조절계산에 따라 연못의 규모를 산정하였다.

총유출량은 산출은 다음과 같다.

- *건물 지붕면적 1,400 m^2 중 유출에 영향을 미치는 집수면적은 542 m^2이다. 지붕 유출계수는 0.9로 하였고, 대상지 강우자료를 바탕으로 유출량은 14.9 m^3로 산정($V = I \times t \times A \times C$) 하였다. 강우강도는 2년 빈도 강우로, 강우기간은 일반적인 하수도 시설기준인 유수지 강우기간의 1/2인 1시간을 적용했다.*

강우강도식 : $i_2 = \dfrac{372}{t^{0.59}}$ $\quad t$: 분, i : mm/hr

$V = i \times t \times A \times C$

(V : 유출량, i : 강우강도, t : 분, A : 집수면적, C : 유출계수)

그 결과 면적이 53 m^2이고 최대 수심이 55 cm인 저류연못이 계획 및 설계되었으며, 이때 최대 저류용량은 15 m^3로 계획되었다. 저류연못은 빗물저류를 위한 방수층, 연못의 부영양화를 막고 식재기반이 되는 피복토층, 고무시트를 고정하고 모세관현상에 의한 누수방지를 위한 자연석층으로 이루어졌다. 또한 곤충, 양서·파충류 등 다양한 동물을 유인할 수 있는 식물들을 식재하였다.

표 5-19 우수저류 및 침투연못의 식재종

구 분	식 재 종
수생식물	수련, 보풀, 줄, 창포, 골풀, 매자기, 흑삼릉, 세모고랭이, 부들 등 15 종
다년생 초본류	동의나물, 가락지나물, 노루오줌, 까치수영, 머위, 털부처꽃, 비비추, 빈카마이나 등 20 종
관·교목	국수나무, 황매화, 산수국, 멍석딸기, 조팝나무, 갯버들, 흰말채 등 10종

침투연못

침투연못은 일정 저류가 가능하며 대상지의 침투능력을 향상하여 빗물을 효율적으로 침투시키며 생물서식기반을 제공하는 것을 목적으로 집수면적의 유출량과 저류연못의 규모, 대상지의 한정된 여건을 고려하여 면적은 40 m^2, 수심 20~60 cm로 정하였다. 우수침투를 최대화하기 위하여 큰 자갈(D8−32 mm), 작은 자갈(D8−16 mm)로 구성된 침투층과 생물서식기반을 위한 양토층으로 구성하여, 침투능력을 높일 수 있도록 하였다.

침투연못은 건조하고 습한 환경이 반복적으로 형성되므로 이러한 특성에 견딜 수 있는 달뿌리풀을 식재하였다.

지하 저류조(2차 저류시설)

침투연못을 월류하여 배수되는 물은 지하저류조에 저장되고, 용량이 초과되면 가실천으로 배수되도록 하였다. 저류조 규모는 Böse의 저류량 산정공식(저류조의 규모 = 년 간 빗물사용량·저장일/365)과 유출 저감효과를 고려하여 20 ton으로 하였고, 단순한 저류 뿐만 아니라 다단계 필터층에 의해 오염물질을 침전시키고 걸러주는 기능을 지닌 특수 제작된 FRP 저류조이다. 저장된 물은 저류연못의 일정 수심을 유지시키고, 주변수목의 관수 및 실외 청소용수로 재활용할 수 있도록 하였다.

모니터링

우수 저류연못과 침투연못의 유입 및 유출량 모니터링을 위하여 저류연못의 유입부와 유출부, 침투연못 유출부 등의 무넘이에 음파식 수위계를 설치하였다. 또한 지하 저류탱크에 저류되는 유량을 분석하기 위하여 저류조 내부에 자동수위계를 설치하였고, 대상지역의 정확한 강우자료를 얻기 위하여 자동우량계를 설치하였다. 저류연못 저류효과는 홍수시 유출용적에 대하여 14%의 저감효과가 있고, 첨두유출량의 경우는 15%의 저감효과가 있었다. 침투연못의 침투 및 저류효과를 분석한 결과를 보면 유출용적의 49%에 해당하는 양이 침투저류되었고 이와 함께 침투연못 내에서도 저류효과를 볼 수 있었다.

한편, 토양동물상에 유의성 있는 상관관계를 보인 환경인자들을 그룹화하면 지형관련인자(경사, 조도계수), 토성관련인자(토성, 용적밀도, 공극률, 투수계수), 수분환경 관련인자(수분포텐셜, 수분함량), 화학성 인자(전기전도도, pH, 전질소), 물리성 인자(토양경도) 등으로 구분할 수 있다. 토양동물 분류군 수와 토양환경 인자간의 상관분석 결과, 여름철 분류군 수는 수분포텐셜 및 전기전도도와 유의수준 5% 이내의 상관관계를 갖는 것으로 드러났으며, 가을철 분류군 수의 경우 유의수준 내는 아니지만 조도계수와는 양의 상관관계, 양이온치환용량과는 음의 상관관계를 비교적 높게 보였다.

전체 토양동물 개체수의 경우 유의수준 5% 이내의 상관관계를 보인 인자로는 투수계수가 가을철 개체수와 음의 상관관계를 보였다. 또한 유의수준 내는 아니지만, 여름철 개체수는 유효수분과는 양의, 전질소와는 부의 상관관계를 보였으며, 가을철 조사결과는 유효수분, 수분포텐셜 등과 일정 수준의 상관관계를 갖는 것으로 나타났다.

토양동물과 환경조건과의 회귀분석 결과 회귀식은

$$Y = 33.394 + (-0.489) \times X1 + (-3.865) \times X2 + (-7.435) \times X3$$

로 나타났다.

여기서 투수계수($X1$), 토양경도($X2$), 전질소($X3$)

5절 대체생태계

1 대체생태계 계획 모델

생태계 훼손은 서식지 소실 및 단편화, 생태계 네트워크의 단절을 가져오며 야생생물의 고립으로 종개체수 감소, 종다양성 감소에 이르게 된다. 생태계가 불가피하게 훼손되거나 소실될 경우 대상지의 수문학, 지리학, 생물학 등 제 변수들을 고려하여 복원하거나 대체 생태계를 조성할 필요가 있다(Hraker et al., 1993). 대체생태계란 각종 개발 사업에 의해 불가피하게 훼손되거나 개발에 의해 영향 받는 생태계를 새롭게 조성해 주는 것이다. 유사한 개념으로서 자연환경보전법에서는 '대체자연'을 '기존의 자연환경과 유사한 기능을 수행하거나 보완적 기능을 수행하도록 하기 위하여 조성하는 것'으로 규정하고 있고 구본학 등(2011)은 대체습지를 "훼손된 자연습지와 유사한 생태적 기능을 수행하도록 조성된 습지로서 자연습지와 동등 또는 그 이상의 구조와 기능을 갖는 습지"로 정의한 바 있다. 이 책에서는 대체생태계를 '훼손된 생태계와 유사한 생태적 기능을 수행하도록 조성된 생태계'로 정의한다.

대체생태계 유형의 하나로서 맹꽁이를 주 대상으로 하는 습지기반 야생동물 대체서식지 조성 계획 모델사례는 다음과 같다(표 5-20).

목표종 선정

대상지 내 멸종위기야생생물과 같은 법정보호종이나 문화적으로 의미가 있는 생물종이 있는 경우 목표종으로 선정하여 보전 노력과 더불어 복원을 위한 서식처 조성이 필요하다. 이 때 목표종의 생리적 생태적 속성에 근거하여 서식환경을 조성하게 된다.

예를들어, 맹꽁이는 파충류나 대형조류의 먹이원으로 먹이사슬을 다양하게 만든다. 맹꽁이는 봄에는 번식을 위하여 산란장소인 수역으로, 여름에는 먹이 또는 은신을 위하여 그늘진 곳이나 먹이가 풍부한 장소로, 가을에는 동면장소로 이동하게 되므로 핵심지역과 완충지역의 서식공간이 필요하게 된다. 다양한 육상 및 수서곤충과 달팽이류, 다슬기류 등을 잡아먹으며 500 m의 행동반경(Home Range)과 최소 50 m^2의 서식공간이 필요하며 그 외에 표 5-21과 같은 서식환경을 필요로 한다(심재한, 2001).

목표종으로 선정된 맹꽁이를 대체서식지로 이식하기 위해 사업대상지 내 서식하는 맹꽁이를 포획 이주하였다(그림 5-64).

표 5-20 습지 기반 야생동물 대체서식지 계획 모델

계획 과정			계획 항목 및 방법
서식지분포	대상지역의 야생동물 현황 및 서식지 조사	⬅	문헌자료, 위성영상 현지조사, 주민청문
서식지평가	서식지 기능평가	⬅	새로운 평가법 도출
	서식지 보전가치평가	⬅	보전, 향상, 대체의 방향 결정 -> 대체전략 필요한 서식지 선정
목표종	목표종 선정 서식처 적합도 평가	⬅	목표종 선정기준 목표종의 서식지 적합도
대체서식지 조성입지 선정	대체서식지 입지 선정 조성후보지 선정	⬅	GIS분석 및 문헌고찰 3요소 : 지형, 수문, 식생 지형도, 토지이용계획도 주변 산림과의 거리
	입지 선정을 위한 평가 대체서식지 입지 선정	⬅	생물서식기반환경적합도 종 서식처 적합도 인간의 간섭도
조성계획 지표	양서파충류 대체서식지 조성계획지표 설정	⬅	양서파충류 서식처 조성 기법조사

표 5-21 맹꽁이의 서식환경

서식장소	산란장소	동면장소
땅 속, 우거진 수풀 밑이나 바위 밑	저습지, 작은 웅덩이, 논	축축하고 부드러운 땅 속

그림 5-63 맹꽁이 포획 트랩 설치

보전/대체 전략을 위한 서식지 평가

대상지역의 출현종을 중심으로 한 서식지 조사는 먼저 수치지형도와 위성영상을 통해 복수의 후보지를 선정한 후(그림 5-65), 현지답사를 통해 대상지 환경조건을 조사 분석 후 생태적 기능을 평가하여 대체서식지 후보지를 선정하게 된다. 그림 5-68은 맹꽁이 대체서식지 후보지에 대한 현장 답사를 통해 3개 서식지를 확인하고 지역 주민의 청문에 의해 추가로 1개 서식지를 확인하여 최종 4개의 서식지 후보지를 선정하는 과정이다. 4개소에 대한 현장 조사 결과를 바탕으로 표 5-22와 같이 구본학(2009)의 보전등급 설정기준에 따라 보전, 향상, 복원 등으로 판단하였다.

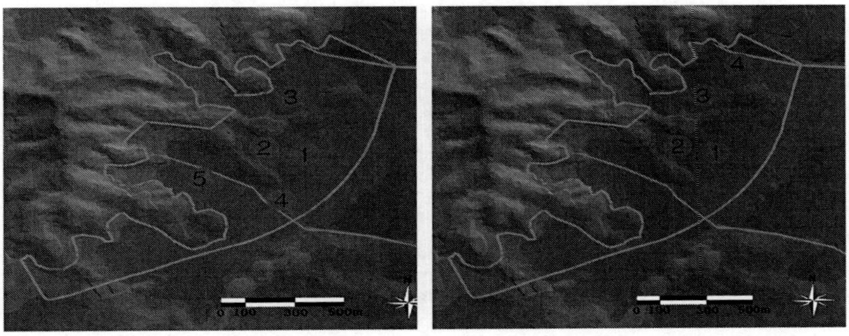

그림 5-64 지형도 및 위성영상을 통해 선정된 서식가능 후보지(좌)와 현지답사에서 최종 확인된 서식지(우)

표 5-22 서식지 현황 및 보전가치 평가

조사내용	서식지 1	서식지 2	서식지 3	서식지 4
습지의 면적	1,500 m^2	1200 m^2	900 m^2	600 m^2
다른 습지 거리	250 m	350 m	800 m	1,200 m
지속적인수문조건	계절적 연결	계절적 연결	계절적 연결	연결 없음
침수기간	항상 침수	항상 침수	계절적 침수	침수기간 거의 없음
유출 특성	유속 느리고 경사 완만	유속 느리고 경사 완만	유속 느리고 경사 완만	유속 느리고 경사 완만
습지유형 다양성	2개 유형	1개 유형	1개 유형	1개 유형
식생형	상,중,하층	중·하층림	중·하층림	하층림
고목·나무가지 등	보통	보통	보통	보통
개방수면의 비율	65%	50%	5%	5%
퇴적과 오염원	적음	적음	보통	적음
가장자리의 복잡성	다소 굴곡	다소 굴곡	굴곡 없음	굴곡 없음

조사내용	서식지 1	서식지 2	서식지 3	서식지 4
유기물 퇴적층	풍부	보통	보통	보통
포식 회피 안전성	보통	보통	보통	보통
인간의 간섭도	드묾	드묾	빈번	빈번
야생동물 이동통로	야생동물이동흔적자주발견	서식활동 관찰 됨	약간의 흔적	약간의 흔적
보전가치 평가	2.33 / 보전 현지 내 대체	2.2 / 보전 현지 내 대체	1.73 / 향상 현재 상태에서 향상	1.46 / 복원 현재 상태에서 복원

2 입지 선정

2.1 후보지 선정

입지 선정은 대체생태계를 조성하기 위해 최적 위치를 찾는 과정으로서 동일 유역 내에서 조성후보지를 지정하는 것이 중요하다. 연구문헌과 수치지도 등을 기초 데이터로 하여 GIS 툴을 이용한 분석을 통해 조성 후보지를 선정한 후 다음 단계에서 현지 답사를 통해 입지 선정 평가 기준을 적용하여 최적 입지를 선정하는 것이 바람직하다.

먼저 수치지형도와 문헌고찰 결과를 바탕으로 ArcGIS나 QGIS 등 GIS 툴을 이용하여 같은 유형의 생태계를 형성할 수 있는 지역을 구분하고 주변 생태계 위치와 수문, 토양 등 생태계 구조를 적용 가능한 위치를 파악한다. 생태계 조성 후 안정된 구조와 기능으로 정착되기 위해서는 주변 다른 생태계와 연계가 될 수 있는 지역을 선별하여 1차 후보지를 선정할 수 있다(그림 5-66).

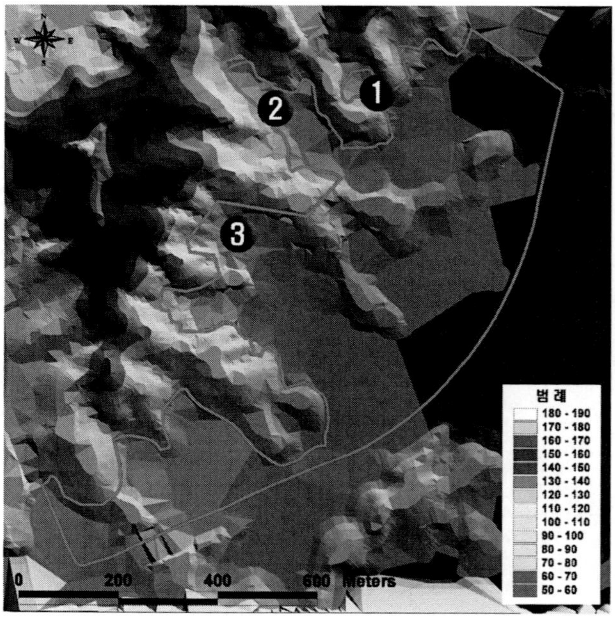

그림 5-65 맹꽁이 대체서식지 조성 후보지

예를들어 대체서식지 입지선정은 야생동물의 서식지를 어떤 지역에 조성할 것이지를 결정하는 중요한 요소이다. 정영선 등(2013)은 맹꽁이 대체서식지 입지선정을 위해 목표종인 맹꽁이가 살던 서식지 환경과 가장 유사한 조건을 만들기 위해 맹꽁이 생태 특성을 분석하여 서식조건의 기준을 도출하였다.

2.2 적합성 평가

입지선정을 위한 평가항목을 생물서식기반 환경 적합도, 종서식처 적합도, 인간의 간섭도로 구분하여 적합성 평가를 통해 선정한다. 정영선 등(2013)의 연구에서 맹꽁이 대체서식지 입지선정을 위한 적합성 평가 결과 후보지 1이 최적지로 선정되었다(표 5-23).

표 5-23 맹꽁이 대체서식지 입지선정 평가. ( )는 평가점수.

항목	평가기준	후보지 1	후보지 2	후보지 3
생물서식 기반환경 적합도	경사도	0~3 평탄 (3)	3~5 거의 평탄 (2)	5~7 완만 (1)
	수문	영구 침수 (3)	계절적침수. 유량 거의 없음 (1)	계절적 침수. 유량 적음 (2)
	토양	배수안되는 점질토(3)	배수안되는 점질토(3)	배수안되는 점질토(3)
종서식처 적합도	습지조성 가능면적	1500 m^2 (3)	800 m^2 (2)	500 m^2 (1)
	산림과 거리	40 m (3)	150 m (1)	120 m (2)
	식생층	교목,관목,초지 다양(3)	교목, 초지 2개층(2)	초지,관목 2개층 (2)
	수문 PH	7 (3)	5 (2)	4 (1)
	기존습지 연계성	계곡수 지속유입 (3)	지표수 (1)	지하수 (2)
	완충초지	폭 6 m (3)	폭 3 m (2)	없음 (1)
인간의 간섭도	도로와 거리	20 m (2)	25 m (1)	15 m (3)
	마을과 거리	50 m (2)	30 m (1)	100 (3)
	오염원과 거리	주변 오염원 없음 (3)	10 m 근처 양어장 (1)	주변 오염원 없음(3)
점수		34	19	24

3 대체생태계 계획 지표

목표종 서식환경에 따라 대체서식지 계획 요소 및 지표를 설정한다. 예를 들어 맹꽁이 대체서식지의 경우 대체서식지 입지 특징과 맹꽁이의 생리 생태적 특성을 반영하여 맹꽁이 대체서식지 기본 모델을 구축한다(그림 5-67, 표 5-24).

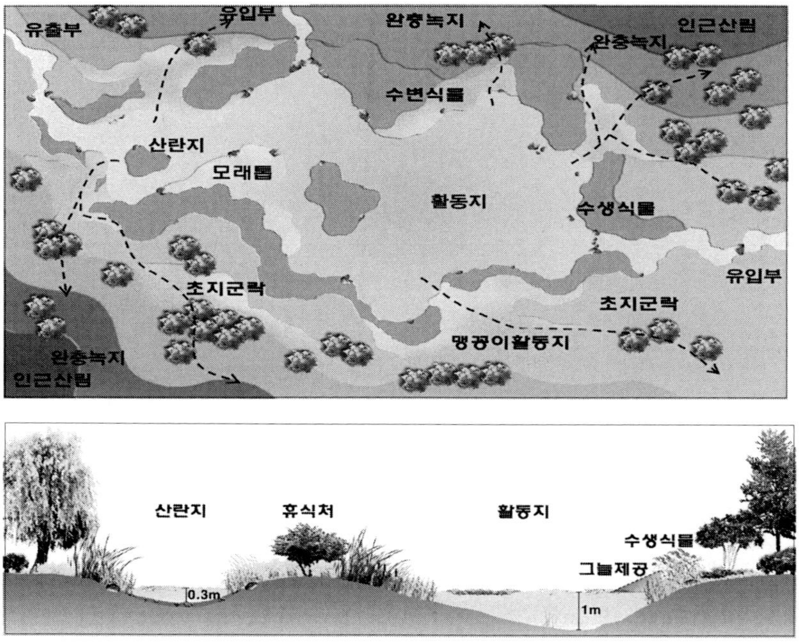

그림 5-66 맹꽁이 대체 서식처 기본 모델 단면

각 계획지표는 다음과 같이 설명할 수 있다.

표 5-24 양서파충류 대체서식지 조성 계획지표

항목		계획지표	사례 연구 적용
수문	습지 면적	500–1,000 m^2 이상	1,100 m^2
	다른 습지와의 거리	100~300 m	250 m
	지속적인 수문조건	호수, 하천 등과 연계되도록 함	계곡수와 연계됨
	공급수원	지하용수 또는 우수·정수역	계곡수 유입함
	유출특성	유속이 느리고 경사가 완만	경사 거의 없음
	습지유형의 다양성	다양한 습지의 유형이 존재	대상지 여건상 한 개 유형으로 조성
식생	식생형	상· 중· 하층림 모두 존재	교목, 관목, 초지 다양하게 식재

항목		계획지표	사례 연구 적용
	고목, 나뭇가지 등	쓰러진 고목 및 나뭇가지의 수가 많음	고목, 나뭇가지 등으로 다공질 공간 조성
	개방수면의 비율	25~75% open water	수생식물 번식으로 식생비율 상승 예상하여 개방수면 70%
수환경	pH	7~8	대상지역 pH 중성
	수온	15~25℃	수온상승과 저하 완화를 위해 주변부 교목식재
	가장자리구조의 복잡성	불규칙적이고 굴곡이 많음	가장자리형태는 불규칙하고 자연스러운 곡선
서식 기반	토양	습지내부 : 배수가 안되는 점질토	습지 내부는 점질토로 다짐
		습지주변부 : 부드러운 밭흙	습지 주변부는 부드러운 밭흙 조성
	포식 안전성	차폐 정도가 심함	차폐를 위한 교목식재
	수변 식생대	수생식물은 산란지로 필요	습지주변 다양한 수생식물 식재
	주변산림과의 거리	150–300 m 이내	주변산림과의 거리가 40 m이므로 별도 조치하지 않았음
생태 네트 워크	야생동물이동통로	야생동물의 흔적 및 서식활동이 많이 관찰되어야 함	이동통로기능 초지와 서식공간 조성
	주변완충지대	7 m 폭 이상	주변완충초지를 5~7 m 조성
물리적 구조	계획 수심	산란지 : 10~30 cm 활동지 : 50~100 cm	수심 0~100 cm 다양하게 조성
	주변부 경사	5, 10, 30° 등 다양한 경사	5, 10, 30° 등 다양한 경사 계획
위치	서식지 위치	바람 영향 적 은 곳 햇빛이 풍부, 지반이 안정.	대상지역 입지가 적합하게 선정

1) 면적은 야생동물의 서식 기반이 되기에 충분할 정도로 넓은 면적이 필요하며 다양한 서식처와 먹이자원을 제공하게 된다. 일반적으로 맹꽁이의 서식특성상 습지의 면적은 50 m^2 이상이면 가능하나 맹꽁이 외에도 다양한 생물의 서식처이고 앞으로 유입될 종을 고려하여 습지평가기준을 적용하여 계획 지표는 500~1,000 m^2 이상으로 제안되었으며, 본 사례에서는 1,100 m^2를 적용하였다.

2) 서로 인접한 습지는 생태적으로 영향을 끼치며 종의 이입 이 용이하고 다양성이 높다. 이와 관련하여 McArthur & Wilson(1967)은 종의 수는 생태계의 면적과 종의 이입이 가능한 인근 생태계까지의 거리에 의해 결정되고, 종의 공급원이 될 수 있는 인근 생태계까지의 거리가 중요하다고 하였다. 서식처로서의 생태계(habitat patches)사이의 거리가 종다양도나 개체군의 크기를 결정하는 주요 요인으로 인식되고 있다(Morrison et al., 1998). 이러한 이론을 근거로 맹꽁이의 이동거리가 150 m인 점을 고려하여 계획지표인 100~300 m의 범위에서 250 m로 조성하였다.

3) 습지와 인접 또는 가까운 거리의 영구적 수체는 맹꽁이와 같이 물을 서식 기반으로 생활하는 동물에게 매우 중요한 조건이다. 지속적 수문 공급이 가장 좋은 형태이며 본 대상지는 계곡수와 연결되어 지속적으로 수문이 공급되었다.
4) 지하수, 우수, 정수역 등 지속적인 수원과 연결되어야 하며, 수온이 약간 낮은 계곡수를 유입하게 되어 낮은 수온의 물이 직접 유입되지 않도록 우회수로를 설치하고 일정시간 저류하여 적정온도로 상승된 후 습지에 유입되도록 하였다.
5) 습지 지형의 경사가 완만하고 유속이 느린 습지는 유속이 빠른 습지에 비해 생물다양성이 높고 물질의 유입뿐만 아니라 유기물의 이동과 유입이 일어나며 습지의 기능을 향상시키므로 경사가 거의 없는 평지형으로 조성하였다.
6) 다양한 유형의 습지나 서식지가 서로 연결되어 있는 경우 종 다양성이 매우 높으므로 다양한 서식지를 조성하거나 주변의 다양한 서식처와 연결되는 것이 바람직하나 공간적 제약으로 인해 한가지 유형으로 조성되었다.
7) 식생은 야생동물에게 서식처나 먹이 등을 제공하므로 다양한 식생형과 다층구조는 생태계의 자연성은 물론 야생동물의 서식처로서도 바람직한 구조이다. 수생식물은 맹꽁이의 은신처와 산란처를 제공하므로 50% 내외의 수생식물 피복률이 바람직하다. 맹꽁이가 먹이연쇄의 중간 포식자이므로 맹꽁이의 피식자 또는 포식자에게 서식환경을 제공할 수 있도록 교관목, 초지, 수생식물, 수변식물 등 다양하게 식재하여 다층구조로 조성하였다. 곤충류 유인을 위해 도입한 주요 식생으로는 찔레(Rosa multiflora), 털부처꽃(Lythrum salicaria), 붓꽃(Iris sanguinea), 노랑꽃창포(Iris pseudoacorus), 원추리(Hemerocallis fulva) 등이다.
8) 쓰러진 나무 잔해나 고목, 그루터기, 나뭇가지 등의 다공질 공간은 은신처, 잠자리, 번식에 매우 중요한 요소이며 조류를 위한 횃대나 다른 소생물의 서식처, 먹이, 번식 등의 기능도 제공한다. 고목, 나뭇가지 등 다공질 환경을 조성하여 맹꽁이의 서식환경뿐만 아니라 맹꽁이의 먹이가 되는 곤충류 등의 서식환경도 제공하고자 하였다.
9) 습지 내 개방수면의 비율은 양서류 등의 서식 조건으로 매우 중요한 요인으로서 개방수면이 넓을수록 바람직하나, 산란 등을 위해 일정한 면적은 식생대 등으로 덮이는 것이 좋은 것으로 알려져 있다. 습지 기능평가방법인 RAM 평가 기준에서 제안된 25~75%의 범위에서 수생식물 번식을 고려하여 70% 개방수면을 확보하였다.
10) 맹꽁이는 pH 4.0 이하로 산성화가 되면 산란 및 부화에 장애가 되므로 pH 7~8로 조성하였다.
11) 맹꽁이 산란지와 올챙이가 서식하기 적합한 온도는 15~25℃ 로서, 적절한 수온을 유지하도록 대체서식지 주변에 수생식물을 식재하여 직사광선을 막고 그늘을 제공

하였으며 교목류가 지나치게 밀식되어 있으면 그늘에 의한 수온 저하가 우려되므로 초지 완충지대를 확보하여 수온 저하를 방지하도록 하였다. 부분적인 그늘을 제공하기 위하여 버드나무(Salix koreensis), 갯버들(Salix gracilistyla) 등을 식재하였으며, 적절한 그늘과 서식환경을 제공하기 위해 갈대(Phragmites communis), 부들, 물억새(Miscanthus sacchariflorus), 줄 등의 수생식물을 식재하였다.

12) 호안 형태가 다양하면 주연부효과(edge effect)에 의해 자생 식생종과 야생동물의 다양성이 증가한다. 굴곡이 있는 가장자리는 맹꽁이를 비롯한 은신처 혹은 시각적 고립을 필요로 하는 특정 종에게 미소서식처를 제공하므로, 불규칙하고 자연스런 곡선으로 가장자리를 처리하였다.

13) 습지 바닥은 습지수문을 유지할 수 있도록 점질 토양으로 처리하였고, 습지 주변지역은 맹꽁이의 이동 등 활동이나 동면을 고려하여 부드럽고 습한 밭토양으로 조성하였다.

14) 맹꽁이가 포식자로부터 은신, 영역의 점유, 먹이와 물, 커버를 제공하기 위해 차폐수림대를 조성하고 완충공간을 확보하였다.

15) 맹꽁이의 주요 먹이는 육상 및 수서곤충으로서 습지에서 식물 군락과의 거리가 가까울수록, 식생이 풍부할수록 서식처 적합도는 높아지므로 생물다양성을 증진시키기 위해 다양한 수생식물을 식재하였다.

16) 맹꽁이는 알 및 올챙이 시기에는 습지 내에 서식하고 성체가 되면 주변 초지와 녹지로 이동하므로 맹꽁이 행동반경인 150 m 이내에서 최대 300 m 이내에 녹지대가 분포하는 것이 필요하다. 본 대상지는 주변 40 m 거리에 자연 산림이 있으므로 별도로 인공적인 녹지대는 조성하지 않았다.

17) 대체서식지가 주변 서식처와 생태네트워크를 형성하고 야생동물의 이동통로가 될 수 있는 VFS 및 Riparian Buffer 기능이 가능하도록 초지, 서식지 등을 조성하여 기존 산림과 연결성을 확보하였다.

18) 대체서식지 주변에 맹꽁이의 먹이가 될 수 있는 작은 곤충류의 서식공간이 되고 습지에 충분한 햇빛을 공급할 수 있도록 초지 등의 완충공간을 5~7 m 폭으로 확보하였다.

19) 맹꽁이는 수심 0~20 cm에 산란을 하고 기타 곤충 유충이나 작은 물고기는 45~50 cm 정도가 적합하며 또한 겨울철 동결이나 여름의 지나친 수온 상승이 수생생물 서식에 영향을 주지 않도록 1 m 이상의 수심 구간이 필요하다. 이들을 고려하여 0~1 m 범위의 다양한 수심을 조성하였다.

20) 대체서식지 주변 경사는 5, 10, 30°등 다양한 경사로 조성하고 수생식물을 식재하

여 맹꽁이의 활동공간과 올챙이의 서식공간을 제공하였다.

21) 서식지 위치는 바람의 영향이 적고 햇빛이 풍부한 곳이 적절한 수온 유지에 좋으며, 주변 7~10 m 폭의 개활지가 있는 곳이면 충분한 일조와 맹꽁이의 활동공간을 확보할 수 있다.

이와같이 계획모델에 따라 맹꽁이 대체서식지를 계획하였으며, 이중 몇 항목을 이미지를 포함하여 요약하면 표 5-25와 같다.

표 5-25 맹꽁이 대체서식지 조성계획모형 적용

지속적인 수문조건 및 공급수원		활동지	
대상지 상부로 계곡수가 흐르고 있으나 오염물질 유입의 우려로 관정을 설치하여 지속적으로 수문이 연결되게 함	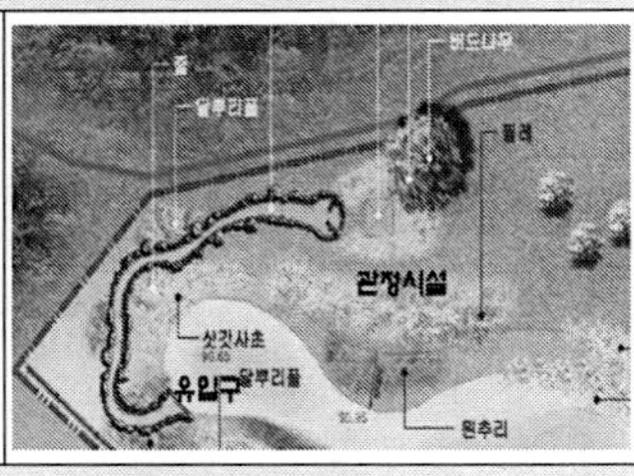	겨울철 동결, 여름철의 지나친 수온상승으로 영향 받지 않도록 일부지역에 수심 1m 이상을 조성하고 다양한 수심으로 계획 함.	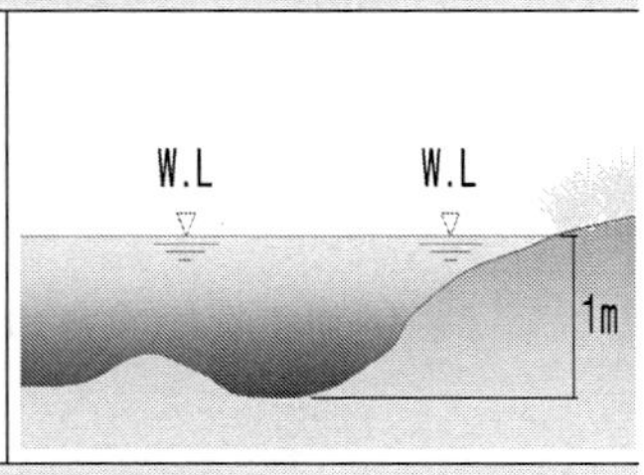
고목, 나뭇가지 등		주변부 경사	
고목, 나뭇가지 등 다공질 공간 을 조성하여 소생물의 서식공간 및 은신처, 먹이, 산란장소가 되도록 조성함	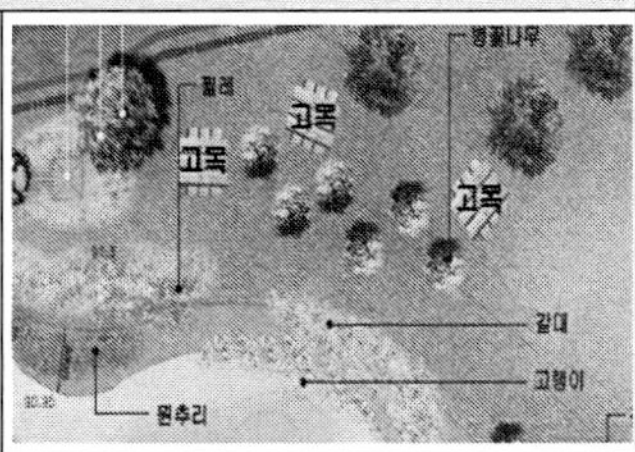	물속에서 서식하는 맹꽁이가 육상으로 이동하기 용이하도록 0~10° 정도로 완만하게 처리함.	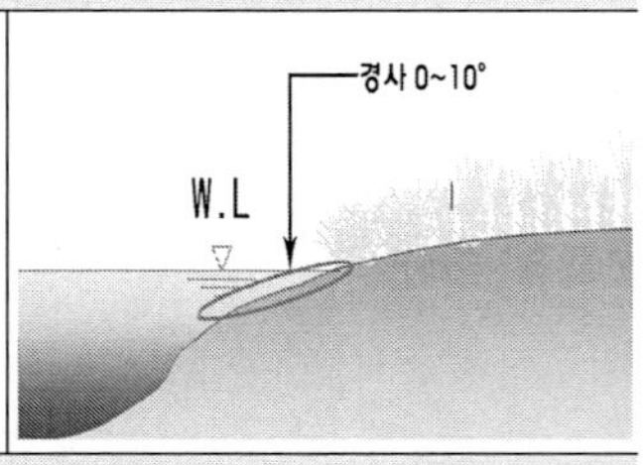
주변 산림과의 거리		주변 식생대	
주변 산림이 30~40 m의 거리에 위치하여 산림식생과의 연결을 위해 관목, 덤불숲, 초본류 식재로 다층구조의 식생대를 조성함	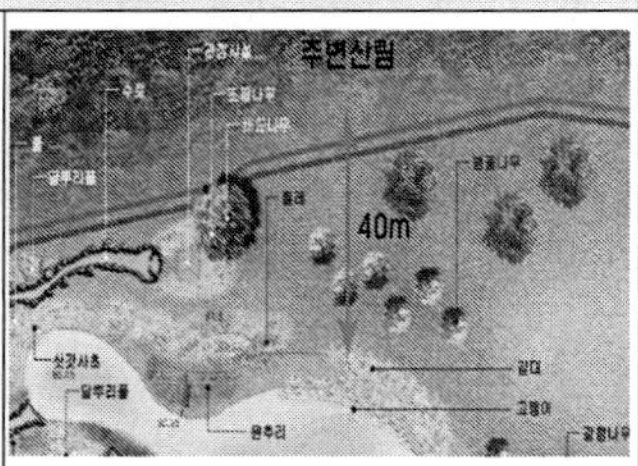	수생식물은 어류의 서식지 및 조류의 먹이를 제공하므로 생물다양성을 높임. 갈대, 줄, 부들, 창포, 고랭이 같은 정수 식물을 식재	
산란지		수변 완충지대	
일시적으로 물이 고인 곳 등 수심 10-20 cm 이내가 맹꽁이 산란에 적합. 산란지와 활동지를 구분하여 수심을 다양하게 조성.	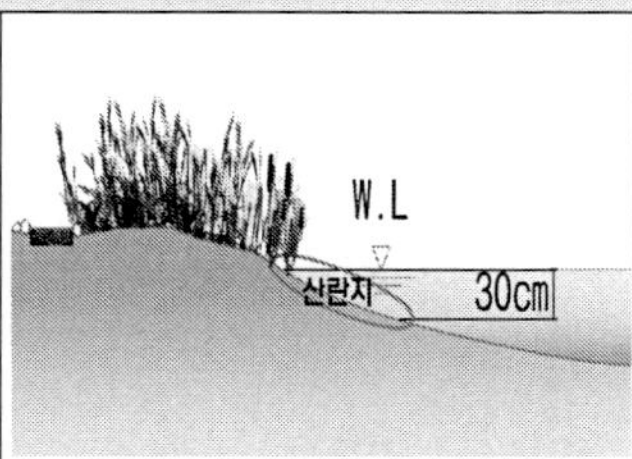	올챙이 시기에는 습지에 서식하고 성체가 되어서는 초지나 산림에 서식하므로 주변에 초지와 수림을 조성하여 주변산림과 연결되도록 함.	

6절 자원기반 녹색복원

1 생활권 생태자원

1.1. 생활권 습지

1.1.1 인벤토리

생활권 소규모 습지는 지역주민 일상생활을 통해 습지 고유기능에 기반한 생태계서비스 혜택을 제공하고 있다. 그러나 습지보호지역, 람사르습지 등 주요 습지들은 국가 및 지자체, 공공기관 등에 의해 지속적으로 관리되나 생활권 소규모 습지는 생태적, 문화적, 사회적 중요성에도 불구하고 관리의 사각지대로서 파악조차 되지 않은 채 훼손이 가속되고 소멸 위기에 처해 있는 실정이다. 생활권 소규모 습지를 발굴하고 생태적 기능을 진단하여 보전 및 현명한 이용 전략이 습지의 총량을 증가시키고 생태계서비스를 증진시키는 유용한 전략이다.

그림 5-67 충남도 생활권 소규모 습지 분포 [자료 : 박미옥, 구본학(2019)]

1.1.2. 생활권 습지 현명한 이용

1) 현명한 이용 전략

- 소생태계, 대체자연, 자연환경보전이용시설, 생태복원 등
- 생태둠벙살리기사업

- 자연생태복원우수마을, 자연생태우수마을
- 생태문화관광 : 역사문화, 경관 등 연계하여 마을습지 스토리텔링 기반 생태문화탐방 등 관광자원
- 옛 지명과 활용하여 습지의 이름을 지어 마을의 전설 등과 함께 스토리텔링

2) 현명한 이용 사례

박미옥 등(2018)은 충남 서천군 생활권 습지를 발굴하여 현명한 이용 전략으로서 생활권 습지가 위치한 마을의 옛 지명을 발굴하여 습지 이름에 옛 지명을 적용하였으며, 신증동국여지승람 등과 같은 옛 문헌을 고찰하여 비인면과 한산면 일대의 경관을 노래한 이색 선생 등의 시를 활용하여 한산팔경, 비인팔경 등의 전통 생태경관을 재현하는 스토리텔링을 제안하였다.

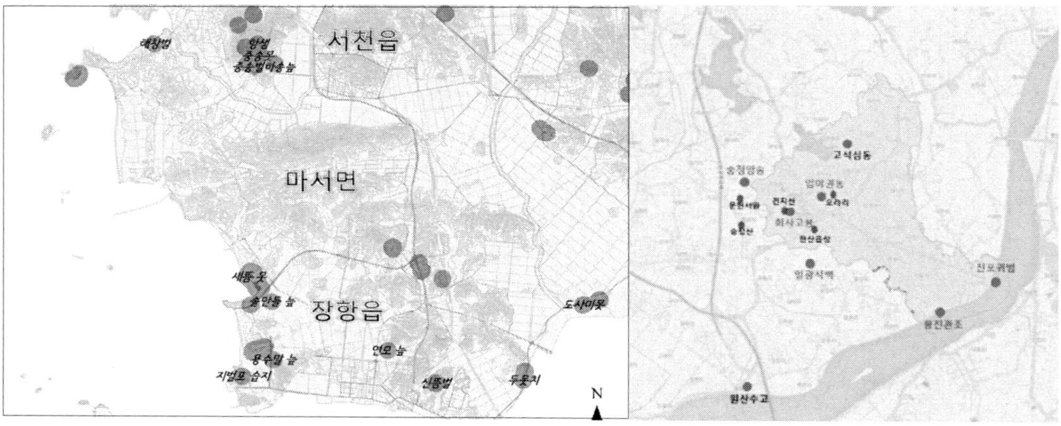

그림 5-68 서천군 옛 지명 적용한 생활권 습지 위치(서천읍, 장항읍, 마서면 예시) 및 한산8경 위치(신증동국여지승람의 지역 특징과 현재의 지명 등을 종합적으로 고찰) (박미옥 등, 2018)

2 국토생태계 통합관리

2.1 생태자원 총량관리

생태자원 유형별 관리 목표에 따른 개별적 독립적 정책에서 광역권 생태계 내지는 경관 차원 이상의 높은 수준에서의 통합적 정책의 틀 안에서 각 유형별 관리 목표에 따른 다양성을 고려하는 것이 중요하다. 통합적 생태관리를 통해 생태계서비스 증진을 도모하고 녹색일자리 창출과 국민들의 녹색복지 향상이라는 가치를 구현하기 위한 목표와 전략 수립

이 고려되어야 한다. 국토 차원에서 생태계를 통합 관리할 수 있는 높은 수준의 컨트롤타워가 필요하다. 생태계 유형별로 또는 목표별로, 기타 접근방법과 시각에 따라 담당 분야 달라 개별 정책과 사업은 나름대로 성과를 이루고 있으나 통합적 시각에서 생태계 관리를 조절하고 정책을 수립하기 위한 큰 그림은 미흡하여 효과를 거두기에는 한계가 있다. 부처간 협력 시스템과 더불어 개별 정책과 사업의 통합 운영과 더불어 이를 조정할 수 있는 상위단계의 주체 설치를 통해 효과적이고 종합적인 국토생태계 통합관리가 필요하다.

또한 '생태'라는 이름으로 수행되었던 사업이 복원 또는 조성 목표를 달성했는지 또는 달성할 수 있는지에 대한 종합적인 생태모니터링과 생태성능평가를 통해 현재의 현황과 문제점에 대한 진단과 처방이 필요하고, 생태적 원리에 입각한 관리를 통해 생태적 목표를 달성하기 위한 노력 또한 시급하다.

생태모니터링과 성능평가를 위해서는 생태계유형별 생태권역별 표준생태계를 발굴하고 데이터베이스를 구축하는 것이 중요한 과제이다. 표준생태계는 각 생태계 유형 및 생태권역별로 가장 전형적인 생태 구조와 기능을 유지하고 있는 생태계로서, 생태성능평가를 위한 근거를 제공하며 인공적으로 생태계를 조성하거나 훼손된 생태계를 복원하기 위한 복원 목표와 표준 모델로 유용하다. 생태자원 유형별 인벤토리 및 통합인벤토리를 구축하고 정밀조사 및 기능평가를 통해 각 생태권역별로 생태자원 유형별 기능평가에 따라 보전가치가 높고 지역의 생태적 전형을 대표하는 생태자원을 도출하고 생태계 구조와 기능에 대한 DB를 구축하는 노력도 중요하다.

그 외에도, 다음과 같은 전략이 필수적이라고 하겠다.

- 서식처 또는 생태계가 부양할 수 있고 스스로 회복할 수 있는 능력인 생태적 수용능력(carrying capacity)
- 앨리의 원칙에 입각하여 과소에 의한 종의 멸절을 회피하고 생존할 수 있는 최소개체군의 크기(MVP)및 최소개체군 유지 면적(MVA),
- 유전적 교류가 이루질 수 있는 한계로서의 메타개체군(meta population)등

2.2 통합물관리

생태적 유역관리 및 토지이용

홍수, 가뭄 및 수질오염과 같은 물문제들은 그 자체로도 원인과 결과가 있으나 결국은 유역 생태계의 악화와 토지이용에 근본적인 원인이 있다. 물은 지구 전체를 끊임없이 순환하며 다른 생태자원과 상호작용하며 영향을 주고받는 열린 계의 속성을 갖는다는 점에서

물관리는 어느 한 분야나 지역의 단편적 접근이 아닌 통합된 생태시스템으로 접근하는 것이 중요하다. 통합물관리는 하천이나 호수 등 수자원에 영향을 끼치는 유역의 생태자원과 토지이용을 생태적으로 관리하는 것이 중요하다. 그동안 통합물관리를 강조하고 반복적으로 논의하고 많은 예산을 투입하여 시행했음에도 효과가 미미한 이유는 유역에 대한 논의가 부족했기 때문이며, 국외에서도 생태적 유역관리시스템 정책, 유역 물순환, 오염원, 생

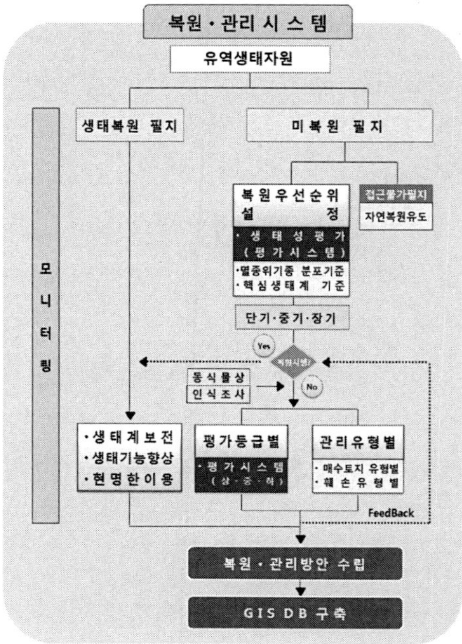

그림 5-69 유역생태자원 통합 모니터링 복원관리 시스템 (출처 : 구본학 등, 2014)

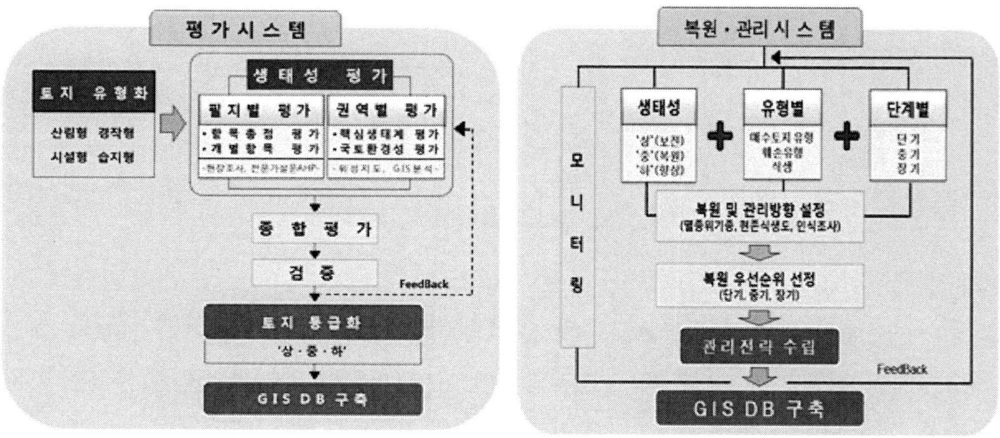

그림 5-70 하천유역생태계 평가시스템 및 복원·관리시스템 구성요소 사례 (출처 : 구본학 등, 2014)

태계 등의 생태적 관리, 통합적 생태계서비스 관리 및 지속가능한 유역 등의 연구들이 수행되고 있다.

결국 통합물관리의 해답은 유역에서 찾아야 하며, 유역생태자원 및 토지이용을 생태적으로 관리하기 위한 전략이 필요하다. 생태적 유역관리 및 토지이용을 위한 구체적인 전략으로는,

- 수량과 수질, 수생태, 유역생태자원, 토지이용 등을 생태적으로 관리하기 위한 통합적 물순환체계의 이해와 생태적 형성과정에 바탕을 둔 생태자원의 보전, 복원, 대체생태계, LID기술, 생태계서비스 등의 전략과 기술이 필요하다.
- 유역생태자원 조사
- 물순환가치를 반영한 유역생태자원의 생태성평가기준 개발
- 유역생태자원 유형별 인벤토리 및 GIS/DB 고도화
- 토지생태평가제도 개선
- 생태자원 유형별 표준생태계 및 표준모델 구축
- 유역 토지이용별 생태성평가 지표
- 복원된 생태자원 유형별 성능평가 지표
- 수변생태계 모니터링 및 생태적 관리(adaptive management)

[포럼] 생태적 시각에서 바라본 물 문제와 통합물관리 방향

기사입력 2018.05.03 11:55　최종수정 2020.02.11 16:13

구본학 상명대 환경조경학과 교수

물은 인류는 물론 야생 생물의 삶의 터전이며 다양한 생태계 서비스를 제공하는 삶의 기원이다. 그런데 지구 생태계의 물은 어느 시대에도 겪지 못했던 심각한 위협을 받고 있으며 인류의 삶에 치명적인 영향을 끼치고 있다. 최근의 기후 변화와 기상 이변, 인위적인 개발 행위 등에 의해 위협이 가속되고 있고 이는 지구 전체의 공통된 문제로 우리나라도 물 문제의 중심에 놓여 있다. 그동안 많은 노력을 기울였음에도 여전히 물 문제는 우리의 과제로 남아 있고, 이제 물 관리 정책의 근본적인 전환이 요구되고 있다.

유엔(UN)의 보고서에 의하면 21세기의 시작과 함께 추진했던 '2001~2015년 새천년 발전목표(MDGs · Millennium Development Goals)'에서 안전한 식수로의 접근은 목표 이상의 성과를 이뤘으나 수질오염 등 환경오염은 더 심각해진 것으로 평가되고 있다. 이에 MDGs의 후속인 '2015~2030 지속 가능 발전목표(SDGs · Sustainable DGs)'에서는 환경적으로 지속 가능한 지표를 강조하고 특히 인류 모두를 위한 먹는 물과 위생 문제를 중요한 목표의 하나로 설정했다.

지금 물의 위기에서 벗어나기 위한 논의가 한창이다. 효율적이고 현명한 물 관리를 위해서는 근본적으로 통합된 시각에서 물을 바라보는 것이 중요하다는 점은 누구도 부정할 수 없을 것이다. 물 관리의 궁극적인 비전은 인간과 자연이 함께 누리는 생명의 물을 마음 놓고 누리는 것이며, 각 유역이 하나 되는 건강하고 풍요로운 물을 구현하는 것이다. 이는 국민이 안심하고 먹을 수 있는 물 복지 실현을 위한 핵심 가치이자 나아가 안정적 물 안보 수단이기도 하다. 국민은 물 부족이나 수질로 인한 어떠한 위협으로부터도 안전해야 한다. 물을 보호하면서 물이 제공하는 생태계 서비스 혜택을 누리고 현명하게 이용할 수도 있어야 한다.

통합 물 관리는 물 순환 유지 및 회복이라는 본연의 기능을 통해 기후 변화 및 기상 이변 또는 인위적 영향과 같은 위협 요인에 대응하기 위한 전략이다. 물을 중심으로 한 사회적 · 환경적 정의 구현의 수단으로서 유역 내 물 수지 균형 및 지역 간 · 계층 간 차별 없는 물 복지 혜택을 누릴 수 있는 기회 요인도 된다. 유역 내 생태계를 정성스럽게 대하고 주변 토지 이용을 합리적으로 관리하는 등 녹색 인프라를 구축하는 것이 중요하다.

홍수, 가뭄 및 수질오염과 같은 물 문제들은 그 자체로도 원인과 결과가 있으나 결국은 유역 생태계의 악화와 토지 이용에 근본적인 원인이 있다. 수량과 수질의 안전성 및 수생태계의 건전성을 확보하기 위한 물 관리 목표는 하천 생태계와 유역 생태계의 건전한 관리를 통해 효과를 극대화할 수 있게 된다. 유역 내 생태 자원을 보전 · 복원하고 보전적 토지 이용과 아울러 하천의 연속성을 확보해 강물과 소하천이 막힘없이 흐르면서 범람원에 넘치게 하고 습지를 복원함으로써 물과 물질 순환이 유지될 수 있고 궁극적으로 효율적인 물 관리를 도모할 수 있는 것이다.

2018년 세계 물의 날 주제는 '물을 위한 자연(Nature for Water)'이다. 이는 21세기에 우리가 직면한 물 문제의 해답을 자연 생태계의 균형에서 찾아야 한다는 의미로 볼 수 있다. 앞서 말한 SDGs에서도 육상 및 해양 생태계의 건전하고 건강한 보전 · 관리를 중요한 목표의 하나로 설정하고 있고, 포괄적인 생태계 건전성과 지속 가능성을 구체적 목표로 한다. 자연 생태계에 기반을 둔 물 관리 전략은 현존하는 많은 물 문제를 해결할 수 있는 잠재적 능력을 지닌다는 점을 강조하고 싶다. 물은 지구 전체를 끊임없이 순환하며 다른 생태 자원과 상호작용하면서 영향을 주고받는 열린계의 속성을 갖는다. 이런 점에서 물 관리는 어느 한 분야나 지역의 단편적 접근이 아닌 통합된 생태 시스템으로 이뤄져야 한다는 점을 강조하고자 한다.

구본학 상명대 환경조경학과 교수

그림 5-71 생태적 시각에서 바라본 물분제와 통합물관리 방향(아시아경제 2018. 5. 3. 기사)

3 녹색정화와 브라운필드

3.1 녹색정화와 자연침해규정

1) 녹색정화(Green remediation)

녹색정화는 환경보전이 경제발전을 방해하지 않고 경제발전이 현재와 장기적으로 생태학적으로 실행 가능한 지속가능발전 이념을 전제로 하며, 산업시설 이전지 등을 복원할 때 환경영향을 고려한 실천 전략과 생태발자국을 최소화하기 위한 복합적 대안을 적용한다. EPA(2008)에서는 온실가스 및 대기오염원 저감, 에너지 및 환경, 대기, 물, 토지이용 및 생태계, 농업, 재료와 폐기물, 독성물질 등으로 구분하여 질적으로 상승하고 양적으로 저감하는 전략을 수립한다.

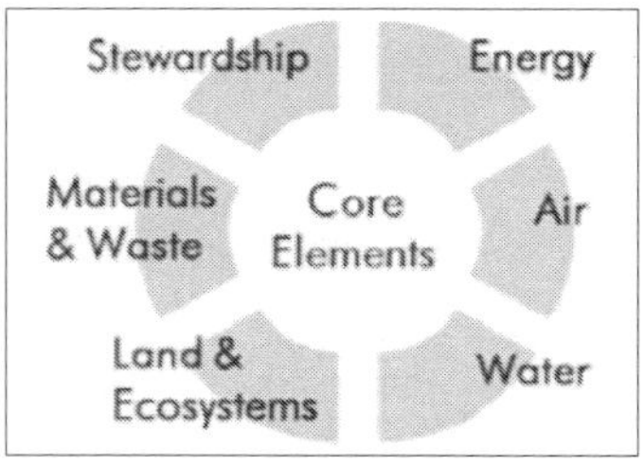

그림 5-72 녹색정화 핵심6요소.
(USEPA, 2008)

처리 시스템의 에너지 요구 사항

- 정화 목표를 달성할 수 있는 최적화된 수동 에너지 기술 사용 (외부 유틸리티 전력에 대한 수요가 거의 또는 전혀 없음).
- 에너지 효율적 장비를 사용하고, 효율을 극대화하기 위해 장비를 최고 성능으로 유지.
- 에너지 수요가 높은 장비의 에너지 효율성을 주기적으로 평가하고 최적화.
- 유틸리티가 충족하지 않는 전기적 요구 사항을 대체하거나 상쇄하기 위해 재생에너지 시스템 설치.

대기 배출

- 연료 소모량이 많은 중장비 사용 최소화
- 가능하면 청정 연료를 사용하고 디젤 엔진 개조 및 최소화
- 유독성 또는 선구 오염 물질(오존, 입자상 물질, 일산화탄소, 이산화질소, 이산화황 및 납)의 대기 배출량 저감
- 오염 물질의 분진 유출 최소화

녹색정화기술은 현장에서 BMP(Best Management Practice) 전략으로 적용될 수 있다. BMP와 성능기준은 다양한 프로그램과 관련되어 있다.

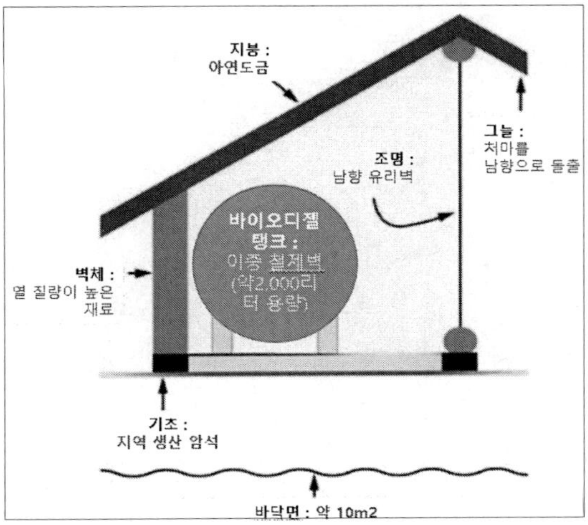

그림 5-73 친환경 건설 기술은 현장 장비나 펌프 장비와 같은 처리 시설을 보관하는 데 사용되는 소규모 구조물의 BMP에 통합 가능 (USEPA, 2008)

- US Green Building Council's Leadership의 LEED 등급
- EPA/DOE 공동 에너지 스타(Energy Star®) 제품등급 및 에너지관리 지침, 에너지 효율 건축설계 등
- EPA의 GreenScapes : 자연자원을 보전하고 폐기물이나 오염원을 정화시키는 조경적 기법
- 도시의 무분별한 확산을 억제하는데 도움이 되는 스마트성장(Smart Growth) 원칙

이와같이 BMP는 온실가스 배출 및 에너지 소비를 줄이고, 시장에서 녹색 관행 및 제품을 촉진하기 위한 전략이라고 할 수 있다.

2) 자연침해규정

독일의 자연침해규정에 의하면 보호구역 토지소유자에게 생물다양성 가치만큼 생물다양성 현금 교환권을 획득할 수 있도록 경제적 인센티브를 주고 생물다양성 관리를 유도한다. 위기에 처한 종보전법7A(Part 7A of the Threatened Species Conservation Act (Biodiversity Banking) & Regulation)에 근거하여 생물다양성 가치를 현금으로 환산하고 보호관리 목표를 정량화한다. 바이오뱅킹 보고서와 현금교환권의 거래 상황 등 정보 공개를 통해 투명성 확보, 환경교육 및 정보교환 등을 포함한다.

협약 맺은 토지소유자는 자연환경 및 생태계 보전과 관리 의무를 지닌다. 예를들면, 화재나 제초, 목초, 기타 농경 행위 등 인간간섭이 없도록 조치 관리하여야 하고 기존의 고사목이나 거석 및 토석 등을 그대로 보전한다. 생물다양성 증진을 위한 보식이나 초식동물을 제어 및 관리, 야생멧돼지나 고양이 접근 제어 및 관리하는 등 해당 보호구역의 특성과 협약내용에 부합하는 관리를 수행한다.

3.2 브라운필드

브라운필드(Brownfield)는 다양한 산업활동과정에서 생성된 여러 오염물질들이 축적되어 훼손되거나 방치된 지역으로서, 유해물질이나 오염물질이 존재하거나 또는 이러한 물질들이 존재할 가능성이 있기 때문에 확장, 재개발 또는 재활용 과정에서 문제가 발생할 수 있는 건물 또는 부동산을 말하며, 거주지역, 상업지역, 그리고 산업지역이 포함될 수 있다(EPA, 2019).

장항브라운필드(장항제련소 오염정화토지) 복원

장항브라운필드가 위치한 충남 서천군 장항읍은 서해안 갯벌(서천갯벌), 철새도래지 등 생태학적으로 중요한 지역이다. 서천갯벌이 람사르습지로 지정되었고(2009), UN WTO(세계관광기구) 세계 8대 생태관광지 선정(2014), UNESCO 세계자연유산 등재(유부도 갯벌, 2021), 동아시아-대양주 철새 이동 경로 및 파트너십 등 국제적인 가치가 있다. 중장기적으로 생물권보전지역으로서의 가치도 매우 높다.

그림 5-74 장항브라운필드 현황 (충남도, 2020)

장항은 장항선(천안-장항)의 출발역이면서 종착역으로서 장항제련소를 비롯하여 일제강점기에 산업도시로서 급속한 성장을 하였으나 1980년 이후 쇠퇴하여 제련소 일대 토양이 오염된 채 그대로 방치된 곳으로서 오염된 토지의 정화, 정화된 토지에 대한 생태적 활용 등을 통해 친환경적 지역 재생의 상징적인 모델이면서 생태관광 등 새로운 성장동력으로 전화

그림 5-75 장항브라운필드 입지 맥락 분석

하고 있다. 장항제련소는 1936년 준공되어 1989년 제련소 공정이 중단되었다. 이후 2009년부터 오염토양에 대한 대책이 연구되어, 2019년에 인체 위해성을 유발하는 노출경로(흡입, 섭취, 접촉)를 차단하여 위해도를 낮추는 위해도 저감조치 및 토양정화가 완료되었다. 이후 습지 등 생태적으로 활용하기 위한 종합계획이 진행 중이다.

장항 브라운필드 지역은 산업 유산의 후유증으로부터 생태환경적 복원을 통해 지속가능 발전목표를 달성하기 위한 신성장동력의 상징적 의미가 있으며, 습지를 중심으로 산림, 문화적 요소 등이 어우러진 융복합 생태문화 특화 사례가 되고 있다. 자연발생습지를 습지생태공원으로 조성하고, 이를 중심으로 생태적으로는 국제적 수준의 국가 습지생태공원, 미세먼지 저감 숲, 금강하구-서해안으로 이어지는 생태적 연결성, 장항제련소 등 산업유산을 재생한 아트프로젝트, 해양바이오, 해양치유, 산림치유 등 녹색복지 등 분야간 융복합적인 연계협력 프로그램으로 추진하는 방향이 검토되었다.

장항브라운필드는 서천갯벌, 금강하구 등 주변 습지와 연계하여 EAAF(동아시아오세아니아철새이동경로)의 중간 기착지 및 월동지로 생태적 가치가 높으며, 점차 습지로 발달되고 있는 앞들습지는 습지화 진행이 이제 시작된지 얼마 안되었음에도 큰고니, 물닭 등이 찾아 올 정도로 기회적 요소이다.

앞들습지를 중심으로 현장사무소 터와 주변 습지 및 초지 등을 포함하여, 다양한 유형의 습지와 서식처를 조성함으로써 습지를 찾는 조류 및 각 분류군을 위한 서식환경 제공 : 다양한 수심, 개방수면, 수생식물대, 모래톱과 자갈톱, 초본류 우점, 산림, 갯벌, 인근 소하

그림 5-76 장항브라운필드 자연발생 습지에 찾아 온 큰고니 등 조류

천을 기수역으로 연계하는 방안들이 제안되었다. 현재 습지화되어 조류가 찾고 있는 앞들 습지는 조류서식지를 중심으로 핵심지역으로 설정하고, 해양생물자원관 방향, 장암진성 주변, 현장사무소 터 등 주변 지역을 완충 및 전이지역으로 설정하여 탐방객들을 위한 조류관찰, 생태학습 등 생태탐방 기회를 제공한다.

생태적으로 작게는 유부도 및 서천갯벌, 금강하구, 송림산림욕장 등 주변 생태자원을 연계하고, 크게는 천수만과 부남호, 간월호, 가로림만 등의 철새도래지와 연계하며, 서천을 포함한 충남 일대에 광범위하게 분포하는 소규모 마을습지 등 다양한 형태의 습지와 생태자원을 연계하는 전략 등 다양한 전략과 실천과제가 제안되었다.

- 장항브라운필드 자연발생습지는 표준습지(reference wetlands) 등 생태적 계획, 조성, 복원, 평가를 위한 표준생태계(reference ecosystems)로 유용할 것임
- 역사문화적으로 장항제련소의 유산과 오염지 복원이라는 의미를 포함하며, 생태원, 해양생물자원관, 생태산업단지, 기타 생태문화적 요소와 연계
- 조성 및 운영단계에서 동식물 및 생태환경조사, 환경생태계획, 생태복원 및 조성, 모니터링 및 성능평가를 통한 생태적 관리(adaptive management), 현명한 이용 등 생태습지공원의 생태적 질을 향상시키고 생태계서비스 가치 제고
- 모니터링은 조성 후 5년간 매년 실시, 그 이후는 격년으로 실시하여 DB를 구축하고 국가공간환경정보시스템 등을 통하여 전문가, 관련 기관 및 대국민 서비스
- 천수만과 연결되어 있는 서천갯벌 및 그 일대를 시범지역으로 모델 구축 후 금강하구 및 두웅습지, 소황사구 등 확대하면 효과를 극대화

그림 5-77 장항브라운필드 생태문화공원 기본 방향

- 습지기반 생태문화관광 플랫폼 구축 및 습지 생태문화 스토리 발굴 및 개발 : 서천일대 습지를 삶의 터전으로 살아 온 지역주민들의 생활상을 기반으로 하는 지역 생태문화기반 생태관광 프로그램 개발하여 습지 마을과 주민의 삶과 생활 흔적을 담은 생태문화관광 프로그램
- 습지 이야기 발굴 및 창조, 습지 기반 스토리텔링 경연대회, 홍보 교육 전략으로 캐릭터 개발
- 현재의 먹이연쇄도 및 조성 후 예상되는 먹이연쇄도 작성

CHAPTER 06

생태복원 설계 시공 기준 및 사업 관리

1절 생태복원 사업 원가 산출

1. 품셈 및 적산 기준
2. 생태복원 설계 시공 원가산출

2절 공사관리

1. 공사관리 개요
2. 공정관리
3. 품질관리
4. 원가관리
5. 노무관리, 안전관리, 자재관리
6. 최적화 및 선형계획

1절 생태복원 사업 원가 산출

1 품셈 및 적산 기준

1.1 엔지니어링사업 적산기준

엔지니어링사업 용역대가 산출은 "엔지니어링산업진흥법"에 근거하여 행정규칙인 '엔지니어링사업대가의 기준'을 고시하고 있다. 일반적으로 엔지니어링사업의 대가 산출은 실비정액가산방식을 원칙으로 하되, 발주청이 엔지니어링사업의 특성을 고려하여 실비정액가산방식을 적용함이 적절하지 아니하다고 판단할 경우 공사비 요율에 의한 방식을 적용할 수 있다(엔지니어링사업대가의 기준, 제2조).

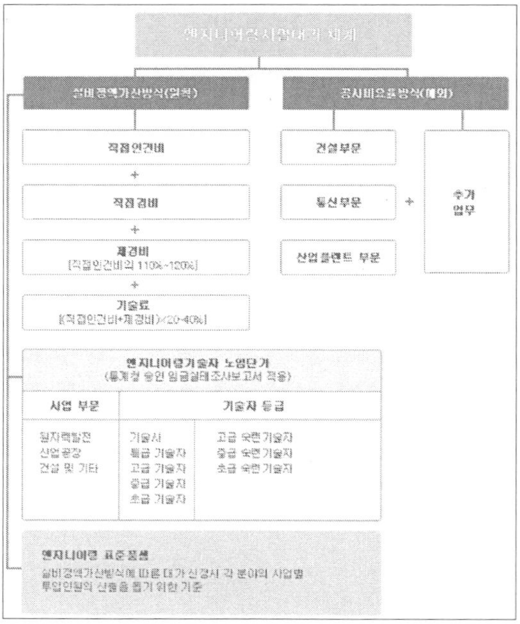

그림 6-1 엔지니어링사업대가 체계
(엔지니어링 종합정보시스템)

1.1.1 실비정액가산방식

실비정액가산방식이란 직접인건비, 직접경비, 제경비, 기술료와 부가가치세를 합산하여 대가를 산출하는 방식이다(엔지니어링사업대가의 기준 제3조).

외국의 경우 엔지니어링사업 용역비 산정은 사업의 특성, 난이도를 고려하고 있으며 우리나라의 실비정액가산방식과 유사한 방식을 채택 운영하고 있다. 구체적으로 살펴보면, 미국은 연방규정(CFR.조달방법)을 통해 공사비요율방식을 활용하지 못하도록 규정하고 있으며, 용역비는 사업범위, 복잡도, 서비스 가치를 산정하여 산출토록 하고 있다. 일본의 경우 국토교통성이 감수한 "설계업무 등 표준 적산 설계서" 지침에서 용역사업을 위탁업무로 규정하고 있고, 위탁비의 구성은 직접인건비, 간접업무비, 일반관리비, 소비세로서 우리나라의 실비정액가산방식과 유사한 구조이다.

1) 직접비

직접비란 해당업무를 수행하기 위한 직접인건비와 직접경비를 말한다.

직접인건비

직접인건비라 함은 해당업무에 직접 종사하는 기술자의 급료, 제수당, 상여금, 퇴직적립금, 산재보험금 등을 포함한다. 직접인건비는 각 업무별로 직접 종사하는 기술자의 등급별 투입인력에 기술 등급별 노임단가를 곱하여 산정한다.

투입인원 수는 산업통상자원부장관이 인가한 표준품셈을 우선 적용한다. 다만 인가된 표준품셈이 존재하지 않거나 업무의 특성상 필요한 경우에는 견적 등 적절한 산출방식을 적용할 수 있다.

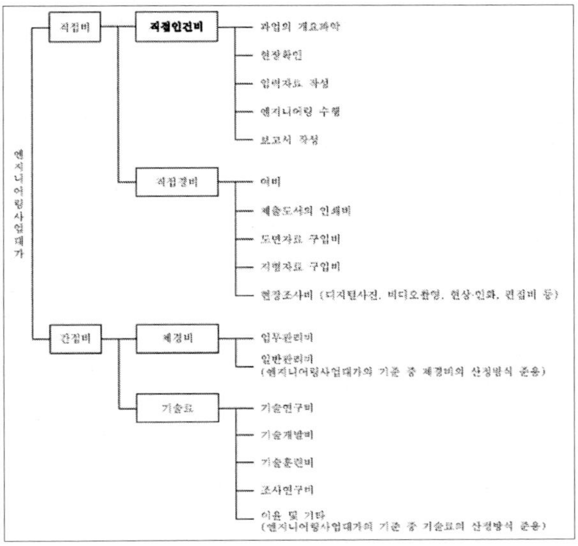

그림 6-2 엔지니어링사업대가 기준 (실비정액가산방식)

노임단가는 기본급·퇴직급여충당금·회사가 부담하는 산업재해보상보험료, 국민연금, 건강보험료, 고용보험료, 퇴직연금급여 등이 포함된 한국엔지니어링협회가 「통계법」에 따라 조사·공표한 임금 실태조사보고서에 따른다. 다만, 건설상주감리의 경우에는 계약당사자가 협의하여 한국건설감리협회가 「통계법」에 따라 조사·공표한 노임단가를 적용할 수 있다.

기술자 등급 및 자격기준

기술자의 구분 및 기술등급은 「엔지니어링산업진흥법」시행령 제4조 관련 [별표 2]의 분류에 따라 표 6-1과 같이 구분한다.

직접경비

직접경비란 당해 업무 수행과 관련이 있는 경비로서 여비, 특수자료비(특허, 노하우 등의 사용료), 제출도서의 인쇄, 타 전문기술자에 대한 자문비 또는 위탁비와 현장운영경비(직접인건비에 포함되지 않은 보조원 급여와 현장사무실 운영비), 전산관련 성과품 제작비(중간 또는 최종), 현장조사비(디지털사진, 비디오촬영·현상·인화·편집비 등), 업무추진비[관련 부처협의시 자문비, 회의(협의)준비비 등] 등을 포함한다.

다만, 공사감리 또는 현장에 상주해야 하는 엔지니어링사업의 경우 주재비는 상주 직접인건비의 30%로 하고 국내 출장여비는 비상주 직접인건비의 10%로 한다.

표 6-1 엔지니어링 기술자 구분 및 기술등급(엔지니어링산업진흥법시행령 제4조 별표 2)

	구분 기술등급	국가기술자격자 (해당 전문분야)	학력자(해당 전문분야)
기술계	기술사	기술사	
	특급기술자	1) 기사 실무 10년 이상 2) 산업기사 실무 13년 이상	
	고급기술자	1) 기사 실무 7년 이상 2) 산업기사 실무 10년 이상	
	중급기술자	1) 기사 실무 4년 이상 2) 산업기사 실무 7년 이상	
	초급기술자	1) 기사 2) 산업기사 실무 2년 이상	1) 석사학위 2) 학사학위 3) 전문대학 실무 3년 이상
숙련기술계	고급숙련기술자	1) 기능장 2) 산업기사 실무 4년 이상 3) 기능사 실무 7년 이상 4) 기능사보 실무 10년 이상	
	중급숙련기술자	1) 산업기사 2) 기능사 실무 3년 이상 3) 기능사보 실무 5년 이상	
	초급숙련기술자	1) 기능사 2) 기능사보 실무 2년 이상	고교졸업

2) 간접비

간접비란 기술업무 수행시 관련되는 경비로서 제경비, 기술료로 구성된다.

제경비

제경비란 직접비에 포함되지 않은 비용으로서 업무관리비, 일반관리비 등의 간접비를 말한다.

제경비에는 임원, 서무, 경리직원 등의 급여, 사무실비, 사무용 소모품비, 비품비, 기계기구의 수선 및 상각비, 통신운반비, 업무추진 관련 자체회의비, 공과금, 운영활동비용 등을 포함한다.

기술료

엔지니어링사업자가 개발· 보유한 기술의 사용 및 기술축적을 위한 대가로서 기술연구비, 기술개발비, 기술훈련비, 조사연구비 및 이윤 등을 말한다.

간접비 산정

간접비는 직접인건비에 일정 요율을 적용하여 산정한다.

- 제경비 = 직접인건비 × 110~120%
- 기술료 = (직접인건비 + 제경비) × 20~40%

3) 기타

부가가치세

부가가치세법에 따라 계산한다. 현행 부가가치세율은 10%이다.

1.1.2 공사비요율에 의한 방식

1) 공사비요율

공사비요율에 의한 방식이란 공사비에 일정 요율을 곱하여 산출한 금액에 추가업무비용과 부가가치세를 합산하여 대가를 산출한다. 기본적인 업무범위는 기본설계, 실시설계, 공사감리 등을 말하며, 추가업무는 기본적인 업무범위에 해당하지 않는 추가업무로서 발주청의 요구에 의한 추가업무, 엔지니어링사업자의 책임에 귀속되지 아니하는 사유로 인한 추가업무, 그 밖에 발주청의 승인을 얻어 수행한 추가업무 등이 있다. 구체적으로는 다음과 같은 업무들이 있다.

1. 각종 측량
2. 각종 조사, 시험 및 검사
3. 공사감리를 위하여 현장에 근무하는 기술자의 제비용
4. 주민의견 수렴 및 각종 인·허가에 필요한 서류 작성
5. 입목축적조사서 등 각종 조사서 작성
6. 사전재해영향검토, 자연경관영향검토, 생태환경조사 등 사전환경성 검토
7. 문화재 지표조사
8. 전파환경 분석 및 보고서 작성
9. 운영계획 등 각종 계획서 작성
10. 통신장비의 운용 및 인터페이스 등 통신소프트웨어 분석
11. 수리모형실험 및 수치모델 실험 및 시뮬레이션

12. LEED, IBS, TAB 및 EMP 등 각종 공인인증을 위한 업무
13. BIM설계업무(추가 성과품을 제공하는 경우에 한한다.)
14. 모형제작, 투시도 또는 조감도 작성
15. 제14조 업무범위에 해당하지 않는 보고서 작성, 복사비 및 인쇄비
16. 용지도 작성비 및 보상물 작성비(용지비 및 보상물 감정업무 제외)
17. 항공사진 촬영(원격조정무인헬기 포함)
18. 특수자료비(특허, 노하우 등의 사용료)
19. 홍보영상 제작
20. 관련 법령에 따라 계약상대자의 과실로 인하여 발생한 손해에 대한 손해배상보험료 또는 손해배상공제료
21. 그 밖에 위 각 호에 준하는 추가업무

공사비요율 방식은 사업의 특성, 난이도, 기준 면적, 업무 수행을 위한 투입 인원에 대한 기준 없이 총 공사비에 일정요율을 곱해 산출되므로 공사비가 동일한 사업의 용역대가는 획일화되어, 용역수행이 제한적일 수밖에 없다.

공사비요율은 분야에 따라 다르게 적용되며 생태복원 분야의 요율은 표 6-2에 제시된 건설분야 요율을 적용한다. 이때 요율은 기획 및 설계의 난이도, 비교설계의 유무, 도면 기타 자료 작성의 복잡성, 제출 자료의 수량 등에 따라 10% 범위에서 증감할 수 있다.

표 6-2 건설부문의 요율 (도로, 기타 건설공사 기준. 철도,항만,상수도,하천은 별도기준)

요율 / 공사비	업 무 별 요 율(%)		
	기본설계	실시설계	공사감리
5천만원 이하 1억원 이하 3억원 이하 5억원 이하			3.02 2.85 2.26 2.06 1.89
10억원 이하	3.78	6.16	1.66
20억원 이하	3.33	5.47	1.53
30억원 이하	3.10	5.10	1.48
50억원 이하	2.82	4.67	1.45
100억원 이하	2.49	4.15	1.41
200억원 이하	2.20	3.68	1.37
300억원 이하	2.04	3.43	1.35
500억원 이하	2.86	3.15	1.33
1,000억원 이하	1.64	2.79	1.30
2,000억원 이하	1.45	2.48	1.28

공사비 \ 요율	업 무 별 요 율(%)		
	기본설계	실시설계	공사감리
3,000억원 이하	1.35	2.31	1.25
5,000억원 이하	1.23	2.12	1.23
5,000억원 초과	기본설계요율 = $159.4915x^{-0.1806}$ 실시설계요율 = $216.8792x^{-0.1718}$ 공사감리요율 = $3.4816x^{-0.0386} - 0.00084$		

비고 1. "건설부문"이란 「엔지니어링산업 진흥법시행령」 별표 1에 따른 엔지니어링기술 중에서 건설부문(농어업토목분야 및 상하수도 중 정수 및 하수, 폐수 처리시설 등 환경플랜트 제외)과 설비부문을 말한다.
2. "공사감리"란 비상주 감리를 말한다.
3. 5,000억원 초과의 경우 공식에 의해 산출된 요율은 소수점 셋째자리에서 반올림한다.
4. 기본설계, 실시설계 및 공사감리의 업무범위는 제14조와 같다.
5. 요율표가 작성되지 않은 다른 분야는 도로분야의 요율을 적용한다.

업무단계별로 구분하여 발주하지 않는 경우, 생태복원 분야 기본설계와 실시설계 요율은 다음과 같이 각각 적용한다.

- 기본설계와 실시설계 동시 발주 : 실시설계요율의 1.45배
- 타당성조사와 기본설계 동시 발주 : 기본설계 요율의 1.35배
- 기본설계를 시행하지 않은 실시설계 : 실시설계 요율의 1.35배
- 타당성조사를 시행하지 않은 기본설계 : 기본설계 요율의 1.24배

2) 업무단계별 업무범위

공사비요율에 의한 방식을 적용하는 기본설계·실시설계 및 공사감리의 업무범위는 다음 표 6-3과 같다.

표 6-3 기본설계·실시설계 및 공사감리의 업무범위

업무단계	업 무 범 위
기본설계	가. 설계개요 및 법령 등 각종 기준 검토 나. 예비타당성조사, 타당성 조사 및 기본계획 결과의 검토 다. 설계요강의 결정 및 설계지침의 작성 라. 기본적인 구조물 형식의 비교·검토 마. 구조물 형식별 적용공법의 비교·검토 바. 기술적 대안 비교·검토 사. 대안별 시설물의 규모, 경제성 및 현장 적용 타당성 검토 아. 시설물의 기능별 배치 검토 자. 개략공사비 및 기본공정표 작성 차. 주요 자재·장비 사용성 검토 카. 설계도서 및 개략 공사시방서 작성 타. 설계설명서 및 계략계산서 작성 파. 기본설계와 관련된 보고서, 복사비 및 인쇄비

업무단계	업 무 범 위
실시설계	가. 설계 개요 및 법령 등 각종 기준 검토 나. 기본설계 결과의 검토 다. 설계요강의 결정 및 설계지침의 작성 라. 구조물 형식 결정 및 설계 마. 구조물별 적용 공법 결정 및 설계 바. 시설물의 기능별 배치 결정 사. 공사비 및 공사기간 산정 아. 상세공정표의 작성 자. 시방서, 물량내역서, 단가규정 및 구조 및 수리계산서의 작성 차. 실시설계와 관련된 보고서, 복사비 및 인쇄비
공사감리	가. 시공계획 및 공정표 검토 나. 시공도 검토 다. 시공자가 제시하는 시험성과표 검토 라. 공정 및 기성고 사정 마. 시공자가 제시하는 내역서, 구조 및 수리계산서 검토 바. 기성도 및 준공도 검토

공사비가 중간에 있을 때의 요율

공사비가 요율표의 각 단위 중간에 있을 때의 요율은 직선보간법에 따라 다음 그림 6-3과 같이 산정한다.

$$y = y1 - \frac{(x - x2)(y1 - y2)}{x1 - x2}$$

※ x : 당해금액, x1 : 큰금액, x2 : 작은금액
y : 당해공사비요율, y1 : 작은금액요율 y2 : 큰금액요율

그림 6-3 직선보간법 산정식

시공상세도 작성비 요율

시공상세도는 공사시방서에서 건설공사의 진행단계별로 작성하도록 명시된 시공상세도면의 작성 목록에 따라 작성한다. 시공상세도면의 작성 예정수량은 표6-4의 요율에 따라 구한 시공상세도작성비를 표6-5에 따라 산출한 시공상세도 1장당 단가로 나누어 구한다. 시공상세도면의 수량은 현장여건에 따라 확정되므로 사전에 작성될 도면의 예정수량을 정하고, 현장시공시 시공상세도면의 작성 목록에 따라 작성한 후 당초 예정수량보다 실제 작성된 수량에 증감이 있는 경우 발주청의 승인을 받은 수량에 따라 사후에 정산하여야 한다. 시공상세도면의 작성에 요구되는 난이도는 엔지니어링 사업대가 기준에 따라 구분한다.

표 6-4 시공상세도 작성비 요율

요율 / 공사비	시설물 난이도별 요율(%)		
	단순	보통	복잡
1억원 이하	1.31	1.46	1.61
2억원 이하	1.15	1.28	1.41
3억원 이하	1.06	1.18	1.30
5억원 이하	0.96	1.07	1.18
10억원 이하	0.85	0.94	1.03
20억원 이하	0.74	0.82	0.90
30억원 이하	0.68	0.76	0.84
50억원 이하	0.62	0.69	0.76
100억원 이하	0.54	0.60	0.66
200억원 이하	0.48	0.53	0.58
300억원 이하	0.44	0.49	0.54
500억원 이하	0.40	0.44	0.48
1,000억원 이하	0.35	0.39	0.43
2,000억원 이하	0.31	0.34	0.37
3,000억원 이하	0.28	0.31	0.34
5,000억원 이하	0.25	0.28	0.31
5,000억원 초과	단순공종요율 = 45.5465 × (공사비)–0.1924 보통공종요율 = 50.6135 × (공사비)–0.1924 복잡공종요율 = 55.6734 × (공사비)–0.1924		

표 6-5 시공상세도 1장당 단가 산출근거

작성 난이도	1장당 단가 산출근거
단 순	{(0.24 × 초급기술자 노임단가) + (0.49 × 중급숙련기술자 노임단가)}
보 통	{(0.34 × 중급기술자 노임단가) + (0.70 × 중급숙련기술자 노임단가)}
복 잡	{(0.20 × 고급기술자 노임단가) + (0.44 × 중급기술자 노임단가) + (0.91 × 중급숙련기술자 노임단가)}

1.2 건설 표준품셈 및 적산기준

표준품셈이란 설계비나 공사비 등 용역비를 산출하기 위해 공종별로 표준화된 공법과 공정, 소요되는 표준적인 재료의 수량, 노무공량 등을 제시하여 목적물의 품질과 공정을 충족시킬 수 있는 적정한 공 예정가격 작성을 위한 기초자료로 중요한 기준이 된다(구본학, 2003). 생태복원과 관련된 표준품셈 및 적산제도에 관한 연구는 매우 제한적이어서 초기연구로는 식재 및 생태복원 공사를 대상으로 표준품셈을 분석한 연구가 있다(구본학, 1997).

우리나라 건설분야에 적용되는 표준품셈은 적산(예정가격작성)을 위한 기초자료로 중요한 기준이 되며 우리나라의 중앙정부, 지방정부, 정부투자기관은 물론 '국가를 당사자로 하는 계약에 관한 법률'의 적용을 받는 모든 공공기관에서 건설공사비의 적산 기준이 되고 있다. 건설공사 표준품셈은 공사목적물을 완성하기 위해 단위 물량 당 소요되는 노력(품)과 물질을 수량으로 표시하고 있다. 즉, 사람이나 기계가 어떤 물체를 창조하기 위해 단위당 소요로 하는 노력과 물질을 수량으로 표시한 것으로서 단위 공사에 필요한 재료 수량 및 노무자 수를 의미한다.

표준품셈은 정부 등 공공기관에서 시행하는 공사의 적정한 예정가격을 산정하기 위한 일반적인 기준을 제공하는 것이며, 대표적이고 보편적인 공종, 공법을 기준한 것으로서 현장여건, 기후의 특성 및 기타 조건에 따라 발주자가 조정하여 적용할 수 있다.

표준품셈은 발주자가 국가인 경우 「국가를 당사자로 하는 계약에 관한 법률」에 따라 의무적용 사항이나, 국가를 제외한 기관 및 단체 등은 자체 규정에 따른다.

즉, 국가에서 제정한 정부표준품셈이 모든 공공기관 발주공사의 예정가격 산정기준이며, 개별 시공회사의 실행예산은 표준품셈 외에 자체기준을 적용한다. 또한 명기되지 않은 사항은 각 발주기관별로 자체품셈을 제정하여 사용하기도 한다.

1.3 수량산출

수량산출은 원칙적으로 설계도면에 의하나 도면에 표기하기 어려운 공법 등은 시방서 등의 규격서에 의한다. 수량산출은 크게 재료수량을 산출하는 과정과 노무량을 산출하는 과정 및 경비의 소요량을 산출하는 과정으로 나누어 생각할 수 있으며, 실무적으로 위의 과정이 모두 혼합되어 있는 시공 단위별 일위대가표를 구성하기 위한 수량산출과 일위대가표의 시공 단위에 따라 공사비 내역서를 구성하기 위한 공종별 수량산출로 생각할 수 있다.

재료수량의 산출은 시공단위에 따라 도면수량(정미수량)을 산출한 뒤 할증량을 가산한다. 노무량의 산출은 기 산출한 재료수량을 기초로 하여 설계도면에 따라 필요한 공종을 가공, 조립, 설치 등으로 품셈 등을 분석하여 시공단위에 따라 산출한다. 일위대가표 및 공사내역서를 작성하기 위한 수량산출은 재료비, 노무비, 경비 등이 혼합되어 작성된 복합단가 및 합성단가의 시공단위에 따라 산출한다.

할증이란 표준적인 조건보다 난이도가 높거나 손실이 발생할 가능성이 있을 때 일정 비율 만큼 수량을 증가시켜 손실을 최소화하기 위한 기준치이다. 할증에는 재료할증, 품할증, 노임할증 등이 있으며, 이중 가장 일반적인 경우는 재료의 할증이다. 재료 할증은 작업과정에서 발생하는 손실량을 미리 예측하여 보상해주는 의미이다. 즉, 정상적인 작업과정에서 표준량 외 부득이 하게 손실되는 양을 미리 예상하여 보전해주는 의미이다. 수목의 할증은 고사율과는 다른 개념이다.

일위대가표 작성 시 재료량에 일정 비율의 할증률을 적용하여 할증량을 포함한 재료비를 산정한다. 이때 노무비는 할증량을 제외한 순수한 재료량에 대해서만 산정하므로 주의한다. 작업조건이 어려워 특별히 많은 품을 필요로 하는 경우 품셈에 규정된 할증률을 적용한다. 예를들면, 도서지역, 높은 산악지, 소규모공사, 기타의 경우 등이다. 또한 야간작업, 휴일작업, 기타 법으로 정하는 특별작업인 경우에는 일반 노임에 비해 노임을 50%이상 할증이 가능하다.

1.4. 일위대가표

일위대가표란 공사비내역서 작성의 기초 단위가 되는 시공단위당 내역을 의미한다. 영어로는 “Itemized Unit Cost"라고 할 수 있다.

즉, 길이, 면적, 체적, 중량, 개소 등 세부 시공단위당으로 공사비를 산출하여 단독 또는 복합단위에 따라 표준화된 것으로서 전체 시공량과 함께 공사비 내역을 구성하는 기초 단위가 된다.

2 생태복원 설계 시공 원가산출

2.1 생태복원분야 엔지니어링 사업 적산기준

생태복원 사업은 토목, 수리수문, 조경, 생물, 환경공학, 임학, 원예 등 다양한 학문적 배경을 통합한 융복합적 성격을 띠고 있다. 생태복원 분야 엔지니어링 기술은 환경부문에 해당된다(표 6-6).

표 6-6 엔지니어링기술 (엔지니어링산업진흥법 시행령 제3조 별표 1)

기술부문	전 문 분 야		
환경부문	1) 대기관리	2) 수질관리	3) 소음·진동
	4) 폐기물처리	5) 자연·토양환경	

엔지니어링사업대가 기준에서는 생태복원사업을 다음 표 6-7과 같이 구분하고 있다.

표 6-7 생태복원 대상 및 업무범위 (자연환경복원사업 엔지니어링 표준품셈 편집)

업무구분	정의	업무내용	해당사업
소생태계	생물다양성을 높이고 야생동·식물의 서식지간의 이동 가능성 등 생태계의 연속성을 높이거나 특정한 생물종의 서식조건을 개선하기 위하여 조성하는 생물서식공간	생태축설정, 생물다양성의 보전, 자연경관의 보전, 바람통로의 확보, 도시생태복원	• 생태숲 조성사업 • 생태습지 조성사업 • 생태하천 조성사업 • 옥상녹화 조성사업 • 벽면녹화 조성사업 • 학교 소생태계 조성사업 • 양서류(맹꽁이 등) 서식지 조성 • 조류서식지 조성사업 • 곤충류 서식지 조성사업 • 포유류 서식지 조성사업
생태통로	도로·댐·수중보·하구언 등으로 인해 서식지가 단절되거나 훼손 또는 파괴되는 것을 방지하고 야생생물의 이동 등 생태계의 연속성 유지를 위하여 설치하는 인공 구조물·식생 등의 생태적 공간	서식지 단절, 훼손, 파괴 방지사업, 야생동·식물의 이동을 위한 인공 구조물·식생 조성	• 야생동물용 • 생태경관연결용 • 풍수지리적 연결용 • 포유류 유도시설 • 양서·파충류 유도시설 • 조류 유도시설 • 수로 보완시설 • 도로시설 보완시설
대체자연 (대체서식지)	기존의 자연환경과 유사한 기능을 수행하거나 보완적 기능을 수행하도록 하기 위하여 조성하는 것	기존의 자연환경과 유사한 기능을 수행하거나 보완적 기능 수행(인공습지, 비오톱)	• 멸종위기 야생동식물 서식처 이전 사업 • 생물다양성 확보 및 특정종의 보호를 위한 대체서식지 조성사업 • 생태·경관보전지역의 동식물 이전을

업무구분	정의	업무내용	해당사업
			위한 대체서식지 조성사업 • 자연환경보전사업 대행자가 환경부장관의 승인을 얻어 시행하는 대체자연 조성 사업
자연환경보전 · 이용시설	자연환경보전 및 자연환경의 건전한 이용을 위하여 설치하는 시설	자연환경보전시설, 훼손방지시설, 자연환경복원복구시설, 안내시설, 생태관찰이용시설, 자연보전관, 자연학습원, 자연자산보호시설	• 자연환경을 보전하거나 훼손을 방지하기 위한 시설 • 훼손된 자연환경을 복원 또는 복구하기 위한 시설 • 자연환경보전에 관한 안내시설, 생태관찰을 위한 나무다리 등 자연환경을 이용하거나 관찰하기 위한 시설 • 자연보전관·자연학습원 등 자연환경을 보전·이용하기 위한 교육·홍보시설 또는 관리시설 • 그 밖의 자연자산을 보호하기 위한 시설
생태계복원	자연적이거나 인위적으로 훼손된 생태계를 원래의 상태 또는 원상태에 가깝도록 생태계의 구조와 기능을 조성해 주어 생태계 스스로 회복 생물서식처 및 생물종을 증진시킬 수 있도록 도와주는 행위	서식지 보호·복원 사업, 훼손된 생태계 보호·복원 사업	• 멸종위기 야생생물 서식처 확보 및 경계 설정, 도래지 보호 • 야생동물 행동영역 보호 • 종의 서식처 보호 • 원시림 또는 안정된 자연생태계 보호 • 희귀식물 또는 군락 보호 • 도시 내 하천 및 산림습지 보호 • 생태하천 조성 • 다공질 재료 이용 • 희귀 동식물 군락 보호

2.2 생태복원 적용 사례

진기정과 구본학(2013)은 자연환경복원 엔지니어링사업 대가를 실비정액가산방식으로 산출하기 위한 기준으로서 표준품셈 항목들을 산출하였다. 첫째, 생태환경복원분야 기술업무범위를 소생태계, 생태통로, 생태계복원으로 유형화하였다. 둘째, 엔지니어링사업대가 표준품셈 적용 기준 면적을 소생태계 1,000 m^2, 생태통로 및 생태계복원 5,000 m^2 등으로 설정하였고, 사업 면적에 따른 보정계수를 설정하였다. 셋째, 자연환경복원 엔지니어링 사업의 업무 수행을 위한 비오톱, 생태통로, 생태복원 등 3유형의 생태복원 사업에 대해 각각 기술자등급별 소요 인력을 산정하였다(표 6-6, 6-7, 6-8).

표 6-8 비오톱 업무 항목별 기술자 등급별 소요품(기준 : 1,000 m^2)

업 무 내 용		기 술 자 (인·일)					
		기술사	특급	고급	중급	초급	보조원
현황조사 및 분석	기존자료 조사분석	0.1	0.1	0.3	0.4	0.5	0.4
	생태기반환경 조사분석	0.5	1.0	2.0	2.5	2.5	2.5
	인문·사회환경 조사분석	0.1	0.1	0.3	0.4	0.5	0.5
	서식지 조사분석	0.1	0.1	0.3	0.4	0.4	0.3
	경관분석	0.1	0.1	0.1	0.4	0.4	0.3
	비오톱지도화	0.1	0.1	0.1	0.4	0.4	0.4
	소 계	1.0	1.5	3.1	4.5	4.7	4.4
자연환경 보전가치 평가	보전가치평가	0.1	0.1	0.3	0.5	0.6	0.6
	환경변화 예측	0.1	0.2	0.5	0.6	0.6	0.6
	소 계	0.2	0.3	0.8	1.1	1.2	1.2
자연환경복원 기본구상	복원목표 설정	0.1	0.2	0.2	0.3	0.3	0.3
	목표종 및 목표서식처설정	0.1	0.2	0.3	0.3	0.3	0.3
	기본구상	0.1	0.3	0.3	0.5	0.4	0.4
	대안설정 및 프로그램구상	0.1	0.2	0.2	0.2	0.3	0.3
	소 계	0.4	0.9	1.0	1.3	1.3	1.3
자연환경복원 기본계획	토지이용계획	0.1	0.1	0.1	0.3	0.2	0.2
	지형 및 토양계획	0.1	0.1	0.1	0.4	0.2	0.2
	수리·수문·수질(용수)계획	0.1	0.1	0.2	0.4	0.3	0.3
	동선계획	0.1	0.1	0.1	0.1	0.2	0.2
	식물상 및 식생복원 계획	0.1	0.1	0.2	0.5	0.3	0.3
	서식처 계획	0.1	0.1	0.1	0.5	0.3	0.3
	시설물 계획	0.1	0.1	0.1	0.4	0.3	0.3
	폐기물 처리계획	0.1	0.1	0.1	0.1	0.1	0.2
	소 계	0.8	0.8	1.0	2.7	1.9	1.9
기본 및 실시계획	기본 및 실시설계	1.5	3.5	4.5	6.0	4.0	4.5
모니터링계획	모니터링 계획·설계	0.1	0.1	0.1	0.2	0.2	0.2
유지관리계획	유지관리계획 및 방법	0.1	0.1	0.1	0.2	0.2	0.2
성과품작성	보고서	0.3	0.5	0.8	0.7	0.5	0.5
9. 공청회 및 주민설명회		2.0	2.0	3.0	4.0	3.0	3.0
합 계		6.4	9.8	14.5	20.6	17.0	17.2

표 6-9 생태통로 업무 항목별 기술자 등급별 소요품(기준 : 5,000 m^2)

업 무 내 용		기 술 자 (인·일)					
		기술사	특급	고급	중급	초급	보조원
현황조사 및 분석	기존자료 조사분석	1.3	2.3	3.0	3.0	3.8	4.0
	생태 및 기반환경 기초조사	2.5	4.0	9.5	12.5	12.5	15.0
	생태 및 기반환경 정밀조사	(실시정산)					
	인문·사회환경 조사분석	1.0	1.3	2.5	2.8	2.8	3.0
	서식지 조사분석	2.5	3.8	4.8	5.8	5.8	6.5
	경관분석	0.8	1.5	1.8	1.8	2.8	2.8
	비오톱지도화	1.8	2.0	2.3	3.8	3.8	4.0
	소 계	9.9	14.9	23.9	29.7	31.5	35.3
자연환경보전 가치평가	보전가치평가	1.0	1.3	2.5	3.5	3.5	4.0
	환경변화 예측	1.5	2.8	3.8	6.3	6.3	8.5
	소 계	2.5	4.1	6.3	9.8	9.8	12.5
자연환경복원 기본구상	복원목표 설정	0.8	1.0	1.8	1.8	2.0	3.3
	목표종 및 목표서식처설정	0.8	1.8	2.0	2.0	2.8	3.5
	기본구상	1.3	2.3	3.0	3.0	4.3	4.5
	소 계	2.9	5.1	6.8	6.8	9.1	11.3
자연환경복원 기본계획	지형 및 토양계획	0.8	1.3	1.5	2.3	2.3	2.3
	야생동물 이동로계획	0.8	1.3	1.5	1.5	2.5	2.8
	생태통로계획	2.3	2.8	3.5	3.5	5.3	5.3
	로드킬 예방계획	0.5	0.8	1.8	1.8	2.5	3.3
	식물상 및 식생복원 계획	0.8	1.0	1.3	1.3	2.0	2.8
	서식처 계획	1.3	2.3	2.8	2.8	4.3	4.3
	폐기물처리계획	0.3	0.5	0.8	1.0	1.0	1.3
	소 계	6.8	10.0	13.2	14.2	19.9	22.1
기본 및 실시계획	기본 및 실시설계	20.0	26.0	30.0	36.8	36.8	42.5
로드킬 방지	기본 및 실시설계	0.8	1.0	2.8	2.8	3.0	3.5
모니터링 계획	모니터링 계획·설계	0.5	0.8	1.8	1.8	2.0	2.8
유지관리 계획	유지관리계획 및 방법	0.5	0.8	1.8	1.8	2.0	2.8
성과품작성	보고서	0.5	1.0	3.0	3.0	4.0	4.5
10. 공청회 및 주민설명회		2.0	2.0	3.0	4.0	4.0	4.0
합 계		46.4	65.7	92.6	110.7	122.1	141.3

표 6-10 생태복원 업무 항목별 기술자 등급별 소요품 (기준 : 5,000 m^2)

업 무 내 용		기 술 자 (인·일)					
		기술사	특급	고급	중급	초급	보조원
현황조사 및 분석	기존자료 조사분석	0.5	0.8	1.5	1.3	0.8	0.8
	생태기반환경 조사분석	5.0	8.0	19.0	25.0	25.0	30.0
	인문·사회 환경조사분석	0.4	1.0	2.0	2.5	2.5	2.5
	서식지 조사분석	0.4	0.8	1.8	2.0	2.5	2.5
	경관분석	0.4	0.5	0.8	1.5	2.5	2.5
	비오톱지도화	0.3	0.8	1.3	1.5	1.8	2.0
	소 계	7.0	11.9	26.4	33.8	35.1	40.3
자연환경보전 가치평가	보전가치평가	0.3	0.5	1.5	1.5	2.0	2.3
	환경변화 예측	0.4	0.4	1.0	1.5	2.0	2.0
	소 계	0.7	0.9	2.5	3.0	4.0	4.3
자연환경복원 기본구상	복원목표 설정	0.1	0.3	0.5	0.7	0.9	1.2
	목표종 및 목표서식처설정	0.5	0.7	0.8	1.0	1.2	1.2
	기본구상	0.4	0.6	0.7	0.8	1.2	1.3
	대안설정 및 프로그램구상	0.3	0.5	0.7	0.8	1.0	1.3
	소 계	1.3	2.1	2.7	3.3	4.3	5.0
자연환경복원 기본계획	토지이용계획	0.4	0.5	0.8	0.8	1.0	1.3
	지형 및 토양계획	0.3	0.5	0.7	0.9	1.0	1.3
	수리·수문·수질(용수)계획	0.5	0.7	0.9	1.0	1.2	1.5
	동선계획	0.3	0.8	0.8	1.0	1.3	1.3
	식물상 및 식생복원 계획	0.5	0.6	0.7	0.8	1.3	1.5
	서식처 계획	0.5	0.7	0.9	1.0	1.5	1.7
	시설물 계획	0.4	0.7	0.9	1.2	1.5	1.8
	폐기물처리계획	0.1	0.2	0.3	0.2	0.2	0.2
	소 계	3.0	4.7	6.0	6.9	9.0	10.6
기본 및 실시계획	기본 및 실시설계	5.5	17.0	23.5	30.5	21.5	22.5
모니터링계획	모니터링 계획·설계	0.5	0.5	0.5	1.0	1.5	1.5
유지관리계획	유지관리계획 및 방법	0.5	0.5	0.5	1.0	1.5	1.5
성과품작성	보고서	1.5	2.5	4.0	3.5	2.5	2.5
공청회 및 주민설명회		2.0	2.0	3.0	4.0	4.0	4.0
합 계		22.0	42.1	69.1	87.0	83.4	92.2

2절 공사관리

1 공사관리 개요

공사관리(CM : Construction Management)는 해당 사업이 성공적 결과에 이르게 하기 위한 과정으로서, 사업 구상 단계에서 종료에 이르기까지 전과정에 걸쳐 기능적으로 경제적으로 가치 있는 프로젝트를 생성하기 위해 계획, 조정, 조절하는 행위를 말하며, 일정한 품질기준의 요구수준에 맞추어 적정한 예산범위에서 적정한 기간 안에 사업을 완료하는 제반 과정을 의미한다.

이러한 공사관리가 우리나라에 본격적으로 도입되어 제도적으로 정착된 것은 1996년도 건설산업기본법에 건설사업관리 조항이 명문화되면서부터이다. 물론 그 이전에도 다양한 기법들이 소개되어 부분적으로 시행되어 왔었지만, 점차 대규모 복합공사로 시행되면서 건설사업 전과정에 대한 종합적 관리업무의 필요성이 대두됨에 따라 건설산업기본법에 의해 법적 근거를 갖게 된 것이다. 이후 몇차례 개정을 통해 보완되어 오늘에 이르렀다.

이 책에서는 제도적인 의무와 관계없이 기술적인 내용을 살펴봄으로써 생태복원공사가 효율적으로 수행될 수 있는 방법론을 제시하고자 한다. 생태복원공사는 자연재료의 품질 유지, 시공 장소의 지형, 지질 등에 따른 시공방법의 선택, 기후, 계절 등 자연적 조건에 의해 시공이 제한되며, 기계화 시공이 어려운 점이 특수한 조건이며, 단위생태계의 구조와 기능을 대상으로 한다는 점에서 일반적으로 수행되는 조경공사나 토목공사 등 건설공사에 비해 특별히 공사관리의 중요성이 더욱 강조되며, 특성화된 기법이 개발될 필요가 있다고 할 수 있겠다.

포괄적인 의미의 공사관리는 몇가지 관점에 의해 구분할 수 있다. 예를들어 건설공사의 경우 패키지서비스는 기획단계부터 준공 및 사후관리까지 전과정에 걸쳐 다양한 유형의 서비스를 발주기관이 자체적으로 선택하여 양질의 건설행정 서비스를 제공하게 되며, 기획업무는 사업관리계획 수립, 총사업비 및 예산협의 지원, 입찰방법 및 설계심의 자료 지원, 용역수행지침서 및 평가기준 작성 등의 업무를 주요 내용으로 한다.

표 6-11 공사관리 프로세스

기획업무	☞	설계업무	☞	시공업무	☞	사후관리업무
■ 예산,부지,환경 ■ 기본구상 ■ 예비타당성조사 ■ 타당성조사 ■ 기본계획 ■ 수행방식결정		■ 설계관리 – 설계관리팀 ■ 특이사항 – 환경디자인 – VE – 현장설명서		■ 현장관리 – 감독업무 ■ 설계변경 ■ 유권해석 ■ 시공평가 ■ 법원가압류		■ 사후관리 – 종결보고서 – 하자점검 – 유지관리 ■ 사후평가

이 책에서는 시공단계에서의 공사관리 관점에서 공사의 품질을 유지하면서 공기와 경제성을 확보하기 위한 목적으로 수행되는 공사관리에 대해 설명한다.

공사관리는 시공관리, 건설사업관리, 건설관리, 건설경영 등으로도 부르며, 한편으로 CM for free, CM at Risk 등 CM의 역할 범위와 책임한계에 따라 구분하기도 한다. 유사하게 산업 전반에서 사용되던 Project Management(PM)도 최근에는 CM과 통합된 의미로 사용되어 이를 CPM(Construction Project Management)으로 부르기도 한다. 이 책에서는 CM과 PM, CM for free와 CM at Risk 등을 굳이 구분하지 않고 CM이라는 용어로서 통합적인 의미에서 살펴보고자 한다.

공사관리는 시공주체인 작업자, 시공대상인 재료, 시공수단 등을 3대요소라 부르며, 이들 3대요소를 PDCA 기법 즉 계획(plan) – 실시(do) – 검토(check) – 조치(act)하는 기본 사이클을 갖는다. 구체적으로, 3대 요소를 유효 적절하게 결합 관리하는 계획을 수립하고(계획), 이 계획에 근거하여 시공하며(실시), 시공결과가 최초의 계획과 차이가 있을 때는 그 원인을 규명(검토)하여 적절한 조치를 취함(조치)과 동시에 공사 도중에 발생되는 현장조건 변화에 대응하는 통제기능까지를 포함한다.

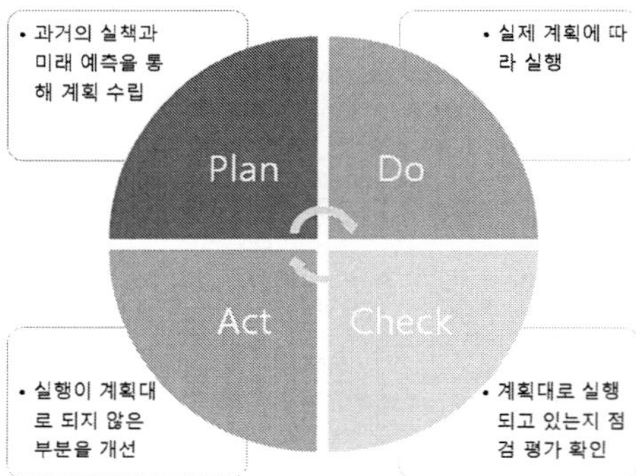

그림 6-4 공사관리 PDCA 기법

공사관리 체계는 5M에 대한 5R을 수행하는 것이라고 할 수 있다.

공사관리는 공정관리, 품질관리, 원가관리에 관심이 있으며 근래에 안전관리, 노무관리 등의 중요성이 높아지고 있다.

즉, 적절한 예산 범위 내에서(원가관리) 적정 이윤을 확보하면서, 정해진 공기 내에(공정관리), 요구되는 품질을 만족시키는(품질관리), 능률적이고 경제적인 시공관리를 의미한다. 이를 다른 말로 표현하면, 더 좋은 품질로 더 빠르게, 더 경제적으로, 안전하게 완성시켜 이윤추구와 가치창출의 2대 목표 달성하는 것이다. 즉, 경제속도와 품질속도를 통해 적정품질을 창출하는 것이다.

표 6-12 공사관리 내용

5 M		5 R
Men : 노무		Right Quality : 품질
Money : 자금		Quantity : 물량
Method : 시공	☞	Time : 공기
Materials : 자재		Cost : 원가
Machine : 장비		Products : 목적물

2 공정관리

2.1 공정관리 개요

공정관리(process control)란 주어진 기간 안에 정해진 설계서에 적합한 성과품을 창출할 수 있도록 적절한 기법을 통해 공정을 계획하고 조절하는 것을 말한다. 좀더 구체적으로 말하면, 복잡한 상호 관련성을 가지고 진행하는 공사과정 중 각 단위공정을 시계열적으로 배분하여 공사 전체가 균형을 유지하면서 완성하도록 계획을 수립하고 계획대로 공사를 완성시키는 과정을 의미한다.

공정관리는 계획기능과 통제기능을 중심으로 설정된다.

2.1.1 계획기능

시공계획

시공계획은 설계도서 및 시방서에 의해 공사목적물을 주어진 공기 내에 경제적이고 안전하게 시공할 수 있는 조건, 방법 수립 등의 과정으로서, 공사관리의 제1단계에 해당되며 충분한 예비조사를 실시하여 신중하게 계획을 수립한다.

계획에 필요한 주요 항목으로는 시공방법 결정, 시공순서와 기간 결정, 건설기계 및 재료의 선정과 조합, 임시설비 설계 및 배치 등이다.

공정계획

순서와 일정계획, 공정표 작성

사용계획

재료, 노무, 기계설비, 자금 등의 소요시기, 품목, 수량 및 수송 등의 계획

2.1.2 통제기능

진도관리 : 공정진척의 계획과 실시와의 비교

작업량관리 : 작업량, 사용량 등 실적자료의 정리와 검토

조달관리 : 재료, 노동력, 기계, 자금 등의 조달

2.2 공정표(progress chart of works)

공정표란 공정계획에 따라 예정된 각 공종별 작업활동을 도표화하여 각 시점에 있어서의 공사의 진척도를 검토하는 도표를 의미한다.

즉, 공사가 공정계획에 따라 정상적으로 진행되기 위해서는 재료구입, 노무관리, 기계투입, 자금조달 등이 적절히 이루어져야 하는데 이러한 일련의 과정을 관리하는 수단으로 공정표가 이용된다.

잘 알려진 바와 같이 공정표에는 횡선식, 사선식, 네트워크식 등이 있으며, 개략적인 공정의 전후관계와 일정은 횡선식이 주로 이용되고, 구체적인 작업의 상호관계와 일정 등을 위해서는 네트워크식이 이용된다.

횡선식 공정표

횡선식 공정표는 가로축에 공사기간을 세로축에 공정을 표기하여 각 공종별 계획이나 실적 공정을 가로선으로 표시한다. 표현방법에 따라 바차트(BAR chart), 간트차트(GANTT chart) 등이 있다.

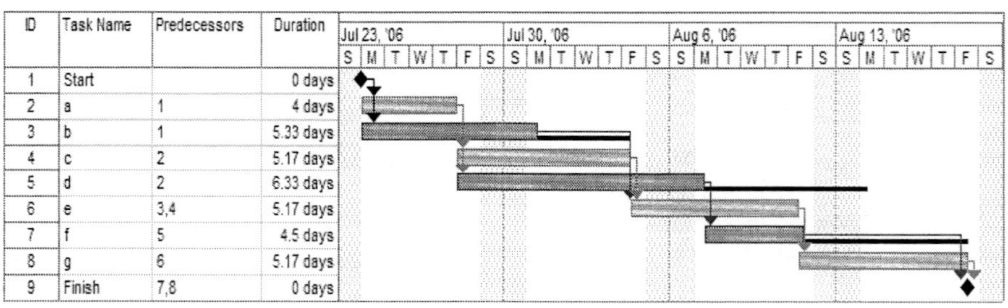

그림 6-5 횡선식 공정표의 일종인 Gantt chart 사례 (자료 : http://en.wikipedia.org)

네트워크식 공정표

PERT/CPM이 있다.

1) PERT : Program Evaluation and Review Technique(공정, 평가 검토, 기법)
   미 해군이 잠수함용 유도탄(polaris missile)을 개발할 때 연구·개발한 것으로 불확실성의 문제를 해결하기 위한 것이 그 주된 목적이었다.
2) CPM : Critical Path Method(주요경로관리 기법)
   1950년 대 Morgan R. Walker(Dupont사)와 James E. Kelly(Remington사)에 의해 연구 개발되어 보수나 건설 및 설계를 포함한 복잡한 내용의 사업에 이용되었다. 그외에도 Multi-Project 기법은 미국의 CEIR사와 Dupont 사가 공동 개발한 것으로 복수의 project를 취급하여 종합적으로 완성을 기하는 사업에서 각 project간의 자원을 효과적으로 이용하는 것을 목적으로 하는 수법이다.

크리티칼 패스(critical path)

공정표를 작성해보면 일의 시작에서 종료에 이르기까지 이르는 경로가 하나가 아닌 여럿이 되는 경우가 많다. 이러한 여러 경로 중 가장 소요시간이 긴 경로를 critical path(주공정선)라고 부르며 일반적으로 굵은 선으로 표시한다. 크리티칼패스는 공정관리상 가장 중요하며 전체 작업의 공기를 지배하므로 중점 관리할 필요가 있다.

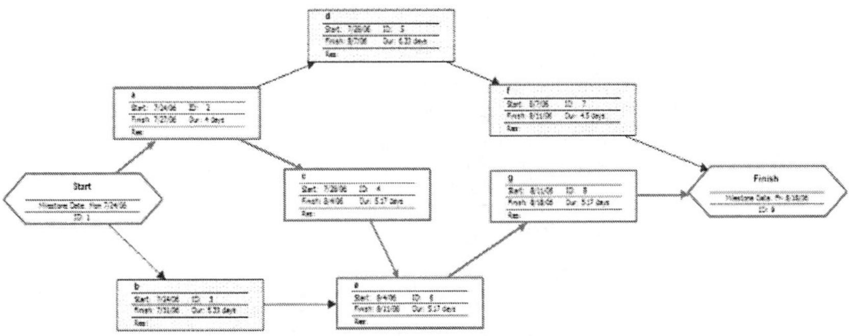

그림 6-6 여러 경로 중 가장 긴 소요시간이 critical path. 그림에서 짙은 부분이 critical path 로서 중점 관리가 필요하다 (자료 : http://en.wikipedia.org)

2.3 공정관리곡선과 바나나곡선

사업 초기에 착공에서 준공에 이르기까지의 일정에 따라 투입되는 인력, 장비, 재료 등을 포함한 예정공정표를 작성하게 되는데, 예정공정표에서 각 일정별로 배분한 공정량을 기준으로 전체적인 누적곡선을 그리면 일반적으로 초기와 마무리 단계에는 공정이 완만하다가 중기에 급격하게 증가되는 S자형 곡선으로 형성된다.

또한 실제 공사가 진행되면서 기성량을 중심으로 실시 공정 곡선 즉 기성고 곡선을 그리게 되는데 보통은 예정공정과 일정한 차이를 나타내는 경우가 많다. 이때 계획공정과 실시공정 사이에 발생하는 차이를 일정 범위 내에 유지시키는 것이 중요하며, 이러한 안전 범위를 그린 곡선이 바나나곡선으로 부르는 공정관리 곡선이다.

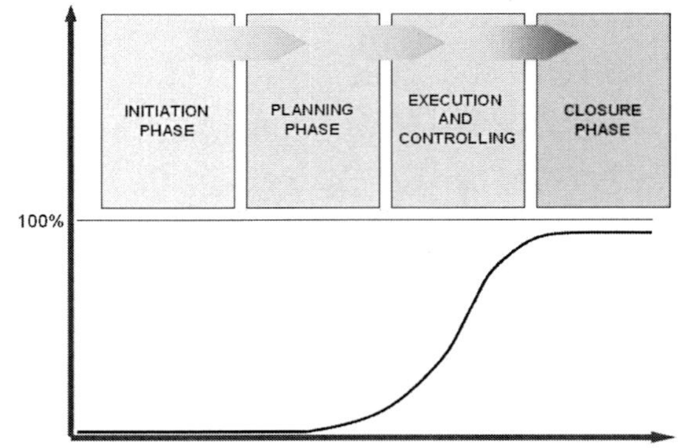

그림 6-7 공정관리곡선은 초기와 마무리 단계에서는 공정이 완만하며 중간단계에서 급격히 증가하여 S자 형태를 보인다.
(자료 : http://www.visitask.com/s-curve.asp)

즉, 예정공정표에 의해 작성된 공정관리곡선의 아래와 위에 허용한계선을 긋고 실적이 한계선을 벗어날 경우는 공정을 조정한다. 이 허용한계선을 바나나곡선이라고 한다. 공사의 초기와 마무리 단계에서는 이 곡선의 폭이 좁고 중간단계에서 넓게 나타나 전체적으로 보아서 바나나의 모양이 된다.

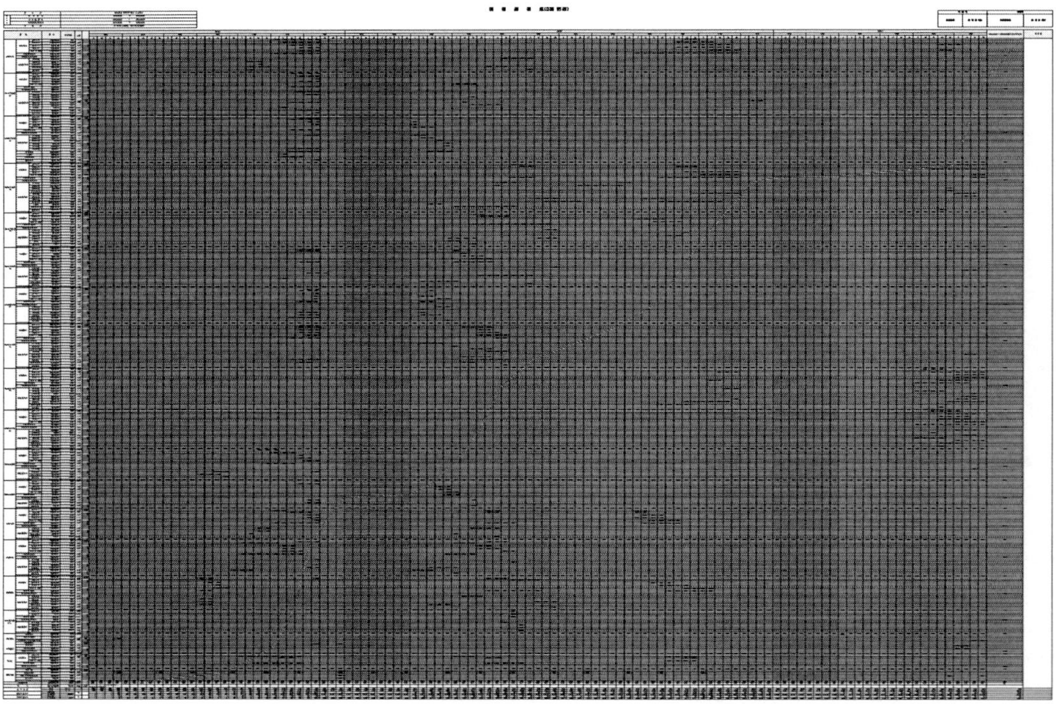

그림 6-8 ○○공사 공정표 및 공정관리곡선 사례

3 품질관리

품질관리(Quality Control)는 설계서 및 시방서에 명시된 규격에 맞는 목적물을 경제적으로 만들기 위해서 제공정의 모든 단계에 통계적 방법을 응용하여 고품질의 제품을 생산하거나 목적물을 완공하고 하자나 사고를 예방하는 수단으로서, 요구 성능을 만족하도록 품질을 갖춘 제품을 가장 합리적이고 경제적으로 생산하는 방법 및 조직력이다.

품질관리는 일반적으로 통계적 수단을 채택하고 있으므로 **통계적 품질관리**(Statistical Quality Control)라고 부르며, 수요자의 요구에 맞는 품질의 목적물을 경제적으로 만들기 위한 모든 수단의 체계를 의미한다. 적극적, 현대적 의미의 품질관리는 환경관리와 안전관리를 총괄한 종합적 개념으로 발전하고 있다.

품질관리는 발주자의 요구 및 표준화된 기준에 부합되는 목적물을 경제적으로 생산하는데 목표가 있으며, 시공능률의 향상, 품질 및 신뢰성의 향상, 설계의 합리화, 작업의 표준화 등을 통해 공사비, 공사기간 절감효과를 유발해야 진정한 품질관리라 할 수 있다.

품질관리를 위해서는 일반적으로 다음과 같은 도구들이 활용된다.

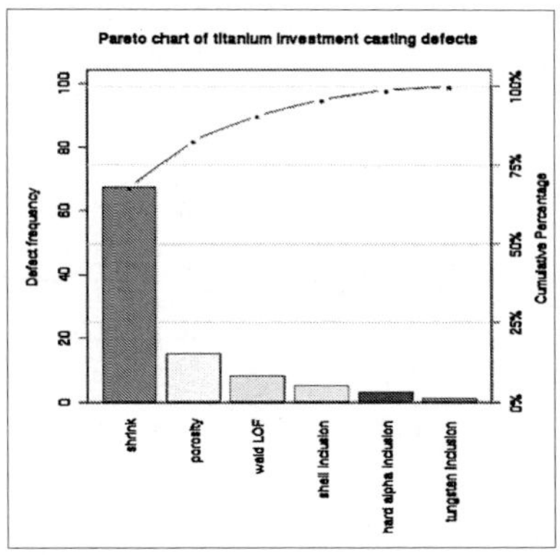

그림 6-9 파레토도 사례
(자료 : http://en.wikipedia.org)

파레토도(pareto)

결과와 원인을 분석하고 주요 문제점을 발견하기 위한 그래프로서 특정 요인에 대한 불량점유율을 나타낸 불량 해석도이다.

특성요인도(cause and effect diagram

원인과 결과의 관계를 나뭇가지 모양으로 표시하여 인과 관계를 나타낸다. 문제점에 직간접으로 영향이 있을만한 것을 브레인스토밍 등으로 추출하고 각 원인계를 나뭇가지형으로 도시하여 쉽게 파악할 수 있도록 한다.

히스토그램(histogram)

데이터를 일정 폭으로 구분하고 막대그래프로 표현하여 중심, 편차, 모양의 문제점을 발견하기 위한 그래프이다. 모집단의 분포상태 분포의 중심위치, 산포 등을 파악하여 평균치를 품질의 대표치로 하여 산포의 크기를 나타낸다.

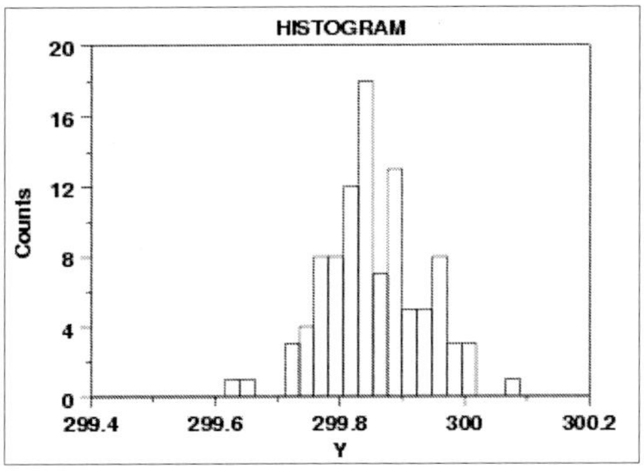

그림 6-10 히스토그램
(자료 : http://www.itl.nist.gov)

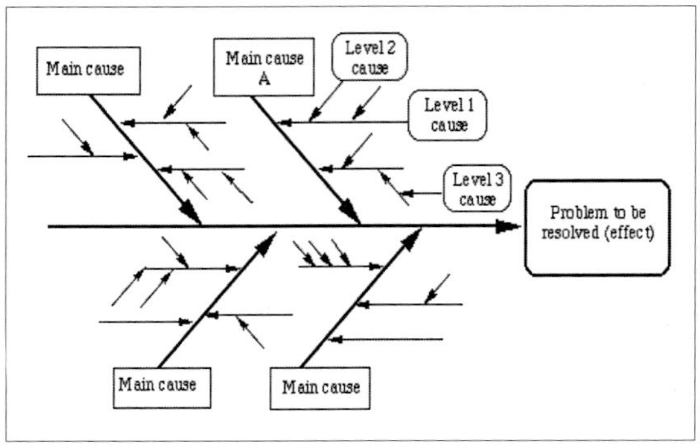

그림 6-11 특성요인도 (자료 : pdca.wordpress.com)

관리도(control chart)

시간의 경과에 따라 데이터를 기록하여 품질의 변동여부를 파악한다.

가로축에 날짜, 공정 등을 나타내며, 세로축에 품질 특성으로서의 치수, 강도, 불량률 등 관리나 해석의 대상이 되는 항목을 잡고, 중심선과 그 상하에 공정의 이상 유무를 판정하기 위한 관리한계선을 설치하여 판단한다.

그 외에 산포도 scatter plot, 그래프 등이 있다.

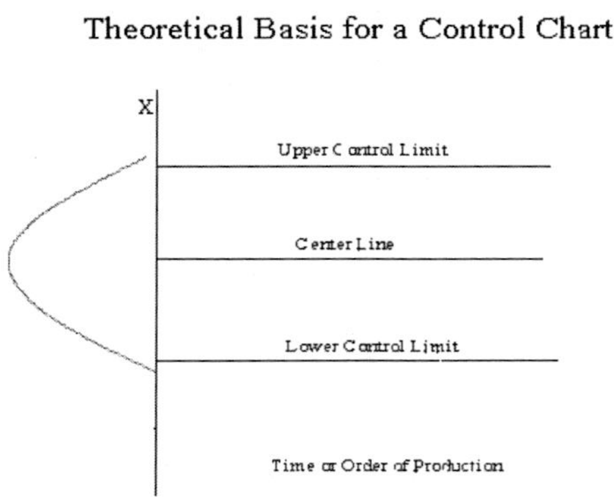

그림 6-13 관리도 (자료 : http://www.itl.nist.gov)

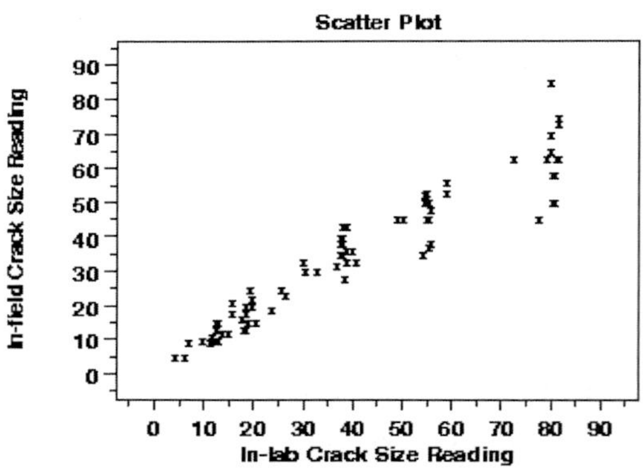

그림 6-12 산포도 (자료 : http://www.itl.nist.gov)

표 6-13 품질관리를 위한 통계적 도구와 적용 (● : 매우 유용, ○ : 유용)

NO	내용 \ 도구		특성 요인도	파레토도	그래프	체크 시트	히스토그램	산포도	관리도
1	주제선정		○	●	○	○	○		○
2	현상파악		●	○	●	○	○		○
3	목표설정				●		○		○
4	활동계획 작성				●				
5	원인분석	요인과 특성 관계	●					○	
		과거 상황 현상 조사		○	●	○	●		●
		층별 분석	○	○	○	○	●	●	●
		시간적 변화			○				●
		상호관계		○	○			●	
6	대책 검토 실시		●		○				
7	효과 확인			○	○	○	●		●
8	표준화와 관리 정착				○	●	○		●

4 원가관리

4.1 원가관리 개념

원가관리(cost control)란 원가절감과 원가능률의 향상을 목표로 원가를 관리하는 행위로서 기업을 성장, 발전시키기 위하여 행하여야 할 활동으로 원가유지(Cost Keeping), 원가절감(Cost Reduction)의 2가지 활동을 의미한다.

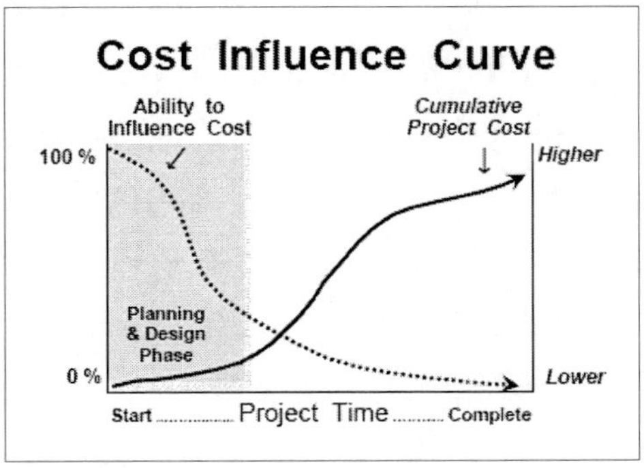

그림 6-14 project의 영향도

원가절감을 위한 기본적인 기술로는 낭비제거, 절약, 생산성향상, 산업공학(IE) 기법 적용을 통한 작업 능률화, 가치공학(VE)을 통한 효용창출, 경영개선 등을 들 수 있다.

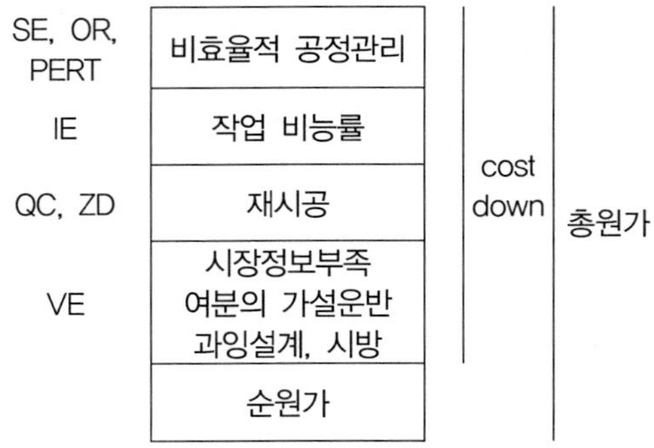

그림 6-15 Cost Down Diagram. 원가상승요인에 따른 원가절감 기법

4.2 가치공학(value engineering)

가치공학이란 최저의 생애 주기비용(Life Cycle Cost ; LCC)으로 필요한 기능을 확실히 달성하기 위하여 제품이나 서비스의 기능분석에 쏟는 조직적인 노력을 말한다.

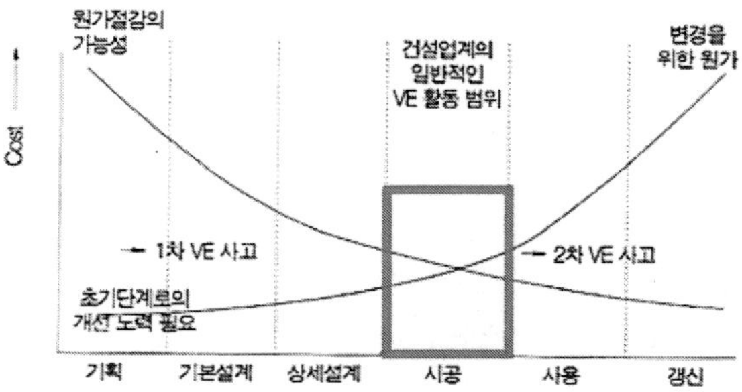

그림 6-11 VE의 적용시기
(자료 : http://kin.naver.com/open100/)

비용투입을 증가시키면 작품의 품질이 높아지고 공기도 상당부분 단축시킬 수 있으나, 현실적으로는 비용절감이 중요하다. 여기서 비용절감과 품질향상이라는 문제에 관심을 갖게 되는데 이에 대한 해결책으로 유력한 수단이 가치공학이다.

가치공학(VE, Value Engineering)은 1947년 미국 GE사의 Miles가 창안한 기법으로서, 공정 및 서비스에 공헌하지 않는 원가요소를 식별 제거하는 시스템이다. 초기에는 제조업 중심으로 발전하다가 1961년 미공병단에 도입되면서 건설분야에 적용되기 시작했다. 표 6-11에서 보는 바와 같이 원가관리를 위한 유력한 수단으로 매우 유용하다.

가치공학의 기본 전제로서 수요자는 제품 자체의 물리적인 대상만을 원하는 것이 아니라 그 제품의 기능을 필요로 하며 그 기능의 만족도에 따라 돈을 지불하게 된다. 그러므로 어떤 제품의 가치는 기능과 그에 대한 지불비용에 관계되어 있고 이는 다음과 같이 나타낼 수 있다.

가치 (value) = 기능 (function, utility) / 비용 (cost)

즉, $V = F/C$ 이며, 여기서 가치, 기능, 비용은 각각 다음과 같이 설명할 수 있다.

- *가치(Value) : 사용자가 원하는 품질을 유지하면서 필요한 기능을 확실히 수행할 수 있는 최적비용효과(the most cost-effective)*
- *기능(Function) : 기대되는 모든 작용 요소 : 물질성능, 미, 내구성, 안전성 등*
- *비용(Cost) : 총원가. 기획, 설계, 시공, 유지관리, 해체에 이르기 까지 전 life cycle동안의 모든 비용. C = C1 + C2*
  (C1 : 생산코스트, C2 : 사용코스트)

저자는 본래의 기능보다는 최종 성과물에 요구되는 성능(performance)이 더 중요하다는 판단을 하고 있으며 따라서 가치공학에서의 기능은 성능으로 대체되는 것이 바람직할 것이다. 이러한 사상을 바탕으로 가치공학에 대해 정의를 내리면 다음과 같다.

"VE란 최저의 총원가로 필요한 기능을 확실히 달성하기 위해 제품과 service의 기능 분석과 개선에 투입되는 조직적인 노력이며, 제품 및 목적물의 원래 기능을 손상치 않는 범위 내에서 생산원가를 낮추기 위한 원가절감 수법이다"

여기서 조직적인 노력이란 가치향상에 필요한 모든 요소 즉, 경험, 지식, 정보 등을 체계적으로 활용하는 모든 team 활동을 말한다.

VE의 일반적 순서는 정보단계, 탐색단계, 분석단계, 제안단계이며, 이 책에서는 "기능정의 → 기능평가(분석) → 대체안 작성" 으로 간략화하여 기술하고자 한다.

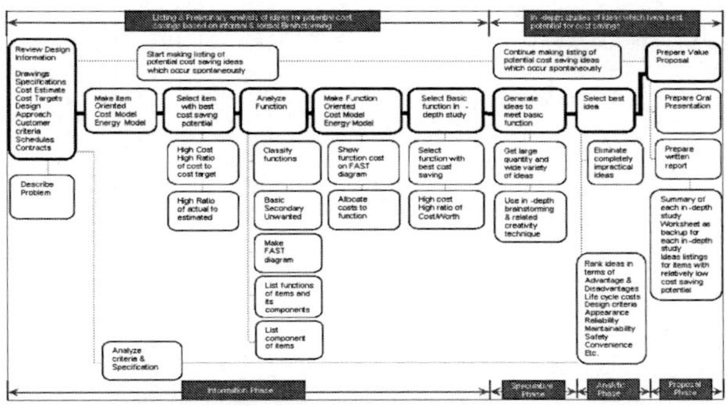

그림 6-12 value engineering의 4 procedures
(자료 : http://www.12manage.com/)

기능정의

그것은 무엇인가, 그것이 하는 작용은 무엇인가, 무엇을 만들 것인가 등에 대한 사용자 요구를 구체화하는 단계이다.

기능평가(분석)

대상 분야를 선정하기 위한 과정이며, '그것의 비용은 얼마인가', '그것의 가치는 어떠한가' 등에 대한 분석과정으로서 기능별 비용분석, 기능평가(가치가 적은 기능 파악), 대상 분야 선정 등의 작업이 수행된다.

예를들어 기능분석 결과 표 6-10과 같은 데이터를 얻었다고 하면, F3의 기능이 V(=F/C)가 가장 작다는 것을 알 수 있다. 따라서 F3의 기능을 대상으로 코스트다운을 생각하는 것이 가장 효과적이라고 할 수 있다.

대체안 작성

다른 방법으로 같은 작용을 하는 것은 없겠는가, 그 방법의 비용은 얼마인가, 그 방법은 필요한 기능을 확실히 달성하겠는가 등에 대한 논의를 통해 대안을 작성하고 제안하는 과정이다. 일반적으로 브레인스트밍법이나 체크리스트법이 이용되고 있다.

표 6-14 기능별 비용분석 예

기능	기능의 필요도	비용
F1	40%	20%
F2	30%	30%
F3	20%	45%
F4	10%	15%

이와같이 VE 기법은 건설업에서의 원가절감을 위한 유용한 기법으로서 다른 유형의 품질관리, 공정관리, 기타 기법들과 상호 보완을 통해 효율을 극대화하기 위한 기법이며, 반복 작업 단일공사, 금액, 시간, 공수 등의 규모가 큰 경우, 또는 안전관리나 운반 등 공사의 종류에 관계없이 유용하게 적용될 수 있다.

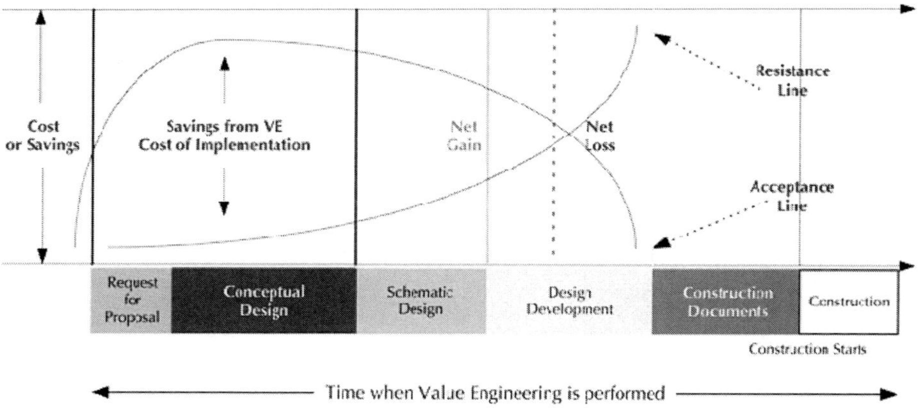

그림 6-13 사업단계별 VE의 적용 및 효과 (자료 : www.exxcel.com/Services3.html)

5 노무관리, 안전관리, 재료관리

안전관리

안전은 우리의 일상생활의 주변 환경에 존재하는 불안정한 요소를 제거함으로써 조화의 상태로 회복시키고 인간과 물질, 환경을 상호균형의 상태로 유지시키는 현상이다.

안전관리라 함은 구조물의 계획, 설계, 시공, 사용, 해체에 이르기까지 전과정에 잠재되어 있는 위험성을 미리 예측하여 위험발생을 사전에 방지하고 최소화함으로써 재해를 예방하려는 관리활동이라고 정의할 수 있으며, 건설공사 과정에서 발생되는 어떤 결함으로 인한 사고의 예방을 위해 이행되는 건설사업관리의 한 유형을 의미한다.

즉, 재해원인을 발견하여 예방하는 목적으로서 건설안전은 건설물 이용자의 안전 및 편의성을 도모하고 건강과 위생증진 등을 목표로 삼고 있다.

ISO16000시리즈는 국제 규격의 안전관리시스템을 규정하고 있는데 품질관리시스템(ISO9000), 환경관리시스템(ISO14000) 과 더불어 안전관리시스템에 대한 국제적 요구가 점차 높아가고 있다.

노무관리(인사관리)

기업체의 종업원을 대상으로 이루어지는 경영관리 활동을 노무관리 혹은 인사관리라고 한다. 즉, "노동자의 사용을 합리화하고 생산성을 높이기 위해 사용자가 행하는 관리"라고 정의할 수 있다.

경우에 따라서는 대상에 따라 인사관리와 노무관리로 구분하기도 하는데 대상의 차이는 있지만 내용적으로는 임금, 근로시간, 복지시설, 작업조직, 안전 위생 등의 모든 사항과 근로의 규칙에 대한 결정 관리, 운영, 단체교섭, 노사협의, 기타 노동조합과 관련된 사항들이 공통적으로 적용된다.

노무관리의 핵심은 경영자의 이익과 근로자의 이익을 슬기롭게 조화시키는데 있다. 즉, 경영자의 이익을 추구하기 위해 근로자의 이익이 제한되는 경우 노사갈등이 발생하고, 이는 곧 극단적인 노사분규로 이어질 수 있다. 따라서 두 집단 간의 이익을 절충한 합의점을 찾는 것이 노무관리의 핵심이다.

재료관리

재료관리는 건설현장에서 사용되는 각종 자재의 운반 방법, 운반 경로, 운반설비의 합리화 및 재고품의 감축을 도모하는 건설관리 수단을 말한다.

6 최적화 및 선형계획

6.1 OR(operations research)과 최적화기법

어떤 일을 수행하는 데에는 여러 가지 수행 방법이 있을 수 있지만 이 중에는 최선의 수행 방법이 존재하게 되며 이것이 최적화 기법이라 할 수 있다. OR(Operations Research)은 최적화 기법의 하나로서 수학적 모델 등의 과학적 방법을 통해 최적의 해를 찾아내는 관리기법이다.

2차대전 중 영국의 작전에서 체계적이고 과학적 수단을 적용하여 OR의 개념이 정착하여 전쟁을 승리로 이끄는데 기여했으며 전쟁 이후 기업, 정부 등 민간부문에 널리 보급되어 이론적으로 발전했다.

OR 접근방법에는 몇가지 모델이 개발되어 있으며 일반적으로 선형계획법이 대표적이다.

선형계획법Linear programming은 여러 분야에서 유용하게 적용될 수 있다. 전통적으로 기업뿐 아니라 농업, 군사영역에서 널리 사용되어 왔으며, 생태복원은 물론 토목, 건축, 조경 등 자연과학분야와 경제학, 정치학, 조림학, 도시계획 및 개발, 생태환경계획 등 모든 분야에 걸쳐 적용이 가능하다.

6.1.1 선형계획 구성요소

선형계획법은 다음과 같은 전제와 요소를 갖는다(그림 6-19).

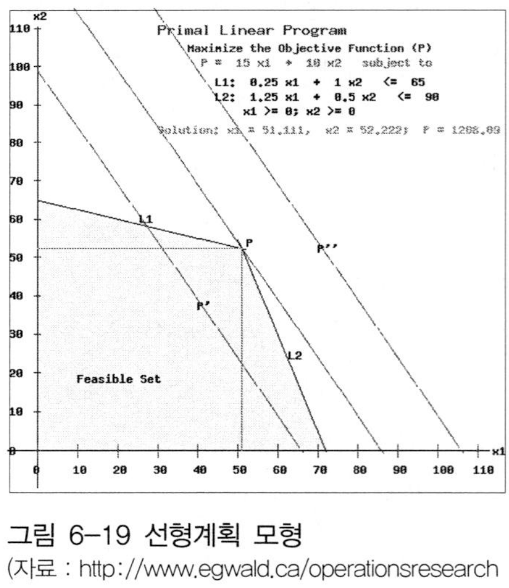

그림 6-19 선형계획 모형
(자료 : http://www.egwald.ca/operationsresearch/lpgraphical.php)

목적함수(objective function)

모든 선형계획문제는 목적함수를 가져야 한다. 즉, 최적화에 대한 명확한 객관적 기준을 가져야 한다. 목적함수란 기준의 최대화 또는 최소화를 의미한다. 예를들면, 이익, 유효성, 효용을 최대화 하거나 비용, 시간, 거리를 최소화 하는 것 등이 그것이다.

제약조건(constraints)

이용할 수 있는 모든 자원은 제약되어야 한다. 만일, 제약되지 않는다면 자원배분은 관리대상이 될 수 없다. 그러므로 이 기법을 적용하기 위해서는 의사결정문제에서 제약된 자원의 소비를 전제로 한 활동을 포함하고 있어야 한다. 제약된 자원이란 생산능력, 인력, 시간, 자본, 공간, 기술 등을 의미하며 이들이 제약조건으로 표현된다.

복수의 의사결정변수, 상호관련성

복수의 의사결정변수를 포함하고 있는 문제에 적합하며, 이 변수들은 자원의 이용이라는 관점에서 서로 상호관련성을 가지며, 동시적 해(simultaneous solution)을 요구한다.

선형성(linearity), 부가성(additivity)

목적함수와 제약조건에서는 선형성을, 투입과 산출에서는 부가성을 전제로 한다.

선형성이란 의사결정변수간의 관계가 1차관계임을 의미하며, 산출과 자원의 사용은 활동수준에 비례관계(proportional)임을 의미한다.

가분성(divisibility)

최적해를 도출하는데 사용되는 자원과 의사결정변수 단위는 유효한 소수치(fractional value)를 갖는다. 즉, 25.65시간, 또는 12.52개의 자원 등을 의미한다. 대부분의 경우 이런 소수치가 매우 중요하며, 때로는 사람의 경우처럼 소수치가 의미를 지니지 못하는 경우도 있다. 이러한 비소수치(non-fractional value)의 경우에 대비하여 정수계획법(integer programming)이 개발되었다.

확정적(deterministic) 상수, 계수

사용되는 상수와 계수는 확정적이다. 즉, 제품단위당 기여이익, 제품단위당 요구자원량, 이용가능한 자원량 등은 확정적인 값을 갖는다.

6.1.2 선형계획모형

어떤 문제에 n개의 의사결정변수와 m개의 제약조건이 있다면, 전형적인 선형계획모형은 최대화의 문제와 최소화의 문제인 경우 다음과 같은 식이 성립된다.

최대화 문제

$$Maximize\ Z = C_1X_1 + C_2X_2 + \cdots\cdots + C_nX_n$$

$$\text{subject to}\quad a_{11}X_1 + a_{12}X_2 + \cdots\cdots + a_{1n}X_n \le b_1$$

$$a_{21}X_1 + a_{22}X_2 + \cdots\cdots + a_{2n}X_n \le b_2$$

$$\cdots\cdots\cdots\cdots$$

$$a_{m1}X_1 + a_{m2}X_2 + \cdots\cdots + a_{mn}X_n \le bm$$

$$X_1,\ X_2,\ \cdots\cdots\cdots,\ X_n \ge 0$$

여기에서 C_j : 단위당 기여도(기여율)

ai_j : 기술 계수(technological coefficient)

b_i : 주어진 자원(right-hand side value)

X_i : 의사결정변수

m : 제약조건의 수

n : 의사결정변수의 수

위 모형을 일반적 형태로 전환시키면 다음과 같다.

$$\text{Maximize } Z = \sum_{j=1}^{n} C_j X_j$$

$$\text{subject to} \sum_{j=1}^{n} a_{ij} X_j \leqq b_i (i = 1, 2, \ldots\ldots, m)$$

$$X_j \geq 0 (j = 1, 2, \ldots\ldots, n)$$

최소화 문제

$$\text{Minimize } Z = C_1X_1 + C_2X_2 + \cdots\cdots + C_nX_n$$

$$\text{subject to} \quad a_{11}X_1 + a_{12}X_2 + \cdots\cdots + a_{1n}X_n \geq b_1$$

$$a_{21}X_1 + a_{22}X_2 + \cdots\cdots + a_{2n}X_n \geq b_2$$

$$\cdots\cdots\cdots\cdots$$

$$a_{m1}X_1 + a_{m2}X_2 + \cdots\cdots + a_{mn}X_n \geq b_m$$

$$X, X_2, \cdots\cdots\cdots, X_n \geq 0$$

위 모형을 일반적 형태로 전환시키면 다음과 같다.

$$\text{Minimize } Z = \sum_{j=1}^{n} C_j X_j$$

$$\text{subject to} \sum_{j=1}^{n} a_{ij} X_j \geqq b_i (i = 1, 2, \ldots\ldots, m)$$

$$X_j \geq 0 (j = 1, 2, \ldots\ldots, n)$$

위와같이 선형계획모형은 이윤profit, 유효성 effectiveness 등의 대상에 대한 최대화와 비용, 시간, 거리 등에 대한 최소화에 관심이 있다.

CHAPTER 07

생태복원의 미래 : 기후변화와 탄소중립

1. 기후변화와 탄소중립
2. 그린뉴딜과 녹색전환
3. 탄소중립 통합관리 및 성과평가
4. 표준화 및 실용화

1 기후변화와 탄소중립

1.1 기후변화와 기후위기

1) 기후변화

IPCC에 의하면, 기후변화란 장기간에 걸친 기간(수십년 또는 그 이상) 동안 지속, 기후의 평균 상태나 그 변동 속에서 통계적으로 의미 있는 변동을 말하며, 시간의 경과에 따른 인간행위에 의한 변화와 자연적 변동을 모두 포함한다.

UNFCCC에 의하면 인간활동이 직간접적으로 원인이 되어 발생하여 충분한 기간 동안 관측된 자연적인 기후변동성에 추가하여 일어나는 기후변화를 의미하며, 대기조성을 변경시키는 인간 활동으로 인한 기후변화와 주로 자연적 원인에 의해 일어나는 기후변동성을 구분하고 있다.

우리나라의 탄소중립녹색성장기본법에 의하면, 기후변화란 사람의 활동으로 인하여 온실가스의 농도가 변함으로써 상당 기간 관찰되어 온 자연적인 기후변동에 추가적으로 일어나는 기후체계의 변화를 말한다.

기상과 기후, 기후변화를 더 구체적으로 살펴보면, 기상(Weather)은 시시각각으로 변하는 순간적인 대기현상 즉 날씨를 의미하고, 기후(Climate)는 대기현상이 시간적 및 공간적으로 일반화 된 것을 말한다. 그리고 기후변화(Climate Change)는 현재의 기후가 자연적 요인과 인위적 요인에 의하여 점차 변화하는 것을 의미한다.

기후변화는 기후위기를 초래하는데, 우리나라의 경우 과거 100년보다 미래 100년의 기후변화 속도는 3배 이상 빠르게 진행될 것으로 예상되며, 평양의 기온은 서귀포의 기온과 유사해지고 그 외의 극한 기상현상 또한 증가할 것으로 예상된다.

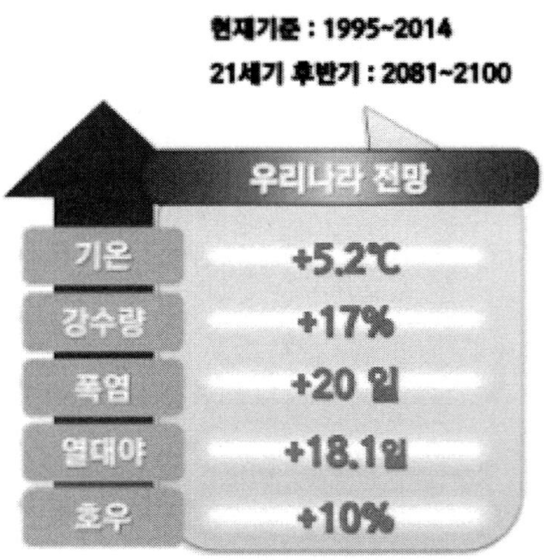

그림 7-1 우리나라의 기후 변화 전망
(출처 : IPCC ,2018 ; 기상청, 2020)

2) 기후변화 시나리오

RCP(Representative Concentration Pathways, 대표농도경로) 시나리오

2100년 기준 인간 활동이 대기에 미치는 복사강제력 강도로 온실 가스 농도를 예측하며 복사강제력에 따라 4개의 시나리오로 구분한다. (IPCC AR5)

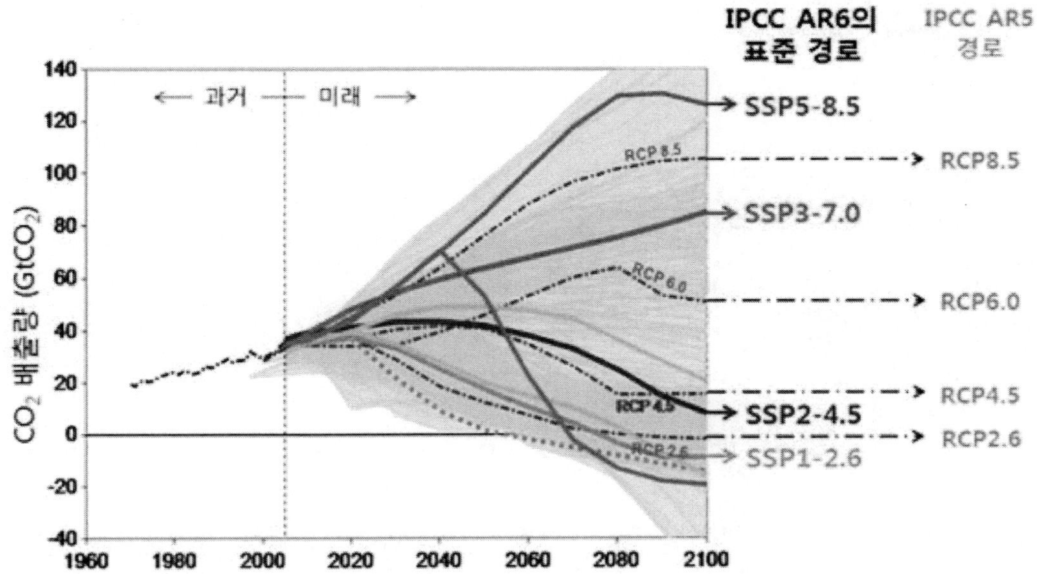

그림 7-2 RCP시나리오

(출처 : http://www.climate.go.kr/home/CCS/contents/31_Introduce.php)

SSP(Shared Socioeconomic Pathways, 공통사회 경제경로) 시나리오

2100년 기준 복사강제력 강도(기존 RCP 개념)와 함께 미래 사회경제변화를 기준으로 기 후변화에 대한 미래의 완화와 적응 노력에 따라 5개의 시나리오로 구별한다 (IPCC AR6 대응).

SSP 시나리오에 따라 2100년 인구변화와 경제력(GDP) 전망을 토대로 사회경제변화율을 산출한다.

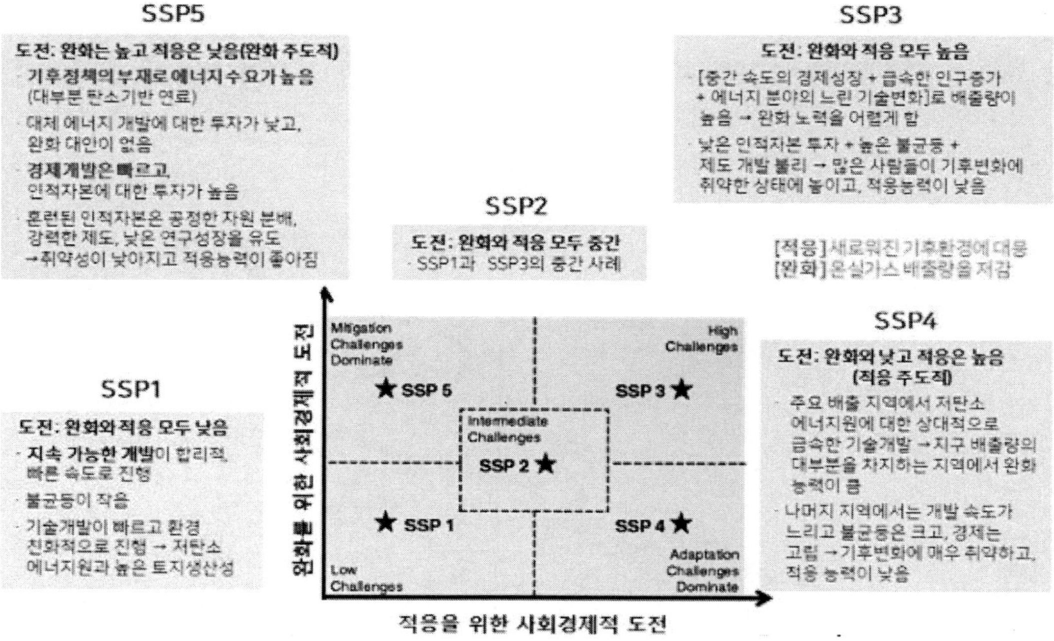

그림 7-3 SSP시나리오 (출처 : O'Nell et al., 2014)

	시나리오	base	2010s	2020s	2030s	2040s	2050s	2060s	2070s	2080s	2090s
인구 변화율	SSP 2	0.46%	0.25%	0.06%	-0.21%	-0.51%	-0.73%	-0.85%	-0.90%	-0.90%	-0.89%
	SSP 3	0.46%	0.15%	-0.19%	-0.55%	-0.98%	-1.32%	-1.52%	-1.64%	-1.74%	-1.74%
	SSP 5	0.46%	0.35%	0.28%	0.10%	-0.09%	-0.21%	-0.31%	-0.44%	-0.45%	-0.48%
GDP 변화율	SSP 2	3.79%	3.80%	2.86%	1.82%	1.18%	0.76%	0.47%	0.35%	0.26%	0.16%
	SSP 3	3.79%	3.66%	2.38%	1.10%	0.29%	-0.24%	-0.56%	-0.76%	-0.94%	-1.05%
	SSP 5	3.79%	3.99%	3.69%	2.68%	1.96%	1.62%	1.44%	1.35%	1.26%	1.16%
1인당 GDP 변화율	SSP 2	3.32%	3.55%	2.80%	2.03%	1.70%	1.50%	1.33%	1.26%	1.18%	1.06%
	SSP 3	3.32%	3.50%	2.57%	1.66%	1.28%	1.10%	0.97%	0.89%	0.82%	0.70%
	SSP 5	3.32%	3.63%	3.40%	2.58%	2.06%	1.84%	1.75%	1.80%	1.71%	1.64%

그림 7-4 SSP시나리오에 따른 우리나라 사회경제 변화율 예측 (자료 : 이동근, 2021)

AIM-Enduse 모형- SSP 시나리오 적용 배출량 예측

AIM-Enduse 모형은 미래 에너지 서비 스 수요를 충족시키는 정책, 기술 및 에너지를 찾아 배출량을 산정하는 모델로서 배출 목록은 온실가스와 대기오염물질로 구분하여 각각 다음과 같다.

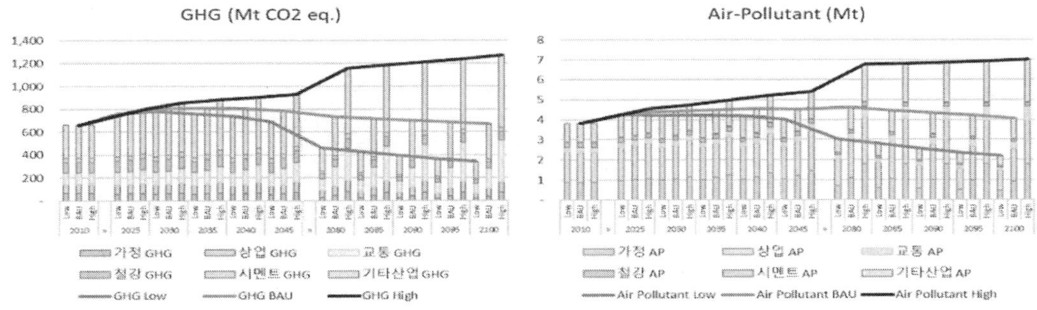

그림 7-5 우리나라 기후변화 유발물질 배출량 예측 (자료 : 이동근, 2021)

- 온실가스 물질 : CO2, CH4, N2O 등 3종
- 대기오염 물질 : SO2, NOx, PM10, CO, BC, TSP, VOC, NH3 등 8종

온실가스는 2010년 기준 전체 약 660Mt CO2 eq.이며, 이 중에서 가정상업 부문 21%, 교통 부문16%, 산업 부문 63%의 배출기여도를 나타낸다. 대기오염 물질은 약 3.81Mt로서 이 중에서 가정상업 부문 63%, 교통 부문 6%, 산업 부문 31% 등으로 나타나고 있다. 2100년 온실가스 예측치는 가정상업부문 13~18%(2010년 대비 감소), 교통부분 26~28%(증가), 산업부문 56~59%(감소)으로 변화하며, 대기오염물질은 가정상업부문 56~66%(감소/증가), 교통부문 8~11%(증가), 26~33%(감소/증가) 등으로 예측된다(이동근, 2021).

1.2 기후변화 대응

기후변화에 대한 대응 전략은 크게 회피, 완화, 적응 등으로 구분할 수 있다.

회피(Avoidance)는 문제요소를 포기, 회피하는 전략으로서 예를들면 연안지역 일부 해수면 상승에 의한 침식 발생으로 인해 내륙지역으로 이주하여 회피한다.

완화(Mitigation)는 발생원에 대한 직접적 대응 전략으로서 예를들면 온실가스 배출량 감축을 통한 기후변화 속도와 크기를 저감시키는 방법을 말한다.

적응(Adaptation)은 기후변화에 의한 영향에 대한 대응 전략으로서 예를들면 기후변화로 인해 발생하는 부정적 영향을 저감하고 긍정적 기회를 최대화하는 전략을 말한다.

감축

국제사회는 「지구온난화1.5℃ 특별보고서」에 따라 2100년까지 지구 평균온도 상승폭을 1.5℃ 이내로 제한하는데 대부분 동의하고 있다. 이에따라 기후변화의 심각성 인식 확대

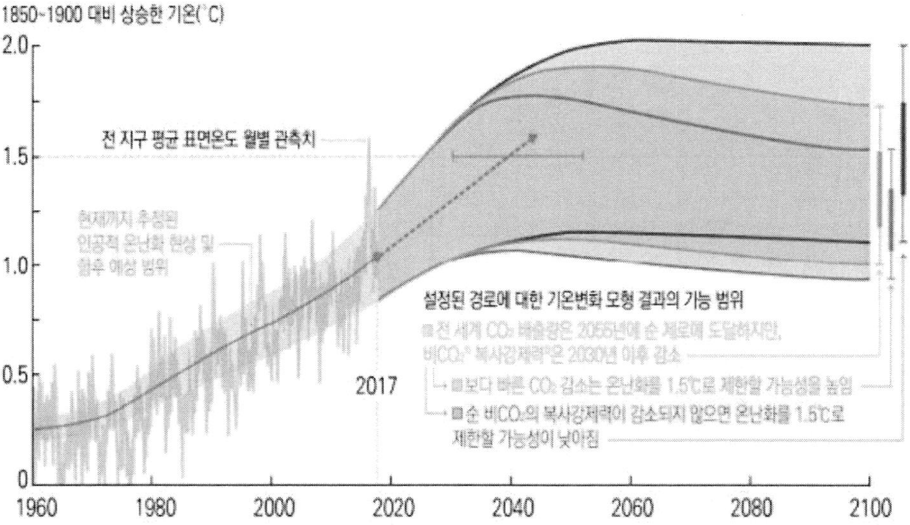

그림 7-6 1.5도 기후변화 예측 (자료 : IPCC, 2018. 1.5도 특별보고서)

로 인한 2050 탄소중립의 글로벌 의제화와 더불어 전 지구적 탄소중립 도입으로 인한 환경 규제 강화 노력이 진행되고 있다.

국제사회가 감축목표를 모두 달성하더라도, 2100년의 평균기온은 1.5~2℃ 증가 할 것으로 전망되며, 기후변화에 대응하지 않을 경우 GDP가 2060년까지 약 2% 감소할 것으로 전망하고 있다. 그러므로 환경 사회 경제적 부문별 영향를 확인하고 지향하는 목표를 기반으로 감축 전략을 수립하는 것이 중요하다.

적응

회피할 수 없는 기후 영향과 예측 및 예상되는 기후변화 영향 사이에 계획된 적응 계획을 통해 피해를 완화한다.

1.3 탄소중립과 탄소흡수

1.3.1 탄소중립 전략

2019년 범지구적 CO2 배출량은 38.0Gt에 이르며, 이 중에서 매년 자연흡수를 통해 9.5Gt ~ 11Gt의 CO2를 제거하고 있다. 자연과 자연생태계에 의한 탄소격리는 탄소흡수(Carbon Sinks)와 탄소저장(Carbon Storage) 등으로 그 메카니즘을 구분하여 생각할 수 있다.

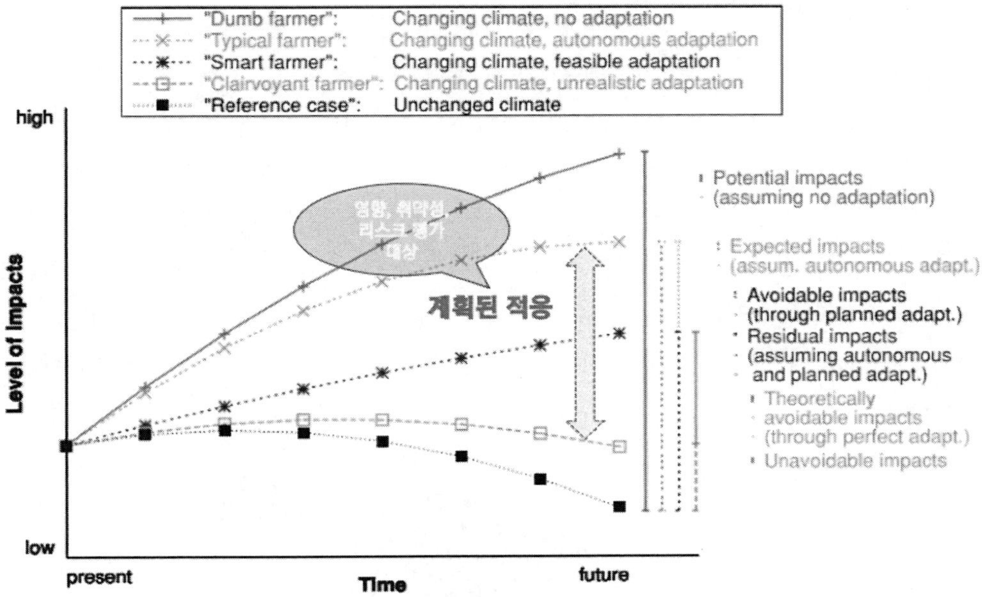

그림 7-7 기후 영향과 적응의 개념적 차이 (자료 : 이동근, 2021)

우리나라의 경우, 2050 장기저탄소발전전략(LEDS)으로서 전환, 산업, 수송, 건물, 비에너지 등에 대해 우리나라 장기저탄소발전전략(LEDS) 및 기후변화 정책의 장기 추진방향을 제시하였고, 2050년 탄소중립 목표로 다음과 같이 5대 기본방향을 설정한 바 있다.

❶ 깨끗하게 생산된 전기·수소의 활용 확대

* 산업(화석연료 → 전기·수소), 수송(내연기관 → 친환경차), 건물(도시가스 → 전기화)

❷ 디지털 기술과 연계한 혁신적인 에너지 효율 향상

* (산업) 고효율기기 보급 확대, 공장 에너지관리시스템 보급, 스마트 그린산단조성
(수송) 지능형 교통시스템(C-ITS), 자율주행차(교통사고↓, 효율↑), 드론택배
(건물) 기존 건물 → 그린리모델링, 신규 건물 → 제로에너지빌딩, LED 조명, 고효율 가전기기

❸ 탈탄소미래기술 개발 및 상용화 촉진

* 미래기술 : 철강 → 수소환원제철 / 석유화학 → 혁신소재, 바이오플라스틱 / 전력 → CCUS

❹ 순환경제(원료·연료투입 감축)로 지속가능한 산업 혁신 촉진

* 원료의 재활용·재사용(철스크랩, 폐플라스틱, 폐콘크리트) 극대화, 에너지 투입 최소화

❺ 산림, 갯벌, 습지 등 자연·생태의 탄소 흡수 기능 강화

1.3.2 자연기반해법(생태계기반적응)

기후변화 완화를 위한 자연기반해법(NBS; Natural Based Solutions) 또는 생태계기반적응(EbA; Ecosystem based Adaptation)이 효과적인 전략으로 대두되고 있다.

IUCN에 의하면 기후 변화에 적응하고 취약성을 줄이고 기후 변화에 대한 복원력을 구축하기 위해 생물다양성과 생태계 서비스를 활용하는 자연기반솔루션으로서 생태계 보존, 지속 가능한 관리 및 복원을 포함하는 생태계기반적응(EbA)이 매우 유용한 전략이 될 수 있다. 지속가능발전목표(SDGs)를 달성하고, 글로벌 생물다양성 목표를 달성하고, 기후 변화에 효과적으로 대처하기 위해 자연기반솔루션은 글로벌, 국가 및 지역 수준의 적응 전략에 필수적이다.

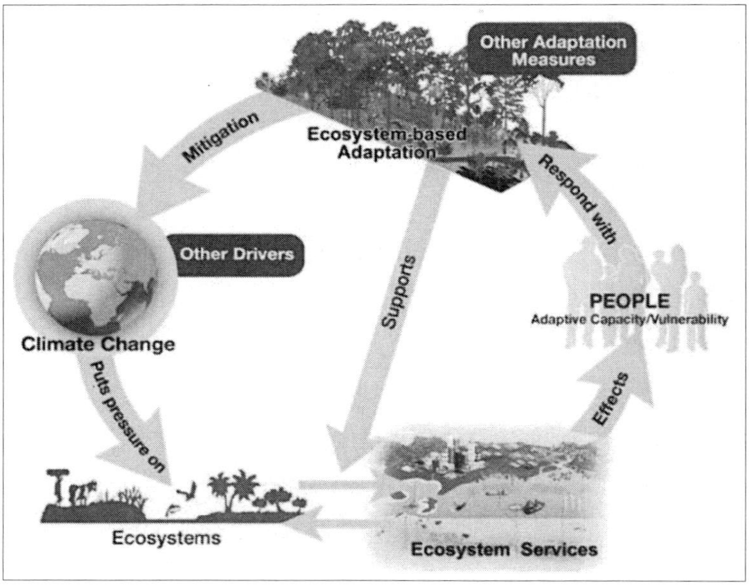

그림 7-8 생태계기반적응 개념 (IUCN)

1) 도시 그린인프라 및 파트너십 구축

- 녹지 및 소생태계 조성
- 빗물 재이용 등 물순환체계 구축(LID)
- 탄소흡수원별 흡수 기능 및 지표산정
- 자연기반 탄소격리량 산정 모델
- 스마트 시민파트너십 구축
- 재정 및 기술지원 파트너십

- 탄소흡수 이해당사자 참여 모델
- 자연기반형 탄소중립 선도사업
- 스마트 탄소중립 교육 및 컨텐츠 개발

2) 자연생태계 통합 복원 플랫폼

- 토양복원 플랫폼
- 도시 자연과 생물권 연계 복원 플랫폼
- IoT기반형 생태계 연결 플랫폼
- 주민참여형 디지털 녹지 관리 플랫폼
- 분산원장 기술 활용 탄소흡수계정 체계
- 탄소상쇄 효과 측정 생태모니터링
- 자연생태계 공급과 가치 체인 디지털 플랫폼

3) 시장메카니즘 기반 재정 정책 도구

- 탄소흡수원 기회비용 추정
- 생태계서비스 지불제(PES)
- 탄소격리를 위한 탄소상쇄 크레딧
- 기후변화 완화와 적응 대책의 공동 편익
- 온실가스 및 탄소격리 계정 시스템

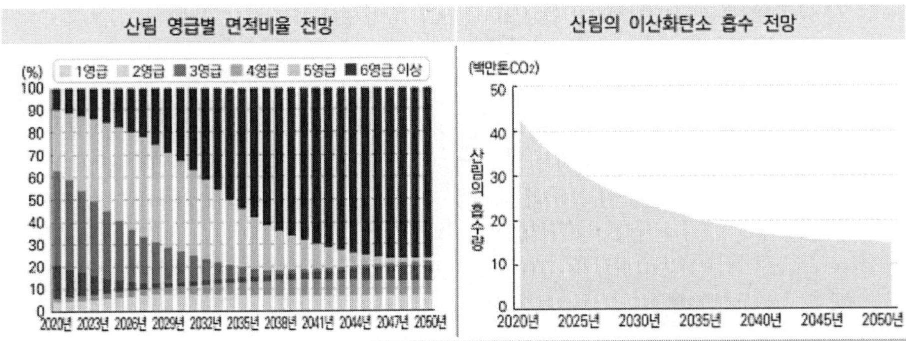

그림 7-9 우리나라 산림의 영급별 면적 비율과 이산화탄소 흡수 전망 추이
(자료 : 대한민국 2050 탄소중립전략)

1.4 탄소중립도시

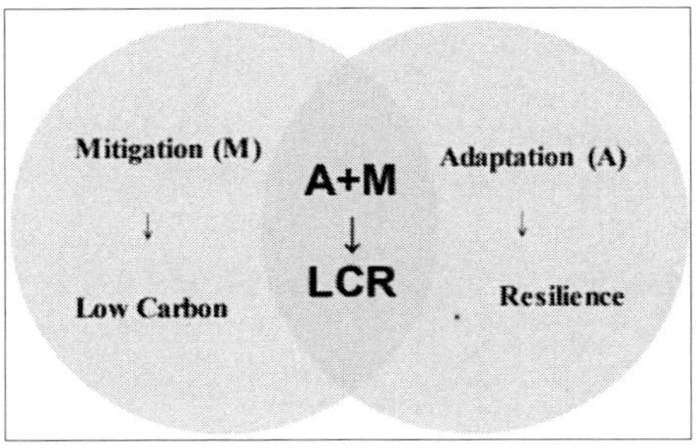

그림 7-10 저탄소 회복탄력성 상호관계
(자료 : He et al., 2020)

탄소중립 도시와 회복력 있는 도시를 위한 저탄소와 회복력 개념이 국제 협약이나 정부 정책에서 강조되고 있다. 2003년 영국 에너지 백서에서는 청정한 스마트 에너지를 위한 회복력을 기본 방향으로 설정하고, 파리협정의 저탄소 목표 중 4개는 회복력에 대해 논의하고 있다. 2015년 스코틀랜드 도시연합은 저탄소 회복력 도시를 더 나은 성장을 위한 투자 기회로 설정하고 있으며, 2016년 캐나다는 저탄소 회복력을 위한 ACT(Adaptation to Climate Change Team)를 구성하였다. ACT 저탄소 회복탄력성 보고서는 통합 기후행동 접근법을 제시하였으며 적응과 완화를 결합한 개념적 프로세스 모델과 매트릭스를 시각화하였다.

UN 지속가능발전목표 11(SDGs 11)은 회복력 있고 지속가능한 도시 및 거주지 조성을 목표로 한다. 도시는 지표면의 3%를 차지하지만 전세계 1차 에너지 78%를 소비하고, 전체 GHG 배출량의 70%를 차지하고 있으며 기후 변화의 많은 영향에 크게 노출되고 있으므로, 2050년 지구 온도 상승을 1.5°C 이하로 유지하기 위한 탄소중립(net zero) 정책 및 협약이 필수적이다.

Davos Forum의 탄소중립도시(Net Zero Carbon Cities) 프로그램에 의하면 미래에 대한 비전을 만들고 도시가 더 친환경적이고 효율적이며 탄력적이며 순환적이고 평등한 도시 생태계를 다시 생각하도록 돕는 새로운 프레임워크를 구축하고 있다. 도시, 지역 및 국가 차원의 정부와 기업을 결합하여 도시가 미래 탄소중립으로의 전환을 가속화하며, 시

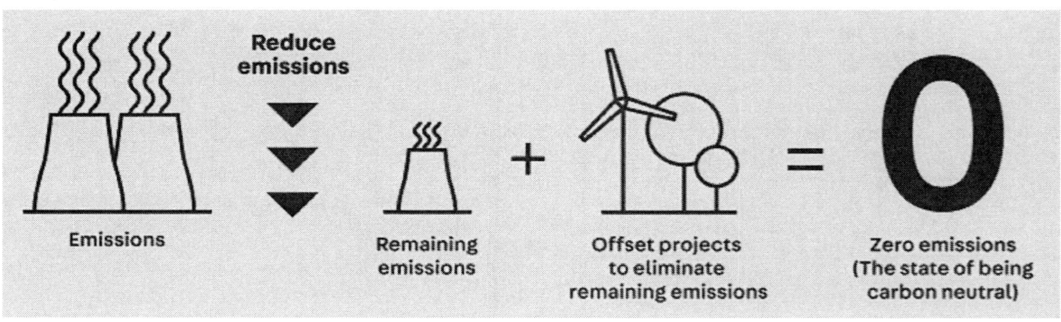

그림 7-11 탄소중립 프로세스 개념 (자료 : Commonealth of Australia, 2020)

스템 복원력, 일자리 창출 및 건강 개선을 보장하면서 도시가 탄소 제로 미래로 전환하는 데 필요한 접근 방식을 강조하고 있다.

이와 관련하여 9개 도시와 10개 부문의 70개 이상 네트워크를 구축하였으며, 에너지, 건물 및 이동성을 해결하기 위해 통합 에너지 솔루션을 사용하여 깨끗한 전기화 및 순환성을 향한 도시 변환을 가능하게 하는 목표를 설정하고 있다.

암스테르담

암스테르담은 녹색그린도시에서 탄소중립도시로 전환하는 전략을 추진하고 있다. 도시 내 개발압력 대응을 위해 신시가지 주변 녹지 확충, 지상 및 지하 재생에너지 전환, 대중교통으로 도시 부하 저감, 신체적 정신적 건강과 웰빙을 위한 그린인프라스트럭처 조성으로 열섬현상 완화와 물순환 시스템 구축, 생활권 녹지시스템 및 그린인프라 구축 등의 전략을 추진한다.

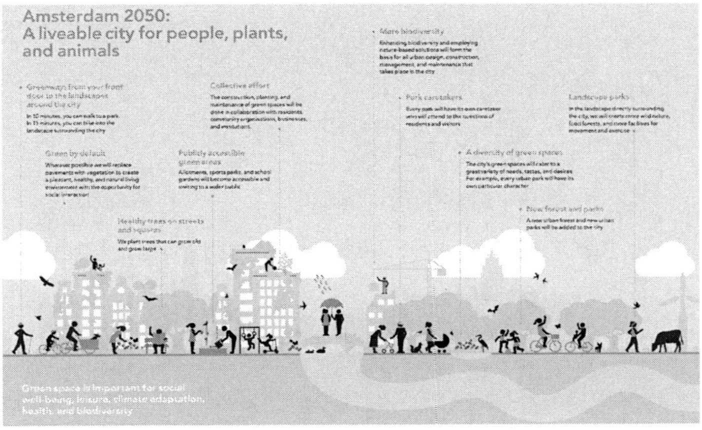

그림 7-12 Amsterdam Green Infrastructure Vision 2050 (자료 : CNCA)

탄소중립 도시 암스테르담 실현을 위해 석유, 천연가스 및 석탄과 같은 화석 연료에서 에너지 시스템의 구조적 전환 및 사용가능한 에너지원을 가능한 적게 사용하는 도시 구조로 전환하였으며, 이러한 성과를 바탕으로 EU 'City Star Award(2011)', 스마트도시포럼의 '세계 스마트도시상(2012)' 등을 수상한 바 있다.

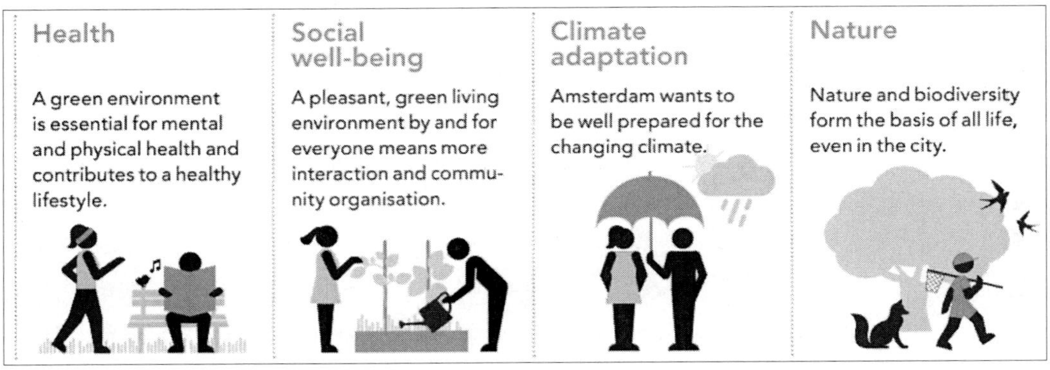

그림 7-13 Amsterdam 탄소중립도시 4대 이슈 (자료 : City of Amsterdam)

암스테르담 탄소중립도시 4대 이슈로는 보건, 사회복지, 기후적응, 자연생태(생물다양성) 등을 설정하고 있으며, 특히 지구온난화에 대응하고 미래세대를 위한 도시의 삶의 질을 유지하기 위해 2050년 이후에도 모두를 위해 건강하고 포용적인 도시로 유지될 수 있는 목표를 설정하였다.

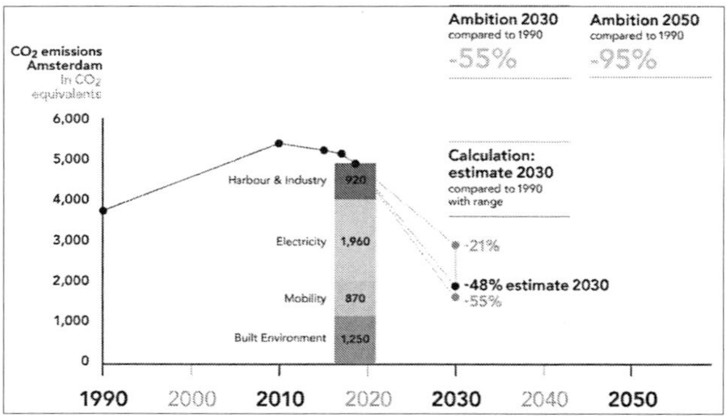

그림 7–14 Amsterdam 2050 온실가스 감축 목표 (자료 : CNCA)

- 1990년 기준 2030년까지 온실가스 배출 55% 저감, 2050년 95% 저감
- 건축물 25%, 교통 18%, 발전 39%, 산업시설 18% 등 부문별 감축 전략을 제시

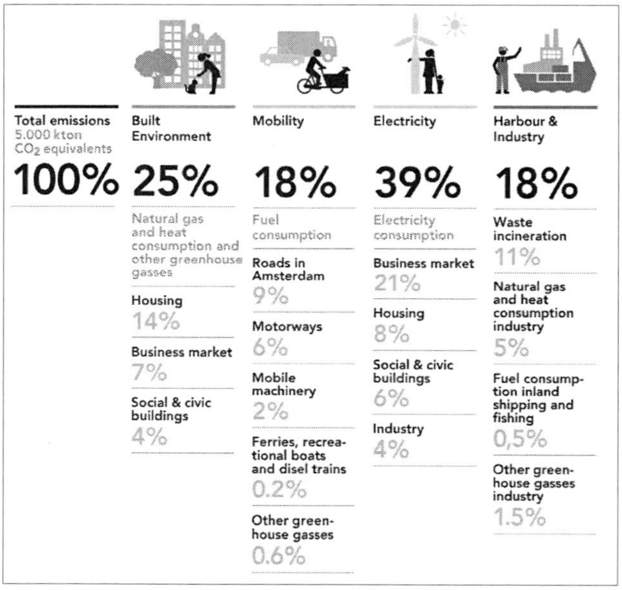

그림 7–15 Amsterdam 분야별 온실가스 감축 (자료 : CNCA)

국토 면적이 좁은 암스테르담의 한계를 극복하기 위해 건물 지붕, 일반 토지, 도로 등을 활용하여 태양광발전을 확대하고 있으며, 자전거도로에도 태양광패널을 설치하여 전력을 생산한다. 그 외에도 친환경 에너지를 이용한 자급자족 스마트시티 건설을 위해 스마트빌딩을 건설하였으며, 빌딩에서 필요로 하는 에너지보다 2% 많은 양을 생산함에 따라 제로에너지 달성 목표를 앞당기고 있다. 빌딩 내에는 2만 8천여 개의 센서가 설치되었으며, 온도와 밝기, 습도 등의 환경, 이용 빈도 등의 다양한 데이터를 수집, 분석, 관리한다.

도로에 설치된 카메라를 통해 실시간 데이터를 수집하여 교통량의 흐름을 효율적으로 운영함으로써 연료소비 및 배기가스 감소 효과가 발생하며, 탄소 배출 저감을 위한 시티젠 프로젝트로 태양광 패널을 설치하고, 스마트 그리드로 연결해 에너지자급자족 도시로 발전하고 있다.

• 센서를 이용해 건물옥상에 저장된 빗물 자동 공급 프로젝트
• 57개 센서를 활용해 기후변화에 적합한 식물 선별.
• 여름에는 수증기의 발산을 이용해 건물 온도 낮춤.

코펜하겐(CPH 2025 Climate Plan)

2025년 최초의 탄소중립도시(수도)를 목표로 CPH 2025 기후 계획을 수립하였으며, 이에는 에너지 소비, 에너지 생산, 녹색자동차 및 시 행정부 등 4개 영역별(4 pillars) 특정 목표 및 이니셔티브를 담고 있고 이를 통합한 통합계획을 수립하였다.

지속가능 탄소중립도시 영역으로는 순환사회를 위한 도시폐기물 관리, 통합물관리, 지속가능한 녹색교통, 그린빌딩, 에너지전환, 스마트시티 및 리빙랩, 청정대기 등을 설정한다.

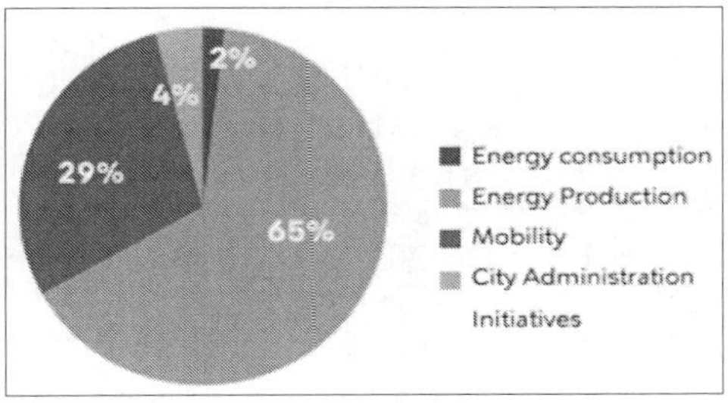

그림 7-16 Carbon emission reductions across the four pillars of the CPH 2025 Climate Plan

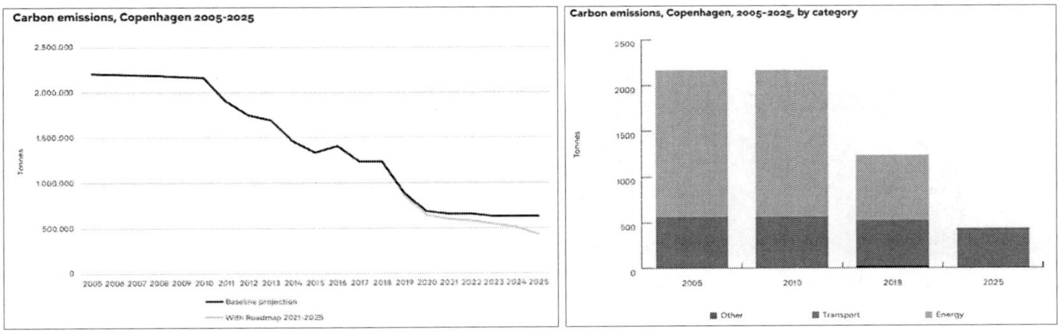

그림 7-17 Carbon emissions, Copenhagen 2005–2025 (자료 : CPH2025)

2 그린뉴딜과 녹색전환

2.1 그린뉴딜

1) 코드그린(code green)

"Code Green"은 2008 발간된 토머스 프리드먼(Thomas Friedman)의 "Hot, Flat, and Crowded : Why We Need a Green Revolution –And How It Can Renew

America"에서 비롯된다.

프리드먼은 코드그린 개념을 설명하면서 '에너지 기후시대 (E.C.E.: Energy−Climate Era'의 세계 환경 기상도 3가지 현상으로 '뜨거움(hot)', '평평함(flat)', '붐빔(crowded)' 등으로 규정하였다.

또한 5가지 합병증(기후위기와 낙후된 사회인프라)으로 에너지 수급 문제와 천연자원의 보존 문제, 석유 독재, 기후 변화 가속화, 에너지의 빈곤, 생물 다양성 감소 등을 선언하였다.

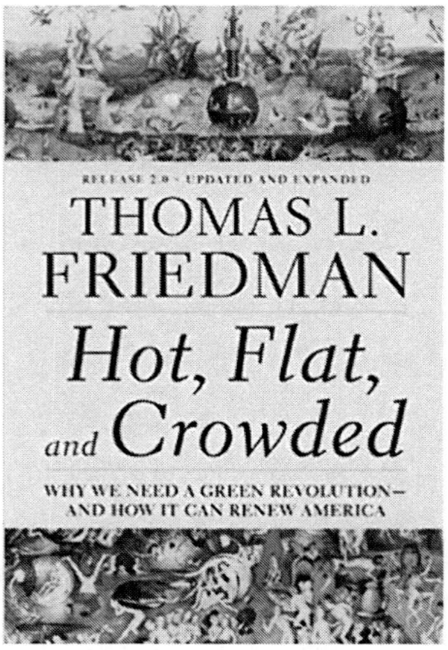

그림 7-18 코드그린 표지
(자료 : 토머스프리드먼)

나아가 실천행동전략으로 다음 전략을 제시하였다.

- 정부개입 : 시장형성, 혁신과 투자, 사회적 비용과 외부효과, 기후변화 대응 정책(탈석탄)
- 법규와 재정지원 등 인센티브 : 탄소세, 유류세, 피베이트(fee+rebate), 신재생에너지 할당, 단계적 청정에너지 전환 등
- 신산업육성 : 기업 그린제품과 서비스 혁신
- 블루칼라에서 그린칼라로 : 그린일자리와 녹색복지

2) EU 그린딜(European green deal)

EU회원국은 유럽을 세계 최초의 기후중립 대륙으로 만든다는 목표를 설정하고, 2050년 탄소 중립목표를 담은 유럽 그린딜에 합의('19.12)한 바 있다. EU 집행위는 2030년에 1990년 대비 온실가스 감축 목표를 40%에서 50~55%로 상향 조정하였으며, 공정하고 저비용이며 경쟁적인 방식으로 기후목표에 도달할 수 있는 경로를 설정하였다. 또한 2050년 탄소중립을 구체화하며, EU 경제의 모든 정책에서 기후변화 대응에 기여한다는 원칙을 설정하고 있다.

기후위기 시대에 새로운 기회로서 혁신적인 일자리와 투자와 직업을 창출하기 위해 탄소배출 저감, 녹색일자리와 녹색성장, 에너지 의존 저감, 건강과 삶의질 향상 등을 도모한다. EU의 그린딜은 다음 전략을 포함한다.

- 생물다양성과 생태계 보호
- 대기, 수질 및 토양 오염 감소
- 순환 경제
- 폐기물 관리 개선
- 해양 블루이코노미 및 수산 부문의 지속가능성 보장

New EU forest strategy for 2030

그린딜 전략의 하나로서, 2030 EU산림전략은 유럽 그린딜의 주요 이니셔티브 중 하나이며 2030 EU생물다양성전략을 기반으로 하고 있다. 산림은 인류의 건강과 웰빙, 그리고 건전한 지구생태계 유지에 가장 중요한 기능을 하며, 생물다양성이 풍부하고 기후변화 대응 전략에서 매우 중요하다. 2030 EU 산림전략은 2030년까지 EU의 온실가스 배출 감소 목표인 최소 55%를 달성하고, 2050년까지는 기후 중립을 달성한다는 전략이다. 2050년까지 지속가능하고 기후중립적인 경제를 달성하기 위해 산림이 지니는 핵심적이고 다기능적인 역할과 산림산업 종사자 및 전체 산림기반 가치사슬(value chain)의 중요성을 강조한다.

3) 미국 그린뉴딜

2008년 미국 대선 후보인 오바마는 대선공약의 하나로 그린뉴딜을 선언하였고, 이어 2019년 대선에서도 미국 민주당은 '그린뉴딜 결의안'을 제출하고, '기후변화 및 경제적 불평등'의 해결책으로 그린뉴딜을 제시한 바 있다. 구체적으로는 2050년 탄소중립 목표 추진 및 온실가스 배출 제로를 목표로 모든 기반시설의 개선, 재생에너지를 통한 전력 100% 생산, 스마트그리드 구축, 건물 에너지 효율화, 농업부문의 탄소 중립 등 14개 부문을 제안하였다.

이러한 흐름에서 미국 하원의원인 알렉산드리아 오카시오 코르테즈 의원은 다음과 같이 그린뉴딜 전략을 제시하였다.

1. 10년 내에 미국의 전기에너지 100%를 재생에너지로 전환(미국 전기에너지원 11% 재생에너지, 9%가 원전임)
2. 에너지 효율화 위한 '스마트 그리드' 도시 건설, 모든 빌딩을 녹색 빌딩으로 전환
3. 제조업과 농업부문, 완전한 탈탄소화 실현
4. 해안과 도시, 교통, 수송 분야 등에 기후변화 대응 위한 대규모 인프라 투자 실행
5. 온실가스 감축과 포집 분야 대규모 투자를 실행
6. 녹색기술, 산업, 지식, 상품과 서비스를 미국의 주요 수출품으로 – 미국 이외의 나라들이 완전한 탄소 중립 경제로 전환을 돕는 국제 리더의 역할

이러한 그린뉴딜 전략을 성공적으로 수행하기 위한 제도적 기반으로서,

- $1조 이상 기후변화 대응을 위한 인프라에 투자
- 1천만 명의 일자리 창출
- 건강보험의 전국적 적용, 대학 무상 등록금, 기본소득, 생활 보장 최저임금 등 포괄

적인 사회보장 확보

• 과감한 재정적자 정책

등을 주장하였다.

1. 저탄소 경제	2. 깨끗한 물과 공기 기본권	3. 지속가능한 국토 경관 복원	4. 도시 지속가능성 및 회복탄력성 강화	5. 1000만 그린뉴딜 일자리 창출
•2035년 100% 재생에너지 전환 •2050년 에너지부문 온실가스 배출 0 •2030년 건축물 온실가스 0 •2030년 승용차 온실가스 0 •2050 교통부문 화석연료 사용 0 •환경정의 국가기준 수립	•국가청정공기기본법 •2025년 메탄 배출량 50% 감축 •납(lead) 파이프 교체 및 인프라 개선 •깨끗한 먹는 물에 대한 접근성 •200만 마일 상수관 청정 보호	•2035년 4천만 에이커 유휴지 공원녹지 조성 •2040년 500만 에이커 습지조성 •2050년 70% 농지에 지속가능한 농법 보급 및 토양복원 •오염된 산업용지 및 토지 생태복원	•대도시 및 근교 회복탄력성 향상 국가기금 설립 •도심 공공녹지 및 재생가능 부지 확대 •도심 교통체계 및 대중교통 현대화 •2040년 도심 배출 폐기물 0 •2040년 도시배출 메탄가스 50% 감축	•그린뉴딜 통한 1000만 일자리 창출 •그린뉴딜 인력 육성 프로그램 운영 •그린잡 일자리 보장 제도 도입 •일자리의 질 국가기준 수립

그림 7-19 코르테즈 하원의원의 그린뉴딜 전략

4) 기타 녹색전환 국제적 흐름

IUCN Decade on Ecosystem Restoration

생태계를 다양한 이해관계자에게 이익이 되는 다양한 기능을 제공하는 사회-생태학적 영역으로 간주하면 생태계 파괴 및 손실의 동인, 경관을 관리하기 위한 기존 이해, 생태계에 대한 경제적 문제 및 장기 목표를 식별하는 데 도움이 된다. 자연생태계를 지속가능하게 보호하고 관리하며 변형된 생태계를 복원하기 위한 해결방안으로서 자연기반 해결책을 강조하고 있다. 생태계 복원은 생태학적 완전성을 재구축하는 데 초점을 맞추고 있으며, 10년 후 생태계 모습은 기후변화 완화 및 적응, 물 및 식량 안보, 빈곤 감소, 경제성장 및 생물다양성 보존을 위한 실질적인 자연기반 솔루션과 같은 지속가능개발목표(SDGs)를 통해 살펴볼 수 있다.

Bonn Challange(본 챌린지)

산림생태계 복원 이니셔티브의 성공적 이행을 위한 본 챌린지 2.0에서 2020년까지 1억 5천만ha의 황폐화된 토지 복원, 2030년까지 3억5천만ha 복원을 목표로 제안하였다.

CBD(생물다양성협약)

생태계 복원의 목적은 생물다양성의 보전과 지속 가능한 이용에 기여하고 사회적, 경제적, 환경적 혜택을 창출하는 것으로서, 건강하고 연결된 생태계는 식량과 물 안보, 사람들의 생계를 개선하고 기후 변화를 완화하고 적응하는 데 기여한다고 강조한다.

그림 7-20 The Decade의 생태복원 목표. 위 : 현재 훼손된 생태계, 아래 : 10년후 복원된 생태
[자료 : IUCN, UN Decade on Ecosystem Restoration(2021-2030)]

CBD 당사국이 채택한 생태계 복원 원칙은 다음과 같다.

- 보전 활동을 보완하며 이를 대체해서는 안된다.
- 생태계 접근 원칙을 포함한 CBD 조항과 일치해야 한다.
- 가장 유용한 과학과 전통지식을 사용하여 다양한 규모로 계획 실행해야 한다.

생태계 복원은 지속가능개발 목표(구체적으로 목표 6, 14, 15), 생물다양성전략 계획 2011~2020(구체적으로 목표 15), 파리협정, 토지훼손중립목표(LDNG), 세계 산림목표, 습지에 관한 람사르 협약 등을 포함한 국제 협약 및 목표를 지속적으로 지원한다.

IPBS

생태복원은 열화의 형태나 강도가 무엇이든 간에 저하된 상태에서 생태계의 복구를 시작하거나 가속화하는 모든 의도적인 활동을 의미한다. 복원 대응은 적용되는 생태계의 유형(경작지, 산림, 방목지, 도시 토지, 습지 등)에 따라 다양하며, 생태계가 필수 기능을 제공할 수 있도록 하기 위해 지역 및 활성화 조건에 대응하고 토착 및 지역 지식을 통합하는 경관 수준의 전략을 고려한다.

3 통합관리 및 성과평가

3.1 스마트그린도시, 탄소중립도시

미래 신성장동력으로서의 녹색산업은 4차 산업혁명에 부응한 생태관리 시스템을 구축하여 녹색산업을 고도화하고 녹색일자리를 창출하며 분야 간 경계를 넘나드는 융복합적인 통합 시스템 구축이 중요하다. 즉, 인공지능, IoT 또는 IoE, 도시생태환경 Big Date 구축, 기타 생태환경 관련 신기술로 4차 산업혁명과 연계된 녹색일자리를 창출한다. 이러한 환경기술의 4차 산업화를 통해 생물자원 및 산업의 통합화를 통해 미래세대 먹거리 창출을 선도할 수 있게 된다.

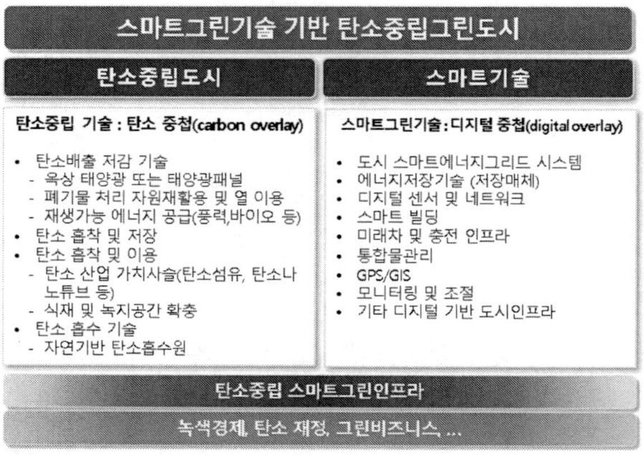

그림 7-21 스마트그린기술 기반 탄소중립도시 모델 사례
(자료 : Kim(2017)을 수정)

이와같이 기후변화 물순환 생물다양성 등 이슈와 4차산업혁명 스마트 기술을 통합하기 위한 세부 전략으로는

- 토지이용, 에너지, 물, 폐기물, 교통, 건축물, 녹지 등 분야 간 연계(Nexus) 개념 구축
- 디지털 인공신경망 네트워크 구축과 최적화
- 기후변화 대응(저감과 적응) 도구
- 지속가능한 경제도구
- 녹색경제, 기후경제, 디지털경제, 공유경제, 순환경제 등 실천도구

• 도시청정개발메커니즘(U-CDM), 탄소은행제 및 탄소금융, 디지털비즈니스 등 플랫폼 등을 들 수 있다.

도시에서 발생되는 기후변화, 급속한 도시화 및 도시인프라 노후화 등 도시문제를 플랫폼을 활용한 데이터 수집·분석으로 한정된 자원을 최적화 배분해 삶의 질, 환경, 교통 등의 도시 문제를 해결하려는 노력이 강조된다. 기후변화와 지속가능발전, 4차산업혁명 시대 도시는 뉴어바니즘, 에코어바니즘 등 생태주의와 도시주의에 입각한 생태도시와 도시계획을 스마트그린도시 계획론으로 통합된다.

스마트도시는 크게 인프라, 데이터, 서비스 순으로 발전하여 계층화되었으며, 탄소중립도시 통합운영관리 플랫폼은 생태계, 생물다양성, 토지이용 등 7대 요소의 스마트화를 통해 구축된 스마트 그린인프라를 바탕으로 탄소 배출 및 흡수의 적극적 모니터링하고, 에너지 전환/감축, 순환경제, 사회경제 혁신을 촉진한다. 도시의 다양한 도메인에 융복합된 디지털 기술과 데이터의 연결성을 적극적으로 활용하여 도시운영의 효율화, 최적화, 통합화와 함께 탄소중립을 추진하게 된다.

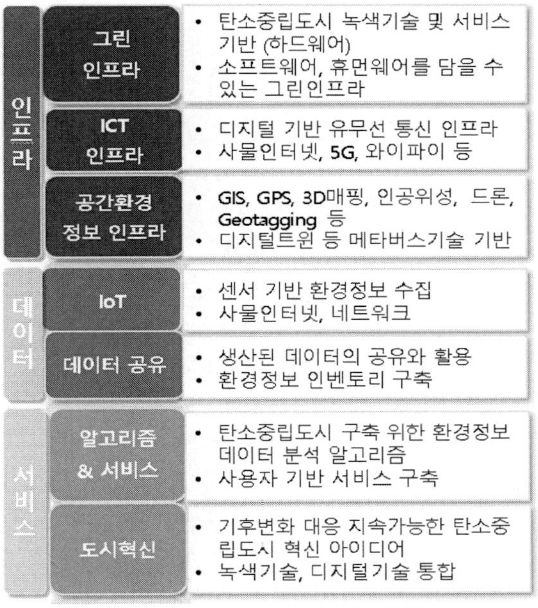

그림 7-22 탄소중립도시 구성 요소 및 기술
[한국정보통신기술협회(2018), KEI(2021) 수정]

즉, 디지털 기술과 데이터를 활용하여 다양한 도메인의 기업과 기관 등의 활동 주체, 아이디어와 서비스, 산업활동 등을 수평적으로 연결하여 개방, 협력하는 환경을 구축하며, 다양한 도메인에서 발생하는 탄소의 실시간 모니터링을 통해 정확한 배출량과 흡수량을 측정, 분석하여 탄소중립 그린도시의 지속가능성을 확보하게 된다.

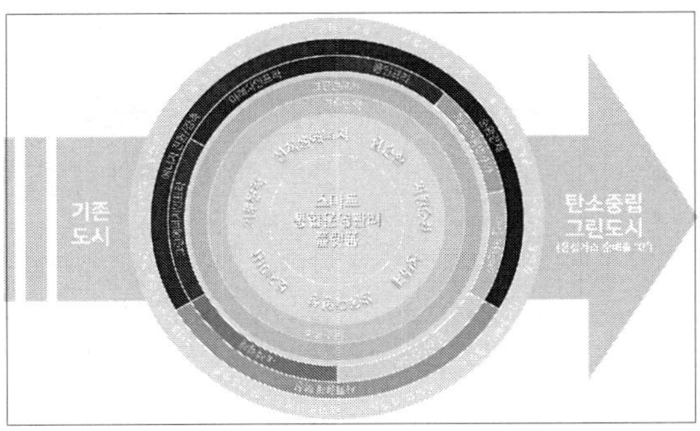

그림 7-23 스마트 통합운영관리 플랫폼 개념도

싱가포르의 경우, 2014년에 선포한 비

그림 7-24 통합플랫폼 기본방향 (자료 : KEI, 2021)

전인 '스마트네이션(Smart Nation)'의 일환으로 IoT 센서네트워크를 전국적으로 구축하여 통합플랫폼으로 연결하고 데이터를 수집, 분석, 제어 및 서비스를 제공하는 스마트 네이션 플랫폼을 구축하고 있다. 빌딩, 지형, 환경 등의 모든 구성 요소를 대상으로 소음, 먼지 등의 공해관리, 화재, 홍수, 가스유출 등의 재난대응, 교통, 에너지 흐름 등의 인프라 관리, 바람통로, 열섬 등에 대한 도시설계, 질병관리 등 다양한 반응을 시뮬레이션하고 의사를 결정할 수 있는 플랫폼을 구축하였다.

국내에서 연구된 스마트그린도시 통합플랫폼은 도시의 공간과 인프라, 서비스, 정책을 데이터(스마트기술)로 연결 및 제어하는 스마트그린서비스 제공을 목표로 5대 전략을 제안하고 있다(KEI, 2021).

운영주체별 특성에 적합한 서비스 제공

통합플랫폼은 시스템(기반)소프트웨어를 기반으로 모듈화된 단위기능(계획모델 단위의 수준) 또는 애플리케이션(단위모델 단위의 수준, 데이터 포함)이 실행되는 소프트웨어로서 데이터, 기능, 절차 등을 표준화(국제기준 반영)하고, 확장성, 상호운용(호환)성, 재사용성, 안정성, 이식성, 신뢰성 등을 확보한다.

- 시스템(기반)소프트웨어 : 기능 또는 애플리케이션의 실행이나 개발을 지원하지만, 애플리케이션에 의존적이지 않은 소프트웨어(운영체제 등)
- 애플리케이션 : 스마트그린서비스 제공을 위해 구현되는 단위모델(기후탄력, 물순환, 물안전안심, 미래차, 자원순환, 생태복원 등) 단위의 응용소프트웨어

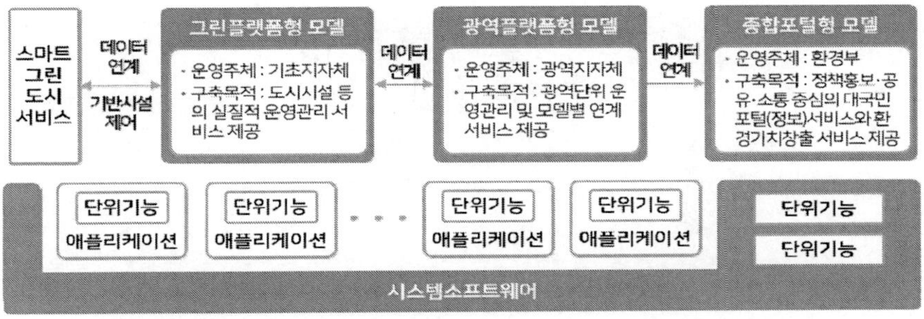

그림 7-25 스마트그린도시 통합플랫폼 유형 및 구성(자료 : KEI, 2021)

• 단위기능 : 스마트그린서비스 제공을 위해 시스템소프트웨어 또는 애플리케이션에 구현되는 단위모델별 계획모델 단위 또는 일반기능 단위의 실질적 운영관리 기능

데이터 기반의 기후환경 통합서비스 및 표준기술 적용

데이터 기반 스마트 그린도시 통합플랫폼은 IoT(센서, RFID/NFC, GPS 등)에 기반하여 환경, 지형, 빌딩 등의 모든 구성 요소를 대상으로 공해관리(소음, 먼지 등), 재난대응(홍수, 폭염 등), 인프라관리(시설, 에너지 흐름 등), 도시설계(바람통로, 열섬 등) 등을 시뮬레이션하여 의사결정 및 운영 관리할 수 있는 IoT 기반의 개방형 통합(데이터)서비스 플랫폼으로 구축한다.

4차 산업혁명을 주도하는 요소기술과 시스템기술은 독립적, 또는 플랫폼을 중심으로 유기적 상호연계 및 통합되어 서비스되고, 이로부터 생성되는 공간환경정보는 직접적 DB활용 또는 메타데이터 연계 활용을 통해 데이터 기반의 가치가 창출될 수 있다.

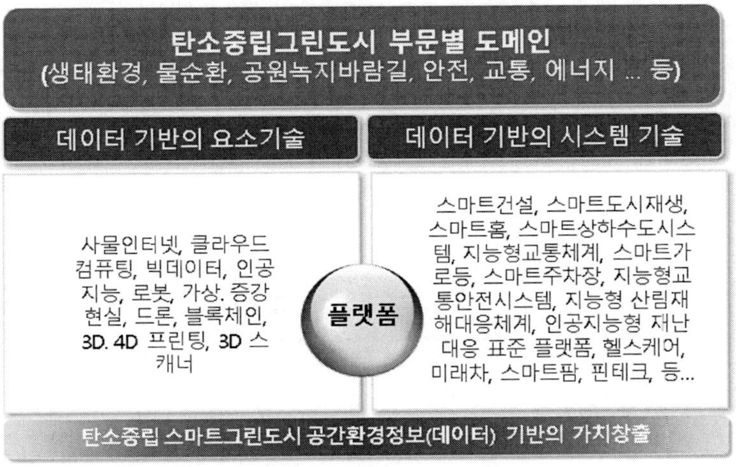

그림 7-26 탄소중립도시 적용 데이터기반 스마트 기술
[source : NRC(2017), STPI(2017), Klaus(2016), MGI(2017), Joint Ministry(2017) 등]

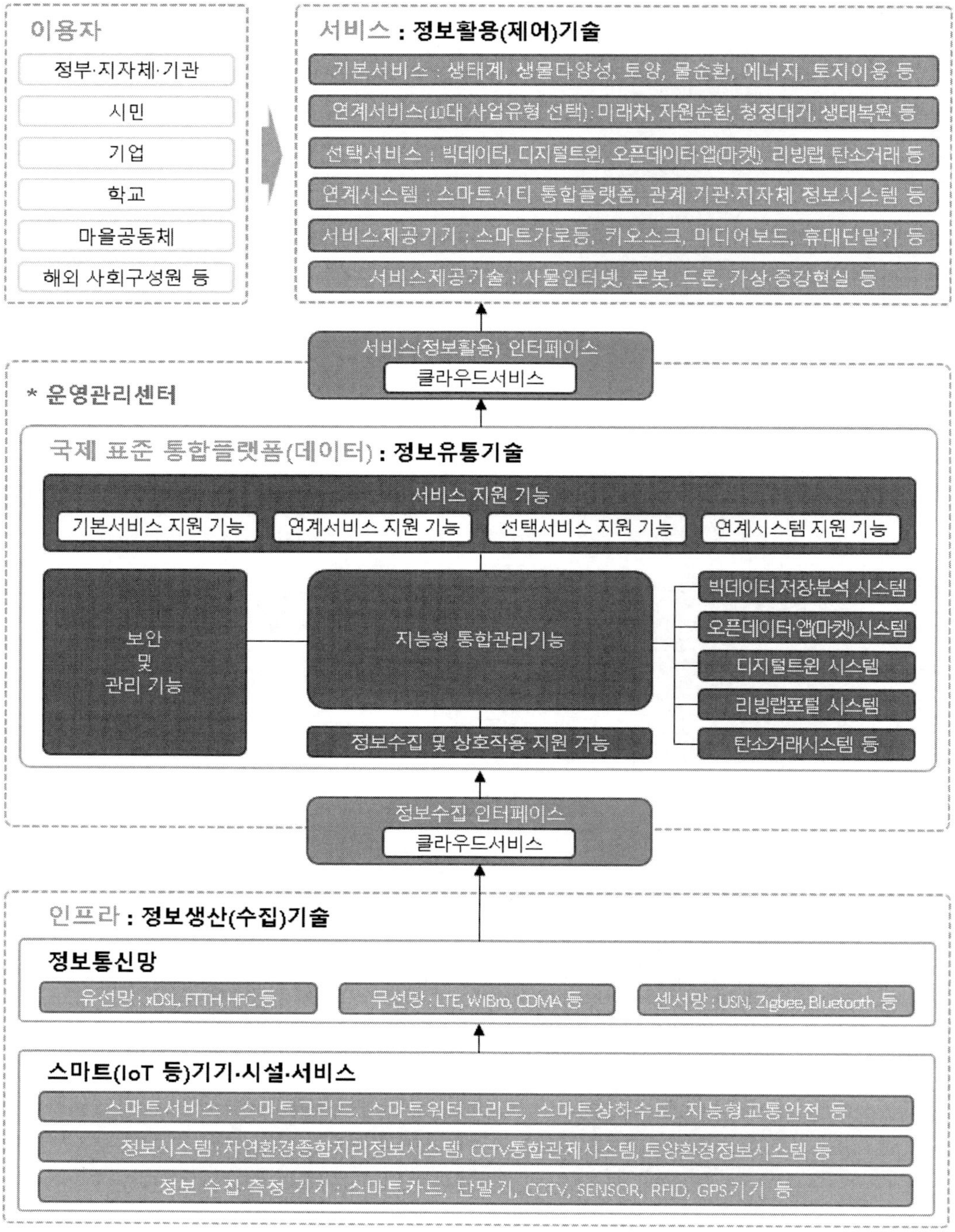

그림 7-27 스마트그린도시 통합플랫폼 구축 모델

Big Data(Smart Cloud 연결)를 구축하고, 토지이용, 에너지, 건축물, 물, 폐기물, 녹지, 교통 등을 연결하는 Nexus 기술을 적용한다.

데이터 기술의 고도화, 인공지능에 의한 합리적 의사결정을 지원하고, 모바일 서비스의 적극적 활용으로 시민의 편의 증진, 도시관리의 효율성 증대 등에 필요한 시민의 이용행태, 비즈니스 환경 등의 데이터를 확충한다.

다양한 정보시스템과 연계·통합기반 마련

통합플랫폼의 연계 가능한 정보시스템은 도시서비스 용도로 개발된 정보시스템과 정보시스템의 효율성 증대 등을 목표로 운영되는 AI·빅데이터시스템, 디지털트윈시스템, 리빙랩시스템 등이 있다.

- 디지털트윈시스템은 도시의 다양한 물리적 시설, 사물, 환경 등을 3D 시뮬레이션 기술로 구현하여 디지털화함으로써 정책의사결정 지원 및 도시문제를 해결한다.
- 리빙랩은 민간과의 협업을 통한 기술 혁신이 필수적 가치로 인식됨에 따라 시민의 적극적 참여를 유도하고, 글로벌 네트워킹을 이용한 협력 및 확산을 추구하는 시스템임. 일반적으로 도시공간을 테스트베드 리빙랩으로 하여, 기업, 연구소 등에서 다양한 참여를 통해 실증테스트를 진행하는 과정에서 리빙랩 정보시스템으로 지원한다.

서비스(지역) 확대 및 산업생태계 활성화 지원

클라우드 서비스 환경으로 통합플랫폼 구축 시, 대상지 외의 지역에서 인프라를 조성하여 연동 및 확장할 수 있도록 고려함으로써 지자체별 대표 IoT 기반의 기후환경 통합(데이터)서비스 플랫폼으로서의 기반을 마련하고, 업무 효율성 및 활용성 증대, 비용 절감 등의

표 7-1 디지털 트윈 구성요소

기 능	주 요 내 용
디지털 트윈 플랫폼	• 물리 도시공간을 디지털 트윈 기반 스마트시티로 가상화 하고 이를 활용하여 분석 및 예측을 지원하기 위한 플랫폼
디지털 쓰레드 (Thread)	• 도시의 전 단계에서 발생하는 수많은 데이터를 컴퓨터가 스스로 분류하고 패턴을 찾아내어 의미 있는 결과물을 도출하는 과정을 거쳐 데이터를 현실세계에 반영할 수 있도록 하는 기술
SaaS 기반 트윈 관리/서비스	• 스마트시티를 위한 디지털 트윈의 관리 및 서비스 제공을 클라우드 상에서 SaaS 형태로 제공하기 위한 인프라
디지털 트윈 프로토타입	• 디지털 트윈 플랫폼 및 SaaS 기반 트윈 관리/서비스 기술 통합 및 스마트 시티 적용 기술 개발을 통하여 프로토타입을 구축하고 적용함으로써, 개발된 기술 검증과 도시에 대한 실질적인 적용 방안을 제시

※ 자료 : 이철우, 2019

효과를 창출한다. 이때 광역플랫폼형 모델, 종합포털형 모델에서도 그린플랫폼형 모델의 확장을 고려한다.

기구축 시스템과의 기능 중복성 해소

통합플랫폼은 컴포넌트 기반 개발(CBD : Component Based Development) 방식의 서비스 지향 아키텍쳐(SOA : Service Oriented Architecture)로 구현되는 소프트웨어로써, 시스템소프트웨어를 기반으로 모듈화된 단위기능 또는 애플리케이션(데이터 포함)의 상호운용(호환)성, 재사용성, 이식성, 확장성 등을 확보하고, 데이터, 기능, 절차 등을 표준화(국제기준 반영)한다.

- CBD : 프로그램의 로직을 각각의 독립적 컴포넌트로 구성 및 조립하여 전체 프로그램을 구축하는 방법론
- SOA : 정의가 잘된 인터페이스와 서비스들 간 콘트랙트(contracts)를 통해, 서비스라고 하는 애플리케이션의 다양한 기능 단위를 상호 연관시키는 컴포넌트 모델

스마트그린서비스의 특화 및 최적화, 기구축 정보시스템과 기능적 중복의 최소화를 고려해 애플리케이션(기능)의 선별적 설치·연계가 가능토록 구현하고, 통합플랫폼의 유연성 확보, 민간참여에 의한 지속가능한 기술개발 및 적용, 산업활성화를 유도한다.

- 사물인터넷 아키텍쳐의 IoT 응용서비스 계층에 헬스, 건설, 제조, 농업, 에너지, 환경, 국방 등의 분야별 서비스는 기후탄력, 물순환, 물안전안심, 미래차, 자원순환 등의 단위모델로 대체하여 적용할 수 있으며, 각 지자체별 사업 특성에 최적화되도록 단위모델(애플리케이션)별로 선별적 설치·제거가 가능토록 구축함.

3.2 탄소중립도시 통합관리

도시는 GHG 배출량의 70%를 차지하고 있으며 기후변화의 영향으로 기후위기가 심화되고 있다. 특히 열스트레스, 홍수 및 건강 비상사태에 기여하는 기후변화의 영향에 크게 노출되되고 있다. 도시를 기후변화에 탄력적이고 지속가능하며, 포용적이고 안전하게 만드는 것은 UN 지속가능발전목표(SDGs 11) 중 하나이며 지속적인 투자가 필요하다.

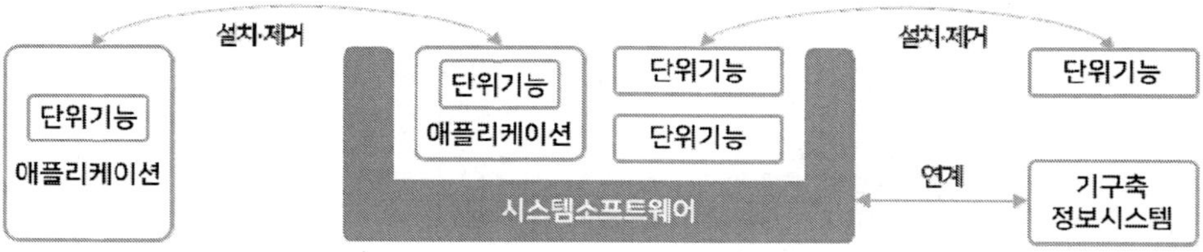

그림 7-28 통합플랫폼의 컴포넌트 기반 개발 방법론 적용 (자료: KEI, 2021)

유럽의 그린딜, 미국의 그린뉴딜 등 그린뉴딜의 모델은 기후변화 시대 탈탄소와 물순환, 생물다양성에 대해 통합적으로 접근할 것을 강조하고 있으며 그린딜 정책에 유엔 지속가능발전 목표와 기후대응의 중요성을 반영하는 국제적인 움직임이라고 할 수 있다.

스마트시티와 에코시티의 통합은 뉴어바니즘, 에코어바니즘 등 생태주의와 도시주의에 입각한 생태도시와 도시계획을 스마트도시계획론으로 통합함으로써 도시 인프라를 개선하면 도시는 복원력을 강화하고, 기후 위험을 줄이며 생존 가능성과 경쟁력을 높일 수 있게 된다. 이에는 홍수 방어 및 배수로, 전기 수송 및 도시 냉각을 위한 녹지 조성 등이 있다. 즉, 스마트 그린도시는 에코시티의 그린시스템에 기반을 둔 탄소중립도시 모델과 스마트시티의 디지털 기술에 기반을 둔 스마트도시 모델이 통합된 도시 모델이라고 정의할 수 있다.

탄소중립 그린도시 통합운영관리 플랫폼은 생태계, 생물다양성, 토지이용 등 7대 요소의 스마트화를 통해 구축된 스마트 그린인프라를 바탕으로 탄소 배출 및 흡수의 적극적 모니터링하고, 에너지 전환/감축, 순환경제, 사회경제 혁신을 촉진한다. 탄소중립도시에 적용되는 스마트기술로는, 7대 요소인 물순환, 기후탄력, 자원순환, 생물다양성, 신재생에너지, 생태계, 토지이용을 기본서비스에 적용하여 통합된 공간환경정보 플랫폼을 구축할 수 있다.

각 부문별 주제와 관련된 문제점의 해결을 위해 공유될 수 있을 뿐만 아니라, 탄소중립도시의 정책과 전략, 계획 및 설계 자료로도 활용될 수 있으며, 관련 기술의 개발과 보급에도 기여할 수 있다. 디지털 기반 탄소중립도시는 4차산업혁명 디지털기반 메타버스 기술(IoT, Big Data, Cloud, VR, AR, MR, Human AR, Digital Twin, etc), 탄소중립도시의 공간환경정보 디지털화 전략 등을 적용한다.

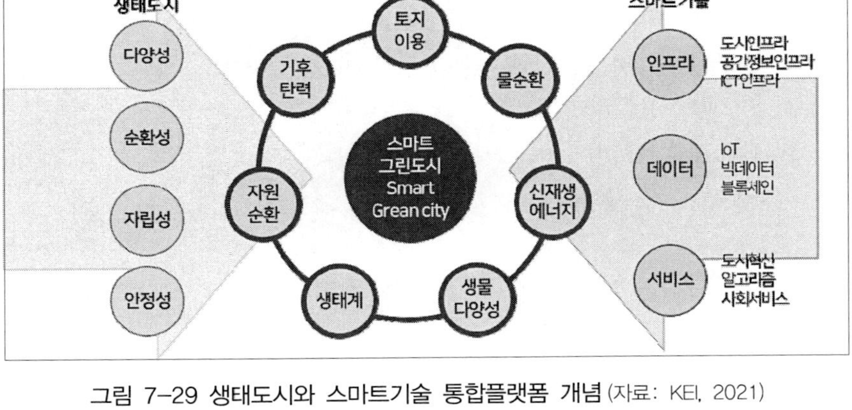

그림 7-29 생태도시와 스마트기술 통합플랫폼 개념 (자료: KEI, 2021)

스마트 통합 물관리(smart water platform)

물순환 체계 구축은 LID 기술에 의한 rainwater and drainage management를 위한 공간정보로 하며, 사물인터넷, 빅데이터, 인공지능, 플랫폼 등의 기술 집약에 따른 원인 규명 및 예보, 실생활 보호 및 대응 기술 등으로 운영 효율화 및 수질을 개선한다. 스마트 통합 물관리 플랫폼은 공원녹지네트워크에서 저영향 개발(LID) 그리고 빗물이용과 배수체계 관리를 목적으로 한다.

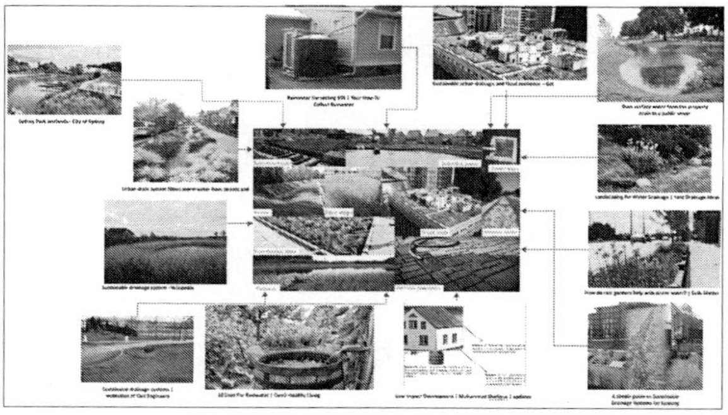

그림 7-30 스마트 통합 물관리

스마트 신재생에너지(Smart Energy grid platform)

스마트 신재생에너지 플랫폼은 Geospatial dataset의 부족으로 도시 및 커뮤니티 공간에 바탕을 둔 설계 및 도입 기술의 표준화가 이루어지지 않음에 따라 공간적 모형과 도입 기술을 제시한 후 이같은 사업의 실행에 필요한 공간환경정보 Dataset(태양광의 설치 적지 등) 개발 전략을 수립하여 시행한다.

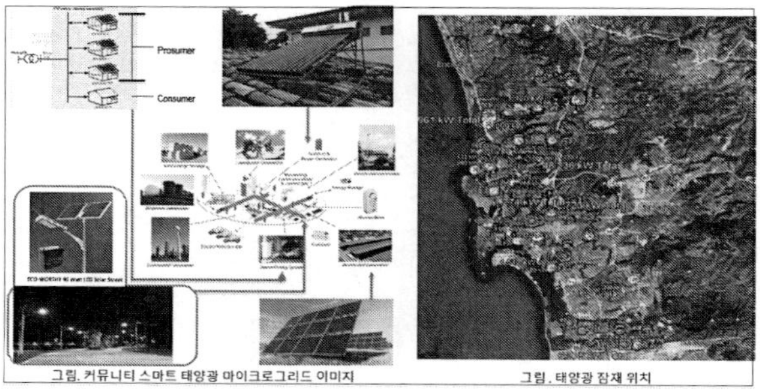

그림 7-31 커뮤니티 기반 스마트 통합 태양광시스템

스마트 토지이용 플랫폼

녹지-물-바람 등 구조를 기후변화 대응에 따른 Landuse zoning과 국토 및 도시계획에 환경 및 지속가능발전에 기여 가능한 형태의 공간환경정보 시스템으로 하며, 텔레모니터링, 스마트 환경(기후, 습지 등) 통합 플랫폼으로 구축한다.

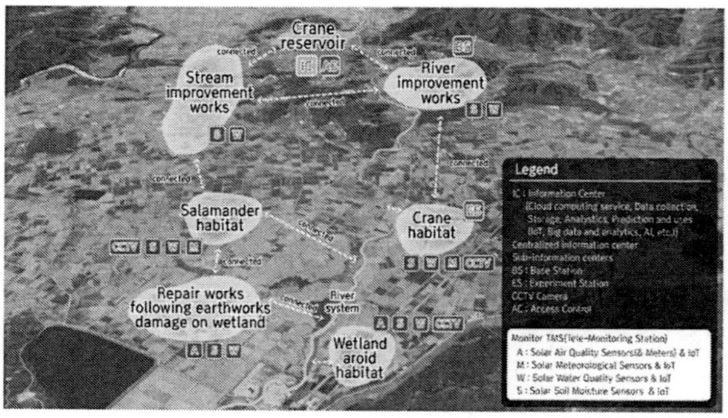

그림 7-32 스마트 녹지-물-바람 통합 시스템

3.3 모니터링 및 성과평가

1) 모니터링 평가지표 구축 방향 및 사례

도시 정책의 모니터링에 따른 성과(효과)를 측정하기 위해서는 다양한 변화에 대한 지표(indicator)를 통해 양과 비율을 측정하여 수행한다. 지표는 계량화, 단순화, 전달성이라는 기본적 특성을 충족시켜야 하여, 타당성, 대표성, 민감성, 측정가능성, 이해용이성, 접근가능성, 구체성, 비교가능성 등을 기준으로 선정한다. 또한 지표는 목표설정, 범위설정, 분류체계 선정, 선정기준 설정, 잠재적 지표 발굴, 지표의 확정 등의 과정을 거쳐 선정한다.

핵심지표(KPI; Key Performance Index)는 크게 투입 KPI, 과정/활동 KPI, 산출 KPI, 결과 KPI로 구분할 수 있다.

- 투입 KPI : 사업을 추진하기에 앞서 예산, 인력 및 물자를 규모와 계획에 맞춰 적절하게 집행했는지를 평가함(예시 : 연구 개발 비용, 직원 교육비, 원자재 구매비용 책정 등)
- 과정/활동 KPI : 사업 성과를 도출하기 위해 수행한 특정 절차의 효율성, 생산성, 품질, 일관성을 측정함(예시 : 발주 물량 인도 소요 시간, 재작업률, 창고 비용, 정보 시스템 효율성, 직원 수 대비 행정 처리 비용 등)
- 산출 KPI : 사업진행 과정에서 무엇을 생산했는지, 얼마나 많은 일을 했는지를 측정함(예시 : 매출, 숙련된 직원 수, 신규 고객 유치 수, 거래 처리량 등)
- 결과(성과) KPI : 목표 달성도, 사업 활동을 통해 궁극적으로 이룬 성과나 그 성과가 조직에 미친 중요한 영향력을 평가함(예시 : 브랜드 인지도, 고객 보유율, 직원 만족도 등)

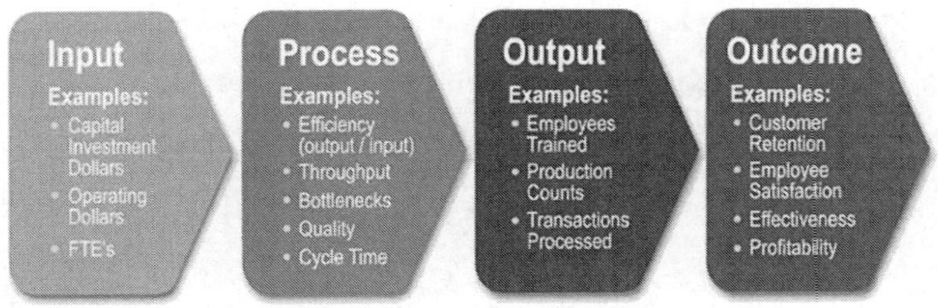

그림 7-33 KPI 로직 모델 (자료 : KPI.org)

U4SSC(United for Smart Sustainable Cities Initiative)

지속가능 스마트도시 KPI는 경제, 환경, 사회문화 등 3개 영역에서 54개 핵심지표와 37개 확장지표로 구성된다.

경제분야는 ICT(8핵심/9확장), 생산성(4/3), 인프라(11/10) 등으로 구성된다.

환경분야는 환경(9/4), 에너지(4핵심) 등으로 구성된다. 세부적으로는,

- 핵심(환경) : 대기질(PM2.5), 대기질(PM10), 대기질(NO2), 대기질(SO2), 대기질(O3), 1인당 온실개스 배출량, 먹는물 수질, 1인당 물 소비량, 담수소비량
- 핵심(에너지) : 재생에너지 비율, 1인당 전력 사용량, 1인당 주거용 열에너지 소비량
- 확장(환경) : 수질정화(1차, 2차, 3차), 고형폐기물처리(매립, 소각, 재활용, 기타), EMF 노출지침 비율, 녹지율

사회문화분야는 교육 건강 문화(8/4), 안전 주택 사회적포용(11/6) 등으로 구성된다.

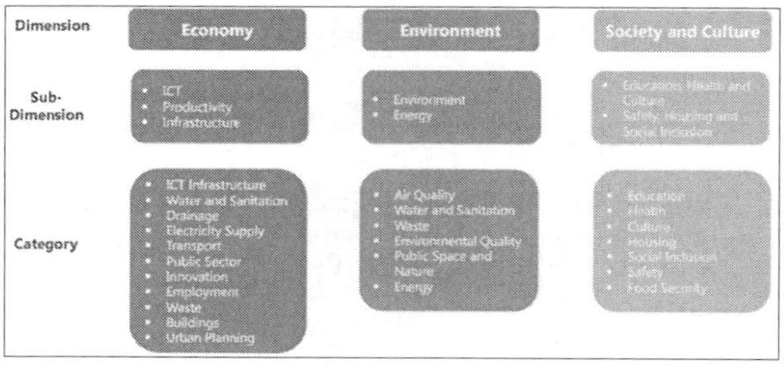

그림 7-34 U4SSC KPI지표 (자료 : Smiciklas, 2019)

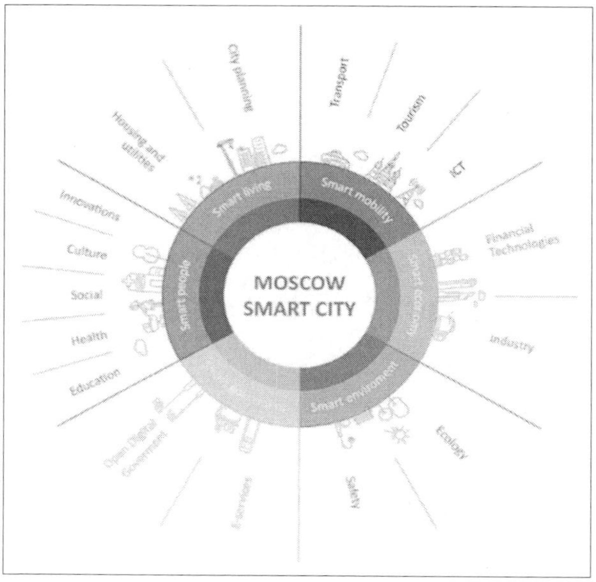

그림 7-35 모스크바 U4SSC 사례 (자료 : Smiciklas, 2019)

스마트그린 및 그린시티 인덱스

스마트 그린시티 표준화 및 스마트그린 KPI는,

- ITU-T SG20 : 스마트시티의 구축 및 운영을 위한 기술 표준화와 더불어 친환경 지속가능성, ICT 활용 등의 평가를 위한 성능평가지표(KPI)
- ISO/IEC JTC 1/WG11은 성능평가지표와 성능지표를 위한 온톨로지 정의 표준 개발

그린시티인덱스(GCI)는 세계 주요 도시를 대상으로 지속가능성을 비교 분석하는데, 핵심적으로는 기후변화 대응을 위한 도시차원의 노력을 평가한다. 환경 이슈를 포괄적으로 다루면서 해당 이슈별 정책적 노력에 대한 세부 평가지표를 포함하며, 지표의 개별적 선정이 아닌 각 지표 간 상호 연계성을 고려하게 된다.

탄소중립도시 KPI 구성요소

탄소중립도시 목표는 탄소 감축, 흡수, 적응(탄력) 등이며, 이를 바탕으로 탄소중립도시

핵심 구성요소와 기능은 다음과 같이 규정할 수 있다.

첫째, 공통기반사업으로서 탄소중립도시의 물리적 구조인 그린인프라 구축이다.

- 탄소흡수원 인프라 : 탄소중립기본법, 탄소흡수원법 등 법적 사업/시설
- 기후탄력 인프라 : 회복탄력성 및 수용력, 폭염 및 한파 대응, 홍수 등 자연재해 대응,
- 통합운영 : 탄소중립 통합플랫폼, 모니터링, 성과평가

둘째, 에너지 전환/감축 및 미래 녹색에너지 전환이다.

- 미래차
- 녹색에너지

셋째, 순환경제(자원순환)이다.

- 통합물관리 물순환
- 폐기물 자원순환

넷째, 사회경제 혁신이다.

- 탄소중립사회
- 녹색경제

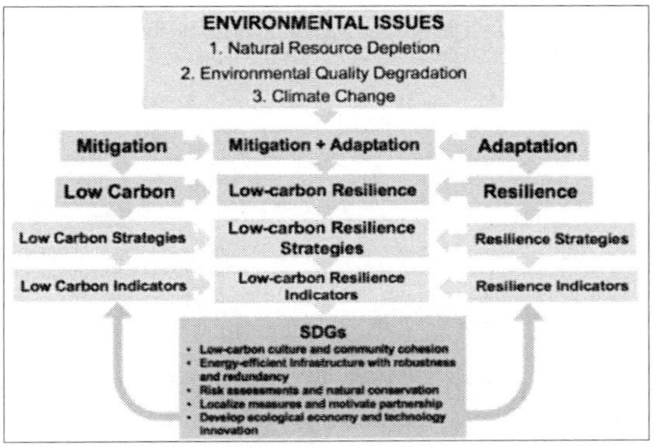

그림 7-36 저탄소 회복탄력성 통합 KPI 프레임워크
(자료 : He et al., 2020)

Sectors	Low-Carbon Indicators	Resilience Indicators	Low-Carbon Resilience Indicators
Society	LC1.Culture	R1. Socio-demographics	Culture & Identity (LC1, R3)
	LC2.Population	R2. Social Inclusion	Social Inclusion (R2)
	LC3. Wellbeing	R3. Culture & Identity	Social Equality (R4)
	LC4. Education	R4. Social equality	Education & Research (LC4, R5)
		R5. Education & Research	Healthcare & Wellbeing (LC3, R6)
		R6. Healthcare & Wellbeing	Housing (LC7)
			Population (LC2, R1)
Infrastructure	LC5. Energy	R7. Housing	Building (LC7)
	LC6. Electricity	R8. Transport networks	Transportation (LC8, R8)
	LC7. Building	R9. Telecommunication	Energy (LC5, R10)
	LC8. Transport	R10. Energy supply	Electricity (LC6)
	LC9. Waste	R11. Water Supply	Telecommunication (R9)
	LC10. Water	R12. Food supply	Water Supply (LC10, R11)
	LC11. Land use	R13. Waste and Sanitation	Food Supply (R12)
			Waste and Sanitation (LC9, R13)
			Land Use (LC11, R15)
Environment	LC12. Air (Emission)	R14. Risk assessment & Preparedness	Air & Emission (LC12)
	LC13. Natural Asset	R15. Natural Conservation	Natural Asset (LC13, R15)
			Disaster, Risk and vulnerability (R14)
Governance	LC14. Management & Planning	R16. Leadership & Planning	Monitoring, Planning, Leadership (LC14, R16, R19)
	LC15. Policy &Regulations	R17. Emergency management	Policies and enforcement (LC15, R18)
	LC16. Implementation & Evaluation	R18. Policy and enforcement	Implementation and evaluation (LC16)
	LC17. Networking	R19. Administration	Emergency management (R17)
		R20. Collaboration	Collaboration (LC17, R20)
Economy	LC18. Economic Structure & Growth	R21. Business development	Economic growth (LC18, R22)
	LC19. Urbanisation	R22. Economic Structure	Carbon productivity (LC20)
	LC20. Resources productivity	R23. Technology & innovation	Business & Investment (LC22, R21)
	LC21. Pricing		Pricing Mechanism (LC21)
	LC22. Business & Investment		Technology & Innovation (LC23, R23)
	LC23. Technology		

그림 7-37 저탄소 회복탄력성 지표 구조 (자료 : He et al., 2020)

또한 지속가능발전목표(SDGs)와 관련하여 탄소중립도시는 LCR(저탄소 회복탄력성) KPI를 설정할 수 있다. 이는 적응적이고 효율적인 전략과 SDGs를 향한 저탄소 회복력 이

행 지표를 설정하며, 저탄소 회복력 기반 KPI와 저탄소 회복력 전략 통합 프레임워크 모델을 구축한다.

저탄소 회복력 지표를 기반으로 SIEGE(사회, 인프라, 환경, 거버넌스 및 경제) 프레임워크 5개 부문으로 분류하게 된다.

2) 온실가스배출량(IPCC)

도시 내 활동을 산업·수송·가계·폐기물 부문으로 구분하여 이산화탄소 총 배출량과 탄소흡수량을 산출하여 도시 내 순이산화탄소 배출량을 산정한다. 이때, 과학적 배출량 산정 방법이나 IPCC에서 정한 배출량 산정식을 적용한다.

- 산업부문 : 화석연료 사용량,
- 수송 부문 : 교통수단별·차종별 탄소배출량,
- 가계부문 : 난방과 전력의 탄소배출량,
- 폐기물 부문 : 소각처리 과정의 탄소배출량,
- 흡수부문 : 산림에 의한 이산화탄소 흡수량

IPCC 온실가스 산정 방법

- 연료소비량 공통단위 : 화석연료별 고유계량단위를 공통단위인 열량단위로 전환(GJ 또는 TJ)
- 제품별 탄소배출계수 : 액체(1차,2차), 고체(1차,2차), 기체, 바이오매스 등 연료원별 배출계수
- 제품에 저장된 탄소량 : 연소과정을 거쳐 CO_2화 되지 않고 탄소형태로 저장(배출량에서 제외)
- 불완전연소량
- 배출량을 CO2량으로 전환 (화학적으로 CO_2/탄소 = 44/12)

온실가스 배출량 산정

Step 1 : 배출범위 정의

- Scope 1 : 직접적인 온실가스 배출(연료, 냉매, 발전 등)
- Scope 2 : 사용에너지(전기, 열, 냉각, 증기 등 소비자)
- Scope 3 : 간접배출 등

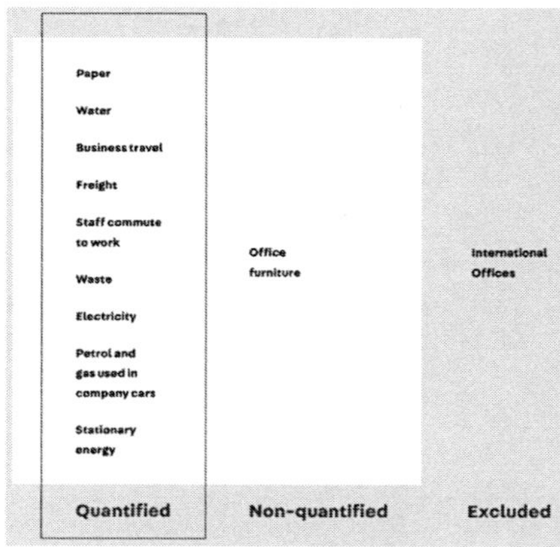

그림 7-38 배출범위 정의 사례
(자료:Commonwealth of Australia, 2020)

Step 2 : 기준년도 설정

Step 3 : 배출원 별 배출데이터 수집

Step 4 : 총 탄소계정 산정 및 정의

- 온실가스 종류 : CO2, CH4, N2O, HFCs, SF6 등 6대(7대) 온실가스

3) 온실가스 감축

온실가스 감축은 배출량 저감 및 흡수 등을 포함한다.

온실가스 감축

- 에너지 효율성 증가(예: 에너지 효율 조명 및 기기 설치)
- 재생가능한 에너지원으로 전환
- 온실가스 배출 집약도가 낮은 제품으로 대체(예: 전기 또는 하이브리드 차량으로 전환)
- 배출량 집약적 활동을 배출량이 적은 활동으로 대체하기 위한 관행 변경(예: 원격 회의를 사용하여 비즈니스 회의 참석 위한 항공편 줄이기)
- 폐기물 처리 최적화(예: 바이오가스 포집을 통한 폐기물 처리 서비스 배출 분리 및 조달)

배출량 상쇄(보상)

- 사전 상쇄 : 다음 연도의 배출량을 추정하여 연초에 해당 상쇄 단위만큼 취소
- 후불 상쇄 : 일정 기간 종료 후 실적에 따라 상쇄

탄소중립도시 계획요소별 CO_2감축량 추정 사례

탄소중립도시 계획요소를 바탕으로 수리적으로 이산화탄소 감축량 산정이 가능한 계획요소들을 선정하여 이산화탄소 저감·흡수·회피로 구분 산출한다.

표 7-2 탄소중립도시 계획요소 예시 (이상문(2012)에서 수정 인용)

구분	탄소중립도시 계획요소
이산화탄소 저감 /최소화(minimize)	공동주택 외피시스템(창호·단열·환기시스템, 녹화) LED조명 설치 미기후 조절 물순환(중·우수 활용)
이산화탄소 흡수 (absorb./offset)	생태휴식공간 습지, 비오톱 존치공원 내 수목량 계획공원 내 수목량 녹도조성 시설녹지 설치 단지 내 조경(식재공간) 가로수 식재
이산화탄소 회피 (avoid)	신재생에너지의 사용 단지 내 도로배치 녹색교통(보행 및 자전거)으로의 전환

구분		계획요소	산식모형	이산화탄소 감축량 Ton/year
이산화탄소 저감	에너지 절감	공동주택외피 시스템 적용	외피시스템적용가구수x연간냉난방에너지사용량(kWh) × 에너지절약비율 × 이산화탄소배출계수/1000	7,484
		LED조명 설치	가로등(보안등)설치량 × 일반가로등(메탈할라이드) 전력사용량 × 교체 시 전력 감소율 × 이산화탄소배출계수/1000	260
		미기후 조절	세대당 연평균 냉방소비전력(kWh) × {(기존냉방일수-바람길도입 시 냉방일수)/기존냉방일수} × 세대수 × 이산화탄소 배출계수/1000	477
		우수활용	단지별 우수집수량(T) × 상수도생산 시 사용되는 전력량(kWh/t) × 이산화탄소배출계수/1000	260
이산화탄소 흡수	녹지 확보	계획공원 내 수목량	Σ수종별 계획본수 × 연간탄소흡수량(TC) × 44/12	38
		녹도조성	Σ수종별 계획본수 × 연간탄소흡수량(TC) × 44/12	21
		단지내 조경	Σ수종별 계획본수 × 연간탄소흡수량(TC) × 44/12	385
		가로수식재	Σ수종별 계획본수 × 연간탄소흡수량(TC) × 44/12	29
이산화탄소 회피	신재생에너지	태양광, 태양열, 지열등 사용	연간총전력사용량 × 신재생에너지사용목표치(%) × 이산화탄소배출계수/1000	108
	교통계획	단지 내 진출입구 조정	단축거리(㎞) × 일일통행량 × 사업구역별통행비율 × 차종비율 × 차량규모비율 × 연료소비량(ℓ/㎞) × 순발열량(㎉)/107 × 탄소배출계수 × 365일 × 44/12	194
	녹색교통	보행 및 자전거	이용거리(㎞)x연간이용회수 × 녹색교통전환율 × 사업구역별통행비율 × 차종비율 × 차량규모비율 × 연료소비량(ℓ/㎞) × 순발열량(㎉)/107 × 탄소배출계수 × 365일 × 44/12	27
저탄소 주민행동지침			계획가구수 × 가구별 연간에너지사용량 × 주민행동참여비율(%) × 가구별 주민행동 목표치(%) × 이산화탄소배출계수/1000	29,889
총계				39,172

그림 7-39 00지구 CO2 감축량 산출 사례 (자료 : 이상문, 2012)

4) 대기질 개선

1) 우선 적용할 요소는 온실가스 감축으로서 6대(또는 7대) 온실가스 지표이다.
2) 지구환경문제를 유발하는산성비, 부영양화, 스모그 전구물질 등으로서 이산화황 (SO2), 아산화질소(NOx), 암모니아(NH3) 및 일산화탄소(CO) 등을 포함한다.
3) 미세먼지(PM10, PM2.5)는 입자가 대기로 직접 방출되는 입자의 1차 방출 및 대기에서 반응하여 2차 입자를 형성하는 전구체 가스의 방출을 포함한다.
4) 오존붕괴물질(ODS)은 상층 대기(오존층)에서 오존 파괴를 촉진하는 물질로서, 몬트리올 의정서(1987)에 따르며, 클로로플루오로카본(CFC 및 프레온), 염화불화수소(HCFC), 할론, 메틸 클로로포름, 사염화탄소(프레온의 주요 전구체) 및 메틸 브로마이드 등을 포함한다.
5) VOC(휘발성유기물질)은 특정 물질의 가스 또는 화석 연료 연소의 부산물로 대기 중으로 배출되어 영향을 준다.
   - 페인트, 래커, 페인트 스트리퍼, 청소 용품, 살충제, 건축 자재, 사무 장비 및 재료, 접착제, 사진 용액 등에서 VOC 방출
   - 물질에 대한 용매 또는 운반체 역할. 연료, 탈지제, 용매, 광택제, 화장품, 약물 및 드라이클리닝 용액 세정 및 액화제
   - 트리클로로에틸렌(TCE), 테트라클로로에틸렌(드라이클리닝 유체), 트리클로로에탄, 벤젠, 톨루엔 및 크실렌 (단, 메탄(CH4)는 온실가스 KPI에 포함)
6) 중금속 배출로서 납, 수은, 카드뮴, 비소 및 니켈 등을 포함한다. 대기 조건과 금속의 종류에 따라 육지나 물에 퇴적되어 토양, 물, 퇴적물, 슬러지에 축적되며, 체내에서 분해 및 배출되지 않고 먹이연쇄과정을 통해 동식물에 농축되어 심각한 피해가 발생하는 농축현상(concentration)을 유발한다.

5) 수환경

1) 영양물질 및 유기물로서,
   - 폴리염화 비페닐(PCB), 다환 방향족 탄화수소(PAH), 헥사클로로사이클로헥산(HCH), 벤젠, 톨루엔, 크실렌, 에틸벤젠, 다이옥신 및 페놀 등
   - 생화학적 산소요구량(BOD), 총 부유물질(TSS 또는 SS), 총유기탄소(TOC), 화학적 산소요구량(COD) 등
2) 중금속 화합물로서 폐수, 식수, 냉각수 및 지표수에 영향을 끼친다.
   - 수중 환경에 악영향, 먹이사슬을 따라 농축되어 농도 증가(생물학적 농축; concentration)

- 비소(As), 카드뮴(Cd), 크롬(Cr), 구리(Cu), 수은(Hg), 니켈(Ni), 납(Pb) 및 아연(Zn)
- 안티몬(Sb), 바륨(Ba), 베릴륨(Be), 붕소(B), 코발트(Co), 망간(Mn), 셀레늄(Se), 은(Ag), 바나듐(V)

6) 토지이용

1) 살충제 및 비료로서, 살충제는 토양에 장기간 잔류하거나 수생태계에 영향을 끼치고 생물학적 농축현상을 발생시킨다. 제초제(식물 성장 조절제), 살균제, 살균제, 쥐약 및 해충 방제 물질이 이에 해당되며, 질소, 인, 칼륨, 이차 영양소(황, 마그네슘 및 칼슘) 등을 포함한다.
2) 토양의 중금속 농도가 높아지면 미생물의 물질 분해능이 저하된다. 수은, 카드뮴, 비소, 크롬, 구리, 아연 및 납 등을 포함한다.
3) 토양산성화 및 유기화학물질로서, 탄화수소(오일, 휘발유 또는 디젤) 및 산업공정의 유기화학물질(예: 포름알데히드 및 알코올과 같은 용매)이 포함된다. 이들은 토양에 결합하여 장기간 오염 물질로 작용, 수생태계로 침출되어 상수도 오염을 유발한다.
4) 폐기물은 매립, 소각, 재활용 처리기준에 따른다.
5) 방사성폐기물은 핵연료 제조 부산물로서 전기 생산과 방사성 물질 사용으로 발생한다. 법적규제, 국제협약, 위원회 등의 처리기준에 따른다.
   - 고준위폐기물(HLW) : 사용후 핵연료를 재처리하여 발생되는 열발생 폐기물.
   - 중간준위폐기물(ILW) : 사용후 핵연료의 해체 및 재처리와 원자력 발전소의 일반 운영에서 발생
   - 저준위 폐기물(LLW) : 방사성 물질을 포함하지만 일정 방사능 수준을 초과하지 않는 물질

7) 자원순환

물순환, 천연가스, 석유, 중금속, 석탄, 미네랄, 골재류, 산림, 농경지, 기타 자원순환 및 재활용 등을 포함한다.

8) 탄소중립도시 개념모델

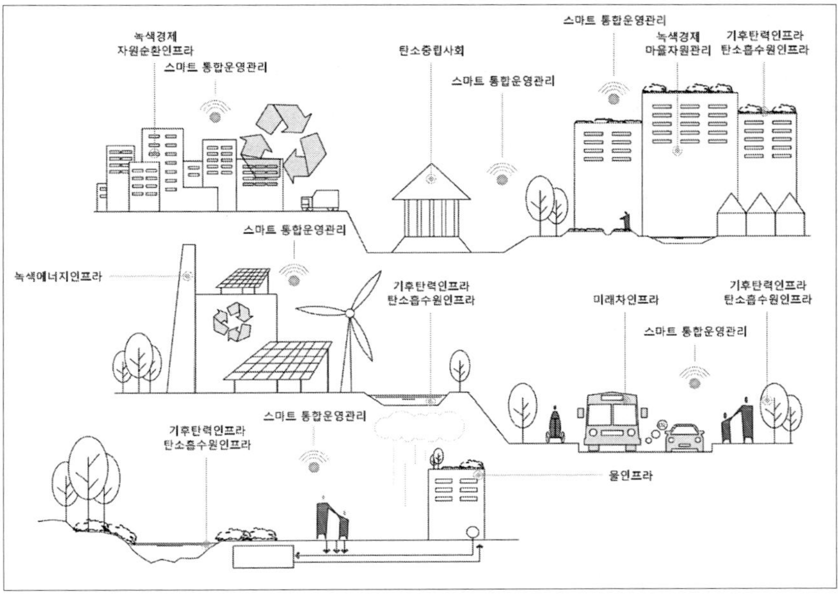

그림 7-40 탄소중립도시 개념모델

지표 설명 예시(사회문화 분야)

KPI 각 지표별 지표정의, 개념 및 해설, 자료원, 측정 및 계산, 기본단위, 데이터수집 및DB, SDGs 등으로 구분하여 측정가능하도록 구성한다. 사회문화분야 '안전' 지표의 예를들면 다음과 같다.

표 7-3 사회문화 분야 KPI 예시

<table>
<tr><td>분야
(domain, dimension)</td><td colspan="5">• 사회 문화</td></tr>
<tr><td>소분류</td><td colspan="5">• 안전, 주택, 사회적포용</td></tr>
<tr><td>세분류</td><td colspan="5">• 안전</td></tr>
<tr><td>KPI명</td><td colspan="5">• 교통사고 사망자</td></tr>
<tr><td>KPI번호(분류기호)</td><td>SC;SH;SA;9C</td><td>유형 1 :</td><td>핵심지표</td><td>유형 2</td><td>구조</td></tr>
<tr><td>정의</td><td colspan="5">• 인구1만명당 교통사고 사망자 수</td></tr>
<tr><td>개념 및 해설</td><td colspan="5">• 교통사고로 매년 120만명 이상 사망하고 건강과 삶의질에 영향.
• 청소년(15-29세) 사망의 첫 번째 원인이며, 국가 GDP의 약 3% 예산규모
• "교통사고로 즉시 사망하거나 30일 이내에 사망한 사람 수" (WHO, 2015)
• 30일의 근거는 대부분 교통사고 30일 이내에 사망한다는 통계자료에 근거.
• 도로 안전성을 개선함으로써 사망률 저감</td></tr>
</table>

자료원	• 도로안전에 관한 WHO 글로벌 현황보고서(WHO) • 2009도로안전 글로벌 상태보고서 (WHO)
측정 및 계산	• 교통사고 사망자 수 / 도시인구 10만명
기본단위	• 인구10만명당 사망자 수
데이터수집 및 DB	• 교통관련 기관, • 병원 등
SDGs	• SDGs 3.6.1 도로교통사고로 인한 사망률

4 표준화 및 실용화

UN SDGs goal 11 "Sustainable Cities and Communities"를 기반으로 탄소중립도시 성능평가지표에 대한 표준 개발이 가능하며, 일반적으로 국제표준화 논의는 공통기술과 세부 요소기술로 구분할 수 있다.

예를들어, 스마트시티 공통기술(스마트시티 도시 평가지표, 요소기술별 상호 연계 기술 등)에 대한 표준화는 국제표준 개발 초기단계이고, 스마트홈, 스마트헬스, 스마트교통 등 세부 요소기술 분야는 기존 TC/ SC 및 사실표준화기구에서 활발하게 국제표준화 작업이 추진 중이다.

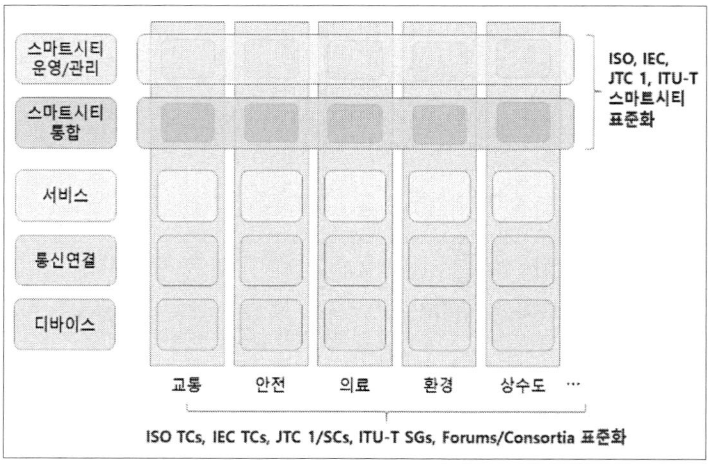

그림 7-41 스마트시티 영역별 표준화 역할 구분
(자료 : ETRI, "스마트시티 표준화 기구별 이슈 및 현황", 2019. 5.)

4.1 탄소중립도시 표준화 전략

현 단계에서 추진 가능한 표준화 전략의 기본 방향은 다음과 같이 논의할 수 있다.

1) 국제 표준화

글로벌 탄소마켓 선점을 위해 탄소중립도시 분야의 사실표준과 공식표준을 개발한다.

공식표준화(de jure standard)는 국제 공인 기구에서 인증하는 표준으로서,

- ISO, IEC, ITU 등과 같이 국제적으로 공인된 국제표준화기구,
- ETSI(유럽), CITEL(북미)과 같이 특정지역의 국가들이 참여하는 지역 표준화기구,
- ATIS(미국), TTC, ARIB(일본), TTA(우리나 라) 등과 같이 국가 내의 이해당사자들이 참여하는 국가표준화기구

사실표준화(de facto standard)는 특정기술 분야에 이해관계가 있는 사업자나 제조업체들이 포럼이나 컨소시엄 등을 구성하여 추진하는 표준화로서, 업계 또는 Fora/Consortia 등에서 만든 규격으로 사용되는 제품의 특성/기능 혹은 주요 장치의 접속점에서의 인터페이스가 실질적인 대중성을 지니고 있어 시장원리에 의한 지배 기능을 지닌다.

국제표준화 사례를 예를들면 다음과 같다.

통합운영관리 ISO 37000

- ISO 37101 커뮤니티의 지속가능한 발전 : 지속가능한 발전을 위한 관리 시스템
  - 커뮤니티의 지속가능한 발전을 위한 전반적인 프레임워크를 제공하여 도시가 목표를 결정하고 이를 달성하기 위한 전략
  - 책임 있는 자원 사용, 환경 관리, 시민의 건강 및 웰빙, 거버넌스, 이동성 등 도시 시스템
- ISO 37100 용어
- ISO 37120 핵심성능지표 : 19개 주제 주제별 성능평가지표 정의
- ISO 37161 스마트 커뮤니티 인프라 : 운송서비스 에너지 절약 위한 스마트 운송 지침

온실가스 및 탄소흡수

- ISO 14060시리즈 온실가스
  - 제품 및 공급망에서 생성되는 배출량 포함 탄소발자국
  - GHG 배출 감소 프로그램.
  - 탄소발자국 - 온실가스인벤토리, 1차발자국, 2차발자국

- Part 1 – 온실가스 배출 및 감축 정량화 및 보고 원칙과 요구사항. 온실가스 배출량에 대한 설계, 개발, 관리, 보고 및 검증.
- Part 2 – 다양한 온실가스 프로젝트 유형. 상쇄된 탄소배출권 및 혁신적인 기술. 온실가스 배출량 감축 또는 제거를 개선하는 활동의 정량화, 모니터링 및 보고에 대한 프로젝트 차원의 지침. – 온실가스 프로젝트 계획, 프로젝트 및 베이스라인 시나리오와 관련된 온실가스 배출원, 흡수원, 저장소 식별 및 선택, 온실가스 프로젝트 성과 모니터링, 정량화, 문서화 및 보고, 데이터 품질 관리 등.

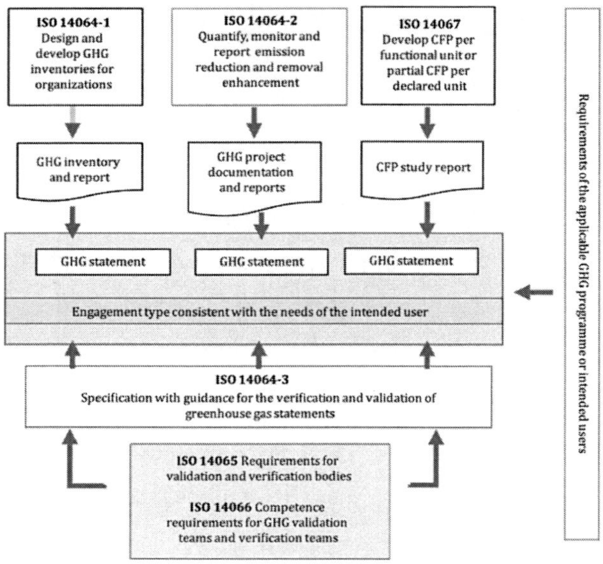

그림 7-42 ISO14060시리즈. 온실가스 (자료 : ISO)

- Part 3 – 원칙 및 요구사항을 규정하고 온실가스 주장의 타당성 확인 및/또는 검증 지침

• ISO/TR 27912, 27922 등 이산화탄소 흡수

- CO2 포집 시스템 기술, 장비 및 프로세스 : CO2 배출원과 해당 경계에 적용 가능한 CO2 포집 시스템과 포집 기술, 장비 및 프로세스
- TC 265에 따른 국제 표준 개발

순환경제 ISO 59000

• ISO 59004 순환 경제 구현을 위한 프레임워크와 원칙

• ISO 59010 비즈니스 모델 및 가치 사슬에 대한 지침

• ISO/TR 59031 성과 기반 접근 방식 미래 기술 보고서

에너지효율

• ISO 50001 에너지관리시스템. 사용 지침이 포함된 요구 사항

- 형태와 규모에 관계없이 조직과 단체가 효율성을 높이고 개선 영역 식별

• ISO 17742 국가, 지역 및 도시에 대한 에너지 효율 및 절감 계산

- 지역 사회를 대상으로 하며 가정, 산업, 서비스, 농업 및 운송과 같은 최종 사용 부문을 고려하여 에너지 절약을 계산하기 위한 지표 기반 및 측정 기반 방법

녹색건축

- 건축물 : 2019년 전 세계 에너지 관련 CO_2 배출량의 28%
  - 건물 및 건설은 에너지 효율성을 개선하고 탄소중립 목표를 달성할 수 있는 잠재력 지님
- ISO 소위원회 SC17, 기술 위원회 TC59 : 건물 및 토목 엔지니어링 작업의 건물 및 토목공학 작업의 지속가능성
  - 탄소발자국 개선하는 데 도움이 되는 표준 지속적 개발
- ISO 15392 건물 및 토목공학 작업의 지속가능성 : 일반 원칙
- ISO 16745 기존 건물의 성능기준, 목표, 탄소 측정 기준 결정, 보고 및 확인 요구 사항 : 모든 건물이 탄소제로 상태로 운영 목표
- ISO 14080

연결성

- ISO/IEC WD 30145 정보 기술 (스마트시티 ICT 참조 프레임워크)
  - Part 1: 스마트시티 비즈니스 프로세스 프레임워크 : 에너지관리, 물관리, 폐기물 관리
  - Part 2: 스마트시티 지식 관리 프레임워크 : 업무 수행 절차 및 내용의 지식관리 체계
  - Part 3: 스마트시티 엔지니어링 프레임워크 : 운영시스템 통합 구성도
- ISO/IEC 30146 : 성능평가지표 분류를 위해 Performance와 Capability의 대분류를 제시하고 각 대분류 하단에 두 개의 레벨로 세부 분류를 정하여 각 세부 분류별 성능 지표 정의
- ISO/IEC AWI 21972 스마트시티 평가지표 상호 연관 관계 정의
- ISO/IEC FDIS 30182 스마트시티 구성요소 상호운용성 지원 개념모델 개발 지침

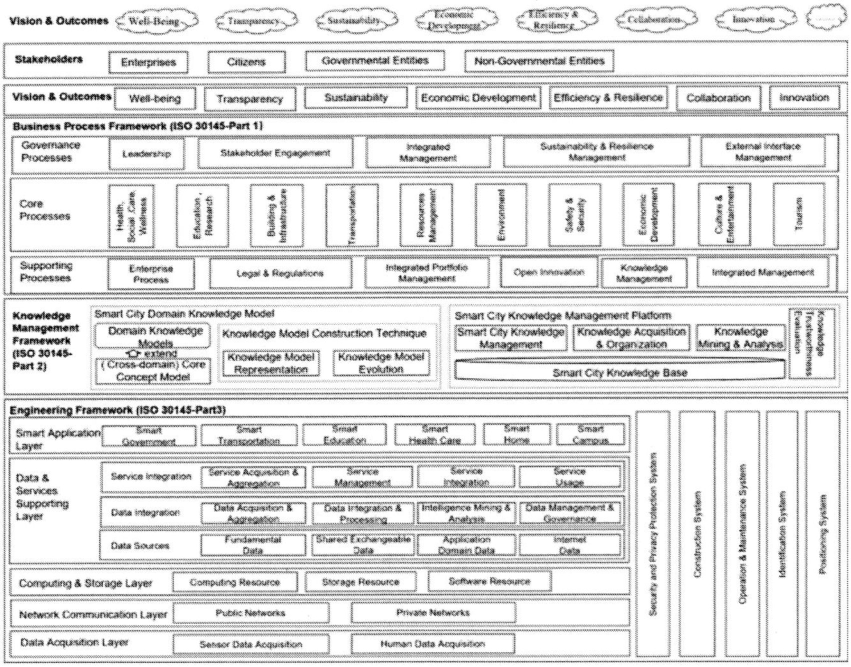

그림 7-43 ISO/IEC 30145 스마트시티 ICT 프레임워크 (자료 : ISO)

참고문헌

- Adamcik, R.S., E.S. Bellantoni, D.C. DeLong, Jr., J.H. Schomaker, D.B. Hamilton, M.K. Lauban, and R.L. Schroeder. 2004. Writing Refuge Management Goals and Objectives: A Handbook. U.S. Fish and Wildlife Service, Washington, DC.
- Adams,S. 2013. Ecological Succession.
- Alfakih, E., S. Barraud and I. Martinelli. 1999. A study of stormwater infiltration system feasibility and design. Wat. Sci. Tech. Vol. 39, No. 2.
- Allen, JRL. 1997. Simulation models of salt marsh morphodynamics : Some implications for high–intertidal sediment couples related to sea–level change, Sediment. Geol. 113. 211–223.
- Atkinson, A.J., P.C. Trenham, R.N. Fisher, S.A. Hathaway, B.S. Johnson, S.G. Torres, and Y.C. Moore. 2004. Designing monitoring programs in an adaptive management context for regional multiple species conservation plans. U.S. Geological Survey Technical Report, USGS Western Ecological Research Center, Sacramento, CA.
- Ashworth, M.J. 1982. Feedback Design of Systems with Significant Uncertainty. Research Studies Press, Chichester, UK.
- Bauer,PC. 2020. GESIS Workshop : Applied Data Visualization. (https://bookdown.org/paul/applied-data-visualization/)
- Bailey, G. 2016. A block of soil is made up of three components, air, water, soil. (https://slideplayer.com/slide/7595140/)
- Bert Hidding., Judith M. S. and Elisabeth S. B. 2014. Flooding tolerance and horizontal expansion of wetland plants, Aquatic Botany 113: 83–89.
- Boling, E.A. 2005. Environmental management systems and NEPA: a framework for productive harmony. Environmental Law Reporter 35: 10022–10031.
- Bormann, B.T., R.W. Haynes, and J. R. Martin. 2006. Adaptive management of forest ecosystems: some rubber hits the road? Bioscience
- Bormann, B.T., D.C. Lee, A.R. Kiester, D.E. Busch, J.R. Martin, and R.W. Haynes. 2006. Adaptive Management and Regional Monitoring. Chapter 10 in: R.W. Haynes, B.T. Bormann, and J.R. Martin (eds.). Northwest Forest Plan—the First Ten Years (1994–2003): Synthesis of Monitoring and Research Results. PNW GTR 651, USDA Forest Service, Pacific Northwest Research Station, Portland, OR.

- Bormann, B.T., D.C. Lee, A.R. Kiester, T.A. Spies, R.W. Haynes, G.H. Reeves, and M.G. Raphael. 2006. Synthesis—interpreting the Northwest Forest Plan as more than the sum of its parts. Chapter 3 in: R.W. Haynes, B.T. Bormann, and J.R. Martin (eds.). Northwest Forest Plan—the First Ten Years (1994-2003): Synthesis of Monitoring and Research Results. PNW GTR 651, USDA Forest Service, Pacific Northwest Research Station, Portland, OR.
- Bradshaw, A. D. and M.J. Chadwick, 1980, The Restoration of Land, Blackwell Scientific Publications
- Braun-Blanquet, J. 1964. Pflanzensoziologie. Grundzuege der Vegetationskunde. Springer-Verlag, New York. 865pp.
- Carmona, M., S. Tiesdell, T. Heath, T. Ocas, Public Places Urban Spaces, The Dimensions of Urban Design, Routledge, 2003, pp. 122-123.
- Chew, S.H., Hai Tian, Siew Ann Tan, G. P. Karunaratne. Erosion stability of punctured geotextile filters subjected t cyclic wave loadings. Geotextiles and Geomembranes Vol. 21(4) (2003), p. 221-239
- Clewell, A.F. & J.Aronson. 2007. Ecological Restoration : Principles, Values, and Structure of an Emerging Profession. Island Press.
- Connel, J. H. and R.O. Slatyer, 1977, Mechanisms of Succession in Natural Communities and their Role in Community Stability and Organization, American Naturalist 3 : 1119-1144.
- Convention on Wetlands Secretariat. 2020. A New Toolkit for National Wetlands Inventories. Gland, Switzerland: Convention on Wetlands Secretariat.
- Curtis, J.T. and R.P. McIntosh. 1951. An Upland Forest Continuum in the Prairie Forest Border Region of Wisconsin. J. Ecology 32 : 476-496.
- Darby, S. E. 1999. Effect of riparian vegetation on flow resistance and flood potential. J. of Hydraulic Engineering, ASCE, 125(5): 443-454.
- DeBusk, T. A., & W. F. DeBusk. 2001. "Wetlands for Water Treatment". Applied Wetlands Science and Technology. Kent, D.M. (ed.). Lewis Publishers. pp.241-279.
- Dierssen, K. 1990. Einfuehrung in die. Pflanzensoziologie. Akademie-Verlag Berlin. 241pp.
- Donald A Hammer, 1996, Creating Freshwater Wetlands, Lewis Publishers
- Doremus, H. 2001. Adaptive management, the Endangered Species Act, and the institutional challenges of "new age" environmental protection. Washburn Law

Journal 41:50-89.

- Elliott, G., M. Chase, G. Geupel, and E. Cohen. 2004. Developing and Implementing an Adaptive Conservation Strategy: A Guide for Improving Adaptive Management and Sharing the Learning Among Conservation Practitioners. PRBO Conservation Science, CA.
- Ewing, K. 1996. Tolerance of four wetland plant species to flooding and sediment deposition. Environ. Exp. Bot. 36(20):131-146.
- Falk, Don, Palmer, Margaret, and Zedler, Joy B., eds. 2006. Foundations of Restoration Ecology. Washington, , DC: Island Press.
- Finlayson, CM., GW Begg, J Howes, J Davies, K Tagi & J Lowry. 2002. A MANUAL FOR AN INVENTORY OF ASIAN WETLANDS. Wetlands International Global Series 10. Wetlands International.
- France, R. L. 2003. Wetland Design : Principles and Practices for Landscape Architects and Land-Use Planners. W.W Norton.
- Frye, J. and Grosse, W. 1992. Growth response to flooding and recovery of deciduous tree, Zeitschrift fur Naturforschung 47, 683-689.
- Glenz, C., Schlaepfer. R., Lorgulescu. I. and Kienast, F. 2006. Flooding tolerance of Central European tree and shrub species, Forest Ecology and Management 235:1~13.
- Gunderson, H.H., C.S. Holling, and S.S. Light (editors). 1995. Barriers and Bridges to the Renewal of Ecosystems and Institutions. Columbia University Press, New York.
- Grumbine, R.E. 1997. Reflections on "What is ecosystem management?" Conservation Biology 11(1): 41-47.
- Gregory R, D. Ohlson, and J. Arvai. 2006. Deconstructing adaptive management: criteria for applications to environmental management. Ecological Applications 16:2411-2425.
- Gunderson, L. 1999. Stepping back: assessing for understanding in complex regional systems. Pages 27-40 in: K.N. Johnson, F. Swanson, M. Herring, and S. Greene (eds.). Bioregional Assessments: Science at the Crossroads of Management and Policy. Island Press, Washington, DC.
- Hammer, D. A. 1992. Creating Freshwater Wetlands. Lewis Publishers.
- Han, M.S., Choi, G.W., Kim, W.J. Study for Analysis of Hydraulic Characteristic

of Close-Natural Revetment Technique. Workshop Journal in a Conference of the Korea Water Resources Association. (2010). p. 704-708.

- Haber, S. 1964. Efficiency and Uplift: Scientific Management in the Progressive Era, 1890-1920. University of Chicago Press. Chicago, IL.
- Harcombe, P.A. and P.H. Marks. 1978. Tree diameter distribution and replacement processes in southeast Texas forests. Forest Science 24(2) : 153-166.
- Harker D. et al. 1993. Landscape Restoration. Lewis Pub.
- Harwood, J. and K. Stokes. 2003. Coping with uncertainty in ecological advice: lessons from fisheries. Trends in Ecology and Evolution 18:617-622.
- Hobbs, R.J., and Norton, D.A.. 1996. Towards a conceptual framework for restoration ecology. Restoration Ecology 4: 93-110.
- Hobbs, R.J., Salvatore Arico, James Aronson, Jill S. Baron, Peter Bridgewater, Viki A. Cramer, Paul R. Epstein, John J. Ewel, Carlos A. Klink, Ariel E. Lugo, David Norton, Dennis Ojima, David M. Richardson, Eric W. Sanderson, Fernando Valladares, Montserrat Vilà, Regino Zamora, Martin Zobel. 2016. Novel ecosystems: theoretical and management aspects of the new ecological world order. Global Ecology and Biogeography. Volume 15, Issue 1 p. 1-7.
- Holling, C.S. 1978. Adaptive Environmental Assessment and Management. John Wiley and Sons, New York, NY.
- Holling, C. S. 1999. Introduction to the special feature: just complex enough for understanding; just simple enough for communication. Conservation Ecology 3(2): 1. [online] URL: http://www.consecol.org/vol3/iss2/art1/
- Hook, D. D. 1984. Adaptation to flooding with fresh water, In: Kozlowski, T.T.(Ed.), Flooding and Plant Growth, Academic Press, Orlando, pp.265-294.
- IPBES. 2018. The IPBES assessment report on land degradation and restoration. Montanarella, L., Scholes, R., and Brainich, A. (eds.). Secretariat of the Intergovernmental Science-Policy Platform on Biodiversity and Ecosystem Services, Bonn, Germany. 744 pages.https://doi.org/10.5281/zenodo.3237392
- Kadlec, R. H., and R. L. Knight. 1996. Treatment Wetlands. Lewis Publishers.
- Kantor, R. A., and D. J. Charette. 1986. Wetlands Mitigation in New Jersey's Coastal Management Program. National Wetlands Newsletter, Vol. 8, No. 5. Environmental Law Institute, Washington, DC.
- Kentula, M. E., R. P. Brooks, S. E. Gwin, C. C. Holland, A. D. Sherman and J. C.

Sifneos. 1993. An Approach to Improving Decision Making in Wetland Restoration and Creation. C.K. SMOLEY, INC.

- Kibe, N., H. Momose, and N. Fujiwara, 2000, Structure of Planting Floating Islands for Use by Water Birds, Korea University.
- Knopp, T.B. and E.S. Caldbeck. 1990. The role of participatory democracy in forest management. Journal of Forestry 88(5):13-18.
- Koo, BH. 2008. A Citizen's Toolkit for National Wetland Inventory. MOE.
- Koo, BH. 2013. The Vegetation Structure and Floral Changes of 5 Years after Restoration of Cheonggyecheon Stream in Korea. Advanced Materials Research Vol. 726-731 : 1548-1554.
- Koo, BH., HR Lim, MO Park. 2014. The Flooding Tolerance and Growth Characteristics of 2 Woody Species by Flooding Periods for Revegetation Plants Selection for Aquatic Ecosystem Restoration. Advanced Materials Research Vol. 842 : 729-732.
- Kuhn, T. 1996. The Structure of Scientific Revolutions, 3rd Edition. University of Chicago Press, Chicago, IL.
- Kruczynski, W. L. 1990. Options to be Considered in Preparation and Evaluation of mitigation plans. Island Press, Washington, DC, USA.
- Lee, K.N. 1993. Compass and Gyroscope: Integrating Science and Politics for the Environment. Island Press, Washington, DC.
- Lee, K.N. 1999. Appraising adaptive management. Conservation Ecology 3(2): 3. [online] URL: http://www.consecol.org/Journal/vol3/iss2/art3/
- Lee, K.N. and J. Lawrence. 1986. Adaptive management: learning from the Columbia River basin fish and wildlife program. Environmental Law 16: 431-460.
- MacArthur, R. H. and E. O. Wilson. 1967. The Theory of Island Biogeography. Princeton, NJ; Princeton University Press.
- Mack, RN., D. Simberloff, WM Lonsdale, H Evans, M Clout, FA Bazzaz. 2000. Ecological Application 10(3) : 689-710.
- Marble, A. D. 1991. A Guide to Wetland Functional Design. Lewis Publishers.
- MacDonald, G. B., J. Fraser, and P. Gray (editors). 1999. Adaptive Management Forum: Linking Management and Science to Achieve Ecological Sustainability. Ontario Ministry of Natural Resources, Peterborough, Ontario, Canada.
- McDonald T, Gann GD, Jonson J, and Dixon KW. 2016. International standards for

the practice of ecological restoration - including principles and key concepts. Society for Ecological Restoration, Washington, D.C.

- McLaren, R.G. and Cameron, K.C. 1996. Soil Science. Oxford University Press. 304pp.
- Michael, D.N. 1995. Barriers and bridges to learning in a turbulent human ecology. Pages 461-488 in: L.H. Gunderson, C.S. Holling, and S.S. Light (eds.). Barriers and Bridges to the Renewal of Ecosystems and Institutions. Columbia University Press, New York.
- Miller, A. 1999. Environmental Problem Solving: Psychosocial Barriers to Adaptive Change. Springer-Verlag, New York.
- Miller, R.W. and Donahue, R.L. 1990. Soils; an introduction to soils and plant growth. Prentice-Hall, 768pp.
- Mitsch, W. J., and J. G. Gosselink. 1993. Wetlands (2nd ed.). John Wiley & SONS, INC.
- Moore C.T., W.T. Plummer, and M.J. Conroy. 2005. Forest management under uncertainty for multiple bird population objectives. USDA Forest Service Gen. Tech. Rep. PSW-GTR-191:373-380.
- Moore, C.T. and M.J. Conroy. 2006. Optimal regeneration planning for old-growth forest: addressing scientific uncertainty in endangered species recovery through adaptive management. Forest Science 52(2):155-172.
- Morrison, M.L., F.G. Marcot, R.W. Mannnan. 1998. Wildlife - Habitat Relationship : Concepts and Applications(2nd ed.). The University of Wisconsin Press.
- Muenscher, W. C. 1944. Aquatic plants of the United States. p. 347. Comstock Publishing Company, Inc., Ithaca, N.Y.
- Murray, C. and D.R. Marmorek. 2004. Adaptive management: A science-based approach to managing ecosystems in the face of uncertainty. In: N.W.P. Munro, T.B. Herman, K. Beazley and P. Dearden (eds.). Making Ecosystem-based Management Work: Proceedings of the Fifth International Conference on Science and Management of Protected Areas,
- Nakamura, F. 2009. Restoration strategies for rivers, floodplains and wetlands in Kushiro Mire and Shibetsu River, northern Japan.
- Nakamura, K., Y. Shimatani, 2000, Water Purification and Environmental Enhancement by the Floating Wetland, Korea University.

- National Research Council. 2004. Adaptive Management for Water Resources Planning, The National Academies Press. Washington, DC.
- National River Authority. 1993. Landscape Assessment Conservation Technical Handbook. Vol. 2.
- Nichols, J.D. 2000. Evolution of harvest management for North American waterfowl: Selective pressures and preadaptations for adaptive harvest management. Transactions, North American Wildlife and Natural Resources Conference 65:65-77.
- Nichols, J.D. and B.K. Williams. 2006. Monitoring for conservation. Trends in Ecology and Evolution 21(12):668-673.
- Noss, R.F., M.A. O'Connell, and D.D. Murphy. 1997. The Science of Conservation Planning: Habitat Conservation under the Endangered Species Act. Island Press, Washington, DC.
- Nyberg J.B. 1998. Statistics and the practice of adaptive management. Pages 1-8 in: V. Sit. and B. Taylor (eds.). Statistical Methods for Adaptive Management Studies. Land Management Handbook No. 42, British Columbia Ministry of Forest Research, Victoria, BC.
- Peterson, G.D., G.S. Cumming, and S.R. Carpenter. 2003. Scenario planning: a tool for conservation in an uncertain world. Conservation Biology 17:358-366.
- Pickett STA, SL Collins, JJ Armesto. 1987. Models, Mechanisms, and Pathways of Succession. Botanical Review 53 : 335-371.
- Pollard, E. and Yates, T. J., 1993, Monitoring Butterflies for Ecology and Conservation, Institute of Terrestrial Ecology and Joint Nature Conservation Committee, Appendix A.
- Ramsar Convension. 2008. Strategic Framework and guidelines for the future development of the List of Wetlands of International Importance of the Convention on Wetlands (3rd. ed.). Ramsar Convension.
- Ringold, P.R., J. Alegria, R.L. Czaplewski, B.S. Mulder, T. Tolle, and K. Burnett. 1996. Adaptive monitoring design for ecosystem management. Ecological Applications 6(3):745-747.
- Rogers K.H. and H. Biggs. 1999. Integrating indicators, end points and value systems in the strategic management of the Kruger National Park. Freshwater Biol. 41: 439-51.
- Salafsky, N., R. Margoluis, and K. Redford. 2001. Adaptive Management: A Tool

for Conservation Practitioners. Biodiversity Support Program, Washington, DC. Available on www.worldwildlife.org/bsp/

- Sculthorpe, C. D. 1967. The biology of aquatic vascular plants. p. 610. Edward Arnold, London.
- Secretariat of the Convention on Biological Diversity. 2020. Global Biodiversity Outlook 5. Montreal.
- Senge, P.M. 1990. The Fifth Discipline: The Art and Practice of the Learning Organization. Currency Doubleday, New York.
- Sexton, W.T., A. Malk, R.C. Szaro, and N. Johnson (editors). 1999. Ecological Stewardship: A Common Reference for Ecosystem Management, Volume 3: Values, Social Dimensions, Economic Dimensions, Information Tools. Elsevier Science, Oxford, UK.
- Shawket, I.M. 2018. Identity in urban spaces of residential compounds: Contributing to a better environment. HBRC Journal. Volume 14, pp. 235–141. https://doi.org/10.1016/j.hbrcj.2016.08.003.
- Sieker, F., 1998. On-site stormwater management as an alternative to conventional sewer systems: a new concept spreading in Germany. Wat. Sci. Tech. Vol. 38, No. 10
- Smith, R.D., A. Ammann., C. Bartoldus and M. M. Brinson. 1995. An approach for Assessing Wetland Functions Using Hydrogeomorphic Calssification, Reference Wetlands, and Func- tional Indices. Technical Report WRP-DE-9. Waterways Experiment Station, U.S. Army Corps of Engineers, Vicksburg, MS. p.7–25.
- Society for Ecological Restoration International Science & Policy Working Group. 2004. The SER International Primer on Ecological Restoration.
- Stankey, G.H. 2003. Adaptive management at the regional scale: breakthrough innovation or mission Impossible? A report on an American Experience. Pages 159–177 in B.P. Wilson and A. Curtis (eds.). Agriculture for the Australian Environment, Proceedings of the 2002 Fenner Conference on the Environment. Johnstone Centre, Charles Stuart University, Albury, Australia.
- Stankey, G.H., B.T. Bormann, C. Ryan, B. Shindler, V. Sturtevant, R.N. Clark, and C. Philpot. 2003. Adaptive management and the northwest forest plan: rhetoric and reality. Journal of Forestry 101(1):40–46.
- Stankey, G.H., R.N. Clark, and B.T. Bormann. 2005. Adaptive management of natural resources: theory, concepts, and management institutions.

PNW-GTR-654, USDA Forest Service, Pacific Northwest Research Station, Portland, OR.

- Stankey, G.H. and R.N. Clark. 2006. Chapter 7: Adaptive management: facing up to the challenges. Pages 121-161 in: R.W. Haynes, B.T. Bormann, and J.R. Martin (eds.). Northwest Forest Plan—the First Ten Years (1994-2003): Synthesis of Monitoring and Research Results. PNW GTR 651. USDA Forest Service, Pacific Northwest Research Station, Portland, OR.
- Szaro, R.C. 1996. Biodiversity in Managed Landscapes: Principles, Practice, and Policy. Pages 727-770 in: R.C. Szaro and D.W. Johnston (eds.). Biodiversity in Managed Landscapes. Oxford University Press, New York.
- Szaro, R.C., A. Cooperrider, C.S. Correll, J. Lint, and A. Malk. 1999. Data collection, management and inventory. Pages 231-239 in: N., Johnson, A. Malk, R.C. Szaro, and W.T. Sexton (eds.). Ecological Stewardship: A Common Reference for Ecosystem Management, Volume 1: Key Findings. Elsevier Science, Oxford, UK.
- Szaro, R.C., C.E. Peterson, and K. von Gadow. 2006. Operational experiments for sustainably managing forests. Allgemeine Forst und Jagdzeitung 177(6/7):98-103.
- Szaro, R.C., D. Maddox, T. Tolle, and M. McBurney. 1999. Monitoring and evaluation. Pages 223-230 in Johnson, N., A. Malk, R.C. Szaro and W.T. Sexton (eds.). Ecological Stewardship: A Common Reference for Ecosystem Management, Volume 1: Key Findings. Elsevier Science, Oxford, UK.
- Szaro, R.C., J.A. Sayer, D. Sheil, L. Snook, A. Gillison, G. Applegate, J. Poulsen, and R. Nasi. 1999. Biodiversity Conservation in Production Forests. Center for International Forestry Research, Jakarta, Indonesia and International Union for Forestry Research Organizations, Vienna, Austria for the World Bank and the Secretariat of the Global Convention for the Conservation of Biological Diversity.
- Szaro, R.C., J. Berc, S. Cameron, S. Cordle, M. Crosby, L.Martin, D. Norton, R. O'Malley, and G. Ruark. 1998. The ecosystem approach: science and information management issues. Landscape and Urban Planning 40 (1-3): 89-102.
- Szaro, R.C., P. Angelstam, and D. Sheil. 2005. Information needs for ecosystem forestry. Pages 101-114 in: J.A. Sayer and S. Maginnis (eds.). Ecosystem Approach to Sustainable Forest Management. IUCN/Earthscan, London.
- Temperton, V.M., Hobbs, R.J., Nuttle, T.J., and Halle, S., eds. 2004. Assembly Rules and Restoration Ecology—Bridging the Gap between Theory and Practice.

Washington,, DC: Island Press.

- UNEP, FAO. 2021. UN Decade on Ecosystem Restoration.
- USAID. 2002. Biodiversity Conservation Program Design and Management: A Guide for USAID Staff. United States Agency for International Development, Office of Environment and Natural Resources, Bureau of Economic Growth, Agriculture, and Trade, Washington, DC.
- USEPA, 2000. Principles for the Ecological Restoration of Aquatic Resources. EPA841-F-00-003. Office of Water (4501F), United States Environmental Protection Agency, Washington, DC. 4 pp.
- USEPA. 1995. A Handbook of Constructed Wetlands, a guide to creating wetlands for: AGRICULTURAL WASTEWATER, DOMESTIC WASTEWATER, COAL MINE DRAINAGE, STORM WATER in the Mid-Atlantic Region. Vol. 1 : General Consideration.
- USEPA. 1996. Biological Criteria : Technical Guidance for Streams and Small Rivers, EPA 822-B-96-001. U.S. Environmental Protection Agency. Office of Water. Washington, D.C. p.17-38.
- USEPA. 2008. Green Remediation: Incorporating Sustainable Environmental Practices into Remediation of Contaminated Sites, EPA 542-R-08-002. U.S. Environmental Protection Agency. Office of Water. Washington, D.C.
- van Andel, Jelte, and Aronson, James, eds. 2006. Restoration Ecology: The New Frontier. Oxford: Blackwell.
- Victoria, BC, May, 2003. Science and Management of Protected Areas Association, Wolfville, Nova Scotia. Available online at: http://www.essa.com/downloads/AM_paper_Fifth_International_SAMPAA_Conference.pdf
- Walker, Lawrence R., Walker, Joe, and Hobbs, Richard J., eds. 2007. Linking Restoration and Ecological Succession. New York: Springer.
- Walters, C.J. 1986. Adaptive Management of Renewable Resources. Blackburn Press, Caldwell, NJ.
- Walters, C.J. and C.S. Holling. 1990. Large-scale management experiments and learning by doing. Ecology 71:2060-2068.
- Walters, C. and R. Green. 1997. Valuation of experimental management options for ecological systems. Journal of Wildlife Management 61:987-1006.

- Weber, H.E., Moravec, J. & Therillat,J.P. 2000. International Code of Phytosociological Nomenclature (3rd. ed.). J. of Vegetation Science 11 : 739–768.
- Wilhere, G.F. 2002. Adaptive management in habitat conservation plans. Conservation Biology 16:20–29.
- Whisenant, Steve G. 1999. Repairing Damaged Wildlands: A Process–orientated, Landscape–scale Approach. Cambridge, , UK: Cambridge University Press.
- Williams, B.K. 1989. Review of dynamic optimization methods in renewable natural resource management. Natural Resources Modeling 3:137–216.
- Williams, B.K. 1996a. Adaptive optimization and the harvest of biological populations. Mathematical Biosciences 136:1–20.
- Williams, B.K. 1996b. Adaptive optimization of renewable natural resources: solution algorithms and a computer program. Ecological Modelling 93:101–111.
- Williams, B.K. 1997. Approaches to the management of waterfowl under uncertainty. Wildlife Society Bulletin 25:714–720.
- Williams, B.K. 2001. Uncertainty, learning, and optimization in wildlife management. Environmental and Ecological Statistics 8:269–288.
- Williams, B.K. 2006. Adaptive harvest management: Where we are, how we got here, and what we have learned thus far. Transactions, North American Wildlife and Natural Resources Conference 71:259–274.
- Williams, B.K., and F.A. Johnson. 1995. Adaptive management and the regulation of waterfowl harvests. Wildlife Society Bulletin 23:430–436.
- Williams, B.K., J.D. Nichols, and M.J. Conroy. 2002. Analysis and Management of Animal Populations. Academic Press, San Diego, CA.
- Yang, H.J., Y.T. Liu · G. Sun, L.J. Hu, Z.X. Zhang. Ecological Rehabilitation for Damaged Urban Rivers in South China: A Case Study in Shenzhen City
- Young, Truman P. 2000. Restoration ecology and conservation biology. Biological Conservation 92: 73–83.
- Yoshiharu Ishikawa, Toyokazu Sakamoto. 2003. Effect of density of riparian vegetation on effective tractive force. J For Res. 8 : 235–246.
- Xu, N., Zhou, D., Li, L., He, J., Chen, W., Wan, F., Xue, G. Physical Properties of PVA/PSSNa Blends. Journal of Applied Polymer Science Vol. 88(1) (2003), p. 79–87
-

- 角 哲也 等. 1998. ダム貯水池法面の緑化對策. 土木技術資料 40(5):50-55.
- 岡本享久, 安田登, 増井直樹, 佐藤文則. 1998. ポーラスコンクリートの製造·物性·試驗方法. コンクリート工學(36) : pp. 52 - 62. 日本コンクリート工學協會.
- 岡太郎 菅原正孝. 1994. 都市の 水環境の 新展開, 東京: 技報堂出版 .
- 高橋征夫 等. 1999. 富郷ダムの貯水池內立木のリサイクルについて, ダム技術 153, pp.48-55.
- 龜山 章. 1977. 高速道路のり面の植生遷移について(I);概査によるのり面 植生調査法,『造園雜誌』, 41(1) : 23-33
- 龜山章 等. 1989. 最先端の緣化技術, Tokyo : Soft Science INC.
- 鷲谷いづみ, 草刈秀紀 編. 2003. 自然再生事業 : 生物多様性の回復をめざして. 築地書館
- 堀口剛. 1998. モルタル·コンクリートと緣化. 緣を創る植栽基盤 : -その整備手法と適應事例. 輿水, 吉田 編. 東京: Soft Science. pp. 290 - 300.
- 堀 大才. 1995. ダム湖岸等定期的汽水面裸地の緣化技術. Green Age 256:30-35.
- 近藤三雄. 1991. 最新 緣花工法·資材便覽 : 花と緣と土への新しい發想と技術. Tokyo : ソフトサイエンス社.
- 近田 由希子 等(建設省 關東地方建設局). 1998. 宮ケ瀨ダム東澤に Biotope 生物利用の現況. ダム技術, No.147
- 金子文夫, 片倉德男, 岡田美穗. 1998. エココンクリートによる水質淨化. コンクリート工學(36) : pp. 46-48. 日本コンクリート工學協會.
- 吉武 孝. 1998. 水際の緣化を考える. Green Age 291:8-13.
- ダム水源地環境整備センター/監修·編集, 1994, 水邊の 環境調査, 技報堂出版
- 東 三郎 等. 1991. 耐水沒植生工の材料と適用. 日林北支論 39:150-152.
- 東 三郎, 沖谷賢兒. 1990. ダム湖岸の修景緣化. 日林北支論 38:218-220.
- 藤井卓. 1998. エココンクリートと ISO14000. コンクリート工學(36) : pp.13-15. 日本コンクリート工學協會.
- 柳橋邦生. 1998. 植生型エココンクリート. コンクリート工學(36) : pp.28-31. 日本コンクリート工學協會.
- リバーフロント整備センター. 1994. 河道內の樹木の伐採植樹のためのガイドライン(案), 山海堂
- 望月達也 等. 1997. 植生の耐侵食機能を應用した侵食防止工法のコンセプト. 土木技術資料 39(7):32-37.
- 汐崎 文 等. 1991. 大夕張ダム汽水域における湖岸植生分布狀況と水位變動. 日林北支論

39:156-158.

- 水口裕之. 1998. エココンクリートとは. コンクリート工學(36) : pp.9-12. 日本コンクリート工學協會.
- 水資源協會. 2000. ダム湖と植物の共生のために(一庫ダム). 財團法人 水資源協會.
- 奧田重俊 外 編. 1996. 河川環境と水辺植物 : 植生の保全と管理, ソフトサイエンス社
- 玉井元治. 1998. エココンクリートの將來展望. コンクリート工學(36) : pp. 49 - 51. 日本コンクリート工學協會.
- 林 豊 等. 1998. 汽水域の低水護岸における生物環境の創造と復元に關する研究. 環境情報科學論文集 12:215-220.
- 齊藤新一朗 等. 1990. 水位變動のある人造湖の湖畔林の現況について. 日林北支論 38:221-223.
- 齊藤新一朗. 1990. 北海道かなやま人造湖の水位變動における木本綠化工法の1提案. 日林論 101:617-618.
- 酒井寬二. 1998. 地球環境問題とコンクリート. コンクリート工學(36) : pp.6-8. 日本コンクリート工學協會.
- 竹內憲正, 親林和生. 1998. 植生型エココンクリートの實施例. コンクリート工學(36) : pp. 32-36. 日本コンクリート工學協會.
- 千葉 茂, 飯塚 修. 1985. 北海道におけるダム湖岸水位變動面の綠化に關する研究(1). 日林論 96:425-426.
- 天羽和夫. 1998. 海洋生物對應型エココンクリートの實施例. コンクリート工學(36) : pp. 39 - 41. 日本コンクリート工學協會.
- 澤田一憲, 齊藤友彦. 1999. ヤシ纖維ロールによるダム湖汽水斜面綠化の事例. J.JILA 62(5): 517-520.
- バーデンウユルテンベルク州 環境省 編. 1997. 自然に適合した工法, 集文社
-
- 강규이, 이은희. 2005. 관리조방적 옥상녹화에 적합한 자생초화류와 식재토양에 관한 연구. 한국환경복원기술학회지 8(4) : 23-31.
- 강서병. 2007. 대체습지 설계기준 설정에 관한 연구 : 한탄강을 중심으로. 서울대학교 석사학위논문.
- 강수학, 김형국, 구본학. 2007. 청계천 복원 전후의 식물상 변화 연구. 한국환경복원기술학회지 10(3) : 1-6.
- 강희경, 박준용, 안상교, 조용현, 박봉주, 김원태, 신경준, 어양준, 송홍선. 2014. 저지대 이

차림지역의 매토종자 발아특성-예산군의 침엽수림과 활엽수림-. 한국환경생태학회지 28(6) : 705-714.

- 구본학. 1996. 댐저수지 비탈면 수위변동구간의 생태적 복구 방안, 대전전문대학논문집, vol. 22. pp.355-378
- 구본학. 2002. 습지유형분류 및 도면화 방법에 관한 연구, 서울대학교 대학원 박사학위 논문.
- 구본학. 2003. 묵곤에 형성된 자운늪의 유형분류 및 기능평가. 한국환경복원기술학회지 6(1) : 65-70.
- 구본학. 2009. 습지생태학. 도서출판 조경.
- 구본학. 2018. 자연환경복원의 국내외 현황과 정책적 시사점. 우리나라 국토환경 지리정보의 활용성 제고 방안 세미나. 한국환경정책평가연구원.
- 구본학·김귀곤. 2001. 습지 기능 및 가치 평가를 위한 방법론에 대한 고찰, 2001 한국환경복원녹화기술학회 하계학술발표회, pp.42-46
- 구본학, 김용규. 1999. 다공질 콘크리트를 이용한 식생용 콘크리트 특성 - 다공질 콘크리트의 물리화학적 특성을 중심으로. 한국환경복원기술학회지 2(2) : 62-69.
- 구본학, 정진용, 박미옥. 2011. 표준습지 분석을 통한 대체습지의 생태성능기준 개발. 한국환경복원기술학회지 14(1) : 11-22.
- 산림청, 국립수목원. 2020. 한국의 식물상 지역과 식생기후. 한국의 숲(VI). 국립수목원.
- 국토해양부. 2009 a. 하천설계기준 · 해설. 한국수자원학회.
- 국토해양부. 2009 b. 도로비탈면 녹화공사의 설계 및 시공지침.
- 권동민, 권순효, 구본학. 2012. 식생섬에 의한 중수처리 효과 검증과 적용에 관한 연구. 한국환경복원기술학회지 15(6) : 53-59.
- 권영한, 최홍근. 2009. 기후변화가 생태계에 미치는 영향 고찰-습지식물상을 중심으로. 한국환경정책 평가연구원.
- 권오병. 2007. 인공식물섬 조성에 의한 수생태계 개선 효과에 관한 연구. 강원대학교 대학원 박사학위논문.
- 권효진, 김성희, 구본학. 2013. 수리모형을 이용한 호안녹화기반재의 수리적 안정성 분석. 한국환경복원기술학회지 16(4) : 15-26.
- 김귀곤, 구본학. 2001. 댐건설에 따른 생태환경의 변화와 생태복원 전략 : 용담댐을 사례로. 한국환경복원녹화기술학회 특별 심포지엄. 환경복원녹화기술학회 하계총회 및 하계학술발표회 논문집 : 19-32.
- 김남원, 정일문, 김지태, 이정우. 2010. 자연하안 조성 공법 설계를 위한 유황 분석. 한국수자원학회 학술발표회 2010(10) : 1365-1369.

- 김대현, 구본학. 1999. 경관영향평가기법을 통한 댐건설에 대한 경관영향평가, 한국조경학회지 27(4): 80-86.
- 김덕호, 홍승원, 구본학. 2011. 도시하천에서의 모래톱 변화. 한국환경복원기술학회 춘계 학술발표회.
- 김보희. 2015. 도시 내 습지생태계의 탄소저감형 식생모델 개발 연구. 상명대학교 대학원 석사학위논문.
- 김보희, 양승빈, 최경영, 박미옥, 구본학. 2015. 도시 내 탄소저감형 인공습지. 한국환경복원기술학회 학술대회.
- 김용규·구본학·안동만. 2001. 인공섬 수생식물 생육특성에 관한 연구, 한국환경복원녹화기술학회지 4(4) : 25-35.
- 김용수, 김수봉, 정계순. 1998. 도시하천 유축경의 시각적 선호도 분석, 한국조경학회지 26(2): 101-109.
- 김철, 박남희, 김대영, 김윤환. 2008. 저수호안에 작용하는 외력에 의한 안정성분석. 한국방재학회논문집 8(5) : 147-153.
- 김하나. 2008. 인공습지의 생태성능 평가기준 설정 및 적용. 상명대학교 석사학위논문.
- 남상호. 1996. 원색도감 한국의 곤충, 교학사.
- 농촌진흥청. 2000. 토양 및 식물체 분석법, 202pp.
- 문석기, 구본학, 남상준. 2001. 우리나라 생태복원분야 정착의 전망과 과제. 한국환경복원기술학회지 4(1) : 67-79.
- 문석기, 이은엽, 한성식, 이기준. 2001. 침수방틀을 이용한 자연형 하천의 수충부 녹화공법개발, 한국환경복원녹화기술학회지 4(1): 98-109
- 박관수, 이승우. 2001. 공주, 포항, 그리고 양양 지역 굴참나무 천연림 생태계의 물질생산에 관한 연구. 한국임학회지 90(6):692-698.
- 박미옥. 2018. GIS를 기반으로 한 농촌 마을습지 판별 및 분포 특성 연구 -충남 서천군을 사례로-. 한국습지학회지 20(1) : 20-26.
- 박미옥. 2019. 마을습지 기반 습지정원 표준모델 연구. 한국정원디자인학회지 5(2) : 121-130.
- 박미옥, 유인표, 박영철, 김형국, 이재용, 이수길. 2019. 제1차 충청남도 습지보전실천계획. 충청남도.
- 박미옥. 2021. 생활권습지 기반 생태계서비스 간편평가지표(RAWES) 개선 연구. 한국정원디자인학회지 7(3) : 189-197.
- 박미옥. 2021. 금산군 생활권 마을습지 기능평가 및 현명한 이용 전략 연구. 한국환경복원기술학회지 24(1) : 15-24.

- 박미옥, 구본학. 2016. 비오톱 정원 조성 후 모니터링 및 적응관리 방법 연구. 한국정원디자인학회지 2(1) : 9-18.
- 박미옥, 구본학. 2019. 생활권 마을습지 정원문화 연구 -한산팔경을 사례로-. 한국정원디자인학회지 5(1) : 35-41.
- 박미옥, 구본학, 김하나. 2009. 충청남도 내륙습지 특성 및 기능평가. 한국환경복원기술학회지 12(5) : 92-100.
- 박미옥, 구본학, 주상대, 권효진. 2011. 수생태복원을 우한 황토기반재에서의 목본류 내침수성 실험연구. 한국환경복원기술학회 추계 학술대회 발표대회.
- 박미옥, 박미란, 구본학. 생태네트워크 구축을 위한 해안습지 기능평가 연구 -충남 서해안을 대상으로-. 한국환경복원기술학회지 10(6) : 70-80.
- 박미옥, 서주영, 양승빈, 구본학. 산지 읍면지역 소규모 마을습지 분포특성 연구 -충남 금산군을 사례로-. 한국조경학회지 47(6) : 37-44.
- 박미옥, 양승빈, 구본학. GIS를 이용한 아산시 마을습지 인벤토리 구축 및 관리 방안 연구. 한국환경복원기술학회지 18(6) : 167-177.
- 박미옥, 양승빈, 서효선, 박은아, 한승태, 구본학. 공주시 소규모 습지정원의 생태적 특성 및 기능평가 연구. 한국정원디자인학회지 4(2) : 125-136.
- 박미옥, 양승빈, 황유리, 서효선, 구본학. 2018. 기능평가를 이용한 마을습지 생태계서비스 평가지표 기초연구. 한국환경복원기술학회지 21(1) : 119-132.
- 박미옥, 임수현, 이란, 김보희, 양승빈, 구본학. 천안시 마을습지 인벤토리 구축 및 보전 전략. 한국환경복원기술학회지 17(6) : 39-50.
- 박원제, 한경환, 권순효, 박미옥, 구본학. 2012. 도시농업 활성화를 위한 토양조건별 초본식물의 생육특성. 한국환경복원기술학회지 15(2) : 1-8.
- 박은경, 구본학. 2013. 동강 생태경관보전지역 내 비오톱 조성 계획. 한국환경복원기술학회지 16(4) : 115-124.
- 박은진. 2009. 도시 수목의 이산화탄소 흡수량 산정 및 흡수효과 증진 방안. 경기개발연구원.
- 박종민. 2002. 호소사면 녹화용 식물선정을 위한 초본식물의 내침수성 비교, 한국환경복원녹화기술학회지 5(2): 25-33.
- 박종민, 최건호. 2001. 호소사면 녹화용 식물 선정을 위한 몇가지 목본식물의 내침수성에 관한 연구, 한국환경복원녹화기술학회지 4(2):45-51.
- 변무섭, 이명우, 구본학. 2001. 댐유역 환경복원 계획 수립을 위한 생태계 모니터링 수행 방향 : 용담댐 유역을 사례로. 한국환경복원녹화기술학회 하계학술발표 논문집 : 60-64.
- 심윤진. 2004. 아무르산개구리 서식처 적합도를 활용한 대체습지 입지 선정에 관한 연구 : 판교 택지개발지역을 사례로. 서울대학교 석사학위논문.

- 심재한. 2001. 생명을 노래하는 개구리. 다른세상.
- 심재한. 2006. 생물종 복원 및 생물서식처(대체서식처) 복원 사례 : 금개구리를 중심으로. LAC. 환경과 조경사.
- 양병호. 2007. 개발 사업에 따른 대체서식지 조성방안 : 화성 동탄지구를 사례로. 상명대학교 석사학위논문.
- 양승빈, 구본학, 박미옥, 강명수, 이은엽, 김미나, 서정영. 2015. 인공지반 토양개량제 영향실험을 통한 개선방안 연구. 한국조경학회 학술대회 논문집.
- 윤소원, 강수학, 구본학. 2007. 청계천 생태해설 프로그램 만족도 분석 연구. 한국환경복원기술학회지 10(5) : 10-19.
- 이란, 권효진, 김형국, 박미옥, 구본학, 최일기. 2013. 수환경적응도에 따른 식물 목록 구축 및 도시 수공간에 적용 가능한 식물 분류특성. 한국환경복원기술학회 16(2) : 93 ~ 104.
- 이란, 김성희, 김보희, 임수현, 김성일, 구본학. 2014. 생애주기비용과 성능을 고려한 생태복원 공법 가치분석 -습식 비탈면 기반재를 사례로-. 한국조경학회지 42(5) : 101-108.
- 이란, 박은경, 박미옥, 구본학. 2014. 대암산 작은용늪 및 애기용늪 생태현황 분석. 한국환경복원기술학회 17(4) : 43-56.
- 이미경. 2015. 생육기반에 따른 비탈면 생태복원 성능평가. 상명대학교 대학원 석사학위논문.
- 이은엽, 현경학, 허진성, 박미옥, 구본학. 2014. 식생기반형 LID 시설의 식재식물 선정을 위한 내침수성 비교. 환경영향평가 23(6) : 466-476.
- 이종필, 박의정, 최경환, 김철. 2008. 수리모형실험을 통한 호안의 수리적 안정성 분석. 한국수자원학회 학술발표회 논문집. pp.1867-1873.
- 정영선, 박미옥, 구본학. 2013. 습지를 기반으로 하는 맹꽁이 대체서식처 조성 계획. 한국환경복원기술학회지 16(1) : 1 ~ 15.
- 정진용. 2010. 습지의 생태적 성능기준 개발. 상명대학교 대학원 박사학위논문.
- 주위홍. 2002. 두만강 하류와 DMZ동부 습지유형 및 분포특성 비교 연구. 서울대학교 박사학위논문.
- 주위홍, 구본학. 2006. 습지 유형 분류 체계별 습지 분류 특성 -두만강과 한강을 사례로-. 한국환경복원기술학회지 9(6) : 152-161.
- 진기정, 구본학. 2013. 자연환경복원산업 활성화를 위한 표준품셈 연구. 한국환경복원기술학회지 16(2) : 33-50.
- 최병순. 2011. 수생태계 복원을 위한 수생식물의 기반환경에 따른 생육특성 및 식재모델 개발 : 갈대군락을 중심으로. 상명대학교 대학원 박사학위 논문.
- 한국환경연구원. 2021. 스마트그린도시 아이디어북.

- 한만신, 최계운, 김우진. 2010. 자연형 호안공법의 수리학적 특성 분석을 위한 기초 연구. 한국수자원학회 학술발표회 논문집. pp. 704-708.
- 한은진, 황수덕, 김영도, 박재현, 김철. 2010. 고수호안 식생매트공법의 수리적 안정성에 관한 연구. 한국습지학회지 12(2) : 75-89.
- 홍형순, 이주헌, 정상만. 2003. 하천 경관 유지수량의 결정. 한국조경학회지 30(6):17-25
- 환경부. 2002. 생태계보전 복원 전문업종 제도화 및 육성에 관한 연구. 환경부 보고서.
- 환경부. 2017. 생태복원사업 모니터링 및 유지관리 가이드라인. 환경부 보고서.
- 기상청 인터넷 홈페이지 : http://www.kma.go.kr/
- 한국수자원공사 인터넷 홈페이지 : http://www.kowaco.or.kr/
- 한국지질자원연구원 인터넷 홈페이지 : http://www.kigam.re.kr/
- http://www.gtnet.go.kr/community/roadmap/roadmap_15.jsp#sc1(녹색기술정보포털)
- USEPA http://water.epa.gov/type/wetlands/vital_status.cfm

색인

(ㄱ)

지은이 구본학
ecoculture@smu.ac.kr, ecoculture9@gmail.com

저자는 상명대학교 그린스마트시티학과 교수로서 국제생태문화포럼 대표이며 한국환경복원기술학회 회장을 역임한, 생태복원 연구의 선구자이다.

1959년 대전에서 태어나 대전고등학교를 다녔으며, 서울대학교에서 학사, 석사, 박사학위를 각각 취득하였다. 육군 병장으로 군 복무를 마친 후, 1985년 1월부터 한국수자원공사(K-water)에서 11년 2개월동안 근무하면서 본사와 현장을 오가며, 계획, 설계, 시공, 관리, 기술개발 등 다양한 경험을 축적하였고, 그런 실무능력을 바탕으로 기술사 자격을 취득하였다.

1996년부터 대전과학기술대학교에서 근무하였으며, 2004년부터 상명대학교에 근무하면서 실무경험을 바탕으로 학술적 이론과 실무적 기술이 접목된 강의와 연구를 수행하고 있다.
2011년에는 미국 Rutgers 대학(the State University of New Jersey)에서 방문교수로 연구하면서 외국의 연구자와의 교류를 통해 생태복원 이론과 연구 경험을 나누었으며, 해마다 여름과 겨울 방학기간에는 동서남북 지구 땅 끝까지 생태복원 흔적들을 찾아다니고 있다.

2004년부터 시작된 〈국제생태문화포럼〉을 통해 학술세미나와 생태복원지 답사 등 국내외 연구자 및 기술자들과 학문적으로나 기술적으로 교류하면서 생태보전, 복원, 조성, 관리 등 경험을 나누고 연구성과를 공유하는 등 생태복원 연구의 양적 질적 향상을 도모하고 있다.

[생태복원공학], 이미 오래 전부터 기획해서 집필하기 시작했으나 완성된 형태로 책을 선보이려다 보니 15년이 지난 이제야 빛을 보게 되었다. 이제 그 보석같은 소중한 열매들을 생태복원 전문가들과 함께 나누고자 한다.
나아가 2020년부터 "녹색융합기술 인재양성 특성화대학원 과정(녹색복원 분야)"을 시작하면서, [생태복원공학]은 녹색복원 전문가를 위한 교과서이면서 참고서이고 지침이면서 기준이 될 수 있을 것으로 확신한다.

녹색복원 전문가를 위한
생 태 복 원 공 학

초판인쇄 | 2021년 11월 23일
초판 4쇄 | 2025년 5월 20일

저 자 | 구본학
발 행 인 | 이성범
발 행 처 | 문운당
주 소 | 서울시 종로구 혜화로5길 16 (명륜1가 45-3)
전 화 | (02)762-6010
팩 스 | 영업 (02)745-0265 / 편집 (02)762-8758
이 메 일 | 영업 munun2@daum.net
편집 munundang@naver.com
홈페이지 | http://munundang.co.kr

ISBN 979-11-5692-596-5 93530

정가 35,000원

이 책은 환경부/환경산업기술원 2020년 "녹색융합기술 인재양성 특성화대학원(녹색복원 분야) 지원사업" 에 의해 발간되었습니다.